轻金属冶金学

杨重愚 主编

北 京
冶 金 工 业 出 版 社
2014

图书在版编目(CIP)数据

轻金属冶金学/杨重愚主编．—北京：冶金工业出版社，1991.6（2014.1 重印）

ISBN 978-7-5024-0837-4

Ⅰ．轻… Ⅱ．杨… Ⅲ．轻有色金属—有色金属冶金 Ⅳ．TF82

中国版本图书馆 CIP 数据核字(96)第 14319 号

出 版 人　谭学余
地　　址　北京北河沿大街嵩祝院北巷 39 号，邮编 100009
电　　话　(010)64027926　电子信箱　yjcbs@cnmip.com.cn
责任编辑　王　优　美术编辑　李　新　版式设计　葛新霞
责任校对　刘　倩　责任印制　李玉山
ISBN 978-7-5024-0837-4
冶金工业出版社出版发行；各地新华书店经销；北京百善印刷厂印刷
1991 年 6 月第 1 版，2014 年 1 月第 10 次印刷
787mm×1092mm　1/16；21.75 印张；521 千字；336 页
39.80 元

冶金工业出版社投稿电话：(010)64027932　投稿信箱：tougao@cnmip.com.cn
冶金工业出版社发行部　电话：(010)64044283　传真：(010)64027893
冶金书店　地址：北京东四西大街 46 号(100010)　电话：(010)65289081(兼传真)

前　言

本书根据高等院校有色金属冶炼专业（本科）教学计划和轻金属冶金学课程教学大纲编写的，全面阐述了铝、镁、铍、锂、钙、锶、钡等主要轻金属的原料、辅助材料、性质、用途、冶炼基本原理和生产工艺过程。书中对于原料的综合利用、节约能耗、强化生产和环境保护方面的技术成就和发展趋势也作了扼要的介绍和分析。本书为高等学校有色金属冶炼专业教学用书，也可供其它专业师生和工程技术人员参考。

本书由中南工业大学杨重愚主编。氧化铝生产篇由黄际芬编写，铝冶金篇由秦瑞卿编写，镁冶金篇由梁世芬编写，其余部分由杨重愚编写。

本书初稿曾由东北工学院、南方冶金学院、贵州工学院及中南工业大学有关同志审阅并提出宝贵意见，谨此表示衷心感谢。

由于编者水平所限，书中错误和缺点在所难免，敬请读者批评指正。

编　者

1989 年 12 月

目　录

第二篇 铝 冶 金

第三篇　镁　冶　金

第四篇　稀有轻金属冶炼

绪 论

在有色金属之中，轻金属发展较晚，十八世纪末被陆续发展后，十九世纪初才得以分离为单独的金属，本世纪才开始工业生产。然而轻金属的生产发展迅速，铝的产量在1956年超过了铜，跃居有色金属之首，成为产量仅次于钢铁的金属。

顾名思义，轻金属是以其轻而划为一类的，通常是指比重小于3.5（钡的比重）的金属，其中包括铝、镁、铍和碱金属及碱土金属，有时也将比重为4.5的钛，和通常称之为半金属的硼和硅（比重分别为2.35及2.33）列为轻金属。在轻金属中最重要和最有代表性的是铝和镁。目前铷、铯和锶都还没有工业生产。铷和铯有时也列为稀散金属，钾和钠在传统上作为化工产品，而钛则常被划为稀有金属。

除了比重小以外，轻金属划成一类还与它们的物理化学性质和冶炼技术有着许多共同的特点有关。例如它们与氧、卤族元素、硫和碳的化合物都非常稳定。在电化次序表上，又都是负电性很强的元素。

轻金属的这些属性使得用碳直接还原其氧化物成金属的过程很困难。以碳在高温下还原氧化铝的反应为例，反应的一次产物是铝的碳氧化物 Al_4O_4C，而不是金属铝或碳化铝，而从碳氧化铝是很难制取金属铝的，碳还原氧化镁的作用在高温下虽然可以得到镁蒸气，但反应中镁的平衡蒸气压远低于该温度下镁的饱和蒸气压。只有将反应产物迅速冷却，使镁的饱和蒸气压急剧降低到反应所得的镁蒸气压力之下；或者是在高温下立即将反应产出的一氧化碳与镁蒸气分离开来，才有可能使镁成为金属产出。前一种做法难度很大并且很不安全，后一种做法则是根本不可能的。碱金属和碱土金属也都与镁相似，不适于采用碳热还原方法制取，而只能以沸点更高的金属为还原剂，由金属热还原法来制取。

轻金属的负电性都很强，通过电解其盐类的水溶液的方法来制取金属是不能如愿以偿的。因为这时阴极析出的是氢和该金属的氢氧化物，阳极析出的则是氧。直言之，电解的只是水而已。所以只有用非水溶液电解质才能电解得到轻金属，这样的电解质主要是熔盐。轻金属的某些有机物也可以用作电解质。但熔盐电解实际上是生产各种轻金属的主要的，有时甚至是唯一的工业方法。

在以熔盐电解方法生产轻金属时，为了保证产品纯度，电解质熔体中比产品金属更正电性的杂质含量必须低于技术规范要求，以免其先于产品金属在阴极析出。因此专门建厂以生产纯化合物作为电解原料。以铝工业为例，便包括氧化铝生产、氟化盐生产、阳极炭素材料生产以及电解炼铝过程四个组成部分。

轻金属化合物也常常是用途广泛的商品，而不只是作为制取轻金属的半成品。

轻金属性能优越，用途广泛，并且可以与其他许多金属构成各种各样的合金，在国民经济的各个部门广泛应用，成为不可缺少的金属材料。

轻金属的资源极其丰富。根据罗涅夫（Ronev）和雅鲁舍夫斯基（Yaroshevskiy）1976年的估计，地壳中含（%）SiO_2 57.1，Al_2O_3 15.0，Fe_2O_3 2.5，FeO 6.0，CaO 8.4，MgO 3.15，Na_2O 2.5，K_2O 1.7。目前发现的铝土矿资源已超过250亿吨，甚至在下一个世纪也

不患匮缺。而且铝土矿中铝含量很高，相对于那些资源日渐枯竭，矿石中有用金属含量很低的金属来说，这些无疑是轻金属得天独厚的优势。

铝工业的发展速度是很高的。1960～1980年的二十年间，全世界铝的消费量翻了两番，平均年增长率为6.9%。1980年全世界的产铝国家共有39个，原铝生产能力约1830万吨，年产量约1620万吨。1980年世界的氧化铝产量为3440万吨，铝土矿为9150万吨。

铝的生产技术也在不断完善，消耗指标的大幅度降低使铝的价格在常用有色金属之中按体积而言是比较便宜的。下面是根据1977年价格计算出的几种常用金属对铝的比价：

金属		铝	铜	铅	锌	钢
比重		2.7	8.95	11.37	7.2	7.85
比价	按量计	100	150	55	62	18
	按体积计	100	497	232	165	52

五十年代初期，铝价曾经是钢锭价格的20倍。

其他轻金属的生产在第二次世界大战后也有了长足的发展，它们对于一些基本金属的比价也有了降低。

我国的轻金属冶金工业主要是在全国解放以后创建起来的。1954年我国第一座氧化铝厂和电解铝厂相继建成投产，镁和其他轻金属随后也都有了工业生产。在以后的几个五年计划中各自也都有了不同程度的发展。根据我国资源的特点，我国冶金工作者通过自己的实验研究和经验总结，对于轻金属生产工艺作出了许多改进，使之日趋完善，其中很多改进是富有创造性的，为轻金属冶金科学技术的发展作出了可贵的贡献。1982年我国明确提出了在有色金属工业中“优先发展铝”的方针。铝的产量正以高于国民经济总的发展速度增长。老企业的改造和扩建以及新企业的建设都在加速进行并陆续试车投产，铝工业呈现出大发展的形势。

本书以铝、镁为重点，同时兼顾及铍、锂、钙、钡等轻金属及一些主要辅助材料，对各个生产过程的基本理论、工艺设备和生产特点进行系统的阐述。轻金属冶炼中的许多过程，如铝土矿的高压溶出、各种方式的熔盐电解和金属热还原都很具特色并且有着典型意义。目前世界上已经出现了生产能力分别达到270万吨、40万吨和12万吨的氧化铝厂、金属铝厂和镁厂。这些工厂都是用大型高效设备装备的。降低能耗是提高轻金属生产效益的主要目标，在此同时对于原料的综合利用，新型资源的开发和环境保护也进行了很多工作。这些方面的进展在本书中都力求作出较全面地反映。

第一篇 氧化铝生产

第一章 氧化铝生产概况

第一节 氧化铝生产概况

随着炼铝工业的迅速发展，氧化铝生产已发展成为一个大型的工业部门。氧化铝产量迅速增长，1904 年世界氧化铝产量仅有 1000 吨，1941 年则达到 100 万吨，1980 年已达到了 3340 万吨，本世纪末世界氧化铝产量预计可达 6000 万吨。目前主要的氧化铝生产国有澳大利亚、美国、苏联、法国、西德及牙买加等。目前世界上最大的氧化铝厂是澳大利亚的格拉德斯通厂，其年产能力为 270 万吨。

氧化铝 90% 以上是用于电解炼铝，但是电子、石油、化工、耐火材料、陶瓷、磨料、防火剂、造纸以及制药等许多部门也需要各种特殊性能的氧化铝和氢氧化铝。国内外不少氧化铝厂都致力于发展多品种氧化铝的生产，例如活性氧化铝、低钠氧化铝、喷涂氧化铝、α - 氧化铝、γ - 氧化铝、填料氧化铝、微粉氢氧化铝、高纯氢氧化铝、粗粒氢氧化铝、氢氧化铝凝胶及低钠氢氧化铝等。这些非冶金用的多品种氧化铝约占整个氧化铝产量的 8%，长期增长率为 5%，高于冶金用氧化铝。目前非冶金级氧化铝品种已近 200 种，仅美国铝业公司就有 150 种，各具优良的物理化学性能，用途广泛，价格远高于冶金用氧化铝，经济效益显著，其开发正方兴未艾。

当前氧化铝生产绝大部分采用铝土矿为原料。与许多常用金属面临资源枯竭的威胁相反，铝土矿的储量是逐年增长的，使铝工业具有无可比拟的资源优势，据估计全世界铝土矿资源在 250 亿吨以上。几内亚、澳大利亚和巴西是铝土矿储量最多的国家，越南和印度最近来也发现大量铝土矿矿床，成为铝土矿资源丰富的国家。到 1980 年止，全世界有经济开采价值的铝土矿储量为 188 亿吨。霞石与明矾石也得到工业应用。苏联的基洛瓦巴德氧化铝厂就是以明矾石矿为原料的，而沃尔霍夫，皮卡列夫及阿钦氧化铝厂，则是以霞石矿为原料，实现了对这些资源的综合利用。除此之外，黏土、黏土页岩和煤矸石，煤灰等也是铝工业取之不竭的后备资源。

目前铝的工业生产仍然用冰晶石 - 氧化铝熔体电解法进行，估计在今后相当长的一段时间内仍难由其他的方法取代，作为炼铝原料的氧化铝是必不可少的。当前世界上 95% 的氧化铝由拜耳法生产，只有少数工厂用碱石灰烧结法，拜耳 - 烧结联合法生产，这些方法都属于碱法范畴。由于原料各有特征，工厂的外部条件互不相同，故生产也各具特点。

第二次世界大战以后，科学技术的进步促进了氧化铝生产技术的巨大发展，涌现了一批年产 100 万吨以上氧化铝的大厂，它们的产能占全世界整个产能的一半还多，生产规模的扩大促使了单体设备的大型化和高效化。几乎所有工序都出现了新型设备，生产过程的检测和控制也日益走向自动化，很多设备和工序都已实现自动作业，有些工厂甚至已经实现了全盘的自动控制。

新技术的应用还包括许多新型表面活性物质，如絮凝剂、助滤剂、副反应抑制剂、清洗剂的开发，很多工序的作业因而得到显著的强化和完善。

这些技术进步的成果使新型氧化铝厂的技术经济指标大幅度改善。以拜耳法产出的一吨氧化铝的综合能耗而言，已由战后初期的30GJ（吉焦）左右降低到14～20GJ。

为了更好地适应电解炼铝的需要，砂状氧化铝日益地取代了粉状氧化铝，因为前者具有一系列的优点，特别是在电解质中易于溶解，对氟化氢等气体有着较强的吸附能力，能够实现铝电解含氟烟气的干法净化，解决了长期以来令人棘手的环保问题。目前西方国家生产的氧化铝中砂状的已占80%。预计新建氧化铝厂均将以此为产品。

为了适应不同矿区铝土矿的特点，对于铝土矿原料的物质组成和结构的研究日趋细致和深入，氧化铝生产工艺也在此基础上不断完善。

在氧化铝生产中，对于原料的综合应用和环境保护也比以往更加重视，正在向无废料生产的方向发展，很多工厂在生产氧化铝的同时还制得了镓、氧化钒、铬和水泥等产品。并且提出了利用霞石生产氧化铝和钾、钠碳酸盐后的泥渣生产硅酸钠、高铝水泥和波特兰水泥的设想。

所有这些都使氧化铝生产的科学技术水平达到了一个新的高度，并且为今后的发展展示了良好的前景。

我国铝工业是在解放以后才建立和发展起来的。自从1954年第一个氧化铝厂投产以来，氧化铝产量和品种不断增加，产品质量日益提高，科技队伍逐渐扩大，在生产技术上取得了一系列重要成果。不仅根据我国高硅一水硬铝石型铝土矿资源特点，成功地掌握和发展了碱－石灰烧结法，在工业上实现了混联法，而且在赤泥综合利用和镓回收方面也取得了创造性的成就，氧化铝的总回收率、碱耗、综合利用等方面达到较高水平。但是，近二十年来国外氧化铝生产取得了巨大进展，特别是在节能方面尤为突出。相比之下，我国氧化铝生产存在着能耗高、装备水平低、自动控制水平低，劳动生产率低等问题，有待迅速解决。

第二节　氧化铝及其水合物的性质

氧化铝水合物是铝土矿中的主要矿物。从铝土矿或其他含铝原料中生产氧化铝，实质上是将矿石中的 Al_2O_3 与 SiO_2、Fe_2O_3、TiO_2 等杂质分离的过程。氧化铝水化物和杂质的性质是确定生产方法和作业条件的基本依据。因此，研究氧化铝水合物的性质对掌握氧化铝生产的工艺是十分重要的。

一、氧化铝及其水合物

1. *命名法*　不同国家和地区对氧化铝及其水化物原用不同的命名法。

根据氧化铝水合物在加热时互相转变的情况，哈伯（F. Haber）在1925年曾经将氧化铝及其水合物分成 γ 和 α 两个系列。

γ 系列	α 系列	分子式
三水铝石	—	$Al(OH)_3$
拜耳石	—	$Al(OH)_3$

一水软铝石　　　　一水硬铝石　　　　AlOOH

$\gamma-Al_2O_3$　　　　$\alpha-Al_2O_3$　　　　Al_2O_3

氧化铝水合物实际上是由 OH^-、O^{2-} 和 Al^{3+} 构成的，其中并不存在水分子。由于这个名词沿用已久，在本书中仍继续地沿用。

三水铝石、拜耳石、诺耳石是 $Al(OH)_3$（习惯上常写成 $Al_2O_3 \cdot 3H_2O$）的同质异晶体。一水软铝石和一水硬铝石则是 AlOOH（常写成 $Al_2O_3 \cdot H_2O$）的同素异晶体，它们的结晶构造与物理化学性质都不相同。

氧化铝水合物加热时只在本系列内转变，而不易转变为另一系列的氧化铝水合物。

美国铝业公司对氧化铝水合物命名，按照惯例用 α 表示自然界含量最多的那种水合物，而将一水软铝石和一水硬铝石的符号分别定为 α - AlOOH 和 γ - AlOOH，正好与哈伯的表示方法相反。

目前在国内外文献中应用最广的是这两种命名法。表 1－1 为两种命名法的对照关系。我国及本书中采用哈伯的命名法。

表 1－1　氧化铝及其水合物在不同命名法中的名称

组　成	矿物名称	美国常用符号	哈伯所有符号
$Al(OH)_3$ 或 $Al_2O_3 \cdot 3H_2O$	三水铝石 (gibbsite 或 bydrargillite)	$\alpha-Al(OH)_3$ 或 $\alpha-Al_2O_3 \cdot 3H_2O$ (α - aluminatrihydrate)	$\gamma-Al(OH)_3$ 或 $\gamma-Al_2O_3 \cdot 3H_2O$
	拜耳石 (bayerite)	$\beta-Al(OH)_3$ 或 $\beta-Al_2O_3 \cdot 3H_2O$ (β - aluminatribydrate)	—
	诺耳石① (nordstrandite)	新 $\beta-Al(OH)_3$ 或新 $\beta-Al_2O_3 \cdot 3H_2O$ (new β - trihydrate)	—
AlOOH 或 $Al_2O_3 \cdot H_2O$	一水软铝石 (Beohmite)	α - AlOOH 或 $\alpha-Al_2O_3 \cdot 3H_2O$ (α - alumina monohydrate)	γ - AlOOH 或 $\gamma-Al_2O_3 \cdot 3H_2O$
	一水硬铝石 (diaspore)	β - AlOOH 或 $\beta-Al_2O_3 \cdot 3H_2O$ (β - alumina monohydrate)	α - AlOOH 或 $\alpha-Al_2O_3 \cdot H_2O$
Al_2O_3	刚　玉 (corcmdum)	$\alpha-Al_2O_3$	$\alpha-Al_2O_3$

①有的文献中将诺耳石称为拜耳石Ⅱ，甚至 $\gamma-Al(OH)_3$。

2. $Al_2O_3-H_2O$ 系　在自然界中 $Al_2O_3-H_2O$ 系的结晶化合物有三水铝石、一水软铝石、一水硬铝石和刚玉等矿物，这些化合物也都可以用人工的方法制得，其他形态的氧化铝及其水合物在自然界中很少发现。在工业生产条件下，铝酸钠溶液在进行晶种分解和碳酸化分解时都能生成拜耳石，但它是不稳定的产物，在分解的最终产物中仍是三水铝石，拜耳石的含量很少，甚至完全没有。

图 1－1 为 $Al_2O_3-H_2O$ 系在高压下的平衡状态图。

从状态图可以看出，在较高的压力下，三水铝石加热后直接转变为一水硬铝石，并不需要先生成一水软铝石的中间过程。在较低的压力下，三水铝石首先转变为一水软铝石，然后再转变为一水硬铝石。因此，可以认为一水软铝石是三水铝石在低压下转变为一水硬

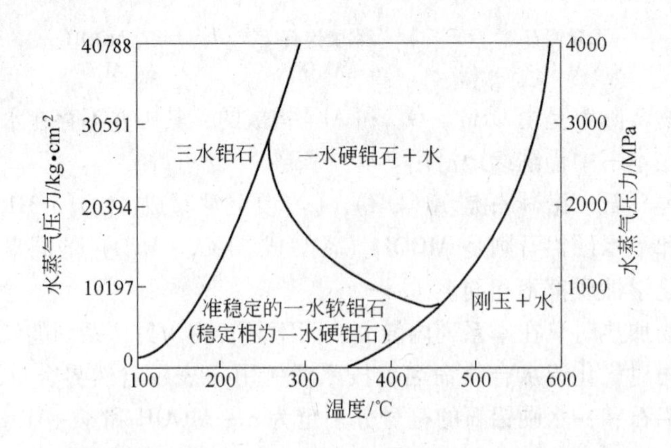

图 1-1　高压下的 $Al_2O_3-H_2O$ 系平衡状态图

铝石时出现的介稳中间相，在状态图上不应有其稳定区。但在较低的压力下一水软铝石转变为稳定的一水硬铝石的速度非常缓慢，因此在 $Al_2O_3-H_2O$ 系状态图上仍然标出了一水软铝石介稳存在的区域。当温度更高时，一水硬铝石转变为刚玉。

氢氧化铝在空气中加热脱水是一个复杂的相变过程，从三水铝石脱水到最终变为 $\alpha-Al_2O_3$，中间经过一系列的变化，存在着一系列过渡物相。三水铝石及其他氧化铝水合物脱水相变过程见图 1-2。

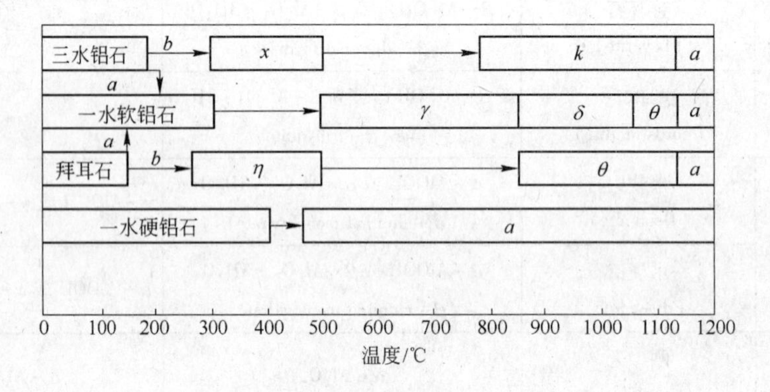

图 1-2　氧化铝水合物脱水相变过程

图上方框表示该物相存在的温度范围。由图可见，三水铝石和拜耳石脱水转变成 $\alpha-Al_2O_3$ 有两种不同的途径（a 和 b），它取决于脱水条件，见表 1-2。

表 1-2　氧化铝水合物脱水过程与条件的关系

条　件	有利于按途径（a）转变的条件	有利于按途径（b）转变的条件
压　力	>0.1MPa	0.1MPa
气　氛	湿空气	干空气
加热速度	>1℃/min	<1℃/min
氢氧化铝粒度	>100μm	<100μm

在工业生产中为了获得具有一定 $\alpha-Al_2O_3$ 含量，灼减较低并且吸湿性差的氧化铝，同时加速煅烧进程，氢氧化铝是在1100℃左右或更高（约1200℃）的温度下进行煅烧的。因为低温下煅烧的产物及其他中间物相的吸湿性较强，而 $\alpha-Al_2O_3$ 不具有吸湿性。$\alpha-Al_2O_3$ 的含量实际上标志着煅烧的程度。

二、氧化铝及其水合物的物理化学性质

1. 物理性质　氧化铝及其水合物由于结构不同，而有不同的物理性质。常见的几种铝矿物的折光率、比重和硬度是按下列次序递增的：三水铝石→一水软铝石→一水硬铝石→刚玉。它们最重要的结晶状态及物理特性见表1－3。

表1－3　氧化铝及其水合物的物理特性

矿物名称	三水铝石 $Al(OH)_3$	拜耳石 $Al(OH)_3$	一水软铝石 AlOOH	一水硬铝石 AlOOH	刚　玉 $\alpha-Al_2O_3$
晶　石	单斜晶系（假六方晶系）	单斜晶系	斜方晶系	斜方晶系	斜方六面体
比　重	2.42	2.53	3.01	3.44	3.98
折光率（平均）	1.57	1.58	1.66	1.72	1.77
莫代硬度	2.5～3.5		3.5～4.0	6.5～7.0	9.0

2. 化学性质　金属铝属于周期表中第三周期的第三族元素。其氧化物及水合物是典型的两性化合物，它们不溶于水，但可溶于酸和碱。在中性介质中，氢氧化铝的电离常数很小，但碱式电离常数大于酸式电离常数，因此通常氢氧化铝略显碱性。

氧化铝及其水合物的两性性质，使氧化铝生产既可以用碱法也可以用酸法。

不同形态的氧化铝及其水合物的化学活性，即在酸和碱溶液中的溶解度及溶解速度是不同的。三水铝石与拜耳石化学活性最大、最易溶，一水软铝石次之，一水硬铝石特别是刚玉很难溶。因为刚玉（$\alpha-Al_2O_3$）具有最坚固和最完整的晶格，晶格能大，化学活性最差，即使在300℃的高温下与酸和碱的反应速度也极慢。$\gamma-Al_2O_3$ 的化学活性较强、在低温下焙烧获得的 $\gamma-Al_2O_3$ 其化学活性与三水铝石相近。同一种形态的氧化铝及其水合物，由于生成条件不同，性质也不相同，甚至有较大的差异。例如，水热法生成的一水硬铝石的化学活性往往最差。在500℃左右焙烧一水硬铝石所得的 $\alpha-Al_2O_3$，其化学活性与自然界产出的刚玉或者在1200℃煅烧氢氧化铝所得到的 $\alpha-Al_2O_3$ 迥然不同，与焙烧前的一水硬铝石也不同，前者活性要比后三者大得多。故在适当的温度下焙烧一水硬铝石型铝土矿，能够加速溶出过程，提高氧化铝的溶出率。其原因是在较低温度下焙烧得到的 $\alpha-Al_2O_3$，晶格处于一种尚未完善的过渡状态，晶粒很细，表现出较高的化学活性，同时由于水的脱除，产生了较多的晶间空隙，有利于碱溶液的渗透。但随着焙烧温度的提高，$\alpha-Al_2O_3$的晶格越来越完善，强度越来越高，其化学活性也急剧降低。

最近还发现：在氧化铝及其水合物的晶格中，Al^{3+} 的位置可以被 Fe^{3+}、Ti^{4+} 所代替，使其化学性质发生改变。例如在一水铝石中出现类质同晶替代后，它们与碱溶液的反应能力显著降低，所以各地铝土矿中氧化铝水合物的化学性质是千差万别。某些一水软铝石甚

至出现比一水硬铝石化学活性更差的反常现象。

第三节　铝土矿及其他炼铝资源

一、主要含铝矿物

铝是地壳中分布最广的元素之一，其平均含量为 8.8%（如以 Al_2O_3 计，则为 16.62%），仅次于氧和硅而居第三位，按金属元素而言，铝则占第一位，由于铝的化学性质活泼，它在自然界只能以化合物状态存在。地壳中含铝矿物约有 250 种，其中以铝硅酸盐形式存在的含铝矿物占 40%，最重要的含铝矿石有铝土矿、明矾石、霞石等。详见表 1－4。

表 1－4　铝的主要矿物

名称与化学式	含量（%）		
	Al_2O_3	SiO_2	R_2O
刚玉 Al_2O_3	100	—	—
一水软铝石　$Al_2O_3 \cdot H_2O$	85	—	—
一水硬铝石　$Al_2O_3 \cdot H_2O$	85	—	—
三水铝石　$Al_2O_3 \cdot 3H_2O$	65.4	—	—
蓝晶石　$Al_2O_3 \cdot SiO_2$	63.0	37.0	—
红柱石　$Al_2O_3 \cdot SiO_2$	63.0	37.0	—
硅线石　$Al_2O_3 \cdot SiO_2$	63.0	37.0	—
霞石　$(Na, K)_2O \cdot Al_2O_3 \cdot 2SiO_2$	32.3～36.0	38.0～42.0	19.6～21.0
长石　$(Na, K)_2O \cdot Al_2O_3 \cdot 6SiO_2$	18.4～19.3	65.5～69.3	11.0～11.2
白云母　$K_2O \cdot 3Al_2O_3 \cdot 6SiO_2 \cdot 2H_2O$	38.5	45.2	11.8
绢云母　$K_2O \cdot 3Al_2O_3 \cdot 6SiO_2 \cdot 2H_2O$	38.5	45.2	11.8
白榴石　$K_2O \cdot Al_2O_3 \cdot 4SiO_2$	23.5	55.0	21.5
高岭石　$Al_2O_3 \cdot 2SiO_2 \cdot 2H_2O$	39.5	46.4	—
明矾石　$(Na, K)_2SO_4 \cdot Al_2(SO_4)_3 \cdot 4Al(OH)_3$	37.0	—	11.8
丝钠铝石　$Na_2O \cdot Al_2O_3 \cdot 2CO_2 \cdot 2H_2O$	35.4	—	21.5

铝土矿绝少以纯的状态形成工业矿床，而是与其他各种脉石矿物共生的。

二、铝土矿

1. 铝土矿的类型　铝土矿是目前氧化铝生产中最主要的原料，同时也是制取耐火材料高铝水泥和刚玉磨料的重要矿产资源。

铝土矿是一种组成复杂，化学成分变化很大的矿石，其主要成分为三水铝石，一水软铝石和一水硬铝石等氧化铝水合物，按其所含氧化铝水合物的类型不同，铝土矿可分为一水硬铝石型，一水软铝石型，三水铝石型以及各种混合型（如三水铝石－一水软铝石型，及一水软铝石－一水硬铝石型）等。有的一水硬铝石型铝土矿中含有少量刚玉。通常可通过矿石灼减的测定、差热分析，X 射线分析，红外光谱分析以及结晶光学分析等方法来鉴别铝土矿的类型。当矿石中杂质水合物含量不大时，根据矿石的灼减便可以判别它们是三水铝石型还是一水铝石型。铝土矿的类型不同，氧化铝及其水合物溶出的难易程度就不同，因此鉴别铝土矿的类型对于拟定溶出条件有着重要的意义。铝土矿的品级标准见表 1－5。

表 1－5　铝土矿的品级标准 GB 3497—83（全国矿产储量委员会 1984 年 3 月制定）

品　级	A/S 不小于	Al_2O_3（%）不小于	用　　途
Ⅰ	12	73	制取磨料，高铝水泥和氧化铝
		69	制取氧化铝
		66	
		60	
Ⅱ	9	71	制取氧化铝，高铝水泥
		67	
		64	
		50	
Ⅲ	7	69	制取氧化铝
		66	
		60	
Ⅳ	5	62	制取氧化铝
Ⅴ	4	58	
Ⅵ	3	54	
Ⅶ	6	48	制取氧化铝（限于三水铝石型）

铝土矿中氧化铝的含量变化很大，低的不足 30%，高的可达 80% 以上。与其他有色金属的生产相比，只需四吨左右的铝土矿便可以生产一吨金属铝，这也是炼铝过程的一个有利条件。

如前所述，铝土矿的类型对氧化铝的可溶性影响甚大。三水铝石最易为苛性碱溶液溶出，一水软铝石次之，一水硬铝石的溶出条件则苛刻得多，而刚玉在一般工业溶出条件下不与苛性碱反应。因此，铝土矿的类型影响它的处理方法、作业条件和技术经济指标。

2. *铝土矿中的杂质*　铝土矿中除氧化铝及其水合物外，还含有种种杂质，主要是氧化硅、氧化铁，其次是二氧化钛，少量的钙和镁的碳酸盐以及钠、钾、铬、钒、镓、磷、氟、锌和其他一些元素的化合物，有机物等。

铝土矿中 SiO_2 主要是以高岭石（$Al_2O_3 \cdot 2SiO_2 \cdot 2H_2O$）、绿泥石、水白云母等硅酸盐矿物存在，有时含少量石英（晶质 SiO_2）、蛋白石（非晶质 $SiO_2 \cdot nH_2O$）及其他黏土矿物。

氧化硅在铝土矿中的含量高者可达到 20% 以上，低者可到 1% 以下。随着氧化硅在铝土矿中存在的形态不同，其化学活性也不同，蛋白石的活性最大，其次是多水高岭石、高岭石，石英的活性最小。由于氧化硅是一种酸性氧化物，能溶解于强碱性溶液中，因此在强法生产氧化铝中，特别是拜耳法中氧化硅是很有害的杂质。而在酸法生产氧化铝中，在溶出过程就能将大量的氧化硅除去，因此，用酸法处理氧化硅含量高的铝土矿，原则上比碱法更为合理。但是酸法生产氧化铝存在着许多实际困难，工业上没有得到应用。

铝土矿中的含铁矿物主要是赤铁矿 $\alpha-Fe_2O_3$，有时含有针铁矿 FeOOH 等。铝土矿中 Fe_2O_3 含量一般在2% ~25%之间。采用碱法生产氧化铝时，Fe_2O_3 不与碱性溶液作用，而进入残渣，残渣因之呈红色，故称之为赤泥。氧化铁虽然不与碱液作用，不致引起 Al_2O_3 和碱的化学损失，但是，矿石中铁含量高特别是以针铁矿存在时，使赤泥分离与洗涤作业变得复杂也可以成为导致生产难以进行的原因。铁的含量愈多，赤泥量愈大，赤泥附液带走的 Na_2O、Al_2O_3 损失也愈多。赤泥洗涤用水量增大，需要蒸发的洗水量增多，因而使生产成本增高。当采用酸法生产氧化铝时，氧化铁与氧化铝一同进入溶液，由于两者在酸性溶液中的性质相近，故从铝酸钠溶液中清除铁是很困难的，成为酸法生产氧化铝的一个重要难题。

铝土矿中的 TiO_2 多以锐钛矿和金红石存在，它们在矿石中的分散程度有很大的差别。

杂质矿物在铝土矿中的存在形态，使铝土矿的结构有着很大的差别，铁和钛的矿物与铝矿物互相包裹，往往使铝矿物在碱溶液中的溶出过程遇到很大的困难，成为铝土矿溶出性能千差万别的另一个原因。所以国外认为各地的铝土矿都有其独特性，并且重视微观结构（形貌学）的影响。

镓在铝土矿中含量虽少，但在氧化铝生产过程中会在分解母液中逐渐积累，从而可以有效地回收，并成为生产镓的主要来源。目前世界上90%以上的镓是从氧化铝生产过程中提取的。

铝土矿中的其他杂质，也可以造成其他危害，将在以下章节再加阐述。

3. *铝土矿的质量*　衡量铝土矿质量的最主要标准是矿石中氧化铝含量及铝硅比 $\frac{A}{S}$（矿石中所含 Al_2O_3 与 SiO_2 的百分含量之比称为铝硅比）。氧化硅是碱法生产中最有害的杂质，所以铝土矿的质量不仅由氧化铝含量所决定，而且还与氧化硅含量有关，铝土矿中氧化铝含量与铝硅比对氧化铝厂的技术经济指标有很大的影响，应该愈高愈好。

三、国内外铝土矿资源

1. *我国铝土矿资源*　我国铝土矿资源十分丰富。分布很广，储量很大。根据目前已探明的具有工业价值的铝土矿床，主要分布在山西、河南、贵州、广西及山东等省。我国铝土矿的特点是高铝、高硅、低铁（也有少部分铁含量高的），并且大量是一水硬铝石型的。矿石的铝硅比多数在4 ~7之间，铝硅比在10以上的优质铝土矿相对少些。

除福建、海南、广西有很少量的三水铝石型铝土矿外，我国其他地区均为一水硬铝石-高岭石型。广西、山东和贵州拥有相当数量的高硫铝土矿。我国幅员辽阔，铝矿资源尚未经过充分勘探，随着地质勘探工作的深入开展，必将为我国铝工业提供更多更好的铝土矿。

我国主要铝土矿的矿物类型和化学组成列于表1-6。

2. *国外铝土矿资源*　铝工业的蓬勃发展，加速了铝土矿的勘探和开发利用。据美国矿务局的资料，世界铝土矿储量估计为245亿吨，而资源（包括储量和潜在储量）为350 ~400亿吨。足以满足今后150年左右的需要。铝土矿储量80%集中在几内亚、澳大利亚、巴西、加勒比海地区、越南、印度、印尼及东欧等地处于热带及亚热带的国家。

国外铝土矿多数为三水铝石型，在地中海沿岸以一水软铝石型居多，希腊为一水硬铝

表 1-6　我国几处铝土矿的矿物类型和化学组成

矿　区	类　　型	化学组成（%）				铝硅比
		Al_2O_3	SiO_2	TiO_2	Fe_2O_3	
山　东	一水硬铝石-高岭石型	55.0	16.0	2.5	12.0	3.4
河南（Ⅰ）	一水硬铝石-高岭石型	70.79	7.55	3.3	3.12	9.38
河南（Ⅱ）	一水硬铝石-高岭石型	60.25	7.81	3.6	9.7	7.71
河南（Ⅲ）	一水硬铝石-高岭石型	62.0	16.04	3.03	2.0	3.87
山西（Ⅰ）	一水硬铝石-高岭石型	65.8	13.9	3.1	1.5	4.73
山西（Ⅱ）	一水硬铝石-高岭石型	64.7	12.3	3.0	4.4	5.26
广西（Ⅰ）	一水硬铝石-高岭石型	57.45	5.92	3.54	19.05	9.7
贵州（Ⅰ）	一水硬铝石-高岭石型	69.1	9.45	3.18	1.61	7.28
贵州（Ⅱ）	一水硬铝石-高岭石型	70.9	7.59	3.76	2.25	9.35

石-一水软铝石型，苏联则各种类型都有。从化学成分来看，国外多为优质铝土矿，但氧化铁含量一般都较高。

表 1-7 列出一些国家的铝土矿的矿石类型及化学成分（仅列出氧化铝和主要杂质含量）。

表 1-7　国外一些铝土矿的矿石类型和化学组成

国家与地区	矿石类型	化学组成（%）			铝硅比
		Al_2O_3	SiO_2	Fe_2O_3	
澳大利亚（韦帕）	三水铝石-一水软铝石	58~59	4.5~5	6~8	>11
澳大利亚（戈弗）	三水铝石	51.5	3.0	18.4	17.1
几内亚（弗里亚）	三水铝石	42.74	0.8	25.58	54
牙买加（曼特斯特）	三水铝石	49.57	2.49	18.21	23.72
苏里南	三水铝石	53.16	3.42	9.72	15.6
圭亚那	三水铝石	59.5	2.0	5.5	29.8
印度尼西亚（宾坦）	三水铝石	52	5	13	10.4
加纳	三水铝石	53~63	0.2~3.7	8~14	>15
美国（阿肯色州）	三水铝石	50	13.0	5.6	3.85
苏联（土耳加）	三水铝石	40~45	11~13	16~18	3.2~4
南斯拉夫	一水软铝石	50	4.8	19.6	10.4
匈牙利	一水软铝石	50~52	6~7	18~20	~8
法国	一水软铝石	55	4	26	13.7
苏联（北乌拉尔）	一水硬铝石-一水软铝石	52	4	23	13
希腊（派尔纳斯）	一水硬铝石-一水软铝石	56	4.6	21	12.2
苏联（萨拉伊尔）	一水硬铝石（含有刚玉）	56.02	8.06	12.37	7

四、其他铝矿资源

除铝土矿外，可以用于生产氧化铝的其他资源还有明矾石、霞石、高岭土、黏土、长石、页岩、丝钠铝石、硫磷铝锶矿以及大型热电站的煤渣等。

明矾石矿：明矾石矿中主要矿物为明矾石 $(Na, K)_2SO_4 \cdot Al_2(SO_4)_3 \cdot 4Al(OH)_3$，其含量为30%～70%，杂质主要为石英，明矾石是综合提取氧化铝、硫酸、硫酸钾和稀有金属（铷、铯和镓）的原料，很受重视。

我国明矾石矿储量很丰富，主要分布于浙江、安徽及福建等省，目前以浙江平阳和安徽卢江两地储量最大，而且还以钾明矾石为主，是我国铝工业和化学工业的一项重要资源。

苏联、美国及伊朗等国都拥有丰富的明矾石矿。在最近的数十年当中，苏联研究出十多种从明矾石生产氧化铝的方法。并建立以明矾石为原料的基洛瓦巴德铝厂。同时报道已研究成功明矾石的选矿技术，使明矾石的含量由原矿的20%提高为精矿的90%以上。

霞石：$(Na, K)_2O \cdot Al_2O_3 \cdot SiO_2$ 常与长石、磷灰石等矿物伴生。经选矿后得到的霞石精矿，氧化铝含量虽低，但可综合利用得到氧化铝、苏打、碳酸钾、水泥和稀有金属。我国云南个旧市和四川南江县发现了霞石资源，前者储量巨大，后者质量较好。苏联有丰富的霞石资源，已建厂用石灰石烧结法处理。为了烧结过程的正常进行，霞石中的 Fe_2O_3 不应超出5%，氧化铁含量较高的矿石应该予以选矿（浮选、分级等）。

高岭土、黏土：高岭土和黏土是分布最广泛的含铝原料，其主要成分都是高岭石 $Al_2O_3 \cdot 2SiO_2 \cdot 2H_2O$。但黏土中杂质（如氧化铁、氧化钙、氧化镁和石英等）含量较高岭土多。

硫磷铝锶矿：我国四川的某些磷矿中伴生有相当数量的磷硫铝锶矿。硫磷铝锶矿可以综合利用以生产磷肥及氧化铝等产品，现正在进行综合利用工艺的试验研究。

第四节　氧化铝生产方法概述

一、电解炼铝对氧化铝质量的要求

氧化铝绝大部分供电解炼铝用。电解炼铝用的氧化铝，必须符合一定的质量要求。

1. 氧化铝的纯度　原铝质量决定于氧化铝纯度，其中所含比铝更正电性元素的氧化物（Fe_2O_3、SiO_2、TiO_2、V_2O_5 等），在电解过程中将率先在阴极上析出，使铝的品位和性能降低。除此之外，SiO_2 还会与电解质中的 AlF_3 作用生成四氟化硅（SiF_4）逸出，污染环境，并造成氟的损失。钛、钒、锰降低铝的导电性。硼则剧烈增加铝的收缩率，使铸造困难。据有关资料报道，如果电解质中含有0.01%的磷、钒、钛、铁，则电流效率分别降低（%）0.95、0.65、0.75、0.3。如果氧化铝含有比铝更负电性元素，如碱及碱土金属的氧化物和 SiO_2 等，电解时它们将按下列反应式与氟化铝发生作用，使 AlF_3 损失，电解质分子比（$NaF:AlF_3$）发生改变，破坏了电解过程正常的进行。

$$3R'_2O + 2AlF_3 \longrightarrow 6R'F + Al_2O_3$$

$$3R''O + 2AlF_3 \longrightarrow 3R''F_2 + Al_2O_3$$

上式中，R′代表碱金属元素；R″代表碱土金属元素。

为了稳定电解质的组成，必须补充相应数量的氟化铝。根据计算，氟化铝中 Na_2O 含量增加0.1%，则每生产一吨金属铝，氟化盐的消耗就要增加1.8kg，而氟化铝是最贵的电解质成分。

水分也是有害成分。它将分解电解质中氟化物。产生的 HF，既造成氟的损失，又恶化劳动条件。但是，为了兼顾氧化铝在电解质中溶解速度等性质，适当放宽了对氧化铝灼减量的要求。因为在电解槽结壳上预热氧化铝时，可将其吸附的水分全部脱除，烟气中的氟化氢也可以通过净化系统加以回收。

我国氧化铝的现行质量标准及国外一些拜耳法厂所产氧化铝的主要杂质含量见表 1－8、表 1－9。

表 1－8　我国氧化铝质量标准

等级	化学成分（%）				
	Al_2O_3 不低于	杂质（不高于）			
		SiO_2	Fe_2O_3	Na_2O	灼减
一级	98.6	0.02	0.03	0.50	0.8
二级	98.5	0.04	0.04	0.55	0.8
三级	98.4	0.06	0.04	0.6	0.8
四级	98.3	0.08	0.05	0.6	0.8
五级	98.2	0.10	0.05	0.6	1.0

表 1－9　国外一些拜耳法厂所产氧化铝的主要杂质含量

杂质含量（%）＼厂名	法国 拉勃拉斯厂	美国 摩比尔厂	西德 施塔德厂	希腊 圣－尼古拉厂	澳大利亚 平加拉厂	日本 苫小牧厂
SiO_2	0.015	0.018	0.006	0.009	0.020	0.015
Fe_2O_3	0.036	0.019	0.016	0.014	0.010	0.005
Na_2O	0.468	0.543	0.31	0.291	0.463	0.39
灼减	0.79	1.22	0.5	0.85	0.85	0.32

从表 1－8、表 1－9 中的数据可以看出，我国氧化铝的质量与国外先进水平相比，SiO_2 和 Fe_2O_3 含量偏高。除了生产方法不同所造成的影响外，也存在生产工艺方面的原因。

现代铝电解生产对于氧化铝中其他微量杂质含量也提出了要求。例如，氧化铝中其他微量杂质的含量应符合下列要求：$V_2O_5 < 0.003\%$；$P_2O_5 < 0.003\%$；$ZnO < 0.005\%$；$TiO_2 < 0.005\%$。

2. 氧化铝的物理性质　氧化铝物理性质主要指 $\alpha-Al_2O_3$ 含量、真比重、容重、粒度、比表面积、安息角及磨损系数等。氧化铝的物理性能，对于保证电解过程正常进行，提高电解过程的技术经济指标以及环境保护关系甚大。因此除化学成分外，对氧化铝的物理性能也提出如下的要求：在电解质中的溶解度大，溶解速度快；流动性好，便于风动输送和从料仓向电解槽自动加料；粉尘量小，在输送和加料时的飞扬损失少，具有较好的表面活性，能够有效地吸附 HF 气体；保温性能好，在电解质上能形成良好的结壳，以屏蔽电解质熔体，降低热损失；能够严密地覆盖在阳极炭块上，防止阳极炭块在空气中氧化，减少阳极消耗。

按照氧化铝的物理特性，可将其分成砂状、中间状和面粉状三种。见表1－10。

表1－10　工业氧化铝的分类和特性

特性＼分类	砂状	中间状	面粉状
－44μm粒子（%）	<10	12～20	>40
比表面积（m^2/g）	50～60	>35	2～10
$\alpha-Al_2O_3$（%）	10～20	40～50	60～70
堆积比重（g/cm^3）	0.95～1.05	>0.85	<0.75
真比重（g/cm^3）	<3.70	<3.70	>3.90
安息角（°）	<30	35～40	>42
灼减（%）	0.9～1.2	—	0.3

砂状氧化铝呈球状，颗粒较粗，安息角小，流动性好，$\alpha-Al_2O_3$含量一般为10%～20%，$\gamma-Al_2O_3$含量较高，具有较大的活性，对氟化氢吸附能力强。由于各国生产氧化铝的原料、工艺条件和设备的不同，故砂状氧化铝的物理性质差别很大。但近年来总的趋势是增大氧化铝的比表面积（多数为50～60m^2/g），降低$\alpha-Al_2O_3$的含量。对粒度和强度的要求也趋于严格。美国铝业公司要求产品粒度平均粒径为60～70μm，细颗粒（－44μm）含量应少于10%，大于150μm的粗颗粒也应该少，一般不应大于5%，主要粒度是在150～74μm之间，其占总量的60%～70%。强度好，破损系数[1]<10%。堆积比重稳定在0.95～1.05，灼减为1%左右。

面粉状氧化铝呈片状和羽毛状，颗粒较细，煅烧程度高，表面粗糙，粒子间黏附力强，因而流动性差，安息角大，其中$\alpha-Al_2O_3$含量往往高达70%以上，因此在电解质中的溶解速度较慢，对于HF的吸附能力也差。然而面粉状氧化铝在电解槽结壳上可以堆得厚，堆积比重较小，导热系数低，有着比砂状氧化铝更好的保温能力，并减少阳极炭块的氧化。

对电解过程来说，砂状氧化铝和粉状氧化铝都各有利弊。当前各国广泛采用中间下料的大型预焙阳极电解槽和干法烟气净化系统，以减少环境污染。要求使用流动性好，溶解快，吸附HF能力强和粉尘量小的砂状氧化铝，已成为发展的主流。国外某些原来生产粉状氧化铝的工厂，大都已经或准备转产砂状氧化铝。

与国外典型的砂状氧化铝产品比较，我国氧化铝的物相成分，结壳性能，流动性和容重等都好，氧化铝灼减低，这些都能满足电解炼铝需要。在适当降低焙烧温度以后，我国氧化铝的$\alpha-Al_2O_3$含量、比表面积、真比重、在电解质中的溶解速度等项目都达到了电解的要求。主要缺点是粒度太细、破损系数太高，需要在技术上加以改进。

---

[1] 破损系数是表征氧化铝强度的指标。它是氧化铝在载流流化床中循环15min后，试样中－44μm粒级含量改变的百分数。破损系数$I=\frac{x-y}{x}\times100\%$，式中$x$和$y$分别代表破损试样前、后氧化铝中大于44μm粒级的百分数。

根据电解铝的需要和我国氧化铝生产现有情况，我国砂状氧化铝标准分成A、B、C三型，见表1－11。A型适用于干法烟气净化的铝电解槽，B型适用于现在一般使用的无集气罩铝电解槽。由于现在某些产品还达不到上述两种指标，所以另定了C型，暂时用C型代替B型在一般铝电解槽上使用，以后逐渐改换为A型及B型。

在表1－11中，"主要指标"是要求应该达到的，"从属指标"则根据各厂焙烧条件的不同，可根据主要指标中的比表面积而适当放宽要求的。

表1－11　我国砂状氧化铝的指标

指标 \ 型号		A		B	C
		一般	最好		
主要指标	比表面积（m^2/g）	45～65	50～60	40～55	>35
	$-44\mu m$粒子（%）	<15	<10	<20	<35
	破损系数（%）	<18	<12	<20	<40
	堆积比重（g/cm^3）	0.95～1.05	0.95～1.05	0.95～1.05	0.95～1.05
从属指标	$\alpha-Al_2O_3$（%）	18～24	19～22	20～26	<35
	灼减（%）	0.8～1.2	0.9～1.1	0.68～1.0	>0.55

二、氧化铝生产方法概述

到现在为止已经提出了很多种从铝矿或其他含铝原料中提炼氧化铝的方法，但由于技术上和经济上的种种原因，目前用于工业生产的只有少数几种方法。

由于氧化铝的两属性，既可以用碱性溶液也可以用酸性溶液使铝土矿中的氧化铝溶出。氧化铝的生产方法大致可分为碱法、酸法、酸碱联合法与热法。但在工业上得到应用的只有碱法。

碱法是用碱（工业烧碱NaOH或纯碱Na_2CO_3）处理铝土矿，使矿石中的氧化铝转变为铝酸钠溶液。矿石中的铁、钛等杂质和绝大部分的硅成为不溶性化合物进入残渣（赤泥）。它从溶液分离出来经洗涤后弃去或另行综合利用。从净化后的铝酸钠溶液（称作精液）即可分解析出氢氧化铝，分解母液则在生产中循环使用。

碱法生产氧化铝又有拜耳法、碱石灰烧结法和拜耳－烧结联合法等多种流程。

拜耳法是直接利用含有大量游离苛性碱的循环母液处理铝土矿，溶出其中氧化铝得到铝酸钠溶液的，往铝酸钠溶液中添加氢氧化铝（晶种）经长时间搅拌便可分解析出氢氧化铝结晶。分解母液经蒸发后再用于溶出下一批铝土矿。

碱石灰烧结法是在铝土矿中配入石灰石（或石灰）、纯碱（含大量Na_2CO_3的碳分母液），在高温下烧结得到含有固态铝酸钠的熟料，用水或稀碱溶液溶出熟料得出铝酸钠溶液。铝酸钠溶液脱硅净化后，通入二氧化碳气便可分解结晶氢氧化铝。分解后的母液经蒸发后循环使用。

拜耳法流程比较简单、能耗低、产品质量好、成本低。但只限于处理高品位的铝土矿（A/S应大于7）。碱石灰烧结法比较复杂，能耗高、产品质量和成本都不及拜耳法。但它可以处理高硅铝土矿。由于矿石铝硅比的降低，使各种原材物料的消耗增大，设备增加，各项技术经济指标也随之下降。因此目前碱石灰烧结法处理的矿石，铝硅比也不宜低于

3～3.5。

实践证明，在某些情况下，采用拜耳法和烧结法的联合生产流程，即拜耳－烧结联合法，可以兼收拜耳法和烧结法的优点，获得较单一的拜耳法或烧结法更好的经济效果。

拜耳－烧结联合法根据其工艺流程又有并联法、串联法和混联法。

酸法生产氧化铝是用硝酸、硫酸、盐酸等无机酸处理含铝原料而得到相应的铝盐的酸性水溶液。然后使这些铝盐成水合物晶体（经过蒸发结晶）或碱式铝盐（水解结晶）从溶液中析出，亦可用碱中和这些铝盐的水溶液，使铝成为氢氧化铝析出，煅烧所得的氢氧化铝或者各铝盐的水合晶体或碱式铝盐，便可得到无水氧化铝。

酸法用于处理分布很广的高硅低铁的含铝原料，如黏土、高岭土等，在原则上是合理的。但与碱法比较，酸法生产氧化铝需要昂贵的耐酸设备，酸的回收一般比较复杂，从铝盐溶液中清除铁、钛等杂质困难等。因此至今未能实现工业化。近年来，一些铝土矿资源缺乏的国家一直把酸法作为处理非铝土矿原料生产氧化铝的技术储备，积极加以研究并取得了一定的进展。

酸碱联合法是先用酸法从高硅铝矿中制取含有铁、钛等杂质的氢氧化铝，然后再用碱法（拜耳法）处理。这一流程的实质是用酸法除硅，碱法除铁。近来有的文献认为这是一个有工业价值的方法。

热法（又称为帕德生（Pederson）法）是为处理高硅高铁铝矿而提出的，其实质是在电炉或高炉内还原熔炼矿石，同时获得硅铁合金（或生铁）与含铝酸钙炉渣，二者借比重差分离后，再用碱法从炉渣中提取氧化铝。我国抚顺和苏联、挪威在四十年代都曾按此法生产氧化铝，后来都告停产，目前对这一方法的研究仍有人进行。

第二章 铝酸钠溶液

第一节 铝酸钠溶液特性参数

一、铝酸钠溶液浓度的表示法

碱法是目前生产氧化铝的唯一方法。在碱法中，铝酸钠溶液是重要的中间产物。深入了解铝酸钠溶液的物理化学性质有着十分重要的意义。

在工业上的铝酸钠溶液中各个溶质的浓度是用每升中的克数（g/L）来表示。工业铝酸钠溶液中的 Na_2O，除结合成铝酸钠（$NaAlO_2$）和 NaOH 的形态存在者外，还以 Na_2CO_3、Na_2SO_4 形态存在。以 $NaAlO_2$ 和 NaOH 形态存在的 Na_2O 叫做苛性碱（$Na_2O_{苛}$ 或 Na_2O_K，在本书中就以 Na_2O 表示），以 Na_2CO_3 形态存在的 Na_2O 叫做碳酸碱（以 $Na_2O_{碳}$ 或 Na_2O_C 表示），以硫酸钠形态存在的 Na_2O 叫做硫酸碱（以 $Na_2O_{硫}$ 或 Na_2O_S 表示）。以 $Na_2O_{苛}$ 和 Na_2O_C 形态存在的碱的总和称为全碱（$Na_2O_{全}$、$Na_2O_{总}$ 或 Na_2O_T）。在科学研究中它们多以百分含量表示。这两种表示方法互相换算公式如下：

$$n = (1000 \times d) \times \frac{N}{100}, \text{g/L}$$

$$a = (1000 \times d) \times \frac{A}{100}, \text{g/L}$$

式中 N ——Na_2O 含量，%；
A ——Al_2O_3 含量，%；
n ——Na_2O 含量，g/L；
a ——Al_2O_3 含量，g/L；
d ——溶液的密度，g/cm³。

铝酸钠溶液的密度可按经验公式近似地求出：

$$d = dN + 0.009A + 0.0045N_C$$

式中 dN ——Na_2O 浓度与铝酸钠溶液中 Na_2O_T（$Na_2O_T = Na_2O + Na_2O_C$）含量相等的纯 NaOH 溶液的密度；
A，N_C ——分别为铝酸钠溶液中 Al_2O_3 和 Na_2CO_3（以 Na_2O_C 表示）的浓度，%。

二、苛性比值

苛性比值是铝酸钠溶液的一个重要特性参数，也是氧化铝生产中一项常用的技术指标。它是铝酸钠溶液中的 Na_2O 与 Al_2O_3 的摩尔比。

$$苛性比值(\alpha_K) = \frac{Na_2O\ 分子数}{Al_2O_3\ 分子数} = \frac{Na_2O\ 物质的量}{Al_2O_3\ 物质的量} \times \frac{102}{62}$$

$$= 1.645 \times \frac{Na_2O\ 物质的量}{Al_2O_3\ 物质的量}$$

式中62和102分别为Na_2O和Al_2O_3的摩尔量。

苛性比值（α_K）表示铝酸钠溶液中氧化铝的饱和程度和稳定性。对于这一比值，各国有不同的习惯表示方法。苛性比值有时直接写成Na_2O: Al_2O_3摩尔比。苏联习惯用"α_K"表示苛性比值，并简称为"苛性比"。美国习惯用溶液中所含Al_2O_3与Na_2O的质量的比值来表示，符号为"A/C"，但其中Na_2O是以当量的Na_2CO_3来表示的，因此，$A/C=0.9623(\alpha_K)^{-1}$。

本书为了与我国工厂习惯表示方法一致，采用"Na_2O: Al_2O_3摩尔比"来表示铝酸钠溶液苛性比值，符号为"α_K"。

三、硅量指数

铝酸钠溶液中Al_2O_3与SiO_2含量的比例，称为溶液的硅量指数，也以符号"A/S"来表示。当溶液中Al_2O_3浓度一定时，硅量指数愈高，则溶液中二氧化硅杂质含量愈低，溶液的纯度愈高。

第二节　$Na_2O-Al_2O_3-H_2O$系

一、$Na_2O-Al_2O_3-H_2O$系平衡状态图的绘制

纯的铝酸钠溶液包含在$Na_2O-Al_2O_3-H_2O$系之中，因此要研究铝酸钠溶液的物理化学性质，掌握Al_2O_3在NaOH溶液中的溶解度以及其与氢氧化钠浓度、温度变化的规律，判断在一定条件下反应进行的方向和进行的最大限度以及在不同条件下的平衡固相就有必要研究$Na_2O-Al_2O_3-H_2O$系平衡状态图。它是碱法生产氧化铝的重要理论基础。

$Na_2O-Al_2O_3-H_2O$系平衡状态图是根据Al_2O_3在NaOH溶液中的溶解度的精确测定结果绘制的。Al_2O_3的溶解度按下面两种方式同时测定：

（1）在一定温度下将过量的氧化铝或其水合物加入到一定浓度的氢氧化钠溶液中使之达到饱和。

（2）在一定温度下使Al_2O_3含量过饱和的铝酸钠溶液分解，使之达到饱和（平衡）。

按上述方式测出Al_2O_3在不同温度、不同浓度的氢氧化钠溶液中的溶解度，以及与溶液保持平衡的固相的化学组成与物相组成，即可据以绘出在某一温度下的$Na_2O-Al_2O_3-H_2O$系平衡状态图。

$Na_2O-Al_2O_3-H_2O$系平衡状态图可以用直角三角形（直角坐标）表示，有时也用等边三角形表示。以直角坐标表示的$Na_2O-Al_2O_3-H_2O$系平衡状态图，其横轴表示Na_2O浓度，纵轴表示Al_2O_3的浓度，原点O表示100%的水，通过原点O的任一直线称为等α_K线。在这直线上的任何一点溶液的α_K值都相等。铝酸钠溶液蒸发浓缩或用水稀释时，溶液的组成点都沿着等α_K线变化。

二、30℃下的$Na_2O-Al_2O_3-H_2O$系平衡状态图

图2-1为以直角三角形表示的在30℃下的$Na_2O-Al_2O_3-H_2O$系平衡状态图。有关平衡浓度和平衡固相的数据列于表2-1。

图中的点和线将其分成若干个区域。这些点、线、区域的具体含义是：

$0B$线：为三水铝石在氢氧化钠溶液中的溶解度曲线。由图可见，随着NaOH浓度的

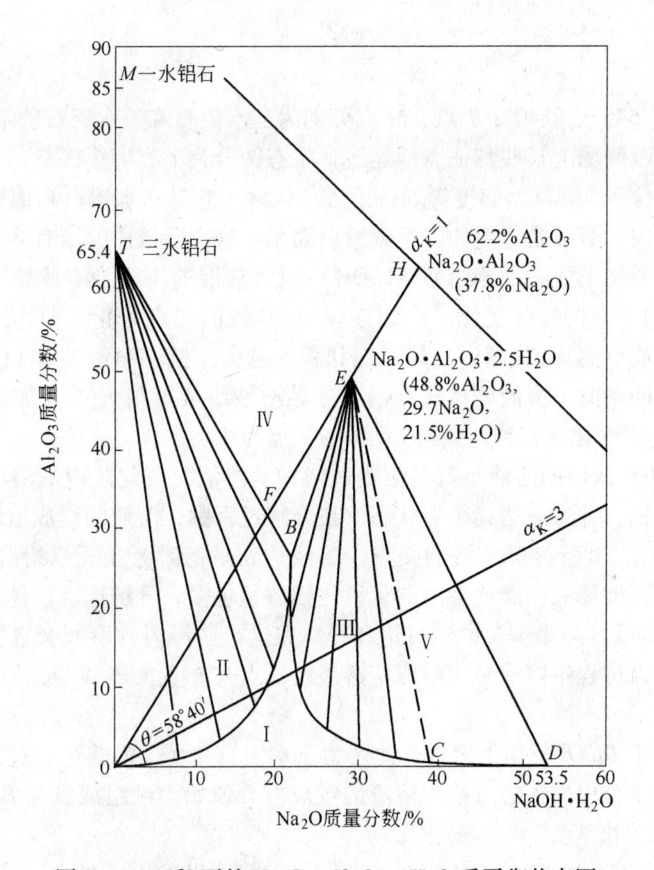

图 2－1　30℃下的 $Na_2O-Al_2O_3-H_2O$ 系平衡状态图

增高，Al_2O_3 在溶液中的溶解度开始缓慢、随后非常迅速地增大，在 *B* 点达到最大值。由于 NaOH 的活度系数随其浓度的增高而增大，因而 0*B* 线段具有越来越大的斜度。与 0*B* 线上的溶液保持平衡的固相是三水铝石。

BC 线：为水合铝酸钠 $Na_2O \cdot Al_2O_3 \cdot 2.5H_2O$ 在 NaOH 溶液中的溶解度曲线。随着 NaOH 浓度的增加，水合铝酸钠的溶解度降低，与 *BC* 线上的溶液相平衡的固相是水合铝酸钠。*B* 点的溶液同时与三水铝石和水合铝酸钠保持平衡。因此它的自由度为 0，为无变量点。

CD 线是 $NaOH \cdot H_2O$ 在铝酸钠溶液中的溶解度曲线。*C* 点的溶液同时与水合铝酸钠和一水氢氧化钠保持平衡，也是无变量点。*D* 点是 $NaOH \cdot H_2O$（53.45% Na_2O 和 46.55% H_2O）的组成点。

E 点是 $Na_2O \cdot Al_2O_3 \cdot 2.5H_2O$ 的组成点，其成分是 48.8% Al_2O_3，29.7% Na_2O 和 21.5% H_2O。在 *DE* 线上及其右上方皆为固相区，不存在液相。

联结 0*E* 两点便得到苛性比值为 1 的等 α_K 线，由于铝酸钠是强碱弱酸盐，故它只能存在于强碱性溶液中才不会水解。实际上不可能有苛性比值小于 1 的铝酸钠溶液，铝酸钠溶液的组成点都位于 0*E* 连线的右下方。当状态图上的横坐标和纵坐标采用相同的量度时，0*E* 连线的斜率为

$$\tan\theta = \frac{Al_2O_3\%}{Na_2O\%} = \frac{1.645}{\alpha_K} = 1.645$$

所以　$\theta = \tan^{-1}1.645 = 58°40'$，$T$点、$M$点分别为三水铝石和一水铝石的组成点。

溶解度等温线和图上某些特征点的连线将状态图分为下列四个区域：

区域Ⅰ　即位于$0BCD$溶解度等温线下方的区域，它是三水铝石和偏铝酸钠均未饱和的溶液区，即区内的溶液是稳定的，不致析出固相。这个区域内的所有溶液都有继续溶解三水铝石和偏铝酸钠的能力，当溶解$Al(OH)_3$时，液液的组成沿着原始溶液的组成点与T点（$Al_2O_3 \cdot 3H_2O$）的连线变化，直到连线与$0B$线的交点为止，即达到溶液的平衡浓度。原始溶液组成点离$0B$线越远，其未饱和程度越大，能够溶解的$Al(OH)_3$数量越多。当其溶解固体铝酸钠时，溶液的组成则沿着原始溶液组成点与E点（如果是无水铝酸钠则是H点）的连线变化，直到连线与BC线的交点为止。

区域Ⅱ　$0BF0$区内的溶液是氢氧化铝过饱和的溶液，在此区内的溶液将自发地分解析出固体氢氧化铝，并力图达到平衡状态。在分解过程中，溶液的组成沿着原始溶液组成点与T点连线变化，直到与$0B$线的交点，溶液达到平衡时为止。原始溶液组成点离$0B$线越远，过饱和程度越大，能够析出的氢氧化铝数量越多，分解速度也越快。

区域Ⅲ　$BCEB$区域是偏铝酸钠过饱和区，在这个区域内的溶液会自发地结晶析出水合铝酸钠。在析出过程中溶液组成沿原始溶液组成点与E点的连线变化，直到与BC线的交点为止。

区域Ⅳ　位于$BETB$三角形之内。此区为三水铝石和水合铝酸钠的过饱和区。在此区析出三水铝石和水合铝酸钠的过程中溶液的组成沿着原始溶液组成点与B点的连线变化，直到B点的组成为止。

从30℃下$Na_2O-Al_2O_3-H_2O$三元系平衡状态图可以看出：Al_2O_3的溶解度随着溶液中的苛性碱浓度的增加而急剧增加。但是当苛性碱浓度超过某一限度（Na_2O21.95%）后，Al_2O_3的溶解度急剧降低，Al_2O_3溶解度出现最大值（$Al_2O_3$25.59%）。这是由于与溶液保持平衡的固相组成已经改变的结果。

在氧化铝生产过程中，铝酸钠溶液的组成位于平衡状态图中的Ⅰ、Ⅱ区域内。

三、60℃、95℃、150℃、200℃等温度下的$Na_2O-Al_2O_3-H_2O$系状态图

图2－2为$Na_2O-Al_2O_3-H_2O$系中Al_2O_3在NaOH溶液中在不同温度下的溶解度等温线。

由这些溶解度等温线可以看出：随着温度的升高，Al_2O_3在溶液中的溶解度显著增大，等温线的弯曲程度逐渐减小，曲线越来越直。温度在250℃以上，等温线几乎为一直线，等温线的两支线之间的未饱和溶液区扩大。因此浓度相同的NaOH溶液，随着温度的升高，可以溶解的Al_2O_3增多，所得铝酸钠溶液的苛性比值也更低。

表2－1、表2－2、表2－3分别为三水铝石、一水软铝石和一水硬铝石于不同温度下在氢氧化钠溶液中溶解度的部分数据。

细致地分析表2－1、表2－2中的数据可以发现：当Na_2O浓度为12%，温度为95℃时，Al_2O_3的溶解度为10.76%。当温度升高到150℃时，Al_2O_3的溶解度反而降低到10.46%。同样Na_2O浓度为14%，温度为95℃时，氧化铝的溶解度为13.60%。温度升高到150℃时，Al_2O_3的溶解度降低到12.67%，与前面介绍的Al_2O_3溶解规律不符。另外，将

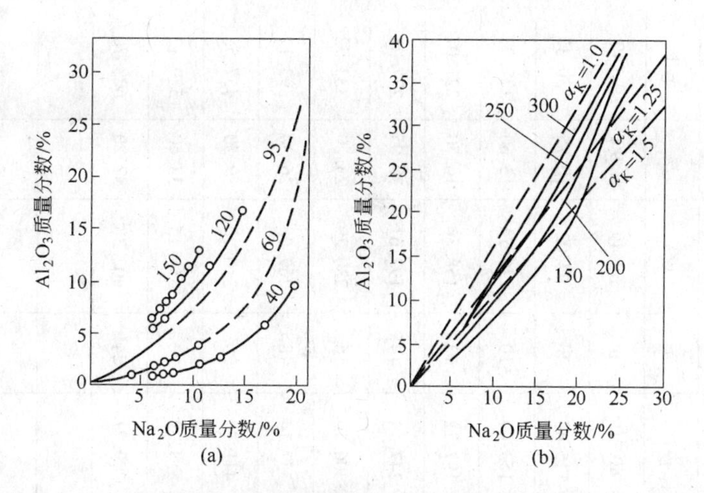

图 2-2　$Na_2O-Al_2O_3-H_2O$ 系溶解度等温线的左支线（曲线旁边的数字为温度）

（a）40～150℃；（b）150～300℃

表 2-1　30℃、60℃和95℃下三水铝石在 NaOH 溶液中的溶解度

30℃				60℃				95℃			
Na_2O		Al_2O_3		Na_2O		Al_2O_3		Na_2O		Al_2O_3	
%	g/L	%	g/L	%	g/L	%	g/L	%	g/L	%	g/L
4	42.67	0.75	8.00	4	42.94	1.50	16.40	2	20.84	1.34	13.96
6	65.71	0.90	9.82	6	66.56	2.48	27.51	4	43.40	2.81	30.50
8	90.23	1.82	14.89	8	91.89	3.63	41.69	6	67.60	4.41	45.10
10	116.23	1.92	22.32	10	118.97	4.97	59.13	8	93.70	6.15	72.04
12	143.71	2.68	32.10	12	137.79	6.45	79.43	10	121.90	8.27	100.08
14	172.90	3.61	44.58	14	178.63	8.16	104.12	12	153.50	10.76	137.70
16	203.72	4.75	60.48	16	213.08	10.25	136.50	14	185.50	13.60	180.20
18	237.36	6.75	88.02	18	248.18	13.42	185.03	16	221.10	16.80	232.10
20	277.08	11.10	153.78	19.94	301.11	21.45	368.11	18	262.90	22.50	328.60
21.95	338.75	25.59	394.92	22	319.11	15.20	220.48	20	306.85	27.64	424.10
24	340.22	8.42	119.36	24	344.06	10.20	146.23	20.87	325.84	29.25	454.68
26	366.48	4.56	64.27	26	372.97	7.34	105.3	22	328.50	19.93	297.60
28	398.03	2.89	41.08	28	404.6	5.50	79.48	24	348.40	12.20	177.10
30	423.3	2.00	28.82	30	438.32	4.23	61.8	26	357.10	5.60	76.90

三水铝石溶解在苛性碱浓度相同的原始液中，根据变化温度的试验结果绘出 $Na_2O-Al_2O_3-H_2O$ 系的溶解度变温曲线图（图 2-3）。

表 2－2　15℃、200℃、250℃和 300℃下一水软铝石在 NaOH 溶液中的溶解度

150℃				200℃				250℃				300℃			
Na_2O		Al_2O_3		Na_2O		Al_2O_3		Na_2O		Al_2O_3		Na_2O		Al_2O_3	
%	g/L	%	g/L	%	g/L	%	g/L	%	g/L	%	g/L	%	g/L	%	g/L
6	67.61	4.42	49.80	6	68.24	5.60	63.69	6	69.00	7.0	80.50	6	69.49	7.90	91.49
8	93.85	6.35	74.50	8	94.85	7.73	91.64	8	96.19	9.6	115.43	8	97.02	10.75	130.37
10	121.99	8.32	101.49	10	114.50	9.95	113.93	10	125.48	12.2	153.09	10	126.74	13.60	172.37
12	152.12	10.46	132.60	12	154.15	12.34	158.51	12	157.13	15.1	197.72	12	158.86	16.70	221.07
14	184.31	12.67	166.80	14	187.10	14.85	198.42	14	191.16	18.1	247.14	14	193.61	20.05	277.28
16	218.62	15.10	206.33	16	222.15	17.55	243.67	16	227.84	21.5	306.16	16	230.29	23.20	333.92
18	255.20	17.75	251.70	18	259.36	20.63	297.83	18	265.64	24.2	357.14	18	269.05	26.30	393.11
20	295.35	21.25	313.81	20	300.66	24.20	363.80	20	308.58	28.6	441.27	20	310.20	29.50	457.55
22	339.80	25.65	396.18	22	340.63	29.20	452.10	22	352.97	32.3	518.22	22	355.15	33.40	539.13
24	338.13	30.60	494.86	24	398.38	35.34	586.61	24	399.70	35.95	599.71	24	402.38	37.20	623.70
26	436.19	34.35	576.27	26	447.26	39.08	672.26								
26.58	450.55	35.34	599.03	26.06	450.79	39.20	687.08								
28	463.95	29.05	481.34	28	476.67	34.10	667.34								
30	489.00	23.00	374.90	30	514.78	30.35	508.85								

表 2-3　250℃、300℃下一水硬铝石在 NaOH 溶液中的溶解度

250℃				300℃			
Na_2O		Al_2O_3		Na_2O		Al_2O_3	
%	g/L	%	g/L	%	g/L	%	g/L
12	156.4	14.45	188.4	8	96.81	10.64	126.58
14	190.3	17.45	237.2	10	126.45	13.28	167.93
16	226.3	20.40	288.5	12	158.21	16.10	212.26
18	264.4	23.40	343.7	14	192.35	19.05	261.74
20	305.61	26.95	411.81	16	228.99	22.30	319.16
22	351.38	31.50	503.12	18	267.88	25.58	380.69
—	—	—	—	20	289.12	28.90	417.78

由图 2-3 可以看出，变温曲线在 100~150℃之间是不连续的。升高温度 Al_2O_3 溶解度反而降低的原因是在此温度范围内与溶液相平衡的固相改变了，即由三水铝石转变成了溶解度较小的一水软铝石。

从表 2-2、表 2-3 与图 2-4 可以看出，在相同的溶出条件下，一水硬铝石的溶解度小于一水软铝石的溶解度，如前所示这是它们结构不同，化学活性不同所造成的结果。但随着温度的升高，溶解度的差别愈来愈小，当溶出温度提高到 300℃以上，此种差别趋于消失。

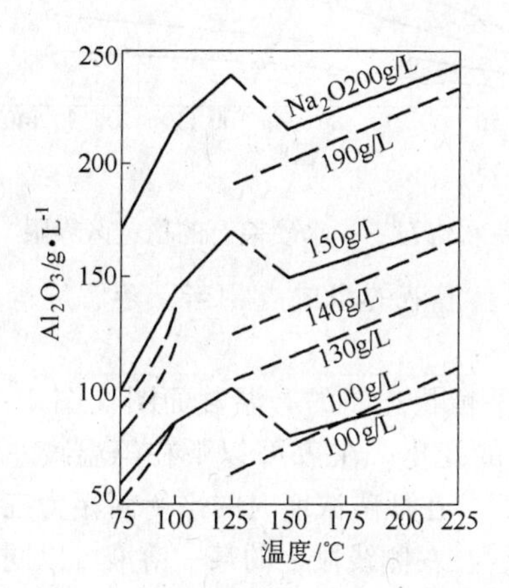

图 2-3　$Na_2O-Al_2O_3-H_2O$ 系变温曲线

——金诗伯和弗立格的数据；

- - -鲍尔梅斯特和富尔达的数据

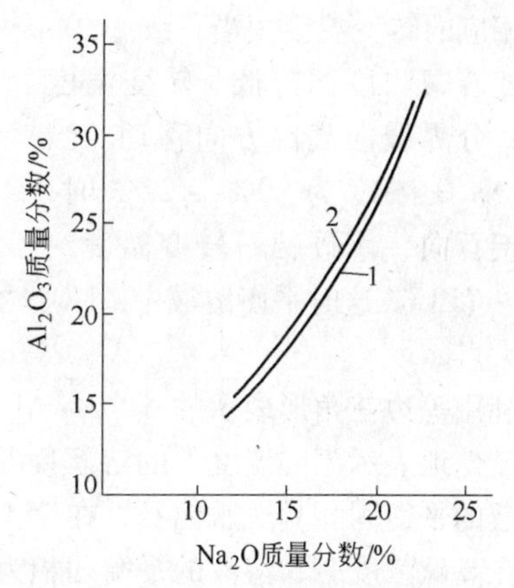

图 2-4　250℃下一水铝石在 NaOH 溶液中的溶解度曲线

1——一水硬铝石；2——一水软铝石

表 2-2、表 2-3 中的实验数据还说明，在高温下对于 Al_2O_3 的溶解度来说，提高温度的作用更胜于提高苛性碱浓度，即温度起主要作用。因此制取 Al_2O_3 浓度相同的溶液，随着溶出温度的提高苛性碱的浓度可以降低。

在高温下溶解一水硬铝石和一水软铝石所得的平衡溶液的 α_K 逐渐接近，到 300℃平衡 α_K 几乎相等。见图 2-5。

四、$Na_2O-Al_2O_3-H_2O$ 系的平衡固相

如前所述，温度在 95 ~ 150℃之间与溶液平衡的固相会发生改变。为确定 $Na_2O-Al_2O_3-H_2O$ 系中三水铝石－一水铝石稳定区的界限，魏菲斯（K. Wefers）根据混合物中有大量稳定相作为晶种时，不致生成过饱和溶液的理论，即两种固相中如果有一相在所研究的温度－浓度范围内是不稳定的，它便会被溶解消失，转变为稳定相，直到建立平衡为止，在 1967 年曾采用三水铝石和一水硬铝石的混合物作为固相原料进行溶解试验，试验结果如图 2－6所示。

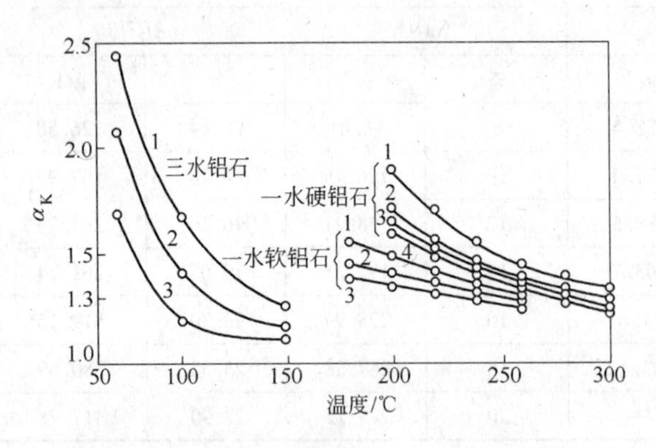

图 2－5　溶解天然氧化物水合物时温度对于铝酸钠溶液平衡苛性比值的影响

$Na_2O_苛$浓度，g/L：1—150；2—200；3—250；4—300

从图 2－6 $Na_2O-Al_2O_3-H_2O$ 系中三水铝石－一水硬铝石的稳定区界限和溶解度曲线可以看出：当稳定区分界线外延至 Na_2O 浓度为零时，当温度在 100℃以上，三水铝石就不再是稳定相。三水铝石和一水铝石之间的转变温度与 $Al_2O_3-H_2O$ 系中相应的转变温度相当一致。

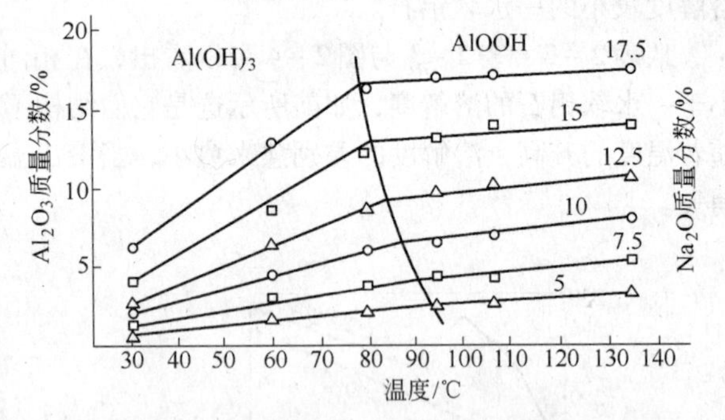

图 2－6　三水铝石－一水硬铝石的稳定区界限

随着碱浓度的降低，转变温度升高，分界线向高温方向移动。当溶液 Na_2O 浓度为 20% ~ 22% 时，三水铝石向一水硬铝石转变温度约为 70 ~ 75℃。这时平衡溶液中 Al_2O_3 含量约为 23%。溶液的组成点相当于溶解度等温线的最大点。

利用等边三角形表示的 $Na_2O-Al_2O_3-H_2O$ 系平衡状态图的等温截面图（图 2－7），可以清楚地表示不同温度下的溶解度及其平衡固相的变化。在 75℃以下在等温线左侧线段溶液的平衡固相是三水铝石，在 75℃到 100℃之间，在低碱浓度时的平衡固相为三水铝石，在高碱浓度时，溶液的平衡固相为一水硬铝石，在左侧线段上的某一溶液可以同时与三水铝石和一水硬铝石保持平衡，出现了无变量点 *a*。

在 140 ~ 300℃之间 $Na_2O-Al_2O_3-H_2O$ 系的平衡固相不发生变化。图 2－7（b）为 150℃时的等温截面。稳定的固相为一水硬铝石、$NaAlO_2$ 和 NaOH。

到 321℃以上时，三元系的平衡固相又发生变化。NaOH 在 321℃熔化。在 330℃又出现新的零变量点（Na_2O20%、$Al_2O_3$25%），与溶液保持平衡的固相为一水硬铝石和刚玉。当温度升高到 350℃时，与一水硬铝石，刚玉保持平衡无变量点溶液的组成为 Na_2O15%，$Al_2O_3$20%（图 2－7（c））。

在 360℃以上，在 $Na_2O-Al_2O_3-H_2O$ 系整个浓度范围内的稳定固相为刚玉、无水铝

酸钠和氢氧化钠。

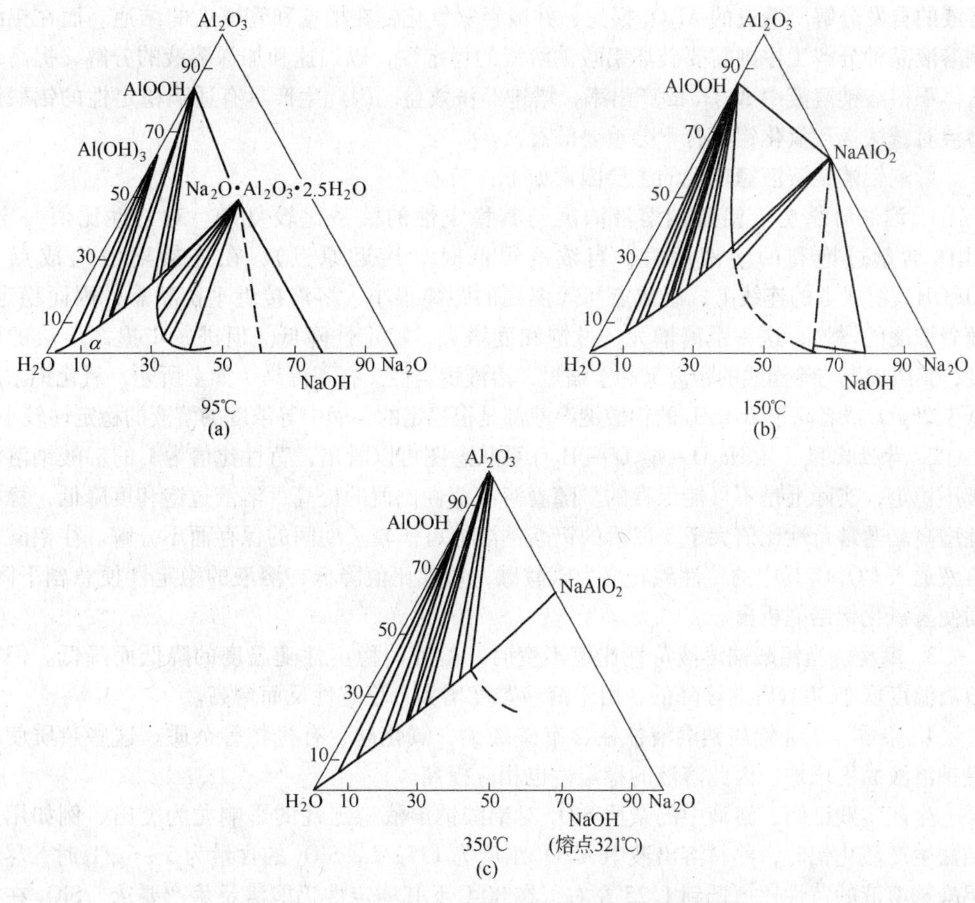

图2－7　$Na_2O-Al_2O_3-H_2O$ 系状态图的等温线截面

第三节　铝酸钠溶液的性质

一、铝酸钠溶液的稳定性

铝酸钠溶液的稳定性是一个重要而又相当特殊的性质，与铝酸钠溶液的结构密切相关着。铝酸钠溶液的稳定性通常是用从这种过饱和的铝酸钠溶液开始分解析出氢氧化铝所需时间的长短来衡量的。如溶液制成后立刻开始分解或经过短时间便显著分解，那么这种溶液就是不稳定的。制成后经过长时间仍不分解的溶液则认为是稳定的。

从过饱和铝酸钠溶液中结晶析出氢氧化铝，在热力学上是一个自发的不可逆的过程，即由不平衡趋向平衡的过程。但是铝酸钠溶液不同于一般的无机盐溶液。过饱和的铝酸钠溶液中的 Al_2O_3 可以相当长时间过饱和地存在于溶液中而不结晶析出，例如室温下含 Na_2O 196.8g/L，Al_2O_3 247.1g/L 的铝酸钠溶液经一昼夜才分解析出氢氧化铝。溶液中 Na_2O 265.0g/L，Al_2O_3 256.1g/L 和 Na_2O 25.0g/L、Al_2O_3 24.2g/L，不加晶种放置三年也察觉不到有 $Al(OH)_3$ 析出。铝酸钠溶液的稳定性对生产过程有着重要的影响，例如，拜耳法溶出后的铝酸钠溶液在其与赤泥分离洗涤的过程中，必须保持有足够的稳定性以避免溶液的自发分解所造成的 Al_2O_3 损失，并减轻氢氧化铝在槽壁和管道上的结疤。而在铝酸钠溶液晶种分解工序则需要破坏铝酸钠溶液的稳定性，以加速和加深溶液的分解，提高单位体积铝酸钠溶液中 Al_2O_3 的产出率，增进经济效益。因此生产具有适当稳定性的铝酸钠溶液对碱法生产氧化铝具有十分重要的意义。

影响铝酸钠溶液稳定性的主要因素如下：

1. *溶液的浓度* 铝酸钠溶液浓度与其稳定性的关系比较复杂。对苛性比值一定，Al_2O_3 含量过饱和的溶液而言，当浓度很低时（接近原点），在连接溶液组成点与 $Al(OH)_3$组成点的连线上，组成点与等温线的距离很小，溶液接近平衡状态，因而稳定。随着浓度的增加，这一距离增大，过饱和度增大，稳定性降低。但进一步提高溶液的浓度，其组成点与等温线的距离又趋于缩短，溶液稳定性又有了提高。如上所述，氧化铝浓度低于25g/L或者高于264g/L的铝酸钠溶液都是很稳定的，而中等浓度的溶液的稳定性较小。

2. *苛性比值* 从 $Na_2O-Al_2O_3-H_2O$ 系状态图可以看出，苛性比值为 1 的铝酸钠溶液极不稳定，实际上是不可能保存的。随着溶液苛性比值的提高，溶液过饱和度降低，稳定性增高。通常苛性比值大于 3 以后的铝酸钠溶液可作较长期间的保存而不分解。往铝酸钠溶液通入 CO_2 将其中的苛性碱转变为碳酸碱，苛性比值降低，溶液的稳定性便急剧下降，而使氢氧化铝结晶析出。

3. *温度* 当铝酸钠溶液苛性比值不变时，溶液的稳定性随温度的降低而降低。但当溶液温度低于30℃后继续降低，由于溶液黏度增大，稳定性反而增高。

4. *杂质* 工业铝酸钠溶液往往含有碳酸钠、氧化硅、有机物等杂质。这些杂质使铝酸钠溶液黏度增加，因此溶液的稳定性也相应提高。

生产实践证明，溶液中的杂质 SiO_2 对铝酸钠溶液稳定性的影响尤为突出，例如用烧结法生产氧化铝时，熟料溶出液中 Al_2O_3 浓度为125g/L，SiO_2 的含量为5～6g/L时，尽管铝酸钠溶液的苛性比值低到1.25左右，在80℃下其稳定性仍能满足生产要求。SiO_2 在溶液中形成体积较大的铝硅酸根配离子，使溶液黏度增加，稳定性增大。

碳酸钠的存在使溶液的稳定性提高，因为随着碳酸钠的增加 Al_2O_3 在铝酸钠溶液中的溶解度增大。铝酸钠溶液中的 Na_2SO_4、Na_2S 也不同程度地使其稳定性增大。

工业铝酸钠溶液中有机物的存在，不但能增大溶液的黏度，而且易被晶核所吸附，使晶核失去作用。

5. *晶种* 在研究合成的纯铝酸钠溶液的稳定性时发现，用超速离心机将溶液中大于0.02μm的微粒分离以后，即使溶液的过饱和程度很大，也可长期保存而不发生水解。在工业铝酸钠溶液中往往带入某些固体杂质，如果溶解的三水铝石以及氢氧化铁等，极微细的氢氧化铁粒子经胶凝作用也可长大，结晶成纤铁矿结构，它与一水软铝石的结构相似，因而起着氢氧化铝结晶核心的作用，使溶液的稳定性下降。

二、铝酸钠溶液的其他物理化学性质

近年来许多研究者对铝酸钠溶液的物理化学性质进行了广泛而精细的测定，以便通过测定溶液性质与其成分变化的规律来研究溶液的结构，为生产工艺、工程分析计算以及生产过程自动控制提供必要的数据，在此仅介绍一些主要性质与成分的关系。

1. *铝酸钠溶液的密度* 铝酸钠溶液的密度随溶液中氧化铝浓度的增加而增大，大体

保持直线关系，这方面的经验计算式以及表和图不少。

工业生产的铝酸钠溶液的密度可以按下式计算：

$$d = dN + 0.009A + 0.00425N_C$$

式中 dN——Na_2O 浓度与铝酸钠溶液中 $Na_2O_{总}$（$Na_2O_T = Na_2O + Na_2O_C$）含量相等的纯 NaOH 溶液的密度；

A，N_C——分别为铝酸钠溶液中 Al_2O_3 和 Na_2O_C 的浓度，%。

NaOH 溶液的密度数值可查有关的手册。

当铝酸钠溶液以 g/L 浓度表示时，则密度计算公式为：

$$d = \frac{dN}{2} + \sqrt{\left(\frac{dN}{2}\right)^2 + 0.0009A + 0.000425N_C}$$

式中 A，N_C——Al_2O_3 及 Na_2O_C 浓度，g/L；

dN——Na_2O 浓度（g/L）与铝酸钠溶液中 Na_2O_T 浓度（g/L）相等的 NaOH 溶液密度。

由以上计算式求出的结果为20℃下的密度，可以通过 $dt = \kappa \cdot d_{20℃}$ 换算为其他温度下的密度。系数 κ 的数值如下：

t(℃)	30	40	50	60	70	80	90	100
κ	0.995	0.991	0.986	0.981	0.976	0.971	0.966	0.960

2. *铝酸钠溶液的黏度* 从图 2-8 可以看出，铝酸钠溶液的黏度随溶液浓度的增大和 α_K 的降低而急剧升高。很明显 Al_2O_3 的浓度对于溶液的黏度起着主要的影响。提高温度使溶液的黏度减小，而且当溶液的浓度高时其作用更为显著。铝酸钠溶液的黏度比一般的电解质水溶液要高得多。

3. *铝酸钠溶液的电导率* 铝酸钠溶液的电导率随溶液中 Al_2O_3 浓度的增加，α_K 的降低而降低。显然，NaOH 对于其导电能力起着主导作用，图 2-9 表明了铝酸钠溶液电导率与其组成的关系。值得注意的是溶液的电导率曲线在某一定的 NaOH 浓度下有一个最大值。当溶液的苛性比值一定时，升高温度其电导率增大，而且温度不同其电导率最大的溶液的浓度也不同。对一定浓度的溶液而言，其电导率大致是在 200~300℃的范围内有一最

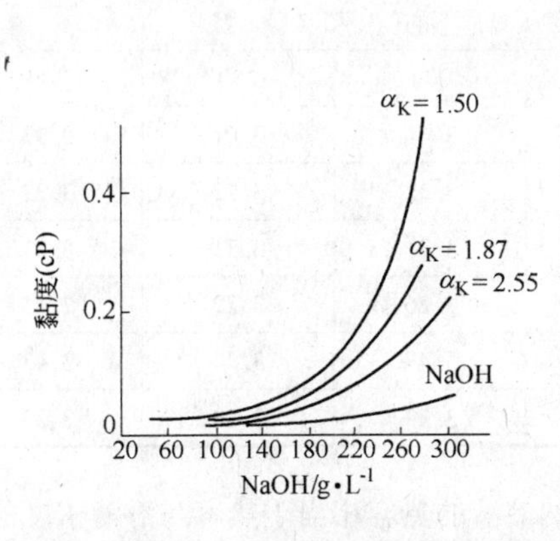

图 2-8　30℃下的铝酸钠溶液的黏度

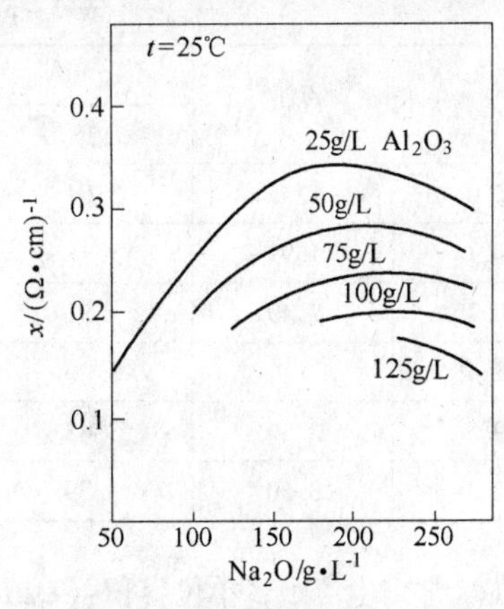

图 2-9　铝酸钠溶液电导率与 NaOH 浓度的关系

大值。在此前后，电导率与温度的变化呈直线关系。铝酸钠溶液的上述特性与溶液结构的变化有关。

4. 铝酸钠溶液的饱和蒸汽压力　铝酸钠溶液的饱和蒸汽压力随其浓度和温度的变化在很广阔的范围内变化，而且主要由溶液中 NaOH 的浓度所决定。Al_2O_3 浓度的增高只使蒸汽压稍有降低。表 2－4 列出铝酸钠溶液在不同温度下的蒸汽压。铝酸钠的蒸汽压与同温度下水的蒸汽压的比值，基本上保持为常数，求得某一温度的铝酸钠溶液的蒸汽压后，便可根据水的蒸汽压求出该铝酸钠溶液任一个其他温度下的蒸汽压。

表 2－4　铝酸钠溶液在不同温度下的蒸汽压

α_K	Na_2O (%)	在下列温度下的蒸汽压力（Pa）				
		25	50	75	90	97
1.55	19	1573.1996	6759.324	22291.104	未测定	54794.520
1.70	19	1613.172	6865.980	22464.420	未测定	55327.800
2.5	11	2559.744	10132.320	31796.820	57527.580	75725.760
2.5	15	2146.452	8785.788	27570.576	50061.660	66260.040
2.5	19	1613.172	7065.960	22864.380	42462.420	55594.440
2.5	23	1226.544	5199.480	未测定	未测定	未测定
3.5	11	2573.076	10132.320	31863.480	57527.580	75859.080
3.5	15	2159.784	8812.452	29157.084	50288.304	66859.980
3.5	19	1719.828	7172.616	23064.360	42862.380	56261.040
3.5	23	1266.540	5372.796	17704.896	33796.620	44395.560

5. 铝酸钠溶液的热容　在热工计算中，采用平均热容$\overline{C_p}$，而在热力学研究时采用真热容 C_p。

铝酸钠溶液的平均热容数据列于表 2－5。

表 2－5　铝酸钠溶液的平均热容

Na_2O(%)	α_K	在下列温度（℃）下的$\overline{C_p}$（kJ/(kg·℃)）				
		125	150	200	250	300
22.0	1.55	3.01	3.05	3.01	3.01	2.97
20.7	1.99	3.18	3.26	3.22	3.22	3.22
20.7	2.49	3.31	3.35	3.31	3.31	3.31
22.4		3.26	3.26	3.26	3.22	2.85
19.5	3.50	3.43	3.43	3.47	3.43	3.43
21.2	3.50	3.39	3.39	3.39	3.39	3.39

在氧化铝生产中，单位容积（L 或 m^3）铝酸钠溶液的热容相当于热容与溶液密度的乘积，即 $C_p \times d_0$。在循环母液通常的浓度范围内 $C_p \cdot d_0$ 大体上保持为 4.6×10^3kJ/(m^3·℃)这一恒值，而且可以不考虑温度变化的影响。

6. *氧化铝水合物在碱溶液中的溶解热*　根据 $Na_2O-Al_2O_3-H_2O$ 系溶解度等温线数据和溶解过程的反应式，求得反应平衡常数，绘制 $K=f(C_N)$ 曲线，C_N 为铝酸钠溶液中 Na_2O 的浓度（g/L），用作图法外推至 $Na_2O\%$ 为零处，得到不同温度下的 K 值。溶解反应热用下式计算：

$$\lg K=\frac{0.915\Delta H}{T}+C$$

式中　ΔH——溶解热，kJ/mol；

C——常数；

T——温度，K。

利用上述方法计算出氧化铝水合物的平均溶解热：

三水铝石：30.71kJ/mol $Al(OH)_3$ 或 602.1kJ/kg Al_2O_3；

拜耳石：21.92kJ/mol $Al(OH)_3$ 或 429.7kJ/kg Al_2O_3；

一水软铝石：19.92kJ/mol AlOOH 或 390.37kJ/kg Al_2O_3；

一水硬铝石：32.64kJ/mol AlOOH 或 640.15kJ/kg Al_2O_3。

铝酸钠溶液加种子分解析出三水铝石的结晶热，也取为 602.1kJ/kg Al_2O_3。

第四节　铝酸钠溶液的结构问题

在铝酸钠溶液中，铝酸钠完全解离为 Na^+ 离子和铝酸根离子，已经为大量的物理化学研究结果所证实。认为铝酸钠溶液是由分散在 NaOH 溶液中的氢氧化铝微粒所组成的胶体溶液的看法业已被否定。然而，铝酸钠溶液的确具有不同于一般的无机盐溶液的极为独特的性质，例如它的稳定性以及许多物理化学性质与浓度的关系都是独具一格的等等。溶液的物理化学性质取决于其结构，因此多年来对于铝酸钠溶液结构的研究，实质上是对于溶液中铝酸根离子的组成和结构的研究，受到很大的重视。

大量的物理化学（热力学、光谱学、电化学、核磁共振等）研究确定：在中等浓度或更稀的铝酸钠溶液中，铝酸根阴离子主要是以 $Al(OH)_4^-$ 形式的单核一价配离子存在，它具有配位数为 4 的典型四面体结构，其中三个 OH^- 离子以正常价键与中心离子 Al^{3+} 结合，第四个 OH^- 离子则是以配价键与 Al^{3+} 离子结合。但是随着浓度的增大和温度的升高，铝酸根离子按下式进行脱水反应：

$$Al(OH)_4^- \rightleftharpoons AlO(OH)_2^- + H_2O \rightleftharpoons AlO_2^- + 2H_2O$$

在不稳定的低苛性比值的铝酸钠溶液中，铝酸根离子的组成更复杂。除了 $Al(OH)_4^-$、$AlO(OH)_2^-$ 和 AlO_2^- 外，由于它们有聚合倾向还可以形成一些复杂的配位阴离子，在一定条件下转变为固体 $Al(OH)_3$：

$$mAl(OH)_4^- \rightleftharpoons Al_m(OH)_{3m+1}^- + (m-1)OH^- \rightleftharpoons mAl(OH)_3 + mOH^-$$

另一些研究者否定在过饱和溶液中铝酸根离子发生上述聚合作用的设想。认为 $Al(OH)_4^-$ 简单离子周围的牢固的水化层和阳离子－阴离子之间的相互作用都会阻碍这一聚合过程。铝酸钠溶液中过饱和的氧化铝可以相当长时间地存在于溶液中而不结晶析出，其主要原因不在于铝酸根离子的组成，而在于铝酸根离子球状外层的大小和活性。这种外层为球状的缔合体决定了溶液的黏度、电导率、溶液饱和蒸气压等宏观性质。在阳离子和阴离子相互作用减弱，水化层活性降低的条件下，铝酸钠溶液按如下方式进行分解：

$$Al(OH)_4^- \rightleftharpoons Al(OH)_3 + OH^-$$

$$Al_2O(OH)_6^{2-} + H_2O \rightleftharpoons 2Al(OH)_3 + 2OH^-$$

由于对铝酸根离子的结构还不完全清楚，因此对铝酸钠溶液的分解机理至今尚无一致见解。所以，铝酸钠溶液结构问题不仅是碱法生产氧化铝的基本理论问题，也是铝化学理论上的重要问题，还有待进一步的研究。

本篇以后各章节中除特殊需要外，都以 $Al(OH)_4^-$ 表示一般生产条件下的铝酸根离子。

第三章　拜耳法生产氧化铝

第一节　拜耳法的原理和基本流程

一、拜耳法原理及实质

1. *拜耳法基本原理*　所谓拜耳法是因为它是拜耳（Karl Josef Bayer）在1889～1892年所发明而命名的。拜耳法用在处理低硅铝土矿，特别是处理三水铝石型铝土矿时，流程简单、产品质量好，因而得到广泛的应用。拜耳法的基本原理有两条：

（1）用NaOH溶液溶出铝土矿所得到的铝酸钠溶液在添加晶种，不断搅拌的条件下，溶液中的氧化铝便呈氢氧化铝析出。

（2）分解得到的母液，经蒸发浓缩后在高温下可用来溶出新的一批铝土矿。

交替使用这两个过程就能够每处理一批矿石，便得到一批氢氧化铝，构成所谓的拜耳法循环。

拜耳法的实质就是使下一反应在不同的条件下朝不同的方向交替进行：

$$Al_2O_3(1\text{或}3)H_2O + 2NaOH + aq \underset{\text{分解}}{\overset{\text{溶出}}{\rightleftharpoons}} 2NaAl(OH)_4 + aq$$

首先是在高温下压煮器中以NaOH溶液溶出铝土矿，将其中氧化铝水合物溶浸出来；使反应向右进行，得到铝酸钠溶液，杂质则进入残渣中。往彻底分离赤泥后的铝酸钠溶液中添加晶种，在不断搅拌的条件下进行晶种分解，使反应向左进行析出氢氧化铝。分解后的母液再返回用以溶出下一批矿石。氢氧化铝经煅烧后便得到产品氧化铝。

从$Na_2O-Al_2O_3-H_2O$系中的拜耳循环图也可清楚地看出拜耳法的实质。

2. *$Na_2O-Al_2O_3-H_2O$系中的拜耳法循环图*　拜耳法生产Al_2O_3的工艺流程是由许多工序组成的，其中主要有铝土矿的溶出，溶出浆液的稀释，晶种分解和分解母液蒸发等四个工序，在这四个工序中铝酸钠溶液的温度、浓度、苛性比值都不相同。将各个工序铝酸钠溶液的组成分别标记在$Na_2O-Al_2O_3-H_2O$系等温线图上并将所得到的各点依次用直线连接起来就构成了一个封闭的拜耳法循环图。以处理一水铝石型铝土矿的图3－1为例，拜耳法循环从铝土矿溶出开始，用来溶出铝土矿中氧化铝水合物的铝酸钠溶液（即循环母液）的组成相当于A点，它位于200℃等温线的下方，即循

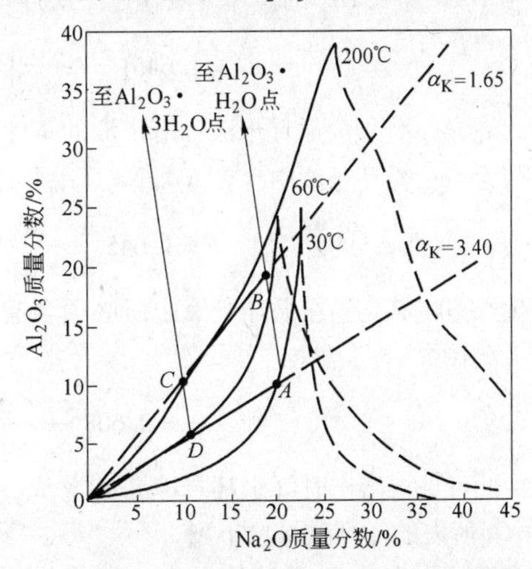

图3－1　$Na_2O-Al_2O_3-H_2O$系中的拜耳法循环图

环碱液在该温度下是未饱和的，因而它具有溶解氧化铝水合物的能力，随着 Al_2O_3 的溶解，溶液中 Al_2O_3 的浓度逐渐升高，当不考虑矿石中杂质造成 Na_2O、Al_2O_3 的损失时，溶液的组成应沿着 A 点与 $Al_2O_3 \cdot H_2O$ 的图形点的连线变化，直到饱和为止，溶出液的最终成分在理论上可以达到这根线与溶解度等温线的交点。在实际生产过程中，由于溶出时间的限制，溶出过程在此之前的 B 点便告结束。B 点为溶出液的组成点，其苛性比值比平衡液的苛性比值要高 0.15 ~ 0.2 左右。AB 直线叫做溶出线。为了从溶出液中析出氢氧化铝需要使溶液处于过饱和区，为此用赤泥洗液将其稀释，溶液中 Na_2O 和 Al_2O_3 的浓度同时降低，故其成分由 B 点沿等苛性比值线变化到 C 点，BC 两点所得的直线叫做稀释线（实际上由于稀释沉降过程中发生少量的水解现象，溶液的苛性比值稍有升高）。分离赤泥后，降低温度（如降低为60℃），溶液的过饱和程度进一步提高，加入氢氧化铝晶种，便发生分解反应析出氢氧化铝。在分解过程中溶液组成沿着 C 点与 $Al_2O_3 \cdot 3H_2O$ 的图形点的连线变化。如果溶液在分解过程中最后冷却到30℃，种分母液的成分在理论上可以达到连线与30℃等温线的交点。在实际生产中，分解过程是在溶液中仍然过饱和着 Al_2O_3 的情况下结束的。CD 连线叫做分解线。如果 D 点的苛性比值与 A 点相同，那么通过蒸发，溶液组成又可以回复到 A 点。DA 连线为蒸发线。由此可见，组成为 A 点的溶液经过一次作业循环，便可以从矿石中提出一批氧化铝。在实际生产过程中，由于存在 Al_2O_3 和 Na_2O 的化学损失和机械损失，溶出时蒸气冷凝水使溶液稀释，添加的晶种也带入母液使溶液苛性比值有所提高等原因，它与理想过程有所差别。因此各个线段都会偏离图中所示位置。在每一次作业循环之后必须补充所损失的碱，才能使母液的组成恢复到循环开始时的 A 点。

从以上分析可见，在拜耳法生产氧化铝的过程中，最重要的是在不同的工序控制一定的溶液组成和温度，使溶液具有适当的稳定性。

3. 拜耳法的循环效率　循环效率是指一吨 Na_2O 在一次拜耳法循环中所产出的 Al_2O_3 的量（吨）用 E 表示之。E 的数值愈高说明碱的利用率愈好。

假定在生产过程中不发生 Al_2O_3 和 Na_2O 的损失，$1m^3$ 循环母液中的苛性氧化钠（Na_2O）含量为 Nkg，那么 $1m^3$ 的循环母液经过一次拜耳循环后产出的氧化铝的千克数应为：

$$A = 1.645\left(\frac{N}{\alpha_2} - \frac{N}{\alpha_1}\right) = 1.645N\frac{\alpha_1 - \alpha_2}{\alpha_1 \cdot \alpha_2}$$

式中　α_1、α_2 分别为循环母液和溶出液的苛性比值。

因为 $1m^3$ 循环母液中含有 N kgNa_2O，所以循环效率为：

$$E = 1.645\frac{\alpha_1 - \alpha_2}{\alpha_1 \cdot \alpha_2} \quad \text{kg/kg} - Na_2O$$

生产一吨氧化铝在循环母液中所必须含有的碱量（不包括碱损失），称为循环碱量，它是 E 的倒数

$$\frac{1}{E} = 0.608\frac{\alpha_1 \cdot \alpha_2}{\alpha_1 - \alpha_2} \quad \text{t/t} - Al_2O_3$$

由此可见，溶出时（循环母液）α_1 愈大，溶出液 α_2 愈小，循环效率愈高，而生产一吨 Al_2O_3 所需的循环碱量愈小。

在实际生产中存在碱的损失，设其量为 $N_{损}$（t/t - Al_2O_3），由于循环母液中含有

Al_2O_3，Al_2O_3 本身要结合一部分碱，因此循环母液中的碱含量应等于$\left(N + N_{损}\frac{\alpha_1}{\alpha_1 - \alpha_2}\right)$。

二、拜耳法的基本流程

拜耳法的基本流程如图 3－2 所示。其中包括矿石破碎和细磨，矿石溶出，稀释、分解、泥渣和氢氧化铝的分离洗涤，氢氧化铝的煅烧，碳酸钠的苛性化以及母液蒸发等过程。

从矿山运来的铝土矿经破碎后，与石灰和种分蒸发母液（循环母液）磨制成原矿浆，然后在高温下将矿石中的 Al_2O_3 溶出，得到铝酸钠溶液和不溶残渣（赤泥）组成的溶出料浆。料浆用赤泥洗液进行稀释，再在沉降槽中将铝酸钠溶液和赤泥分离，赤泥经洗涤后排往赤泥堆场。净化后的铝酸钠溶液加入氢氧化铝种子进行分解，析出氢氧化铝。氢氧化铝与母液分离后，洗净煅烧即得成品氧化铝。母液和洗液通过蒸发浓缩。在蒸发时有一定数量的 $Na_2CO_3 \cdot H_2O$ 从母液结晶析出。将其分离出来用 $Ca(OH)_2$ 苛化成 NaOH 溶液与蒸发母液一同送往湿磨配料。

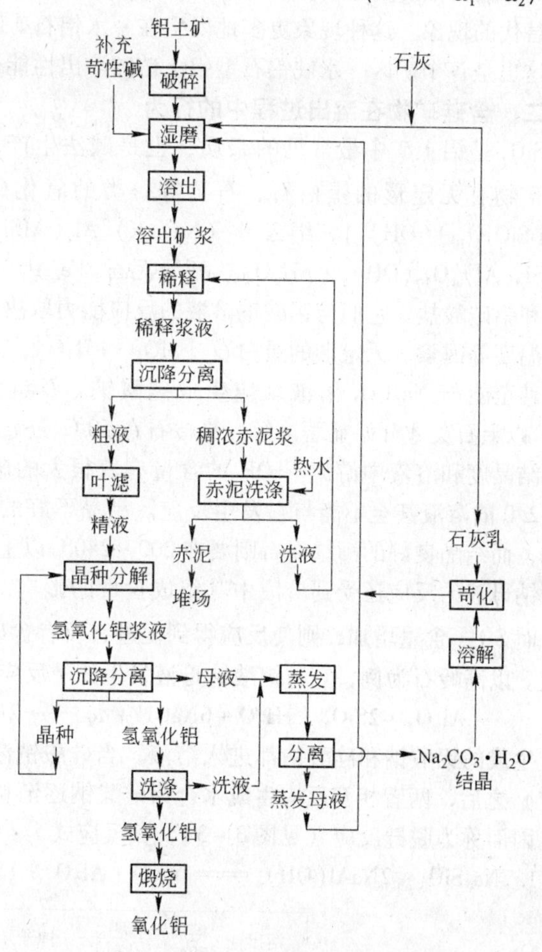

图 3－2　拜耳法生产氧化铝的基本流程图

第二节　铝土矿溶出过程的化学反应

一、氧化铝水合物在溶出过程中的行为

循环母液中主要成分有 NaOH、$NaAlO_2$、Na_2CO_3、Na_2SO_4 等。铝土矿溶出时，氧化铝水合物在 NaOH 的作用下溶解，其他成分多数也与碱溶液发生各种各样的反应。

铝土矿中氧化铝水合物存在的状态不同，要求溶出的条件也不同。三水铝石最易溶解，一水软铝石次之，一水硬铝石则难于溶解。$\alpha - Al_2O_3$ 在通常条件下不能溶解而进入赤泥，三水铝石和一水软铝石（或一水硬铝石）在溶出时发生下列反应：

$$Al_2O_3(1\text{或}3)H_2O + 2NaOH + aq = 2NaAlO_2 + aq$$

根据 $Na_2O - Al_2O_3 - H_2O$ 系溶解度等温线便可以确定不同形态的氧化铝水合物在 NaOH 溶液中的溶解度。

氧化铝水合物天然矿物的溶解度比人工合成的略低。这是因为后者往往具有更高的结晶度的缘故。如前所述，在氧化铝水合物的晶体中还可以出现铝离子被铁、钛等离子类质同晶替代的现象。这种现象更多地发生在一水铝石矿物中，通常使它们的溶出性能变得更差。这也是各个矿区一水硬铝石型铝土矿的溶出性能很不相同的一个原因。

二、含硅矿物在溶出过程中的行为

SiO_2 是铝土矿中最常见的杂质，也是碱法生产氧化铝最有害的杂质。铝土矿中的含硅矿物有无定形的蛋白石、石英等一类的氧化硅及其水合物以及高岭石、叶蜡石 [$Al_2(SiO_4O_{10})(OH)_2$]、绢云母[$(Na, K)\ Al_2(AlSi_3OH_4)(OH)_2$]、伊利石 [水白云母 $Al_2(Si, Al)_4O_{10}(OH)_2 \cdot nH_2O$]、鲕绿泥石[$Fe_4Al(AlSi_3O_{10})(OH)_6 \cdot nH_2O$]和长石等硅酸盐和铝硅酸盐。它们与铝酸钠溶液的反应能力取决于其存在的形态，结晶度以及溶液成分和温度等因素。无定形的蛋白石 [$SiO_2 \cdot nH_2O$]，化学活性最大，不但易溶于 NaOH 溶液，甚至能与 Na_2CO_3 溶液反应生成硅酸钠。石英的化学活性远低于蛋白石，温度在150℃以上石英才开始显著溶解。高岭石在50℃便开始与 NaOH 溶液显著作用。但是高岭石的结晶度和溶液中游离 NaOH 的含量有着很大的影响。在沸点下，Na_2O 120g/L 左右，$\alpha_K > 2.0$ 的溶液甚至不能与它发生反应。结晶不好的鲕绿泥石在 70～100℃ 与 NaOH 溶液作用，而结晶良好的鲕绿泥石则要在 200～240℃以上才与 NaOH 溶液显著作用。伊利石与铝酸钠母液的反应还受到溶液中其组成含量的影响，溶液中 K_2O 含量增加使反应受到抑制，而 SO_4^{2-} 含量增加，则使反应得到促进，所有含硅矿物与溶液反应后，都有 SiO_2 进入溶液。以高岭石为例，它与铝酸钠母液发生如下反应：

$$Al_2O_3 \cdot 2SiO_2 \cdot 2H_2O + 6NaOH + aq \longrightarrow 2NaAl(OH)_4 + 2Na_2SiO_3 + aq$$

反应生成的铝酸钠和硅酸钠都进入溶液。当硅酸钠浓度达到最大值（2～10g/L 视碱浓度而定）之后，两者相互反应生成水合铝硅酸钠逐渐析出，这一反应使溶液的 SiO_2 含量降低，因而称为脱硅反应（见图 3－3），其反应式为：

$$1.7Na_2SiO_3 + 2NaAl(OH)_4 = Na_2O \cdot Al_2O_3 \cdot 1.7SiO_2 \cdot H_2O + 3.4NaOH + 1.3H_2O$$

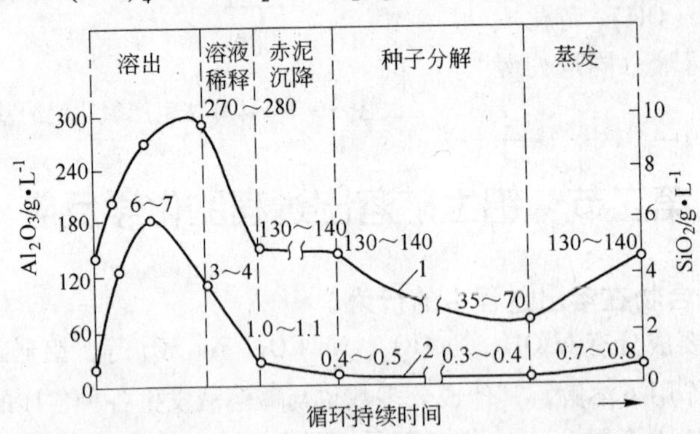

图 3－3　拜耳法溶液中 Al_2O_3（1）和 SiO_2（2）浓度的变化

鲕绿泥石在被铝酸钠溶液分解时也生成水合铝硅酸钠，同时还生成黑色磁铁矿，氧化亚铁和氢：

$$1.7(4FeO \cdot Al_2O_3 \cdot 3SiO_2 \cdot 4H_2O) + 3.4NaOH + 2.6NaAl(OH)_4$$
$$= 3(Na_2O \cdot Al_2O_3 \cdot 1.7SiO_2 \cdot H_2O) + 1.7Fe_2O_3 + 3.4FeO + 9H_2O + 1.7H_2$$

从上述反应可以看出：各种形式的含硅矿物与苛性碱反应，均有硅酸钠进入溶液，然后与溶液中的铝酸钠反应，生成溶解度很小的水合铝硅酸钠沉淀，造成 Al_2O_3 和 Na_2O 的损失。

水合铝硅酸钠具有成分为 $Na_2O \cdot Al_2O_3 \cdot 2SiO_2$ 的稳定核心，在这个核心上结合 NaOH、NaCl、Na_2CO_3 等附加盐，因而形成了多种多样的天然矿物和人造矿物。在天然矿物中，当附加盐为氧化物时称为方钠石，为硫酸盐时称黝方石，为硫化物时称青金石，它们都是等轴晶系晶体，但是晶格参数不同。附加盐为碳酸盐时称钙霞石，它属于六方晶系。

在高压溶出过程中，由于 SiO_2 进入溶液后又逐渐成为水合铝硅酸钠析出，使得热交换器、压煮器及管道结垢，传热系数严重下降。因此，当处理氧化硅含量较高，而且以高岭石或其他易溶矿物存在的铝土矿时，在生产中常将原矿浆进行预脱硅作业。它是在100℃左右将原矿浆长时间搅拌，使大部分 SiO_2 在原矿浆溶出之前的预热阶段成为水合铝硅酸钠结晶析出。从而减轻预热器、压煮器的结垢程度和清理频率。

虽然绝大部分 SiO_2 在铝土矿溶出时已成为水合铝硅酸钠析出，但残留在溶液中的 SiO_2 仍然是过饱和的、不稳定的。这是氢氧化铝中含 SiO_2 和设备结垢的重要原因。关于 SiO_2 在铝酸钠溶液中的溶解度的问题，将在以后有关章节中讨论。

三、含铁矿物在溶出过程中的行为

铝土矿中含铁的矿物有氧化物、硫化物、硫酸盐、碳酸盐以及硅酸盐。最常见的是氧化物，其中包括赤铁矿 $\alpha-Fe_2O_3$、水赤铁矿 $\alpha-Fe_2O_3 \cdot aq$、针铁矿 $\alpha-FeOOH$ 和水针铁矿 $\alpha-FeOOH \cdot aq$、纤铁矿 $\gamma-FeOOH$、褐铁矿 $Fe_2O_3 \cdot nH_2O$、铁胶以及磁铁矿 $FeO \cdot Fe_2O_3$ 和磁赤铁矿 $\gamma-Fe_2O_3$。其他含铁矿物在铝土矿中的含量一般不高，而且与铝土矿的类型有关，我国铝土矿中的铁主要以赤铁矿的形态存在，而广西平果铝土矿中的铁主要以针铁矿（FeOOH）形态存在。赤铁矿在拜耳法溶出过程中不与苛性钠反应，溶解度也非常小。

在 $Fe_2O_3-H_2O$ 系中，针铁矿可以脱水为赤铁矿，转变温度为70℃。但是这时的转变速度非常缓慢，试验结果表明，针铁矿在铝酸钠溶液中也是这样，加热到200℃仍无变化，当温度高于200℃时，针铁矿晶格脱水分解，溶解速度急剧增大，并促使其生成颗粒较大的板状赤铁矿结晶。因此在温度高于210℃的溶出条件下，针铁矿有可能较迅速地转变为赤铁矿。

铝酸钠溶液中铁的含量在很大程度上取决于矿石中含铁矿物的类型和粒度。在生产溶液中一般含有2~3mg/L以铁酸钠形态溶解的铁。此外还有3μm以下的含铁矿物的微粒。其量超过溶解状态铁量的五倍。这些微粒甚至在实验室条件下也很难滤除。当精液中的铁量超过4~5mg/L时使产品氢氧化铝含铁超标。

铝土矿溶出时菱铁矿与铝酸钠溶液按反应：

$$FeCO_3 + 2NaOH = Fe(OH)_2 + Na_2CO_3$$

$$4Fe(OH)_2 = Fe_3O_4 + FeO + 3H_2O + H_2$$

相互作用使苛性钠转变为苏打，同时生成高度分散的氧化亚铁及磁铁矿污染铝酸钠溶液，使赤泥沉降性能变坏。

铝土矿中的硫主要是以黄铁矿（FeS_2）形态存在，而且多数呈胶质态——胶黄铁矿和胶黄铁矿-黄铁矿的过渡型变体，在溶出过程中生成可溶的、介稳的和稳定的二价和三价铁的羟基硫化物的复杂配合物。随着氧化过程的进行，这些配合物转变为高度分散的氧化亚铁和磁铁矿、亚硫酸钠和硫酸钠，这不仅污染了铝酸钠溶液，并使赤泥沉降性能恶化，而且还引起蒸发器管结垢堵管。FeS 水溶胶分散在溶液中，叶滤时透过过滤介质而进入精液中，使产品氧化铝的铁含量增高。

硫在铝酸钠溶液中的积累对大部分工序产生不利影响（如溶出、沉降、蒸发等）。除此之外生产实践证明，以硫离子、羟基硫离子及配合物等形式溶解的硫还使钢质设备，特别是蒸发器中的热交换管及过滤机的筛网的腐蚀速度加快。硫代硫酸钠能够促使金属铁氧化，而硫化钠与氧化产物反应形成可溶的含硫配合物，使腐蚀加剧，其反应为：

$$Fe + Na_2S_2O_3 + 2NaOH = Na_2S + Na_2SO_4 + Fe(OH)_2$$

生成的 $Fe(OH)_2$ 一部分被氧化为磁铁矿，一部分与 Na_2S 反应生成羟基硫代铁酸钠 $Na_2[FeS_2(OH)_2]\cdot 2H_2O$ 进入溶液，使溶液中的铁含量增加。

用于拜耳法的铝土矿中，S 的含量应该低于 0.7%。为了减轻 Na_2S 的危害或降低其在溶液中的含量，采用氧化剂使硫化钠和硫代硫酸钠转化为硫酸钠，并在溶液蒸发浓缩时，析出碳酸钠与硫酸钠的混合物（Na_2SO_4 含量达 60%），并加以利用。作为氧化剂有气体氧化剂（氧气、臭氧）或固体氧化剂（漂白粉、硝酸钠）。在实验室里成功地采用了 $KMnO_4$、$K_2Cr_2O_7$、$NaNO_3$、漂白粉、软锰精矿等作为氧化剂。从价格考虑。漂白粉和 $NaNO_3$ 是最有效的。

四、TiO_2 在浸出过程中的行为

TiO_2 在铝土矿中通常以金红石、锐钛矿和板钛矿的形态存在。TiO_2 和 NaOH 溶液的反应能力随其矿物结构不同而不同，反应能力大体上按无定形→锐钛矿→板钛矿→金红石的次序降低。氧化钛只在 Al_2O_3 含量未达到饱和的铝酸钠溶液中才能与 NaOH 相互作用产生钛酸钠。当 Al_2O_3 越接近饱和，TiO_2 转化率越低。当 Al_2O_3 含量达到饱和时，TiO_2 与 NaOH 的反应不再进行。

氧化钛与苛性钠溶液作用生成钛酸钠，其组成随溶液浓度和温度而改变。从 $Na_2O-TiO_2-H_2O$ 系相图（图 3-4）可以看出：温度 210℃、Na_2O 浓度 10% 溶出时，生成的化合物为 $Na_2O\cdot 3TiO_2\cdot 2H_2O$，用热水洗涤赤泥时 $Na_2O\cdot 3TiO_2\cdot 2H_2O$ 发生水解，残渣成分为 $Na_2O\cdot 6TiO_2$，矿石中的 TiO_2 所造成的碱损失可以按此计算。

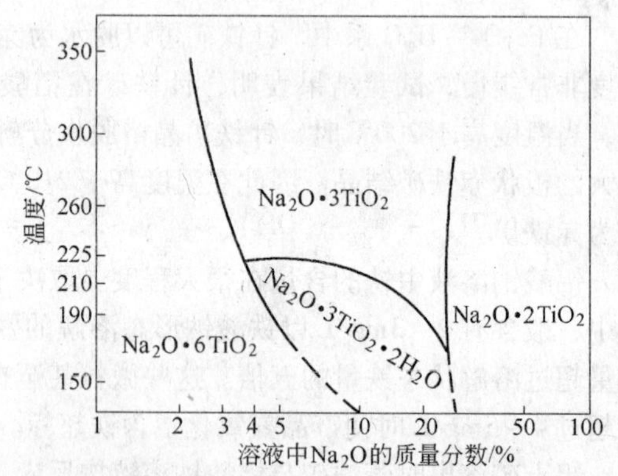

图 3-4 $Na_2O-TiO_2-H_2O$ 系相图

在溶出一水硬铝石型的铝土矿时，氧化钛使溶解过程显著恶化。从图 3-5 可以看出，溶出时添加 3% 的 TiO_2，Al_2O_3 的溶出率显著降低，这是由于 TiO_2 在一水硬铝石表面上生成一层很致密的钛酸钠保护膜，将一水铝石颗粒包裹起来，阻碍其溶出。根据起阻碍作用 TiO_2 的最低含量和一水硬铝石的表面积计算出这层保护膜的厚度大致为 1.8nm。因此很难由 X 光和结晶光学方法发现。三水铝石易于溶解，它在钛酸钠生成之前已经溶解完毕，TiO_2 起不到阻碍作用，甚至不致与溶液反应。一水软铝石受到的阻碍作用也小得

多。随着温度的升高和溶出时间的延长，钛酸钠再结晶并逐渐长大，使它在铝矿物表面上的保护膜破裂，NaOH 溶液能够与铝矿物接触，TiO_2 的阻碍作用也随之减弱或消失。

在拜耳法生产中，TiO_2 是很有害的杂质，它引起 Na_2O 的损失和 Al_2O_3 溶出率的降低。特别是在原矿浆预热器和压煮器的加热表面生成钛结疤，增加热能的消耗和清理工作量。

铝土矿溶出时添加石灰是减少和消除 TiO_2 危害的有效措施。CaO 与 TiO_2 反应，最终生成结晶状的钛酸钙 $CaO \cdot TiO_2$，在此之前，将生成水化钛石榴石和羟基钛酸钙 $CaTi_2O_4(OH)_2$ 一类含钛化合物，CaO 的添加可以有效地防止在水硬铝石表面上生成钛酸钠保护膜。

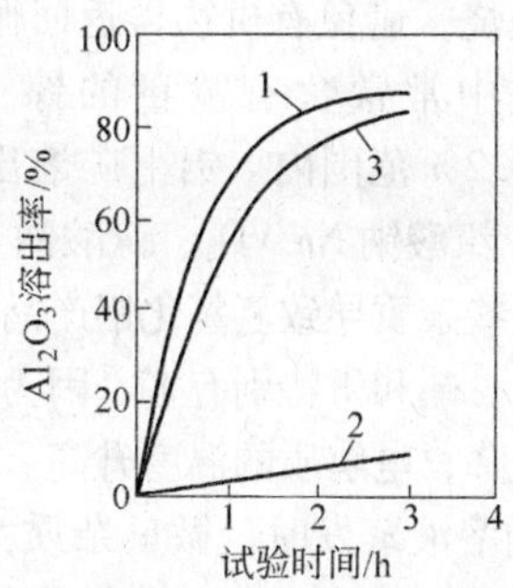

图 3-5　添加 TiO_2 及 CaO 对于一水硬铝石溶解过程的影响（溶液含 Na_2O 257g/L，Al_2O_3 117.5g/L，温度均为 220℃）

1—无添加物；2—3% TiO_2；3—3% TiO_2 及等分子数的 CaO

五、含钙、镁的矿物在溶出过程中的行为

在铝土矿中有少量的方解石 $CaCO_3$ 和白云石 $CaCO_3 \cdot MgCO_3$。碳酸盐是铝土矿中常见的有害杂质，它们在碱溶液中容易分解，使苛性钠转变为碳酸钠：

$$MeCO_3 + 2NaOH = Na_2CO_3 + Me(OH)_2$$

式中 Me 表示钙或镁。氢氧化钙和氢氧化镁与铝酸钠溶液反应生成水合铝酸盐析出，造成 Al_2O_3 的损失：

$$3(Ca,Mg)(OH)_2 + 2NaAl(OH)_4 = 3(Ca,Mg)O \cdot Al_2O_3 \cdot 6H_2O + 2NaOH$$

当溶液中的碳酸钠含量超过一定限度后，母液蒸发时便有一部分 $Na_2CO_3 \cdot H_2O$ 结晶析出，因此须将碳酸钠进行苛化，使之转变为 NaOH 再返回生产流程中去。

在溶出一水硬铝石型铝土矿时通常都添加一定数量的石灰以克服矿石中锐钛矿造成的危害，此时进入溶液中的 SiO_2 按下列反应生成溶解度更小的水合铝硅酸钙（水化石榴石）：

$$3Ca(OH)_2 + 2NaAl(OH)_4 + mNa_2SiO_3 = 3CaO \cdot Al_2O_3 \cdot mSiO_2(6-2m)H_2O + 2(1+m)NaOH + mH_2O$$

式中 $m = 0.4 \sim 1.0$。赤泥中 Na_2O 的化学损失减少，但 Al_2O_3 的损失增加。例如，当溶出一水硬铝石型铝土矿时，添加 8%～12% 的石灰，赤泥中 Na_2O: SiO_2 由理论值 0.608 降低到 0.28～0.32，A/S 则大于 1.7。

六、有机物和某些微量杂质在溶出过程中的行为

铝土矿尤其是三水铝石矿和一些一水软铝石矿常常含有万分之几至千分之几的有机碳。这些有机物可以分为腐殖酸及沥青两大类。后者实际上不溶解于碱溶液，全部随同赤泥排出。腐殖酸类的有机物与碱作用生成各种腐殖酸钠，然后逐渐转变为易溶的草酸钠（$Na_2C_2O_4$）或蚁酸钠，在流程中循环积累，使溶液黏度显著升高，容易产出泡沫。溶液中的有机物对铝土矿的湿磨，赤泥的沉降分离，铝酸钠溶液中的晶种分解，母液的蒸发等工序都是不利的。

为了防止有机物的有害作用，应将蒸发析出的吸附有一定数量有机物的 $Na_2CO_3 \cdot H_2O$ 加以煅烧，避免有机物再返回循环系统，在这方面也还提出了其他一系列方法。

铝土矿中常常含有微量的镓、磷、铬、氟等杂质，这些微量杂质的含量通常在 0.001% ~0.2% 范围内。铝土矿溶出时，它们大部分（60% ~90%）以各种钠盐（磷酸钠 Na_3PO_4、钒酸钠 Na_3VO_4、镓酸钠 $NaGa(OH)_4$、氟化钠 NaF）形式进入铝酸钠溶液。晶种分解时，这些杂质导致氢氧化铝产品结晶细化，并且有一部分与氢氧化铝一同沉淀析出，降低产品质量。磷和钒特别有害，因为它们在电解时在两极上交替地发生氧化－还原作用，使电流效率下降，电解质的温度升高。钒在电解时还会进入金属铝，使铝的电导率显著降低。

铝酸钠溶液蒸发时，微量杂质大部分以钠盐形态随同碳酸钠一同从溶液析出。Na_2O 浓度提高和降低温度时，这些钠盐的溶解度急剧降低。许多工厂借此清除溶液中的杂质，并从溶液中析出粗钒盐（含 V_2O_5 2% ~10%），进而制取纯 V_2O_5。

在铝土矿的高压溶出过程加入石灰，将使部分磷、钒和氟成为钙盐进入赤泥，在高温段的加热设备的表面上结疤中含有羟基磷酸钙 $Ca_5(PO_4)_3(OH)$ 和纤磷铝石 $CaAl_2(PO_4)(OH)_5 \cdot H_2O$。

从铝酸钠溶液中清除铬的最有效方法是用 Na_2S 作还原剂，将铬酸钠的 Cr^{6+} 还原成 $Cr(OH)_3$，成为难溶性铬化合物沉淀析出。这种铬渣适合于进一步加工成含铬产品。

镓是铝的同族元素，它和铝具有相近的化学性质和物理化学性质，铝的离子半径为 0.057nm，镓为 0.063nm。在自然界镓常常与铝共生。在铝土矿中通常含 0.004% ~0.1% 的镓，镓在铝酸钠溶液中循环积累，当其浓度达到 0.1 ~0.2g/L 后，首先除去溶液中的有害杂质（P_2O_5、V_2O_5、含硫化合物、有机物等），然后用电化学（电解、沉积或离子交换）方法从溶液中提取出来。镓是氧化铝生产中最有价值的一种副产品。铝酸钠溶液是生产镓的主要来源。

氟在铝土矿中含于磷灰石和细晶磷灰石中，溶出时与碱溶液反应生成 NaF 进入溶液，添加石灰可使大部分氟生成不溶性的 CaF_2 而进入赤泥。匈牙利的高氟铝土矿，氟含量达 0.1% ~0.14%，溶出时不加石灰，溶液中含氟量达 3 ~4g/L，它使蒸发设备的加热管道上很快长满 NaF 结晶。在赤泥洗涤过程中，NaF 成冰晶石沉淀，造成有价成分的损失，其反应为：

$$6NaF + NaAl(OH)_4 \longrightarrow Na_3AlF_6 + 4NaOH$$

第三节　铝土矿溶出过程的工艺

一、对于溶出过程的工艺要求

Al_2O_3 的理论溶出率：理论上矿石中可以溶出的 Al_2O_3 量（扣除不可避免的化学损失）与矿石中 Al_2O_3 量之比称为 Al_2O_3 的理论溶出率（$\eta_{理}$）。

Al_2O_3 的实际溶出率：在溶出时，实际溶出的 Al_2O_3 量与矿石中 Al_2O_3 量之比称为 Al_2O_3 的实际溶出率（$\eta_{实}$）。

对于一水硬铝石型这类难溶的铝土矿而言，当其中 Al_2O_3 全部溶出时，其中 SiO_2 已全部反应生成分子式大致相当于 $Na_2O \cdot Al_2O_3 \cdot 1.7SiO_2 \cdot nH_2O$（$n \leqslant 2$）的水合铝硅酸钠，由此可以计算出，矿石中 1kg SiO_2 将造成 1kg Al_2O_3 和 0.608kg Na_2O 的损失。如果铝土矿

中 Al_2O_3 含量为 A%，SiO_2 含量为 S%，则 Al_2O_3 的理论溶出率为：

$$\eta_{A理} = \frac{A-S}{A} \times 100\% = \left(1 - \frac{1}{\frac{A}{S}}\right) \times 100\%$$

而每溶出 1t Al_2O_3，损失的 Na_2O 量不小于：

$$Na_2O_{(耗)} = \frac{0.6085}{A-S} \times 1000 = \frac{608}{\frac{A}{S}-1} \quad kg-Na_2O/t-Al_2O_3$$

如果矿石溶出时某些含硅矿物未参与反应，或者由于有添加物将 SiO_2 转变为其他形态，那么计算溶出率和碱耗的方法也应随之改变。

由上面计算公式可以看出：矿石的 A/S 越高，Al_2O_3 理论溶出率（$\eta_{理}$）越高，而碱耗（$Na_2O_{耗}$）越低，越有利于用拜耳法处理。矿石 A/S 降低，这两个指标都随之恶化。一般地说当矿石 A/S 少于 6～7 就不适于用单纯的拜耳法处理。这样才能保证矿石中商品氧化铝的回收率不小于 80%。

在连续作业的溶出过程中，难以直接确定矿石所生成的赤泥数量，通常是以矿石和赤泥中的 Fe_2O_3 含量作为内标来计算单位矿石的赤泥量 $P_{赤}$ 的：

$$P_{赤} = \frac{Fe_2O_{3矿}}{Fe_2O_{3赤}}$$

因此，氧化铝实际溶出率为：

$$\eta_{实} = \frac{Al_2O_{3矿} - \frac{Fe_2O_{3矿} \cdot Al_2O_{3赤}}{Fe_2O_{3赤}}}{Al_2O_{3矿}} \times 100\%$$

$$= \left(1 - \frac{Al_2O_{3赤} \times Fe_2O_{3矿}}{Al_2O_{3矿} \times Fe_2O_{3赤}}\right) \times 100\%$$

在处理难溶矿石时，其中氧化铝常常不能充分溶出。为了避免因矿石品位（A/S）不同所造成的影响，通常采用相对溶出率作为衡量不同溶出制度效果的指标。相对溶出率为实际溶出率对理论溶出率的比值。如果以赤泥和矿石中的 SiO_2 含量作为内标（在此忽略了进入溶液中的 SiO_2 量），也可以由矿石和赤泥的 A/S 来计算 Al_2O_3 的实际溶出率和相对溶出率：

$$\eta_{相} = \frac{\eta_{实}}{\eta_{理}} \times 100\% = \frac{\frac{Al_2O_{3矿}}{SiO_{2矿}} - \frac{Al_2O_{3赤}}{SiO_{2赤}}}{\frac{Al_2O_{3矿}}{SiO_{2矿}} - 1} = \frac{(A/S)_{矿} - (A/S)_{赤}}{(A/S)_{矿} - 1}$$

在以上各式中，$Al_2O_{3矿}$，$Fe_2O_{3矿}$，$SiO_{2矿}$ 和 $Al_2O_{3赤}$，$Fe_2O_{3赤}$、$SiO_{2赤}$ 分别为这些氧化物在矿石和赤泥中的百分含量。

对于易溶的三水铝石型铝土矿来说，由于它所要求的溶出条件并不苛刻，在其溶出过程中并不是全部 Al_2O_3 和 SiO_2 都参与反应，按照上述理论溶出率的公式来评价矿石的质量便不符合实际。于是提出了有效氧化铝含量和活性氧化硅含量的概念。它们分别表示在一定的溶出条件下，矿石中由实验测出的可以溶出的 Al_2O_3 和参与反应的 SiO_2 的百分含量，例如美国铝业公司测定三水铝石型铝土矿的有效氧化铝和活性氧化硅的条件为：温度

143℃，纯苛性碱溶液（Na_2O 浓度（以 Na_2CO_3 表示为 135g/L）），时间 30min，溶液的用量远远超过一般溶出过程的数量。活性氧化硅含量根据进入溶出赤泥中的 Na_2O 量按方钠石的分子式 $3.2Na_2O \cdot 2.8Al_2O_3 \cdot 5SiO_2 \cdot xH_2O$ 计算。澳大利亚林地区的三水铝石矿最为典型，其中 SiO_2 含量为 26%，而活性 SiO_2 含量仅 1.5%，相差很大。有效氧化铝和活性氧化硅的概念也应用到一水铝石矿，美国铝业公司提出的测定条件为：一水软铝石矿，溶出温度 235℃，苛性碱溶液 Na_2O 浓度 135g/L（以 Na_2CO_3 计），时间 15min。一水硬铝石矿，溶出温度 300℃，苛性碱溶液 Na_2O 浓度 200g/L（以 Na_2CO_3 计），时间 30min。从工艺上说，在溶出过程中，除了要求达到尽可能的 Al_2O_3 溶出率外，还要求 Na_2O 的化学损失尽可能地减少，并且要求溶出液具有足够的硅量指数（在 250 ~ 300 以上）和低的苛性比值，这样才能得到保证产品氧化铝的质量和后续作业的有利条件。

二、铝土矿溶出过程的动力学

当溶出时间一定，氧化铝的溶出速度越快，其溶出率越高，设备产能也越大，其他各项指标也有可能同时得到改善。所以提高氧化铝的溶出速度是提高溶出过程技术经济指标的关键。

铝土矿的溶出与通常的液固相反应过程一样是多相反应过程，包括以下过程：

（1）含 Al_2O_3 矿物的表面被溶剂——含大量游离 NaOH 的循环母液所湿润；

（2）含 Al_2O_3 矿物与 OH^- 相互作用生成铝酸钠；

（3）铝酸根离子通过在矿物表面上生成的扩散层扩散到整个溶液中去，而 OH^- 通过扩散层扩散到矿物表面上来，使反应继续下去。

其中最慢的步骤决定着整个溶出过程的速度。一水硬铝石溶出过程动力学的研究表明，在高温度下用高碱浓度溶液溶出时，溶出的全部过程都属于一级反应，反应速度由扩散速度所决定，而在较低温度或碱浓度下，过程为二级反应，这可能是由于化学反应速度已经减慢所引起的。

一般扩散活化能的数值在 20kJ/mol 以下，而化学反应的活性能在 60 ~ 250kJ/mol 之间。活化能大，过程速度的温度系数也大。提高温度虽然同时加速化学反应和扩散过程，但是实验结果表明，温度每提高 10℃，化学反应速度可以提高 1 ~ 2 倍以上，而扩散速度只提高 10% ~ 30%。因此当温度提高到一定程度以后，化学反应速度总是可以超过扩散速度，而使溶出过程由扩散速度所控制。溶出速度由扩散过程所决定时，它可由下式表示：

$$\frac{dC}{d\tau} = KF(C_{平衡} - C_{溶液})$$

式中 $\frac{dC}{d\tau}$——某一瞬间的溶出速度；

K——溶出速度系数；

$C_{平衡}$，$C_{溶液}$——平衡溶液和某一瞬间溶液中 Al_2O_3 的浓度；

F——相界面面积。

溶出速度系数 K 与扩散系数 D 成正比，而与扩散层厚度 δ 成反比，即 $K = \frac{D}{\delta}$，而：

$$D = \frac{1}{3\pi\mu d} \cdot \frac{RT}{N}$$

式中 T——绝对温度；

d——扩散质点的直径；

R——气体常数；

N——阿伏伽德罗常数；

μ——扩散介质的黏度。

如果不考虑其他因素对于扩散阻力的影响，溶出速度公式可以写成：

$$\frac{dC}{d\tau}=\frac{RT}{3\pi\mu dN}F\left(\frac{C_{平衡}-C_{溶液}}{\delta}\right)$$

当溶出速度 $V=\frac{dC}{d\tau}$，那么在溶出 τ 时间以后，溶出的 Al_2O_3 量 a 为：

$$a=\int_0^{\tau}Vd\tau=\overline{V}\cdot\tau$$

在上式中，$\overline{V}$ 是在 τ 时间内平均溶出速度，随溶出时间的延长而减小的。

铝土矿中 Al_2O_3 的溶出速度除了受到温度、苛性碱浓度等因素的影响外，从化学反应工程的观点来说，它还受到流动类型，相间界面状况以及矿石特征等因素的影响。由于铝土矿组成、晶型结构和溶出条件的复杂性，目前还很难建立溶出过程的理论模型，但是对一定的铝土矿来说则可以通过实验来建立它的经验模型。

三、影响铝土矿溶出过程的因素

1. *溶出温度*　温度是影响溶出过程最主要的因素。随着溶出温度的升高，Al_2O_3 在碱溶液中的溶解度增大，溶出反应速度以及碱溶液与反应产物的扩散速度也增加。当其他溶出条件相同时，提高溶出温度总是使溶出速度加快，溶出设备产能显著提高的。

铝土矿的矿物类型不同，其所要求的溶出温度也不同。目前溶出三水铝石型的铝土矿时，溶出温度一般为 120～140℃；溶出一水软铝石矿的溶出温度一般在 205～230℃，而溶出一水硬铝石矿溶出温度在 230～245℃或更高。提高溶出温度不仅可以提高 Al_2O_3 的溶出速度，而且可以在保证 Al_2O_3 充分溶出的前提下将溶出液的苛性比值降低至 1.5～1.45，而硅量指数提高到 200～250 以上，从而使母液的循环效率提高，产品质量符合要求。

提高溶出温度可以使矿物形态的差别所造成的影响趋于消失。当溶出温度高于 300℃，不论氧化铝水合物的矿物形态如何，大多数铝土矿的溶出过程都可以在几分钟内完成，并得到接近于饱和的铝酸钠溶液，矿石类型的影响基本上不再存在。

但是提高温度除了受到设备上的限制以外，在处理三水铝石矿时，由于要减少参与反应的 SiO_2 量，也有意将溶出温度保持在 105℃，由于三水铝石转变为一水软铝石的温度是在 143℃左右，故一般也不把溶出温度提的更高。在处理三水铝石矿时，溶出温度、特别是溶出时间的确定常常要考虑溶液脱硅的需要，而且不得不有所延长。在处理混合型的矿石时，溶出温度往往是根据难溶矿物的需要来确定的。

2. *循环母液碱浓度及苛性比值*　由 $Na_2O-Al_2O_3-H_2O$ 系等温度线图可以看到循环母液的 $Na_2O_{苛}$ 浓度愈高，苛性比值 α_K 愈高，其未饱和程度（即 $C_{平衡}-C_{溶液}$）愈大，氧化铝溶出速度及设备产能越大，得到的溶出液 α_K 越低，碱的循环效率也越高。由于赤泥洗液与高压溶出浆液汇合后还使后者稀释，因而通常都把循环母液的 Na_2O 选择得高些，达到 200g/L 以上。但是过分地提高母液碱浓度和苛性比值又会为后继过程带来缺点和困难。如增加蒸气消耗量和种分的时间，因此必须从整个流程来权衡，选择适当的碱浓度及苛性比值。通常是要求溶出液的苛性比值比溶出温度下的平衡苛性比值高出0.2～0.3。

在蒸气直接加热的溶出器中，由于蒸气冷凝水使原矿浆稀释，循环母液中Na_2O的浓度保持为270～280g/L。而在间接加热设备中，由于没有稀释现象，碱浓度可以降低到220～230g/L。如果采用更高的溶出温度，Na_2O浓度还可以进一步降低。

循环母液的苛性比值(α_K)通常为3.0～3.8。

3. *矿石磨细的程度* 溶出过程是多相反应。溶出反应及扩散过程均在相界面进行，溶出速度与相界面积F成正比。矿磨得越细，溶出速度越快。另外矿石磨细后，才能使原来被杂质包裹的氧化铝水合物暴露出来，增多矿粒内部的裂缝，缩短毛细管长度，也能促使溶出过程的进行。

矿石磨细程度对溶出过程影响的大小随矿石矿物化学组成和结构不同而不同。如松散、含杂质少的易溶的三水铝石型铝土矿，由于本身缝隙很多，便于扩散，矿石不必磨得太细。与此相反，结构密致的矿石（如一水硬铝石），要求磨得细些。但并不是越细越好。过磨已无助于溶出率的继续提高，反而会增大动力的消耗，降低磨的产能，不利于溶出后赤泥的沉降与分离。此外在溶出过程中物料还会自动细化。

我国氧化铝厂在溶出一水硬铝石型铝土矿时，要求磨细到0.147mm以上的不超过10%，而大于0.095mm的低于16%。在国外，易溶性的三水铝石矿只需细磨至0.2～0.5mm以下，而难溶的一水硬铝石矿需磨至70～80μm以下。

4. *搅拌强度* 搅拌可使矿粒外层扩散厚度减小，有利于$Al(OH)_4^-$与溶液中OH^-的扩散。强烈地搅拌使整个溶液成分更趋于均匀，强化传质过程。在一定程度上弥补温度、碱浓度、配碱数量以及矿石磨细程度带来的不足。

在管道溶出器和蒸气直接加热的高压溶出器组中，矿粒和溶液间的相对运动是依靠矿浆的流动来实现的。矿浆流速越大，湍流程度越高。在蒸气直接加热的高压溶出器组中，矿浆流速只有0.015～0.02m/s，处于层流状态。在管道溶出设备内流速为1.5～2.5m/s或更高，处于湍流状态，雷诺系数达到10^5数量级。成为强化溶出过程的一个重要因素。在间接加热的机械搅拌的高压溶出器组中，矿浆除了沿流动方向运动外，在机械搅拌下强烈运动，湍流程度也较强。提高矿浆的湍流程度还可以防止加热表面结垢。改善传热过程，在间接加热的设备中这是十分重要的。矿浆湍流程度高，结垢轻微，设备的传热系数可保持8000kJ/($m^2 \cdot h \cdot K$)，比结垢时高出10倍以上。

5. *石灰添加量* 石灰对于难溶性铝土矿溶出过程的影响前面已经说明。在处理一水硬铝石型铝土矿的拜耳法工厂中，石灰添加量一般为3%～8%。当石灰添加量不足时，部分TiO_2转变成钛酸钠使氧化铝的溶出率降低。当石灰添加量过多时由于生成水化石榴石使氧化铝溶出率下降（见表3-1），石灰煅烧不完全还会在溶出时引起反苛化作用。

表3-1 石灰添加量对氧化铝溶出率的影响①

石灰添加量	CaO（%）	1	2	3	4	5	6	7
	CaO/TiO_2	0.308	0.607	0.91	1.63	2.43	3.08	4.55
Al_2O_3溶出率	%	64.2	84.2	85.4	85.5	85.4	85.5	82.1
Na_2O损失	kg/t Al_2O_3	144	105	100	83	75	71	59

① 原矿A/S约10，含TiO_2 2.5%，Na_2O损失是用92%的NaOH补充的。

溶出三水铝石型铝土矿时，不需添加石灰，这是由于三水铝石溶出速度快，它在生成钛酸钠之前已经溶解完毕。

四、原矿浆的配料计算

1. 配料苛性比值　配料苛性比值是指预期矿石中 Al_2O_3 充分溶出时，溶出液所应达到的苛性比值。溶出时单位质量的铝土矿所应配入的循环母液就是据此计算的。显然提高配料 α_K，在溶出过程中溶液可以始终保持着大的未饱和度，使溶出速度加快，达到高的溶出率。但是它会使分解速度减慢，分解率降低，并且使循环效率降低，物料流量增大。

从图 3-6 可以看出，当循环母液的苛性比值为 3.6，配料苛性比值由 1.8 降低到 1.2 时，溶液的流量减小 50%。

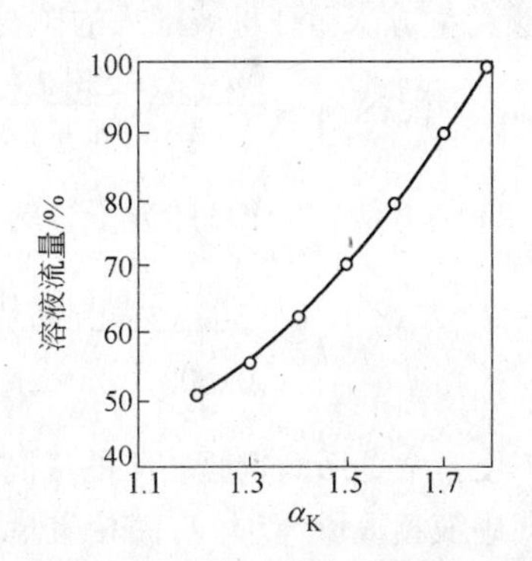

图 3-6　配料 α_K 与拜耳法溶液流量的关系

提高循环母液的苛性比值也可以降低循环碱量，但是其效果不如降低配料苛性比值显著。因此为了保证高的循环效率，应采取尽可能低的配料苛性比值。通常配料苛性比值要比在此条件下的平衡苛性比值高出 0.2～0.3。随着溶出温度的提高，这个差值可以适当缩小。由于生产铝酸钠溶液含有种种杂质，平衡苛性比值与 $Na_2O-Al_2O_3-H_2O$ 系等温线所示数值有所差别，实际的平衡苛性比值需通过实验来确定。它是按照生产中的溶出条件，应用实际的循环母液在足够的溶出时间内，溶出过量的矿石，使溶出的铝酸钠溶液与矿石中未溶出的氧化铝水合物保持平衡。溶出液的苛性比值即为所处理铝矿石在该生产条件下的平衡苛性比值。在实验时，是固定循环母液的数量逐渐增加矿石的配量，开始时由于矿石配量很少，矿石中的 Al_2O_3 全部溶出，溶出液中的 Al_2O_3 仍然是未饱和的，溶出液的苛性比值高于平衡苛性比值，矿石中 Al_2O_3 的溶出率达到了最大值，即理论溶出率。当矿石数量逐渐增加，只要溶出液的苛性比值高于平衡苛性比值，Al_2O_3 的溶出率仍保持为最大值。但是随着矿石数量的增加，溶出的氧化铝逐渐增多，溶出液的苛性比值逐渐降低。当矿石数量增加到一定程度之后，继续加矿石，溶出液的苛性比值便将保持不变，这一苛性比值便是在此条件下的平衡苛性比值。根据实验结果绘制溶出过程的特性曲线，如图 3-7 所示。知道了平衡苛性比值，配料苛性比值便可据以确定。

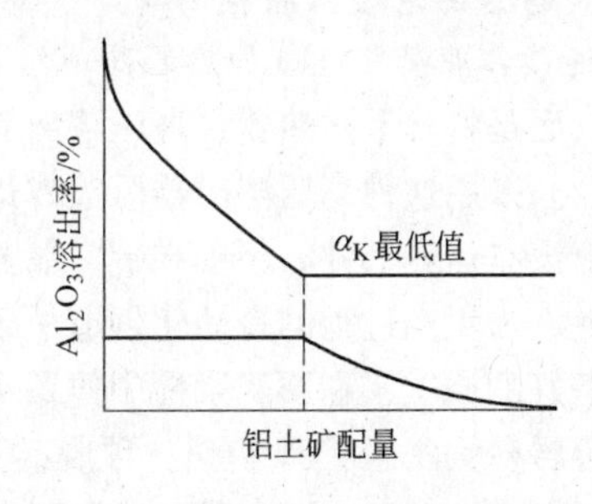

图 3-7　铝土矿溶出过程的典型特性曲线

提高溶出温度可以得到低苛性比值（1.4～1.45）的溶出液，为了防止溶出液在进入晶种分解之前发生大量的水解损失，可往第一次赤泥洗涤槽中加入适当数量的种分母液，将稀释后的溶出浆液的苛性比值提高到 1.50～1.55 以上，使溶液具有足够的稳定性。采用这种措施，可使循环母液用量减少，并大大减少母液蒸发和高压溶出过程的负担和蒸气消耗量。

2. 原矿浆的配料计算　为了达到预期的溶出效果，必须进行配料计算以确定铝土矿、石灰和循环母液的比例，制取合格的原矿浆。

在生产实际中，一般是通过试验和技术经济比较，确定最宜的配料苛性比值。然后根据矿石的组成以及循环母液的成分进行原矿浆的配料计算。

已知矿石组成为 $Al_2O_3(A)$，$SiO_2(S)$，$TiO_2(T)$，$CO_2(C)$；循环母液中 Na_2O 和 Al_2O_3 的浓度分别为 n 和 a kg/m³；石灰添加量为干矿石的 $W\%$，石灰中 CO_2 含量为 $C'\%$，由于添加了石灰，赤泥中 Na_2O: SiO_2 的质量比为 b；Al_2O_3 的实际溶出率为 η_A；配料苛性比值为 α_K；设每立方米循环母液配入的矿石量为 X kg，则 X 的数值可以由下式算出：

$$配料\ \alpha_K = \frac{[n - X \cdot S\% \cdot b - 1.41X(C\% + W\% \cdot C'\%)]}{(X \cdot A\% \cdot \eta_A + a)} \times 1.645$$

式中，1.41 为 Na_2O 与 CO_2 的分子量的比值，即$\frac{66}{44}$，整理后得：

$$X = \frac{(n - 0.608 \cdot \alpha_K \cdot a) \times 100}{0.608 \cdot \alpha_K \cdot \eta_A \cdot A + b \cdot S + 1.41\left(C + \frac{C' \cdot W}{100}\right)}$$

生产上常常是用测定原矿浆的液固比（L/S）的方法来检验原矿浆是否合格。液固比是原矿浆中液相重量（L）与固相重量（S）的比值。当循环母液密度为 d_L kg/m³，每立方米母液根据计算应配入的矿石量为 X kg 时，则原矿浆液固比为

$$L/S = \frac{d_L}{(1 + W)X}$$

原矿浆的液固比又是它的比重 d_P 的函数：$d_P = \dfrac{L + S}{\dfrac{L}{d_L} + \dfrac{S}{d_S}}$，整理后得

$$\frac{L}{S} = \frac{d_L(d_S - d_P)}{d_S(d_P - d_L)}$$

式中，d_S、d_L 分别为固相（矿石加石灰）和母液的比重。

d_S 和 d_L 都应该是稳定的，由放射性同位素密度计测定出原矿浆的比重，便可求出 L/S，进而控制配料操作。

五、溶出工艺设备流程

1. 连续作业蒸气直接加热的高压溶出组　目前在生产中很少采用单个高压溶出器间断操作，而是将若干预热器、高压溶出器和自蒸发器依次串联成为一个高压溶出器组进行连续作业。采用这种高压溶出器可节省进料、出料和提温的时间，操作控制简单。高压溶出器本身没有运转部件，便于维护，能显著提高设备产能和劳动生产率，减轻劳动程度，降低热耗，为生产过程的自动化创造了条件。图 3－8 为其设备流程图。

制备好的原矿浆在原矿浆槽中停留 4～8h，进行预脱硅。使其中的 SiO_2 在进入预热器之前充分转变为水合铝硅酸钠。预脱硅后的矿浆用油压泥浆泵送入双程预热器，预热到 140～160℃后，再加入溶出器。在头两个或三个溶出器中用新蒸气直接加热至溶出温度，然后依次进入其余溶出器。溶出后的料浆从最后一个溶出器排入自蒸发器自蒸发冷却。一级自蒸发器的二次蒸气送往预热器作为热源。二级自蒸发器的二次蒸气送去加热赤泥洗涤水。溶出矿浆与赤泥洗液混合，进行稀释。

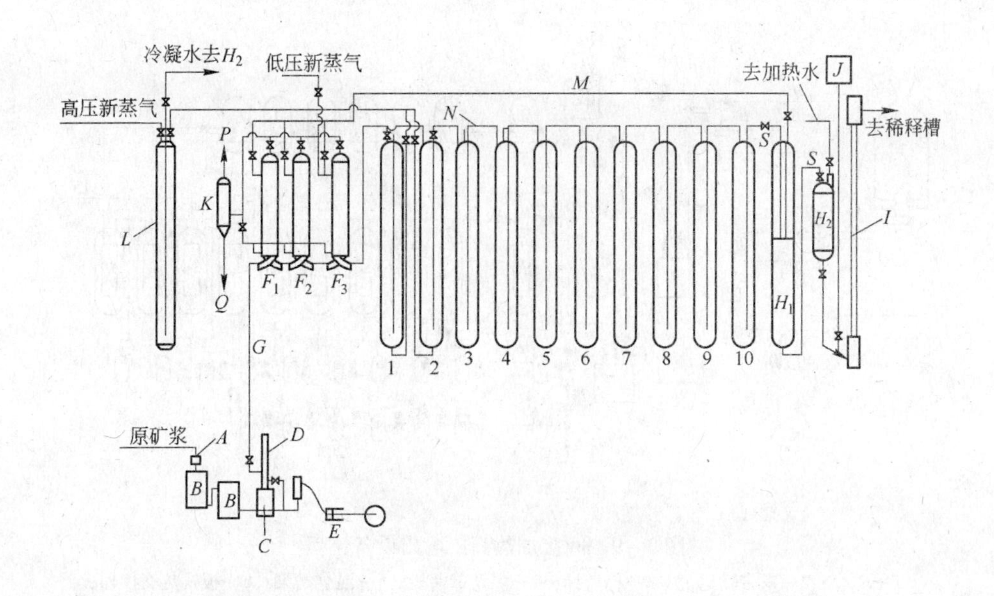

图 3-8　直接加热高压溶出设备流程

A—原矿浆分料箱；B—原矿浆槽；C—泵进口空气室；D—泵出口空气室；E—油压泥浆泵；F—双程预热器；H—自蒸发器；I—溶出矿浆缓冲器；J—赤泥洗液高位槽；K—冷凝水自蒸发器；P，Q—去加热赤泥洗液；L—高压蒸气缓冲器；N—不凝性气体排出管；G—原矿浆管道；M—乏气管道；S—减压阀；1，2—加热溶出器；3~10—反应溶出器

蒸气直接加热的溶出器虽然没有机械搅拌，结构简单，易于制造和维修，但也存在许多缺点。主要的缺点是原矿浆不能利用自蒸发蒸气充分预热，预热温度低，新蒸气消耗大，同时用新蒸气直接加热，料浆在溶出一开始就遭到很大的稀释，Na_2O 浓度约降低 30~50g/L，因此循环母液的碱浓度必须提高到 270~280g/L 以上，增加蒸发过程的负担和热耗。在这种溶出器组中，以第二个或第三个溶出器的温度为最高，由于散热，越是后面的溶出器的料浆温度越低。此外，这种溶出器组中，自蒸发器一般只有 2~3 级（很多铝厂现已改为三级），每一级自蒸发器中压降较大，料浆急剧蒸发，造成强大的冲刷力，剧烈地磨损减压装置和衬板。

随着自蒸发器的级数增多，溶出料浆的热利用率也增加，最适宜的自蒸发的级数与溶出温度有关，一般为 8~9 级，溶出料浆的热利用率可达到 75%~80%。

2. 间接加热高压溶出器组　间接加热连续溶出设备流程如图 3-9 所示。其中的九个高压溶出器，前面六个（A_1~A_6）用自蒸发蒸气将料浆加热到 190~200℃，后面的三个（A_7~A_9）用新蒸气加热到溶出温度（245℃）。从最后一个溶出器流出来的已溶出完毕的料浆依次通过 7 个自蒸发器逐步降压冷却，然后自流进入稀释槽。各个高压溶出器的加热蒸气冷凝水排入其下部的冷凝水罐，一共设有 17 个冷凝水罐，其中 10 个用来收集新蒸气冷凝水用作锅炉用水；7 个用来收集自蒸发蒸气冷凝水，用作赤泥洗水。每个冷凝水罐既是回收高压溶出器的冷凝水贮槽，又是更高温度的冷凝水的自蒸发器。

间接加热高压溶出器组克服了用蒸气直接加热矿浆，被蒸气冷凝水稀释及矿浆预热温

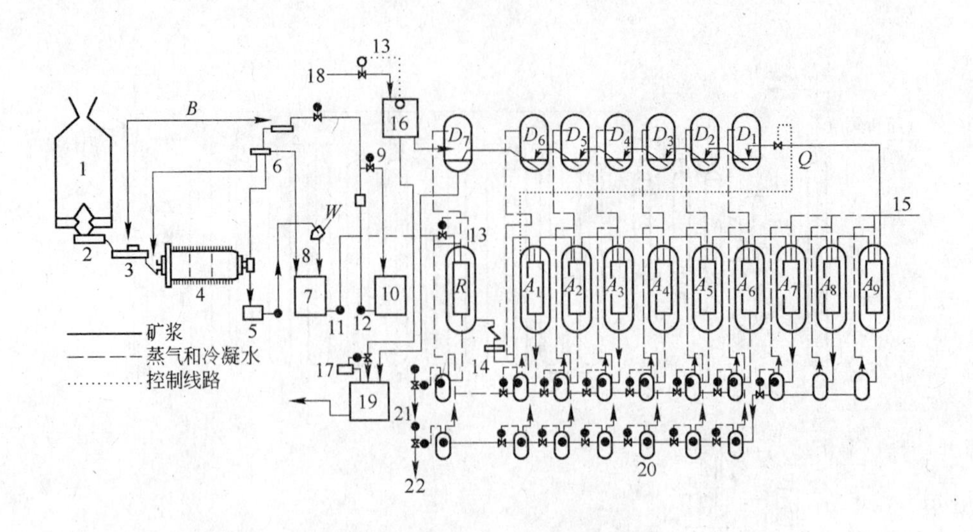

图 3－9　间接加热高压溶出设备流程

1—矿仓；2—皮带输送机；3—称量计；4—多仓球磨机；5—混合槽泵；6—板式热交换器；7—原矿浆贮槽；8—振动筛；9—回流阀；10—循环母液贮槽；11—矿浆泵；12—母液泵；13—液面调节器；14—隔膜泵；15—高压新蒸气；16—洗液贮槽；17—比重调节器；18—洗液；19—稀释槽；20—冷凝水罐；21—去洗涤；22—去锅炉房；*R*—预热器；*A*—高压溶出器；*D*—自蒸发器；*B*—配料计；*Q*—流量调节器；*W*—石子等杂物

度与溶出温度相差很大等弊病。溶出浆液反而可以得出浓缩，同时由于采用多级自蒸发及预热显著地提高了热利用效率，使汽耗大大降低。间接加热可以用较低浓度的循环母液进行溶出，因此降低了蒸发母液的浓度，减少了蒸发时的气耗。

六、管道化溶出

提高溶出温度是强化拜耳法的主要途径。提高溶出温度不仅可以提高 Al_2O_3 的溶出率，而且可以大大地缩短溶出时间，降低循环母液碱浓度，并得到 α_K 低的溶出浆液。

溶出温度由 230～240℃提高到 280℃，Al_2O_3 溶出率提高 2%～4%，溶出时间可以缩短 80%。而且溶出液的苛性比值可降低为 1.4～1.5，从而提高了碱的循环效率，此外循环母液碱浓度也可以降低。例如当溶出温度为 235℃时，循环母液碱浓度必须在 280～300g/L，而提高到 260～280℃，碱浓度便可以降为 180～200g/L，因而大大降低母液蒸发蒸气消耗，甚至分解母液无需蒸发便有可能返回溶出应用。

提高温度还可以改善赤泥的沉降性能，提高赤泥沉降分离洗涤的效果。然而在上述高压溶出器组中却难以实现达到这样高的溶出温度。因为高压溶出器的厚度与其直径及工作压强成正比。提高溶出温度，设备所承受的压强急剧增大，既难制造，投资也大为增加，但是采用管道化溶出装置可以克服这种困难。氧化铝工业生产中采用管道化技术已有 20 多年的历史。它已在一些国家得到应用，生产能力达到 100 万吨以上。实践证明，管道化溶出技术适用于处理各种不同类型的铝土矿。铝土矿越是难溶，用它代替压煮器的技术经济效果越是明显。图 3－10 为匈牙利管道化溶出系统的设备流程图。

匈牙利于 1982 年建造了上述管道化溶出工业装置，每小时可处理 $120m^3$ 的矿浆，生

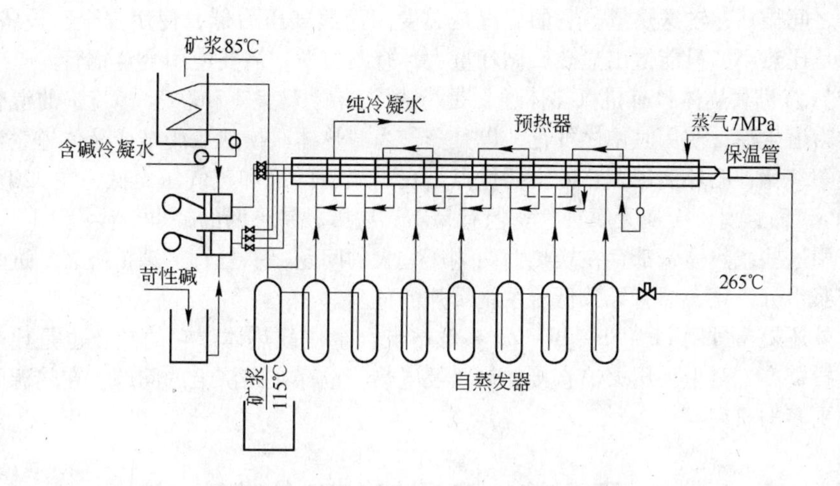

图3-10　匈牙利管道化溶出系统的理论设备流程图

产10t氧化铝。该工业装置是采用三管溶出器，在一支大管道内装有三支小的管道，其中两支管道加热矿浆，一支管道加热循环碱液，定期轮换，两种浆液送入保温管道后合流。管道的总长度为2080m，其中加热段管长为1248m，保温段管长为832m。矿浆在加热管中的流速为2～3m/s。

矿浆于溶出前，在100～105℃下保持8～10h进行预脱硅，然后用特制的隔膜泵将矿浆和循环碱液送入各自的管道（泵的压力为6.5MPa，最高压力可为12.0MPa)，先由溶出浆液的自蒸发蒸气预热至213℃后，再由新蒸气（7.0MPa）加热到溶出温度248℃（最高可达265℃，如果用熔融盐或其他加热介质，溶出温度可提高到265℃以上)。在保温期间，温度由248℃逐渐降到242℃，溶出时间为3～12min，Al_2O_3 实际溶出率为85%～89%。

溶出后的浆液进入第一个自蒸发器中，其自蒸发蒸气的温度为228～225℃，从第一个自蒸发器中流入第二个自蒸发器中的浆液温度为215℃。从最后一个（即第14个）自蒸发器出来的浆液温度降至115℃。溶出液的苛性比值为1.45。

由于矿浆在管道内高速流动，其雷诺系数 *Re* 达到 10^5 以上，处于高度湍流状态，大大加强了传热与传质过程。传热系数达到8000kJ/(m^2·h·℃)，平均为6000kJ/(m^2·h·℃)。比列管式热交换器大约高出5倍。因而所需要的热交换面积大为减少。

提高溶出温度，加热热源的温度也必须相应地提高，而饱和水蒸气的压力随温度的提高急剧增大，其汽化潜热则随温度的升高而急剧降低。如：

温度（℃）	100	150	200	250	300	350	374.2
饱和水蒸气压力（Pa）	101310	476000	1555100	3977600	8592000	16537000	22129700
汽化潜热（kJ/kg）	2257	2114	1941	1715	1404.3	893.5	0

因此，溶出温度提高后再以蒸气作为热源便很不经济。目前提出的其他热源有：

（1）无机盐载热体：已经在实践中应用的是一种硝酸盐及亚硝酸盐的混合物，其成分为 $KNO_3$53%、$NaNO_3$7%、$NaNO_2$40%。熔点为142℃，比重1.74～1.78、比热1.46kJ/(kg·℃)，加热到510～540℃仍不会分解，并可以在熔融状态下，用泵使之在加热炉与换热器之间循环，输送热量。它的优点是温度高而蒸气压力低，使用安全，设备投资低。缺点则是比热小。只能供出显热，循环量大，有腐蚀性，需要使用合金钢管。

（2）有机载热体：有机载热体通常是指含二苯醚73.5%和联苯26.5%的混合物，工业上称为道生油，使用时使之气化，以其蒸气为载热体。换热后凝结成液体道生油，再返回加热炉气化，循环使用，它的主要优点是在高温下的饱和蒸气压力低，在320℃下仅为0.23MPa，而且对于金属无腐蚀性。但有易燃、易爆、易渗漏的缺点。

使用这些载热体，都存在换热面两侧压差大的问题，一旦管道磨损破裂，进入低压系统的矿浆水分汽化，便有导致低压系统爆炸的危险。

此外还提出过用Pb－Sb－Bi－Zn系低熔点合金作载热体。它的缺点也是比热小，流量大，投资高。至于采用火焰直接加热以及电热，也存在经济上的问题。在热源的选择还需要作更多的研究。

第四节　赤泥的分离与洗涤

一、铝酸钠浆液的稀释

高压溶出后得到的浆液为铝酸钠溶液与赤泥所组成，为了获得纯净的铝酸钠溶液，必须从溶液中分离赤泥。在分离赤泥之前，先将浆液用赤泥洗液稀释。分离出的赤泥夹带有大量的溶液，需要充分洗涤以回收其中的Na_2O和Al_2O_3。赤泥洗液用于稀释下一批溶出浆液。分离出的铝酸钠溶液中的固体浮游物含量（简称固含）应小于0.2g/L，为保证产品氧化铝的纯度，溶液还要经过一次控制过滤，使固含减小到0.02g/L以下。

从自蒸发器出来的浆液，其Na_2O浓度常在200～250g/L之间，用赤泥洗液将其稀释的作用为：

1. *降低铝酸钠溶出液的浓度，便于晶种分解*　高压溶出得到的溶出液，浓度高，稳定性大，不能直接进行晶种分解，必须稀释。另一方面，赤泥洗液所含的Al_2O_3数量几乎占所处理铝土矿中Al_2O_3的30%，并且含有相应数量的碱，都必须回收。但赤泥洗液中的Al_2O_3浓度太低（一般为30～60g/L），单独进行分解是不合适的，用来稀释溶出浆液就使这两方面的问题都得到了解决。

2. *铝酸钠溶液进一步脱硅*　这是保证产品质量和减轻母液蒸发加热管道结疤的需要。在溶出过程中虽然也发生脱硅反应，但由于溶液浓度高，水合铝硅酸钠的溶解度大，溶出液的硅量指数一般只有100左右，而晶种分解要求精液的硅量指数在250以上。从图3－11可以看出，SiO_2在铝酸钠溶液中的溶解度随Al_2O_3浓度的降低而显著降低，加上浆液温度高，有大量的赤泥可作为晶种，是非常有利于进行脱硅反应的。因此在稀释过程中脱硅，可使溶液的硅量指数提高到300以上。

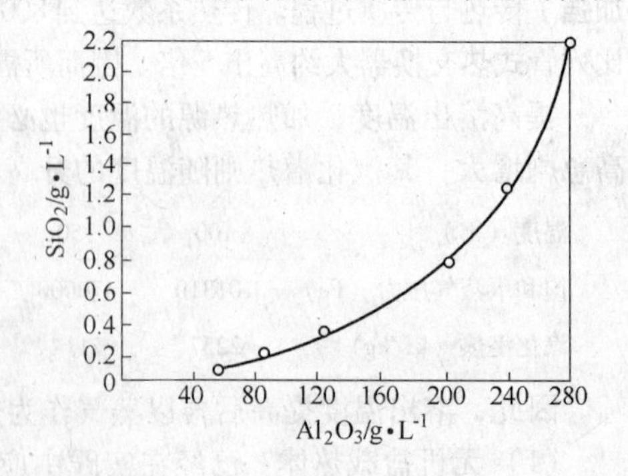

图3－11　铝酸钠溶液中二氧化硅平衡浓度曲线（98℃）

有的氧化铝厂还往赤泥浆液稀释槽内添加少量石灰，并搅拌3～4h，将溶液的硅量指数提高到600。这样做的目的是为了减轻蒸发器加热管壁上的硅渣结垢，改善传热状况，但添加石灰补充脱硅将增大损失于赤泥中的 Al_2O_3 数量，并且使铝酸钠溶液的苛性比值提高。

3. 便于赤泥分离　铝酸钠溶液浓度与黏度的关系见图2-8。高浓度的溶液黏度很大，赤泥分离非常困难，实际上难以进行。稀释后溶液浓度降低，比重下降，赤泥浆液的液固比也增大。溶液中 Na_2O 浓度从260g/L稀释到130~140g/L，溶液黏度下降2~3倍，而且赤泥溶剂化的程度降低，利于粒子的聚结。这样就提高了赤泥沉降速度和压缩程度，从而提高了分离洗涤效率。

4. 有利于稳定沉降槽的操作　生产中高压溶出浆液的成分是有所波动的，通过稀释槽混合和停留后，稀释浆液成分的波动幅度减小，溶液的比重较稳定，有利于沉降分离的操作。

高压溶出液稀释后的浓度，也须从全局出发，通过实践来确定。溶液浓度过高，既影响赤泥分离洗涤效果，也影响晶种分解的效果。氢氧化铝和母液的分离也将遇到困难。但是溶液浓度过低，则整个湿法系统的物料流量成比例增加，导致设备产能降低，各项消耗指标特别是蒸发水量的增大。目前在处理一水铝石型铝土矿的拜耳法厂（或联合法厂的拜耳法系统）中，稀释后铝酸钠溶液的 Na_2O 浓度变化范围为130~140g/L。但是为了减少物料流量和蒸发负担，铝酸钠溶液的浓度正向提高 Na_2O 含量为150~160g/L的方向发展。稀释后铝酸钠溶液浓度也还与赤泥量及洗水用量有关。因为洗水最终是以洗液形式全部用于稀释的。

在稀释过程中，由于溶液浓度和温度的降低，会有部分 Na_2CO_3 被赤泥中的 $Ca(OH)_2$ 苛化，同时也会新生成一定量的 $3CaO \cdot Al_2O_3 \cdot 6H_2O$（或水化石榴石）。这些都将引起铝酸钠溶液苛性比值的提高，随着洗涤的进行，溶液浓度进一步降低。这些反应的程度也将加强。铝酸钠溶液浓度的降低，也将引起赤泥的洗涤过程发生水解。在处理三水铝石矿时，由于未溶出的三水铝石和残留纤铁矿起氢氧化铝晶种作用，故水解可以进行到相当严重的程度。

二、拜耳法赤泥浆液

1. 拜耳法赤泥浆液的物理化学性质　高压溶出后的浆液是一个复杂的体系。液相为铝酸钠溶液，是强碱性的电解质，其中主要含有铝酸钠、氢氧化钠、碳酸钠，此外还含有少量的硅酸钠、硫酸钠、草酸钠等。固相为赤泥。赤泥中主要成分为铝硅酸盐、铁的化合物、钛酸盐等。赤泥的矿物组成和粒度组成，主要取决于铝土矿的组成、结构和溶出条件。

高压溶出后的浆液经过稀释后的液固比一般为10~35。工业生产中拜耳法赤泥通常是采用沉降分离和沉降洗涤的。赤泥的沉降性能，对沉降槽的产能以及洗涤效率都有很大的影响。

赤泥沉降速度是衡量赤泥浆液沉降性能好坏的标准。由于赤泥粒子之间以及赤泥与溶液之间发生许多物理化学作用，因而赤泥浆液的沉降速度很难根据理论公式推导，而只能通过实验测得的沉降曲线求出来（详见“化工原理及设备”）。在氧化铝生产中，通常是将一定数量的赤泥浆液装入量筒，搅拌均匀后澄清一定时间（如10min），将出现的清液层高度作为比较沉降性能的依据。

衡量赤泥浆液压缩性能的标准是压缩液固比和压缩速度。赤泥浆液在接近生产的实际条件下静置沉降，经过长时间得到的最终稳定泥层的液固比称为压缩液固比。沉降槽底流液固比通常保持比这一数值高出0.5。压缩速度为达到压缩液固比所需要的时间。降低分离沉降槽的底流液固比，是提高赤泥洗涤效率，减少赤泥附液损失的根本途径。

赤泥浆液沉降性能的好坏，主要取决于赤泥浆液的物理化学性质。试验结果与生产实践表明，拜耳法赤泥浆液的沉降性能与压缩性能都比较差，其主要原因是：

（1）赤泥粒子非常细　细磨后的铝土矿颗粒经高压溶出氧化铝水化物后，赤泥颗粒强度很差，彼此撞击和设备器壁碰撞以及与溶液切应力的作用下很易细化，测定结果表明，拜耳法赤泥，半数以上小于20μm，而且还有一部分微粒接近于胶体。它与胶体分散体系有许多相同的性质。

（2）赤泥粒子具有极其发达的表面　它的表面显示出较大的剩余价力、分子力（范德华引力）以及氢键等作用力。在这些力的作用下，赤泥粒子或多或少地吸附铝酸钠溶液中的水分子（称为结合水）和 $Al(OH)_4^-$、OH^- 和 Na^+ 离子（这种现象称为溶剂化）。它使赤泥粒子表面生成一层溶剂化膜，阻碍粒子互相接近。此外赤泥粒子选择吸附某种离子之后，赤泥粒子就因带同名电荷相互排斥，阻碍它们聚结成为大的颗粒，吸附的离子越多，沉降越慢，压缩性能越差。赤泥选择吸附什么样的离子取决于它的矿物组成和溶液的成分。在一定的赤泥矿物组成和溶液成分下，赤泥粒子因吸附着溶液中的某些离子而带有电荷。

2. 影响拜耳法赤泥沉降和压缩性能的主要因素

（1）铝土矿的矿物组成和化学成分　铝土矿的矿物组成和化学成分是影响赤泥沉降压缩性能的主要因素。铝土矿中常见的一些矿物，如黄铁矿、胶黄铁矿、针铁矿、高岭石、蛋白石、金红石等矿物使赤泥沉降性能降低，而赤铁矿、菱铁矿、磁铁矿、水绿矾等则有利于沉降。前一类矿物所构成的赤泥往往吸附着较多的 $Al(OH)_4^-$、Na^+ 和结合水，而后一类矿物构成的赤泥则吸附较少。

国外处理含针铁矿高的三水铝石和一水铝石型铝土矿的情况表明，针铁矿（包括水针铁矿）在高压溶出时完全脱水，生成高度分散的氧化铁，在赤泥浆液稀释及沉降过程中则又重新水化，变成几乎是胶态的亲水性能很强的氢氧化铁。赤泥浆液的沉降、压缩性能因而恶化。对于多数含针铁矿高的铝土矿来说，只要针铁矿在溶出时能够比较完全地转变为憎水的赤铁矿，赤泥沉降性能即可显著改善。广西铝土矿含有较多的针铁矿，当石灰添加量较多，溶出温度和碱浓度较高时，赤泥仍具有良好的沉降性能。但是对印尼宾坦铝土矿（三水铝石型）所作的实验研究结果是，尽管其中的针铁矿在溶出时是否全部转变为赤铁矿，赤泥的沉降性能都未得到改善。宾坦铝土矿与牙买加铝土矿（三水铝石型）相比，其特点是锐钛矿含量少，如果在溶出之前加入锐钛矿，沉降性能则可改善。由此看来，针铁矿转变为赤铁矿只能使锐钛矿含量较高的赤泥的沉降性能得到改善。

TiO_2 对赤泥沉降性能的影响取决于它所存在的矿物形态。研究结果表明，三水铝石矿溶出后的赤泥沉降速度随锐钛矿含量的增加而提高。几内亚博克铝土矿（三水铝石型）的 TiO_2 含量虽高，但由于 TiO_2 在赤泥中主要是以金红石形态存在，所以赤泥的沉降速度并不高。

SiO_2 对赤泥沉降性能的影响比较大，当矿石中的 SiO_2 以高岭石、蛋白石形态存在时，在溶出过程中生成分散度大，亲水性很强的铝硅酸钠，使赤泥沉降性能降低，特别是当SiO_2的含量超过10%时影响更大。但是石英的化学活性小，低温下不会与碱溶液反应，而在高温下的反应产物是结晶完整，亲水性小，颗粒较粗的水合铝硅酸钠，因此石英对赤泥沉降速度的影响比高岭石小。结晶良好的石英影响更小。

矿石中有机物越多，赤泥浆液黏度越大，沉降速度就越慢。

（2）赤泥浆液的温度　溶液比重及黏度随着温度的提高而下降，因而有利于其中赤泥的沉降。温度升高能减少胶体质点所带的电荷，促进赤泥颗粒的聚集。另外，分离及洗涤温度较高，溶液的稳定性也较好，氧化铝的水解损失减少，设备管道结疤减少，所以在赤泥的分离、洗涤过程中，必须严格保证较高的温度，通常均保持在95℃以上。

（3）矿石细磨程度　矿石磨得愈细，赤泥粒子也愈小。粒子的沉降速度与其粒径的平方成正比，矿石的过磨是不利于赤泥沉降性能的。然而前面已经说明，赤泥的粒度并不完全取决于矿石的细磨程度，而是与矿石的组成、结构以及其他许多因素有关的。

（4）铝酸钠溶液的浓度及黏度、赤泥浆液的液固比　它们对于赤泥沉降性能的影响前面均已作阐述。它们实际上也都是在生产中难以再作调整的因素。

3. 改善拜耳法赤泥沉降性能的途径

（1）铝土矿预先焙烧　将铝土矿预先在500℃左右下进行焙烧，使含水氧化铁矿物变成致密稳定的无水氧化铁，并除去有机物，这一措施在国外只有个别工厂得到应用，因为它使工艺流程复杂化，增加焙烧费用，溶出温度也不可能太低。只有当预焙烧带来上述好处外还有其他好处，如改善一水硬铝石的溶出性能，除去矿石中的大量水分和有机物杂质时，增加焙烧工序在经济上才是有利的。

（2）提高溶出温度　提高溶出温度可以获得结晶较好的水合铝硅酸钠。如溶出温度大于260℃时所得赤泥将变成疏水性的。当溶出温度达到290℃时，尽管矿石中含有大量的高岭石和针铁矿等矿物，赤泥的沉降性能仍然很好。这是因为在高温下高岭石反应成为结晶良好的水合铝硅酸钠，而针铁矿等转变为稳定的赤铁矿，不再重新水化。所以高温溶出后的赤泥是憎水性的，即使粒度很小，由于表面能大，仍然有利于粒子的聚结。

（3）添加絮凝剂　添加絮凝剂是目前工业上普遍采用的加速赤泥沉降的有效办法。在絮凝剂的作用下，赤泥浆液中处于分散状态的细小赤泥颗粒互相联成为絮团，粒度增大，沉降速度显著提高。

絮凝剂的种类很多，在氧化铝生产上采用的既有天然的、也有合成的高分子有机絮凝剂。天然高分子絮凝剂，包括有各种麦类，薯类的加工产品（面粉及土豆淀粉等）和副产品（如麦麸等）。国外有些工厂仍然采用面粉（添加量为0.4～1.6kg/t赤泥），我国采用麦麸（添加量为每吨赤泥1.5kg）。它们都可以带来良好的效果。但它们或为粮食、或为饲料，大量应用都是不相宜的。我国西南等省生长的土茯苓和青杠籽，淀粉含量都在50%以上，资源丰富。对这两种絮凝剂进行工业试验表明，土茯苓和青杠籽对拜耳法赤泥沉降的效果及用量都与麦麸相近。用这两种絮凝剂代替麦麸还有一个好处，能减少洗涤系统的泡沫，有助于降低碱耗，提高洗涤沉降槽的产能。

近年来人工合成高分子絮凝剂发展很快，与天然絮凝剂比较，它的特点是用量少，效果好，往往能使赤泥沉降速度增加几倍甚至几十倍。国内外使用合成高分子絮凝剂的氧化铝厂已经日益增加，所用的主要是聚丙烯酰胺及其不同程度的水解产物。如牙买加有的氧化铝厂改用聚丙烯酰胺后，其用量少，效果好，提高了洗涤效率，减少附碱损失。聚丙烯酰胺的应用效果与赤泥的性质关系很大。试验表明，有些铝土矿的赤泥用合成高分子絮凝剂有效，而用淀粉的效果欠佳，有些则相反。赤泥浆液中的某些杂质会降低聚丙烯酰胺的絮凝效力，特别是有机物的影响最大。有机物吸附于赤泥颗粒表面后阻碍它们之间的絮凝。其次，不同组成与性质的聚丙烯酰胺对同一种拜耳法赤泥的絮凝效果的差别也很大。在采用人工合成高分子絮凝剂时，必须要根据所处理的赤泥浆液的特点，对其用量、制配方法（水解程度）和添加方式进行细致研究，除在分离赤泥时添加外，也可以在洗涤时再次添加，用量仅为赤泥量的万分之几甚至十万分之几。它们全部被赤泥吸收，而不残留于溶液之中。

三、赤泥的反向洗涤与铝酸钠溶液的控制过滤

从赤泥分离沉降槽卸出的底流，液固比约4～5，所含的大量铝酸钠溶液必须要通过洗涤加以回收。

赤泥洗涤通常是在沉降槽系统内进行五至八次连续反向洗涤。洗涤用水从系统中最后一个沉降槽加入，洗液则从头一个沉降槽流出。假定各次洗涤沉降槽的底流液固比相同，而且溶质均匀地分布于溶液中并且不被赤泥吸附，则洗涤效率与洗涤次数和洗涤用水量的关系，可用下式作近似的计算：

$$W(\%)=\frac{S-1}{S^{n+1}-1}\times 100$$

式中 W ——洗涤后的赤泥所含溶质的数量占洗涤前赤泥附液所含溶质数量的百分数；

n ——洗涤次数；

S ——各个沉降槽的溢流量与底流附液量的比值。

此式的计算结果是近似的。因为各个沉降槽溢流量与底流附液量的比值实际上是不一致的，而且赤泥总是吸附着一定量的碱，并且在洗涤过程逐渐解吸出来。

假如各沉降槽的底流液固比 P 相等，并等于赤泥分离沉降槽底流的液固比，当用 x 吨水洗涤1吨赤泥时，则 $S=\frac{x}{P}$。

x 的值是全面权衡全厂生产的技术经济效果之后确定的。因为上述公式说明，赤泥洗涤用水量愈大，需要洗涤的次数愈少，所需设备可以减少。但是洗涤用水量愈多，需要蒸发的水分多，单位产品所消耗的蒸气必将增加。如果洗水用量和洗涤次数太少，赤泥附液的碱和氧化铝损失增大，并且污染环境。

现代化的拜耳法氧化铝厂都采用高帮单层沉降槽，直径为30～50m，高度一般在7m以上。它可以保证底流较充分的压缩，槽内的清液层也较高，既能保证高的产能，又便维修清理。原来直径为16m的五层沉降槽，也先后改为两层，每层的高度由1.8m增为4m以上。

与赤泥分离后的铝酸钠溶液叫粗液。粗液内一般仍含有微量（<0.2g/L）的浮游物，其组成与赤泥相近，必须将其彻底除去，以免在分解时成为氢氧化铝晶核进入成品，增加其中杂质含量。通常是用叶滤机进行控制过滤，使其浮游物降低到0.02g/L以上。美国铝业公司的一些工厂则是采用固定床砂滤器实现这种控制过滤过程，所用过滤介质为粗粒赤泥质或洗净的粗粒石英砂。

第五节　铝酸钠溶液的晶种分解

一、铝酸钠溶液分解过程的机理

晶种分解是拜耳法生产氧化铝的关键工序之一，它不仅影响产品氧化铝的数量和质量，而且直接影响循环效率及其他工序。

过饱和铝酸钠溶液不同于一般的无机盐饱和溶液，其结构和性质因浓度、苛性比值及温度的不同而差别很大。铝酸钠溶液的分解过程也不同于一般的无机盐溶液的结晶过程，它是一个复杂的物理化学过程。虽然在这方面进行了大量的研究工作，认识仍然是不够的。大多数的研究者倾向于铝酸根离子是通过聚合作用形成聚合离子群并最终形成三水铝石的超微细晶粒的理论。他们认为在过饱和的铝酸钠溶液中，铝酸根 $Al(OH)_4^-$ 能按照反应式 $nAl(OH)_4^- \longrightarrow Al_n(OH)_{3n+1}^- + (n-1)OH^-$ 生成聚合离子。随着溶液成分接近于平衡成分［对 $Al(OH)_3$ 而言］，增加了离子碰撞的可能性。使聚合分子数增加，这些聚合分子连接为缔合物 $[Al_n(OH)_{3n+1}]_m$，这种缔合物达到一定尺寸后就会变成新相的晶核。晶核生成过程可用以下方式表示：

配合铝酸根离子 $Al(OH)_4^-$

↓

生成聚合铝酸根离子 $Al_n(OH)_{3n-1}^-$

↓

形成缔合物 $[Al_n(OH)_{3n+1}^-]_m$

↓

析出聚合物 $[Al(OH)_3]$ 沉淀（缩聚作用）

在工业生产中，铝酸钠溶液的分解过程是在添加晶种的条件下进行的。分解反应可以写成下式：

$$Al(OH)_4^- + \underset{(\text{晶种})}{xAl(OH)_3} \longrightarrow (x+1)Al(OH)_3 + OH^-$$

加入的氢氧化铝种子成为现成的结晶核心，克服了在铝酸钠溶液中均相成核的困难，根据晶种分解过程动力学的研究，分解过程的最慢阶段是晶核形成过程，它需要很长的诱导期。晶种系数的增加，诱导期显著缩短。

在铝酸钠溶液添加晶种分解过程中，同时发生以下一些物理化学作用：次生成核；结晶长大；晶粒附聚，晶粒破裂与磨蚀。

次生成核又称二次成核，是指在添加到过饱和铝酸钠溶液中的晶种产生新晶核的过程，以区别于溶液自发生成新晶核的一次成核。次生成核所产生的新晶核则称为次生晶核。在分解过程中，加入的晶种表面变得粗糙，生长向外突出的细小晶体，或者生长成树枝状结晶，这些晶粒在相互碰撞以及流体剪应力的作用下，便有一些细小的晶体脱离原来的晶种，成为新的晶核。分解原液过饱和度越大，晶种表面积越小，温度越低，生成的次生晶核就越多。控制好二次成核的数量对于种分过程制取粒度分布符合要求的氢氧化铝是十分重要的。为了生产粒度均匀、粗大的砂状氧化铝，必须降低这种导致大量细粒氢氧化铝的二次成核作用。在生产中采取逐步降低分解温度的办法，控制分解时的过饱和程度并且保持必要的晶种数量和质量，使氢氧化铝晶体缓缓长大，避免树枝状结晶的生成，便可以使二次成核减少。当分解温度在75℃以上时，无论原始晶种量为多少都不致发生二次成核过程。

氢氧化铝晶体的长大是指从铝酸钠溶液析出来的 $Al(OH)_3$ 直接沉积于晶种表面使之长大的过程，因此，分解速度和分解率都取决于这一过程的速度。氢氧化铝晶体长大的速度取决于分解条件。溶液的过饱和度大，有利于晶体长大。但是氢氧化铝晶体长大的速度是低的，甚至在溶液过饱和度很高的情况下，一个晶体每小时长大的尺寸也只能以微米计。溶液中存在一定数量的有机物等一类杂质时，使晶体长大过程受到不利的影响。但是过饱和度太大时，结晶长大太快，质点排列没有规整，产生枝晶。导致次生成核；使细粒子含量增加。

氢氧化铝颗粒的破裂与磨蚀称为机械成核。当搅拌很强烈时，颗粒发生破裂。搅拌强度较小时，则只出现颗粒的磨蚀。这时氢氧化铝晶种颗粒大小实际并无多大变化。但是产生一些细小的新颗粒。在种分槽的循环管中高的搅拌强度，在氢氧化铝浆液输送过程中，氢氧化铝颗粒与泵的叶轮碰撞都会导致机械成核。

由于磨蚀而产生的1μm以下的微小晶核只有通过附聚才有可能变成较粗的晶体，然后继续长大。在适当的搅拌速度下，较细的晶种颗粒（小于20μm）可以附聚（集结）成为较大的颗粒，同时伴随着颗粒数目的减少。它是在分解过程中氢氧化铝粒子数得以保持平衡的主要方式。

氢氧化铝的附聚是指一些细小的晶粒相互依附并黏结成为一个较大的晶体的过程。氢氧化铝颗粒的附聚包括两个步骤：

（1）细小的氢氧化铝由于互相碰撞，有些附聚在一起形成联系松弛，机械强度很低的絮团（物理絮凝）。由于强度低，可以重新分裂。

（2）附聚在一起的絮团，由于从铝酸钠溶液分解出来的氢氧化铝在其上沉积，起到一种“黏结剂”的作用，使絮团表面上的缝隙被黏结弥合，形成结实的附聚物。研究结果表明，晶粒越小，越易聚附，由小晶粒构成的附聚体还可以进而附聚成较大的附聚体。这种大附聚体的强度差，易破碎。只有在过饱和度较高的溶液中，有大量的 $Al(OH)_3$ 在其上沉积，使之黏结弥合，才能成为强度大的粗颗粒。晶体的长大与晶粒的附聚导致氢氧化铝结晶变粗。

在分解过程中，附聚作用、二次成核作用和晶体长大都是同时发生的，但其程度因为条件的不同而有差别。

近年来对种分过程机理的研究取得了较大的进展，但仍然有待深入。有效地控制这些作用的进程，就可以得到粒度组成和强度都符合要求的氢氧化铝，并且在连续生产过程中保持氢氧化铝粒子数的平衡。例如，生产砂状氧化铝时，应尽可能地避免或减少次生晶核的形成及氢氧化铝晶粒的破裂，同时还应促进晶体的长大和晶粒的附聚。

二、晶种分解过程的主要技术经济指标

衡量种分作业效果的主要指标是分解率、产出率、分解槽的单位产能以及氢氧化铝质量。这四项指标是既互相联系又互相制约的。

1. 分解率　分解率是以分解出来的氢氧化铝中的氧化铝占精液中所含氧化铝数量的百分数表示的。由于连续生产以及固体物料附液引起溶液组成与体积的变化，溶液的分解率是其中 Al_2O_3 浓度的变化并以 Na_2O 含量为内标来计算的。因为溶液中苛性碱的绝对数

量在分解过程中的变化很小。于是

$$\eta = \left(\frac{A_a - A_m \frac{N_a}{N_m}}{A_a} \right) \times 100 = \left(1 - \frac{\alpha_a}{\alpha_m} \right) \times 100\%$$

式中　　　　　　　η——种分分解率,%；

A_a，A_m，N_a，N_m，α_a，α_m——分别为分解原液和分解母液的 Al_2O_3 及 Na_2O 浓度和苛性比值。

2. *产出率*　从单位体积分解原液中分解出来的 Al_2O_3 数量叫做产出率（kg/m^3）：

$$Q = A_a \cdot \eta;$$

式中　Q——产出率，kg/m^3；

A_a——分解原液中 Al_2O_3 浓度，kg/m^3；

η——分解率,%。

分解原液 Al_2O_3 浓度和分解率越高则产出率越高。即使分解率不高，提高分解原液的浓度也有可能保持较高的产出率。例如在用一水硬铝石为原料生产砂状氧化铝时，虽然分解率不高（45%左右），但当 Al_2O_3 浓度为 160～170g/L 时，溶液的 Al_2O_3 产出率仍可保持为 70～80kg/m^3。

3. *分解槽单位产能*　分解槽单位产能是指单位时间内（每小时或每昼夜）从分解槽单位体积中分解出来的 Al_2O_3 数量：

$$P = \frac{A_a \cdot \eta}{\tau} = \frac{A_a \cdot (\alpha_m - \alpha_a)}{\tau \alpha_m}$$

式中　P——分解槽单位产能，$kg/(m^3 \cdot h)$；

τ——分解时间，h。

从上式可见，分解槽单位产能与原液的浓度及苛性比值差（$\alpha_m - \alpha_a$）成正比，而与分解时间及母液苛性比值成反比。因此提高原液浓度，则分解槽单位产能相应提高，但溶液的稳定性增大，分解时间增长。反之，降低 Al_2O_3 浓度时，分解速度与分解率可以增加，但是从每一单位体积稀溶液中析出的 $Al(OH)_3$ 毕竟少些，因此在确定分解工艺条件时都须兼顾。

4. *氢氧化铝质量*　如前所述，电解炼铝对氧化铝的纯度及物理性能都有一定的要求，氧化铝的某些物理性质，如粒度分布和机械强度，在很大的程度上取决于种分过程作业条件。而氧化铝的纯度则主要取决于氢氧化铝的纯度。

氢氧化铝中的杂质主要是 SiO_2、Na_2O 和 Fe_2O_3，另外还可能有很少量的 CaO、TiO_2、P_2O_5、V_2O_5 和 ZnO 等杂质。铁、钙、钛、锌、钒、磷等杂质的含量与种分作业条件关系不大，主要取决于原液纯度，因此必须严格进行控制过滤，使分解原液中的浮游物降低到允许含量（0.02g/L）以下。

氢氧化铝中的 SiO_2 一部分来自浮游物中的钠硅渣（$Na_2O \cdot Al_2O_3 \cdot 1.7SiO_2 \cdot 2H_2O$），另一部分是当分解原液硅量指数低于 200～250 时，在分解过程中析出的水合铝硅酸钠，它们同时增加着产品中的 Na_2O 含量。拜耳法精液的硅量指数一般高于 200～300，实践证明，种分过程中不致发生明显的脱硅反应，因此所得到的氢氧化铝中的 SiO_2 含量一般都可以达到规范要求。

氢氧化铝中的 SiO_2 含量（以氧化铝为基准计算）应比氧化铝产品质量标准中规定的

数值稍低（一般约低0.01%），为煅烧过程中，因窑衬磨损，而进入的SiO_2留有余地。

氧化铝中的碱（Na_2O）是由氢氧化铝带来的。氢氧化铝中所含的碱有四种：一种是附着碱，即挟带母液所含的碱，这部分碱的数量最多。另一部分是吸附于氢氧化铝颗粒表面上的碱，还有一部分是氢氧化铝结晶集合体空隙中包裹的母液所带的碱。最后是以水合铝硅酸钠形态存在的化合碱和进入$Al(OH)_3$晶格中的晶格碱。前两者易于洗去，在生产条件下，用热的软水作两次反向洗涤便可以将这两部分碱的含量减少为0.1%左右。晶间碱则很难洗去，其含量约为0.1%~0.2%，需在一定的条件下焙烧使晶体破裂后，才能洗出，化合碱以及晶格碱，（后者是$Al(OH)_3$晶格中取代H^+的Na^+），都是不能用水洗出的。研究表明，晶格碱（以Na_2O计）的含量小于0.05%~0.1%。化合碱的含量取决于分解原液中的SiO_2含量。当分解原液的硅量指数在200以上时，这部分碱的含量低于0.01%~0.02%。

成品氧化铝的Na_2O含量都在0.4%以下，通过特殊方法加工的低钠氧化铝中的Na_2O含量可以低于0.02%。

三、影响晶种分解过程的主要因素

影响晶种分解过程的因素很多，各个因素所引起的作用是多方面的，这些作用的程度也因具体条件不同而异。种分过程对于作业条件的变化非常敏感，而且各个因素变化带来的影响也常常是互相牵连的。所以在考虑它们对于种分过程的影响时，需要全面地、辩证地加以分析。

1. *分解原液的浓度和苛性比值*　分解原液的浓度和苛性比值是影响种分速度、产出率和分解槽单位产能最主要的因素，对分解产物氢氧化铝的粒度也有明显的影响。

从$Na_2O-Al_2O_3-H_2O$三元系相图可以看出，当其他条件相同时，Al_2O_3含量约90g/L的中等浓度的溶液过饱和度为大，其分解速度较快，这由图3-12也可以看出来。如果只考虑分解速度，分解原液浓度不宜太高，但分解率虽高，其产出率、分解槽单位产能却较低。实践证明，当溶液苛性比值一定，有一使分解槽单位产能最大的最佳浓度。溶液苛性比值越低，最佳浓度越高。因为随着溶液苛性比值的降低，溶液过饱和度增加，分解速度加快，分解时间缩短，因此分解槽单位产能增加。从图3-13和表3-2还可以看到，当其他分解条件相同时，α_K低的原液所得母液的苛性比值较高。因此降低铝酸钠溶液的苛性比值和适当提高Al_2O_3浓度是强化分解过程和提高整个拜耳法技术经济指标的重要途径之一。

分解原液浓度和苛性比值对产品粒度的影响比较复杂。溶液苛性比值低，过饱和度大，如分解温度低，由于分解快将产生大量次生晶核，使氢氧化铝变细。这种溶液在较高温度下分解，则有利于晶种的附聚和生长。

原液浓度对氢氧化铝粒度的影响随分解温度及其他条件而异。溶液浓度高时，溶液的过饱和度低，不利于结晶的长大和附聚，难以得到，强度大的结晶。当温度低时，原液浓度对分解产物粒度的影响比温度高时更显著。

2. *温度制度*　分解温度对分解过程的主要技术经济指标有很大的影响，因此当分解原液的成分一定，确定和控制好适宜的温度制度至关重要。

根据$Na_2O-Al_2O_3-H_2O$系平衡状态图可知，当其他条件相同时，降低分解温度，总是可以提高分解率和分解槽单位产能的。但如前所述，分解温度低于30℃，反而使分解速度降低。

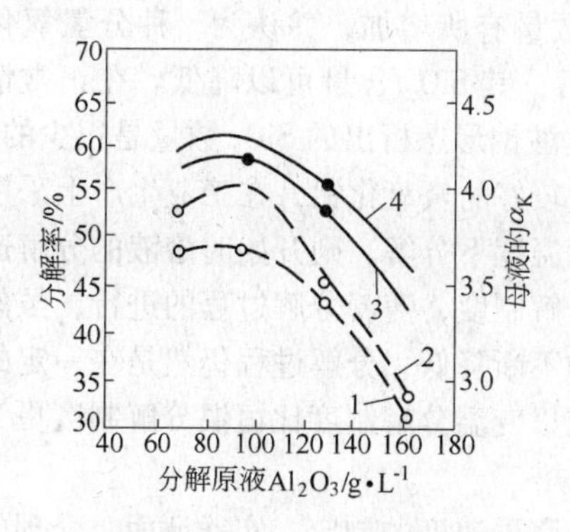

图 3-12　原液浓度对种分的影响

1，3—晶种系数为 1.5；2，4—晶种系数为 2.0

——分解率；－－－母液 α_K；原液 $\alpha_K = 1.59 \sim 1.63$；

分解初温 62℃；终温 42℃；分解时间 64h

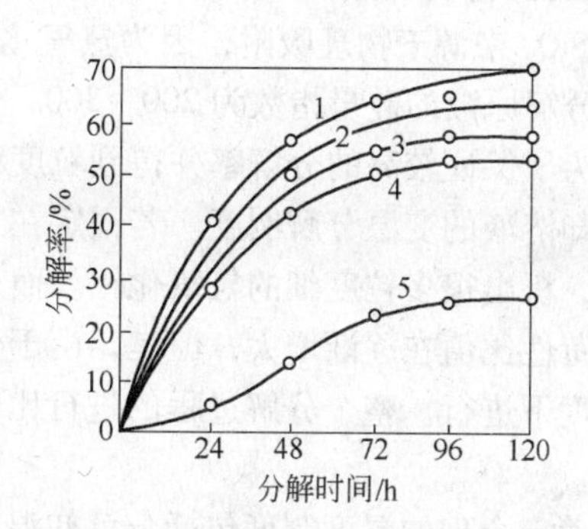

图 3-13　原液 α_K 对分解率的影响

原液 Al_2O_3 浓度 110g/L；分解初温 60℃，终温 36℃

1—$\alpha_K = 1.27$；2—1.45；3—1.65；4—1.81；5—2.28

表 3-2　分解原液苛性比值对分解过程的影响

原液成分	$\alpha_K = 1.565$ $Al_2O_3 = 121.55$g/L			$\alpha_K = 1.665$ $Al_2O_3 = 122.83$g/L			$\alpha_K = 1.770$ $Al_2O_3 = 122.4$g/L		
分解时间（h）	母液 α_K	分解率 η（%）	P（kg/m^3 昼夜）	母液 α_K	分解率 η（%）	P（kg/m^3 昼夜）	母液 α_K	分解率 η（%）	P（kg/m^3 昼夜）
5	2.84	44.90	—	2.66	37.4	—	2.61	32.20	—
10	3.14	50.15	—	2.94	43.40	—	2.86	38.15	—
20	3.28	52.30	—	3.16	47.30	—	3.06	42.00	—
35	3.55	55.80	—	3.41	51.10	—	3.32	46.70	—
50	3.77	58.80	34.0	3.49	52.00	30.8	3.41	48.10	28.3
72	3.98	60.20	24.5	3.78	53.40	22.8	3.71	52.30	21.4

分解温度（特别是初温）是影响氢氧化铝的粒度的主要因素。将温度 85℃ 提高为 50℃ 晶体长大的速度增大约 6~10 倍。分解温度高有利于避免或减少新晶核的生成，得到结晶完整、强度较大的氢氧化铝。因此，生产砂状氧化铝的拜耳法厂，分解初温控制在 70~85℃之间，终温也达到 60℃，这对分解率和产能显然是不利的。生产面粉状氧化铝的工厂，对产品粒度无严格要求，故采用较低的分解温度。

分解温度对氢氧化铝中某些杂质的含量也有明显的影响。从表 3-3 所列试验结果可以看出，分解初温越低，$Al(OH)_3$ 中不溶性的 Na_2O 含量越高。

表 3-3　分解初温对氢氧化铝中不溶性 Na_2O 含量的影响

初温（℃）	50	55	60	65	70
Na_2O（%）	0.254	0.228	0.202	0.176	0.150

试验资料表明，降低分解温度，析出的 SiO_2 数量有所增加，并认为，种分氢氧化铝中的 SiO_2 来源于物理吸附，因为氢氧化铝用水洗后，其 SiO_2 含量可以降低。在正常情况下，分解原液的硅量指数为 200 ~ 300，以水合铝硅酸钠形态析出的 SiO_2 数量是很少的。

为了保证较高的分解率并得到粒度粗大、质量较好的氢氧化铝，在工业生产上采用逐渐冷却溶液的变温分解制度。若固定在某一较低的温度下分解，则开始时溶液的分解速度很快，析出很多粒度细的氢氧化铝。而采用变温分解制度，随着分解过程的进行，虽然溶液的苛性比值在逐渐增大，但是，由于分解温度的不断降低，分解过程仍然是在一定的过饱和度下进行。整个分解过程的进行比较均衡，所以变温分解制度比恒温分解制度更为合理。

确定合理的温度制度包括分解初温、终温以及降温速度的制定。实践证明，合理的降温制度应当是，分解初期较快地降温，分解后期则放慢。这样既能保证分解率，又不致明显地影响产品粒度。

3. *晶种数量和质量*　晶种的数量与质量也是影响分解速度和产品粒度和强度的重要因素之一。

铝酸钠溶液必须添加大量晶种才能进行分解是它的一个突出特点。晶种数量通常用晶种系数（或种子比）表示，也有用晶种的绝对数量（g/L）来表示。在研究工作中还有用每克过饱和溶解为氧化铝所占有的晶种比表面积来表示的。晶种系数是指添加晶种氢氧化铝中所含 Al_2O_3 的数量与分解原液中 Al_2O_3 数量的比值。在生产中周转的晶种数量是惊人的。一个日产一千吨的氧化铝厂，当晶种系数为 2 时，在生产中周转的氢氧化铝晶种数量就超过 14000 ~ 18000t。

晶种的质量是指它的活性及强度的大小，它取决于晶种制备的方法、条件、保存的时间以及结构和粒度等。

从图 3 - 14 可以看出，随着晶种系数的增加，分解速度加快，特别是当晶种系数比较小时，提高晶种系数的作用更为显著。当晶种系数达到一定限度以后继续提高，分解速度增加的幅度减小。

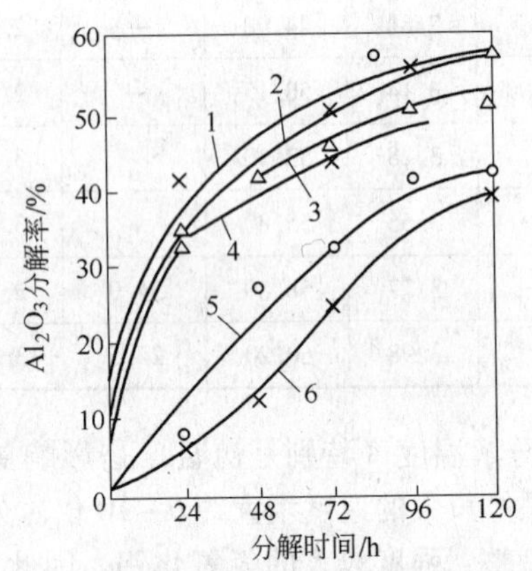

图 3 - 14　晶种系数对分解速度的影响
1—4.5；2—2.1；3—1.0；4—0.3；
5—0.2；6—0.1

从表 3 - 4 所列试验结果可以看出，提高晶种系数，使氢氧化铝的粒度变粗，因为大量晶核的加入，减少了新晶核的生成。但是随着晶种系数的提高，单位体积浆液中的铝酸钠溶液数量减少。同时，在工业生产上，晶种常常是不经洗涤的，晶种带入的母液愈多，分解原液的苛性比值升高得愈多，因而使分解速度降低。提高晶种系数还使流程中氢氧化铝周转数量和输送搅拌的动力消耗增大，氢氧化铝所需的分离和分级设备增多。因此晶种系数过高也是不利的。

晶种的活性对分解速度的影响很大，采用新沉淀比表面积大的细粒氢氧化铝作为活性晶种时，晶种系数可以降低为 0.05 ~ 0.1。但是目前工业上并未采用活性晶种，一方面是

表 3－4　晶种数量对氢氧化铝粒度的影响

晶种系数	氢氧化铝粒度组成（%）				
	+85μm	43～85μm	－43μm	+10μm	－10μm
0.1	0.0	0.0	100	9.0	91.0
0.5	0.0	0.6	99.4	35.4	64.6
1.0	5.8	25.0	69.2	78.0	22.0
2.0	10	23.0	76.0	84.0	16.0
3.0	9.5	26.5	54.0	91.0	9.0
5.0	6.6	25.0	68.4	91.0	9.0

它的制备困难和麻烦，另一方面是它难以保证氢氧化铝产品的粒度和强度。在工业生产上是通过分级的办法，将细粒氢氧化铝作为晶种，分层出料便是一种最简单的选种办法，将出料的分解槽停止或放慢搅拌，让其粗颗粒氢氧化铝沉落于槽子下部，由底部出料至过滤机，经分离洗涤后作为产品，细颗粒的氢氧化铝集中在槽子的上部，溢流出去，过滤后作为晶种。

研究结果表明，采用高强度的氢氧化铝晶种才能制得强度大的成品，晶种的强度是由合适分解制度来达到的。

4. 分解时间及母液苛性比值　当其他条件相同时，随着分解时间的延长，氧化铝的分解率提高，母液苛性比值增加。

不论分解条件如何，分解曲线都呈现图 3－15所示的形状。它说明分解前期析出的氢氧化铝最多，随着分解时间的延长，分解速度越来越少（$aa' > bb' > cc' > dd' > ee'$），母液苛性比值增长也相应地愈来愈小，分解槽单位产能也愈来愈低，而细粒级的含量则愈来愈多。因此过分地延长分解时间是不恰当的。反之过早地停止分解，Al_2O_3 分解率和母液苛性比值降低，也是不利的，所以分解时间要根据具体情况确定。

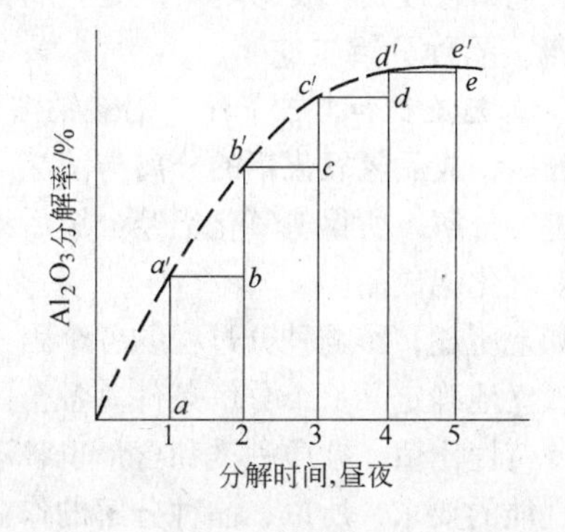

图 3－15　分解率与分解时间的关系曲线

延长分解时间，氢氧化铝细粒子增多。分解后期产生细粒子的原因是由于溶液过饱和度减小、温度降低、黏度增加、结晶长大的速度减小，而长时间的搅拌，使晶体破裂和磨蚀的几率增大的结果。

5. 搅拌速度　为了使氢氧化铝晶种能在铝酸钠溶液中保持悬浮状态，保证晶种与溶液有良好的接触，使溶液的浓度均匀，加速溶液的分解，并使氢氧化铝晶体均匀地长大。搅拌也使氢氧化铝颗粒破裂和磨蚀，一些强度小的颗粒破裂并无坏处，它可以成为晶种在以后的作业循环中转化为强度较大的晶体，因此在分解过程中应保持一定的搅拌速度。

当分解原液浓度较低，例如 $Na_2O_{全}$ 149.5g/L，$Al_2O_3$125g/L，苛性比值 1.74，搅拌速度对分解速度的影响不大，能保持氢氧化铝在溶液中悬浮即可。当分解原液浓度较高，

$Na_2O_全$ 160～170g/L 以上，提高搅拌速度使分解率显著提高。例如 $Na_2O_全$ 168g/L，$Al_2O_3$140g/L 的分解原液，当搅拌速度从 22r/min 提高到 80r/min，12h 的分解率提高 8% 左右。这表明分解速度取决于扩散速度。当分解原液浓度更高时，即使提高搅拌强度，分解率仍然比较低。

6. 杂质的影响　溶液中含少量有机物对分解过程影响不大，但是积累到一定程度后，分解速度下降，$Al(OH)_3$ 粒度变细。因为吸附在晶种表面上的有机物阻碍晶体长大，也降低氢氧化铝强度。

硫酸钠和硫酸钾使分解速度降低，但是当浓度低时不明显。当 SO_3 含量超过 30～40g/L 时，分解速度开始显著降低，氢氧化铝粒度不均匀。

铝土矿中含少量的锌，一部分在溶出时进入铝酸钠溶液，种分时全部以氢氧化锌形态析出进入氢氧化铝中，从而降低氧化铝产品质量。溶液中存在锌有助于获得粒度较粗的氢氧化铝。

氟化物（NaF）在一般含量下对分解速度无影响。但氟、钒、磷等杂质对氢氧化铝的粒度都有影响。溶液中有少量的氟即可使氢氧化铝粒度变细，当含氟达 0.5g/L 时，氢氧化铝粒度很细，含氟量更高时，甚至可破坏晶种。溶液中 V_2O_5 含量高于 0.5g/L 时，分解产物粒度细，甚至晶种也被破坏。为钒所污染的氢氧化铝，在煅烧过程中剧烈细化。P_2O_5 有助于获得较粗的分解产物，并且加速分解。当其含量高时，可全部或部分地消除 V_2O_5 对氢氧化铝粒度的不良影响。但是它们都是氧化铝中的有害杂质。

四、晶种分解工艺

1. 工艺流程和工艺条件　铝酸钠溶液晶种分解由以下作业组成：晶种分解；氢氧化铝的分级；成品氢氧化铝的分离与洗涤。分解原液经冷却后将晶种一同送入分解槽。在搅拌下进行分解，所得氢氧化铝经分级后细粒部分返回作种子，粗粒部分经过二次反向洗涤作为氢氧化铝成品。

如上所述，影响种分过程的各个因素是互相联系而又互相制约的，因此不能脱离其他因素孤立地确定某一个分解条件。各个国家，各个工厂由于所处理的矿石不同，溶出液的浓度、苛性比值、杂质种类和含量也各不相同，而且各个厂家有着各自对于成品氧化铝的物理性能的要求，所以，晶种分解的作业条件是互不相同的（见表 3－5）。

面粉状氧化铝对氢氧化铝粒度无严格要求。作业条件主要从分解率和分解速度考虑。例如，欧洲的某些拜耳法厂以一水软铝石矿为原料生产面粉状氧化铝，种分作业条件的特点是分解初温较低，如 55℃或者更低，分解时氢氧化铝种子量，为 200～250g$Al(OH)_3$/L 或更高，分解时间长，这些都是为了克服溶液浓度和苛性比值高给分解速度带来不利的影响，以便取得较高的分解速度和分解率。

砂状氧化铝对于氢氧化铝的粒度和强度有着严格的要求。国外大多数生产砂状氧化铝的拜耳法厂是以三水铝石矿为原料的，溶液的浓度和苛性比值低，过饱和度高，因此种分过程具有良好结晶长大和附聚的条件。种分作业的特点是温度高，分解时间短，大多不超过 30h，种子量为 50～120g$Al(OH)_3$/L。

我国和苏联处理难溶的一水硬铝石矿，在目前的溶出条件下，分解原液具有浓度高，苛性比值高的特点。过去对产品的物理性质没有严格的要求，分解条件主要是从提高分解率和产能考虑。近年来为适应电解过程的需要，我国、苏联以及西德、匈牙利等国都在研

表 3-5　国外各种类型氧化铝的分解条件

		粉　状		中间状		砂　状		
		一般范围	欧洲	一般范围	日本	一般范围	美国宾加拉厂	日本横木漠厂
分解原液	Al_2O_3(g/L)	106~156	118.5	119~131.5	124.5	78~115.5	114	125
	Na_2O_4(g/L)	117~152	128.5	112.3~120	116.5	76~105	102	116.2
	α_K	1.7~1.6	1.785	1.55~1.50	1.54	1.60~1.50	1.48	1.54
分解母液 α_K			4.0	2.76~2.53	2.69		2.46	2.54
种子比 种子/产品		0.5~2.0		1.0~1.50	1.20	0.8~1.20	0.93~1.60	1.2~1.3
分解率（%）			55.3	43.5~42.2	42.8		40	40
分解时间（h）		72~120	96	32~40	37	36~38	27	35
初温（℃）		55~60	50~60	65~70	67	65~75	72~73	65~70
终温（℃）		40~50		55~60	57	55~65	65	60
产品大于44μm比例（%）				65~75	70	90		94

究从高浓度和高苛性比值的溶液中生产砂状氧化铝的工艺。如前所述，这种溶液的过饱和度低，对分解速度，晶体长大和晶粒附聚都是不利的。为了达到要求的分解率需要的时间较长，因而产品的粒度和强度都难以保证。这也就是以一水硬铝石型矿为原料，生产砂状氧化铝的困难所在，即在产量和质量之间存在着较大的矛盾。显然，照搬国外处理三水铝石型的生产条件是不适当的，也是无法实现的。因此，需要研究在保持溶液浓度和分解率的条件下，生产砂状氧化铝的合理工艺。目前国内外的研究都已取得了进展。例如瑞士铝业公司提出了“新瑞铝法”，其特点是将分解过程分两段进行，第一段为细晶种附聚段，第二段为晶种长大段，两个阶段的作业条件分别满足附聚和长大的需要。附聚初温为66~77℃，铝酸钠溶液的过饱和度（以 g/L Al_2O_3 表示）与细晶种的表面积（以 m^2 表示）之比控制在 7~25g/m^2 范围之内，最好 7~16g/m^2，精液在附聚槽停留 6h，附聚作用基本完成后，物料经过适当的冷却进入晶体长大阶段，并加粗粒晶种、细晶种合计为 $Al(OH)_3$400g/L，全部分解时间为 40~80h。分解后的氢氧化铝分级为成品、粗晶种和细晶种。成品氢氧化铝用以制得砂状氧化铝，小于44μm 的细粒含量为5%~8%。精液氧化铝产出率为 70~80kg/m^3，并且能够保持整个分解过程中晶体颗粒数的平衡。其工艺流程见图 3-16。

我国在以高浓度铝酸钠溶液制取砂状氧化铝的工艺研究中也取得了成功。

2. 分解设备

(1) 分解原液的冷却　为了使溶液达到一定的分解初温，在分解前须将叶滤后的精液（分解原液）冷却。生产上采用的冷却设备有鼓风冷却塔，板式热交换器以及闪速蒸发换热系统（即多级真空降温）等。

冷却塔是一种粗笨的老式设备，精液热量不能利用，在现代氧化铝厂中已被淘汰。

板式热交换器应用较广，其特点是用分解母液冷却分解原液，换热效果良好，配置紧

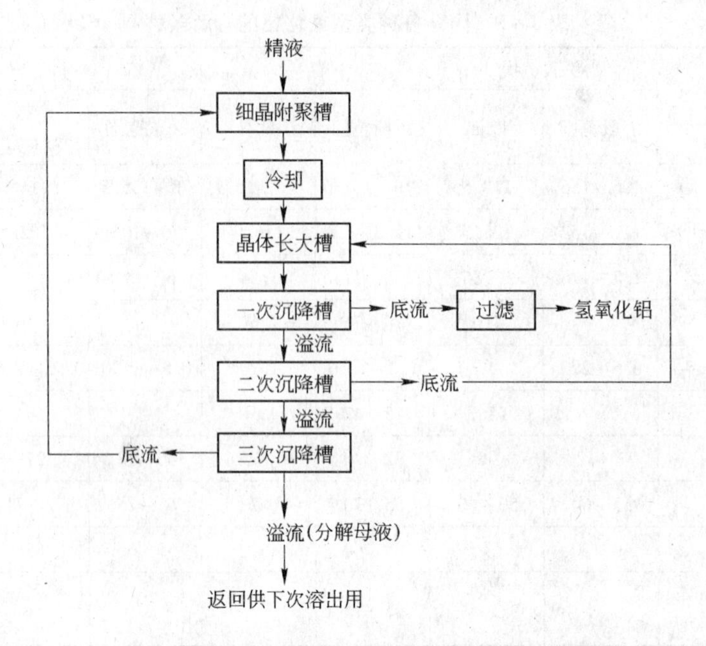

图 3－16 “新瑞铝法”晶种分解工艺流程图

凑。但要保持板片表面清洁，需及时清理结垢，而且换热板装配不好，精液和母液将出现窜料现象，所以该设备的操作较复杂，清理检修工作量较大。

美国、西德和日本等国的一些拜耳法厂采用闪速蒸发换热系统冷却精液。溶液自蒸发冷却到要求温度后送去分解，二次蒸气用以逐级加热蒸发前的分解母液。二次蒸气的冷凝水可用于洗涤氢氧化铝。一般采用2～5级自蒸发。其优点是，既利用了溶液在自蒸发降温过程中释放出来的热量，又自溶液中排出了一部分水，减少了蒸水量。此外，对设备的要求低，适应性强，没有板式热交换器那种需要频繁倒换流向与流道、维护清理工作量大的缺点。

(2) 分解槽　目前分解槽有空气搅拌和机械搅拌两种形式，空气搅拌分解槽如图 3－17 所示。槽壳为钢板焊成。上有顶盖，下有锥形底，空气升液器由直径 320mm 的外管和直径 56mm 的内管组成。在其外管上装有水套并插到槽底。空气升液器用拉杆牵引的方式固定在分解槽的槽顶上，下部支承在锥体上。

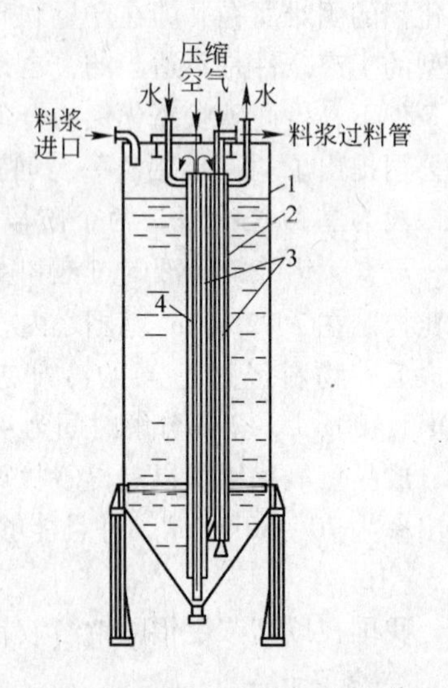

图 3－17 空气搅拌分解槽示意图

1—槽壳；2—过料空气升液器；

3—冷却水套；4—搅拌空气升液器

七十年代初期以来新型机械搅拌分解槽得到了发展。有取代空气搅拌分解槽之势，机械搅拌分解槽的主要优点是：动力消耗少：搅拌时固体颗粒在整个槽内分布均匀。循环量高，结疤少，同时避免了空气搅拌分解槽中料浆短路的现象和吸收空气中 CO_2 使浆液中部分苛性碱转变为碳酸碱的缺点：可靠性高，长期停车后再启动时平缓，沉淀的颗粒能重新被搅起循环。

我国也在发展机械搅拌分解槽。机械搅拌又分两种方式，一种是轴流式机械搅拌。这是在空气搅拌分解槽的升液管内的上部装上轴流泵式螺旋桨，当其转动时，将浆液泵到升液管上口流出，而在其底部形成负压区，使浆液不断由底部吸入升液管，造成强烈的循环搅拌。另一种是平底的用螺旋桨叶的搅拌分解槽。螺旋桨叶具有特殊的形状，槽壁上装设有挡板，可以造成很强烈的搅拌而动力消耗并不增加。目前最大的机械搅拌分解槽的容积达到了 $4500m^3$。

3. 氢氧化铝的分离和洗涤　从分解槽出来的浆液由母液与氢氧化铝所组成。用分级办法便可得到成品氢氧化铝和晶种氢氧化铝浆液。在采用两段分解时，还须制得粗、细晶种两种浆液。原来的分级设备有专门的水力旋流器，弧形筛及多级沉降分级槽。近来我国已开发出一种高效的新型分级设备——旋流器筛，一次就可以将成品氢氧化铝，粗晶种和细晶种分级。晶种氢氧化铝在返回分解槽前须滤去它所附带的母液，避免过分提高分解原液的苛性比值。成品氢氧化铝稠浓浆液或滤饼带有大量母液，也必须加以洗涤，回收母液中的 Na_2O 并保证氧化铝产品中的 Na_2O 符合规范要求。氢氧化铝用软水洗涤，水温在90℃以上。为了减少用水量，通常采用二次反向过滤洗涤。过滤后的氢氧化铝附碱（Na_2O）含量要求不大于0.12%，水分不高于12%。目前通过改进过滤设备和采用助滤剂可以使成品氢氧化铝中的附着水含量降低到6%～8%。

第六节　氢氧化铝的煅烧

一、氢氧化铝在煅烧过程中的变化

煅烧氧化铝的目的是除去其附着水和结晶水，并得到吸湿性能较差的氧化铝以满足电解铝生产的需要。

氢氧化铝的煅烧在1000～1250℃下进行，氢氧化铝在煅烧过程中发生下列变化，在110～120℃脱除附着水，在200～250℃下 $Al(OH)_3$（三水铝石）失去两个结晶水转变为一水软铝石，500℃左右一水软铝石转变为无水 $\gamma-Al_2O_3$，850℃以上 $\gamma-Al_2O_3$ 转变为不吸湿的 $\alpha-Al_2O_3$。除 $\gamma-Al_2O_3$ 转变成 $\alpha-Al_2O_3$ 是放热过程以外，其他过程都是吸热过程，主要的热量消耗在将物料加热到500～600℃的这一阶段。图3－18为煅烧温度和时间对产品 Al_2O_3 中的 $\alpha-Al_2O_3$ 含量的影响。煅烧过程中随着脱水和相变的进行，氧化铝的物理性质，如粒度和表面状态等均发生相应的变化；比重、折光率提高，$\alpha-Al_2O_3$ 含量增加，灼减降低。图3－19为氢氧化铝煅烧时某些物理性质随温度而变化的情况。从图3－19可以看出，氢氧化铝加热到约240℃时（脱水第二阶段），其表面积急剧增加，至400℃左右时达到最大值。由于氢氧化铝急剧脱水，其结晶集合体崩解，新生成的 $\gamma-Al_2O_3$ 结晶很不完善，分散度很大，因而具有很大的比表面积。随着脱水过程的结束，$\gamma-Al_2O_3$变得致密，结晶趋于完善，比表面积开始减少。继续提高温度至900℃以上，开始出现 $\alpha-Al_2O_3$，而且随着温度的提高，其数量越来越多，结晶也趋向完善，比表面积进一步降低。原始物料不同（如用不同方法得到的氢氧化铝及铝盐水合物），尽管煅烧得到的氧化铝晶型基本相同，但其结构和比表面积可有很大的差别。在文献中报道的 $\gamma-Al_2O_3$ 的比表面积数据相差悬殊（70～$350m^2/g$），其主要原因在此。

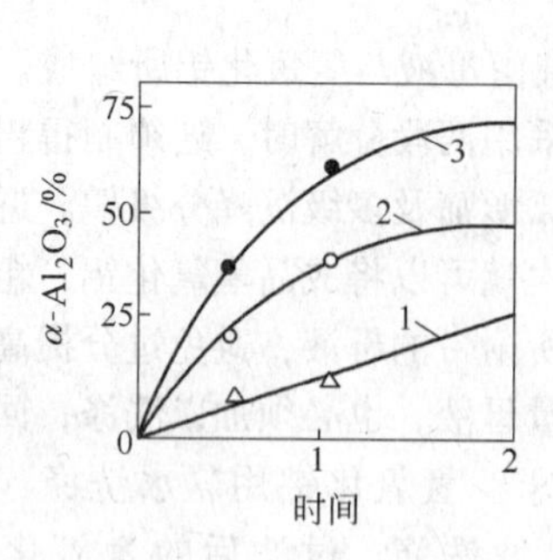

图 3－18　煅烧后氧化铝中的 $\alpha-Al_2O_3$ 含量

1—1150℃；2—1200℃；3—1250℃

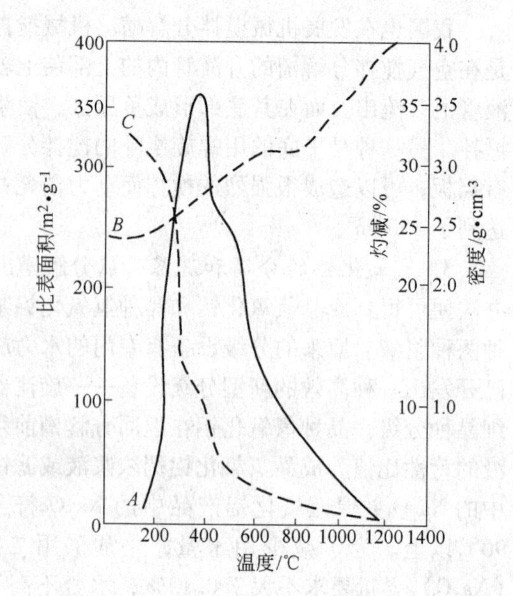

图 3－19　氢氧化铝煅烧时的性质变化

A—比表面积；B—密度；C—灼减

煅烧温度还影响氧化铝的其他一些性质。在 1000～1100℃煅烧的氧化铝，其安息角小，流动性好，同时由于 $\alpha-Al_2O_3$ 含量低，比表面积大，在冰晶石熔体中的溶解度较快，对 HF 的吸附能力也较强。当煅烧温度达 1200℃以上时，氧化铝颗粒表面变得粗糙，$\alpha-Al_2O_3$ 粒子之间黏附性强，加上粒度小，故安息角大，流动性不好，风动输送也较困难。在冰晶石熔体中的溶解速度和吸附 HF 的能力也低。氧化铝煅烧程度低时，如果颗粒粗而均匀，其粉尘量小；反之细粒子多时，则粉尘量大。在高温下深度煅烧的面粉状氧化铝，其粉尘量也小。

某些杂质对氧化铝的性质也有一定影响。当氢氧化铝中含 V_2O_5 时，煅烧时将使氧化铝发生粉化，并使其成为针状结晶，这种氧化铝的流动性很不好。最近的研究表明，煅烧产品中 Na_2O 的含量低于 0.5% 时，碱含量越高，产品强度越大，粒度变粗，并可抑制 $\alpha-Al_2O_3$ 的生成。

当有氟化物存在时可以加速氢氧化铝的相转变，并可降低相变的温度。因此添加氟化物可以提高窑的产能，降低燃料消耗，所得到的氧化铝表面粗糙，密度大，但由于其耐磨性很强，易使输送管道磨损。粘附性好，易成团，使溶解速度降低，加上安息角大，流动性差，因此添加氟化物没有得到广泛应用，生产砂状氧化铝的工厂更是这样。

二、氢氧化铝煅烧设备及其改进

1. 回转窑煅烧系统　目前很多氧化铝厂仍然采用带冷却机的回转窑实行氢氧化铝的煅烧过程，最大的煅烧窑为 $\phi 4.5\times 110$m。煅烧过程的燃料费用占本工序加工费用的三分之二以上，为了降低煅烧过程的热耗，已对旧式回转窑作了许多改造，并且出现了一些热耗低、产能大的新型煅烧设备。

图 3－20 为氢氧化铝煅烧窑的设备流程图。

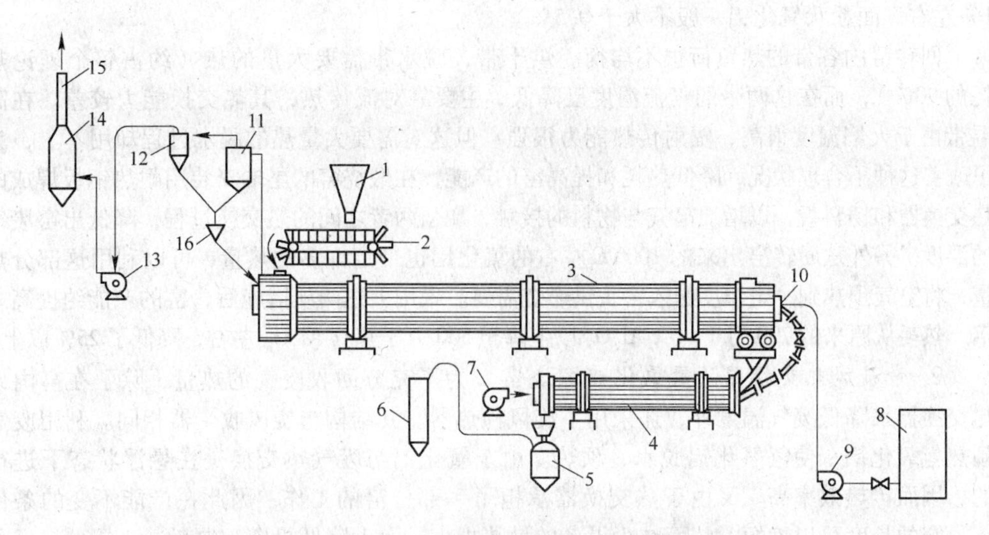

图 3-20　氢氧化铝煅烧回转窑的设备流程图

1—氢氧化铝仓；2—裙式饲料机；3—窑身；4—冷却机；5—吹灰机；6—氧化铝仓；
7—鼓风机；8—油库；9—油泵；10—油枪；11—一次旋风收尘器；12—二次旋风收尘器；
13—排风机；14—立式电收尘室；15—烟囱；16—集灰斗

洗涤后的氢氧化铝由皮带运输机送至窑后储仓，通过裙式饲料机和螺旋（图上未示出）送入窑内。为了保证氧化铝的纯度，目前大多数工厂采用重油或黏油作燃料，预热后的粘油用油泵经油枪喷入窑内燃烧。氢氧化铝与燃烧气体在窑内逆向运动受到加热，完成脱除附着水、化合水以及晶型转变的过程后，进入冷却机冷却至约100℃左右，由吹灰机送到氧化铝仓。

由于氢氧化铝粒度细，窑尾废气速度高，所以出窑废气中含尘量很大，一般在450～600g/标 m^3 以上，因此窑后装有庞大的收尘系统，它通常是由两级旋风收尘器与干式电收尘室串联组成。收回的灰尘吹送到集灰斗再返回入窑。煅烧窑的灰尘循环量为产出氧化铝的100%～200%。

根据物料在窑内发生的物理化学变化，可将窑划分为以下四个带：

烘干带：入窑的物料（包括循环窑灰）由40℃左右加热到200℃，附着水全部蒸发。窑气由600℃左右降低到250～350℃。

脱水带：物料由200℃继续加热到900℃，脱除全部结构水并转变为 $\gamma-Al_2O_3$，窑气温度由1050℃降至600℃左右。

煅烧带：与燃烧带基本相适应，火焰温度可达1500℃以上，物料由900℃加热到1200℃左右。$\gamma-Al_2O_3$ 转变为 $\alpha-Al_2O_3$ 的程度取决于温度、停留时间以及是否添加矿化剂等。

冷却带：物料在此带冷却到1000℃左右，然后进入冷却机继续冷却。

煅烧过程控制的一个主要指标为灼减。灼减是指氧化铝在110℃排除吸附水分后，再在1100℃左右充分灼减所减少的质量百分数，也有一些工厂规定在300～1100℃或300～1200℃范围内烧失的百分数。灼减值视各厂对氧化铝性质的要求而定，砂状氧化铝一般为

1%左右，面粉状氧化铝一般不大于0.5%。

回转窑内各带的热负荷很不均衡。烘干带，脱水带需要大量的热（约占整个理论热耗的90%），而在这两带的气流温度已降低，主要靠对流传热，其热交换能力较差。在高温带由于火焰温度很高，辐射传热能力很强，但这对需要大量热的脱水过程却用不上，为了改善这种不合理状况，降低热耗和提高窑的产能，在煅烧窑的尾端安装用耐热钢板焊成的热交换器和扬料板，以增加窑气与物料的接触，加强两者之间的热交换过程，降低出窑废气的温度。另外从回转窑出来的1000℃左右的氧化铝也带走许多的热量，可以利用这部分热量，将空气预热到一定温度送入窑头供燃烧需要。采用上述两项措施后，窑的产能约提高一倍，热耗从原来的700万千焦/t Al_2O_3 以上降至500万千焦/t Al_2O_3 左右，降低了25%以上。

2. 带旋风热交换器的氢氧化铝煅烧窑　为了充分回收废气的热量，除了在窑内设热交换器来降低废气温度外，还采用了旋风预热器。其结构与旋风收尘器相同。利用废气预热氢氧化铝，使氢氧化铝脱水、预热。由于氧化铝与废气热交换是在悬浮状态下进行的，因而传热效率高。又由于热交换器承担了一部分窑的工作，因此在产能不变的条件下，窑的长度可以缩短，从而减少设备的散热损失，大大降低投资和热耗。

在窑头安装高效冷却旋风热交热器后，可以更充分地回收出窑氧化铝带走的热量，空气预热温度提高后，使燃烧温度提高，窑内的热交换过程得到加强，窑的产能也因而提高。

图3-21为带两组旋风热交换器的氧化铝煅烧窑的示意图。

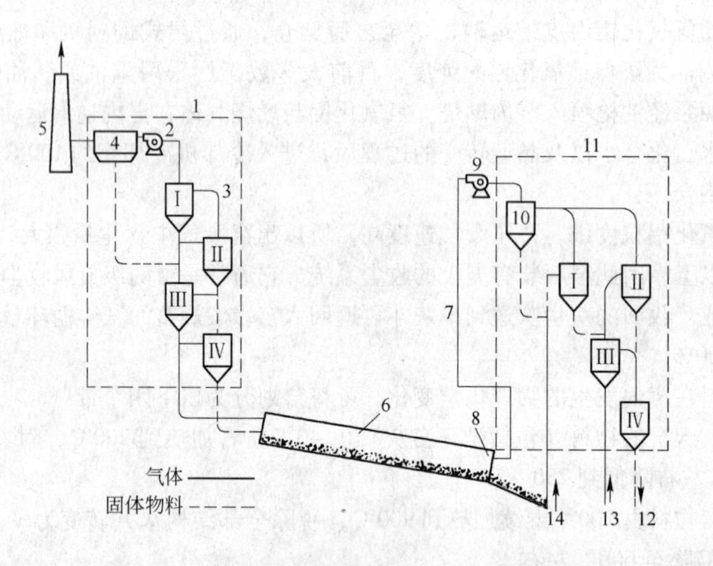

图3-21　带两组旋风热交换器的氢氧化铝煅烧窑

1—氢氧化铝预热系统；2—排风机；3—氢氧化铝的加料器；4—电收尘室；5—烟囱；6—回转窑；7—热风；8—油枪；9—鼓风机；10—除尘器；11—氧化铝冷却系统；12—送吹灰机；13，14—空气

改造现有氢氧化铝煅烧回转窑的方法是将油或煤气的燃烧器移到窑内距窑头约为整个窑长的三分之一处。油管从窑头罩进入窑内后再穿过窑壁，贴着窑体，到燃烧器处再进入窑内燃烧器燃烧，一次风机也安装在窑体上，它和油管都随窑一同转动。窑内的冷却带因而大大延长，出窑物料由冷却机来的空气带到旋风热交换器进行一次冷却后再入冷却机继

续冷却。入窑氢氧化铝也通过多级旋风热交换器加强了预热。因而每吨氧化铝燃烧的油耗可以降低到90kg左右。

3. 循环流态化煅烧炉　沸腾焙烧是流态化技术在氧化铝工业中的应用。国外从40年代初开始研究沸腾炉焙烧技术，但真正在工业上用于焙烧氢氧化铝还是在70年代。目前世界上新建的氧化铝厂大多采用沸腾焙烧技术。循环沸腾焙烧工艺流程见图3－22。

流程中的主要设备是由沸腾炉和一个直接与沸腾炉连在一起的旋风器及U形料封槽组成的煅烧部分。煅烧过程中所需要的热能是由燃料在沸腾炉内直接燃烧而产生的燃烧气体提供，它也就是焙烧固体的沸腾介质。

燃烧空气分为一次风和二次风。燃料在分布板上部的两段中燃烧。燃烧的气体产物与被煅烧的氧化铝混合在一起从炉顶排出，进入旋风器内分离。分离出大部分氧化铝经U形料封槽循环回到沸腾炉，小部分作产品排入冷却系统去预热空气。分离出的废气用于氢氧化铝的预干燥和部分脱水。在此系统中，气体与固体实现近于理想的对流，保证了煅烧过程的热量得到充分利用。

4. 沸腾闪速煅烧炉　为了提高氢氧化铝煅烧效率，美国铝业公司发明沸腾闪速焙烧炉。其工艺流程见图3－23。

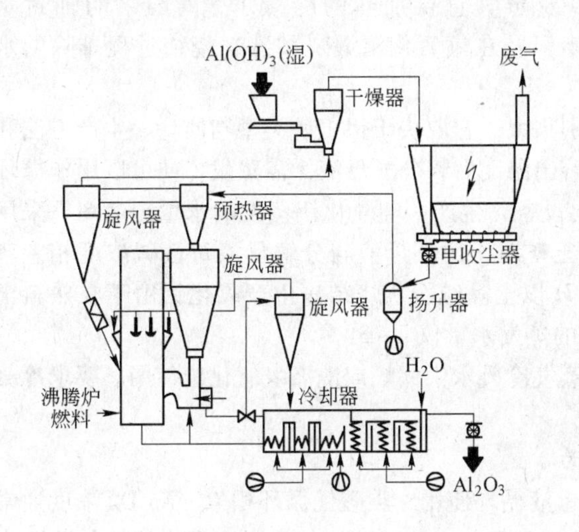

图3－22　循环流化床煅烧流程

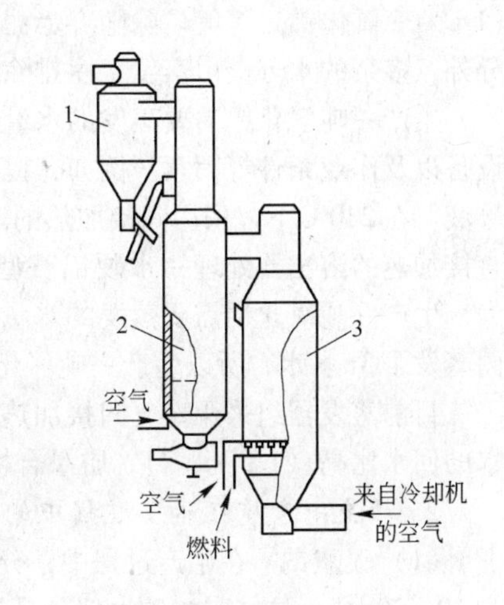

图3－23　闪速加热沸腾炉煅烧装置
1—旋涡器Ⅰ；2—旋涡器Ⅱ；3—燃烧炉

煅烧炉是一个两端为锥形的立式圆柱体。燃烧用的热空气从煅烧炉的下部吹入，而燃料（煤气或重油）从圆柱体下部周边的几个点送入。经过预煅烧的氧化铝从旋涡热交换器出来，经倾斜管进入燃烧带。倾斜管的作用是将氧化铝分布在煅烧炉的中央。煅烧后的氧化铝和燃烧产物从煅烧炉的上方出来进入旋涡器，氧化铝与炉气分离后落入旋涡器下部的沸腾层中。燃料在悬浮层煅烧区得以充分燃烧，并达到最高温度。

煅烧后的氧化铝，首次在旋涡热交换器系统中与空气直接接触进行冷却，然后在双层沸腾层冷却机中冷却。上层的管式热交换器用来加热干燥用的空气，而水冷盘管热交换器则在下层进行氧化铝的最终冷却。

这是一项低温（950～1050℃）稀相载流煅烧与浓相流化床停留保温相结合的工艺，所有燃烧产物和脱出的水蒸气以很高的速度排出，可使稀相悬浮系统的容器和压力降低到最小限度，浓相流化床传热效率高，而且便于控制。燃烧空气与煅烧物料之间直接进行对流热交换，热耗降低40%。同时能精确保持工艺所需要的温度，物料中的温度分布均匀、稳定。晶体破碎程度小，产品质量好。其次，设备结构简单，活动件少，占地面积小，操作费用和维修费用低，投资少。但是该工艺复杂，往床层送入所需要的空气量大（32标准 $m^3/t\ Al_2O_3$），动力消耗增加，整个系统散热损耗也较大。

第七节　分解母液的蒸发与一水碳酸钠的苛化

一、分解母液的蒸发

1. 分解母液蒸发的目的　拜耳法的种分母液和烧结法的碳分母液都需要经过蒸发，排除多余的水分，保持循环体系中水量的平衡，使蒸发母液达到符合拜耳法溶出或烧结法生料浆配料的浓度要求。在母液的蒸发过程中，还将同时排除进入其中的一些杂质。

进入生产流程中的水分主要有赤泥洗水（约3～8m^3/t赤泥）；氢氧化铝洗水（约0.5～1.5m^3/t氧化铝）；原料带入水以及蒸气直接加热的冷凝水、离心泵的轴封水（1m^3/t－氧化铝）等等。除随弃赤泥带走以及在氢氧化铝煅烧和熟料烧结过程排除的水分外，多余的水分全由蒸发工序排除。

生产一吨氧化铝需要蒸发的水量差别很大，它取决于铝土矿类型与质量、生产方法和设备以及作业条件等因素。例如，提高溶出温度后，分解母液无需蒸发，便可以用作循环母液。在240℃下，采用间接加热的溶出设备，生产一吨氧化铝蒸发的水量约2.6t。采用直接加热的溶出器处理一水硬铝石型铝土矿时，循环母液与分解母液苛性碱浓度相差较大，生产一吨氧化铝需要蒸发的水量在7t以上。碱石灰烧结法生产氧化铝由于在熟料窑内蒸发了3t多水，所以生产一吨氧化铝的蒸发水量仅2～3t。

目前蒸发器组采用蒸气间接加热，蒸气冷凝水供锅炉或洗涤氢氧化铝使用。要求冷凝水的回水比高（1.5～1.7），质量合格。

2. 母液中杂质在蒸发过程中的行为

（1）碳酸钠　在生产过程中，分解母液循环使用，碳酸钠循环积累，Na_2O_C浓度通常为10～20g/L。这些碳酸钠大部分是铝土矿和石灰中的碳酸盐（未完全煅烧的石灰石）在溶出过程中发生反苛化作用生成的，少量是铝酸钠溶液吸收空气中的CO_2生成的。在联合法生产氧化铝的流程中，从烧结法系统来的溶液也往往带入不少碳酸钠。

碳酸钠在母液中的溶解度随苛性碱浓度的提高和温度的降低而下降。蒸发时结晶析出的一部分一水碳酸钠在蒸发器加热面上形成结垢。为了减轻碳酸钠的结垢，不宜采用顺流的蒸发作业。但是，从流程中析出碳酸钠是必要的，一方面它在溶液中的浓度是有限的，另一方面只有让它析出，才能苛化回收，重新利用。

有机物会使溶液中的碳酸钠过饱和，因此工业溶液中的碳酸钠浓度往往比纯溶液中的平衡浓度高出1.5%～2.0%。这是因为有机物使溶液黏度升高而引起的。有机物还使结晶析出的一水碳酸钠粒度细化，造成沉降和过滤分离的困难。在联合法中，拜耳法系统母液蒸发析出的$Na_2CO_3\cdot H_2O$送去配料烧结，它所吸附的有机物在熟料窑中烧除。

（2）硫酸钠　拜耳法溶液中的硫酸钠主要是铝土矿中的含硫矿物与苛性碱反应生成并在流程中循环积累的。在联合法中，拜耳法系统母液中的硫酸钠则主要是由烧结法溶液带入的。除原料带入的硫化物外。燃料所带入的硫，也在烧结过程中转变为硫酸钠。

硫酸钠在分解母液中的溶解度随着 Na_2O 浓度的增大而急剧下降。温度对硫酸钠的溶解度也有显著影响，温度升高使之在铝酸钠溶液中的溶解度增大，所以蒸发硫酸钠含量多的种分母液时，也不宜采用顺流流程。

蒸发过程中，原液中的碳酸钠和硫酸钠能形成一种水溶性复盐芒硝碱 $2Na_2SO_4 \cdot Na_2CO_3$ 结晶析出。芒硝碱还可以与碳酸钠形成固溶体，在它的平衡溶液中，Na_2SO_4 的含量更低。

表 3-6 为 100℃时 $Na_2SO_4-NaOH-Na_2CO_3-H_2O$ 系平衡溶液的组成及其平衡固相。

表 3-6　100℃时 $Na_2SO_4-NaOH-Na_2CO_3-H_2O$ 系的平衡

液相组成（%）			平衡固相
Na_2SO_4	Na_2CO_3	NaOH	
1.2	10.8	15.4	$2Na_2SO_4 \cdot Na_2CO_3 + Na_2CO_3 \cdot H_2O$
0.8	9.0	18.4	$2Na_2SO_4 \cdot Na_2CO_3 + Na_2CO_3 \cdot H_2O$
0.6	5.0	23.2	$2Na_2SO_4 \cdot Na_2CO_3 + Na_2CO_3 \cdot H_2O$
0.5	3.5	26.9	$2Na_2SO_4 \cdot Na_2CO_3 + Na_2CO_3 \cdot H_2O$

（3）氧化硅　氧化硅在母液中的含量是过饱和的。它以铝硅酸钠（$Na_2O \cdot Al_2O_3 \cdot 1.7SiO_2 \cdot 2H_2O$）形态析出的速度随温度的升高而加快。但它在铝酸钠溶液中的溶解度则随 Na_2O 浓度增高而增加。因此，低浓度的铝酸钠母液若首先进入高温的第一效蒸发，水合铝硅酸钠便易于析出并在加热管壁上结垢，因而不利于蒸发。在选择蒸发流程时应尽量避免低浓度母液首先进入一效。当母液硅量指数低，而且硫酸钠和碳酸钠含量较高时，脱硅反应更易发生。因此，拜耳法厂都没法提高溶出液的脱硅指数，以避免或减少在蒸发过程的脱硅反应。在蒸发过程中铝硅酸钠和 $2Na_2SO_4 \cdot Na_2CO_3$ 混杂在一起形成致密的结垢。这种结垢比较坚硬，不溶于水和碱溶液，但较易溶于酸。蒸发器加热管壁上的硅渣结垢增长至一定厚度后，必须停车酸洗。

3. *蒸发设备与蒸发流程*　在氧化铝生产中，母液蒸发的能耗占湿法作业过程全部能耗的一半以上，蒸发设备和作业流程需要根据原液中杂质含量和对母液的浓度要求加以选择，使之有利于减慢结垢和提高设备产能。

对于高浓度循环母液的蒸发来说，采用两段蒸发流程更为合理。即先在五效降膜式蒸发器中进行第一段蒸发，使溶液浓度达到 220～240g/L Na_2O，此时母液中碳酸钠接近饱和。第二段蒸发采用闪速蒸发，将母液（Na_2O 浓度为 220～240g/L）加热到 140～150℃，然后通过五级闪速蒸发至最终浓度（Na_2O 280～300g/L）。碳酸钠在闪蒸罐中析出。法国和苏联采用上述两段蒸发的流程和设备后，蒸发一吨水的气耗分别为 0.33t 和 0.37t。

联合法厂的种分母液中，由于从烧结法溶液中带入大量 Na_2SO_4 和 Na_2CO_3，加上溶液中含有 SiO_2，采用一段蒸发至最终浓度（$Na_2O \geq 280$g/L），使得加热表面结垢比较严重。在采用 3-1-2 错流流程，间以 2-3-1 错流流程洗罐的倒流程操作时，对减轻钠盐结垢有一定作用，但还很不够，仍须定期停车用水煮罐。硅渣结垢则须用酸洗清除。两段蒸发可以作为改造这一蒸发过程的借鉴。

碳分母液的蒸发采用标准式蒸发器进行，每组三效。由于现在都采用湿法烧结流程，故碳分母液蒸发后的浓度为200g/L Na_2O_C左右，在此浓度下，碳酸钠不至于明显结晶析出。采用顺流和错流流程交替操作，可以起到一定的洗罐作用，但是硅渣和钠盐结垢仍然是影响蒸发效率的主要因素，需要定期酸洗。

4. 蒸发器结垢的预防和清理　结垢是造成蒸发工序汽耗增加、设备产能降低的症结。一些检测仪表也因此难以正常工作。

防止或减轻蒸发器结垢的方法很多，除了将导致结垢的杂质组分预先从生产流程中排出和采用适当的蒸发流程与作业条件以外，还可以采用物理和化学方法。近年来国内外对于采用磁场、电场、超声波以及使用添加剂等方法预防氧化铝生产设备的结垢进行了很多研究。其中有的已在工业生产上成功使用。例如，在适当的条件下在电场中处理蒸发母液，可大大减轻乃至完全防止在加热面上生成铝硅酸钠结垢，从而可使蒸发器产能提高20%。

清洗蒸发设备中的结垢，大都采用清水或冷凝水以及10%的酸溶液进行。

用热水煮罐，可除去一部分可溶性钠盐结垢，但不彻底。对于硅渣结垢目前普遍采用酸洗方法，即用5%左右的稀硫酸加入缓蚀剂（约0.2%的若丁）配成酸液清洗。加温酸洗可以提高清洗速度。但温度过高，会使缓蚀剂失效，增加钢管腐蚀，故一般采用冷洗。

近年来，国外在氧化铝生产中采用高压水射流装置清理结垢，取得良好效果。据报道，采用压力为30～50MPa的高压水清理一根完全为硅渣及碳酸钠结垢堵塞的蒸发器加热管（直径36mm，长7m）只需5～7min。

5. 降低蒸发水量的途径　减少蒸发水量的途径有：

（1）减少循环碱液的流量　提高循环效率以减少母液流量是减少蒸发水量的主要措施。如前所述，提高分解母液的α_{K_1}，特别是降低溶出液的α_{K_2}，可大大提高循环效率，减少循环母液流量，当溶出液α_K由1.7降低到1.5时，碱液流通量约减少23%，蒸发水量亦相应减少。由于过分提高分解母液α_K使分解槽单位产能降低，因此主要途径是通过提高铝土矿溶出温度，达到降低溶出液α_K的目的。这也是降低整个拜耳法能耗、提高现有设备产能的最有效的途径。

（2）降低循环母液的浓度　当循环母液浓度由300g/L降至220g/L，在其他条件不变时，蒸发水量可降低约28%。但循环母液浓度决定于溶出过程的需要，溶出三水铝石型铝土矿可以采用浓度较低的循环母液，而在240℃溶出一水硬铝石型铝土矿的条件下，降低循环母液浓度和溶出液α_K的可能性是有限的。只有进一步提高溶出温度乃至采用管道化溶出，才有可能实现。

循环母液的浓度也决定于溶出过程的加热方式。例如，采用蒸气间接加热代替直接加热，在其他条件不变时，可将母液浓度降低约50g/L，这样就可大大减少蒸发水量。

（3）提高稀释后铝酸钠溶液浓度　将稀释后的铝酸钠溶液浓度由130g/L提高到160g/L Na_2O时，可减少蒸发水量约30%。实践证明，适当地提高溶液的浓度是有利的。但浓度过高不利于赤泥分离及种分过程。在生产砂状氧化铝的条件下更是如此。

上述几项措施中，都必须考虑到蒸发水量的最低限度。它主要决定于洗涤赤泥所必须的最低水量。在用沉降槽洗涤赤泥的条件下，减少赤泥水量将增大赤泥附液中 Na_2O 和 Al_2O_3 的损失，为保证赤泥的充分洗涤，通常每吨干赤泥需要 3t 以上水。

在烧结法生产中，目前粗液脱硅用蒸气直接加热，增加了蒸发水量和汽耗，如采用间接加热，蒸发水量与脱硅热耗均可降低。固然，采用直接加热，溶液浓度降低，对提高脱硅效果有利，而且不存在加热表面的结垢问题。

二、一水碳酸钠的苛化回收

在拜耳法生产过程中，由于苛性碱与矿石中的碳酸盐以及空气中的二氧化碳作用的结果，母液每一次循环都有一部分（约 3%）苛性碱变成了苏打。为了使其重新变成苛性碱，以便循环使用，必须将这部分苏打进行苛性化。

一水碳酸钠苛化的方法有两种：

（1）氧化铁法　将一水碳酸钠与 Fe_2O_3 或 Al_2O_3 混合在 1100℃温度下烧结，使之生成 $Na_2O \cdot Fe_2O_3$ 或 $Na_2O \cdot Al_2O_3$，然后用水溶出，$Na_2O \cdot Fe_2O_3$ 水解为苛性钠和含水氧化铁：

$$2NaFeO_2 + 2H_2O = 2NaOH + Fe_2O_3 + H_2O$$

NaOH 转入溶液，$Na_2O \cdot Al_2O_3$ 则直接溶于水中。

在采用联合法生产的氧化铝厂中，拜耳法系统种分母液蒸发析出的一水碳酸钠加入烧结法系统配料烧结。实际上就是使碳酸钠与矿石中的 Fe_2O_3 和 Al_2O_3 进行苛化反应。

（2）石灰法　将一水碳酸钠溶解，然后加入石灰乳，使它发生苛化反应：

$$Na_2CO_3 + Ca(OH)_2 + aq = 2NaOH + CaCO_3 + aq$$

拜耳法生产的工厂使用这种苛化方法。

在生产中用于溶出铝土矿的循环碱液，一般要求浓度较高（视铝土矿的类型与溶出温度而定），因此希望碳酸钠苛化后所得的碱液浓度尽可能高，否则苛化后的溶液还须经过蒸发才能用于溶出。但是苛化反应是可逆反应，随着苛化过程的进行，溶液中 OH^- 离子浓度逐渐增加，$Ca(OH)_2$ 的溶解度下降。与此同时，溶液中 CO_3^{2-} 离子浓度下降，$CaCO_3$溶解度增大。所以 Na_2CO_3 不能完全转变为 NaOH，只能达到一定的平衡。而且原始碳酸钠溶液浓度愈高，Na_2CO_3 转变为 NaOH 的转化率（即苛化率）愈低，因此要获得高的转化率，就必须在较低的浓度下进行苛化反应。原始溶液中 Na_2CO_3 浓度与达到平衡后的转化率的关系如下：

原液 Na_2CO_3 浓度（%）	4.8	9.0	10.3	13.2	15.0	18.8
转化率（%）（苛化率）	99.1	97.2	95.0	93.7	91.2	84.8

苛化过程必须采取低浓度的另一个原因是，当高浓度碳酸钠苛化时，还会形成单斜钠钙石 $CaCO_3 \cdot Na_2CO_3 \cdot 5H_2O$ 和钙水碱 $CaCO_3 \cdot Na_2CO_3 \cdot 2H_2O$ 两种复盐。实践证明，上述两种复盐只有当原始溶液中 Na_2CO_3 浓度大于 4mol/L 时才能形成。在水中这两种复盐溶解：

$$CaCO_3 \cdot Na_2CO_3 \cdot nH_2O + \alpha_q \longrightarrow CaCO_3 + Na_2CO_3 + \alpha_q$$

所以工业上苛化原液的浓度一般控制在 100～160g/L Na_2CO_3 之间。

第四章　碱石灰烧结法生产氧化铝

第一节　碱石灰烧结法的原理和基本流程

一、碱石灰烧结法的原理

拜耳法生产氧化铝具有一系列的优点，特别是在处理三水铝石型铝土矿时，流程简单，作业方便，其经济效果远非其他方法所能比拟。但是随着矿石铝硅比的降低，拜耳法生产氧化铝的经济效果明显恶化。据资料报道矿石铝硅比从11降低到7.5，氧化铝成本增加14.5%。因此处理铝硅比较低的铝土矿或者SiO_2含量较高的其他含铝原料，就必须寻求新的合理的生产方法，而碱石灰烧结法就是目前得到实际应用的唯一的办法。

碱石灰烧结法生产氧化铝是将铝土矿与一定数量的苏打石灰（或石灰石）配成炉料，在回转窑内进行高温烧结，炉料中的Al_2O_3与Na_2CO_3反应生成可溶性的固体铝酸钠（$Na_2O \cdot Al_2O_3$）。杂质氧化铁、二氧化硅和二氧化钛分别生成铁酸钠（$Na_2O \cdot Fe_2O_3$）原硅酸钙（$2CaO \cdot SiO_2$）和钛酸钙（$CaO \cdot TiO_2$）。这些化合物都是在熟料中能够同时保持平衡的。铝酸钠极易溶于水或稀碱溶液，铁酸钠则易水解。而原硅酸钙$2CaO \cdot SiO_2$和钛酸钙$CaO \cdot TiO_2$不溶于水，与碱溶液的反应也较微弱。因此用稀碱溶液溶出时，可以将熟料中的Al_2O_3和Na_2O溶出，得到铝酸钠溶液，与进入赤泥中的$2CaO \cdot SiO_2$，$CaO \cdot TiO_2$和$Fe_2O_3 \cdot H_2O$等不溶性残渣分离。熟料的溶出液（粗液）经过专门的脱硅净化过程得到纯净的铝酸钠精液。它在通入CO_2气后，苛性比值和稳定性降低，于是析出氢氧化铝并得到碳分（Na_2CO_3）母液。后者经蒸发浓缩后返回配料。因此在生产过程中Na_2CO_3也是循环使用的。

我国有着极为丰富的SiO_2含量较高的铝土矿，因此碱石灰烧结法对我国氧化铝工业的发展具有特别的重要意义。

我国第一座氧化铝厂——山东铝厂就是采用碱石灰烧结法。它在改进和发展碱石灰烧结法方面作出了许多贡献。氧化铝总回收率，纯碱消耗，产品质量等主要技术经济指标都居于世界同类型企业的前列，创出符合我国实际情况的碱石灰烧结法生产氧化铝的独特工艺技术。

二、碱石灰烧结法的基本流程

碱石灰烧结法的基本流程如图4－1所示。

破碎后的铝土矿和石灰以一定的比例送到球磨机中，配入一定数量的碳分母液，以及用于弥补碱损失的碳酸钠进行细磨。

为了保证料浆成分符合配料要求，设置了生料浆调整过程。生料浆经调整合格后，用泥浆泵在1.0～1.2MPa压力下由喷枪喷入窑内。炉料在高温下烧结后生成铝酸钠、铁酸钠、原硅酸钠以及钛酸钙等化合物。为了减少熟料溶出过程的化学损失并得到成分合适的铝酸钠溶液，溶出用的原液是由赤泥洗液、氢氧化铝洗液和一定数量的碳分母液调配而

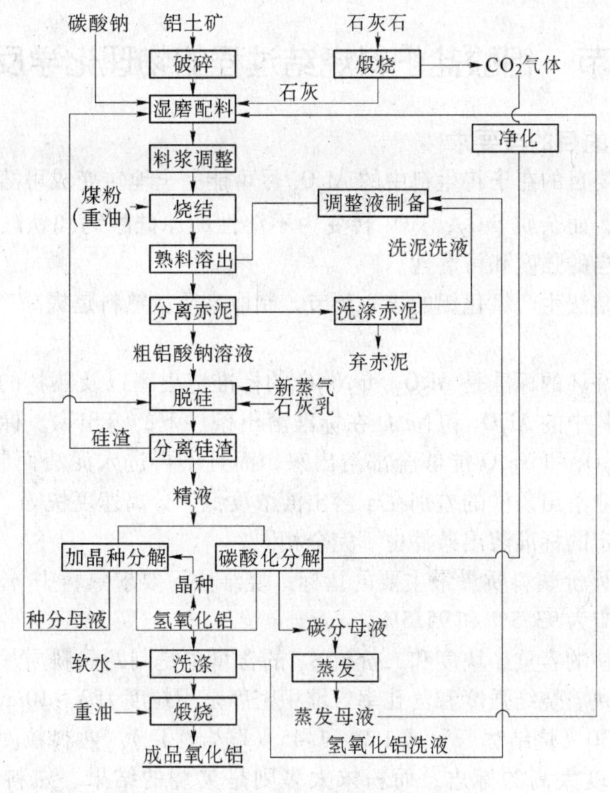

图 4-1　碱石灰烧结法基本流程图

成的调整液。

分离后的赤泥夹带一定数量的附液，需要洗涤，以回收附液中的 Al_2O_3 和 Na_2O。

在熟料溶出过程中，虽然 $2CaO \cdot SiO_2$ 不溶于水或碱，但是会被溶液中的 NaOH、Na_2CO_3、$NaAlO_2$ 所分解，造成 Al_2O_3 和 Na_2O 的损失，并使铝酸钠溶液中含有 5~6g/L 的 SiO_2，需要组织专门的脱硅过程，使溶液的硅量指数提高到 400~600 甚至 1000 以上。在脱硅过程中添加种分母液是为了提高溶液的稳定性，防止氢氧化铝过早地析出。脱硅过程析出的泥渣称为硅渣，其中含有相当数量的 Na_2O 和 Al_2O_3，为了回收这部分 Na_2O 和 Al_2O_3，将硅渣返回配料。

脱硅以后的精液大部分进行碳酸化分解，少部分进行晶种分解，以便提供脱硅前需要添加的种分母液。

由于具体条件不同，各个工厂采用的具体流程常常与上述流程有所差别。例如，有的工厂不设石灰窑，直接用石灰石配制生料，用 CO_2 含量为 10%~12% 的熟料窑窑气进行碳酸化分解。有的工厂不设种分过程，而将少量碳分母液在苛化后提高粗液的苛性比值，苛化后的石灰石渣则用来配制生料等。

碱石灰烧结法和拜耳法比较，流程复杂，能量消耗大，投资和成本都较高，成品氧化铝的质量有时也差些。但是它可以处理 SiO_2 含量较高的矿石。在生产过程中消耗的是比苛性碱便宜的碳酸钠，并且更有条件实现原料的综合利用和制取多品种氧化铝。

第二节　铝酸盐炉料烧结过程的物理化学反应

一、烧结过程的目的与要求

烧结过程的主要目的在于将生料中的 Al_2O_3 尽可能完全地转变成可溶性的铝酸钠、氧化铁转变为铁酸钠，而杂质 SiO_2、TiO_2 转变为不溶性的原硅酸钙和钛酸钙。烧结过程所得到的熟料具有适当的强度和可磨性。

烧结过程是烧结法生产氧化铝的核心环节，制取高质量熟料是提高产能降低热耗和成本的关键。

判断熟料质量好坏的标准是 Al_2O_3 和 Na_2O 的标准溶出率以及熟料的物理性能。所谓标准溶出率就是熟料中的 Al_2O_3 和 Na_2O 在标准溶出条件下的溶出率。标准条件是为了使熟料中可溶性的 Al_2O_3 和 Na_2O 能够全部溶出来，而且不再进入泥渣而制定的溶出条件。标准溶出条件与工业溶出条件的差别在于溶出液浓度低，分离速度快等。各厂熟料的成分和性质不同，所制定的标准溶出条件也不完全相同。

标准溶出率是评价熟料质量最主要的指标，烧结法厂要求熟料中 $\eta_{A标}>96\%$，$\eta_{N标}>97\%$，联合法厂相应为93.5%和95.5%。

除此之外，熟料的容重、块度和二价硫 S^{2-} 的含量也是判断熟料质量的标准。熟料的堆积密度和粒度反映着烧结强度和气孔率。堆积密度是用粒度为3～10mm的熟料测定的，其值应为1.20～1.30（烧结法厂）或1.2～1.45（联合法厂）。熟料粒度应该均匀，大块的出现常是烧结温度太高的标志，而粉末太多则是欠烧的结果。熟料大部分应为30～50mm，呈灰黑色，无熔结或夹带欠烧料的现象。这样的熟料不仅溶出率高，可磨性良好，而且溶出后的赤泥也具有较好的沉降性能。

我国工厂将熟料中的负二价硫 S^{2-} 的含量规定为熟料的质量指标，长期的生产经验证明：S^{2-} 含量 $>0.25\%$ 的熟料是黑心多孔的，质量好。而黄心熟料或粉状黄料，S^{2-} 含量小于0.25%。特别 S^{2-} 含量小于0.1%的熟料，它们在各方面的性能都比较差。砸开熟料观察它的剖面，就可以对熟料质量作出快速的有效的鉴别。

二、铝酸盐炉料在烧结过程中的物理化学反应

进入湿磨工序的物料有铝土矿、苏打、石灰、硅渣、无烟煤以及蒸发浓缩后的碳分母液。这些物料的矿物成分是很复杂的；它包括有一水铝石、高岭石、赤铁矿、金红石、方钠石、水化石榴石、碳酸钙、氧化钙、碳酸钠以及硫酸钠等等。在高温下，它们朝着在此条件下的平衡物相转化。反应的平衡产物和同条件下的单体氧化物得到的平衡物相是一致的，达到相同的热力学稳定状态。因此当烧结反应充分进行时，可以把炉料看成是由 Na_2O、K_2O、CaO、Al_2O_3、Fe_2O_3、SiO_2、TiO_2 等单体氧化物组成的体系。氧化铝生产如同硅酸盐工业一样，用N、K、C、A、F、S、T等大写正体字母表示上述氧化物以及由它们组成的复杂化合物，如用 C_2S 表示 $2CaO\cdot SiO_2$ 等。

1. Al_2O_3　在 $Na_2O-Al_2O_3$ 二元系中可以构成好几种铝酸盐，但对于碱石灰烧结法来说，只有偏铝酸钠（$Na_2O\cdot Al_2O_3$）才有意义，因为它易溶于水，并且能在高温下与原硅酸钙保持平衡。其反应式如下：

$$Al_2O_3(晶)+Na_2CO_3\longrightarrow Na_2O\cdot Al_2O_3+CO_2\uparrow$$

反应的产物经物相鉴定，当炉料中 Na_2O: Al_2O_3 的配料摩尔比大于 1 时，反应的产物仍然是 $Na_2O \cdot Al_2O_3$。多余的 Na_2CO_3 依然以碳酸钠形式存在于熟料中，当配料中 Na_2O: Al_2O_3 的摩尔比小于 1，即配入的 Na_2O 不足以将全部 Al_2O_3 化合成 $Na_2O \cdot Al_2O_3$ 时，则生成一部分 $Na_2O \cdot 11Al_2O_3$（$\beta - Al_2O_3$）。$Na_2O \cdot 11Al_2O_3$ 不溶于水和稀碱溶液，所以 Na_2O 配量不足时，氧化铝的溶出率降低。

在高温下 Al_2O_3 还能与 CaO 作用，生成 C_3A、$C_{12}A_7$、CA 和 C_3A_5（CA_2）四种化合物。在这些铝酸钙中，只有 $C_{12}A_7$ 和 CA 可以溶于碳酸钠溶液，是对氧化铝生产有意义的。

制取同时含铝酸钠和铝酸钙的熟料是不合理的。因为溶出铝酸钙时，溶出液中 Al_2O_3 浓度不应超过 70g/L，而 Na_2O_C 浓度应保持在 50 ~ 60g/L 以上，否则 Al_2O_3 就不能完全溶出。它与溶出铝酸钠熟料所采用的条件（溶出液中 Al_2O_3 浓度为 120g/L，$Na_2O_C < 40$g/L）差别很大。当 Na_2CO_3 的数量足以和 Al_2O_3 化合时，铝酸钙不至于生成。

2. SiO_2　用烧结法处理高硅含铝原料时，在炉料中必然含有较多的 SiO_2，为了达到 Al_2O_3 和 SiO_2 分离的目的，炉料中的 SiO_2 在烧结过程中应该转变为不含 Al_2O_3 和 Na_2O；在高温下能与 $Na_2O \cdot Al_2O_3$ 同时稳定存在；溶出时又不与铝酸钠溶液发生显著反应的化合物。从 CaO - SiO_2 系可以看出，SiO_2 与 CaO 可以生成 $CaO \cdot SiO_2$（偏硅酸钙）、$3CaO \cdot 2SiO_2$（二硅酸三钙）、$2CaO \cdot SiO_2$（原硅酸钙）、$3CaO \cdot SiO_2$（硅酸三钙）四种化合物。但只有原硅酸钙 $2CaO \cdot SiO_2$ 符合上述要求。偏硅酸钙 $CaO \cdot SiO_2$ 和二硅酸三钙 $3CaO \cdot 2SiO_2$ 等化合物虽然含 CaO 较少，但是在高温下与 $Na_2O \cdot Al_2O_3$ 反应生成铝硅酸钠（$Na_2O \cdot Al_2O_3 \cdot 2SiO_2$），造成 Na_2O 和 Al_2O_3 的损失。硅酸三钙 $3CaO \cdot SiO_2$ 一方面含 CaO 较多，另一方面它不稳定，在 $2CaO \cdot SiO_2$ - CaO - $Na_2O \cdot Al_2O_3$ 三元系中，C_3S 的稳定存在的范围很狭窄，(见图4 - 2)。当熔体冷却时，便分解为 NA、C_2S 和 CaO。游离的 CaO 在溶出时与铝酸钠溶液反应生成水合铝酸钙沉淀，既造成 Al_2O_3 的损失，又使泥浆分离困难。因此，在烧结时不希望生成 C_3S，而希望全部 SiO_2 反应生成 $2CaO \cdot SiO_2$。

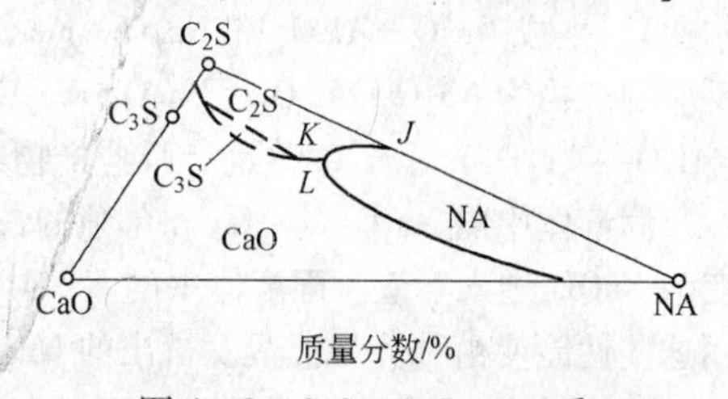

图 4 - 2　C_2S - CaO - NA 系

原硅酸钙的熔点为 2130℃，它具有 α_H'、α_L'、α、β 和 γ 五种同素异构体，它们之间相互转变的温度如下：

$$\alpha \underset{}{\overset{1420\pm5℃}{\rightleftharpoons}} \alpha_H'$$

$$\alpha_H' \rightleftharpoons \alpha_L' \underset{690\pm20℃}{\overset{630\sim680℃}{\rightleftharpoons}} \beta$$

$$\alpha_H' \rightleftharpoons \alpha_L' \underset{690\pm20℃}{\overset{630\sim620℃}{\rightleftharpoons}} \beta$$

$$\beta \rightarrow \gamma \xrightarrow{780\sim860℃} \alpha_L'$$

原硅酸钙在铝酸钠溶液中的化学活性与它的晶体形态关系很大。α_H' - C_2S 的化学活性最强（α_H'，α_L'分别为高温型及低温型，均为斜方晶系，但晶格常数不同），β - C_2S 次之，而 γ - C_2S 最差。因此熟料中的 SiO_2 以 γ - C_2S 形态存在最好。C_2S 由 β 相转为 γ 相时，其体积膨胀 10%，因而能使熟料自动粉化，可以省去磨细工序。但是当有铝酸钠或少量的

B_2O_3、P_2O_5 存在时，使 α′及 β 等高温型 C_2S 稳定，不向 γ 形态转变。所以在碱石灰烧结法熟料中的硅酸二钙都以 β－2CaO·SiO_2 形态存在。我国研究工作者还证实，炉料中的 B_2O_3 促使 α′－C_2S 的出现。

3. Fe_2O_3　氧化铁在高温下与碳酸钠反应生成铁酸钠，其反应式为：

$$Fe_2O_3 + Na_2CO_3 \longrightarrow Na_2O \cdot Fe_2O_3 + CO_2\uparrow$$

此反应在 500～700℃下开始，反应速度比生成铝酸钠的反应速度更快。在 1000℃下反应经过一小时就完成。

当 Na_2CO_3、Al_2O_3 和 Fe_2O_3 同时存在时，在低温下生成 $Na_2O \cdot Fe_2O_3$ 的反应占优势，随着温度的升高铁酸钠相对数量降低，而 $Na_2O \cdot Al_2O_3$ 的数量增加。当温度升高到 900℃，Al_2O_3 能置换 $Na_2O \cdot Fe_2O_3$ 中的 Fe_2O_3 生成 $Na_2O \cdot Al_2O_3$。在烧结温度范围内此反应能进行到底：

$$Na_2O \cdot Fe_2O_3 + Al_2O_3 = Na_2O \cdot Al_2O_3 + Fe_2O_3$$

氧化铁在铝酸钠炉料烧结过程中的性质与氧化铝很相似。当配碱量不足时，除生成 $Na_2O \cdot Fe_2O_3$ 外，还生成不溶性的 $Na_2O \cdot 11Fe_2O_3$（β－Fe_2O_3）。$Na_2O \cdot Fe_2O_3$ 与 $Na_2O \cdot Al_2O_3$ 一样，在高温下也分解为 Na_2O 蒸气和 β－Fe_2O_3。

$Na_2O \cdot Fe_2O_3$ 的熔点为 1345℃，用水溶出时完全水解，释放游离 NaOH，有利于提高铝酸钠溶液的稳定性。

在烧结 Al_2O_3、Fe_2O_3 和 Na_2CO_3 组成的炉料时，当 Na_2O:（$Al_2O_3 + Fe_2O_3$）＝1∶1（摩尔比），生成 $Na_2O \cdot Al_2O_3$ 和 $Na_2O \cdot Fe_2O_3$ 固溶体；当 Na_2O:（$Al_2O_3 + Fe_2O_3$）小于 1 时，反应的产物为 $Na_2O \cdot Al_2O_3$－$Na_2O \cdot Fe_2O_3$ 和 β－Al_2O_3－β－Fe_2O_3 两种固溶体；当 Na_2O:（$Al_2O_3 + Fe_2O_3$）小于 0.09 时，反应产物为 β－Al_2O_3—β－Fe_2O_3 固溶体和 Al_2O_3 及 Fe_2O_3。

固溶体中的 $Na_2O \cdot Fe_2O_3$ 和单独的铁酸钠一样，在水中完全水解，其中 Na_2O 全部转变为 NaOH 进入溶液。固溶体中的 $Na_2O \cdot Al_2O_3$ 也可以全部溶解。所以在拜耳法厂可以利用这些性能使由种分母液蒸发析出的 $Na_2CO_3 \cdot H_2O$ 转变为 NaOH。

当炉料中 Na_2CO_3 配量不足，而又有 CaO 存在时，在高温下 Fe_2O_3 将与 CaO 反应生成 $CaO \cdot Fe_2O_3$ 和 $2CaO \cdot Fe_2O_3$，而且总是首先生成 $2CaO \cdot Fe_2O_3$。当 CaO 配量不足时，C_2F 再与 Fe_2O_3 反应生成 $CaO \cdot Fe_2O_3$。在 1200℃下铁酸钙生成反应可在半小时内完成。当熟料中 C_2F 含量太高时，由于 $2CaO \cdot Fe_2O_3$ 与铝酸钠反应生成 $4CaO \cdot Al_2O_3 \cdot Fe_2O_3$ 和 $Na_2O \cdot Fe_2O_3$，使得 Al_2O_3 溶出率降低，而 Na_2O 的溶出率并不降低。

$$2CaO \cdot Fe_2O_3 + Na_2O \cdot Al_2O_3 \longrightarrow 4CaO \cdot Al_2O_3 \cdot Fe_2O_3 + Na_2O \cdot Fe_2O_3$$

如果炉料按生成 CF 配料，则发生下述反应：

$$4(CaO \cdot Fe_2O_3) + Na_2O \cdot Al_2O_3 \longrightarrow Na_2O \cdot Fe_2O_3 + 4CaO \cdot Al_2O_3 \cdot Fe_2O_3 + Fe_2O_3$$

析出来的 Fe_2O_3 与铝酸钠反应生成 β－Al_2O_3—β－Fe_2O_3 固溶体使熟料中 Al_2O_3 的溶出率降低得更多。

图 4－3 为 NA－NF－C_2F 系熟料 Al_2O_3 溶出率与其成分的关系图。

4. TiO_2　铝土矿中一般含有 2%～4% 的 TiO_2，它主要是以金红石或锐钛矿的形态存在。物相鉴定结果表明，TiO_2 以钙钛矿的形态（$CaO \cdot TiO_2$）存在于熟料和溶出渣中。在熟料溶出时，$CaO \cdot TiO_2$ 基本上不参与反应。在配制炉料时，CaO 的配入量应该同时满足 SiO_2 和 TiO_2 所需要的 CaO 量。

5. *碱石灰铝土矿炉料烧结过程反应顺序* 碱石灰铝土矿炉料烧结时除发生上述一些主要反应外，由于炉料中还存在其他杂质，炉料中各组分之间的相互反应远为复杂。但是这些复杂反应生成的化合物数量不多，而且对最终结果影响较小，在此不作详细介绍。

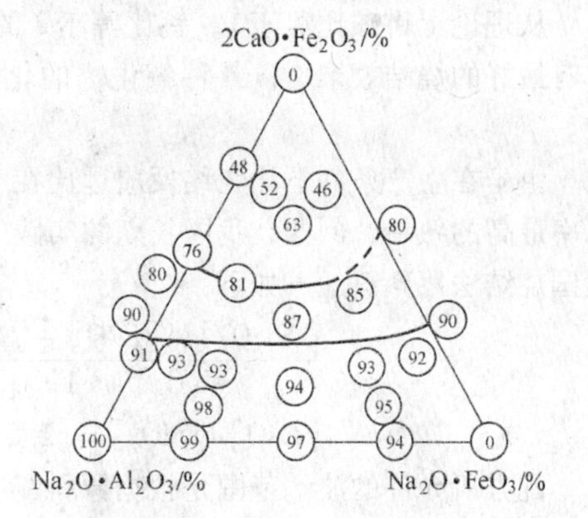

图 4－3　NA－NF－C_2F 系熟料的 Al_2O_3 溶出率与其成分的关系

（圆圈中的数字为 Al_2O_3 的溶出率）

根据炉料在烧结过程中物相组成的变化，碱石灰铝土矿炉料烧结过程中反应顺序，一般认为当炉料加热到550℃时，铝土矿中氧化铝和氧化铁的水合物脱除结晶水。高岭石（$Al_2O_3 \cdot 2SiO_2 \cdot 2H_2O$）脱水后成为偏高岭石（$Al_2O_3 \cdot 2SiO_2$）。当温度高于700℃时，生成 $Na_2O \cdot Al_2O_3$ 和 $Na_2O \cdot Fe_2O_3$ 的反应开始。最初铁酸钠的生成反应占优势，但当温度升高至900℃时，生成 $Na_2O \cdot Al_2O_3$ 的反应加强，生成 $Na_2O \cdot Al_2O_3$ 及 $Na_2O \cdot Fe_2O_3$ 的反应分别在1150℃及1000℃以下完成。从750℃开始到900℃，偏高岭石与碳酸钠反应生成霞石，其反应式为：

$$Al_2O_3 \cdot 2SiO_2 + Na_2CO_3 \xlongequal{} Na_2O \cdot Al_2O_3 \cdot 2SiO_2 + CO_2 \uparrow$$

当温度继续升高到1000℃时，霞石与石灰发生下列反应：

$$Na_2O \cdot Al_2O_3 \cdot 2SiO_2 + 2CaO \xlongequal{} Na_2O \cdot Al_2O_3 \cdot SiO_2 + 2CaO \cdot SiO_2$$

当温度为1200℃时，$Na_2O \cdot Al_2O_3 \cdot SiO_2$ 被 CaO 分解为 NA 和 C_2S。其反应式为：

$$Na_2O \cdot Al_2O_3 \cdot SiO_2 + 2CaO \xlongequal{} Na_2O \cdot Al_2O_3 + 2CaO \cdot SiO_2$$

三、碱石灰铝土矿的配方

在生产实践中，要做到“优质高产、低消耗”，归纳出的一条经验是：“烧结是关键，配料是基础”。只有配制出合格的生料浆，才能烧结出高质量的熟料。因此生产部门十分重视生料浆的配制，制定出三次配矿，三次调整的配料制度。

所谓炉料配方是生料浆中各种氧化物含量所应保持的比例。它对于炉料的性质、烧结进程和熟料质量有着决定性的影响。

炉料配方的选择应该以保证烧结过程的顺利进行，制取高质量的熟料，并且节约原料（碱和石灰）和燃料为原则。要使烧结过程顺利进行，关键在于使炉料具有比较宽阔的烧结温度范围。它是标志炉料性质，影响烧结进程和熟料质量的一项重要指标。

在确定炉料配方时，要综合考虑原料特点、烧结制度以及熟料溶出工艺等各个方面。由于配方受多种因素的影响，目前主要是通过实验来确定最宜配方的。

在生料掺煤的情况下，配方包括料浆中七项指标：铝硅比 A/S，铁铝摩尔比 [F] / [A]，（[ ] 表示氧化物的摩尔数），碱比$\left(\frac{[N]}{[A]+[F]}\right)$，钙比$\left(\frac{[C]}{[S]}\right)$，水分含量，固定碳含量以及干生料的细度。铝硅比和铁铝比虽然是非常重要的指标，但是它们的数值由原矿品位所决定，配矿时只能作小幅度的调节。水分、细度和固定碳含量三项指标比较易于确定。碱比和钙比为配方中需要确定的两项最重要的指标。

碱比等于1，钙比等于2 称为饱和配方；高钙配方和高碱低钙配方，都是与饱和配方相比较而言的。

从理论上讲碱比等于1，钙比等于2的饱和配方炉料最能保证NA、NF和C_2S的生成，具有最好的烧结效果。以各种氧化物的化学纯试剂配料进行的实验室研究也证明了这一点。

由于在生产条件下，烧结反应远比在实验室的复杂得多。采用饱和配方有时得不到溶出率最高的熟料，例如，我国长期的实践经验表明，采用低碱高钙配方，熟料质量较好。我国烧结法厂熟料配方如下：

$$\frac{[Na_2O_T]+[K_2O]-[Na_2O_S]}{[Al_2O_3]+[Fe_2O_3]}=(0.92\sim0.95)+K_1$$

$$[CaO]/[SiO_2]=(2.0\sim2.03)+K_2$$

配方所允许的波动范围是根据原料配制的操作水平确定的。由于燃料带入灰分以及一些作业因素（如各种氧化物的灰尘损失率不同）等原因，生料和熟料之间的碱比和钙比存在差值K_1和K_2。

采用上述配方能够得到质量最好的熟料是由于我国矿石中Fe_2O_3量较低（与国外不同），熟料中只有部分Fe_2O_3以$Na_2O\cdot Fe_2O_3$状态存在。$4CaO\cdot Al_2O_3\cdot Fe_2O_3$在熟料中呈稳定相，在生料掺煤的情况下，一部分$Fe_2O_3$还原成FeS和FeO。如果碱比等于1，在烧结过程中，多余的Na_2O便生成$Na_2O\cdot CaO\cdot SiO_2$造成$Na_2O$的损失。关于钙比，研究结果表明，$2CaO\cdot SiO_2$和$CaO\cdot TiO_2$在熟料中都是稳定相，而钙比是以CaO对$SiO_2$的分子比表示的，熟料中常含1%～1.5%的$TiO_2$，也可能出现一些其他的含钙化合物，综合这些因素的影响，钙比为2.0～2.03时的效果最好。

生产实践充分证明，采用这种低碱高钙配方比饱和配方，Al_2O_3和Na_2O的溶出率高出0.5%～1.0%，而且烧成温度范围比较宽阔。

四、烧结过程中硫的行为和脱硫措施

在碱石灰烧结法中，原料、燃料甚至生产用水常含有或多或少的硫化物和硫酸盐，例如，烧结用煤或重油中含硫约0.7%。硫在高温下氧化并和碱反应，最后转变为Na_2SO_4，溶出时进入铝酸钠溶液，在生产中循环积累。生产经验证明，熟料中Na_2SO_4含量超过7%，烧结过程便遇到严重困难。Na_2SO_4的熔点很低（884℃），与Na_2CO_3形成共晶的熔点则更低（826℃）。因此在烧结反应还未充分进行之前Na_2SO_4便已熔化，使熟料中液相增加，造成熟料窑结圈，运转不能正常。在蒸发过程中Na_2SO_4与Na_2CO_3呈复盐析出，严重影响蒸发作业的进行。熟料中Na_2SO_4含量增加后，使生产一吨氧化铝的熟料量增加，窑的实际产能降低，碱耗和热能增加。

向生料中加入固体还原剂（生料加煤）可以消除氧化铁和硫的有害影响。使相当的硫转化为二价硫化物，从赤泥排出，生料加煤后，氧化铁在烧结过程中于600～700℃被还原成呈碱性的氧化亚铁FeO，甚至还原成金属铁。以黄铁矿存在的铁，在还原气氛下转化为硫化亚铁FeS。

Na_2SO_4熔点低且不易挥发和分解。Na_2SO_4在1430℃开始按$Na_2SO_4\rightarrow Na_2O+SO_2+\frac{1}{2}O_2-656kJ$反应分解。当温度为2177℃时分解压力才达到0.1MPa。当有碳存在时，Na_2SO_4在750～880℃开始分解。还原剂和氧化剂同时存在，可使Na_2SO_4达到完全分解的程度。

所以，碱石灰烧结法生料中加入还原剂，除前述各主要反应外，还由于 Na_2SO_4 的分解而生成 $Na_2O \cdot Al_2O_3$ 和 FeS 及 CaS。

熟料溶出时，Na_2S 进入溶液。FeS 除少部分被碱溶液分解，使其中的硫再转入溶液外，大部分进入赤泥。在采用喷入法喂料时，上述反应产生的 SO_2 气体相当完全地被料浆吸收，又以 Na_2SO_4 的形态回到炉料中，因此，气相排硫量是很少的，尚不到生料含硫量的1%。

值得注意的是当烧结物料进入到窑的高温带后，由于处在氧化气氛下，暴露在料层表面的二价硫化物与空气接触后又会被氧化成 Na_2SO_4，只有约半数的硫是以二价硫化物形式保存在熟料中，在熟料溶出时，进入赤泥中排出流程。

此外，由于生料掺煤使炉料中一部分氧化铁还原成氧化亚铁和硫化铁。它们不与 Na_2O 结合成 $Na_2O \cdot Fe_2O_3$。这也是炉料中碱比可以低一些的原因。生料掺煤还能强化烧结过程，因为加入到生料中的煤是在进入燃烧带以前燃烧的，等于增加了窑的燃烧空间，提高了窑的发热能力。

第三节　铝酸盐炉料烧结过程的工艺

一、烧结窑的设备系统

将碳分母液蒸发到一定浓度后，与铝土矿、石灰、补充的碳酸钠以及其他循环物料（如硅渣）一同加入管磨，混合磨细后经调整配比制成合格的生料浆送入回转窑中，进行湿法烧结。湿法烧结具有以下优点：可以利用窑气的热量蒸发碳分母液中的水分，无须在蒸发器内将含水碳酸钠结晶析出；采用湿磨，既可提高磨的效率，又不必将物料烘干，料浆可以用泵输送减轻环境的污染；便于将生料浆成分准确调配，保证成分稳定，有利于窑的运转等。

近年来，由于对节能提出越来越高的要求，干法烧结又得到了重视，而且在技术和设备上也有了新的发展。但是在碱石灰铝土矿炉料的烧结法中，碱溶液是循环使用的，对于熟料的质量要求严格，它的烧结过程目前仍是用湿法烧结进行的。

碱石灰铝土矿炉料烧结窑的设备系统如图 4－4 所示。

目前用于炉料烧结的窑型式有三种：直筒型，一端扩大型和两端扩大型。窑的规格也不一样。用于霞石炉料烧结的最大回转窑为 $\phi 5.0 \times 185$m。

碱石灰铝土矿炉料烧结窑的设备系统除窑体本身外，还包括有饲料、窑灰收集及回饲、燃料燃烧与熟料冷却系统。

二、熟料窑内各带的反应

熟料窑有一定的斜度和转速，熟料窑中的炉料，在从窑的冷端向热端运动的过程中逐步加热，经过烘干、预热、分解、烧结和冷却几个阶段，完成一系列的物理化学变化后，成为熟料出窑。由于动力学条件的限制，炉料不是在所有温度下都接近于它的平衡状态，而是在同一时间内重叠地进行许多反应。但是，炉料在窑内的反应仍然表现一定的阶段性。为了便于分析炉料在窑内发生的物理化学反应，常常按炉料在各段发生的变化以及传热方式的特点，从窑尾到窑头将窑划分为五个带。

1. 烘干带　通常也就是刮料器所占据的那段长度，一般为 10～12m。在烘干带窑气

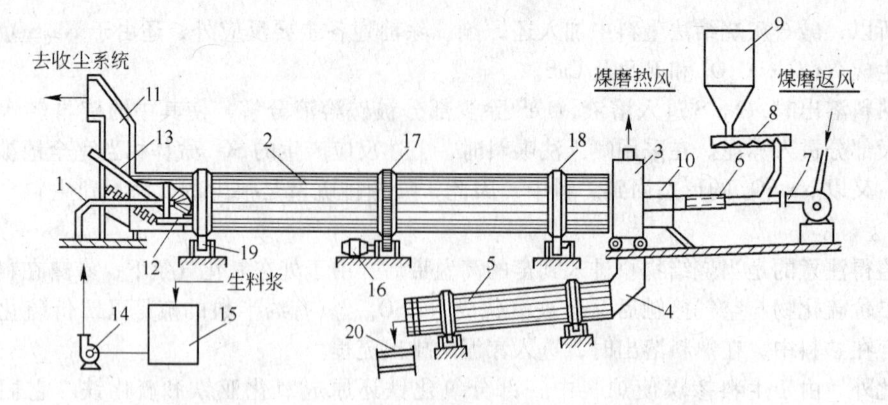

图 4-4　碱石灰铝土矿炉料烧结窑设备系统图

1—喷枪；2—窑体；3—窑头罩；4—下料口；5—冷却机；6—喷煤管；7—鼓风机；8—煤粉；9—煤粉仓；10—看火室；11—窑尾罩；12—刮料器；13—返灰管；14—高压泵；15—料浆槽；16—电动机；17—大齿轮；18—滚圈；19—托轮；20—裙式运输机

温度由 800℃降低到 250℃，而炉料由 80℃左右加热到 150℃左右，料团中的水分降低到 10% ~12%。生料浆喷入窑内后，经雾化并落下来与回饲窑灰混合，脱除其中 80%左右的附着水。产生大量的水蒸气随同窑气将大量窑灰挟带出窑，窑灰经收尘后，返饲回窑，构成窑灰的循环。熟料窑的窑灰循环量达到干生料量的两倍，对于强化料浆的烘干和防止泥浆圈的生成起着非常有效的作用。

2. 预热带　窑气温度由 1200℃降至 800℃，炉料由 150℃被加热到 600℃左右，除继续脱掉残留的附着水外，其主要作用是脱除物料的结晶水。在此带炉料中的硫酸钠开始被还原为硫化物。炉料出现膨胀现象。

3. 分解带　窑气温度由 1500℃以上降至 1200℃左右，炉料由 600℃被加热到 1000℃以上。此带主要作用是各种碳酸盐加热分解，Na_2CO_3 与 Al_2O_3、Fe_2O_3 及 $Al_2O_3 \cdot 2SiO_2$ 激烈反应生成 $Na_2O \cdot Al_2O_3$、$Na_2O \cdot Fe_2O_3$ 和 $Na_2O \cdot Al_2O_3 \cdot 2SiO_2$ 等化合物。炉料在此带以粉末状态存在，体积膨胀程度最大，所以物料移动速度较快。以后由于 Na_2SO_4 熔化和某些中间化合物低温共晶熔体的生成，炉料体积开始收缩。

当生料掺煤时，出分解带的炉料中 SO_4^{2-} 的含量达到最大。炉料中氧化铝的溶出率可达 70% ~80%。氧化钠的溶出率可达 80% ~90%。

4. 烧成带　一般认为烧结带就是窑内火焰所占据的那一段窑体，大体上相当于挂有窑皮的长度。窑皮是窑投产时特意提高温度，增加炉料中的熔体数量，使之黏附在耐火砖上的熟料层，它起着保护耐火砖不受炉料及窑气侵蚀和磨损的作用。在此带空气温度可达 1500℃以上，炉料温度在 1250℃以上。这里发生的主要的化学反应是 CaO 分解 $Na_2O \cdot Al_2O_3 \cdot 2SiO_2$ 并生成 $Na_2O \cdot Al_2O_3$ 和 $2CaO \cdot SiO_2$。由于温度高，炉料中的液相增多，反应速度加快。在此之前出现的一些中间化合物都急剧地向其平衡物相转变。烧结产物的晶体也渐趋完整，并得到长大。

在生料掺煤的情况下，烧成带的温度高。这一带过剩空气系数也较大，保持着氧化性气氛，炉料中在此之前生成的 S^{2-} 又部分地被氧化为 SO_4^{2-}，使脱硫效果降低。

5. *冷却带* 从窑皮前端到窑头的一段为冷却带，熟料由烧结带进入此带被二次空气和窑头漏风冷却，逐渐冷却到1000℃左右经下料口排入冷却机。为了使熟料不因骤冷而降低质量，在窑头筑成挡料圈或使火焰的位置略伸向窑内，以保证熟料在1000℃左右的条件下缓慢冷却。

三、影响熟料质量的主要因素

1. *炉料成分* 炉料成分决定着熟料的物相成分，如果炉料不符合配方要求，在熟料中便不能生成预期的物相，而使 Al_2O_3、Na_2O 的溶出率降低。炉料成分对于烧结温度和烧结温度范围也有影响。

（1）铝硅比 铝硅比对烧结温度和烧结温度范围的影响很大，实验结果表明，烧结温度随炉料中铝硅比的降低而降低。烧结温度范围也变窄，炉料铝硅比的降低除造成熟料窑操作紧张外，还造成熟料窑的烧结带容易结圈，下料口易堵塞等生产故障。因此，烧结时希望熟料铝硅比适当地高一点。

（2）铁铝比（摩尔比） 炉料烧结温度随着铁铝比的提高而下降。因为铁铝比高，炉料中含氧化铁多，生成低熔点的固溶体增加。在生产中要求炉料有一定的铁铝比，这样既有利于熟料烧结成块，同时也利于熟料窑挂窑皮的操作。生产实践经验表明，炉料铁铝比在0.07~0.10范围较好。

（3）碱比、钙比 烧结温度随碱比增大而升高，碱比为0.9左右时，烧成温度范围变得很窄，不好烧结。烧结温度随钙比升高而降低，但降低不明显。然而炉料的碱比和钙比是由保证有用成分的最大溶出率来决定的。

（4）生料中的硫酸钠 由于硫酸钠是低熔点化合物，炉料中硫酸钠多，使烧结温度降低和烧结温度范围变窄。

从以上所述可知，保证炉料的适当成分是制取优质熟料的重要前提，同时也是稳定熟料窑生产的首要条件。

2. *烧结温度* 适宜的烧结温度主要决定于炉料成分。当烧结温度过低时，化学反应进行不完全，因而使熟料中的 Al_2O_3 和 Na_2O 溶出率降低。同时由于存在着未反应的游离石灰，在赤泥分离过程增加出现赤泥膨胀的可能性。溶出液与赤泥接触的时间延长，使得 Al_2O_3，Na_2O 的损失增加。当烧结温度过高时，熟料过烧使窑的作业失常；不仅使煤耗增加，窑的产能降低；湿磨产能降低，而且由于碱的挥发，导致熟料成分的改变，也使有用成分的溶出率下降。因此在生产上应力求控制在正烧结温度。

3. *煤粉质量* 烧结炉料的回转窑所用的燃料一般为烟煤煤粉，煤粉中含有大量的灰分，有时还含有相当数量的硫化物。灰分主要由 Al_2O_3、SiO_2、CaO 和 Fe_2O_3 组成。而且 SiO_2 的含量常常在50%以上。灰分中各成分直接落到炉料中与苏打、石灰反应。因此配料时必须考虑进入熟料中灰分的数量及其组成。同时也要考虑硫所造成的碱损失，采取相应的措施。

4. *炉料的粒度和混合程度* 炉料烧结时的物理化学反应主要是在固态下进行，仅在结束时有少量熔体出现，因而物料的细磨程度对反应速度和反应完全程度是有影响的。

影响最佳磨细程度的因素很多，主要是烧结温度和时间以及原料的性质等，一般要求炉料中的固体在0.125mm筛上的残留量在12%以下。

当炉料混合不好，使各个组分分布不均匀，熟料质量也因而下降。

5. 熟料窑的操作　熟料窑的操作既要稳定，又要根据各方面情况的变化及时地审慎进行调节。在目前熟料窑的作业还难以实行自动控制时，窑的操作具有高度的技艺。在充分掌握工艺知识、设备特性和生产状况的基础上才能很好地驾驭窑的运转。

总之，熟料的质量是受到大量因素的影响，需要充分地发挥工人的作用，调动各方面的积极作用才能取得良好的效果。

四、提高烧结窑产能和降低热耗的途径

在烧结过程中，应在保证熟料质量的前提下，尽可能地提高窑的产能和降低熟料的热耗；在大多数情况下，两者是可以同时实现的。

窑的产能通常以窑的单位体积或单位表面积的熟料产量表示。熟料热耗则以每吨或每千克熟料所耗费的热量表示。

1. 降低生料浆的含水率　由熟料窑热平衡计算数据可以看出，生产 1 吨氧化铝，仅在烧结过程的能耗就已超过了整个拜耳法的能耗，而化学反应所耗的热量只占燃料燃烧热量的 12% ~17%，其余的热量主要是蒸发料浆水分所消耗的热量以及由熟料和废气带走的热量。料浆中的大量水分使窑的产能降低，同时也增加了废气量。当料浆含水量由 40% 增加到 41%，则每吨熟料需要蒸发的水量约增加 55 千克，热耗约增加 15 万 kJ。

采用三效蒸发器蒸发相同的水分所需热量不到在窑内所耗热量的 1/3，而且冷凝水可以利用。因此，在保证料浆流动性的前提下，应尽可能地降低其水分含量。磨制生料浆的添加某些表面活性物质（如风化煤）是可以达到这一目的的。

2. 扩大窑体直径　熟料窑通常带有扩大的热端或冷端。冷端扩大后便于安装喷枪或挂链，延长雾化物料处于悬浮状态的时间，加强窑的烘干能力。热端扩大则能提高火焰或窑气的辐射能力。扩大预热分解带的直径，也有利于安装各种类型的换热器和扬料器，强化传热过程。因此现在新建的窑大多是前后直径一致的直筒型。这种类型的窑便于制造，安装和维护。窑的直径与窑的长度是相关的，处理不同的物料的熟料窑有其最宜的长径比。

3. 提高窑的发热能力　窑有足够的发热能力，才有提高产能的前提，窑的发热能力 Q 为：

$$Q = bV = \frac{b}{4}\pi D_{内}^{2} \cdot L_{燃} \qquad (kJ/h)$$

式中　b ——热力强度，kJ/（m^3 · h）；

V——燃烧带容积，m^3；

$L_{燃}$——燃烧带长度，m。

要提高窑的发热能力，须从增大窑的热力强度和燃烧带长度入手。加强燃料与空气的混合，提高二次空气温度，强化燃烧等都是提高热力强度的途径。燃烧带长度是随燃烧带气流速度和窑的直径增大而伸长的。但在通常情况下，窑的发热能力并不是提高产能的限制因素。

4. 提高冷却机的冷却效果　从熟料窑热平衡计算可以看出，熟料带走的热占燃料燃烧热量的 15% 左右，虽然通过二次风可带回一部分热量。熟料出单筒冷却机的温度仍高于 200 ~250℃，因此应尽力增加入窑空气中二次风的比例。在窑头罩密封良好的情况下，这一比例可以增加为 70% ~80%。当漏风严重时，它只达到 55% 左右。改进冷却机的结构，如安装热交换器（扬料板），扩大冷却机的直径，改用炉箅式冷却机等，都可以达到更好的冷却效果。

5. 生料掺煤　由于掺在生料中的这部分燃料在预热分解带中直接在炉料内燃烧，增加了这一作业带中的供热数量，使这个薄弱环节有所加强而达到增产目的。

6. 选择窑的最佳作业制度　在保证窑内最恰当的热工制度的前提下，加大窑的下料量、燃料量和风量；减少窑的斜率，提高窑的转速将使窑的产能最充分地发挥，这就是称之为“三大一快、放平快转”的增产经验，窑的转速加快，使炉料在窑内的翻动和传热强化，既能增产，又有利于保证熟料质量。

7. 提高窑的运转率　窑的运转率是指窑在一年内正常运转的时间与日历时间的比值。窑在开窑、停窑、打慢转等操作时，处于产量低而且耗热高的状态，因此不仅要争取正常运转时的高产低耗，而且要保持窑长时期的正常运转。

选择最宜的炉料配方是制取质量好而烧结温度较低和烧结温度范围宽阔的关键。这样的炉料才可以不致或减轻结圈，滚大蛋等类事故的频繁发生。提高窑的运转率。

第四节　铝酸盐熟料的溶出

一、溶出过程的目的和要求

熟料溶出过程要使熟料中的 $Na_2O \cdot Al_2O_3$ 尽可能完全地转入溶液，而 $Na_2O \cdot Fe_2O_3$ 尽可能完全地分解，以获得 $Al_2O_3 \cdot Na_2O$ 高的溶出率。溶出液要与赤泥尽快地分离，以减少氧化铝和碱的化学损失。分离后的赤泥夹带着附液，应充分洗涤，以减少碱和氧化铝的机械损失。

炉料烧成与熟料溶出是决定烧结法系统经济效果最主要的两个环节。熟料质量不好，固然不可能有高的溶出率，而溶出制度不当，尽管熟料质量好，溶出过程也会由于发生一系列的二次反应，使已经溶出来了的 Al_2O_3 和 Na_2O 又进入赤泥再损失，因此选择最适宜的溶出制度是十分重要的。

根据洗净后的赤泥组成计算出的 Al_2O_3 和 Na_2O 的溶出率（$\eta_{A净}$ 和 $\eta_{N净}$）是衡量熟料溶出过程好坏的标志。

由于熟料中大量的 CaO 在溶出后仍全部残留在赤泥中，因而可以将 CaO 作为计算 Al_2O_3 和 Na_2O 的溶出率的内标，其计算式如下：

$$\eta_{A净} = \left(\frac{Al_2O_{3熟} - Al_2O_{3泥}\dfrac{CaO_{熟}}{CaO_{泥}}}{Al_2O_{3熟}} \right) \times 100\%$$

$$\eta_{N净} = \left(\frac{Na_2O_{熟} - Na_2O_{泥}\dfrac{CaO_{熟}}{CaO_{泥}}}{Na_2O_{熟}} \right) \times 100\%$$

式中　$Al_2O_{3熟}$——熟料中 Al_2O_3 含量，%；

$Al_2O_{3泥}$——赤泥中 Al_2O_3 含量，%；

$Na_2O_{熟}$——熟料中 Na_2O 含量，%；

$Na_2O_{泥}$——赤泥中 Na_2O 含量，%。

在生产中赤泥洗涤效果用其附液损失（1 吨干赤泥所带附液中的碱含量）来衡量。当弃赤泥的液固比为 L/S，附液中全碱浓度为 N_T(g/L) 时，附液损失为 $\frac{L}{S} \cdot N_T$（kg Na_2O/t

赤泥）。

根据低铁熟料的特点我国研究出低苛性比值二段磨料溶出流程，使$\eta_{A净}$由原来70%～75%提高到92%～93%。$\eta_{N净}$由85%～88%提高到93%～95%，氧化铝总回收率，碱耗等指标居于世界先进水平。

二、熟料溶出过程的主要反应

1. 铝酸钠　铝酸钠及其与铁酸钠组成的固溶体易溶于水和稀碱溶液。用稀碱溶液在90℃下溶出细磨的熟料，在3～5min内便可将其中的$Na_2O \cdot Al_2O_3$完全溶出来，得到Al_2O_3浓度为100g/L的铝酸钠溶液。

由于溶出液中常常含有一定数量的SiO_2、Na_2CO_3和Na_2SO_4，其稳定性显著增加。例如，当Al_2O_3浓度为120g/L，溶液中SiO_2含量为4～5g/L时，尽管溶液的苛性比值只有1.25左右，但在赤泥分离和洗涤过程中溶液仍然不致发生明显的分解。

2. 铁酸钠　固体铁酸钠在水中是极不稳定的，在溶出时立即发生水解

$$Na_2O \cdot Fe_2O_3 + H_2O = 2NaOH + Fe_2O_3 \cdot H_2O$$

生成的NaOH进入溶液，使溶液的稳定性提高。生成的$Fe_2O_3 \cdot H_2O$沉淀为赤泥的组成部分。

纯铁酸钠的水解速度比较缓慢，但是当铁酸钠与铝酸钠结合组成的固溶体具有较快的水解速度。例如$Na_2O \cdot Fe_2O_3$含量为13.7%的熟料磨至-0.25mm，在75℃下只需5min便完全水解。

当熟料碱比等于1，用水溶出时，此时溶液的苛性比值为$1 + \frac{[F]}{[A] \cdot \eta_{A净}}$。由此可见，矿石中的氧化铁含量越高，溶出液的苛性比值越高。我国铝土矿中氧化铁的含量较低，提供了低苛性比值溶出的条件。

3. 铝酸钙　$CaO \cdot Al_2O_3$和$12CaO \cdot 7Al_2O_3$两种铝酸钙用NaOH溶液处理都将导致$3CaO \cdot Al_2O_3 \cdot 6H_2O$的生成。用$Na_2CO_3$溶液处理时可以使其中$Al_2O_3$溶出，其反应式如下：

$$CaO \cdot Al_2O_3 + Na_2CO_3 + aq = 2NaAl(OH)_4 + CaCO_3 + aq$$

$$12CaO \cdot 7Al_2O_3 + 12Na_2CO_3 + aq = 12CaCO_3 + 14NaAl(OH)_4 + 10NaOH + aq$$

$$3CaO \cdot Al_2O_3 \cdot 6H_2O + 3Na_2CO_3 + aq = 2NaAl(OH)_4 + 3CaCO_3 + 4NaOH + aq$$

4. 铁酸钙　$CaO \cdot Fe_2O_3$和$2CaO \cdot Fe_2O_3$两种铁酸钙在碱溶液和铝酸钠溶液中都可能分解，反应式如下：

$$3(2CaO \cdot Fe_2O_3) + aq \longrightarrow 2(3CaO \cdot Fe_2O_3 \cdot 6H_2O) + 2Fe(OH)_3 + aq$$

$$3(CaO \cdot Fe_2O_3) + 4NaAl(OH)_4 + aq \longrightarrow 2(3CaO \cdot Al_2O_3 \cdot 6H_2O) + 6Fe(OH)_3 + aq$$

$$CaO \cdot Fe_2O_3 + 4H_2O \longrightarrow Ca(OH)_2 + 2Fe(OH)_3$$

$$3Ca(OH)_2 + 2Fe(OH)_3 \longrightarrow 3CaO \cdot Fe_2O_3 \cdot 1.5H_2O + 4.5H_2O$$

提高溶液浓度和温度增进铁酸钙的分解，并且增大Al_2O_3的损失。然而铁酸钙的分解速度比原硅酸钙慢得多，它不是造成Al_2O_3在溶出时损失的主要原因。

熟料中的硫酸钠和硫化钠在溶出时全部溶入铝酸钠溶液。由于熟料溶出时的温度和碱浓度都比拜耳法溶出铝土矿时低，溶出时间也短，所以熟料中的FeS不致与铝酸钠溶液反应。熟料中的其他组分在溶出时大都直接转入赤泥。

三、溶出时原硅酸钙（$2CaO \cdot SiO_2$）的行为和二次反应

原硅酸钙在熟料中的含量在30%以上，它是不溶于水的。但在溶出过程中赤泥中的$2CaO \cdot SiO_2$可以与铝酸钠溶液发生一系列的化学反应，使已经溶出来的Al_2O_3、Na_2O，又有一部分重新转入赤泥而损失。这些反应称为二次反应或副反应，由此造成的氧化铝和氧化钠的损失为二次反应损失或副反应损失。因为熟料中氧化铝和氧化钠进入溶液中的反应称为一次反应或者主反应。在烧结过程中，由于Al_2O_3和Na_2O没有完全化合成铝酸钠和铁酸钠而引起的损失称为一次损失。当溶出条件不当时，二次反应所造成的损失可以达到很严重的程度。溶出过程的二次反应主要有：

$$2CaO \cdot SiO_2 + 2Na_2CO_3 + aq = Na_2SiO_3 + 2CaCO_3 \downarrow + 2NaOH + aq \quad (1)$$

$$2CaO \cdot SiO_2 + 2NaOH + aq = 2Ca(OH)_2 \downarrow + Na_2SiO_3 + aq \quad (2)$$

$$3Ca(OH)_2 + 2NaAl(OH)_4 + aq = 3CaO \cdot Al_2O_3 \cdot 6H_2O + 2NaOH + aq \quad (3)$$

$$2Na_2SiO_3 + (2+n)NaAl(OH)_4 + aq = Na_2O \cdot Al_2O_3 \cdot 2SiO_2 \cdot nNaAl(OH)_4 \cdot xH_2O + 4NaOH + aq \quad (4)$$

$$3CaO \cdot Al_2O_3 \cdot 6H_2O + xNa_2SiO_3 + aq = 3CaO \cdot Al_2O_3 \cdot xSiO_2 \cdot yH_2O + 2xNaOH + aq \quad (5)$$

$$3Ca(OH)_2 + NaAl(OH)_4 + xNa_2SiO_3 + aq = 3CaO \cdot Al_2O_3 \cdot xSiO_2 \cdot yH_2O + 2(1+x)NaOH + aq \quad (6)$$

实验表明，碳酸钠溶液与$2CaO \cdot SiO_2$反应可使溶液中的SiO_2浓度达到8～10g/L，它限制了反应的进行。

由于反应（4）、（5）的结果，使已经溶出来的Na_2O和Al_2O_3又重新生成溶解度很小的水化石榴石（$3CaO \cdot Al_2O_3 \cdot xSiO_2 \cdot yH_2O$）和水合硅酸钠（$Na_2O \cdot Al_2O_3 \cdot 2SiO_2 \cdot nNaAl(OH)_4 \cdot xH_2O$）进入赤泥中而损失。当溶出条件控制不当，生成水化石榴石和水合铝硅酸钠的数量增加，于是造成严重的二次反应损失。

实验研究以及生产实践都证明，影响二次反应的最主要因素是苛性碱（NaOH）浓度。当溶液中Al_2O_3浓度一定时，NaOH浓度越低亦即溶液的苛性比值越小，二次反应所造成的损失越低。溶液苛性比值的降低，将使溶液的稳定性下降。但是在溶出过程中由于$2CaO \cdot SiO_2$的分解，溶液中SiO_2的含量达到5～6g/L。溶液苛性比值在1.25左右，溶液仍具有足够的稳定性，这就为采取低苛性比值溶出制度提供了条件。溶出过程生成的水化石榴石，也可以被NaOH和Na_2CO_3溶液分解，相当于其生成反应的逆反应，即：

$$3CaO \cdot Al_2O_3 \cdot xSiO_2 \cdot (6-2x)H_2O + 2(1+x)NaOH + aq = 3Ca(OH)_2 + xNa_2SiO_3 + 2NaAl(OH)_4 + aq \quad (7)$$

$$3CaO \cdot Al_2O_3 \cdot xSiO_2 \cdot (6-2x)H_2O + 3Na_2CO_3 + aq = 3CaCO_3 + \frac{x}{2}(Na_2O \cdot Al_2O_3 \cdot 2SiO_2 \cdot nH_2O) + (2-x)NaAl(OH)_4 + 4NaOH + aq \quad (8)$$

二次反应的主要产物是水化石榴石和水合铝硅酸钠。水化石榴石是$3CaO \cdot Al_2O_3 \cdot 6H_2O - 3CaO \cdot Al_2O_3 \cdot 3SiO_2$系的固溶体，在$3CaO \cdot Al_2O_3 \cdot 6H_2O$中有一部分$OH^-$被$SiO_2^{4-}$离子所代替，因此在水化石榴石的分子式中$y = 6 - 2x$。$x$值被称为水化石榴石中$SiO_2$的饱和度。水化石榴石中$SiO_2$的含量决定于它生成的条件，在熟料溶出条件下，水化石榴石中SiO_2的饱和度一般为0.5。在深度脱硅时生成的水化石榴石中SiO_2的饱和度只有0.1～0.2。一般来说，当溶液中SiO_2浓度愈高，温度愈高，所生成的水化石榴石中

的SiO_2饱和度愈高。而溶液中$NaAlO_2$和$Ca(OH)_2$的浓度愈高，则生成的水化石榴石中SiO_2的饱和度愈低。水化石榴石中SiO_2饱和度不同，其在NaOH和Na_2CO_3溶液中的稳定性也不同。SiO_2饱和度愈大，稳定性愈高。也就是说SiO_2含量愈大，它愈难被NaOH和Na_2CO_3分解，见图4-5。

了解水化石榴石的性质对于分析熟料溶出，铝酸钠溶液脱硅，赤泥脱钠，铝土矿溶出以及从其中回收Al_2O_3等过程都有重要的意义。

四、二次反应的影响因素和抑制措施

C_2S的分解是熟料溶出时产生二次损失的根本原因，溶出时，必须最大限度地抑制它的分解。

1. *溶出温度* 提高溶出温度使溶出过程中的所有反应都加速进行。通常熟料溶出是在70~80℃的温度下进行，Na_2O和Al_2O_3有足够的溶出速度。溶出过程是放热的，而且熟料和调整液都有较高的温度。进一步提高溶出温度反而加速$2CaO \cdot SiO_2$的分解，增大二次反应损失。

2. *溶出的苛性比值* 溶出苛性比值的高低是影响二次反应损失的主要因素。在氧化铝浓度一定的条件下，提高溶出液苛性比值也就提高了NaOH浓度，增进二次反应。在碱石灰铝土矿熟料溶出时，溶出液的Al_2O_3浓度一般保持在120g/L左右，过低将增大物料流量，过高则同时提高了Na_2O浓度。当溶出液苛性比值由1.5降至1.2，氧化铝净溶出率提高6%左右。目前，我国氧化铝厂采用低苛性比值（苛性比值为1.20~1.25）溶出，Al_2O_3净溶出率在90%以上。

3. *碳酸钠浓度* 溶液$Na_2O_{碳}$浓度的影响是比较复杂的。溶液中的Na_2CO_3能分解$2CaO \cdot SiO_2$，从这一方面说它的浓度越高，$2CaO \cdot SiO_2$分解越多。但是当溶液中$Na_2O_{碳}$浓度增高到一定程度后，即溶液成分位于图4-6苛化曲线以上时，它又能促使$Ca(OH)_2$转变为$CaCO_3$，从而抑制了水合铝酸钙和水化石榴石的生成，使Al_2O_3的二次反应损失大幅度降低。

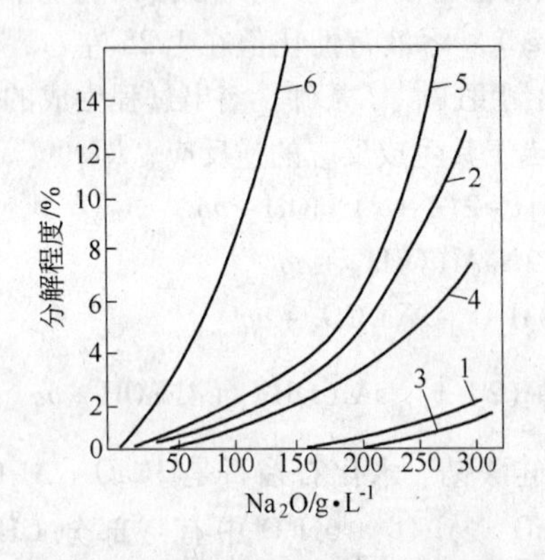

图4-5 Na_2O浓度对$C_3AS_xH_{6-2x}$分解程度的影响（分解程度按试样原始质量（200g/L）计算得出）

1，3，5—30℃；2，4，6—90℃；1，2—$C_3AS_{0.25}H_{5.5}$；3，4—$C_3AS_{0.5}H_{5.0}$；5，6—C_3AH_6

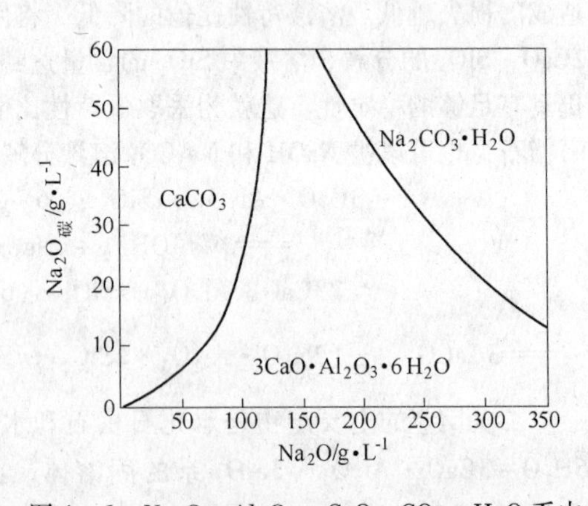

图4-6 $Na_2O-Al_2O_3-CaO-CO_2-H_2O$系中的部分平衡状态图（部分）

因此在溶出过程中适当地提高 Na_2O_C 浓度，并且控制溶出温度，使脱硅反应缓慢进行，以利于抑制二次反应。

此外，适当的提高 Na_2O_C 浓度，还可抑制赤泥膨胀，改善赤泥的沉降性能。

4. *二氧化硅浓度* 熟料溶出时 $2CaO \cdot SiO_2$ 的分解速度还与溶液中的 SiO_2 浓度有关。如果溶液中 SiO_2 浓度大于 $2CaO \cdot SiO_2$ 分解反应的 SiO_2 平衡浓度，那么就可以抑制 $2CaO \cdot SiO_2$ 的分解，减少二次损失。控制溶液的 SiO_2 含量来抑制 $2CaO \cdot SiO_2$ 的分解是很有意义的，因为不仅可以减少 Al_2O_3、Na_2O 的损失，而且降低了赤泥的含碱量，使之能更多地用于生产水泥。

应该指出，只有当溶液中 Na_2O_C 浓度和溶出温度较低，不利于脱硅反应的条件下，控制 SiO_2 的浓度来抑制二次反应的措施才能获得较好的效果。

5. *溶出时间* 熟料中有用成分在15min左右便已溶出完毕，$2CaO \cdot SiO_2$ 的分解是在这以后才趋于强烈。随着它与溶液接触时间的延长，它的分解数量增加。因此，尽快地使溶液与赤泥分离也是减轻二次反应损失的重要措施。

6. *溶出液固比* 在生产上习惯用入磨熟料的量（t）与调整液的体积（m^3）的比值来表示入磨物料的液固比，溶出时液固比的选择应该与分离设备相适应，以便赤泥与溶出液迅速而有效地分离。

7. *熟料质量和粒度* 良好的熟料质量是保证达到预期溶出效果的前提。熟料粒度也必须适当，过粗会使有用成分溶出不完全，过细则会由于泥渣比表面的增大加剧 C_2S 与溶液的反应，并且造成赤泥与溶出液分离的困难，延长赤泥与溶液接触时间。在二段磨溶出流程中，要求一段溶出液中的赤泥粒度为0.25mm的，残留量小于15%，0.088mm残留量大于13%，二段溶出液中的赤泥粒度为0.25mm残留量小于13%，0.125mm残留量大于15%。

五、铝酸盐熟料的溶出工艺

我国氧化铝厂在选用上述低苛性比值，高 Na_2CO_3 浓度溶出工艺的同时，在流程上改用二段磨溶出，即将经过一段磨的粗粒溶出赤泥送进二段磨用稀碱溶液（即赤泥洗液，氢氧化铝洗液）进行二段溶出，一段细粒赤泥直接进行沉降分离，这样使赤泥和溶出液的接触时间缩短一小时左右，有效地减少了二次反应。二段磨溶出工艺流程见图4-7。

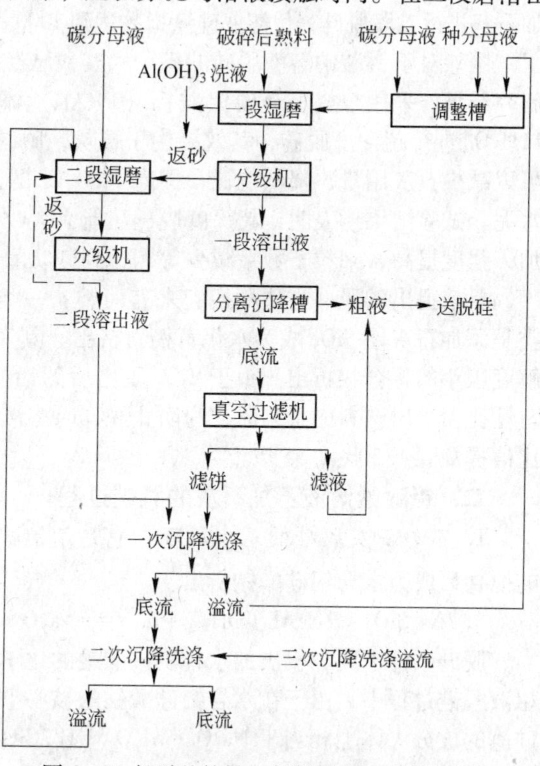

图4-7 铝酸盐熟料二段磨料溶出工艺流程图

二段溶出流程比较复杂。随着分离工艺和设备的进步，熟料溶出工艺也在不断改进，目前已经将人工合成絮凝剂成功地应用于赤泥分离和洗涤过程，一段磨溶出可以取代二段磨溶出，新提出的溶出液备有流态化溶出器，旋转渗滤溶出器等等，它们都可以实现赤泥的快速分离，并且将溶出、赤泥分离洗涤结合在一个设备内完成。

第五节　铝酸钠溶液的脱硅

一、脱硅过程的意义和要求

熟料在溶出过程中，由于 $\beta-2CaO \cdot SiO_2$ 与溶液中的 $NaOH$、Na_2CO_3 及 $NaAl(OH)_4$ 相互作用而被分解，使较多的二氧化硅进入溶液。通常在熟料溶出液中，Al_2O_3 浓度约 120g/L，SiO_2 含量高达 4.5～6g/L（硅量指数为 20～30），高出铝酸钠溶液中 SiO_2 平衡浓度许多倍。这种 SiO_2 过饱和程度很高的溶出粗液，用于分解，特别是碳酸化分解时，大部分 SiO_2 将会随同氢氧化铝一起析出，使产品氧化铝不符合质量要求。因此，在进行分解以前，粗液必须经过专门的脱硅过程。脱硅并经过控制过滤后的铝酸钠溶液，叫做精液。它的脱硅程度用硅量指数（A/S）来表示。精液的硅量指数越高，表示溶液中 SiO_2 含量越低，脱硅越彻底。

在烧结法生产中，铝酸钠溶液大部分是采用碳酸化分解的。在碳酸化分解过程，不仅要求得到质量高的氢氧化铝，而且为了减少随同碳分母液返回烧结的 Al_2O_3 量，还要求分解率尽可能地提高。因此，溶出后的粗液不仅需要脱硅，而且还须达到一定的脱硅深度。一般要求精液的硅量指数大于 400。目前国内外烧结法厂已经发展了多种脱硅流程，例如先在温度为 150～170℃的压煮器中进行一段脱硅，使溶液硅量指数提高到 400 左右，然后再在常压下加石灰进行二段脱硅，使溶液硅量指数达到 1000～1500 的“两段脱硅”流程等等。

国外对于铝酸钠溶液脱硅的理论和实践已经进行了大量的研究，并取得了富有成效的研究结果。采用合成水合碳铝酸钙（ГКАК）添加剂（$CaO \cdot Al_2O_3 \cdot (0.25 \sim 0.5)CO_2 \cdot 11H_2O$）进行超深度脱硅，其效果优于石灰，脱硅后精液的硅量指数可达 5000 以上，同时可以减少石灰用量，降低能耗，提高了 Al_2O_3 的回收率。硅渣可以用以生产某些新型号的水泥。试验结果还表明，超深度脱硅还能大大改善氧化铝产品的物理性能，使其流动性增加，强度提高，细粒子数量减少等，达到砂状氧化铝的要求。

目前提出的脱硅方法概括起来有两类：一类是使 SiO_2 成为水合铝硅酸钠析出；另一类是添加石灰使 SiO_2 成为水化石榴石析出。其实质都是使铝酸钠溶液中的 SiO_2 转变为溶解度很小的化合物析出。由于 SiO_2 脱出后的铝酸钠溶液的稳定性显著降低，故在采用低苛性比值溶出熟料的工艺时，为防止脱硅时溶液的分解，在脱硅之前须预先将粗液的苛性比值提高到 1.50～1.55 以上。

二、铝酸钠溶液不加石灰的脱硅过程

1. *不加石灰脱硅的基本原理*　它是使铝酸钠溶液中过饱和溶解的 SiO_2 经过长时间的搅拌后成为水合铝硅酸钠析出。

$$1.7Na_2SiO_3 + 2NaAl(OH)_4 + aq = Na_2O \cdot Al_2O_3 \cdot 2SiO_2 \cdot nH_2O + 3.4NaOH + aq$$

脱硅条件不同，析出的水合铝硅酸钠的化学组成和结晶形态也不同。在碱石灰烧结法粗液脱硅过程中，由于在水合铝硅酸钠的核心上吸附了 $NaAl(OH)_4$ 等附加盐，因此，钠硅渣的成分大体上相当于 $Na_2O \cdot Al_2O_3 \cdot 1.7SiO_2 \cdot 2H_2O$。不加石灰的脱硅深度取决于水合铝硅酸钠在溶液中的溶解度。当温度为 70℃，往不同浓度的铝酸钠溶液（$\alpha_K = 1.7 \sim$

2.0）中添加 Na_2SiO_3，搅拌 1~2h 后即可得到图 4-8 中 SiO_2 在铝酸钠溶液中的介稳溶解度曲线 *AB*。继续搅拌 5~6 昼夜，则得到溶解度曲线 *AC*，析出的固相为水合铝硅酸钠。从图可以看出，二氧化硅在铝酸钠溶液中的溶解度随 Al_2O_3 浓度的增高而增加。

曲线 *AB* 和曲线 *AC* 将此图划分为三个区：*AC* 曲线下为 1 区，即 SiO_2 的未饱和区，在该区内，铝酸钠溶液能够继续溶解水合铝硅酸钠。直至 SiO_2 的含量达到 *AC* 曲线为止；曲线 *AB* 和 *AC* 之间为Ⅱ区，SiO_2 的介稳状态区，所谓介稳状态是指溶液中的 SiO_2 在热力学上虽属于不稳定，但是在不存在水合铝硅酸钠晶种时，虽经较长时间的搅拌，SiO_2 仍不致结晶析出的介稳状态；*AB* 曲线的上面为Ⅲ区，是 SiO_2 的过饱和区，溶液中的 SiO_2 成为水合铝硅酸钠迅速沉淀析出。曲线 *AB* 表示 SiO_2 在铝酸钠溶液中介稳存在的最高含量，熟料溶出液中 SiO_2 的含量大体上接近这一极限值。

对于 SiO_2 在铝酸钠溶液中能够以介稳状态存在的原因有不同的见解。目前较多的人认为：当温度不高时，从铝酸钠溶液中析出的水合铝硅酸钠是极其分散的，它具有较大的溶解度，随着搅拌时间的延长，水合铝硅酸钠才逐渐转变为结晶形态，高度分散的水合铝硅酸钠的溶解度比结晶形态的要大得多，因而，出现介稳溶解状态。

图 4-9 为不同形态的水合铝硅酸钠在铝酸钠溶液（Na_2O250g/L，$Al_2O_3$202g/L）中的溶解度曲线。

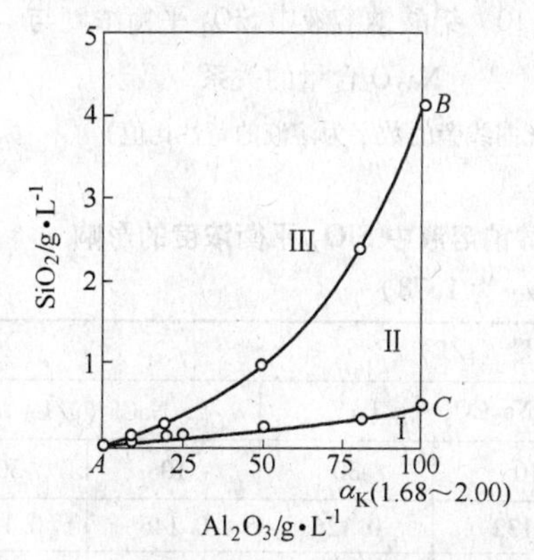

图 4-8　70℃下 SiO_2 在铝酸钠溶液中的介稳状态溶解度（*AB*）及平衡浓度（*AC*）

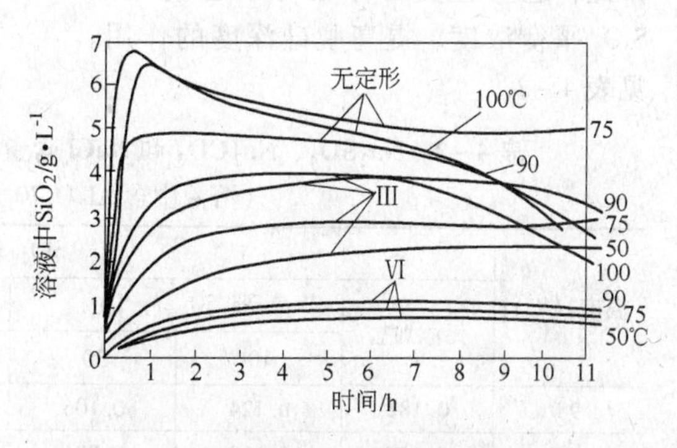

图 4-9　不同温度下各种形态的水合铝硅酸钠在铝酸钠溶液中的溶解度

Ⅲ—钠沸石；Ⅵ—方钠石

2. 影响脱硅过程的主要因素

（1）温度　温度对脱硅过程的动力学有决定性的作用。在 100~170℃ 范围内，随着温度的升高水合铝硅酸钠结晶析出的速度显著提高，溶解度降低，硅量指数不断提高。在压力为 >0.7MPa（约 170℃）时溶液的 A/S 最高。继续提高温度，由于 SiO_2 的溶解度复又增大，溶液的 A/S 反而降低，适当地提高温度可以缩短脱硅时间，增大设备产能，因而生产中多采用“加压”脱硅。

（2）原液 Al_2O_3 的浓度　精液中的 SiO_2 平衡浓度是随 Al_2O_3（Na_2O）浓度的降低而降低的。因此降低 Al_2O_3 浓度有利于制得硅量指数较高的精液。不同浓度的铝酸钠溶液在 0.5MPa 的压力下，脱硅 3h 所得到的结果见表 4-1。

（3）原液 Na_2O 浓度　保持溶液中 Al_2O_3 浓度不变，提高 Na_2O 浓度，亦即提高其苛性比值，使得 SiO_2 的平衡浓度提高，硅量指数显著降低，见图4-10。因此，在保证溶液有足够稳定性的前提下，苛性比值越低，脱硅效果越好。

表4-1　溶液浓度与精液硅量指数的关系

铝酸钠溶液浓度（Al_2O_3，g/L）	60~80	80~120	120~200	240~300
硅量指数（A/S）	600~500	400~300	300~200	200~100

（4）原液中 $NaCO_3$、Na_2SO_4 和 NaCl 的浓度　粗液中往往含有一定量的 Na_2CO_3 和 Na_2SO_4 等盐类，它们都属于水合铝硅酸钠核心所吸收的附加盐，可以生成 $3(Na_2O \cdot Al_2O_3 \cdot 2SiO_2 \cdot 2H_2O) \cdot Na_2X \cdot nH_2O$ 一类沸石族化合物，分子式中的 X 代表 CO_3^{2-}，SO_4^{2-}，Cl_2^{2-} 和 $Al(OH)_4^-$ 等阴离子。由于这一类沸石族化合物在铝酸钠溶液中的溶解度均小于 $Na_2O \cdot Al_2O_3 \cdot 2SiO_2 \cdot 2H_2O$ 的溶解度。因此，这些盐类的存在可以起到降低 SiO_2 平衡浓度、提高脱硅深度的作用。见表4-2。

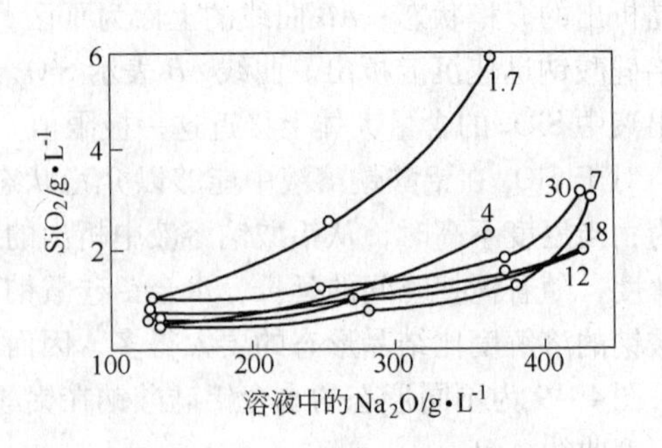

图4-10　铝酸钠溶液中 SiO_2 平衡浓度与 Na_2O 含量的关系

（曲线旁的数字为溶液的苛性比值）

表4-2　Na_2SO_4、Na_2CO_3 和 NaCl 含量对铝酸钠溶液中 SiO_2 平衡浓度的影响

（溶液中含 Al_2O_3 70.5g/L α_K 为1.78）

温度（℃）	SiO_2 平衡含量（g/L）						
	无添加盐	Na_2SO_4（g/L）		Na_2CO_3（g/L）		NaCl（g/L）	
		10	30	10	30	10	30
98	0.182	0.124	0.106	0.132	0.126	0.146	0.127
125	0.167	0.118	0.096	0.122	0.111	0.153	0.132
150	0.184	0.110	0.100	0.129	0.120	0.159	0.137
175	0.210	0.111	0.091	0.150	0.132	0.175	0.148

（5）添加晶种　添加适量的晶种可以避免水合铝硅酸钠形成晶核的困难，促使脱硅速度和深度显著地提高。

实践证明，钠硅渣、钙硅渣以及粗液中的浮游赤泥都可作为脱硅的晶种。

添加晶种数量越多，其效果越好，但是添加大量的晶种使物料流量及硅渣分离负荷加大管道容易堵塞。

我国使用拜耳法赤泥作晶种，当添加量为15~30（g/L）时，可使精液硅量指数提高100~150。

（6）脱硅时间　当温度一定，二氧化硅没有达到平衡浓度以前，溶液的硅量指数随着时间延续而提高。不过时间越长，反应速度越慢，硅量指数增长速度越慢。

三、铝酸钠溶液添加石灰的脱硅过程

对于中等浓度的工业铝酸钠溶液（$Al_2O_3$100～120g/L，α_K1.6，$SiO_2$3～4g/L）来说，未添加石灰时，不论是高压还是常压脱硅，其精液的硅量指数一般只能达到350～450，满足不了碳分过程生产优质高产的要求。当脱硅添加一定数量的石灰时，SiO_2以溶解度更小的水化石榴石固溶体析出，精液硅量指数可提高到1000以上。

1. *添加石灰脱硅过程的反应*　铝酸钠溶液添加石灰脱硅时可生成溶解度更小的水化石榴石使溶液得到深度脱硅，其反应如下：

$$3Ca(OH)_2 + 2NaAl(OH)_4 + xNa_2SiO_3 + aq \longrightarrow 3CaO \cdot Al_2O_3 \cdot xSiO_2 \cdot yH_2O + 2(1+x)NaOH + aq$$

在深度脱硅的条件下，SiO_2饱和度（x）约为0.1～0.2，即析出的水化石榴石中，CaO与SiO_2的摩尔比为15～30，而Al_2O_3与SiO_2的摩尔比为5～10。为了减少CaO的消耗和Al_2O_3的损失，通常是在一段脱硅将大部分的SiO_2成为水合铝硅酸钠分离后，再添加石灰进行深度脱硅。

2. *影响添加石灰脱硅过程的主要因素*

（1）溶液中Na_2O浓度和Al_2O_3浓度　溶液中Na_2O浓度升高促使水化石榴石固溶体的分解，使精液中SiO_2含量升高，硅量指数降低。由表4-3可以看出，当溶液苛性比值一定时，提高溶液的Al_2O_3浓度，精液的硅量指数明显地降低，而且浓度越高，影响越显著。

表4-3　溶液中Al_2O_3浓度对添加石灰①脱硅过程的影响

脱硅原液成分（g/L）				脱硅精液的A/S			
α_K	Al_2O_3	Na_2O	SiO_2	10min	30min	60min	120min
1.47	97.5	87.1	0.36	312	694	1080	1162
1.40	101.7	86.6	0.42	289	535	752	1028
1.40	113.3	96.4	0.43	331	607	707	947
1.47	125.4	112.1	0.45	348	467	530	526
1.47	132.9	118.8	0.49	358	428	443	442

①CaO添加量8.5g/L，脱硅在100℃下进行。

（2）溶液中Na_2O_C浓度　随着溶液中Na_2O_C浓度的升高，脱硅效果变坏。这是由于Na_2CO_3按下述反应分解水化石榴石的结果。

$$3CaO \cdot Al_2O_3 \cdot xSiO_2 \cdot yH_2O + 3Na_2CO_3 + aq \longrightarrow 3CaCO_3 + (2-x)NaAl(OH)_4 + 4NaOH + \frac{x}{2}(Na_2O \cdot Al_2O_3 \cdot 2SiO_2 \cdot 2H_2O) + aq$$

同时Na_2CO_3与Ca$(OH)_2$发生苛化反应，增加石灰的消耗，提高Na_2O的浓度，不利于脱硅。

（3）溶液中SiO_2的含量　如前所述，由于在脱硅时生成的水化石榴石中SiO_2饱和度很低，所以原液中SiO_2含量愈高，消耗的石灰以及损失的Al_2O_3也越多，但是加入的CaO数量不足，则不能保证精液的脱硅深度。添加石灰脱硅时，粗液中还不应含有悬浮的钠硅渣，因为随着水化石榴石的生成，溶液对于钠硅渣来说是未饱和的，它将重新溶解进入溶液，使溶液中SiO_2含量又复升高，因此需在分离钠硅渣后，再加石灰进行二段脱硅。

（4）石灰的添加量和质量　石灰添加量越多，精液硅量指数越高，但损失的Al_2O_3也越多，例如，在100℃下进行脱硅，添加CaO 6g/L左右，Al_2O_3的损失量约1.9g/L，当

CaO 添加量增加到 13g/L，Al_2O_3 损失量增加到 7.7g/L。

添加的石灰应该是经过充分煅烧的，以提高石灰中的有效 CaO 含量。石灰中的 MgO 比 CaO 具有更好的脱硅作用，并且可以大大减轻设备的结垢现象，但是脱硅后得到的含镁渣熟料。不适合用于配制铝酸盐炉料和水泥炉料。碱石灰铝土矿炉料中，MgO 含量太高使烧成温度范围变窄，Al_2O_3 和 Na_2O 的溶出率降低。而在水泥制品中，MgO 造成固结时体积的剧烈膨胀而使混凝土破坏。

（5）温度　从图 4－11 和表 4－4 可以看出，铝酸钠溶液添加石灰脱硅过程的速度和深度是随着温度的升高而提高的。当其他条件相同时，温度愈高，水化石榴石中 SiO_2 的饱和度越大，溶液中 SiO_2 的平衡浓度也越低，有利于减少石灰用量和 Al_2O_3 的损失。在二段脱硅过程中，第一段脱硅后的溶液，在沉降分离钠硅渣以后，温度下降为 95～100℃，由表 4－4 中的数据可以看出，在此温度下进行添加石灰的第二阶段的脱硅是适当的。

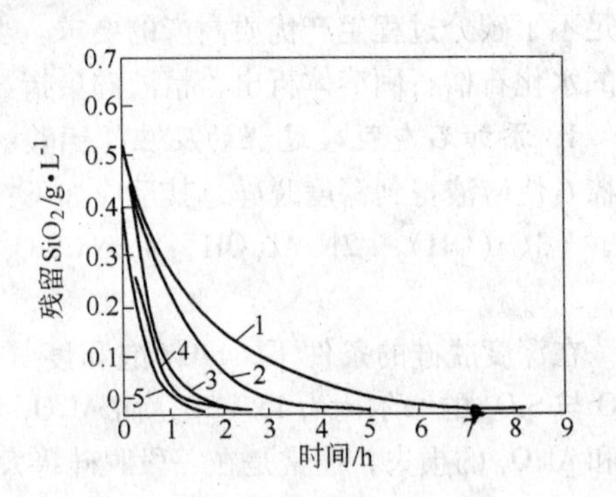

图 4－11　铝酸钠溶液添加石灰的脱硅过程与温度的关系

1—60℃；2—70℃；3—80℃；4—90℃；5—98℃

表 4－4　温度对于添加石灰脱硅过程的影响（CaO 添加量为 10g/L）

温度（℃）	原液成分（g/L）					精液硅量指数		
	Na_2O	Al_2O_3	Na_2O_C	α_K	A/S	30min	60min	120min
80	121.8	104.8	23.09	1.55	320	326	356	420
80	120.8	104.5	23.46	1.53	368	374	418	552
100	121.9	103.6	24.2	1.55	360	1176	1800	2500
100	122.4	101.4	25.3	1.57	368	840	1280	2130

3. 铝酸钠溶液二段脱硅工艺　图 4－12 为铝酸钠溶液二段脱硅的工艺流程图。为了减少氧化铝的损失，脱硅过程分两段进行，一段脱出的水合铝硅酸钠分离后，再加入石灰乳进行二段脱硅，使剩余的 SiO_2 以水化石榴石的形式析出。为了增进一段脱硅的效果，将二段脱硅时析出的水化石榴石渣送到一段去，然后从所得泥渣回收 Al_2O_3。

四、从水化石榴石中回收氧化铝

二段脱硅得到的水化石榴石渣中含 Al_2O_3 量为 26%。将它直接返回烧结过程必然造成氧化铝的大量循环和损失，不如采用碳酸钠溶液来提取其中的 Al_2O_3 更为合适。这一反应为

$$3CaO \cdot Al_2O_3 \cdot xSiO_2 \cdot yH_2O + 3Na_2CO_3 + aq = 3CaCO_3 +$$
$$\frac{x}{2}(Na_2O \cdot Al_2O_3 \cdot 2SiO_2 \cdot 2H_2O) + (2-x)NaAl(OH)_4 + NaOH + aq$$

从水化石榴石渣回收 Al_2O_3 时，溶液中苏打浓度的变化如图 4－13 所示。从图可以看同，送往回收过程的溶液中苏打浓度愈高，得到的溶液苛性碱的浓度愈高。

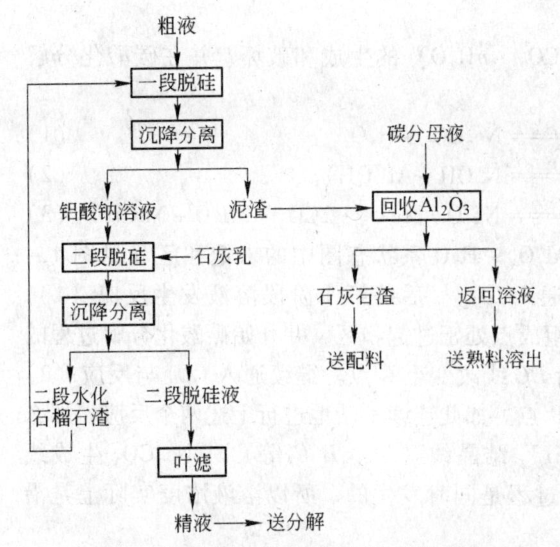

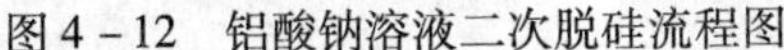

图4－12　铝酸钠溶液二次脱硅流程图

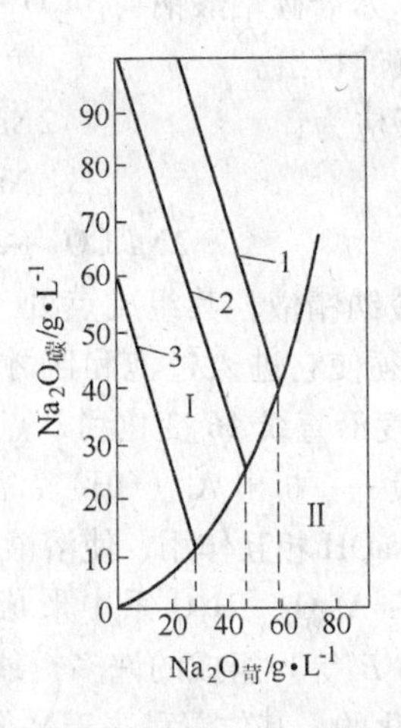

图4－13　在90℃下从$x=0.2$的水化石榴石中回收Al_2O_3的过程中苏打溶液浓度的变化

I—$CaCO_3$结晶区；Ⅱ—$3CaAl_2O_3·xSiO_2·yH_2O$

原液中Na_2O_C浓度，g/L：1—130；2—100；3—60

从水化石榴石渣回收Al_2O_3的过程中，同时发生苏打的苛化，所得的铝酸钠－碱溶液的苛性比值在3.4左右，它可以送去配制调整液或提高溶出粗液的苛性比值。

第六节　铝酸钠溶液的碳酸化分解

一、碳酸化分解的目的和要求

碳酸化分解是将脱硅后的精液通入CO_2，使NaOH转变为碳酸钠，促使氢氧化铝从溶液中析出来，得到氢氧化铝和主要成分为碳酸钠的碳分母液，后者经蒸发浓缩后返回配制生料浆，氢氧化铝则在洗涤煅烧后成为氧化铝。

为了制得纯净的氢氧化铝，首先要求铝酸钠溶液具有较高的纯度，但是，这样还不能保证获得优质的氢氧化铝，还需要保持适当的碳化条件。如果碳酸化条件控制得不好，仍有可能得到结构不良含杂质高的氢氧化铝。反之，如果正确地控制碳酸化条件，甚至从硅量指数不太高的铝酸钠溶液中亦可以得到质量较好的氢氧化铝，由此可见，合理地选择和正确地控制碳分条件是保证高产优质的重要措施。

碳酸化分解作业，必须在保证产品质量的前提下，尽可能地提高分解率和分解槽的产能，极力减少随同碳分母液送去配制生料浆的Al_2O_3量，借以降低整个流程中的物料流量和有用成分的损失。

二、碳酸化分解的原理

碳酸化分解是同时存在气、液、固三相的多相反应过程。发生的物理化学反应包括：

（1）二氧化碳为铝酸钠溶液吸收，使苛性碱中和；

（2）氢氧化铝析出；

（3）水合铝硅酸钠的结晶析出；

（4）水合碳铝酸钠（$Na_2O \cdot Al_2O_3 \cdot 2CO_2 \cdot nH_2O$）的生成和破坏，并在碳酸化分解终了时沉淀析出。

其反应为：

$$2NaOH + CO_2 \xlongequal{\quad} Na_2CO_3 + H_2O \tag{1}$$

$$NaAl(OH)_4 \xlongequal{\quad} NaOH + Al(OH)_3 \tag{2}$$

$$2Na_2CO_3 + 2Al(OH)_3 \xlongequal{\quad} Na_2O \cdot Al_2O_3 \cdot 2CO_2 \cdot 2H_2O + NaOH \tag{3}$$

铝酸钠精液，其组成点处于 $Na_2O - Al_2O_3 - H_2O$ 系状态图中的未饱和区（见图 4－14），必须使它进入过饱和区才能分解。通入 CO_2 气后的第Ⅰ阶段溶液发生反应（1），Na_2O 浓度沿直线 AB 变化到 B 点而使溶液组成点处于过饱和区，并开始碳酸化分解过程的第Ⅱ阶段——析出 Al（OH）$_3$，溶液成分沿 BC 线改变至 C 点。继续通入 CO_2 与反应（2）生成的 NaOH 相互作用，使溶液成分变至 B'点。如此连续不断地进行上述两个反应，那么在 $Na_2O - Al_2O_3 - H_2O$ 系中形成由 Al（OH）$_3$ 结晶线（BC，$B'C'$等）和 Na_2CO_3 生成线（CB'，$C'B''$等）组成的许多折线。这两个过程是同时发生的，所以溶液浓度实际上是沿 $B0$ 线变化的，其位置稍高于平衡曲线 $0M$。

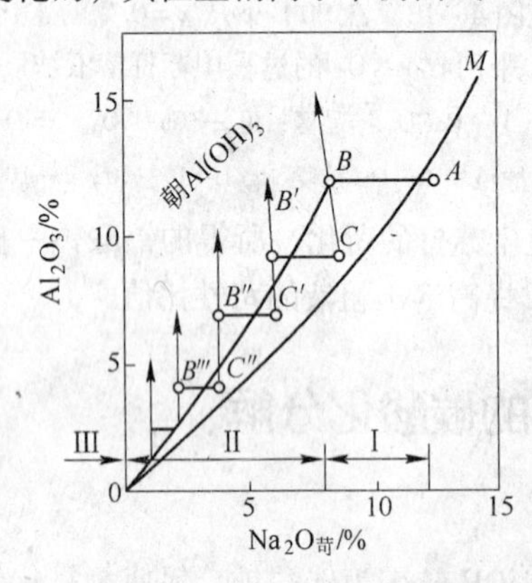

图 4－14　碳酸化分解过程中铝酸钠溶液浓度的变化

$0M$—在 80℃下 Al（OH）$_3$ 在 Na_2O 溶液中的溶解度等温线

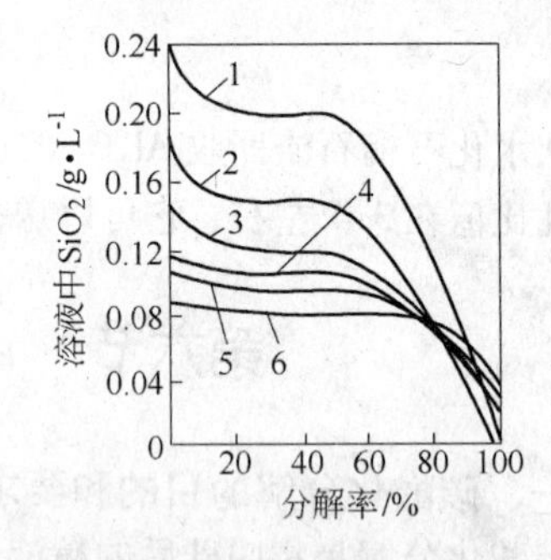

图 4－15　碳分过程中不同硅量指数的铝酸钠溶液中 SiO_2^- 含量的变化

硅量指数：1—350；2—470；3—600；4—710；5—850；6—970

水合铝硅酸钠的析出主要是在碳分过程的末期。它使氢氧化铝被 SiO_2 和碱污染。

碳酸化分解末期（第Ⅲ阶段），当溶液中剩下的 Al_2O_3 少于 2～3g/L 时，由于溶液温度不高，使水合碳酸钠按反应（3）生成从溶液中析出。所以，当溶液彻底碳酸化分解时，所得氢氧化铝中含有大量的碳酸钠。

三、碳酸化分解过程中 SiO_2 的行为

在碳酸化分解过程中，溶液中 SiO_2 含量变化曲线按分解进程可分为三段（见图 4－15）。

第一段，分解初期，曲线的变化表明有 SiO_2 与 $Al(OH)_3$ 共同析出。精液的硅量指数愈高，这一段曲线越短，越平缓，也即是与 $Al(OH)_3$ 共同析出的 SiO_2 量愈少。

第二段，分解中期，曲线近乎与横坐标平行，表明在这一阶段中只有 $Al(OH)_3$ 析出而 SiO_2 几乎无所析出，因此在这一阶段得到的氢氧化铝质量最好。这一段的长度随分解原液硅量指数的提高而增长。

第三段，分解末期，这段曲线的斜度较大，表明随氢氧化铝析出的 SiO_2 显著增加。溶液中的 SiO_2 大部分是在这一段析出的。如果将 Al_2O_3 全部分解析出，则 SiO_2 几乎也全部析出。因为铝硅酸钠在碳酸钠溶液中的溶解度是非常小的。

试验表明，碳分初期析出 SiO_2 是吸附在氢氧化铝上的。因为此时分解出来的氢氧化铝粒度细，比表面积大，吸附能力强。碳分原液的硅量指数越低，吸附的氧化硅数量越多。这部分氢氧化铝的铝硅比甚至低于分解原液的硅量指数。由于氢氧化铝表面被含氧化硅的物相所覆盖，阻碍了晶体的长大，因而从氧化硅含量高的溶液中分解出来的氢氧化铝粒度较小。添加晶种可以改善氢氧化铝的粒度组成，同时可以在很大程度上防止碳分初期 SiO_2 的析出。

当铝酸钠溶液继续分解时，氢氧化铝颗粒增大，比表面积减小，吸附能力降低，这时只有氢氧化铝析出，SiO_2 析出极少。故分解产物中 SiO_2 相对含量逐渐降低，但是溶液中 SiO_2 的过饱和度则逐渐增大。

最后，当溶液中 SiO_2 的过饱和度增至一定程度后，SiO_2 开始迅速析出，分解产物中的 SiO_2 含量急剧增加。

碳分温度对 SiO_2 的行为有一定影响。温度低，生成的氢氧化铝晶体不完善，粒度小，对 SiO_2 的吸附能力强。同时细粒氢氧化铝晶体包裹着更多的母液，从而使第一阶段 SiO_2 析出的数量增加。例如用同一成分的铝酸钠溶液，分别在80℃和60℃温度下分解，便发现在80℃析出的 SiO_2 数量比在60℃析出的少。

根据 SiO_2 在铝酸钠溶液中可以较长时间地呈介稳状态存在的特性，在碳酸化分解时，可按分解原液的硅量指数来控制分解率。在 SiO_2 大量析出之前便结束碳化过程并迅速分离氢氧化铝。便可以得到 SiO_2 含量低的优质氢氧化铝。

四、影响碳酸化分解过程的主要因素

1. 精液纯度与碳分分解率　精液的纯度包括硅量指数和浮游物含量两个方面。精液浮游物是由 $Na_2O \cdot Al_2O_3 \cdot 1.7SiO_2 \cdot 2H_2O$ 和 $3CaO \cdot Al_2O_3 \cdot xSiO_2 \cdot yH_2O$ 及 $Fe_2O_3 \cdot nH_2O$ 等等组成的，它们在分解初期就全部进入 $Al(OH)_3$ 中，成为这些杂质的主要来源。因此，精液必须经过控制过滤，使其浮游物含量降低到0.02g/L以下。精液的硅量指数愈高，可以达到的分解率也愈高。

由于碳分过程中全碱（$Na_2O + Na_2O_C$）绝对量基本上不变，碳分过程中铝酸钠溶液的 Al_2O_3 的分解率计算式如下：

$$\eta_{Al_2O_3} = \frac{\left[A_a - A_m \times \left(\frac{N_T}{N_T'}\right)\right]}{A_a} \times 100\%$$

式中　A_a——精液中的氧化铝浓度，g/L；

A_m——母液中的氧化铝浓度，g/L；

N_T——精液中的总碱浓度，g/L；

N_T'——母液中的总碱浓度，g/L。

$\frac{N_T}{N_T'}$叫做溶液的浓缩比或浓缩系数。它反映了分解过程中溶液体积的变化。因为分解过程中排出的废气和结晶析出的 Al（OH）$_3$ 都带走部分水分，使溶液浓缩。在采用石灰窑窑气分解时浓缩比可达0.92～0.94。

2. CO_2 气体的纯度、浓度和通入速度　石灰窑窑气（CO_2 浓度为35%～40%）和烧结窑窑气（CO_2 浓度为8%～12%）都可作为碳酸化分解的 CO_2 气体来源。我国烧结法以石灰配料，是利用石灰窑窑气进行分解的。

CO_2 气体的纯度主要是指它的含尘量。因为粉尘的主要成分 CaO、SiO_2 和 Fe_2O_3 等都是氧化铝中的有害杂质。碳酸化分解的用气量很大，气体中的粉尘全部进入氢氧化铝中。为了保证氢氧化铝的质量，石灰窑窑气必须经过净化洗涤，使其含量少于0.03g/标 m^3。

CO_2 气体的浓度及通入速度决定着分解速度，它对碳酸化分解设备的产能、压缩机的功率及碳酸化的温度都有极大影响。

实践表明，采用高浓度 CO_2（含量在38%左右）气体进行碳酸化，分解速度快，有利于产量以及二氧化碳利用率的提高。此时，CO_2 与 Na_2O 起中和反应及氢氧化铝结晶析出所放出的热量，足以维持碳酸化过程在较高的温度下进行，有利于氢氧化铝粒度长大。不仅无须利用蒸气保温，而且还可以蒸发出一部分水分。

提高通气速度可以缩短分解时间，提高分解槽的产能。但由于分解速度快，氢氧化铝来不及长大，所以氢氧化铝粒度较细，晶间空隙中包含的母液增加，因此使不可洗碱含量增加，至于快速分解对 SiO_2 含量的影响由于与其他的作业有关，文献报道相互矛盾。

3. 温度　提高分解温度，有利于氢氧化铝晶体的长大，减小其吸附碱和氧化硅的能力，便于它的分离洗涤。

在工业生产上，碳分控制的温度与所用的 CO_2 气体浓度有关。如果用高浓度的石灰窑窑气，可使碳分温度维持85℃以上，而采用低浓度的熟料窑窑气，则碳分温度只能保持在70～80℃，因此则需要通入蒸气保温。

4. 晶种　实验结果表明，预先往精液中添加一定数量的晶种，在碳酸化分解初期不致生成分散度大，吸附能力强的氢氧化铝，减少它对 SiO_2 的吸附，所得氢氧化铝的杂质含量减少而晶体结构和粒度组成也有改善。由图4－16和图4－17可以看出，添加晶种时，分解率达50%以前，析出的氢氧化铝几乎不含 SiO_2。当分解率相同时，SiO_2 含量也比不添加晶种时低。

添加晶种还能改善氢氧化铝的结晶结构，使氢氧化铝粒度均匀，降低碱含量。当晶种系数由0增加到0.8时，氢氧化铝中的碱含量从0.69%降低为0.3%。

添加晶种的不足之处是使部分氢氧化铝循环积压在碳分流程中并且增加了分离设备负担。

5. 搅拌　铝酸钠溶液的碳酸化分解过程是一个扩散控制过程。加强搅拌可使各部分溶液成分均匀并使氢氧化铝处于悬浮状态加速碳酸化分解过程，防止局部过碳酸化的现象。加强搅拌还能改善氢氧化铝的结晶结构和粒度，减少碱的含量，提高 CO_2 的吸收率，减轻槽内结疤程度以及沉淀的产生。

生产实践证明，只靠通入 CO_2 气体的鼓泡作用所产生的搅拌强度是不够的，还必须装置机械搅拌或空气搅拌才能将氢氧化铝搅起。

五、碳酸化分解设备

铝酸钠溶液的碳酸化分解是在如图4－18所示的圆筒形碳分槽内进行的。二氧化碳气

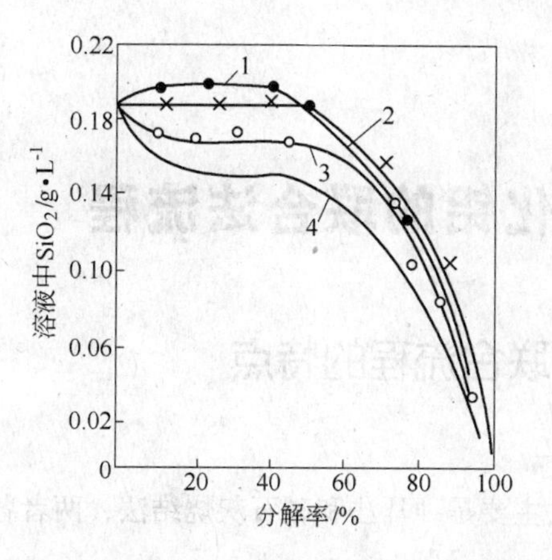

图 4-16　添加晶种对碳分过程中 SiO_2 析出的影响

1，2—晶种系数 1.0；3—晶种系数 0.4；4—不加晶种

[晶种中 SiO_2 含量（占晶种中 Al_2O_3%）1—0.75%；

2，3—0.05%]

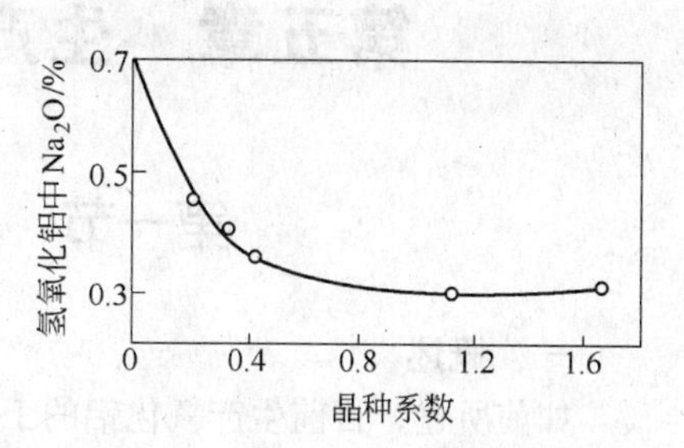

图 4-17　氢氧化铝中碱含量与碳分时晶种添加量的关系

体经若干支管从槽的下部通入，经槽顶汽水分离器排出。国外有的工厂采用气体搅拌分解槽如图 4-19 所示。槽里料浆由锥体部分的径向喷嘴系统送入的二氧化碳气体进行搅拌，而沉积在不通气体部分（喷嘴以下）的氢氧化铝由空气升液器提升到上部区域。

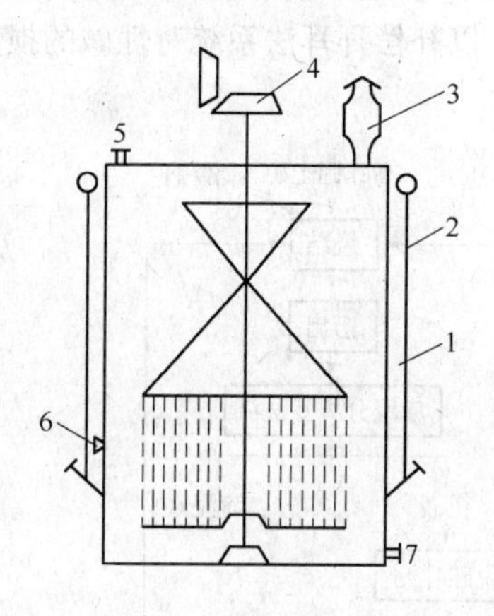

图 4-18　圆筒形平底碳分槽

1—槽体；2—进气管；3—汽水分离器；4—搅拌机构；

5—进料管；6—取样管；7—出料管

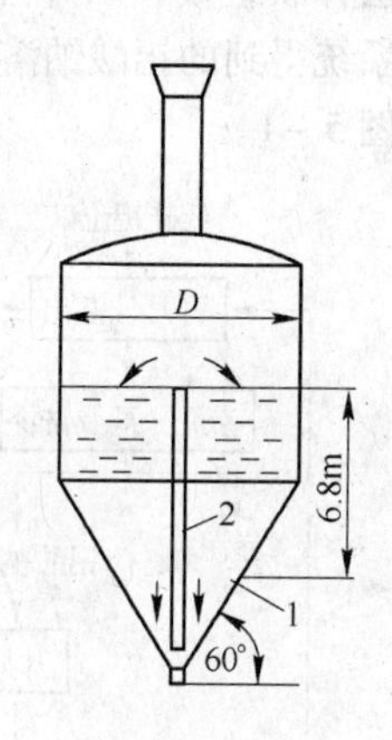

图 4-19　圆筒形锥底碳分槽

1—气体进口；2—空气升液器

碳酸化分解作业可以连续进行，也可以间断进行。目前大都是采用间断作业。间断作业时，首先要安排好每个槽的作业周期，以保证碳酸化分解过程能均衡稳定地进行。间断作业碳分槽的操作分为：进料、通气分解、停气出料和检查四个步骤，其主要任务是控制好碳分分解率。

第五章　生产氧化铝的联合法流程

第一节　各种联合流程的特点

一、概述

如前所述，目前生产氧化铝的工业方法主要是拜耳法和碱石灰烧结法，两者各有其优缺点和适用范围。

在某些情况下，采用拜耳法和烧结法的联合生产流程，取长补短可以得到比单纯的拜耳法或烧结法更好的经济效果，使铝矿资源得到更充分的利用。

根据铝土矿的化学成分、矿物组成以及其他条件的不同，联合法有并联、串联和混联等三种基本流程。联合法在我国氧化铝生产中占有非常重要的地位。

二、并联法生产氧化铝

当矿区有大量低硅铝土矿同时又有一部分高硅铝土矿时，可采用并联法。其工艺流程是由两种方法并联组成，以拜耳法处理低硅优质铝土矿为主，烧结法处理高硅铝土矿为辅。烧结法系统得到的铝酸钠溶液并入拜耳法系统，以补偿拜耳法系统苛性碱的损失。其工艺流程见图 5－1。

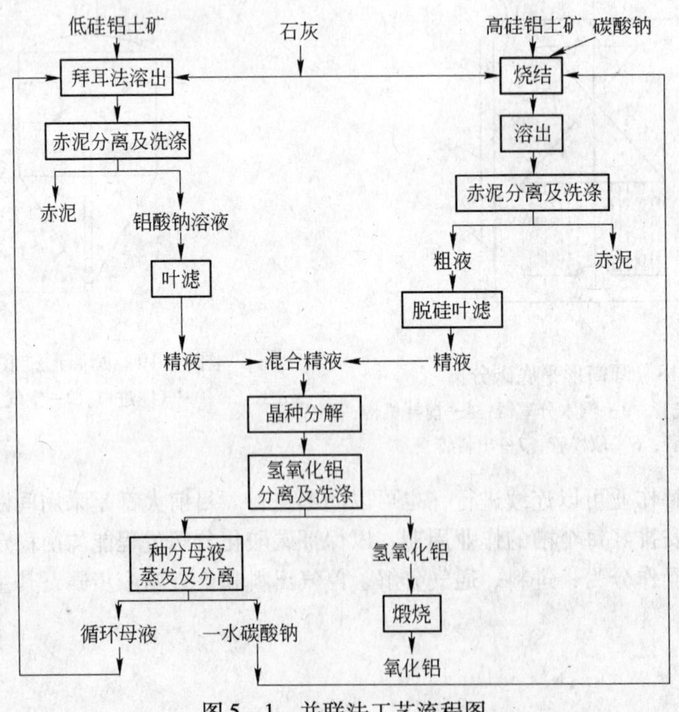

图 5－1　并联法工艺流程图

并联法的主要优点是：

（1）可充分利用同一矿区矿石资源。在处理高品位铝土矿的同时，还处理了部分低品位的矿石，并收到较好的经济效果。

（2）生产过程的全部碱损失都是用价格较低的纯碱补充的，能降低氧化铝成本。

（3）种分母液蒸发时析出的 $Na_2CO_3 \cdot H_2O$ 可直接送烧结法系统配料，因而省去了碳酸钠苛化工序。$Na_2CO_3 \cdot H_2O$ 吸附的有机物也在烧结过程中烧掉，减少了有机物循环积累及其对种分过程的不良影响。当铝土矿中有机物含量高时，这一点尤为重要。

（4）烧结法系统中低苛性比值的铝酸钠溶液加到拜耳法系统混合使拜耳法中溶液的苛性比值降低，能提高晶种分解速度。由于全部精液都用种分分解，因而烧结法溶液的脱硅要求可以放低些，但种分母液的蒸发过程也可能因此增加困难。

并联法的主要缺点是：

（1）工艺流程比较复杂。烧结法系统送到拜耳法系统的铝酸钠溶液液量应该正好补充拜耳法部分的碱损失，保证生产中的流量平衡。拜耳法系统的生产不免受烧结法系统的影响和制约。为此，必须设置足够的循环母液储槽及其他备用设施，以应付烧结法生产的波动。

（2）用铝酸钠溶液代替纯苛性碱补偿拜耳法系统的苛性碱损失，使拜耳法各工序的循环碱量有所增加，同时还可能带来 Na_2SO_4 在溶液中积累的问题，对各个工序的技术经济指标也将有所影响。

国外的某些并联法工厂采用所谓两成分烧结，即不加石灰而仅以苏打与铝土矿配制生料。这样的炉料烧成温度低，易于控制，熟料烧结以外的过程却可以结合在拜耳法部分完成，流程简化，但烧结部分的铝土矿中的 SiO_2 以水合铝硅酸钠形态进入赤泥，所以只能处理高品位铝矿石。

三、串联法生产氧化铝

串联法适用于处理中等品位的铝土矿和低品位的三水铝石型铝土矿。它是首先将矿石用拜耳法处理，提取其中大部分氧化铝，然后再用烧结法处理拜耳法赤泥，进一步提取其中的氧化铝和碱。得到的铝酸钠溶液与拜耳法溶出液混合，进行晶种分解。种分母液蒸发析出的一水苏打送烧结法系统配制生料。其工艺流程见图 5－2。

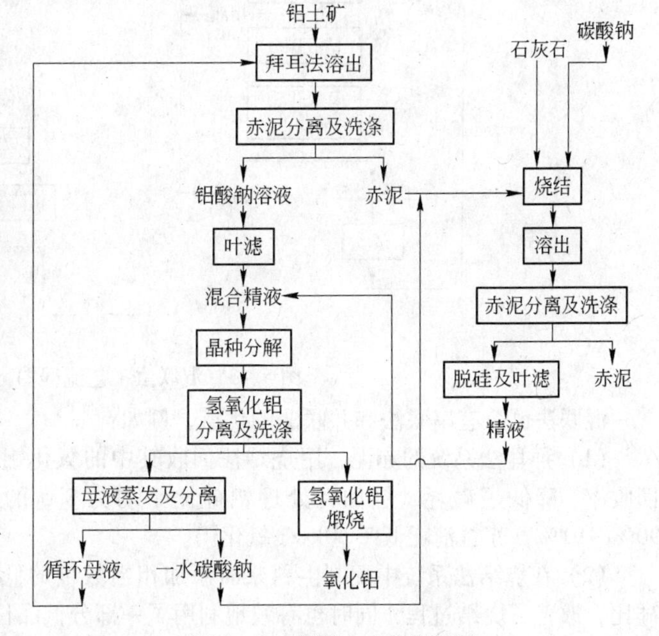

图 5－2　串联法工艺流程图

串联的主要优点：

（1）由于矿石经过拜耳法与烧结法两次处理，因此氧化铝总回收率高，碱耗较低，在处理难溶铝土矿时可以适当降低对拜耳法溶出条件的要求使之较易于进行；

（2）矿石中大部分氧化铝由加工费用和投资都较低的拜耳法提取出来，只有少量是由烧结法处理，减少了回转窑的负荷与燃料消耗量，使氧化铝成本降低。

（3）全部产品是用晶种分解法得到的，产品质量高。

串联法除具有以上优点外，也具有并联法所有的优点。而缺点也与并联法相似。主要是工艺流程复杂，工序多，两系统相互制约，给生产带来组织调度上的困难。烧结过程的技术条件也受拜耳法系统赤泥成分的制约，很难控制在适宜范围内。另外由于赤泥熟料的 Al_2O_3 含量低，熟料折合比高，使熟料中氧化铝和碱的溶出率比铝土矿烧结熟料低。

四、混联法

采用串联法处理中等品位矿石的困难是拜耳法赤泥的烧结熟料的铝硅比低，烧结温度范围窄，烧结技术较难控制。如果铝土矿中 Fe_2O_3 含量低，生产中的碱损失还不能全部由串联法中的烧结法系统提供的铝酸钠溶液补偿。解决这个问题的方法之一是添加一部分低品位矿石与赤泥一起进行烧结，以提高熟料的铝硅比，扩大烧结温度范围。这种兼有串联法和并联法的方法叫混联法。混联法要求赤泥熟料的铝硅比不低于2.3，其工艺流程见图5-3。

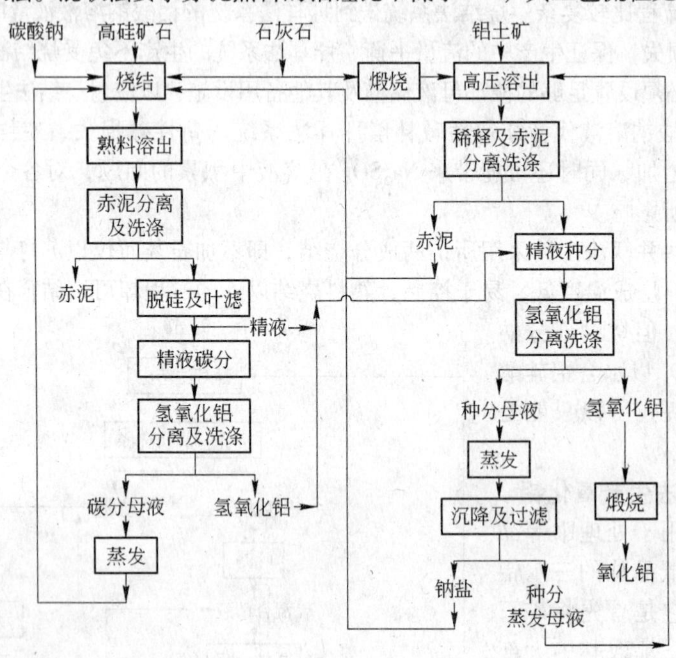

图5-3　混联法工艺流程图

混联法也兼有串联法和并联法的优点，例如：

（1）拜耳法系统的赤泥，用烧结法回收其中的氧化铝和氧化钠，提高了氧化钠的总回收率，降低了碱耗，例如在处理铝硅比平均为8.5的矿石时，Al_2O_3 的总回收率为90%～91%，苏打消耗低于60kg/t氧化铝。

（2）在烧结法系统中配制生料浆时添加相当数量的低品位铝土矿，既提高了熟料铝硅比，改善了烧结过程，同时也有效地利用了一部分低品位矿石。混联法厂可以看成是一个串联法厂和一个烧结法厂综合在一起。通过碳分生产出一部分氢氧化铝，使拜耳法与烧结法部分的产能可以灵活地调节。

（3）以廉价的苏打加入烧结法，以补偿生产过程中苛性碱损失；混联法的主要特点则是流程很长，设备繁多，很多作业过程互相牵制等等。

第二节　联合法工艺流程的分析

联合法不仅有不同的联合方案，而且同一种联合方案的工艺流程也可以互有差异。例如前面已经提到，混联法和并联法的烧结法系统可以拥有包括碳分工序在内的全套流程。若烧结法系统的产能只限于补碱时，则其流程还可相应地简化。用于补偿拜耳法碱损失的烧结法溶液在哪一个工序与拜耳法溶液汇合，也可以有不同的选择。汇合地点不同带来的结果也不同。在工业上两系统溶液如何汇合有以下几种选择：

（1）烧结法溶出浆液加入拜耳法赤泥洗涤系统；

（2）烧结法溶出粗液与拜耳法溶出浆液在稀释槽合并；

（3）烧结法脱硅后精液与拜耳法分解原液混合；

（4）烧结法系统设有整套流程，将一部分脱硅精液并入拜耳法精液，以补偿拜耳法系统的苛性碱损失，其余部分进行碳分；

（5）烧结法系统的精液单独进行种分，种分母液单独蒸发后再并入拜耳法系统的循环母液中。

方案（1）的流程最简单。它是将熟料湿磨溶出浆液直接送至拜耳法赤泥洗涤系统，二者在拜耳法赤泥第一次洗涤槽合并。烧结法系统由于省去了赤泥分离洗涤与粗液脱硅工序，大为简化，拜耳法的种分原液的苛性比值也可以因此而降低。

方案（2）可用于混联法。烧结法系统由于取消了脱硅和碳分母液蒸发两个工序而得到很大的简化。此外合并后精液的苛性比值将低于拜耳法系统的溶液，精液浓度也明显高于脱硅后的烧结精液，烧结法系统的碳分母液有可能不经蒸发，直接送去配制生料浆。

方案（3）和方案（4），这两个方案分别用于并联法及混联法，实质上是一样的。由于烧结法溶液经过专门的脱硅，能保证产品质量，减少母液蒸发时的硅渣结垢，但流程比较复杂。

方案（5）的流程最复杂，但是在最大程度上避免了烧结法溶液带给拜耳法的不良影响，自然也最稳妥。

烧结法粗液与拜耳法溶出浆液汇合方案的不同，对简化流程和降低热耗有重大作用。但是任何一种方案都要保证分解原液具有足够的硅量指数，避免母液蒸发时产生严重结垢，同时要解决由于碳酸钠和硫酸钠含量高而影响蒸发的问题。

选择联合流程和溶出浆液汇合方案的依据主要是矿石的品位和溶出性能、生料的烧成性能以及经济因素。用拜耳法处理高品位铝土矿有无可比拟的优越性，而低品位矿石只能用烧结法处理，各种联合流程用于处理中间品位（A/S = 5 ~ 10）的铝土矿，都是以拜耳法为主，而以烧结法补其不足。有些串联法厂以易溶的三水铝石矿为原料，就矿石 A/S 只有 3.5 ~4 来说，它们本来应该是用烧结法来处理的。由于用常压的拜耳法溶出便可以将矿石中约 2/3 的 Al_2O_3 提取出来。这样就使熟料量大幅度减少。尽管赤泥炉料由于 Fe_2O_3 含量高，烧结较为困难。但改进配方后这些问题基本上得到解决。而且熟料中 Al_2O_3 及 Na_2O 的含量较低，即使溶出率较低，串联法的 Al_2O_3 回收率和碱耗仍然明显地优于烧结法。在串联法和混联法中，矿石中的全部 SiO_2 最终都须进入烧结法系统处理。原矿 A/S 越高，拜耳法所占的比例越大，越有利于将熟料溶出粗液提前与拜耳法溶出浆液汇合以简化联合流程。

第六章 生产氧化铝的其他方法

第一节 石灰石烧结法

一、石灰石烧结法的原理

石灰石烧结法可以从高岭土、黏土、煤灰、泥灰石（石灰石和黏土的天然混合物）、高硅铝土矿及其他含铝矿石中提取氧化铝。和碱石灰烧结法相比较，石灰石烧结法原料广泛，熟料中不必配碱，因而碳分母液不进入烧结，熟料可用能耗低得多的干法烧结。熟料还可以自动粉化，溶出泥渣可以制水泥。但是石灰石烧结法的烧结温度较高，熟料和溶出液中 Al_2O_3 含量低，物料流量大。四十年代一度建设过这类的工厂，至今某些缺乏铝土矿资源的国家也还在继续这方面的研究。

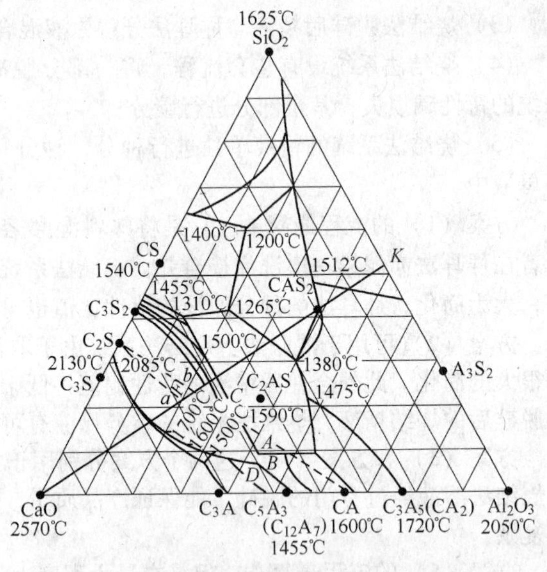

图 6－1 $CaO-Al_2O_3-SiO_2$ 三元相图

石灰烧结炉料中主要是 CaO、Al_2O_3 和 SiO_2 三组分。$CaO-Al_2O_3-SiO_2$ 系相图是石灰烧结法生产氧化铝的理论基础。该系相图如图 6－1 所示。

在此体系中有两个熔化时不分解的三元化合物：钙斜长石 $CaO \cdot Al_2O_3 \cdot 2SiO_2$，熔点 1550℃；钙铝黄长石 $2CaO \cdot Al_2O_3 \cdot SiO_2$，熔点为 1590℃。此外，还有两个在熔化时分解的化合物，一个是钙铝石榴石 $3CaO \cdot Al_2O_3 \cdot 3SiO_2$，在 1125～1155℃分解为钙铝黄长石，原硅酸钙及熔体；另一个是 $3CaO \cdot Al_2O_3 \cdot SiO_2$，在 1335℃分解为 $CaO \cdot Al_2O_3$、$2CaO \cdot SiO_2$ 及熔体。这两个三元化合物和 $6CaO \cdot Al_2O_3$ 在图上没有标出来。

在石灰烧结法中，如果原料是高岭石，脱水后为 $Al_2O_3 \cdot 2SiO_2$，炉料组成位于图中的 *ab* 线段上。图中 *A* 点是 C_2AS + 熔体 = CA + C_2S 的反应点，反应温度为 1380℃。*B* 为熔体 = C_2S + CA + $C_{12}A_7$ 的共晶点，共晶温度为 1335℃。从图上可以看出，组成为 CA + C_2S 的熔体和组成为 $C_{12}A_7$ + CA + C_2S 的熔体结晶过程是不同的。前者即 *b* 点的熔体，冷却时先结晶出 C_2S，熔体成分沿 *bc* 线改变，达到 *c* 点后析出 C_2S + C_2AS 共晶。继续冷却时，熔体成分沿 *CA* 线改变，达到 *A* 点后发生熔体 + C_2AS→CA + C_2S 的反应。反应完成后，C_2AS 消失，熟料由 C_2S 和 CA 组成。如果熔体骤冷，*A* 点的反应来不及完成，熟料中便有 C_2AS，它不与碳酸钠溶液反应，因而使 Al_2O_3 的溶出率下降。

a 点的熔体冷却时，初晶也是 C_2S，熔体成分沿 aD 线改变，到 D 点后析出 $C_2S + C_{12}A_7$ 共晶，然后熔体再沿二元共晶线 DB 变化，达到 B 点后，全部凝固成由 C_2S、$C_{12}A_7$ 和 CA 组成的熟料，其中的 Al_2O_3 全部是可以由碳酸钠溶液溶出的。

由此可见，为了避免在熟料中出现 C_2AS，炉料成分应该选择在 aF 线段上，以保证熟料由 $C_2S + C_{12}A_7 + CA$ 所组成。这样，Al_2O_3 的溶出率高。F 为 ab 线与 $C_2S - B$ 线的交点。因此，在炉料中 CaO 与 Al_2O_3 含量的比例应大于 1.31 而小于 1.71，通常是在 1.40 左右。

在石灰烧结法的熟料中，SiO_2 含量大于 4% ~8% 时，$\beta - C_2S$ 在冷却转变为 γ 型时，由于体积膨胀，熟料能自动粉化。研究的结果表明，熟料在 30min 的冷却过程中，粉化率达到 97%，平均粒度为 20μm。

二、石灰烧结法生产氧化铝工艺流程

以高岭土为原料时，应用石灰烧结法生产氧化铝的工艺流程如图 6 - 2。

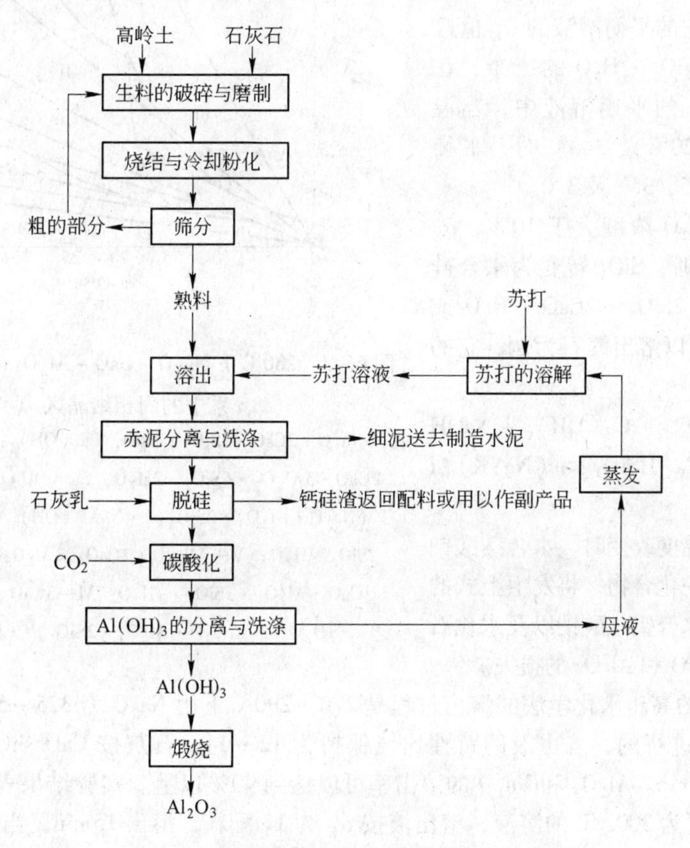

图 6 - 2　石灰烧结法生产氧化铝的工艺流程

第二节　高压水化学法

一、高压水化学法的基本原理

高压水化学法是五十年代提出，并且一直在继续研究的一种用湿法从高硅炼铝原料生产氧化铝的方法，它不但能够处理霞石，而且能够处理明矾石矿、黏土、钙斜长石

(CAS_2)、红柱石、绢云母、高硅铝土矿以及拜耳法赤泥等原料。

拜耳法之所以不能应用于高硅炼铝原料在于溶出时 SiO_2 全部转变为水合铝硅酸钠和水化石榴石。系统地研究 $Na_2O-CaO-Al_2O_3-SiO_2-H_2O$ 系后发现，在高温下有大量过剩碱的铝酸钠溶液中，原料中的 SiO_2 可以转变为 $Na_2O \cdot 2CaO \cdot 2SiO_2 \cdot H_2O$，甚至 $2CaO \cdot SiO_2 \cdot 0.5H_2O$ 或 $CaO \cdot SiO_2 \cdot H_2O$ 稳定地存在。图 6-3 为对这一体系的研究结果。体系中 $CaO:SiO_2$（摩尔）恒定 1:1，而 $SiO_2:Al_2O_3$（摩尔）为 2:1。

$CaO \cdot SiO_2 \cdot H_2O$ 只能存在于 $\alpha_K > 16$，而 Na_2O_K 不大于 10%~12% 的溶液中，条件改变，它将转变为其他含碱和 Al_2O_3 的物相，在高温下，$2CaO \cdot SiO_2 \cdot 0.5H_2O$ 是这一体系中最稳定的物相。它的平衡溶液的 α_K 值几乎只有 $CaO \cdot SiO_2 \cdot H_2O$ 的一半，在 Na_2O 为 140g/L 的平衡溶液中，当温度为 300℃、320℃ 及 340℃ 时，平衡 α_K 值相应为 4.5，3.7 及 3.0。

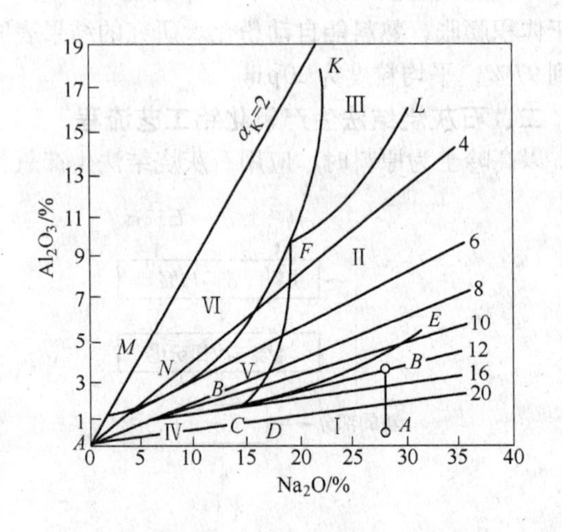

图 6-3 280℃下 $Na_2O-CaO-Al_2O_3-SiO_2-H_2O$ 系中的固相结晶区

Ⅰ—$Na_2O \cdot 2CaO \cdot 2SiO_2 \cdot H_2O$，$Ca(OH)_2$；Ⅱ—$4Na_2O \cdot 2CaO \cdot 3Al_2O_3 \cdot 6SiO_2 \cdot 3H_2O$；$Ca(OH)_2$；Ⅲ—$Ca(OH)_2$；$3(Na_2O \cdot Al_2O_3 \cdot 2SiO_2) \cdot NaAl(OH)_4 \cdot H_2O$；Ⅳ—$CaO \cdot SiO_2 \cdot H_2O$；Ⅴ—$4Na_2O \cdot 2CaO \cdot 3Al_2O_3 \cdot 6SiO_2 \cdot 3H_2O$，$3CaO \cdot Al_2O_3 \cdot xSiO_2 \cdot yH_2O$；Ⅵ—$3CaO \cdot Al_2O_3 \cdot xSiO_2 \cdot yH_2O$，$3(Na_2O \cdot Al_2O_3 \cdot 2SiO_2) \cdot NaOH \cdot 3H_2O$

当溶液 Na_2O 浓度大于 10%，α_K 在 10~12 以上时，SiO_2 转变为水合硅酸钠钙 $Na_2O \cdot 2SiO_2 \cdot 2CaO \cdot H_2O$ 或 $NaCa[HSiO_4]$。以溶出霞石为例，它的反应式为：

$$(Na,K)[AlSiO_4] + Ca(OH)_2 + NaOH + H_2O = NaCa[HSiO_4] + (Na,K)Al(OH)_4$$

当溶液组成和温度改变时，水合硅酸钠钙变成不稳定的化合物，将发生上式的逆反应，生成水合铝硅酸钠以及水化石榴石，造成 Na_2O 和 Al_2O_3 的损失。

最初提出的高压水化学法的溶出过程是 270~290℃下用 Na_2O 为 325~500g/L，α_K 为 30~35 的溶液进行的，溶出液的苛性比值保持为 12~14，石灰按 $CaO/SiO_2 = 1.0$ 配入，溶出时间为 15min。Al_2O_3 和 Na_2O 的溶出率可以达到 90% 以上。实验结果表明，在 250℃下用 Na_2O 浓度为 300g/L 的溶液，溶出液按 α_K 为 11 配料，溶出 15min，当其他条件相同时，也可以得到相近的结果。为了避免发生溶出过程的逆反应，溶出渣应该迅速分离，然后再从溶出液中制取氧化铝。

水合硅酸钠钙渣中含 Na_2O 为 13% 左右，有两种方法将其回收。一是使之在水或稀碱溶液中水解：

$$Na_2O \cdot 2CaO \cdot 2SiO_2 \cdot H_2O + aq \rightleftharpoons 2(CaO \cdot SiO_2 \cdot H_2O) + 2NaOH + aq$$

一是添加石灰使之发生：

$$Na_2O \cdot 2CaO \cdot 2SiO_2 \cdot H_2O + 2CaO + aq \rightleftharpoons 2(2CaO \cdot SiO_2 \cdot 0.5H_2O) + 2NaOH + aq$$

分解硅酸钠钙后的溶液便是 NaOH 溶液，可供返回应用或回收 NaOH。

二、高压水化学法的工艺流程

生成水合硅酸钠钙的高压水化学法的工艺流程如图 6-4 所示。

霞石精矿与石灰及循环母液混合，在高压下溶出，得到铝酸盐浆液，进行分离和一次泥渣洗涤。洗涤后的泥渣在水或稀碱液中在高压下，或添加石灰在常压下使之分解，便可得到含苛性钾和苛性钠的溶液，从中制得苛性钾和苛性钠。所得水合硅酸钙泥渣经洗涤后用作生产水泥的原料。

第一次高压溶出的铝酸盐溶液脱硅后通过蒸发结晶出水合铝酸钠（$Na_2O \cdot Al_2O_3 \cdot 2.5H_2O$），结晶后的母液返回高压溶出工序，重新溶出下批霞石。

水合铝酸钠结晶溶于水得到组成接近于拜耳法种分原液的铝酸盐溶液。采用种分方法即可从其中得到氧化铝。

高压水化学法生产氧化铝所用的设备与拜耳法相类似。

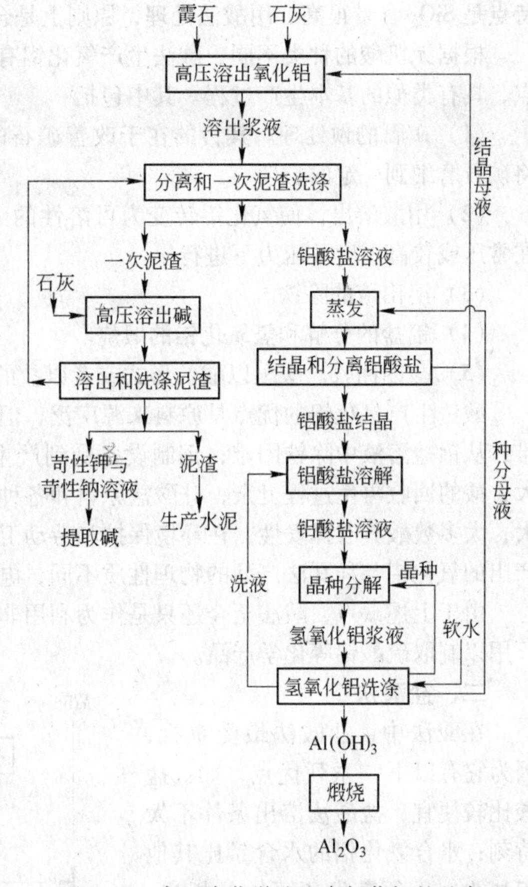

图 6-4　高压水化学法生产氧化铝的基本工艺流程图

三、高压水化学法与烧结法相比较

高压水化学法具有以下优点：避免了高温烧结过程；Al_2O_3 的浸出率高达90%～92%，碱的浸出率达 97%～98%。得到的碱为苛性碱而且石灰消耗量可以减少一半。

但是该法也存在许多缺点：铝酸钠溶出液的浓度大、苛性比值高；母液循环量大。为了从溶出液得到氢氧化铝需要进行脱硅、蒸发、结晶、溶解等工序，流程复杂；要分离洗涤的物料多，水的用量和蒸发量很大；高浓度溶液的脱硅和蒸发结晶过程都很困难；水合硅酸钠钙渣需要快速分离。

目前对这一方法仍在继续研究，除了对其中各个工序的作业加以改进外还提出了将它与拜耳法组成联合流程，利用霞石补充碱耗等等方案。随着工艺和设备的完善，环境保护的要求日益严格，高压水化学法将越来越受到重视。

第三节　酸　法

一、概述

近年来，铝土矿的年开采量已近一亿吨，有些矿山的铝土矿储量逐渐减少，品位降低，开采成本和运输费用不断提高。特别是一些主要产铝国家缺乏铝土矿资源，因而致力于寻求从非铝土矿资源进行氧化铝生产的试验研究工作。

非铝矿资源，主要有黏土、煤页岩、霞石、明矾石矿等都是储量极其丰富的。其共同特点是 SiO_2 含量很高，用酸法处理，原则上是合理的，因而一直在进行研究。

根据无机酸的种类不同，酸法生产氧化铝有各种不同的方案，但它们都有着共同的特点，具有类似的基本生产过程。其中包括：

（1）矿石的预处理。其目的在于改善矿石的可溶出性，排除杂质使之便于处理。并将矿石磨细到一定的粒度。

（2）用酸溶出，使氧化铝转变为可溶性的无机酸铝盐与不溶性的残渣分离。溶出可在常压或较高温度及压力下进行。

（3）溶出液的除铁。

（4）铝盐的分解和氢氧化铝的煅烧。

（5）酸的回收。酸根以酸的形式或者以盐的形式加以回收。

酸法生产氧化铝的优点是原料来源广泛，但是它与碱法相比，存在下述主要缺点和困难：从铝盐溶液中除铁困难；钢制设备受到严重腐蚀；溶解氧化铝所需溶剂（酸）量很大；酸的回收再生过程复杂；硅酸盐原料和各种铝盐具有高的生成热，在煅烧分解时热耗大；大多数酸具有挥发性，在环境保护和劳动卫生方面存在比较复杂的问题；而且由酸法产出的氧化铝与拜耳法产品的物理性质不同，电解铝的作业不得不作些调整。

由于上述缺点，酸法至今还只是作为利用非铝土矿原料的技术储备，但是有些小型工厂用以制取硫酸铝等化学产品。

二、盐酸法

在酸法中，盐酸法最受重视，因为它有以下一系列优点，如：盐酸比较便宜，盐酸法溶出条件不太苛刻；水合氯化铝的水含量比其他铝盐少，无须蒸发便可结晶析出；特别是 HCl 不易分解，便于循环利用。用中等浓度盐酸于 50 ~ 80℃ 搅拌溶出在 550 ~ 650℃ 焙烧过的黏土。由于溶出反应是放热的，溶出过程能保持在沸腾温度下进行。经 2h 的溶出，Al_2O_3 的溶出率可达 95% 以上。钛化物少量被溶出，SiO_2 全部进入泥渣而且不难分离。盐酸法的工艺流程见图 6 – 5。

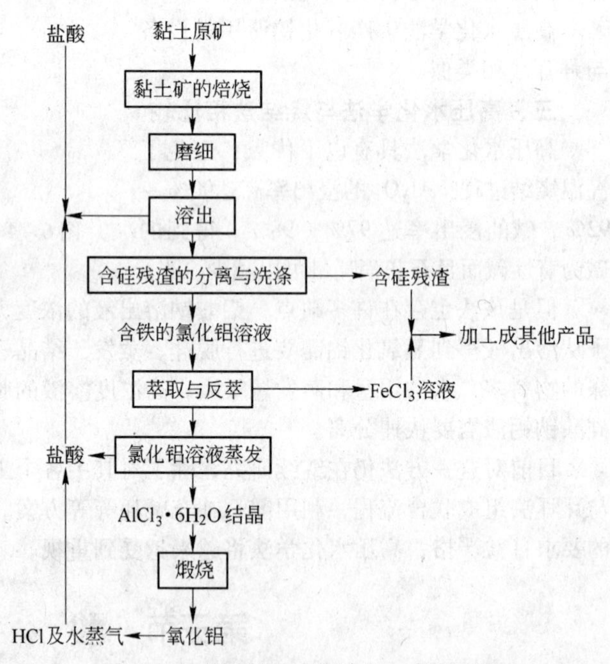

图 6 – 5　盐酸法生产氧化铝工艺流程图

和 $AlCl_3$ 一同存在于溶出液的 $FeCl_3$，可以通过胺基盐酸萃取。因铁可以生成氯化物配合阴离子而铝不能，因而在萃取后可以彻底脱除。然后用水反萃得到 $FeCl_3$ 溶液。

脱铁后的 $AlCl_3$ 溶液蒸发浓缩后析出 $AlCl_3 \cdot 6H_2O$，更好的方法是通入 HCl 气体，使之析出，这是利用 $AlCl_3$ 的溶解度随溶液中 HCl 浓度的提高而降低的特点进行的（见表

6－1）。

$AlCl_3 \cdot 6H_2O$ 在 185℃开始分解为 $AlCl_3$ 和 HCl 及水蒸气，在 400℃左右反应强烈进行，为了得到冶金级氧化铝，煅烧应在 1000℃以上的温度下进行。得到的 HCl 可以在吸收后送往溶出过程或者 $AlCl_3 \cdot 6H_2O$ 结晶过程循环使用。

表 6－1　盐酸溶液中氯化铝的溶解度（25℃）

平衡溶液组成（%）		平衡固相
HCl	$AlCl_3$	
0	34.08	$AlCl_3 \cdot 6H_2O$
5.09	27.98	$AlCl_3 \cdot 6H_2O$
11.21	18.10	$AlCl_3 \cdot 6H_2O$
14.07	15.25	$AlCl_3 \cdot 6H_2O$
19.43	10.11	$AlCl_3 \cdot 6H_2O$
23.19	7.95	$AlCl_3 \cdot 6H_2O$
30.17	2.49	$AlCl_3 \cdot 6H_2O$
40.98	0.98	$AlCl_3 \cdot 6H_2O$

盐酸法得到的氧化铝也可以用拜耳法再次处理，这便是所谓酸碱联合法，在此情况下，$AlCl_3$ 溶出液不必除铁，煅烧温度也较低，以便进行拜耳法溶出。

三、H^+法

H^+法（H^+process）是法国彼施涅铝业公司在六十年代中期发明处理黏土或煤页岩的一种酸法生产氧化铝的新工艺。采用此法时，矿石中氧化铝回收率可达 90%。矿石所含的钾则以硫酸钾形式作为副产品回收，此外还可以得到 Fe_2O_3 和 MgO 一类副产品。产品氧化铝的杂质含量低于拜耳法生产的氧化铝。总的能耗只为碱石灰烧结法的一半。这一方法目前被认为是最有前途的一种酸法。其工艺流程如图 6－6 所示。

将矿石破碎磨细后，进行氧化焙烧除去有机物，用浓硫酸（750～850g/L）在沸点下溶出。得到硫酸铝溶液和含绿钾铁矾［$K_2SO_4 \cdot Fe_2(SO_4)_3$］、硅钛氧化物等不溶性化合物的固相。从硫酸铝溶出液中分离出硫酸铝结晶后，将其溶解或悬浮于氯化铝洗液中，通入 HCl 气体使之饱和，铝即以六水氯化铝结晶析出。六水氯化铝在 HCl 饱和的硫酸溶液中的溶解度比其他氯化物要小得多，因此能较完全地同其他阳离子分离。必要时也可多次结晶提纯。分离氯化铝结晶后的溶液再行冷却，并通 HCl 使之饱和，此时硫酸钠便转化为氯化钠沉淀析出。分离氯化钠后的滤液进行加热使 HCl 气体挥发，HCl 气体再用于氯化铝结晶和除钠。溶液进行蒸发浓缩，得到的含 HCl 的二次蒸气凝结水，用于吸收来自氯化铝热分解的 HCl 气；蒸浓的硫酸溶液返回溶出矿石。所得到的六水纯氯化铝经加热分解制得符合电解要求的氧化铝和含 HCl 的气体，后者经吸收后制得盐酸溶液，用于洗涤氯化铝。

焙烧矿溶出后的滤渣用水进行反向洗涤。此时 $K_2SO_4 \cdot Fe_2(SO_4)_3$ 溶解，而氧化硅与氧化钛进入残渣除去。洗液蒸发后，铁、钾、镁又以硫酸盐形式结晶析出所得结晶过滤分离后加以焙烧，绿钾铁矾中的硫酸铁分解，脱出的 SO_2 循环使用。硫酸钾不分解可用水溶解回收。不溶性残渣（Fe_2O_3、MgO 等）可直接用于黑色冶金。

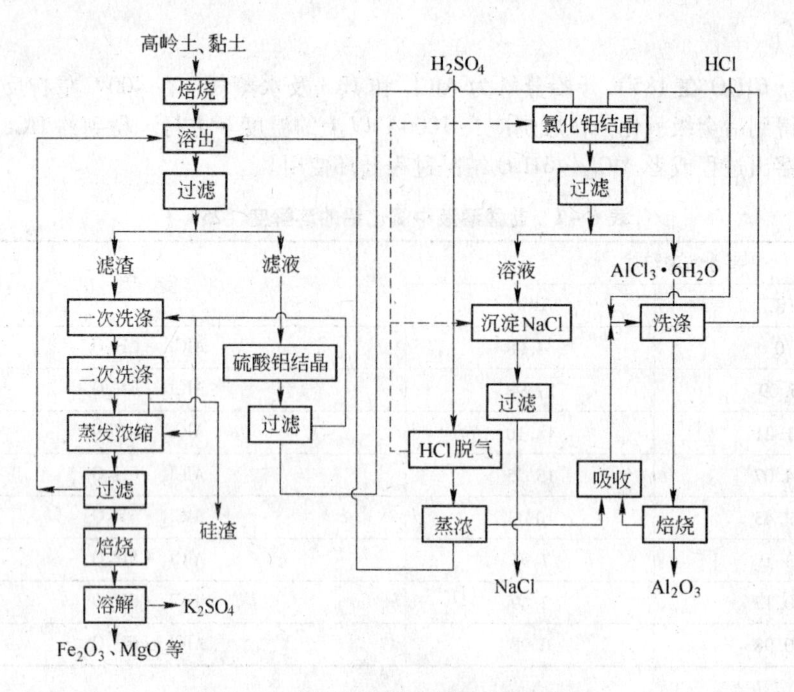

图 6-6　H^+法处理黏土的工艺流程图

第四节　由明矾石生产氧化铝

一、概述

明矾石[$(K \cdot Na)_2SO_4 \cdot Al_2(SO_4)_3 \cdot 4Al(OH)_2$]除含有氧化铝外，还含有钾、硫等有价成分，是一种很有经济价值的原料。在苏联已经建立了从明矾石生产氧化铝的工厂。

我国明矾石储量极为丰富，分布较广，浙江温州地区和安徽南部都有巨大的明矾石矿床。明矾石可以提供发展农业所急需的钾肥，它的综合利用更具有重大的现实意义。

明矾石矿中的明矾石含量称为矾化程度或矾化率，一般在25%～60%之间，主要杂质为石英、高岭石及叶钠石等等。由于其中含有钾和硫，如果选择适当的综合利用方案，氧化铝的生产成本有可能与拜耳法相近。

在工艺上比较成熟的方法有氨碱法和还原热解法。近年来由于碱式硫酸铝法的研究取得了进展以及耐酸设备的解决，因此对于酸法处理明矾石的研究给予了很大的重视。明矾石矿被认为是最适合于用酸法处理的综合性原料。

二、氨碱法生产氧化铝

将焙烧过的明矾石和5%的氨水作用，明矾石中的SO_3与氨化合成硫酸铵和硫酸钾进入溶液，氧化铝残留在渣中。硫酸钾和硫酸铵的混合溶液用于生产氮钾混合肥料。含有氧化铝的残渣可按拜耳法生产氧化铝。氨碱法的工艺流程见图6-7。

破碎、细磨后的明矾石矿，经过焙烧脱水后，用氨水溶出，其反应为：

$$(K \cdot Na)_2SO_4 \cdot Al_2(SO_4)_3 \cdot 2Al_2O_3 + 6NH_4OH \xlongequal{\quad} (K \cdot Na)_2SO_4 + 3(NH_4)_2SO_4 + 2Al(OH)_3 + 2Al_2O_3$$

此时，焙烧矿中的硫酸钾和硫酸钠和反应生成的硫酸铵都转入溶液，而氧化铝则留在溶出渣中，从而使原料中的钾、钠和硫酸钾与氧化铝分离。

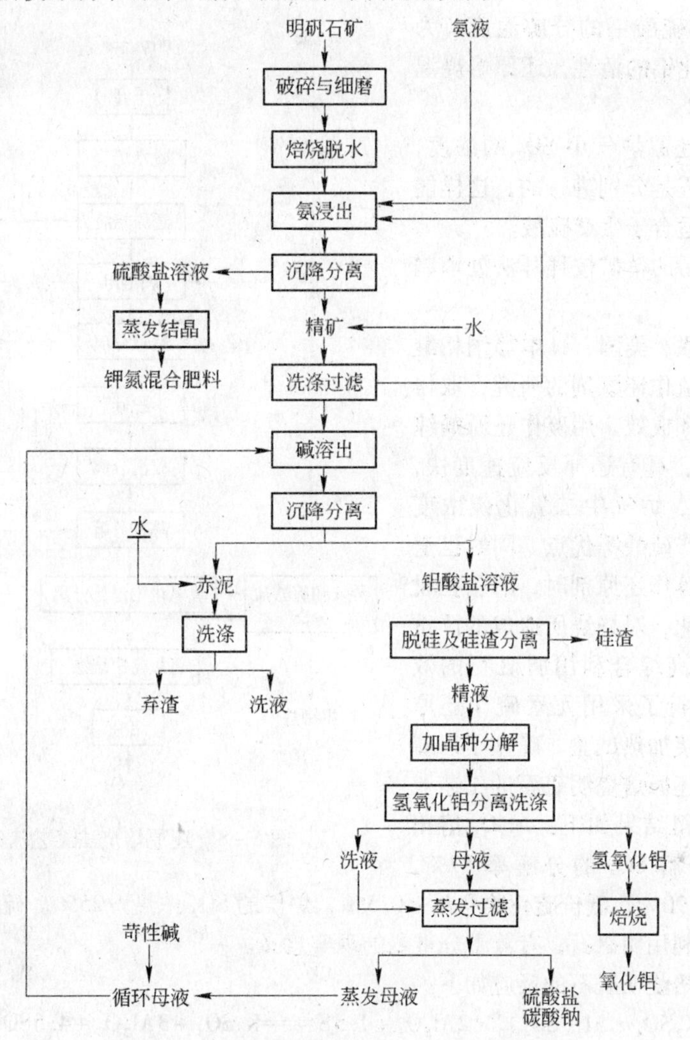

图6-7　氨碱法生产氧化铝的工艺流程图

氨溶出可在密闭容器中进行，以减少氨的挥发，有利于环境保护。为防止铁进入溶液和减少设备的腐蚀，溶出后的硫酸盐溶液中应残留有0.4%～0.5%的游离氨。

氨溶出后的溶液经蒸发结晶，即得氮钾混合肥料。溶出渣便可用拜耳法生产氧化铝。

三、还原焙烧法

与氨碱法的区别是，还原焙烧法用还原剂代替氨分解脱水后的硫酸铝。脱出其中的SO_3。然后再用拜耳法处理还原分解后的明矾石。这一方法比氨碱法具有更大的优点：不需要氨；可以得到氧化铝、硫酸钾和硫酸，硫酸的用途更为广泛，硫酸钾不仅可用于化肥，而且能在炸药、火柴、染料、医药、玻璃等方面得到应用。

还原焙烧法是目前唯一得到工业应用的方法。其工艺流程见图6-8。

在以水煤气作还原剂时，还原反应如下：

$$Al_2(SO_4)_3 + 3CO \longrightarrow Al_2O_3 + 3SO_2 + 3CO_2$$

$$Al_2(SO_4)_3 + 3H_2 \longrightarrow Al_2O_3 + 3SO_2 + 3H_2O$$

还原剂能降低硫酸铝的分解温度，为了防止降低氧化铝的活性，还原焙烧温度不超过650℃。

为了提高还原炉气中 SO_2 的浓度，脱水与还原过程是分别进行的，这样能保证还原炉气适合于生产硫酸。

还原焙烧后的精矿按拜耳法处理制取氧化铝。

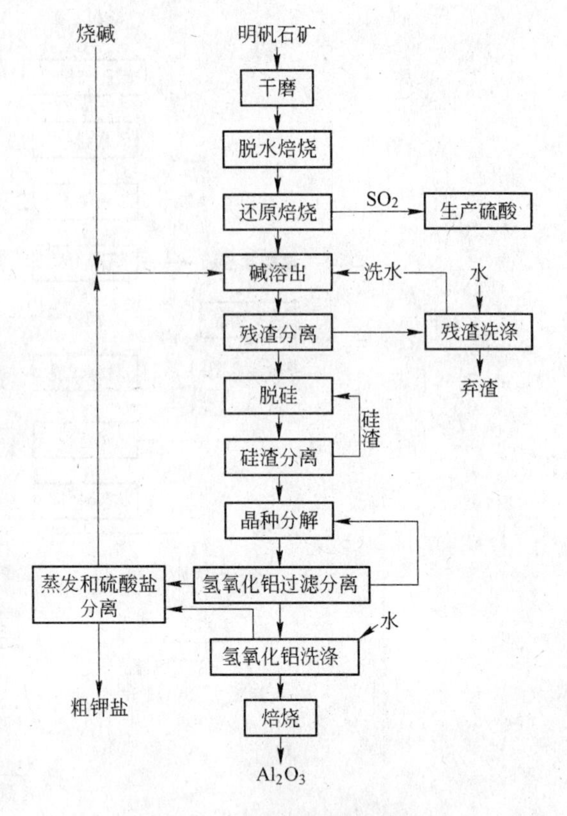

图6-8　还原焙烧法工艺流程图

目前，苏联、美国、日本等国相继进行了以元素硫作还原剂的研究，取得了较大的进展和成效。用硫作还原剂综合利用明矾石，具有还原反应速度快，反应温度略低，炉气中二氧化硫浓度高，有利于生产硫酸等优点。同时也避免了用太阳油等作还原剂时，油脂在设备及矿粒上焦化，对焙烧所造成的严重危害。为了提高综合利用明矾石的效益，我国也进行了采用元素硫作还原剂，还原炉直接加热试验。确立了以硫代替半水煤气还原焙烧明矾石的工艺流程。试验的取得结果如下：Al_2O_3 溶出率89%，可分解 SO_3 的分解率87%，K、S溶出率 >90%，低价硫化物含量 <0.3%，炉气的 SO_2 浓度 >25%。硫还原试验的成功，对于综合利用明矾石，有着十分重要的现实意义。

用硫还原焙烧明矾石的反应如下：

$$K_2SO_4 \cdot Al_2(SO_4)_3 \cdot 2Al_2O_3 + 1.5S = K_2SO_4 + 3Al_2O_3 + 4.5SO_2$$

用硫代替半水煤气进行还原焙烧可使生产成本有所降低。此外，以硫作还原剂还有以下一些优点：

（1）还原速度快，脱水料在还原炉内停留时间短，提高了还原炉的设备利用率；

（2）硫在炉内燃烧，放热反应提供了维持炉温的热量；同时，硫还原反应温度略低，提高了还原炉的热效率，并且改善了焙烧矿的拜耳法溶出性能；

（3）阻止还原过程副反应的发生，提高硫的回收率；

（4）炉气较纯，SO_2 浓度高，提高了硫酸的质量和产量；

（5）由于炉气中CO和 H_2 含量很少，可省略为烧掉CO和 H_2 而在硫酸车间设置的一段转化器设备；因不用半水煤气，可省略煤气站，从而可减少投资；

（6）降低飞灰损失，可相应地提高铝、钾、硫的回收率。

第七章　铝土矿的综合利用

第一节　镓的回收

一、从烧结法溶液中回收镓

镓和铝是同族元素，镓和铝具有相近的化学性质和离子半径（Al^{3+} 0.057nm，Ga^{3+} 0.063nm），镓在氧化铝水合物中是以类质同晶替代铝离子的方式存在的。用碱法处理铝土矿生产氧化铝时，大部分镓（65%～70%）以镓酸钠的形态进入溶液，并在溶液中不断循环积累，达到一定的浓度。溶液中镓的浓度与铝土矿中镓的含量、生产方法以及分解作业的技术条件等许多因素有关。

铝土矿熟料溶出液中含镓0.03～0.06g/L。一段碳酸化分解析出大部分 Al_2O_3（85%～90%）和20% Ga_2O_3。为进一步从母液中提取镓创造了条件。碳分母液送往二段（彻底）碳酸化，其目的是使母液中的镓尽可能完全地析出，二段碳酸化的沉淀富集了水合铝碳酸钠 $Na_2O \cdot Al_2O_3 \cdot 2CO_2 \cdot 2H_2O$ 和与铝类质同晶的镓（0.05%～0.2%）。降低温度和加速碳分都有利于镓的共沉淀，作业必须进行到 $NaHCO_3$ 浓度为15～20g/L时结束。二段碳分历时6～8h，Ga的沉淀率达95%～97%。

从这种沉淀中回收镓有以下方法：

1. *石灰法*　用石灰乳处理沉淀物。石灰分两段加入，最初是90～95℃时，石灰按 $CaO:CO_2=1:1$（摩尔比）加入，在此条件下发生苛化反应，大部分镓（85%～90%）与部分铝一道转入溶液。然后再按 $CaO:Al_2O_3=3:1$ 添加石灰，使绝大部分的铝以水合铝酸三钙进入沉淀，而镓留在溶液中。分离水合铝酸三钙后的溶液进行第三次碳酸化，镓的沉淀率可达95%以上。沉淀物（镓精矿）用苛性碱溶液溶解，同时加入适量的硫化钠，使溶液中铅、锌等重金属杂质成为沉淀清除，以保证电解镓的质量。净化后的铝酸钠－镓酸钠溶液含 Al_2O_3 70～120g/L，Ga2～10g/L，溶液电解即可得出粗镓、粗镓用盐酸提纯处理后，镓的纯度可达99.99%以上。其工艺流程见图7－1。

2. *置换法*　置换法是基于金属之间的电极电位的差别而应用的电化学过程。铝镓合金置换法是最有前途的一种方法，该法基于镓和铝在碱液中的标准电位不同（分别为－1.22V和－2.35V）。由于氢在铝上的析出电位（－1.3V）与镓的析出电位相近，用铝置换镓是不经济的。而用铝镓合金代替铝可以降低铝镓合金中铝的电位，同时还可以提高氢的超电压，这就减少铝的消耗。铝镓合金中的铝以0.25%～1%为宜，此时能获得较高的置换率，铝的消耗也较少。置换时应强烈搅拌，温度以40～45℃为好。

3. *碳酸法*　将彻底碳分的沉淀物与铝酸钠溶液（$\alpha_K=2.3\sim3$）混合进行中和。然后进行搅拌分解，氢氧化铝大量析出，而使大部分镓和一部分铝保留在溶液中。分离沉淀后，再将溶液进行深度碳酸化以制得镓精矿。镓精矿溶于苛性碱液后，再用电解法或置换法制取金属镓。

4. *压解法*　其流程与碳酸法相近，不同点只是一次彻底碳分的沉淀与苛性比值较高的铝酸溶液混合，通过高温压煮除铝（约170℃，2h），铝转变为一水软铝石进入沉淀。镓仍在溶液中供提取，其他后续工序与碳酸法相同。

二、从拜耳法溶液中回收镓

在用拜耳法处理铝土矿时，镓是从分解母液、循环母液或二者混合物中回收的。种分过程中镓的损失比碳分小，种分母液中一般含0.1～0.25g/LGa，比烧结法的碳分母液高很多，因而可采用电解法或置换法从溶液中直接提取镓。免除了中间的富集过程，降低了提镓的投资和成本。

汞齐法从种分母液中回收镓获得了工业应用，其工艺流程见图7－2。

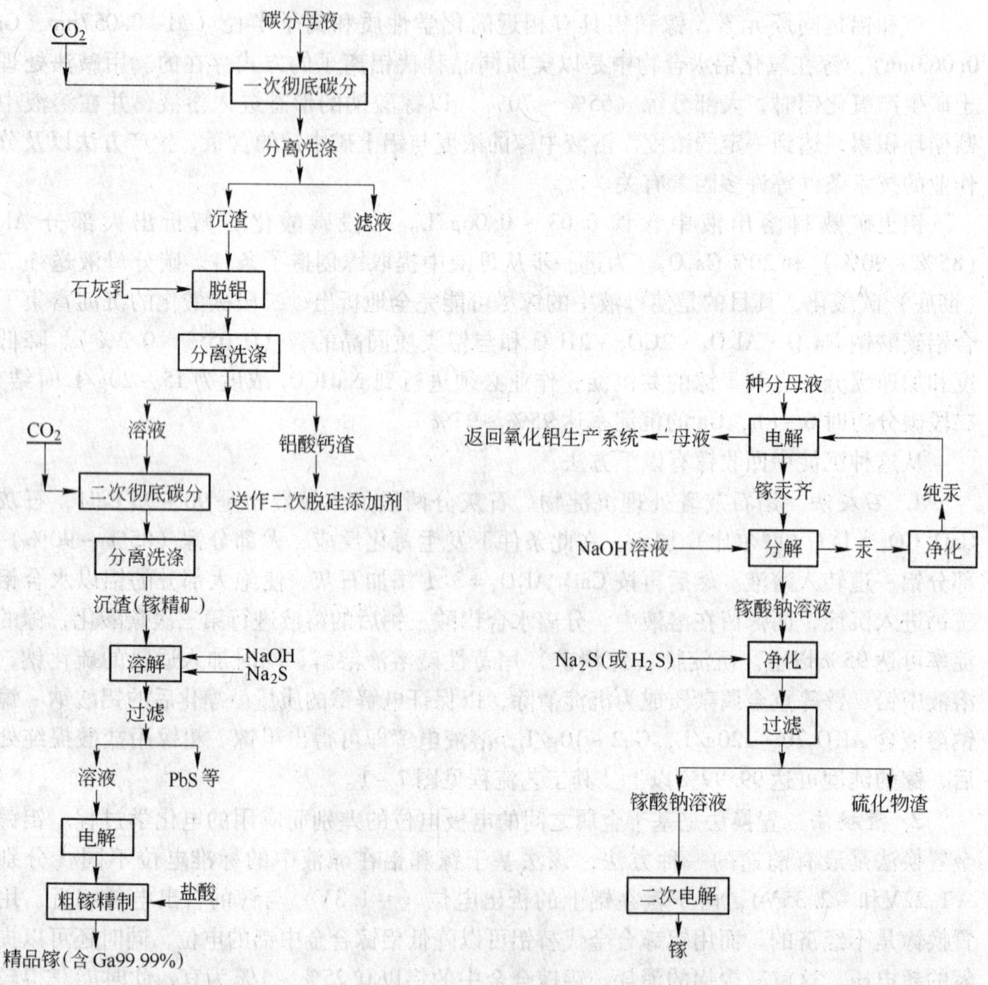

图7－1　石灰法回收镓的工艺流程图　　　图7－2　汞齐电解法回收镓的工艺流程图

电解时镓离子在汞阴极上放电析出，析出的镓在搅拌时扩散进入汞中。得到的镓汞齐（一般含Ga0.3%～1%）用苛性碱溶液在不锈钢槽中分解制得镓酸钠溶液（含Ga10%～80%）。分解过程是在强烈的搅拌和近100℃的温度下进行的。如果汞齐中含有足够的钠，则可用纯水分解。

汞齐分解的产物是汞和镓酸钠溶液。汞返回汞齐电解过程，但要定期地净化除去其中的铁和积累的其他杂质。镓酸钠溶液经净化后再进行电解。镓析出在不锈钢或液体镓阴极上。电解后的溶液可返回用于分解汞齐，当其中杂质含量积累到使电解过程明显地受到影响时，则需加以净化，或送往氧化铝生产系统应用。

从拜耳法种分母液中回收镓也可用置换法、化学法和离子交换法。当杂质含量较多时，溶液需先经过净化，因为杂质对置换过程有害。采用化学法因都有碳分工序，使母液中一部分苛性碱变成了碳酸碱，增加了苛化工序的负担。

第二节 钒的回收

钒在自然界中很少单独成矿，而多存在于其他矿中。铝土矿中 V_2O_5 含量为0.001% ~ 0.35%。明矾石中也含有钒。

从氧化铝生产中回收钒是以种分母液或氢氧化铝洗液为原料的。钒的回收方法和工艺流程，按原理可分为结晶法、液－液萃取法和离子交换法三种，后两种方法还未见在生产上应用的报道。当前工业上广泛采用工艺比较成熟、设备比较简单的结晶法。

结晶法是以钒、磷、氟等钠盐的溶解度随温度的降低而降低为依据的。钒酸钠、磷酸钠、氟化钠、硫酸钠和碳酸钠等各种杂质在铝酸钠溶液中的溶解度是比较大的，但是这些盐类同时存在时，它们的溶解度比它们单独存在时要小得多，因此将溶液蒸发到一定浓度并且降低温度后，钒酸钠和磷酸钠便会结晶析出。

将部分种分母液蒸发到200 ~ 250g/LNa_2O，而后冷却到20 ~ 30℃，并在此温度下添加钒盐作晶种进行搅拌，碱金属盐类混合物（钒精矿）便结晶析出。分离钒精矿后的溶液返回氧化铝生产流程，而将钒精矿进一步处理以制取 V_2O_5。

溶解除去钒精矿中的杂质后，添加 NH_4Cl 便可得到工业 NH_4VO_3。将其溶解于热水中，从分离残渣后的溶液进行钒酸铵的再结晶。再结晶的条件为：原液 V_2O_5 浓度为50g/L左右，pH 值约为6.5，结晶温度不宜超过20℃，并加入一定数量的 NH_4Cl 以提高 V_2O_5 结晶率。

钒酸铵经过滤洗涤后，在500 ~ 550℃煅烧，即可获得纯 V_2O_5。

第三节 赤泥的综合利用

赤泥的综合利用是一个十分重要和迫切需待解决的问题。国内外近年来进行了大量的试验研究工作。提出了许多综合利用赤泥的方案，但除少数应用于生产外，大多数仍处于试验阶段。归纳起来综合利用赤泥有以下几种途径：

（1）回收赤泥中的有价成分（碱、氧化铝及铁）；

（2）生产水泥及其他建筑材料；

（3）用做肥料、土壤改良剂、脱硫剂、净水剂、炼钢造渣剂，橡胶及塑料填充剂、涂料、絮凝剂以及流态自硬砂硬化剂等。

烧结法赤泥中存在大量的具有胶凝性的硅酸二钙，为该种赤泥用作单独的胶凝物质，或制造胶凝物质的原料提供了可能性。

在利用烧结法生产水泥和其他建筑材料方面，我国有关单位进行了大量的研究工作。1963年我国第一个利用烧结法赤泥为原料的现代化水泥厂建成投产，主要生产500号普通硅酸盐水泥。

利用赤泥生产水泥不仅消除了赤泥的危害，防止了污染，保护了环境，而且还具有基建投资少，生产成本低等优点。

用烧结法赤泥生产水泥，目前存在的主要问题是赤泥含碱量高（结合碱在2.5%以上）。因此不得不减少水泥生料中赤泥配比。目前还有大量赤泥不能利用。为了降低赤泥的碱含量，各方面对赤泥脱碱进行了大量的试验研究工作，并取得一定的效果。例如，往赤泥中添加2%～4%的石灰，在0.6MPa的压力下脱碱一小时，赤泥脱碱率可达60%以上，赤泥含碱量可降低至1%以下。

除用赤泥生产普通硅酸盐水泥外，还研究生产赤泥硫酸盐水泥。赤泥硫酸盐水泥是由30%的水泥熟料，50%～60%的烘干赤泥，10%～12%的煅烧石膏和4%～5%的矿渣混磨而成，它具有水化热低，抗渗透性好，抗硫酸盐性能强的特点，特别适用于水下和地下建筑，是一种很有前途的新型建筑材料。赤泥硫酸盐水泥的标号一般可达400号以上，其中赤泥配量可高达70%。此外赤泥也可以用蒸气养护的方法制砖。

第二篇 铝 冶 金

第八章 铝电解生产概论

第一节 铝冶金发展概况

有关铝的文字记录最早出现于公元一世纪罗马作家盖斯·普利纽斯（Gaius Plinius）的论文集。但是，准确地说，铝的问世应是1825年。至今虽然为时不长，但铝冶金发展较快，它的发展过程大致可分为三个阶段，最初是化学法炼铝阶段，1825年德国人韦勒（F. Wöhler）先用钾汞齐，后来用钾还原无水氯化铝制得金属铝，1845年法国人戴维尔（H. S. Deville）用钠还原 $NaCl \cdot AlCl_3$ 混合盐也得到金属铝，并在法国进行小规模生产，随后罗西和别凯托夫分别用钠和镁还原冰晶石炼铝成功，用此方法建厂炼铝，应用化学法炼出的金属铝总共约200吨。

1886年美国霍尔（Hall）和法国埃鲁特（Heroult）不约而同地提出了利用冰晶石-氧化铝熔盐电解法炼铝的专利，开创了电解法炼铝阶段，最初是采用小型预焙电解槽，本世纪初叶出现了小型侧部导电的自焙阳极电解槽，电解槽的容量（电流强度）也逐渐由最初的2kA发展至50kA或更高，本世纪四十年代出现了上部侧电的自焙阳极电解槽。

本世纪五十年代以后，大型预焙阳极电解槽的出现，使电解炼铝技术迈向了向大型化、现代化发展的新阶段，电解槽的容量已发展到280kA以上，电解槽的设计、安装、操作控制都建立在现代技术的基础上。电解炼铝的技术经济指标和环境保护水平都全然改观、远非往昔可比，一百多年来，电解炼铝虽然仍旧是建立在霍尔埃鲁特冰晶石-氧化铝熔盐电解的基础上，但是无论是理论上还是工艺上都取得了长足的进步，并且在继续向前发展。

冰晶石-氧化铝熔盐电解法炼铝工艺分为两大组成部分；即原料（包括氧化铝和电解所需的其他原料氟化盐及炭素材料）的生产和金属铝的电解生产，现代电解炼铝的工艺流程以图8-1表示。

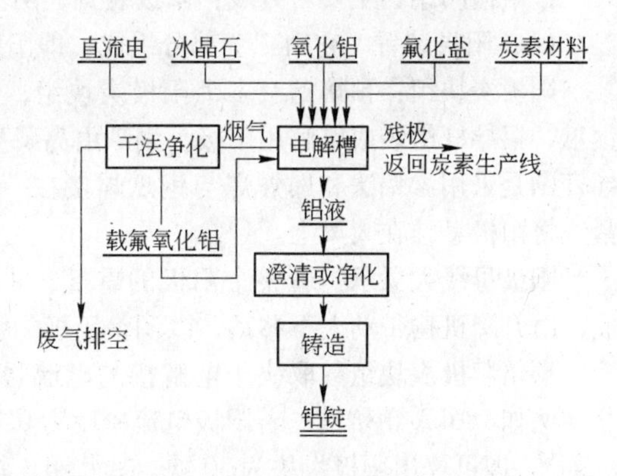

图8-1 现代电解炼铝工艺流程

第二节 铝电解槽及电解槽系列

电解槽是电解炼铝的核心设备。

一百年来，铝电解槽的结构有了许多改进，其中以阳极结构的变化最大，阳极结构所经历的顺序大致是：由小型预焙阳极→侧部导电自焙阳极→上部导电自焙阳极→大型不连续预焙阳极及连续预焙阳极→中间下料预焙阳极。目前，用于电解炼铝的电解槽有如下两大类四种形式：

一、预焙阳极电解槽 预焙阳极电解槽又可分为不连续式和连续式两种，前者是目前铝工业采用最多的槽型。

1. 不连续式预焙阳极电解槽（以下简称预焙槽） 这是最早的铝电解槽型。在当时（1886～1900年）电解槽的电流只有4～8kA，电流效率低（70%），电能消耗高(42kW·h/kgAl)，不久便被自焙阳极槽所取代。但它是现代大型预焙槽的雏形。五十年代中期这种槽型东山再起。其原因是：

1）自焙槽难以进一步扩大阳极尺寸，不适应增大电解槽容量的需要；

2）电极工业的发展，可以生产出大规格的炭块；

3）大功率、高效率的整流设备的出现，为增大电流提供了条件；

4）该槽型结构简单，节约材料，特别是钢材；

5）有利于收集阳极气体，因而有利于文明生产和环境保护。

图8－2是现代预焙槽结构示意图。目前，大型预焙槽的电流强度已达到220～280kA。

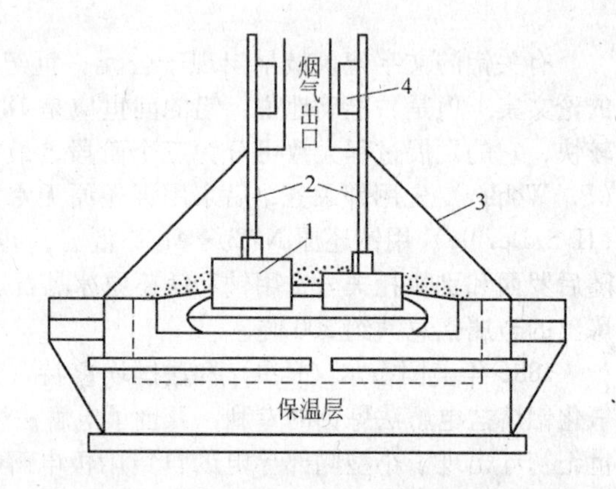

图8－2 现代不连续预焙槽结构示意图

1—预焙阳极；2—铝导杆；3—槽罩；4—阳极母线大梁

预焙槽的结构主要可分成：阳极装置、阴极装置和导电母线系统三大部分。

（1）阳极装置 它由三个部分组成，即阳极母线大梁、阳极炭块组和阳极升降机构。

阳极炭块组：预焙槽有多个阳极炭块组，每一组包括2～3块预制阳极炭块。炭块、钢爪、铝导杆组装成电解用阳极。钢爪由高磷生铁浇铸在炭碗中，与炭块紧紧地黏结，铝导杆则是采用渗铝法和爆炸焊与钢爪焊接在一起的。铝导杆通过夹具与阳极母线大梁夹紧，将阳极悬挂在大梁上。

阳极母线大梁承担着整个阳极的重量，并将电流通过阳极输入电解槽。它由铸铝制成，由升降机构带动上下移动，以调整阳极的位置。

预焙阳极炭块组数取决于电解槽的电流强度、阳极电流密度以及炭阳极块的几何尺寸。例如180kA预焙槽，若阳极电流密度为0.7A/cm^{2}左右，阳极规格为1520×585×535(mm)，即可算出阳极炭块为30块。如每组3块则共有10组。

预焙槽根据加料，（添加氧化铝）部位又可分为边部加料和中间下料两种类型，后者结构示于图8－3。

（2）阴极装置 它由钢制槽壳、阴极炭块组和保温材料砌体三部分组成。其结构示于图8－4。

槽壳：铝电解槽的槽壳是用钢板焊接，或铆接而成的敞开式六面体。它分为无底和有底槽壳；并有背撑式和摇篮式两种。目前多采用有底槽壳。所谓无底槽是就其槽壳是个空的框架，底面没有钢板而言的。为了增强槽壳的强度，槽壳四周和底部用筋板和工字钢加固。

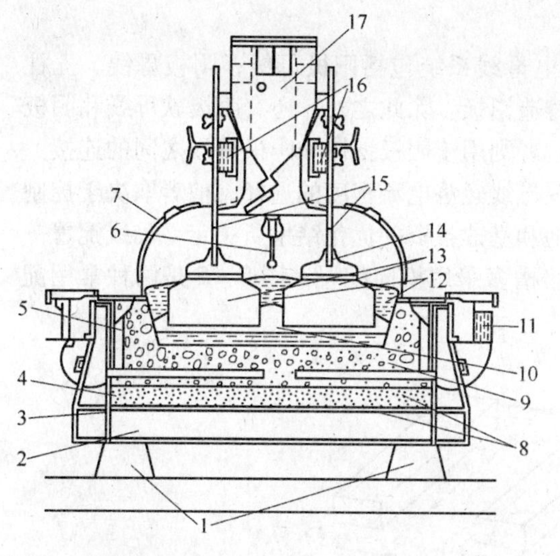

图 8-3　中间下料预焙槽结构

1—混凝土基础；2—托架（下面有电绝缘体）；
3—钢壳；4—保温层；5—槽内衬；6—打壳钢梁；
7—槽罩；8—阴极棒；9—铝液；10—熔盐电解质；
11—阴极母线；12—面壳、炉帮、伸腿；13—阳极炭块；
14—钢爪；15—导杆；16—阳极母线大梁；
17—氧化铝料斗

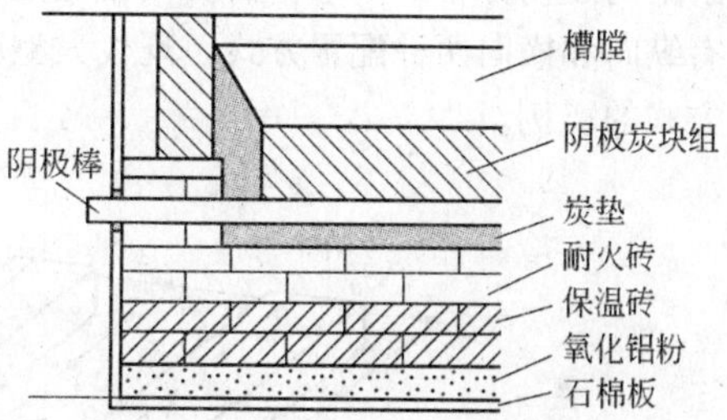

图 8-4　阴极装置结构示意图

阴极炭块组：它包括阴极炭块和钢棒。钢棒镶嵌在阴极炭块的燕尾槽内，也是用高磷生铁浇铸，使铁棒与炭块紧密连接在一起的。铝电解槽所用阴极炭块的品种、性能列于表 8-1 中。

表 8-1　铝电解用阴极炭块的品种、性能标准

指标 / 品种	堆积密度 (g/cm^3)	电阻率 ($\Omega \cdot cm$)	热导率 ($J/(m \cdot K)$)	灰分(%)	稳定常数	原料
无定形	2.0	30	6~12	3~8	0.6	无烟煤
石墨质	2.1	25	30~45	0.8	0.3	石油焦或沥青焦
半石墨化或石墨化	2.1	12	80~120	0.5	0.15	石油焦或沥青焦

石墨化及半石墨化炭块具有质地均匀，导电、导热性好等优点。

保温耐火砌体：它由各种耐火砖、保温砖砌筑而成。在槽壳中自下而上一般砌有 2~3 层石棉板，铺有一层 70mm 厚的 Al_2O_3 粉，再砌上 2~3 层硅藻土保温砖、2 层黏土砖、捣固（热捣或冷轧）一层炭素糊，最后按错缝方式安放好阴极炭块组、炭块间的缝隙要用底糊捣实填充。槽壳与其上窗口（阴极棒引出口）各处，均须用水玻璃、石棉灰调和料密封，以免在生产中炭块与空气接触而氧化。

电解槽的四侧由外至里地砌有石棉板（或作为伸缩缝）、耐火砖和侧部炭块。由槽壁内衬和槽底炭块围成的空间称为槽膛，其深度一般是 500~600mm。槽膛四周下部用炭糊捣固成斜坡，称为人工伸腿，以帮助铝液收缩于阳极投影区内。

整个槽壳安装在水泥基底上，槽壳与基底之间安放有电气绝缘材料，以确保安全生产。

无底槽的砌筑与有底槽是完全相同的。

（3）导电母线及其配置　铝电解槽的导电母线系统包括阳极母线；阴极母线、立柱母线和槽间连接母线。它们都是用大截面的铸造铝板。除此之外，还有阴极软母线和阴极小母线，前者用于立柱和阳极母线的连接，后者则用于阴极钢棒和阴极母线之间的连接。

导电母线系统最重要的是母线的配置以及母线经济电流密度的选择，前者取决于控制电解槽的磁场分布的要求，后者则由电能消耗和基建投资的优化结果所决定。母线配置一般有纵向和横向两种配置方式。现代大型预焙槽多采用横向配置，图 8－5 是两种常用配置方式的实例。

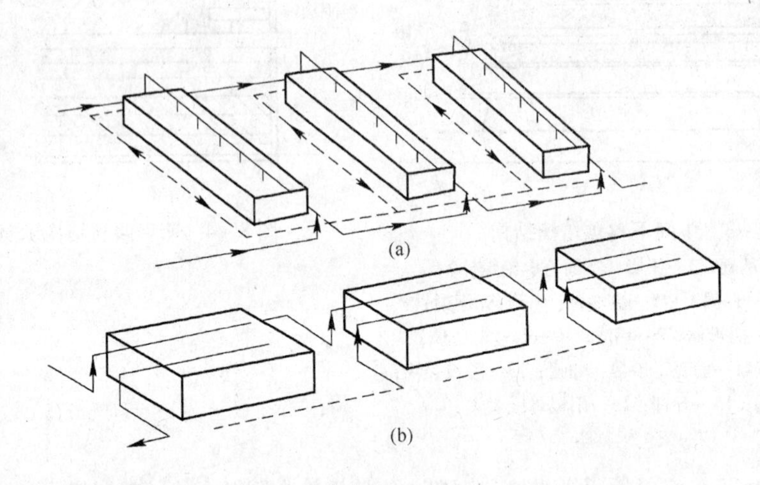

图 8－5　铝电解槽的母线配置

a—双端进电；b—单端进电

2. 连续式预焙阳极电解槽　这种电解槽仅在西德个别厂使用，其结构如图 8－6 所示。其电流强度为 110～120kA。它的显著特点是采用一种特制的炭糊将预制阳极块粘接在快耗尽的阳极上，炭糊在电解过程的高温下焦化，而将新旧阳极块结成为一个整体。电流从侧部导入。这种槽型与不连续预焙槽相比，消除了残极，阳极连续使用，无须更换阳极。同时也消除了因更换阳极而引起的电流分布不均、阳极消耗不匀的现象。而缺点是阳极接缝处电阻大，阳极结构复杂，热损失大。因而其技术经济指标低于不连续预焙槽。

二、自焙阳极电解槽

本世纪二十年代，铝工业受到铁合金电弧炉所用自焙电极的启发，开始采用自焙阳极。这种阳极在电解过程中只要定期地补充阳极糊，阳极就可以连续使用。因此，省去了阳极炭块的煅烧工序，而且没有残极需要处理，使生产成本大大降低。它与当时的小型预焙槽相比，阳极减少，操作简化；还能适应较大的电流强度，产能扩大，技术经济指标大为改善。所以很快地取代了小型多阳极预焙槽。目前，对于中、小型铝厂来说，这种电解槽仍具有投资少、见效快的优点。其电流强度一般为 60～80kA。铝工业最先采用的是侧部导电自焙槽，简称侧插槽，其结构如图 8－7 所示。本世纪 40 年代，又出现了上部导电

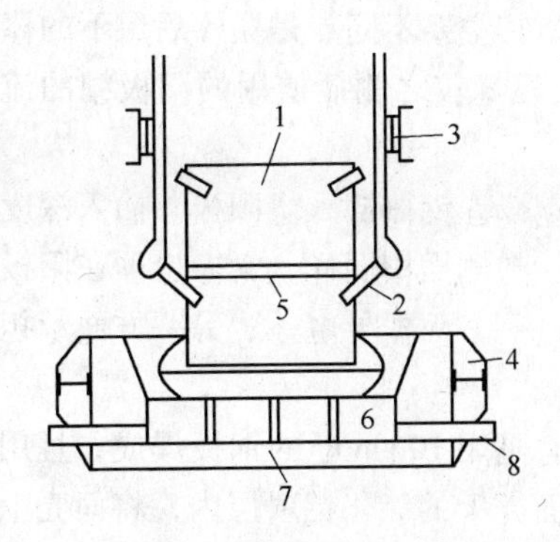

图 8－6 连续预焙电解槽

1—阳极炭块；2—阳极棒；3—阳极母线；4—槽壳；5—炭块接缝；6—阴极炭块；7—保温层；8—阴极棒

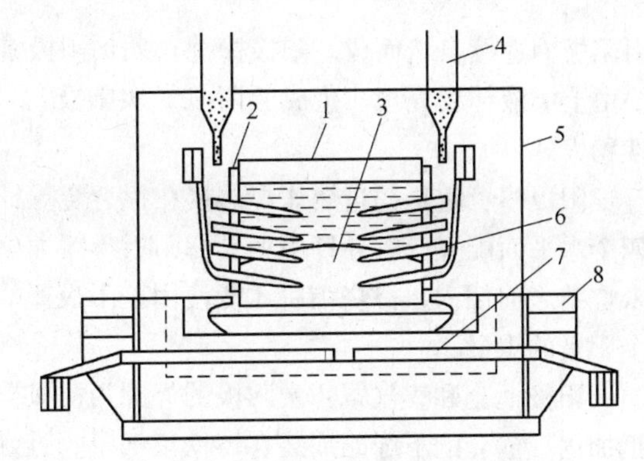

图 8－7 侧部导电自焙阳极电解槽

1—铝箱；2—阳极框架；3—阳极锥体（炭阳极）；4—Al_2O_3 料斗；5—槽罩；6—阳极棒；7—阴极棒；8—槽钢壳

自焙阳极槽，简称上插槽。上插槽较之侧插槽能进一步扩大阳极尺寸并简化阳极操作。这两种自焙槽的差别主要是阳极装置的不同。

1. 侧插槽　它的阳极装置由炭阳极、阳极框架以及阳极升降机构三部分组成。

（1）炭阳极　整个阳极的外部是安放在阳极框架中的 1～2mm 厚的铝板铆制的铝箱。阳极糊由铝箱上口加入。在电解过程中，阳极糊借助本身的电阻热和电解质传递来的热焙烧成型。焙烧后烧结成型的部分习称“阳极锥体”。阳极棒须在烧结前钉入，并与水平线成 15°～20°角。它共有 4 排，上面 2 排棒必须在阳极糊烧结成锥体后才能使用。下面 2 排为工作棒，与阳极小母线连接导电。在电解过程中，铝箱和炭阳极（锥体）一同消耗，阳极糊不断烧结焦化，保持锥体的稳定。因而称为连续自焙阳极。

（2）阳极框架　它由槽钢和钢板焊制而成，框在铝箱外围。它的下部挂有“U”形吊环，用来套住阳极棒头，使阳极能随着它一起升降。阳极框架装有滑轮组，通过钢丝绳悬挂在阳极升降机构上。它的作用除升降阳极外，还能起到维护铝箱外形，使之能够经受液体糊受热的膨胀作用。

（3）阳极升降机构　它主要由电机、减速机、滑轮组组成，其作用是在必要时升、降阳极。

除上述之外，现代侧插槽还安装有料（Al_2O_3）斗和阳极罩，或卷帘、吊门等，后者的作用是保障车间环境、收集废气以便净化处理。

2. 上插槽　上插槽的阳极装置如图 8－8 所示。它由炭阳极、阳极框套、集气罩、阳极气体燃烧器和阳极升降机构组成。

炭阳极：它与侧插槽炭阳极一样也是

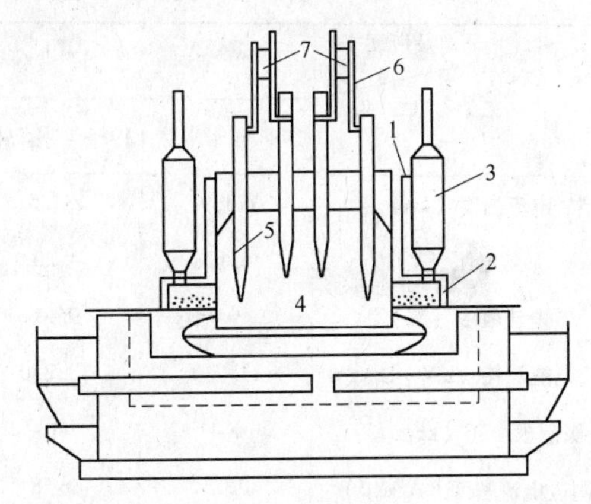

图 8－8 上部导电自焙阳极电解槽

1—阳极框套；2—集气罩；3—燃烧器；4—炭阳极；5—阳极棒；6—铝合金导杆；7—阳极母线大梁

由阳极糊连续自焙而成。阳极棒垂直插到阳极锥体内。其主要不同点是拔棒后留下的棒孔要由上层液体糊充填，生成所谓“二次阳极”，所以阳极糊较之侧插槽用的阳极糊的流动性稍大。

阳极棒：它是通过爆炸焊焊接在铝合金导杆上的钢棒。钢棒插入炭阳极，插入深度按四个水平面配置。铝导杆用夹具和阳极母线大梁紧接。与侧插槽同样，钢棒也须在阳极糊未烧结之前插入，待烧结后才能使用。阳极棒的作用，一方面作导电体；另一方面承担整个阳极的重量。

阳极框套和集气罩：炭阳极的外围为阳极框套，它是用10mm厚的钢板焊成，且用型钢加固。框套的下缘四周装有铸铁集气罩，且延伸到面壳上的氧化铝料层内，将面壳上部空间密闭起来。阳极气体汇集在集气罩内并在燃烧器内燃烧，然后再送去净化系统处理。

阳极上的主、副提升机构：主机用来升降阳极母线大梁和炭阳极，而副机用来升降阳极框套。

所述四种槽型各具特点，是根据工厂实际情况选定的。

目前，铝工业发展的主流是采用大型预焙槽。它们的产能已占世界总产能的40%，其次是上插槽（27%），侧插槽约为22%。近年来新建铝厂多采用大型中间下料预焙槽。

表8-2所示为四种电解槽的两项主要经济技术指标。表8-3为近年来一些铝业公司的先进指标。

表8-2　电解槽的主要技术经济指标

指标 \ 槽型	侧插槽	上插槽	预焙槽	连续预焙槽
电流效率（%）	88	88~89	88~90	87
电能消耗（kW·h/kgAl）	15	14	13	15.5

表8-3　近年来，世界铝电解的部分先进指标

指标 \ 公司及所属工厂 / 年份	法国铝业公司			美国铝业公司	瑞士铝业公司
	1984年卡莫依	1985年托玛格	1985年280kA试验槽	1984年蒙特亨利	1985年巴登EPT-18
电流强度（kA）	174.9	181.5	281.7	187	183
平均电压（V）	4.11	4.23	4.13	4.32	4.21
电流效率（%）	94	95.1	95.8	93.5~94	94
直流电能消耗（kW·h/kgAl）	13.030	13.250	12.840	13.650	13.300
炭阳极净耗（kg/t Al）	404	414	—	<410	395
阴极电流密度（A/cm^2）	0.75	0.78	—	0.74	0.74

除上述四种槽型外，铝工业界都在进行新型电解槽的研究，如多室电解槽，惰性阴极，惰性阳极电解等。但至今尚无工业应用的报道。

三、铝电解槽系列和电解厂房

1. *铝电解槽系列* 在铝电解生产中，是将许多同一类型的电解槽串联起来，组成电解槽系列的，每台电解槽的电流均相等。电解槽系列的槽数取决于所要求的产能及电流强度，此外，还与供电、整流的功率有关。一个电解铝厂，可以是一个系列，也可有多个系列。例如，一个年产三万吨铝的中型厂，若系列电流强度为80kA，电流效率为0.88，由150台左右的电解槽组成一个系列即可。

系列中的电解槽既可横向排列，也可为纵向。目前大型预焙槽系列多采用横向排列。纵向排列多用于中、小型电解槽系列。在电解厂房内，既可设置双行，也可排成单行。图8-9所示为电解槽系列横向双行排列。240台电解槽分设在两个厂房中。

2. *电解厂房* 电解厂房在结构上有双层和单层之分。所谓双层厂房，即二层楼式，工作面在楼上，而阴极母线系统和槽壳在楼下。现代大型预焙槽多采用双层结构。单层厂房则是将阴极母线设置在地沟之中，槽壳是安放在一个四方形地坑内。整个厂房应宽敞、明亮、通风良好。厂房内有走道，保证各种加工、操作机械的畅行。如有多个厂房时，它们都是互相平行的，厂房之间及其与铸造车间之间都有道路相通，并设有氧化铝贮槽。

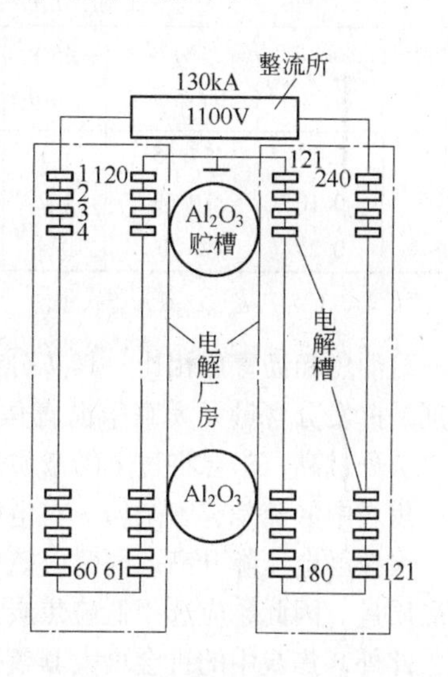

图8-9 电解槽系列的配置

为了保证电气安全，厂房地面必须用沥青砂浆铺设，保证电气绝缘，每台电解槽也必须与地面绝缘。

整流供电所一般放在厂房的一端。这样配置母线距离最短，为了确保供电连续稳定，可靠，一般要有备用电源。

此外，为了严格环境保护的要求，铝电解厂房所排出的废气必须净化处理，并要远离生活区，建在常年风的下风方向。

第三节 炭阳极生产工艺

铝电解过程需要大量消耗炭素材料，特别是炭素阳极，约为530~600kg/tAl。铝电解用炭素材料因槽型、用途、要求不同，其规格型号有别，但生产工艺大同小异。铝电解用炭素材料主要包括：阳极糊、预制阳极块、侧部炭块和底部炭块（即阴极炭块）四种。本节着重介绍炭素阳极材料——阳极糊和预制阴极块生产工艺。

一、生产炭素阳极的原料

生产炭素阳极的原料包括阳极主体组分（又称为骨料）和黏结剂两大部分。

1. *骨料——石油焦、沥青焦* 炭素阳极的骨料通常是采用石油焦，或石油焦与沥青焦的混合物。目前，国内炭素厂普遍采用延迟石油焦（简称延迟焦），它是油渣经高温加热，采用延迟焦化工艺所得到的产品。沥青焦是煤沥青蒸馏、焦化得到的产品。表8-4、表8-5所示是我国延迟焦和沥青焦的质量标准以及国产主要石油焦工业分析结果。

表 8-4　我国延迟石油焦和沥青焦的质量标准

项　　目		延迟石油焦			沥青焦
		一号 A 级	二号 A 级	三号 A 级	
灰分	不大于	0.3	0.5	0.8	0.5
水分	不大于	3.0	3.0	3.0	3.0
硫分	不大于	0.5	1.0	2.0	0.5
挥发分	不大于	10	12	16	10

表 8-5　我国主要石油焦的工业分析结果

产品	工业分析				元素分析				
	灰分（%）	挥发分（%）	水分（%）	真密度（1300℃）（g/cm^3）	碳（%）	氢（%）	硫（%）	氮（%）	氧及损失（%）
Ⅰ焦	0.14	14.95		1.361	93.12	3.83	0.38	1.64	1.03
Ⅱ焦	0.10	10.68	1.2	1.385	89.6	3.96	1.25	2.85	2.34
Ⅲ焦	0.23	2.20	0.4	1.726	94.19	1.10	0.28	2.46	1.97

注：Ⅰ、Ⅱ为延迟焦；Ⅲ为釜式焦。

石油焦和沥青焦相比，其灰分都小于0.5%，含硫量却高于沥青焦为0.5%～1.5%，特别是挥发分含量大大高于沥青焦。对于铝电解生产来说，无论是采用石油焦还是沥青焦，灰分过高，都会将过多的杂质带入槽内，从而影响铝的质量。

焦炭中的硫是有害杂质。在电解过程中，硫与钢制阳极棒作用，生成硫化铁膜，使得铁-炭接触电压降升高。同时，硫含量过高易使炭素制品开裂，电阻率增高，即降低炭素制品质量。因此，应选用低硫焦炭。

此外，焦炭中的钒会增大其氧化活性，所以要求钒含量低于0.02%。

2. *黏结剂-沥青*　黏结剂在炭素阳极中的主要作用是黏结固体炭粒（骨料），构成具有一定塑性的炭糊，并且在炭糊焦化过程渗入骨料之间，使阳极具有足够的机械强度。电解用炭素生产一般用煤沥青作黏结剂，它是煤焦油经高温分馏后的残渣，是多种碳氢化合物的混合体。通过溶剂萃取可将它分离为高分子（α）组分、中分子（β）组分和低分子（γ）组分。

沥青中的高分子组成是焙烧时形成焦化残炭的主要载体，它影响炭素阳极的孔隙度大小及强度。它没有黏结性，故高分子组分含量过多会影响沥青的黏结能力。在溶剂萃取时，它不溶于苯或甲苯。

沥青中起黏结作用的组分是中分子组分。中分子组分也不溶于苯或甲苯，但它溶于蒽油和吡啶。根据中分子组分在吡啶中的溶解度又可分为β_1和β_2两个组分，其中β_2的黏结性能最好。中分子组分常温时呈固态，加热到一定温度液化，进一步加热则焦化成焦炭。中分子组分的含量是沥青性能的重要指标，一般需要达到20%～35%才能制得合格产品。

沥青中的低分子组分的主要作用是起溶剂作用，能适当降低沥青的软化点。有利于改善沥青对焦炭颗粒的润湿性，并提高糊料成型时的可塑性。

生产炭素阳极对沥青的固定碳、挥发分和灰分的含量提出了要求。固定碳是沥青在隔绝空气的条件下，加热到800℃、干馏3h，排除全部挥发分后残留的总碳量。优质沥青的固定碳含量为50% ~55%。沥青中的挥发分约45%。灰分一般低于0.5%。除此之外，沥青中还含有低于0.2%的水分，应预先排除，沥青熔化后静置3天即可除去。

沥青依软化点的不同，可分为软沥青（48 ~51℃），硬沥青（80℃以上），和中硬沥青（65 ~75℃）三种。炭素阳极生产中，若制造预焙阳极和上插槽阳极糊一般选用硬沥青；侧插槽阳极糊一般选用中硬沥青。国外对煤沥青进行了大量的研究，表8 -6是国外炭素阳极用沥青的性质。

表8 -6　国外炭素阳极用沥青的性质

指　　标	阳 极 糊	预制阳极
软化点（℃）	90 ~105	95 ~110
喹啉不溶物（%）	10	12
甲苯不溶物（%）	30	
β树脂（%）	20	20
结焦残炭量（%）	55	55
密度（20℃）（g/cm^2）	1.30	1.30
C/H原子比	1.65	1.65
硫含量（最大值）（%）	0.5	0.5
水分（最大值）（%）	0.2	0.2
灰分（%）	0.2	0.2

二、炭素阳极生产工艺

炭素阳极生产的主要产品是阳极糊和预焙阳极块。它们生产的主要过程包括：原料准备、原料煅烧、破碎筛分、配料混捏、生块成型、生块焙烧和阳极组装，主干流程如图8 -10所示。

1. *原料准备和煅烧*　原料准备主要包括，原料的验收入库以及煅烧前的破碎。破碎工作由齿式对辊机，或颚式破碎机完成。破碎后的块度为50 ~70mm。

原料的煅烧是将石油焦，或沥青焦与石油焦的混合物在隔离空气的条件下高温煅烧，目的是排除原料中的水分和挥发分；促使单体硫气化和化合态硫的分解，从而提高原料的真密度、机械强度、导电性能和抗氧化性能。

煅烧用的设备有回转窑、罐式煅烧炉和电热煅烧炉。

罐式煅烧炉　罐式煅烧炉根据煅烧时，煅烧物料的流动方向与热气流总的流动方向的一致与否又分为顺流式和逆流式两种。

顺流式罐式煅烧炉由炉体、加料、排料和冷却装置、煤气（或重油）管道、挥发分集合通道和控制阀门、空气预热室、烟道、排烟机和烟道等几大部分组成。原料自上而下经过预热、煅烧、冷却三个阶段完成煅烧过程。

提高罐式煅烧产品质量的关键，是煅烧带的温度，必须控制在1250 ~1380℃。低于1250℃时，煅烧质量受到影响，产量也降低；过高，将烧坏罐体，缩短炉子寿命。

逆流式罐式煅烧炉与顺流式的主要区别在于原料走向与热气流总的流向相反。即热气体是由下而上，而原料是由上而下的。与顺流式相比，它具有原料适应性强；燃料基本上以原料的挥发分为主，故能量利用合理；产品的机械化程度也较高。图8 -11所示为逆流

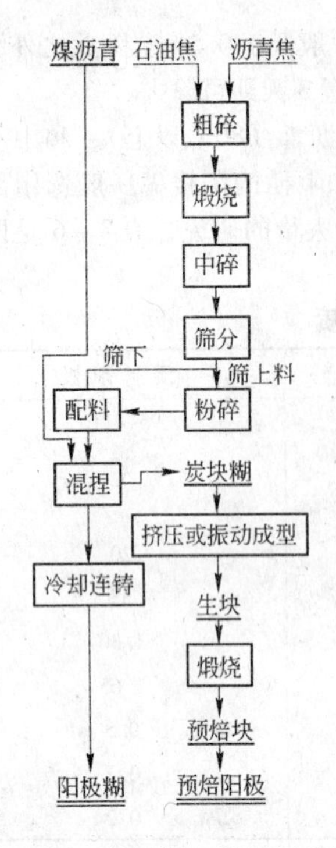

图 8-10　阳极糊、预焙阳极块的生产工艺流程

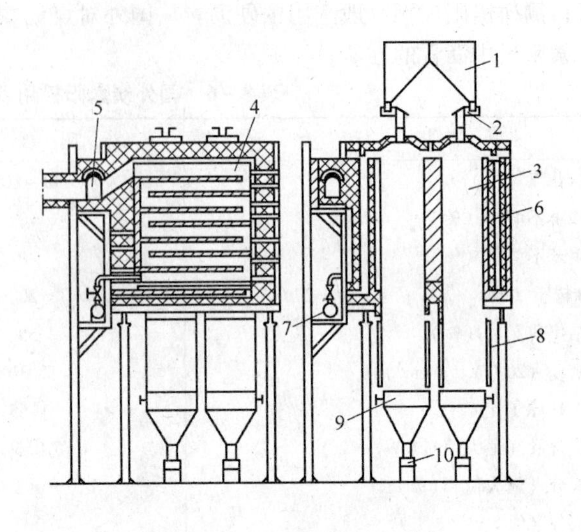

图 8-11　逆流式罐式煅烧炉

1—加料贮斗；2—螺旋给料机；3—煅烧罐；4—火道；5—烟道；6—挥发分道；7—煤气管道；8—冷却水套；9—排料机；10—振动输送机

式罐式煅烧炉。

除罐式煅烧炉外，原料还可采用回转窑煅烧。回转窑煅烧方式与罐式炉不同，原料是直接被火焰和热气流加热煅烧的。回转窑的几何尺寸取决于产量，较小的回转窑约ϕ1m×30m，而较大的可达ϕ2.5m×60m。

回转窑煅烧时，原料由窑尾加入，与热气流逆向运动。原料依次通过预热、煅烧、冷却三阶段，从窑头排出。煅烧带温度控制在1300~1350℃。稳定窑的热工制度是提高回转窑的产量和质量的关键。回转窑与罐式炉相比，具有结构简单、产量大、机械化程度高以及对原料适应性强等优点。缺点是产品的烧损大，实收率低以及维修频度较高。

2. *煅烧料的破碎、细磨和筛分*　在炭素阳极生产中，破碎与细磨对于制取质量高，性能稳定的制品具有重要意义。只有将煅烧后的焦炭破碎细磨成各种规定的粒度才能将它们配合成为堆积密度最大的骨料。焦炭中碎（1~20mm）后细磨至1~0.075mm。然后通过振动筛、回转筛、摇摆筛等设备分成不同粒级。

3. *配料和混捏*　配料是将不同粒级的焦粉（粒）按一定的比例配合。其目的是得到堆积密度较大而气孔率较小的炭极材料。表8-7所示是阳极糊和预制阳极常用的粒度配方。

据报道，日本新潟厂上插槽阳极糊焦粉粒度的配方为：12~3mm，18%；3~0.15mm，25%，球磨粉：47%；沥青：31%（冬季）；27%（夏季）。罗马尼亚斯拉提亚铝厂预制阳极块的粒度配方是：12~5mm，12%；5~1mm，32%；1~0.2mm，21%；0.2~0mm，35%；煤沥青加入量为17.5%。

表 8-7 炭阳极通常的粒度配方

产品	粒度组成（%）					沥青（%）
	+4（mm）	4~2（mm）	2~1（mm）	0.15~0.075（mm）	-0.075（mm）	
阳极糊	<2	20±3	15±3	10±3	38±3	31±2
预制阳极块	<2	18±3	17±3	10±3	35±3	21±2

配料之前先计算出不同粒级炭粉的数量，然后根据计算结果从各自的贮料斗（仓）称取不同粒度的焦粉。目前，称量工作一般由电动小车来完成。但更理想的方法是由电脑程序控制的自动计量来实现。

称取好的焦粉按规程配入沥青后，送往混捏。将不同粒级的焦粉和沥青均匀混合，形成密实程度较高的糊料。混捏操作一般是由混捏锅来完成的。混捏机械有双轴搅拌混捏锅、连续混捏锅、逆流高速混捏锅和加压混捏锅等类型。影响混捏的质量主要是混捏温度，一般应高于沥青的软化点50~80℃。在此温度下，沥青黏度小、流动性好、能充分浸润焦粉，保证所得糊料能压制成体积密度高、焙烧后孔度小、内部结构均匀、机械性能好的毛坯。混捏锅用蒸气和电加热。近年来，国内外研究的新工艺是采用联苯醚、三芳基二甲烷和矿物油作为加热载体。混捏时间通常为40~60min。

混捏产出的炭糊，经冷却成型，即为产品——阳极糊。

4. 生块的成型　成型是将混捏好的炭糊，通过挤压、振动或捣固等方法制成所需要形状和密度的半成品——生块。在预焙阳极的生产中，以往多用挤压方法，挤压设备有水压机、油压机、电动丝杠压力机等，如1500t油压机及1000t、2500t卧式水压机、3500t挤压机。挤压成型分为凉料、装料、预压、挤压和产品的冷却等过程。贯穿于整个过程的主要问题是正确掌握温度、压力和挤压速度。凉料和预压的目的是使糊料中的气体充分排出，达到较高的密度。适当地提高预压压力有利于提高成品密度和降低孔隙度，但机械强度并无显著提高，所以预压压力不是越大越好。目前3500t油压机具有抽气装置，可使料室中糊料的气体更充分地排除。

目前已逐渐采用先进的振动成型工艺来制备生块。振动成型的主要构造部分是振动台以及相应规格的模具和重锤，如图8-12所示。它能够生产出2250mm×750mm×900mm、每块达2.5t的大型预焙阳极生块。振动成型的工作原理是通过振幅不大，但频率较高（2000~3000次/min）的振动，使炭糊获得相当大的触变速度和加速度，在颗粒间的接触边界上产生应力，引起颗粒的相对位移，使糊料内部空隙不断降低，密度逐渐提高，达到成型的目的。振动成型产品与挤压产品的质量对比列于表8-8。

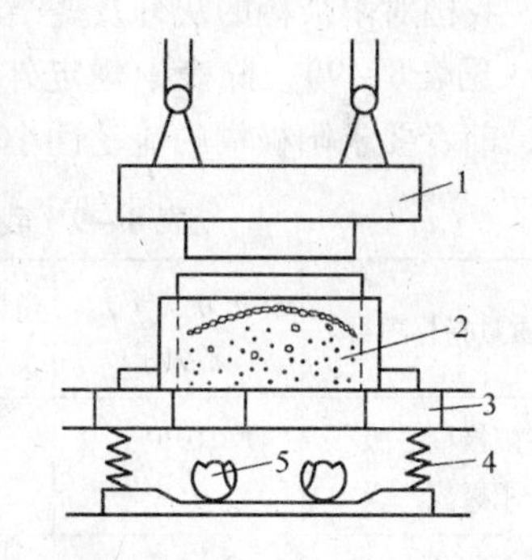

图8-12　振动成型示意图
1—重锤；2—成型模；3—双轴振动台；4—减震弹簧；5—振动器

5. 生块焙烧　生块焙烧是将成型后的生块在隔绝空气条件下加热，使黏结剂焦化。包裹在炭粒周围的沥青经焦化后构成成品中的碳质网格层，产生桥联加固作用。因此，焙烧成品性能在很大程度上取决于焙烧过程中沥青的转变，即与焙烧后生成的析焦量有关。

表 8-8　振动成型与挤压成型产品的质量比较

生块截面尺寸（mm）	成型方法	真密度（g/cm^3）	体积密度（g/cm^3）	真气孔率（%）	抗压强度（MPa）	电阻率［$\Omega(mm)^2/m$］
预制　400×400	振动成型	2.04	1.53	25.0	39.12	48.5
阳极　400×400	挤压成型	2.04	1.50	27.18	34.32	52.9
底部　400×400	振动成型	1.87	1.56	16.89	38.63	56.7
炭块　400×400	挤压成型	1.86	1.54	29.91	29.91	64.6

进行生块焙烧的炉型有多室连续焙烧炉（环式炉）、隧道窑。现在大型厂广泛采用多室炉。它有32室，18室和16室几种类型，每个炉室分隔成几个制品料箱（电极箱）。炉室用煤气加热，炉室上部为活动炉盖。

焙烧工艺基本程序是，装炉、点火升温、保温、冷却、出炉、清砂和检测。对于大型炭素阴极来说，焙烧时间达400余个小时，焙烧温度最高为1350℃，整个作业应该按照规定的温度曲线来进行。

焙烧后的炭块出炉后，在清除表面的填充料（冶金焦粒），检测合格即为产品——预制炭素阳极。组装后即可供电解槽使用。

铝电解槽用的阴极炭块和侧部炭块的制备过程与预制炭阳极的生产过程是一样的。此外，铝电解槽筑炉用粗缝糊、细缝糊，其生产工艺流程与阳极糊相同，仅仅在原料配方上有所不同。

三、炭素阳极的质量标准

1. 阳极糊　阳极糊用于自焙阳极的铝电解槽，电解过程中阳极析出的氧使阳极不断消耗，实践表明，阳极糊的质量对铝电解生产的工艺、能耗指标、产品质量都有影响。目前，我国对阳极糊的灰分及烧结试样的电阻率、抗压强度、真气孔率等项指标都有规范要求（见表8-9）。除表中规定外，在塑性方面，侧插阳极与上插阳极提出的要求有所不同，前者要求阳极糊的流动性小，而后者则希望适当大些。

表 8-9　我国阳极糊、预制块、阴极炭的质量标准

质量指标项目	灰分（%）不大于	电阻率［Ω（$mm)^2/m$］不大于	抗压强度（MPa）不小于	真气孔率（%）不大于	破损系数不大于
阳极糊一级	0.5	80	27.0	32	
阳极糊二级	1.0	80	27.0	32	
预制阳极一级	0.5	60	35.0	26	
预制阳极二级	1.0	65	35.0	26	
阴极炭块	8	60	30.0	23	1.5

注：侧部炭块使用条件与阴极炭块相同，因此原料、工艺基本相同，不作测定。其电阻率、破损系数质量指标也都相同。

有些铝厂认为除上述要求外，还应考虑检测阳极糊的延伸率、体积密度和热加工收缩率。

2. 预制阳极块（炭阳极）　对预制阳极来说，上述质检项目也有要求（见表8-10）。随着铝电解槽的大型化，炭阳极的热负荷和机械负荷都有提高，故还应考虑炭阳极的抗折强度、热导率、热膨胀系数和热应力阻力。

一些铝电解工厂对炭阳极的质量要求见表8－10。

表8－10　铝电解生产对炭阳极（预焙块）的质量要求

灰分（%）	硫含量（%）	体积密度（$g \cdot cm^{-3}$）	真气孔率（%）	空气渗透率（$cm^3 \cdot min^{-1}$）	电阻率［$\Omega(mm)^2 \cdot m^{-1}$］	抗压强度（MPa）	抗折强度（MPa）	脱落度①（$mg \cdot cm^{-2} \cdot h^{-1}$）	氧化度①（$mg \cdot cm^{-2} \cdot h^{-1}$）
≯0.6	≯1.5	≮1.55	≯23～25	≯1	≯65	≮32	≮12	≯20	≯90±10

① 均是在 CO_2 气流中的脱落度和氧化度。

3. *阴极炭块和侧部炭块*　阴极炭块在电解槽中既是导电材料，又是耐火材料。侧部炭块则不需要起导电作用。它们在电解过程不消耗，但其质量（见表8－9）对槽寿命影响较大。为了提高其使用寿命，可以在配料时添加石墨碎块。或天然石墨，如日本添加半石墨化的无烟煤，能提高对电解质及铝液的抗侵蚀性。

第四节　冰晶石及氟化盐生产

一、冰晶石的生产工艺

冰晶石即氟铝酸钠，分子式为 Na_3AlF_6，或 $3NaF \cdot AlF_3$。它有人造冰晶石和天然冰晶石两种。天然冰晶石只在格陵兰岛有巨大的工业矿床，它因外观酷似冰而得名。铝电解用冰晶石基本上是人造冰晶石。

人造冰晶石（以下简称冰晶石）生产方法主要有酸法、碱法、干法和磷肥副产法多种。目前以酸法应用最广。其生产工艺流程如图8－13所示。

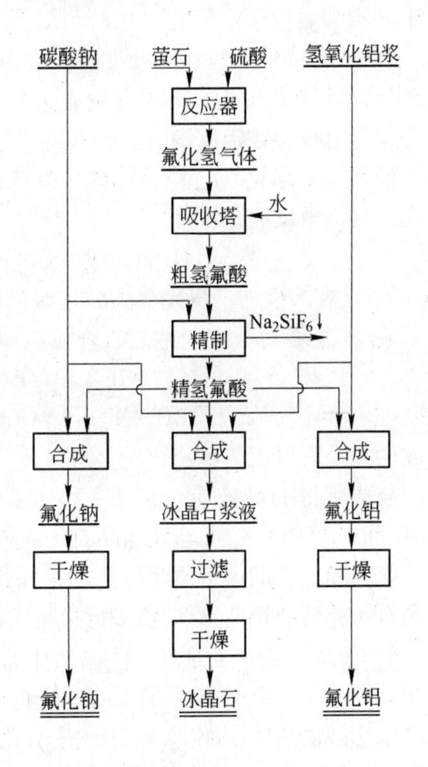

图8－13　酸法生产冰晶石、氟化铝、氟化钠的流程图

酸法生产冰晶石工艺主要包括：制酸、粗酸精制、合成冰晶石（即制盐）、成品过滤和干燥等工序。

1. *萤石分解*　这一过程的目的是制取氟化氢气体。所用原料是萤石精矿粉和硫酸。在分解之前，天然萤石矿精矿（CaF 含量97%以上）必须经过干燥除去附着水分，然后进行破碎、细磨，要求0.075mm（200目）筛上残余量少于10%。所用硫酸的浓度不得低于90%。萤石和硫酸按1∶1.2～1.3的比例在螺旋混合器内混合均匀，时间约5～6min。混合料进入回转窑后发生：

$$CaF_2 + H_2SO_4 \xlongequal{} CaSO_4 + 2HF\uparrow$$

该反应在混合器内实际上已经开始。为了使反应进行完全，炉内气相温度应控制在280±10℃的范围内。与此同时，萤石中的杂质SiO_2将与HF反应：

$$SiO_2 + 4HF \xlongequal{} SiF_4 + 2H_2O$$

并转变为H_2SiF_6，最后以Na_2SiF_6形态除去，每1kg SiO_2将消耗2kg氟化氢。因此，生产中规定萤石中SiO_2的含量应低于1%。此外，萤石中的$CaCO_3$也应低于1.2%。因为它也将耗费硫酸，并产生大量CO_2气体，妨碍操作，并于生产环境有害。

2. *氟化氢气体的吸收* 由回转窑排出的气体——HF，先经过装有冶金焦或石墨棒的焦子塔，以降低温度、除去其中的硫酸蒸气、SO_3和$CaSO_4$粉尘。然后用水按多级反向的方式吸收。也就是使氟化氢气体流过几个串联的吸收塔，新鲜水由最后一级加入，吸收尾气中的氟化氢，得到的稀氢氟酸再送到前一级吸收HF气含量较高的气体。这样逐级吸收后，从最前一级吸收塔得到浓度最高的氢氟酸。显然吸收级数越多、所得氢氟酸的浓度越高。但应确定一个合理的经济级数。吸收塔一般为钢制，塔内必须内衬橡胶并用酚醛塑料灰泥作黏结剂，另衬有两层炭砖。吸收塔也可采用铅塔和塑料塔。为了扩大气-液接触时间，塔内充填有焦炭、木格等。吸收时，吸收液自上而下、气体则自下而上。在吸收时酸液必须加以冷却，以提高酸的浓度。通常所得氢氟酸称为粗酸，其浓度为28%~30%。

3. *粗酸精制* 因为在吸收过程中SiF_4气体会与HF气体生成H_2SiF_6，粗酸是不纯的。H_2SiF_6含量与萤石中的SiO_2含量有关，通常波动在2%~10%的范围内。这样的氢氟酸精制后才能用来合成铝电解所需的高纯度冰晶石和其他氟化盐。

精制（或净化）过程一般在衬有橡胶、并带有搅拌器的钢槽内进行。精制是用纯碱处理，其化学反应是：

$$H_2SiF_6 + Na_2CO_3 \xlongequal{} Na_2SiF_6 + H_2O + CO_2\uparrow$$

Na_2SiF_6是难溶性的，沉降分离后，溢流即为精制的氢氟酸。

4. *冰晶石的合成* 冰晶石合成原理可用下面反应式表示：

$$6HF + Al(OH)_3 \xlongequal{} H_3AlF_6 + 3H_2O$$

$$2H_3AlF_6 + 3Na_2CO_3 \xlongequal{} 3Na_3AlF_6 + 3H_2O$$

生成的冰晶石以沉淀析出。

合成所得的母液应余留2~3g/L游离HF，否则Na_2SiF_6、Na_3FeF_6将水解成$SiO_2 \cdot nH_2O$和$Fe(OH)_3$的形态和冰晶石一起析出，降低成品的质量。

电解铝生产的电解质为酸性的，即其中的冰晶石摩尔比小于3。故可以直接生产酸性冰晶石，此时应调节氢氧化铝和纯碱的用量。使产品冰晶石的摩尔比通常为2.4左右。

5. *成品干燥* 经过滤、洗涤的冰晶石滤饼通常含水15%~20%，需要在回转窑（或干燥器）中于130~140℃的温度下进行干燥，予以排除。干燥得产品即为成品冰晶石。

采用酸法生产一吨冰晶石，需消耗0.69~0.71t氢氟酸、0.29~0.30t $Al(OH)_3$和0.8~0.9t Na_2CO_3、综合能耗约30~40GJ，相当于1.2~1.5t标准煤。我国国产冰晶石的质量标准示于表8-11。

二、生产冰晶石的其他方法

生产冰晶石，除酸法（即硫酸法）外，还有磷肥副产法、碱法和干法。

1. *磷肥副产冰晶石法* 磷酸盐矿石中含氟约3%～4%。在磷肥生产的废气中以HF（气）和SiF_4（气）的形态排出。将这种废气回收制得氟硅酸钠，加适量的水配制成含氟为50g/L左右的溶液，在强烈的搅拌下，缓缓加入氨水调整pH值到8.5～9.0，此时硅胶即可完全析出。过滤所得的溶液加入稀硫酸，调整pH值至5.5。然后加热到90℃以上，在不断搅拌下缓慢加入固体硫酸铝，反应半小时，再加入纯净的NaCl溶液，继续搅拌反应一小时，即可制得冰晶石。过程的主要化学反应为：

$$Na_2SiF_6 + 4NH_4OH \longrightarrow 2NaF + 4NH_4F + SiO_2 \cdot nH_2O$$

$$4NaF + 8NH_4F + Al_2(SO_4)_3 + 2NaCl \xrightarrow[90℃以上]{pH5.5}$$

$$2Na_3AlF_6\downarrow + 3(NH_4)_2SO_4 + 2NH_4Cl$$

此时，溶液的pH值降为1～2，须用氨水调整到3～4，冰晶石即可沉淀析出。经沉降分离，底流用清水反复洗涤，然后用离心机分离，再经干燥即得成品。磷肥副产冰晶石中磷（P_2O_5）含量必须低于0.05%，才能在电解中使用，否则将造成电解电流效率的降低。

2. *碱法生产冰晶石* 碱法的特点是无须生产HF，对萤石的质量要求也不高，所有作业都可以在钢制器械中进行。其过程是将萤石粉碎至0.25mm（60目），与石英粉和纯碱，按1.3∶0.7∶1的比例混合，在900～950℃的温度下进行烧结：

$$CaF_2 + Na_2CO_3 + SiO_2 \longrightarrow 2NaF + CaSiO_3 + CO_2\uparrow$$

烧结过程可以在回转窑中进行，也可以采用反射炉灼烧。

烧结块经粉碎后，在搅拌浸出槽内用水浸出，NaF进入溶液，其余为残渣，经洗涤后丢弃。NaF溶液经澄清后，用硫酸将其pH值调至5左右，并加热至85℃，加入热硫酸铝溶液后发生反应

$$12NaF + Al_2(SO_4)_3 \longrightarrow 2Na_3AlF_6 + 3Na_2SO_4$$

经过滤、洗涤、干燥和粉碎即得成品——冰晶石。

在碱法合成冰晶石时，除上述方法外，还可将含NaF的溶液和铝酸钠溶液一起进行碳酸化分解：

$$6NaF + NaAlO_2 + 2CO_2 = Na_3AlF_6 + 2Na_2CO_3$$

这种冰晶石往往含有Al_2O_3，但不妨碍它在铝电解生产中使用。

冰晶石的生产除上述方法外，还有干法，其工艺要点是采用氟化氢气体在400～700℃下，通过氢氧化铝，氯化钠或碳酸钠，于720℃下煅烧，生成的氟铝酸再与氯化钠反应制冰晶石。

表8-11 国产冰晶石的质量标准（%）

质量项目	F	Al	Na	$Fe_2O_3 + SiO_2$	SO_4^{2-}	附着水
优级品	≥54	≤15	≤31	≤0.45	≤1.5	≤0.5
一级品	≥53	≤13	≤31	≤0.45	≤1.5	≤1
二级品	≥51	≤12.5	≤31	≤0.6	≤1.5	≤1.5

三、其他氟化盐的生产

1. *一般生产工艺原理* 除冰晶石外，还有氟化铝、氟化钠、氟化镁等氟化盐也同样

需要专门制取。其工艺原理，除氟化铝是用氢氧化铝与氢氟酸作用制取外，其余氟化盐也用相应的碳酸盐，如 Na_2CO_3，$MgCO_3$ 与氢氟酸作用来制取。其相应反应式如下：

$$Al(OH)_3 + 3HF \xlongequal{} AlF_3 \cdot 3H_2O$$

$$Na_2CO_3 + 2HF \xlongequal{pH8\sim9} 2NaF + H_2O + CO_2 \uparrow$$

$$MgCO_3 + 2HF \xlongequal{} MgF_2 + H_2O + CO_2 \uparrow$$

生产中所得的氟化铝带有三个结晶水，必须在300℃下进行脱水，制得含0.5个 H_2O 的氟化铝。再进一步提高温度到500～550℃完全脱水，但此时会使产品发生水解而出现 Al_2O_3 杂质，并有HF排出：

$$2(AlF_3 \cdot 0.5H_2O) + 2H_2O \xrightarrow{500\sim550℃} Al_2O_3 + 6HF$$

从而影响氟化铝的质量，故脱水过程一般在350～400℃下进行。

表8－12、表8－13分别是国产 AlF_3、NaF的质量标准。

表8－12　国产氟化铝的质量标准（YB591—75）

质量项目	F（%，大于）	Al（%，大于）	Na（%，不大于）	$SiO_2 + Fe_2O_3$（%，不大于）	SO_4^{2-}（%，不大于）	H_2O（%，不大于）
一级品	61	30	4	0.4	1.4	7.5
二级品	60	30	5	0.5	1.6	7.5

表8－13　国产氟化钠的质量标准

质量项目	NaF（%）	Na_2CO_3（%）	Na_2SiF_6（%）	SiO_2（%）	Na_2SO_4（%）	HF（%）	H_2O（%）	不溶物（%）
一级品	98	0.5	0.5	0.5	0.5	0.5	0.5	0.5
二级品	94	1.0	0.8	2.0	1.0	0.5	1.0	3.0

铝电解用氟化镁的质量标准是：Mg≥91%～98%，Na≤0.1%；Ca≤0.1%。

氟化钙通常由天然萤石精选而成，要求CaF≥95%，CaO＜2%，SiO_2＜1%。

2. 干法生产氟化铝　目前，干法生产氟化铝工艺将逐渐成为生产氟化铝的主要方法。其工艺特点是，氟化氢气体不用水吸收，直接进入流化床反应器与固体氢氧化铝进行气固反应。干法省去原酸法中的制酸、精制、氟化铝过滤、干燥等工序，因而简化了流程，并且提高了产品质量，节约了原料与燃料和改善了环境。表8－14所示，为干法与酸法生产氟化铝的主要技术经济指标的比较。图8－14为瑞士布斯公司干法生产氟化铝的工艺流程图。

表8－14　酸法、干法制取氟化铝的技术经济指标比较

工艺方法	AlF_3(%)	萤石单耗（kg）	硫酸单耗（kg）	能量单耗（标准煤）（kg）	氢氧化铝单耗（kg）	排出石膏渣（t/t）	氟化铝含水（%）
酸法	85	1680	2460	776	966	4	5～7
干法	90～92	1490	1850	288	1000	2.5	0.5

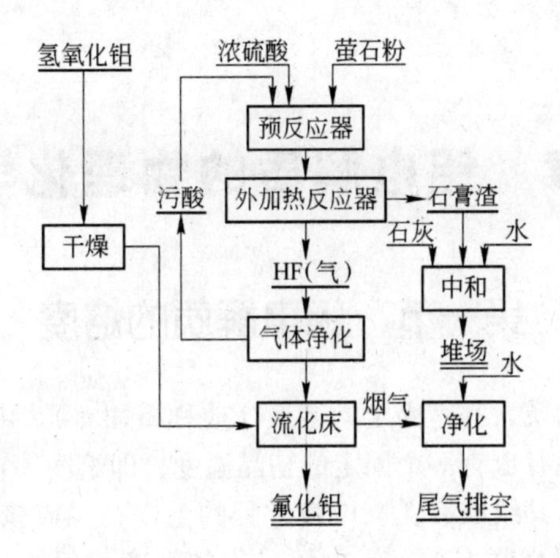

图 8 – 14　瑞士布斯公司干法生产氟化铝的工艺流程

第九章　铝电解质的物理化学性质

第一节　铝电解质的熔度

任何一种纯的晶体物质，都有固定的熔点（或称凝固点）。由两种或更多的晶体物质组成的混合熔体，在冷凝时也有一个固定的初晶温度，即熔度。它是随混合熔体的组成而变化的。电解质的熔度与其组成有关。电解过程的温度至少应该高出电解质的熔度20～30℃，是与电解质的组成相联系的，铝电解过程的温度一般为950℃左右，比铝的熔点（660℃）高了很多，如果铝电解过程的温度能够降低，对于降低电能消耗，减少电解质的损耗，延长设备的寿命都有好处。这也就是研究电解质熔度的意义。

与铝电解质有关的体系主要有 $NaF-AlF_3$、$Na_3AlF_6-Al_2O_3$ 二元系，$Na_3AlF_6-AlF_3-Al_2O_3$ 三元系以及在此三元系基础上的多元系。

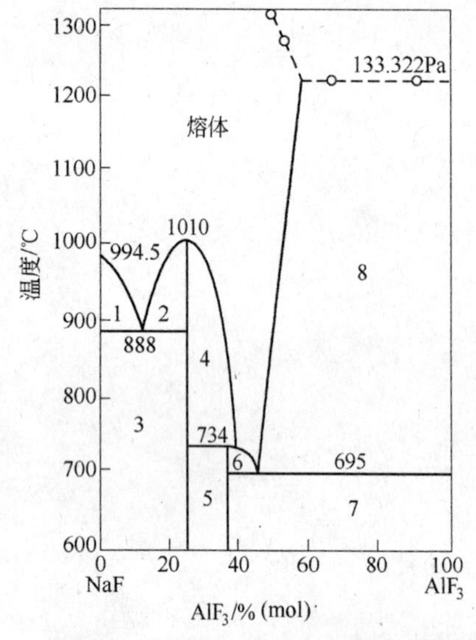

图 9-1　$NaF-AlF_3$ 二元系相图

1—NaF + 熔体；2—Na_3AlF_6 + 熔体；
3—NaF + Na_3AlF_6；4—Na_3AlF_6 + 熔体；
5—Na_3AlF_6 + $Na_5Al_3F_{14}$；6—$Na_5Al_3F_{14}$ + 熔体；
7—$Na_5Al_3F_{14}$ + AlF_3；8—AlF_3 + 熔体

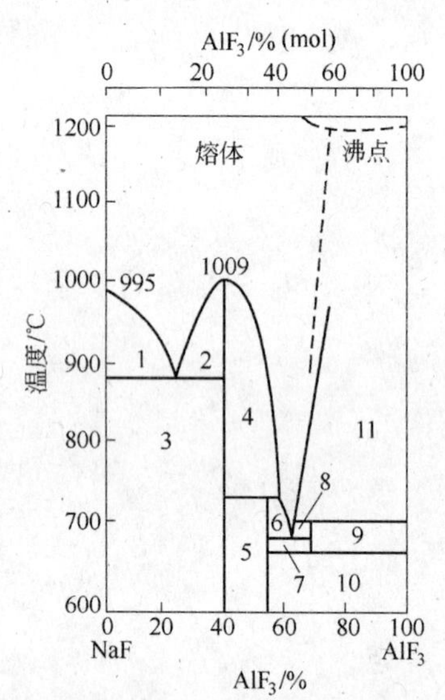

图 9-2　$NaF-AlF_3$ 二元系相图

1—NaF + 熔体；2—Na_3AlF_6 + 熔体；
3—NaF + Na_3AlF_6；4—Na_3AlF_6 + 熔体；
5—Na_3AlF_6 + $Na_5Al_3F_{14}$；6—$Na_5Al_3F_{14}$ + 熔体；
7—$Na_5Al_3F_{14}$ + $NaAlF_4$；8—$NaAlF_4$ + 熔体；
9—AlF_3 + $NaAlF_4$；10—$Na_5Al_3F_{14}$ + AlF_3；
11—AlF_3 + 熔体

一、$NaF-AlF_3$ 二元系

在该二元系中，已经证明有两个化合物，即冰晶石和亚冰晶石（$Na_5Al_3F_{14}$），存在两

个共晶点（见图 9－1）。此外还有一个有争议的化合物——单冰晶石（$NaAlF_4$）(见图 9－2)。冰晶石是 $NaF-AlF_3$ 二元系中的稳定化合物，熔点为 1000～1010℃，对应点的组成为 $AlF_3$40%，NaF60%。其 NaF 和 AlF_3 的摩尔数之比正好等于 3，即 NaF：AlF_3（mol）=3。工业上称为冰晶石的摩尔比。摩尔比为 3 的冰晶石的电解质称之为中性电解质，摩尔比大于 3 的称为碱性，小于 3 的则称为酸性。在国外，通常用其质量比表示冰晶石的酸碱性，它与摩尔比的关系是：摩尔比（MR）=2 质量比（WR）。

从图 9－1 或图 9－2 可知，在纯冰晶石熔体中添加 NaF 或者 AlF_3，都使得混合熔体的初晶温度下降，这是工业上采用酸性电解质（MR=2.8～2.6）的原因之一。

在 $NaF-Na_3AlF_6$ 一侧为简单的二元共晶系，共晶成分为：NaF77%＋$AlF_3$23%；共晶温度为 888℃。

在 $Na_3AlF_6-AlF_3$ 一侧，在 735℃时，冰晶石晶体和熔体（液相）将发生包晶反应：$Na_3AlF_{6(晶)}$＋熔体＝$Na_5Al_3F_{14(晶)}$。$Na_5Al_3F_{14}$ 称为亚冰晶石，它在 735℃以下是稳定的，高于 735℃时将分解。

关于单冰晶石（$NaAlF_4$），金诗伯（H Ginsberg）等认为是 AlF_3 晶体和液相在 710℃时进行包晶反应的产物：$AlF_{3(晶)}$＋熔体$_{(液相)}$＝$NaAlF_{4(晶)}$，它在 710℃以上是不稳定的，低于 680℃它又将分解为亚冰晶石和氟化铝。但是霍姆（Holm）否认 $NaAlF_4$ 的存在。

在 $Na_3AlF_6-AlF_3$ 分系中，也存在一个共晶点，其组成为 $AlF_3$63%，NaF27%，共晶温度为 690℃。

二、$Na_3AlF_6-Al_2O_3$ 二元系

该体系是一简单共晶系，如图 9－3 所示。其共晶点在 21.1%（mol）Al_2O_3 处，共晶温度为 962.5℃。这说明在电解温度下，氧化铝的溶解度是不够大的。

三、$Na_3AlF_6-Al_2O_3-AlF_3$ 三元系

本体系是酸性电解质的基础。图 9－4 是其熔度图的一角；由图得知，该三元系有两

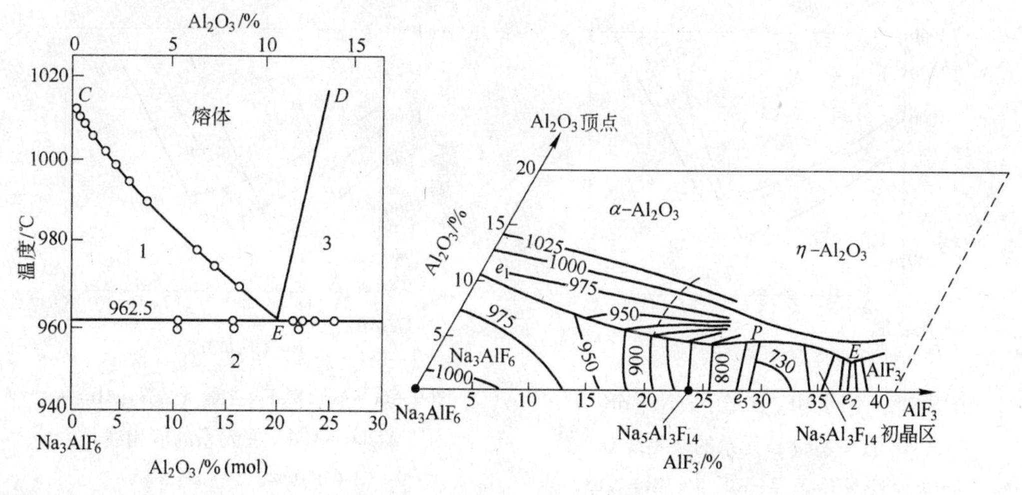

图 9－3　$Na_3AlF_6-Al_2O_3$ 二元系熔度图（图中化合物均为固相）
1—$\beta-Na_3AlF_6$＋熔体；2—$\alpha-Al_2O_3$＋熔体；3—$\beta-Na_3AlF_6+\alpha-Al_2O_3$

图 9－4　$Na_3AlF_6-Al_2O_3-AlF_3$ 三元系熔度图（P. A. Foster1975 年）

个三元无变量点 P 和 E。

P 点为三元包晶点（723℃），在此温度下所发生的包晶反应是：

$$L_P + Na_3AlF_{6(晶)} = Na_5Al_3F_{14(晶)} + Al_2O_{3(晶)}$$

其组成是：Na_3AlF_6，45.6%（mol）；AlF_3，48.6%（mol）；Al_2O_3，5.8%（mol）。

E 点为三元共晶点（684℃），组成：Na_3AlF_6，37.4%（mol）；AlF_3，58.5%（mol）；Al_2O_3，4.1%（mol）。在 E 点，存在有如下平衡：

$$L_E = Na_3AlF_{6(晶)} + AlF_{3(晶)} + Al_2O_{3(晶)}$$

佛斯特认为 Al_2O_3 的平衡物相是 $\eta - Al_2O_3$。

图9－5中所示的液相线分别是图9－4在冰晶石摩尔比为3、2.65、2.35时液相线。从中可以看到，随着 AlF_3 的增加，熔体初晶温度降低，如添10% AlF_3（图9－5）中的曲线3的熔体较之纯冰晶石－氧化铝熔体（曲线1）初晶温度降低约20℃，但是 Al_2O_3 的溶解度也随之降低。

一般说来，在纯盐熔体中添加其他化合物，都将使其初晶温度降低。这是由于纯盐化合物添加了其他化合物组成混合熔体后，化合物中的质点产生相互作用，削弱了原来质点间的相互作用之故。而当新添加的化合物的质点，如果正好又能形成一种新的化合物，则出现温度的峰值，如 $NaF - AlF_3$ 二元系中的冰晶石就是一例。

四、添加剂对电解质熔度的影响

如上所述，冰晶石－氧化铝熔体即使添加10%的 AlF_3，其电解温度仍高达960℃左右，故选择合适的添加剂以进一步降低熔体的初晶温度仍然十分必要。目前，常用的添加剂有 CaF_2、MgF_2、LiF 和 NaCl。

1. CaF_2 *对电解质熔度的影响*　氟化钙对电解质熔度的影响可从图9－6中得知，随着 CaF_2 添加量的增加，$Na_3AlF_6 - Al_2O_3$ 熔体初晶温度降低。

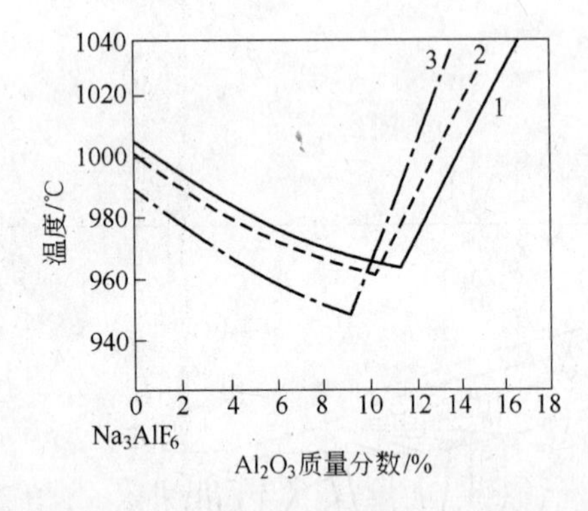

图9－5　不同 AlF_3 含量下，$Na_3AlF_6 - Al_2O_3 - AlF_3$ 三元系的液相线

1—AlF_3 8% MR＝3；2—AlF_3 5% MR＝2.65；3—AlF_3 10% MR＝2.35

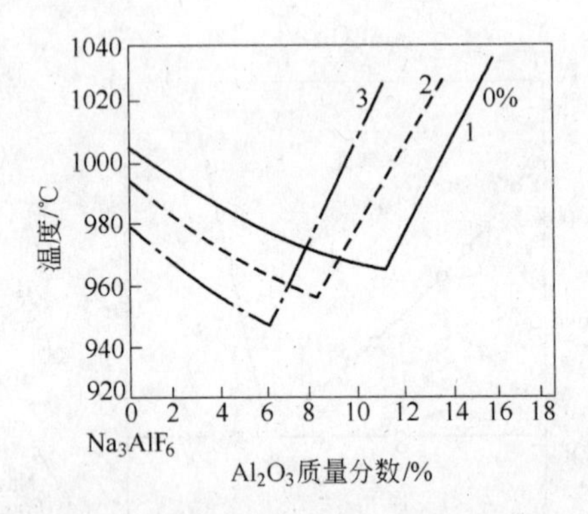

图9－6　不同 CaF_2 含量下，$Na_3AlF_6 - Al_2O_3 - CaF_2$ 三元系的液相线

1—CaF_2 0%；2—CaF_2 5%；3—CaF_2 10%

对于酸性电解质中添加 CaF_2 所形成的 $Na_3AlF_6 - AlF_3 - Al_2O_3 - CaF_2$ 四元系的熔度（t），有人提出了如下回归方程：

$t = 101.6 - 0.117[AlF_3]^2 - 0.0003[AlF_3]^4 - 6.65[Al_2O_3] + 0.168[Al_2O_3]^2 - 2.853[CaF_2]$

由上式 t 对［CaF_2］求导，可以得出酸性电解质中添加 CaF_2 时，熔体熔度与［CaF_2］含量的变化率为 -2.853，即 $dt/d[CaF] = -2.853$。式中［AlF_3］、［Al_2O_3］、［CaF_2］分别为熔体中 AlF_3、Al_2O_3、CaF_2 的质量百分含量。

2. MgF_2 对电解质熔度的影响　早在五十年代，铝电解生产中就采用 MgF_2 作为电解质的添加剂。对于 $Na_3AlF_6-Al_2O_3$ 熔体来说，添加 MgF_2 将使得熔体的初晶温度降低，见图 9-7，而且 MgF_2 的作用较之于 CaF_2 要更加明显。

对于酸性电解质，即 $Na_3AlF_6-Al_2O_3-AlF_3-MgF_2$ 系，熔体的初晶温度随着冰晶石摩尔比的降低，以及 MgF_2 添加量的增加而降低（见图 9-8）。据报道，若熔体组成为 84.5%（MR=2.4）+4% Al_2O_3 +11.5% MgF_2 时，其初晶温度为 882℃。这就是说，电解温度有可能降低到 900℃左右。

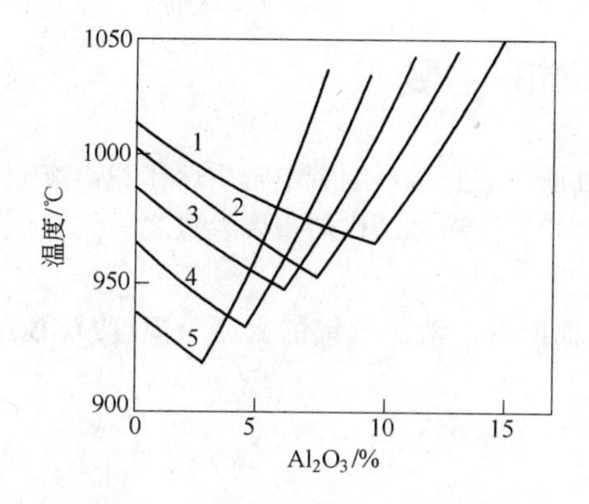

图 9-7　不同 MgF_2 含量下，$Na_3AlF_6-Al_2O_3-MgF_2$ 三元系的液相线

MgF_2 含量：1—0%；2—2%；3—5%；4—10%；5—15%

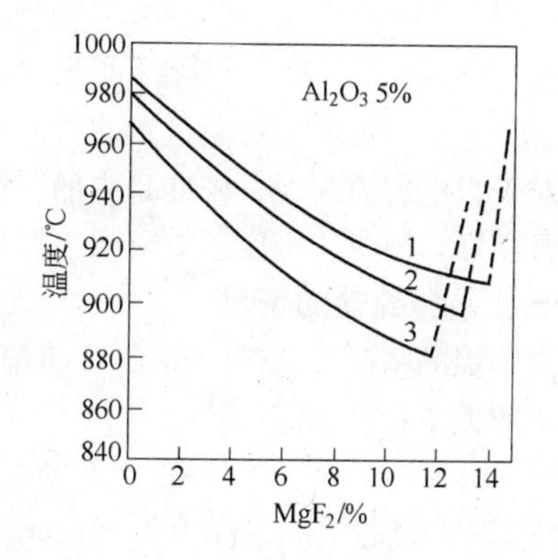

图 9-8　不同摩尔比时，酸性电解质初晶温度与 MgF_2 添加量的关系

MR：1—3.0；2—2.7；3—2.4

氟化镁加入到 Na_3AlF_6 熔体中，无论是酸性、还是碱性电解质，都将生成 $NaF \cdot MgF_2$（又称镁冰晶石）。此化合物在 $Na_3AlF_6-MgF_2$ 二元系 MgF_2 含量为 26% 有一平滑的峰值。目前，工业铝电解生产中，MgF_2 的添加量一般为 3%～8%。MgF_2 若和 LiF_2（或 Li_2CO_3）一起添加，降低熔体初晶温度的效果更加显著。

3. LiF 对熔度的影响　LiF 作为铝电解质的添加剂早在 1894 年就有人提及，但因其价格昂贵未能应用。近年来，锂盐价格逐渐降低，添加锂盐又重新得到重视。并且在工业上日益推广。

为了查明添加 LiF 对冰晶石-氧化铝熔体熔度的影响，M. 马林诺夫斯基和 K. 马其索夫斯基等人研究了 $Na_3AlF_6-Al_2O_3-LiF$ 三元系。结果表明，该体系存在一个三元共晶点，$t_{共晶}=697℃$，其组成为 59.8%（mol）Na_3AlF_6；4.5%（mol）$Al_2O_3$35.7%（mol）LiF。据报道，添加 5% LiF，电解质的初晶温度将降低 50℃左右。

目前，国内外都用碳酸锂（Li_2CO_3）代替氟化锂，因为碳酸锂在高温下和氟化铝作用即生成氟化锂，即：

$$3Li_2CO_3 \xrightarrow{720℃} 3Li_2O + 3CO_2 \uparrow$$

$$3Li_2O + 2AlF_3 \xrightarrow{960℃} 6LiF + Al_2O_3$$

但另有研究指出，碳酸锂的分解温度不是720℃，而是550～625℃。

此外，锂冰晶石（Li_3AlF_6）同样能使冰晶石－氧化铝熔体的初晶温度显著降低。例如，采用68% Na_3AlF_6 +25% Li_3AlF_6 +7% Al_2O_3 的电解质，铝电解的电解温度只有880℃。

4. NaCl对电解质熔度的影响　Na_3AlF_6－NaCl二元系为一简单共晶体系，共晶温度：737℃，组成：$Na_3AlF_6$30.7%。

Na_3AlF_6－Al_2O_3－NaCl也为一个简单共晶三元体系，共晶温度是735℃，但此时Al_2O_3的含量在1%以下。NaCl对初晶温度降低的梯度为4～5℃/1% NaCl，而氧化铝溶解度的降低速率为0.3%～0.4%/1% NaCl。含有NaCl的电解质对铁器和铜母线均有侵蚀，而且凝固后较坚硬致密，因此，铝电解槽中NaCl的添加量不宜超过10%。

第二节　铝电解质的密度

对于铝电解质来说，密度是它的一个重要的性质，它直接影响着电解质熔体和铝液分离是否良好。同时，密度还能反映出熔体的结构，是研究熔体结构的重要参数之一。

一、铝和纯盐的密度

固体铝的密度为2.79/cm^3，且随温度的升高而降低。液态的铝的密度与温度(t,℃)有如下的关系：

$$d_{Al.t} = 2.382 - 0.272 \times 10^{-3}(t - 658)$$

在960℃时，液态铝的密度为2.30g/cm^3。

纯冰晶石、氟化钠和氧化铝熔体的密度与温度存在如下关系：

$$d_{t.Na_3AlF_6} = 3.032 - 0.937 \times 10^{-3}t$$

$$d_{t.NaF} = 2.567 - 0.610 \times 10^{-3}t$$

$$d_{t.Al_2O_3} = 5.632 - 1.127 \times 10^{-3}(t + 273)$$

二、铝电解质基本体系的密度

1. NaF－AlF_3二元系熔体的密度　本体系的密度等温线绘制如图9－9中。由图可知，各密度曲线上各有一个最大值。最大值位于冰晶石组成点上，但略偏向NaF的一侧。峰值处曲线并不十分陡峻，其原因是冰晶石在熔点熔化时，发生了部分的热分解。温度的升高，曲线变得更加平缓，说明分解程度在变大。因此，密度的变化反映了熔体结构的变化，如温度升高，密度变小，熔体中AlF_6^{3-}离子增多。

2. Na_3AlF_6－Al_2O_3二元系熔体的密度　本体系的密度等温线如图9－10所示。显然，该熔体的密度随温度的升高及Al_2O_3含量的增加而降低，尽管纯Al_2O_3的密度很大（960℃时$d_{Al_2O_3}$=4.24g/cm^3），其原因是Al_2O_3在冰晶石熔体中生成了如$AlOF_3^{2-}$，$AlOF_2^-$等体积庞大的氟氧配离子。

3. Na_3Al－Al_2O_3－AlF_3三元系的密度　本体系熔体密度与熔体的组成的关系如图9－11所示。在具有实用意义的区域内，熔体的密度将随着熔体中Al_2O_3和AlF_3的含量的增加而降低。

三、添加剂对铝电解质熔体密度的影响

在选择铝电解质的添加剂时，必须考虑它对电解质熔体密度的影响，应该了解添加后

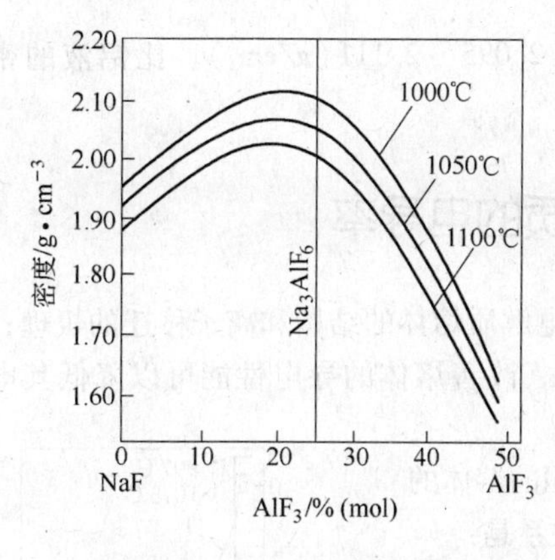

图 9-9　NaF - AlF_3 二元系密度等温线

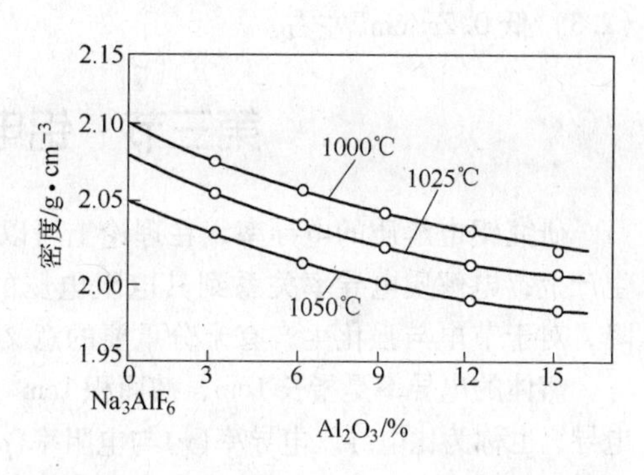

图 9-10　Na_3AlF_6 - Al_2O_3 二元系密度等温线

熔体密度是增大还是降低，以及影响的程度。

在常用添加剂中，CaF_2 和 MgF_2 的添加使电解质的密度增大。就影响程度而言，CaF_2 甚于 MgF_2（见图 9-12）。但是在添加量为 5% ~10% 时，对电解质的密度影响很小。

添加剂 NaCl 和 LiF 对 Na_3AlF_6 - Al_2O_3 系熔体密度的影响与之相反，它们都使熔体的密度明显地降低。

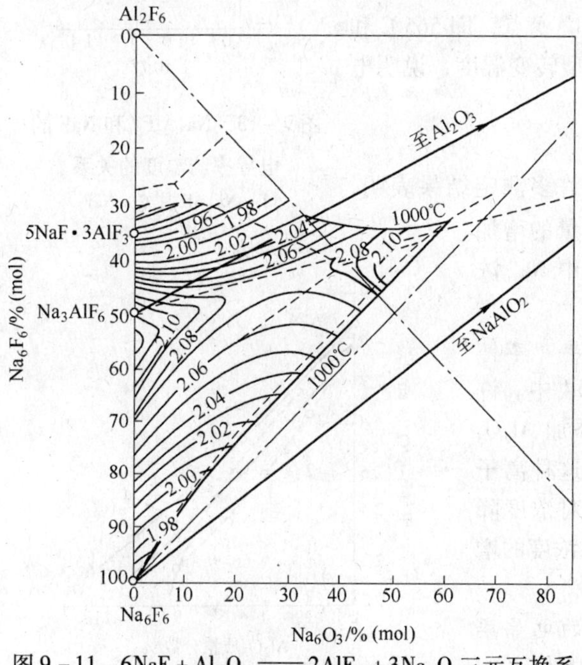

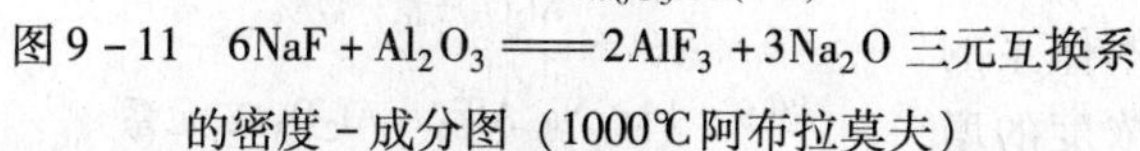

图 9-11　$6NaF + Al_2O_3 \Longleftrightarrow 2AlF_3 + 3Na_2O$ 三元互换系的密度 - 成分图（1000℃阿布拉莫夫）

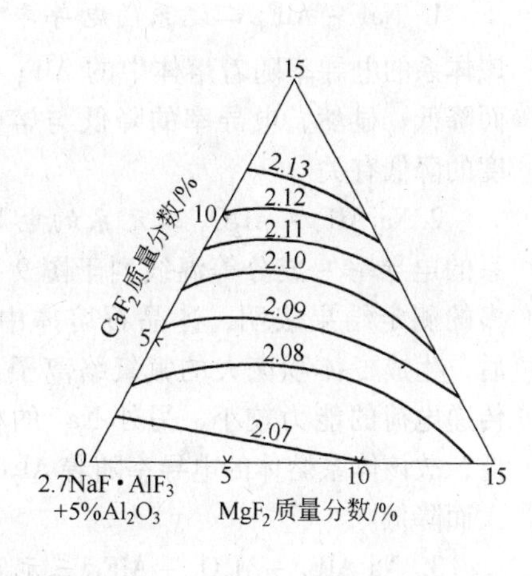

图 9-12　[$2.7Na_3AlF_6 + 5\% Al_2O_3$] - CaF_2 - MgF_2 混合体系的密度图

四、工业铝电解质的密度

在工业铝电解质中含有炭渣（或炭粒）和其他化合物，如炭化铝等，使得它的密度不同于纯盐混合物。此外，随着生产的进行，AlF_3 因挥发而损失、Al_2O_3 不断消耗电解质的密度是周期性地变化的。据报道，当工业电解质的摩尔比在 2.4 ~2.7 范围内，Al_2O_3 浓度为4%～6%，CaF_2 为2%～4%时，其密度为2.095～2.111(g/cm^3)。比铝液的密度(2.3)低0.2g/cm^3 左右。

第三节　铝电解质的电导率

研究铝电解质的电导率，在理论上可以了解电解质熔体的结构和离子移迁的机理；在生产上，电解质电导率关系到其电阻电压的高低，改善熔体的导电性能可以降低其电压降，对于节电与强化生产有十分重要的意义。

熔体的电导率是指长1cm，截面积1cm^2 的体积的熔体的电导，也称为比电导。电导率(χ)与电阻率(ρ)的关系是：

$$\chi = 1/\rho \ (\Omega^{-1} \cdot cm^{-1})$$

一、纯 NaF、Na_3AlF_6 熔体的电导率

纯 NaF、Na_3AlF_6 的电导率与温度的关系如图9－13所示，图中纵坐标为 $\lg\chi$，横坐标为 $1/T$。由图可见，冰晶石在熔点附近电导率的变化不如 NaF 急剧，因为 NaF 熔化时已经全部离解为 Na^+ 和 F^-，而冰晶石只是部分离解。在冰晶石的曲线上，出现了两个电导率的突变点，即565℃和880℃时发生突变，正好是冰晶石的晶型转变温度，说明电导率与晶体结构有关。

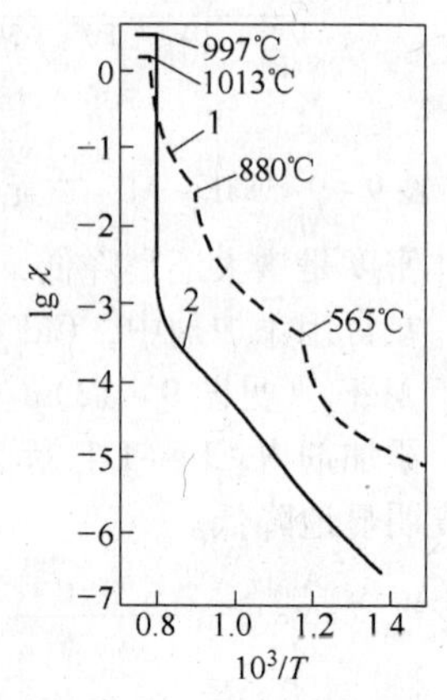

图9－13　Na_3AlF_6 和 NaF 的电导率与温度的关系

1—Na_3AlF_6；2—NaF

二、基本体系的电导率

1. $NaF-AlF_3$ 二元系的电导率　许多测定结果表明，该体系的电导率随着熔体中的 AlF_3 含量的增加而降低。显然，电导率的降低与熔体中 Na^+ 浓度的降低有关。

2. $Na_3AlF_6-Al_2O_3$ 二元系的电导率　本体系的电导率－成分等温线列于图9－14中。许多的测定结果表明，冰晶石熔体中添加 Al_2O_3 后，生成了体积庞大的氟氧络离子，这种离子传递电荷的能力较小，另外 Na^+ 的相对浓度降低，故该体系熔体的电导率随着 Al_2O_3 浓度的增大而降低。

3. $Na_3AlF_6-Al_2O_3-AlF_3$ 三元系的电导率　根据苏联阿布拉莫夫的研究表明，本体系的熔体的电导率是随着 Al_2O_3 和 AlF_3 的浓度的增加而降低的。

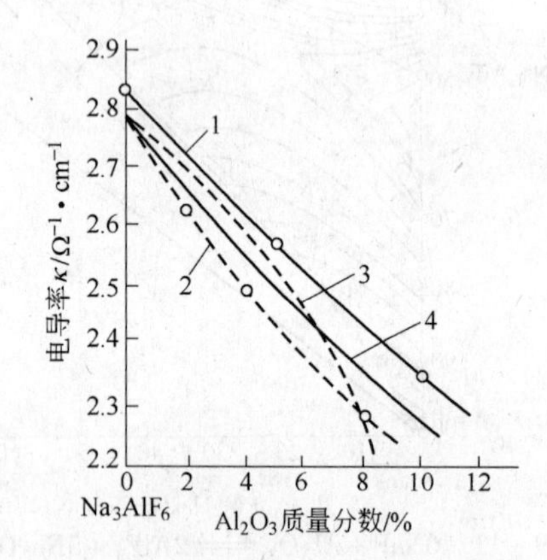

图9－14　$Na_3AlF_6-Al_2O_3$ 二元系电导率－成分等温线（1000℃）

1—爱德华兹等；2—伊姆等；3—柯斯托马罗夫；4—罗林

三、添加剂对 $Na_3AlF_6-Al_2O_3$ 熔体电导率的影响

对 $Na_3AlF_6-Al_2O_3-MeA_x$ 系熔体电导率的许多研究结果表明，CaF_2 和 MgF_2 的添加

均使得 $Na_3AlF_6-Al_2O_3$ 熔体的电导率降低，而以 MgF_2 的影响较大。别略耶夫等人研究了 $Na_3AlF_6-AlF_3-Al_2O_3-MgF_2-CaF_2$ 五元系的一个截面的电导率等温线（1000℃），其 MR = 2.7，Al_2O_3 浓度恒定为5%。由图 9-15 可知，MgF_2 和 CaF_2 都使酸性电解质体系的电导率降低，MgF_2 的不良作用更加明显。

LiF 和 NaCl 对 $Na_3AlF_6-Al_2O_3$ 熔体电导率的影响是随着两者含量的增大而使熔体电导率提高的，又以 NaCl 的影响更大，添加 Li_3AlF_6 也同样能提高熔体的电导率，但影响程度要小于 LiF。它们对于酸性铝电解质多元系熔体的电导率也具有类似的影响。

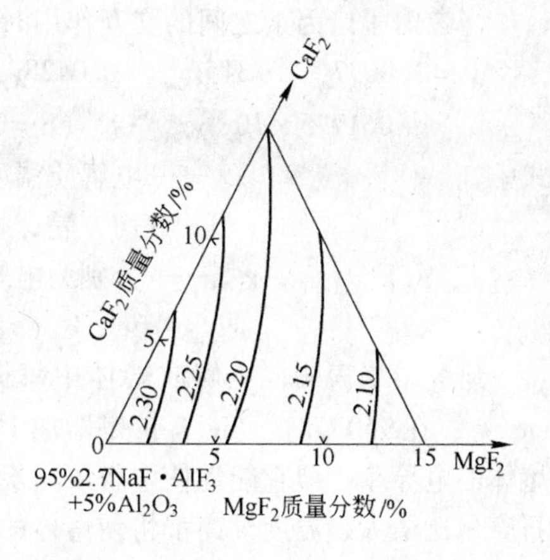

图 9-15 ［Na_3AlF_6(2.7)95% + $Al_2O_3$5%］-MgF_2-CaF_2 假三元系的电导（1000℃）（别略耶夫 1961）

四、工业铝电解质的电导率

工业铝电解质熔体的电导率也是随着生产的进行，呈周期性变化的。工业铝电解质中的炭渣使其电导率降低。据测定，电解质含炭 0.6%，电导率下降 10% 左右。表 9-1 是 M. M. 维丘科夫等人的研究数据。因为炭粒在熔体中实际上起到绝缘体的作用，从而使熔体真正导电截面积减小，粒渣含量愈大，电导率降低的幅度也愈大。实践表明，当电解质大量含碳（病槽）时，槽电压便自动升高。添加 MgF，能很好分离炭渣，故 MgF_2 能间接地提高电解质的电导率。

表 9-1　炭渣对工业电解质电导率的影响

碳含量（%）	0	0.55	1.15
电导率（$\Omega^{-1}\cdot cm^{-1}$）	2.05	1.92	1.77
碳含量（%）	2.05	2.96	4.90
电导率（$\Omega^{-1}\cdot cm^{-1}$）	1.68	1.51	1.32

工业电解质中通常悬浮着固体的 Al_2O_3，特别是在加工后更为严重。这些悬浮着的 Al_2O_3 颗粒同样减少熔体的有效导电截面，使电解质的电导率降低，这也是加工后槽电压自动升高的原因之一。槽底沉淀因搅动而返回电解质中时，也具有同样的作用，降低值约为 0.15 ~ 0.27$\Omega^{-1}\cdot cm^{-1}$。故生产中不宜搅动槽底沉淀物。

工业铝电解质的冰晶石摩尔比与电导率的关系与前面讨论是一致的。表 9-2 所示是别略耶夫的研究结果，它表明工业铝电解质的电导率随着摩尔比的降低而变小。

表 9-2　工业铝电解质电导率与摩尔比的关系

电解质摩尔比	2.1	2.2	2.3	2.4	2.5	2.6	2.7
$\rho(\Omega\cdot cm)$	0.571	0.555	0.540	0.527	0.512	0.500	0.488
$\chi(\Omega^{-1}\cdot cm^{-1})$	1.75	1.80	1.85	1.90	1.95	2.00	2.05

应用数理统计方法研究了侧插槽铝电解质电导率与电解质温度、Al_2O_3、LiF、CaF_2 含量以及冰晶石摩尔比的关系，在没有考虑诸因素的交互作用时，所得的多元回归方程是：

$$\chi = 0.980 + 0.2237\chi_{CR} + 0.0564\chi_{LiF} - 0.0427\chi_{Al_2O_3} + 9.31 \times 10^{-3}(t - 935) \quad (S = 0.0982)$$

当考虑了诸因素之间的交互作用时，多元回归方程是：

$$\chi = 1.0097 - 1.7315\chi_{CaF_2} - 0.0428\chi_{Al_2O_3} + 0.0374 \times 10^{-2}\chi_{CR} \cdot t + 0.0039 \times 10^{-2}\chi_{LiF} \cdot t + 0.1775 \times 10^{-2}\chi_{CaF_2} \cdot t \quad (S = 0.0887)$$

式中 t——电解质温度，℃；

S——均方差；

χ_{CR}，$\chi_{Al_2O_3}$，χ_{CaF_2}，χ_{LiF}——分别为电解质的冰晶石摩尔比、Al_2O_3、CaF_2 及 LiF 的百分含量，%。

研究结果表明，电解质熔体中每提高 1% 的 Al_2O_3，电导率下降 4.28×10^{-2}（$\Omega^{-1} \cdot cm^{-1}$）；在 960℃时，LiF 含量每增加 1%，电导率增大 2%；添加剂 CaF 一般说来将降低熔体的电导率，但它能促使电解质与炭渣分离，以上方程对此作了较好的说明。至于冰晶石摩尔比增大、温度升高都将使熔体的电导率提高，与文献报道的趋势是一致的，仅在数值上有所不同。

第四节 铝电解质的黏度

黏度是液体中各部分抗拒相对移动的一种能力。在铝电解生产中，它是控制电解槽内流体动力学过程的参数之一。电解槽内的流体动力学过程包括：电解质、铝液的循环流动特性、氧化铝粒子的沉降、电解质内铝滴和炭粒的移动、阳极气体的转移与排出等。同时，它也是反映熔体结构的重要参数

生产中，电解质的黏度应该适当。黏度太大，对铝液和电解质的分离、阳极气体的排出、炭渣与熔体的分离、电解质的循环、氧化铝的溶解等等过程不利。此外，黏度大，熔体的电导率也将降低；相反黏度太小，虽然能消除上述不良影响，却加速了铝的溶解与再氧化反应而使电流效率降低。

黏度为黏度系数的简称，记为 η。它的量纲是 $N \cdot s \cdot m^{-2}$（牛顿·秒·米$^{-2}$）。黏度通常采用的单位为厘泊，1 厘泊（cP）$= 10^{-3} Ns \cdot m^{-2}$。熔盐的黏度可以用扭摆法、回转法和振荡法直接测定。

一、铝电解质基本体系的黏度

纯冰晶石、氟化钠的黏度，可用下面式子计算：

$$\eta_{Na_3AlF_6} = 28.88 - 42.09 \times 10^{-3} t + 15.99 \times 10^{-6} t^2 \quad (cP)$$

$$\eta_{NaF} = 16.104 - 22.699 \times 10^{-3} t + 8.527 \times 10^{-6} t^2 \quad (cP)$$

1. *$NaF - AlF_3$ 二元系的黏度* 本体系的黏度与熔体成分、温度的关系如图 9－16 所示。图中各黏度等温线在冰晶石组成点（虚线所示位置）都出现一个明显的极大值，而且在该处等温黏度的曲率，随着温度的升高而逐渐变小，它说明体积庞大的 AlF_6^- 的进一步离解程度变大，故黏度也随之变小。近年来，托克勒普和瑞耶用振动法测定并研究了本体系的黏度，他们的测定结果比早期阿布拉莫夫的测定值约低 14%，但曲线的形状却非常相似。

2. *$Na_3AlF_6 - Al_2O_3$ 二元系的黏度* 本体系的黏度等温线如图 9－17 所示。根据图中曲线可知，当 Al_2O_3 浓度低于 10% 时，熔体黏度变化极小；当 Al_2O_3 浓度大于 10% 时，黏度显著地增大。黏度增大的原因主要是熔体中生成了如 $AlOF_2^-$、$AlOF_3^{2-}$ 等体积庞大的铝氧

氟配离子。Al_2O_3 浓度低时，因这些配离子数目少，故黏度变化不大。但是随着 Al_2O_3 浓度的进一步增大，这些配离子数目增多，而且还会缔合生成含有 2～3 个氧原子的更加庞大的配离子，故黏度急剧增大。托克勒普和瑞耶的测定数据低于阿布拉莫夫的结果还可能与试验方法有关，因为他们采用的黏度计配备有微型计算机、石英钟、莱塞光和光电二极管，提高了测量的精度。

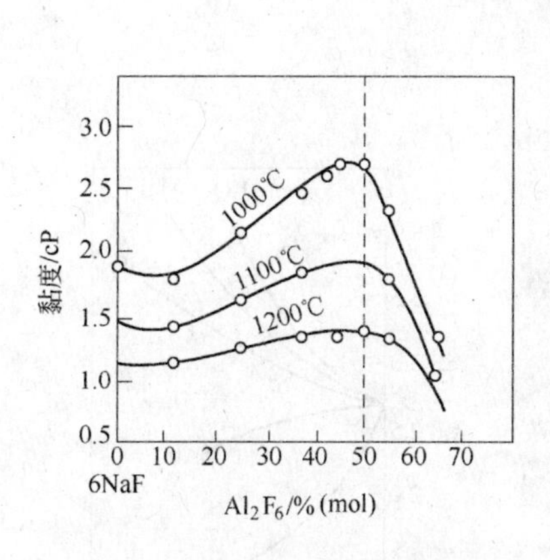

图 9－16 $Na_6F_6-Al_2F_6$ 二元系黏度
（阿布拉莫夫 1953）

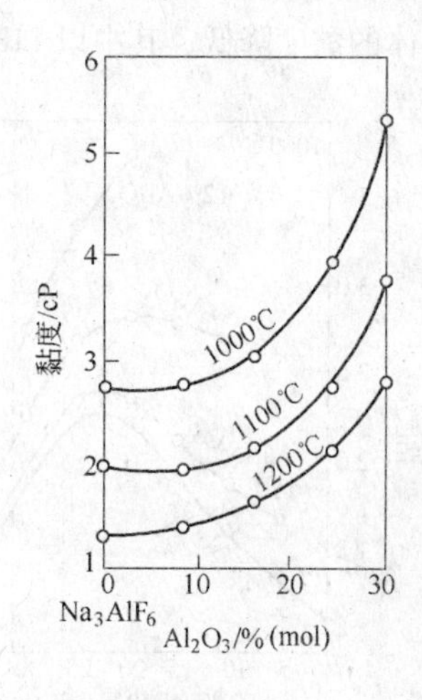

图 9－17 $Na_3AlF_6-Al_2O_3$ 二元系黏度
（阿布拉莫夫 1953）

3. $Na_3AlF_6-AlF_3-Al_2O_3$ *三元系的黏度* 研究本体系的黏度的目的，主要是研究酸性电解质的黏度与冰晶石摩尔比和 Al_2O_3 含量的关系，对于生产来说是有实际意义的。图 9－18是托克勒普和瑞耶的研究结果，图中虚线所限的区域内（MR：3～2.33），增大 Al_2O_3 的浓度，黏度明显地提高；增加 AlF_3 的含量，则黏度显著降低。与图 9－18 相当的部分黏度值列于表 9－3 中。从中说明，在酸性电解质熔体中，Al_2O_3 和 AlF_3 的共同存在对黏度的影响将不会十分显著。

表 9－3 $Na_3AlF_6-AlF_3-Al_2O_3$ 三元系熔体黏度值①

$\frac{AlF_3}{NaF+AlF_3}$ [%（mol）]	冰晶石摩尔比②（MR）	Al_2O_3（%）	温 度（℃）	黏 度（$10^{-3}N\cdot s\cdot m^{-2}$）
25	3	4	998.5	2.459
29.6	2.38	4.09	1000.1	2.150
34.6	1.88	4.08	1000.5	1.667
25	3	8	999.3	2.730
30	2.33	8	1001.0	2.343
34.7	1.88	8.16	1001.0	1.881
25	3	12	1002.9	3.239
30	2.33	12	998.0	2.866

① 同一温度下，4 次测定的平均值，其标准偏差 $<0.1\%$。

② 根据 $AlF_3/NaF+AlF_3$ 换算求得。

二、添加剂对铝电解质黏度的影响

图 9－20 所示是各种添加剂对冰晶石熔体黏度的影响。许多研究表明，CaF_2 和 MgF_2 对 $Na_3AlF_6－Al_2O_3$ 系熔体黏度的影响与图 9－19 所示情况相似，即随着 MgF_2 和 CaF_2 含量的增加，熔体的黏度也随之增大，其中 MgF_2 影响大于 CaF_2。其原因是 Mg^{2+}、Ca^{2+} 在熔体中能构成体积大的阴、阳配离子，如 $MgAlF_7^{2-}$。同样，NaCl 和 LiF 的添加将使得冰晶石－氧化铝熔体的黏度降低，其中以 LiF 的作用更明显。

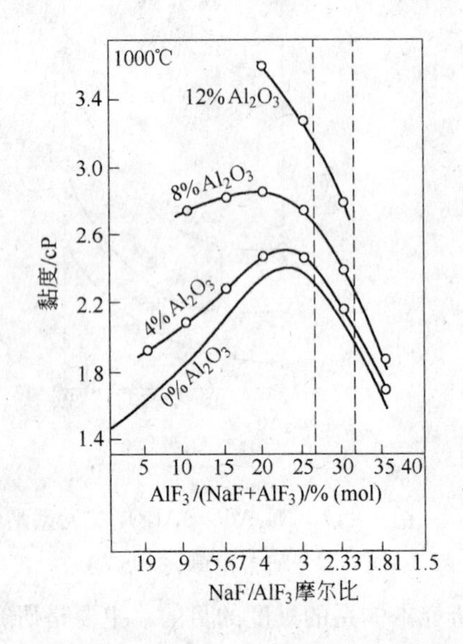

图 9－18　$Na_3AlF_6－AlF_3－Al_2O_3$ 三元系黏度（托克勒普和瑞耶）

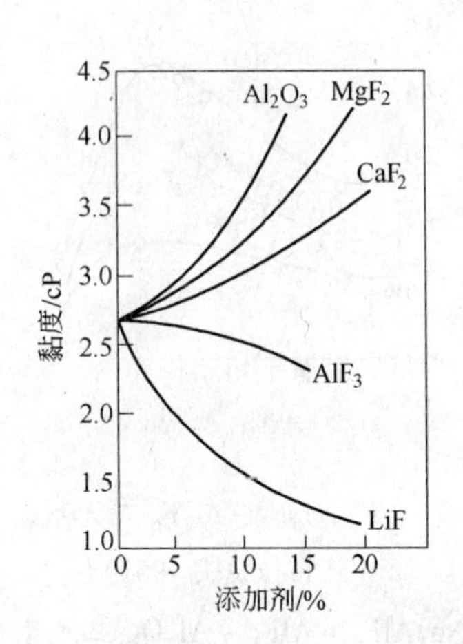

图 9－19　添加剂对冰晶石熔体黏度的影响（1010℃）

第五节　铝电解质熔体的表面性质

铝电解质熔体的表面性质是熔体与其他物质接触时，表面或界面之间相互作用时所表现出的特性。生产中电流效率、原材料消耗、内衬的破损、炭渣的分离、铝滴的汇集以及阳极效应的发生都与熔体的表面性质关系密切。

一、电解质熔体在气相中的表面张力

在气相中，熔体表面质点（分子、原子或离子）因受内层作用力的影响，具有向内收缩的趋势，表面质点对内部质点产生一种压力，这种力就称为表面张力，记作 σ。表面张力的量纲是 N/m 或 J/m^2（牛顿·米$^{-1}$或焦耳·米$^{-2}$），前者表示单位表面长度上的收缩力，后者是收缩单位表面积所作的功，又称表面能。熔体表面张力通常用“最大气泡压力”法测定，除此还有脱离法、毛细管上升法和环圈法等测定方法。对于铝液表面张力的测定最适当的办法是“最大金属滴落压力”法。它是测定金属铝液滴被压通过浸没在电解液里的坩埚底上的孔洞所需要的力。其精确度为 2%～5%。

表面张力与物质的本性有关，是物质的一种特有属性。铝电解质熔体的表面张力与组成、添加剂、温度等因素有关。

1. $NaF - AlF_3$ 二元系熔体的表面张力　在气相中，该体系的表面张力 σ 随着 AlF_3 含量的增加而降低，随着温度的升高而降低，其关系如下所示：

$$\sigma_{NaF-AlF_3} = 203.0 - 2.3\ [AlF_3]\ - 0.128(t - 1000℃) \quad (10^{-3} J/m^2)$$

式中　$[AlF_3]$ ——熔体中 AlF_3 浓度（摩尔分数），%；

t ——熔体的温度，℃。

2. $Na_3AlF_6 - MeAx$ 体系熔体表面张力　H. 布卢姆（H. Bloom）和 B. W. 伯罗斯（Burrows）研究了冰晶石熔体的表面张力，得到的关系式为：

$$\sigma_{Na_3AlF_6} = 262.0 - 0.128t \quad (10^{-3} J/m^2)$$

在冰晶石熔体中添加其他的化合物将使冰晶石熔体的表面张力发生变化。许多研究结果表明，AlF_3、Al_2O_3、NaCl 都使冰晶石熔体表面张力降低，而 NaF 和 CaF_2 使之增大，如图 9－20 所示。

至于 $Na_3AlF_6 - AlF_3 - Al_2O_3$ 三元系熔体表面张力的研究报道甚少，已报道的结果也不一致，还有待进一步研究。

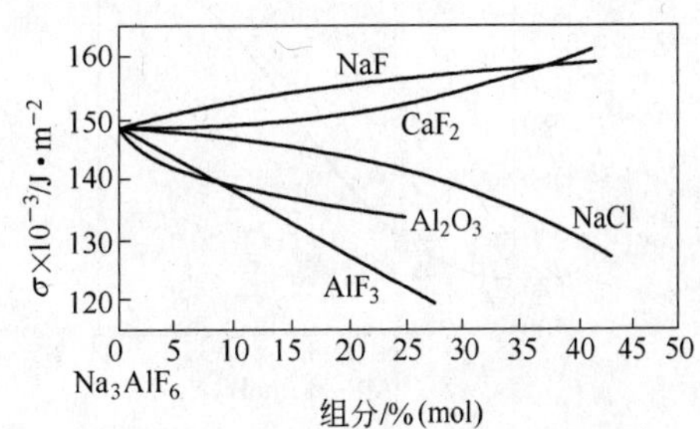

图 9－20　$Na_3AlF_6 - NaF$（AlF_3、Al_2O_3、CaF_2、NaCl）二元系的表面张力（1000℃）（Vaina 1951. 1955）

根据表面化学理论，把降低熔体表面张力的物质称为表面活性物质，反之是非表面活性物质。在混合物熔体中某物质是否增大表面活性，不仅与溶质本性有关，而且与溶剂的本性有关。通常用质点的广义力矩的大小来判断。广义力矩（m）即溶质质点的电荷与离子半径之比：

$$m = ze/r$$

式中　z——离子价数；

e——电子电荷，$e = 1.602 \times 10^{-19}$C（库仑）；

r——离子半径，Å，1Å $= 10^{-10}$m。

广义力矩表示离子的引力强度，又称为离子势。显然，当溶质质点的广义力矩小（相对溶剂质点）时，则为表面活性物质，反之亦然。因此，凡是在铝电解质中能产生体积庞大，带电荷少的离子，其广义力矩小，如 AlF_6^{3+}、AlF_4^-、$AlOF_2^-$、$AlOF_3^{2-}$ 等离子都使熔体的表面张力降低。将 AlF_3 和 Al_2O_3 添加到 NaF 或 Na_3AlF_6 熔体中便能生成上述离子。对于 Na_3AlF_6 熔体来说，Al_2O_3 和 AlF_3 均是表面活性物质。实践表明，作为表面活性物质的 AlF_3 大多集中于表面，即熔体表面 AlF_3 浓度大于内部浓度，故 AlF_3 的挥发损失较大，而且温度越高，摩尔比越小，AlF_3 的损失越大。就此而论，铝电解质的摩尔比不能太低。如果采用低摩尔比电解质进行低温电解则是另当别论了。

二、电解质－铝液界面张力

界面张力实质上也是表面张力，所不同的是前者的接触相是一种不相容的液体（或熔体），而后者的接触相是气体。电解质－铝液界面张力是两相内部质点对交界面上质点共同作用的结果。界面张力可以用两相各自的表面张力来作粗略计算，即：

$$\sigma_{E-Al} = \sigma_E - \sigma_{Al}$$

许多人测定过 σ_{E-Al}，但数值出入很大，例如，别略耶夫测得的数值为 0.528J/m²

（1000℃），而波特文（A. Portevin）等测得的值为 0.170J·m^{-2}。熔体－铝液界面张力与熔体的组成有关。

（NaF－AlF_3）熔体－铝液的界面张力与熔体组成的关系如图 9－21 所示。界面张力 $\sigma_{(NaF-AlF_3)-Al液}$ 随着 AlF_3 含量的增大，或熔体摩尔比的降低而明显地增大。Al_2O_3 对酸性电解质熔体－铝液界面张力的影响不大。

各种添加剂对酸性铝电解质熔体－铝液界面张力的影响示于图 9－22 中。由图可见，只有 KF 和 NaCl 是界面活性物质。其他如 LiF、CaF_2、MgF_2 都是非界面活性物质。添加剂的影响同样服从广义力矩的规律。

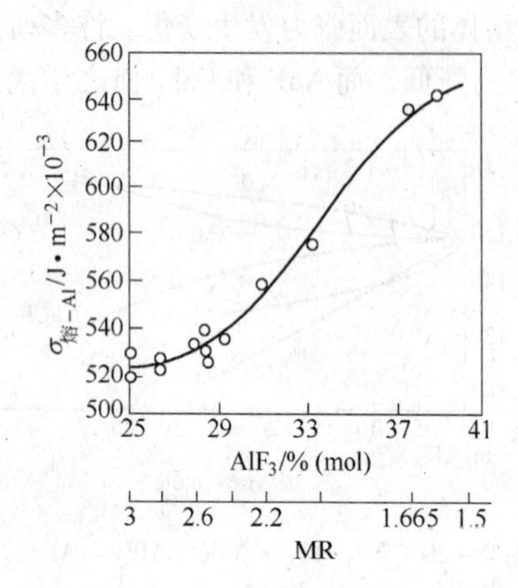

图 9－21　［NaF－AlF_3 熔体］－铝液的界面张力（1000℃）

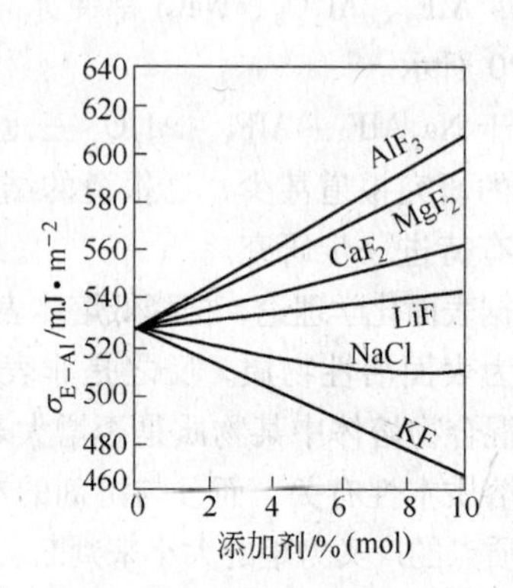

图 9－22　添加剂对 σ_{E-Al} 的影响（1000℃）

（熔体组成：Na_3AlF_6 88%；MR＝2.5；Al_2O_3 12%）

在铝电解生产中，电解质－铝液界面张力增大，有利于铝液镜面的收缩，使铝的溶解损失减少，从而提高电流效率。许多研究表明，往电解质熔体中添加 CaF_2 和 MgF_2 可使铝损失降低。

三、电解质在炭素材料上的润湿性

液体与固体之间也存在界面张力，不过其表示形式是通过液体对固体表面的润湿性来表示的，因为润湿性的好坏取决于界面张力。液体在固体上的润湿性一般用润湿角的大小来表示。润湿角又称接触角。它是液滴（或熔滴）曲面切线与所接触的固相表面的夹角。见图 9－23。

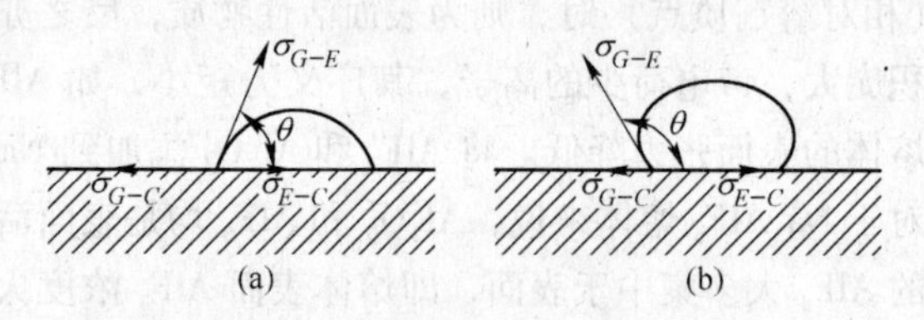

图 9－23　电解质熔体在炭素材料的润湿角

E—电解质熔体；*G*—空气相；*C*—炭素材料

润湿角与各界面张力的关系（相对于电解质和炭而言）是：

$$\cos\theta = \frac{\sigma_{G-C} - \sigma_{E-C}}{\sigma_{G-E}}$$

式中　σ_{G-C}——炭的表面张力；

σ_{E-C}——电解质和炭的界面张力；

σ_{G-E}——电解质熔体在气相中的表面张力。
显然，润湿角 θ 大于90°时，说明熔体对炭的润湿性差，相反当 $\theta<90°$ 时，润湿性就好。电解质熔体对炭素材料的润湿性与熔体组成、炭素材料的本质及电极化状态有关。

1. *电解质成分对其与炭素润湿性的影响* 图9－24是 NaF－AlF_3 二元系熔体对炭极润湿性与 AlF_3 含量的关系。图中表明，在纯冰晶石熔体中，AlF_3 的含量影响极小，而添加 NaF 却使润湿角显著变小、即润湿性迅速变好。但是随着接触时间的延长，润湿性变小。这正好表明了炭素材料选择吸收 NaF 的特性。这一特性使铝电解槽内衬的寿命缩短。因为 NaF 不断向炭素内部渗透，使炭素受到破坏。对于这种现象应加以抑制。

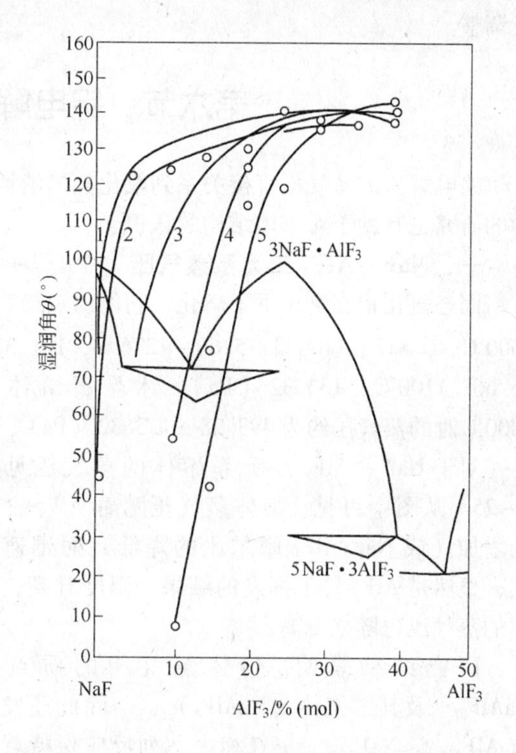

图9－24 NaF－AlF_3 二元系在炭极的润湿角
1—熔化当时；2—在1000℃时；3—在1000℃下，保持1min后；4—在1000℃下，保持3min后；5—在1000℃下，保持5min后

$Na_3AlF_6-Al_2O_3$ 熔体在炭素上的润湿性是随着熔体中 Al_2O_3 含量的增加而变好的。故有人用此来说明发生阳极效应的原因（见第10章）。这一点可以归结于铝氧氟配离子增多使熔体的表面张力 σ_{E-G} 减少。于是 $\cos\theta$ 值变小，θ 变大，润湿性变好。至于熔体中冰晶石摩尔比的影响是在摩尔比等于3处出现极大值（就非极化状态而言）。

添加剂 CaF_2、MgF_2、LiF 对纯冰晶石熔体在炭极上的润湿性无重大影响，但 NaCl 能改善熔体在炭极上的润湿性。由于在 $Na_3AlF_3-Al_2O_3$ 熔体中 MgF_2 和 CaF_2 的添加能使炭渣与熔体分离，说明熔体与炭的润湿性是变差了。

在存在金属铝的情形下，冰晶石熔体对炭素材料的润湿性有所改善。其原因是铝液的表面张力约为电解质熔体的2倍多，根据润湿角与各表面张力的关系式，当 $\cos\theta$ 值为负时，θ 大于90°。故电解质能够很好地润湿电解槽槽底炭块。马绍维茨认为是炭素表面上吸附的氧被铝还原可使铝对于炭块的润湿性得到改善。但阿布拉莫夫等人则认为是炭素表面以及孔隙中发生了碳和铝的反应，生成了碳化铝而使润湿性得到改善的。

2. *炭素本性和电极化对润湿性的影响* 炭素本身的物理性质（主要指结构）不同，熔体对炭素的润湿也不同。一般说来，电解质对无定形炭的润湿性比对石墨要好一些。近年来，国外铝电解槽的槽底采用石墨化，或半石墨炭素材料与此不无关系。

对于铝电解生产来说，了解炭素材料在电极化状态下，熔体对其润湿特征是很有意义的。国内外许多研究表明，炭电极在阴极极化状态下，电解质熔体对炭的润湿性比无极化时更好。这样更加速了熔体对槽底炭块的渗透。这种现象被称之为“阴极吸引”。相反，炭电极在阳极极化状态下，润湿性变差，即“阳极排斥”效应。这两种效应都随着电流密度的增大而加强。

在生产中，电解质对炭的润湿性要求适中：太大了，加速了熔体对内衬、槽底的渗透，造成电解槽过早的破损；太小了，又易发生阳极效应。因此，必须根据生产情况，及时调整。

第六节　铝电解质的蒸气压

铝电解质的蒸气压直接关系到氟化盐的消耗以及对生态环境的污染。同时，对这一问题的研究也有助于对熔体结构的认识。

一、$NaF-AlF_3$ 二元系蒸气压

固态氟化铝在常压下不熔化，它的沸点约为1280℃。AlF_3 在不同温度下的蒸气压是：1000℃，0.813；1100℃，5.60；1276℃，101.32（kPa）。液态氟化钠的蒸气压为1000℃ 26.66；1100℃，133.32（Pa）。冰晶石熔体在1000℃时的蒸气压约为493.28±133.32（Pa）。

对于 $NaF-AlF_3$ 二元系熔体的蒸气压见图9-25。从图中可见，熔体蒸气压随着 AlF_3 含量的增加（或 NaF/AlF_3 摩尔比的降低）而迅速增大，显然是 AlF_3 易于挥发的结果。温度升高，熔体的蒸气压也随之升高。

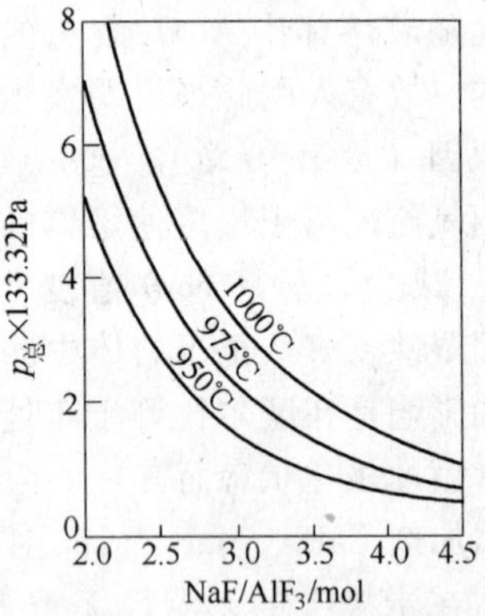

图9-25　$NaF-AlF_3$ 二元系蒸气压等温线

研究结果表明，熔体蒸气相的质点是 $NaAlF_{4(气)}$ 及其二聚体 $(NaAlF_4)_{2(气)}$。除此还发现有 $AlF_{3(气)}$、$NaF_{(气)}$。蒸气相中下列反应保持着平衡关系：

$$(NaAlF_4)_{2(气)} = 2NaAlF_{4(气)}$$

$$NaAlF_{4(气)} = NaF_{(气)} + AlF_{3(气)}$$

上述研究结果证实了 $NaAlF_4$ 的存在。

二、$Na_3AlF_6-Al_2O_3$ 二元系的蒸气压

本体系的蒸气压随着熔体中 Al_2O_3 的浓度的增大而降低。表9-4中的数据是K. 格洛泰姆（Grjothem）和J. 格拉赫（Gerlach）等人的测定结果。显然，在 $Na_3AlF_6-Al_2O_3$ 熔体中 AlF_3 的相对含量是随着 Al_2O_3 的增加而降低的，这便成为熔体蒸气压降低的原因之一。此外，Al_2O_3 加入熔体后，还会进一步与 Na_3AlF_6 发生反应生成新的质点，也是降低 AlF_3 的挥发的又一原因。

表9-4　$Na_3AlF_6-Al_2O_3$ 熔体的蒸气压（1000℃）（Pa）

组　成	Al_2O_3 含量（%）					
	0	2.5	5.0	7.5	10.0	15.0
K. Grjothem	466.62	386.63	359.96	333.30	319.97	239.98
J. Gerlach	466.62	—	413.29	346.63	346.63	239.98

在冰晶石－氧化铝熔体中添加 CaF_2、MgF_2 和 LiF 都使熔体蒸气压降低。但是在酸性电解质熔体中提高 AlF_3 或者降低摩尔比则使其蒸气压增大。图 9－26 是 $Na_3AlF_6-Al_2O_3-CaF$ 系的蒸气压与温度的关系。

克威尔德根据 $Na_3AlF_6-Al_2O_3$ 熔体总蒸气压和纯冰晶石熔体总蒸气压的比值和熔体中含氧质点的摩尔分数的关系，与按拉乌尔定律推导的理想曲线进行比较，发现在 Al_2O_3 含量低的范围内，按生成 $AlOF_5^{4-}$、$Al_2OF_8^{4-}$ 和 $AlOF_4^{3-}$ 绘制的三条曲线与理论曲线是相重合的，换言之，他借助于蒸气压的研究证明了上述三种铝氧氟离子存在的可能性。

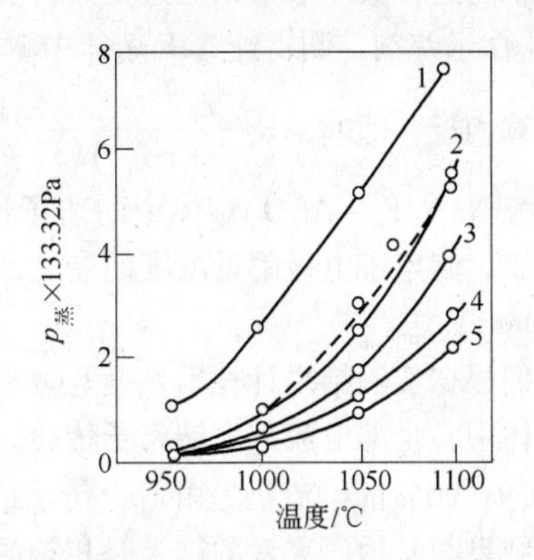

图 9－26　$Na_3AlF_6-Al_2O_3-CaF$ 三元系蒸气压

1—100% Na_3AlF_6；2—5% Al_2O_3 + CaF5%；3—5% Al_2O_3 + 10% CaF_2；4—10% Al_2O_3 + 5% CaF_2；5—10% CaF_2 + 10% Al_2O_3

三、NaF－AlF_3－Al 系的蒸气压

NaF－AlF_3 熔体中有铝存在时，蒸气压明显增大。据测定，在 1024℃下，往冰晶石熔体中加入铝后，蒸气压为 10.43 ±0.39（kPa），约为纯冰晶石的 20 余倍。在 Na_3AlF_6－34%（mol）Al_2O_3 的熔体中，在 1026℃下为 9.53kPa，为不加铝时的 18 倍。其原因有二，一是铝置换钠（NaF 浓度高时），蒸气压升高；二是生成低价氟化铝 AlF（AlF_3 浓度高时），故而蒸气压升高。而蒸气压的最低值是在 63%（mol）NaF + 37%（mol）AlF_3 处。

综上所述，若从降低氟化盐的挥发损失来说，首先应该降低电解温度，其次是电解质的摩尔比不能太低。

第七节　铝电解质的离子迁移数

在电解过程中，通过熔体的电流是由离子迁移而转移的。离子迁移数就是某种离子输送电荷的数量，或者说输送电荷的能力。一般用分数和百分数来表示。数值大的，表示传递电荷的能力大。这种能力的大小还与离子的运动速度有关。

对于单一的一价熔融盐来说，存在着下列关系

$$t_+=\frac{v_+}{v_++v_-}\qquad t_-=\frac{v_-}{v_++v_-}$$

式中　v_+，v_-——分别为阳离子、阴离子运动速度；

t_+，t_-——分别为阳离子、阴离子的迁移数。

显然有

$$t_++t_-=1$$

根据穆尔凯－海曼方程式，迁移数与离子半径有关。

即

$$t_+=\frac{r_-}{r_-+r_+}\qquad t_-=\frac{r_+}{r_-+r_+}$$

式中　r_-，r_+——分别为阴、阳离子的离子半径。
显然，离子的半径小，运动速度大，传递电流的能力大，该离子的迁移数也大，相反，离子半径大的迁移数就小。

离子的迁移数一般可以通过上式计算求得，也可以通过实验测定得出。K. 格洛泰姆用 Na24 作示踪剂，测得纯 NaF 熔体中 Na^+ 的迁移数 t_{Na^+} 为 0.64 ± 0.05，与穆尔凯－海曼方程计算相近，即 $t_{Na^+} = \frac{r_-}{r_- + r_+} = \frac{1.33}{1.33 + 0.98} = 0.58$。

对于 $Na_3AlF_6 - Al_2O_3$ 熔体中的离子迁移数进行过许多测定。罗林和陶尔采用一种三室电解槽，测定了电极附近浓度的变化，并计算了该熔体的离子迁移数。该法被称为希托福（Hittorf）法。

他们根据实验结果计算出 t_+、t_-。对于 $Na_3AlF_6 - Al_2O_3$ 熔体中 Na^+ 的迁移数为 1.00，亦即熔体中，全部电流都由钠离子传递。当熔体中增加 AlF_3 的含量，即在酸性电解质中，$t_{Na^+} = 0.9$，90% 的电流仍是由 Na^+ 传输的，只有其余的 10% 是铝氧氟离子传输的。他们的测定结果与其他研究者的结果是相符的，例如弗兰克和福斯特用放射性同位素测定的结果是：在中性电解质中，$t_{Na^+} = 0.99$，$t_{F^-} = 0.01$。

第十章　铝电解过程的机理

第一节　冰晶石－氧化铝熔体的结构

一、冰晶石熔体结构

根据液体与固体结构相似的理论，晶体（单质或化合物）在略高于其熔点的温度下仍然不同程度地保持着固态质点所固有的有序排列，即近程有序规律。而质点之间的远程有序规律则不再保持。因此，在讨论冰晶石熔体结构之前，须要先了解冰晶石晶体结构。

1. *冰晶石的晶体结构*　冰晶石是离子型化合物，其晶体结构示于图10－1。冰晶石的晶格是以 AlF_6^{3-} 原子团构成的立方体心晶格为基础，而且是与 $Na^+_{(1)}$，$Na^+_{(2)}$ 离子分别形成的两个不同尺寸的体心立方晶格相互穿套而成的，属于一种复式晶格，在晶格中，原子团 AlF_6^{3-} 呈八面体；$Na^+_{(1)}$ －F 的平均距离为0.22nm，位于原子团 AlF_6^{3-} 所组成的体心立方晶格四棱的中点和上、下底的面心处；$Na^+_{(2)}$ －F 的平均距离为0.268nm，位于其他的四个晶面上。在晶格中，$Na^+_{(1)}$ 和 $Na^+_{(2)}$ 与 F^- 的配位数分别为6和12。冰晶石晶体加热熔化之前，将发生晶型转变，即单斜体心晶系 $\xrightarrow{565℃}$ 立方体心晶系 $\xrightarrow{880℃}$ 立方晶系。

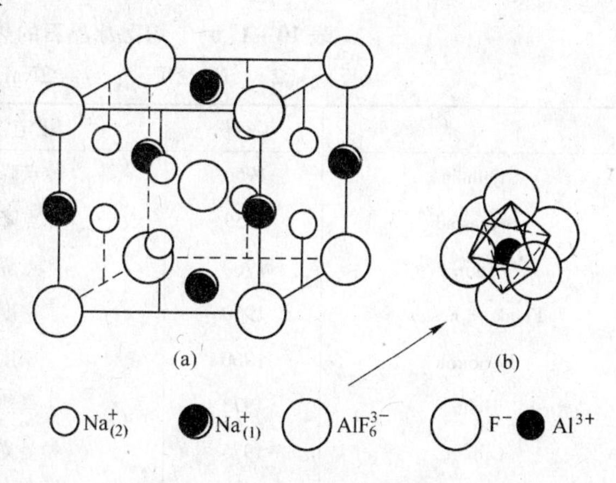

图10－1　冰晶石的晶体结构

2. *冰晶石熔体结构*　它的近程有序规律是 AlF_6^{3-} 八面体；远程有序排列则是 AlF_6^{3-} 八面体与 $Na^+_{(1)}$ 和 $Na^+_{(2)}$ 按一定规律的有序排列（或堆集）。因此冰晶石熔化时，首先断裂的是 AlF_6^{3-} 与 Na^+ 之间的化学键，即：

$$Na_3AlF_6 \longrightarrow 3Na^+ + AlF_6^{3-}$$

对于 AlF_6^{3-} 的进一步热分解的模式看法不一，普遍赞同的模式是：

（1）$AlF_6^{3-} \longrightarrow AlF_4^- + 2F^-$

（2）$AlF_6^{3-} \longrightarrow AlF_3 + 3F^-$

表10－1中列出了关于 AlF_6^{3-} 热分解率的一些研究方法和结果。所谓热分解就是指冰晶石熔化时，其近程有序排列（即 AlF_6^{3-}）的破裂程度。显然它是随着温度的升高而增大的。

从表10－1中可以看到，由于试验研究的条件（包括方法、试样、检测手段）的差别，所得结果不尽一致，特别是后一种模式的数据差别更大。根据前一种模式分析冰晶石的热分解率（1000℃）约为0.3左右。

表 10-1(a)　熔融冰晶石的热分解率（α_0）

反应（1）：$Na_3AlF_{6(液)} \rightleftharpoons 3NaF_{(液)} + AlF_{3(液)}$

作　者	年　份	测定方法	T(K)	α_0
Абрамов 等人	1953	密度法	1273	0.15
Pearson 和 Waddington	1961	热力学计算	1273	0.15
Pearson 和 Waddington	1961	密度法	1273	0.20
Мащовец 等人	1962	热力学计算	1300	0.058
Frank	1961	热力学计算	1279	0.033
Holm	1973	量热法	1284	0.31
邱竹贤和冯乃祥	1980	热力学计算	1300	0.03

表 10-1(b)　熔融冰晶石的热分解率（α_0）

反应（2）：$Na_3AlF_{6(液)} \rightleftharpoons 2NaF_{(液)} + NaAlF_{4(液)}$

作　者	年　份	测定方法	T(K)	α_0
Grjotheim	1956	冰点降低法	1281	0.30
Brynestad	1959	冰点降低法	1281	0.23
Rolin	1960	冰点降低法	1280	0.44
Frank 和 Foster	1960	密度法	1273	0.35
Ветюков	1960	密度法	1273	0.25
Holm	1973	量热法	1284	0.35
Gilbert	1975	拉曼光谱法	1288	0.25
佐藤让	1977	密度法	1273	0.31
邱竹贤和冯乃祥	1980	热力学计算	1300	0.32

此外，还有人认为，AlF_6^{3-} 进一步分解还可能是按如下模式进行的：

$$2AlF_6^{3-} \longrightarrow Al_2F_{11}^{5-} + F^-$$

$$AlF_6^{3-} \longrightarrow AlF_5^{2-} + F^-$$

$$2AlF_6^{3-} \longrightarrow Al_2F_{10}^{4-} + 2F^-$$

$$2AlF_6^{3-} \longrightarrow Al_2F_9^{3-} + 3F^-$$

二、冰晶石-氧化铝熔体的结构

对于 $Na_3AlF_6-Al_2O_3$ 熔体结构进行过大量研究，所用研究方法大多是先拟定一种或几种结构模型，再用各种方法，如热力学计算、冰点降低值的测定、拉曼光谱谱线分析、熔体物理化学性质（如密度、黏度等）的测定等等，然后按质量作用定律加以验算。如果测定结果与验算结果相符，便说明拟定的结构模型存在。到目前为止，文献中提出的离子模型假设，多达二十余种，主要分为两大类：

1. 铝氧型离子 [$Al_xO_y^{(2y-3x)-}$]　在早期的文献中，提出 Al_2O_3 在熔体中自行离解，而与冰晶石之间没有相互作用。熔体中 Al_2O_3 浓度低时，Al_2O_3 离解成简单的铝氧离子，如 AlO^+、AlO_2^-、AlO_3^{3-}、$Al_2O_4^{2+}$；Al_2O_3 浓度提高时，这些简单的铝氧离子可以缔合，如 $Al_2O_4^{2-}$ 等。

2. 铝氧氟型离子 [$Al_xO_yF_2^{(2y+2-3x)-}$]　随着人们对 $Na_3AlF_6-Al_2O_3$ 熔体结构认识的深入，已经越来越多地认为，Al_2O_3 添加到冰晶石熔体中，不仅溶解，而且相互作用。冰晶石分解出来的 AlF_6^{3-}、AlF_4^- 等离子中的 F^- 可以部分地被离子半径相近（F^- 为 1.33×10^{-10}m，O^{2-} 为 1.4×10^{-10}m）的氧离子所取代；或者与上述铝氧离子相互置换，或者相互缔合而构成铝氧氟型离子。根据这个理论，又提出了许多模型。这些离子模型又可为三种形式。

（1）简单铝氧氟离子模型，如 $AlOF_2^-$、$AlOF_3^{2-}$、$Al_2O_5^{4-}$、$AlOF_x^{1-x}$、$AlO_2F_2^{3-}$ 和 $AlO_xF_y^{(2x+y-3)-}$。这些离子的生成可能是 Al_2O_3 和 Na_3AlF_6 进行反应的结果，或者说是 Al_2O_3 和 AlF_6^{3-} 等离子进行置换或取代而成。

在低 Al_2O_3 浓度下发生

$$4AlF_6^{3-}+Al_2O_3\longrightarrow 3AlOF_5^{4-}+3AlF_3$$

$$2AlF_6^{3-}+Al_2O_3\longrightarrow 3AlOF_3^{2-}+AlF_3$$

在高 Al_2O_3 浓度下，发生

$$Al_2O_3+2F^-\longrightarrow AlOF_2^-+AlO_2^-$$

$$Al_2O_3+AlF_6^{3-}\longrightarrow AlOF_2^-+AlO_2^-+AlF_4^-$$

（2）铝氧氟离子的桥式结构，如 $Al_2OF_8^{4-}$、$Al_2OF_x^{4-x}$、$Al_2OF_{2x}^{4-2x}$。邱竹贤教授认为，在氧化铝含量较低的熔体中，由于 O^{2-} 少 F^- 多，生成的是 $Al_2OF_{10}^{6-}$ 或 $Al_2OF_6^{2-}$ 离子（见图 10-2），其生成反应为：

$$6F^-+4AlF_6^{3-}+2Al^{3+}+3O^{2-}\longrightarrow 3Al_2OF_{10}^{6-}$$

$$2F^-+4AlF_4^-+Al_2O_3\longrightarrow 3Al_2OF_6^{2-}$$

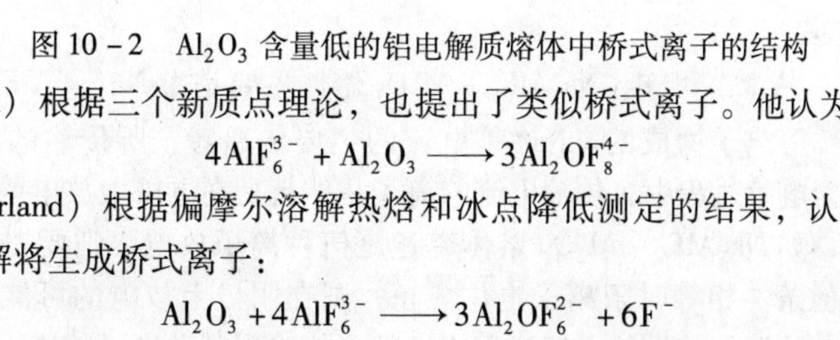

图 10-2　Al_2O_3 含量低的铝电解质熔体中桥式离子的结构

霍姆（Holm）根据三个新质点理论，也提出了类似桥式离子。他认为反应是：

$$4AlF_6^{3-}+Al_2O_3\longrightarrow 3Al_2OF_8^{4-}$$

弗兰德（Förland）根据偏摩尔溶解热焓和冰点降低测定的结果，认为 Al_2O_3 浓度低时，Al_2O_3 的溶解将生成桥式离子：

$$Al_2O_3+4AlF_6^{3-}\longrightarrow 3Al_2OF_6^{2-}+6F^-$$

(3) 缔合或复合铝氧氟离子，如 $Al_2O_2F_8^{4-}$、$Al_2O_2F_y^{2-y}$、$Al_3OF_{14}^{7-}$ 和 $Al_3O_3F_y^{3-y}$。它们是由一些简单离子缔合而成：

$$2Al_2O_3 + 2AlF_6^{3-} \longrightarrow 3(AlO_2 \cdot AlF_4)^{2-}$$

综上所述，对于 $Na_3AlF_6 - Al_2O_3$ 熔体的结构有着不同的看法。邱竹贤教授根据其研究结果及文献资料，将铝电解质熔体中的离子结构型式归纳如表 10-2 所示。

弗兰德还推算了 $Na_3AlF_6 - Al_2O_3$ 熔体中各种离子所占的摩尔数。图 10-3 所示是 Al_2O_3 含量为 4% 的酸性电解质熔体中各种离子的含量。在图中他未列入 $Al_2OF_{10}^{6-}$ $AlOF_5^{4-}$ 以及 $AlOF_3^{2-}$ 等离子。

工业电解质中还有添加剂引入的新离子，如 Ca^{2+}、Mg^{2+}、Li^+ 等，以及一些次生的络离子；还有因副反应而生成的低价离子，如 Al^+，Na_2^+ 等。

冰晶石-氧化铝溶液中还有少量的单体 Al^{3+} 和 O^{2-} 离子。

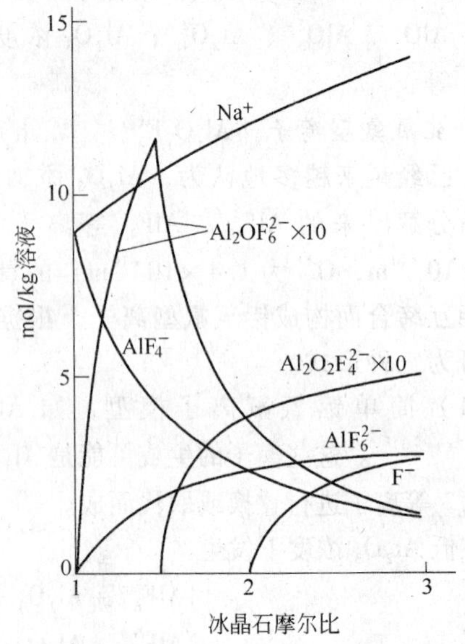

图 10-3 $Na_3AlF_6 - Al_2O_3$ 熔体中各种离子的含量

表 10-2 $Na_3AlF_6 - Al_2O_3$ 熔体中的离子结构型式

Al_2O_3 浓度 (%)	可能的离子型式	工业电解过程特点
0	Na^+、AlF_6^{3-}、AlF_4^-、F^-	发生阳极效应或临近发生阳极效应时
0~2	Na^+、AlF_6^{3-}、AlF_4^-、(F^-)、$Al_2OF_{10}^{6-}$、$Al_2OF_6^{2-}$	
2~5	Na^+、AlF_6^{3-}、AlF_4^-、(F^-)、$AlOF_5^{4-}$、($AlOF_3^{2-}$)	正常电解时
$Al_2O_3$5% 至电解温度下的溶解度极限	Na^+、AlF_6^{3-}、AlF_4^-、(F^-)、$AlOF_3^{2-}$、($AlOF_5^{4-}$)、$AlOF_2^-$、$Al_2O_2F_4^{2-}$	正常电解时

注：带括号的离子是次要的。

第二节 铝电解机理

一、两极过程

1. 阴极过程 从上节可知，$Na_3AlF_6 - Al_2O_3$ 熔体主要是由 Na^+、AlF_6^{3-}、AlF_4^-、F^- 以及 $Al_xO_yF_2^{(2+2y-3x)-}$ 等离子构成的。Na^+ 是电流的主要传递者，所传输的电流达到总数的 99%。在单一熔盐电解过程中，传输电流的离子往往就是在电极上放电的离子。但是在复杂的熔盐体系中，如 $Na_3AlF_6 - Al_2O_3$ 熔体究竟是何种离子放电，则要根据它们的电极电位来确定。在其他条件相等时阳离子电位愈正，则在阴极上放电的可能性愈大，反之亦然。因此，在复杂的熔盐体系的电解过程中，就可能出现某种离子传递大部分电流，而在电极上放电的却是另外的离子现象。

在冰晶石－氧化铝熔体中，已经证实在1000℃左右，纯钠的平衡析出电位比纯铝的约负250mV。同时，根据研究表明，在阴极上离子放电时，并不存在很大的过电压（铝析出时的过电压约10～100mV）。因此阴极上析出的金属主要是铝。即铝是一次阴极产物。阴极反应是：

$$Al^{3+}（配离子）+3e \xlongequal{} Al$$

如上节所述，$Na_3AlF_6-Al_2O_3$ 熔体中并不存在单独的 Al^{3+}，铝是包含在铝氧氟配离子中。因此，Al^{3+} 的放电之前首先发生含铝配离子的解离，但也不排斥配离子直接放电的可能性。

然而，$Na_3AlF_6-Al_2O_3$ 熔体中钠和铝析出电位的差值并非一成不变，而是随着电解质摩尔比的增大、温度的升高、Al_2O_3 浓度的减少以及阴极电流密度的提高等而缩小的。当两者电位差降低到接近于零时，钠离子就有可能同铝离子一同放电，造成电流效率的损失。

在工业电解槽上，为了保证铝的一次反应充分进行，宜采用酸性电解质体系，在较低的温度下电解，并维持尽可能大的 Al_2O_3 浓度。除此槽内还须具备良好的传质条件，防止 Na^+ 在阴极上大量积聚。

2. *阳极过程*　$Na_3AlF_6-Al_2O_3$ 熔体电解的阳极过程是比较复杂的。这是由于阳极与阴极不同，炭阳极本身也参与电化学反应。铝电解时的阳极过程是配位阴离子中的氧离子在炭阳极上放电析出 O_2，然后与炭阳极反应生成 CO_2 的。

$$2O^{2-}（配离子）+C-4e \xlongequal{} CO_2$$

因此，一次阳极产物应该是 CO_2 气体。表10－3所列数据是金诗伯和弗里格在阳极室用隔板隔开的电解槽上的试验结果。结果表明，除了电流密度很低（$<0.06A/cm^2$）的情况外，阳极气体几乎都是纯 CO_2。但是，工业槽上的阳极气体总是含有20%～30%的CO，这是由于炭渣的存在，或 CO_2 气体渗入阳极孔隙中以及溶解在电解质中的铝再氧化反应所致。

表10－3　铝电解的一次阳极气极成分（985℃）

试验号	$d_{阳}$ (A/cm^2)	CO含量 (%)	CO_2 含量 (%)	CO_2 电流效率 (%)
1	0.86	0.3	99.7	99
2	0.66	1.3	98.7	93
3	0.4	1.2	98.8	100
4	0.3	0.2	99.8	97
5	0.3	—	100.0	98
6	0.066	1.0	99.0	97
7	0.025	2.5	97.5	98.5
8	0.005	32.1	67.5	95

二、铝电解过程机理

铝电解机理就是熔体中各种离子在两极上的电化学行为。如上所述，在阴极是含铝配离子中的 Al^{3+} 放电，而阳极则是含铝配离子中的 O^{2-} 放电。但是也存在有不同的看法。到目前为止，有关铝电解过程机理的两大观点是：铝被钠置换，和 Al^{3+} 直接放电。

三、钠置换铝理论（或称钠离子放电理论）

这个理论的提出最早。1978 年，S. 威尔肯林（Wilkening）根据各种研究结果又重新对这种理论进行了解释，他认为，在电解质中，冰晶石熔化分解，并与 Al_2O_3 反应后，电解过程的机理如下：

$$2Na_3AlF_6 \longrightarrow 6Na^+ + 2AlF_6^{3-}$$

$$Al_2O_3 + AlF_6^{3-} \longrightarrow 3(AlOF_2)^-$$

在阴极上：

$$6Na^+ + 6e \longrightarrow 6Na$$

$$6Na + 4AlF_3 \longrightarrow 2Al + 2Na_3AlF_6$$

$$\overline{6Na^+ + 4AlF_3 + 6e \longrightarrow 2Al + 2Na_3AlF_6}$$

在阳极上：

$$3(AlOF_2)^- + AlF_6^{3-} \longrightarrow 1.5O_2 + 4AlF_3 + 6e$$

从上看出，整个电解总反应是 $Al_2O_3 + 1.5C \longrightarrow 2Al + 1.5CO_2$。$Na_3AlF_6$ 并未消耗。

四、铝离子直接放电理论

最近（1981 年），W. E. 郝平（Hawpin）和 W. B. 富朗克（Frank）根据他们的研究结果认为：

在阴极上是 AlF_4^- 和 AlF_6^{3-} 离子放电，即

$$AlF_4^- + 3e \longrightarrow Al + 4F^- \qquad \text{（在低摩尔比时）}$$

$$AlF_6^{3-} + 3e \longrightarrow Al + 6F^- \qquad \text{（在高摩尔比时）}$$

负责迁移电荷的 Na^+，在阴极上不能放电，因为 Na^+ 放电电位比 Al^{3+} 负，所以铝离子优先放电，钠离子和 F^- 结合，保持熔体的电中性。

在阳极上放电的是铝氧氟配离子，即：

$$2Al_2OF_6^{2-} + 2AlF_6^{3-} + C \longrightarrow 6AlF_4^- + CO_2 + 4e$$

$$2Al_2OF_6^{2-} + 4F^- + C \longrightarrow 4AlF_4^- + CO_2 + 4e$$

$$Al_2O_2F_4^{2-} + 2AlF_6^{3-} + C \longrightarrow 4AlF_4^- + CO_2 + 4e$$

$$Al_2O_2F_4^{2-} + 4F^- + C \longrightarrow 2AlF_4^- + CO_2 + 4e$$

根据他们的见解，铝电解过程可作如下描述：

在低摩尔比时，在阴极上是 AlF_4^- 中的 Al^{3+} 放电：

$$4AlF_4^- + 12e \longrightarrow 4Al + 16F^-$$

在阳极上，$Al_2OF_6^{2-}$ 和 F^- 放电，即

$$6(Al_2OF_6)^{2-} + 12F^- + 3C \longrightarrow 12AlF_4^- + 3CO_2 + 12e$$

在熔体中 $\qquad 2Al_2O_3 + 8AlF_4^- + 4F^- \longrightarrow 6(Al_2OF_6)^{2-}$

这样，整个电解过程中，同样只是消耗了 Al_2O_3 和 C，总反应仍然是：

$$2Al_2O_3 + 3C \longrightarrow 4Al + 3CO_2\uparrow$$

第三节　电解质组分的分解电压

一、分解电压的概念

所谓分解电压就是维护长时间稳定电解，并获得电解产物所必须外加到两极上的最小

电压。理论分解电压等于两个平衡电极电位之差：

$$E_T^{\ominus} = \varphi_{平}^{+} - \varphi_{平}^{-}$$

亦即分解电压在数值上等于这两电极所构成的原电池的电动势。

分解电压可以通过热力学计算求得。根据电化学理论，某化合物的分解电压等于相应的原电池的电动势。电解中分解某化合物所需的能量（电能），其数值上等于原电池对外所作的功，也等于该化合物的等压自由能，但符号相反：即

$$-nFE_T^{\ominus} = \Delta G_T^{\ominus} \quad 或 \quad E_T^{\ominus} = \Delta G_T^{\ominus}/nF$$

式中 $E_T^{\ominus}$ ——化合物的分解电压，V；

F ——法拉第常数，$F = 96487C$；

n——价数的改变（Al_2O_3 电解时，$n=6$）；

$\Delta G_T^{\ominus}$——反应温度下等压反应自由能的变化，J/mol。

上式中 $\Delta G_T^{\ominus}$，一般用下列式子计算求出：

$$\Delta G_T^{\ominus} = \Delta H_T^{\ominus} - T\Delta S_T^{\ominus}$$

$$\Delta H_T^{\ominus} = \Delta H_{298}^{\ominus} + \int_{298}^{T} \Delta C_P^{\ominus} \mathrm{d}T$$

$$\Delta S_T^{\ominus} = \Delta S_{298}^{\ominus} + \int_{298}^{T} \frac{\Delta C_P^{\ominus}}{T} \mathrm{d}T$$

式中 $\Delta H_T^{\ominus}$ ——反应温度下等压反应热焓的变化，J/mol；

$\Delta S_T^{\ominus}$ ——等压反应的熵的变化，J/（mol·K）；

T ——反应温度，K；

$T\Delta S$ ——束缚能，J/mol；

$\Delta H_{298}^{\ominus}$，$\Delta S_{298}^{\ominus}$ ——标准状态下，热焓变化和熵的变化；

$\Delta C_P^{\ominus}$ ——热容代数和，反应物的热容为负，生成物的热容为正。

在计算 Al_2O_3 的分解电压时，若金属铝有相变，则应分段进行计算。

二、Al_2O_3 的分解电压

Al_2O_3 的分解电压，因电极材料不同而有区别，即有惰性阳极和活性阳极之分。

1. 以惰性材料为阳极时，Al_2O_3 的分解电压的计算 如前所述，计算 Al_2O_3 的分解电压，必须先计算出 Al_2O_3 的生成自由能变化，即 $\Delta G_T^{\ominus}$。Al_2O_3 的生成反应式是：

$$2Al_{(液)} + 1.5O_2 = Al_2O_{3(固)}$$

通过计算得到：

$$\Delta G_T^{\ominus} = 1707942.3 - 25.8990T\lg T - 3.2635\times10^{-3}T^2 + 16.4431\times10^5T^{-1} + 427.5630T \quad (J/mol)$$

由上式求得铝的熔点（660℃）以上的 Al_2O_3 生成自由能（$\Delta G_T^{\ominus}$）和分解电压的数值列于表 10－4 中。

采用惰性阳极时，Al_2O_3 的分解电压，许多人利用下面的电池，进行了研究和测定：

$Al | Na_3AlF_6 + Al_2O_3 | Pt$，$O_2$ 电池反应是：

$$2Al + 3/2O_2 = Al_2O_3$$

阳极是由通入氧气的铂丝、铂管或铂片构成的，即 $Pt(O_2)$ 电极，如图 10－4a 所示。表 10－5列举了他们的测定结果和计算值。

表 10-4　Al_2O_3 的生成自由能和分解电压（惰性阳极）

温　度		$\Delta G_T^{\ominus}$	$E_T^{\ominus}$
K	℃	J/mol	V
1000	727	-1359716.3	2.350
1100	827	-1326746.4	2.294
1200	927	-1294111.2	2.237
1223	950	-1286370.8	2.224
1273	1000	-1269676.5	2.196
1300	1027	-1261183.1	2.178

表 10-5　$Na_3AlF_6-Al_2O_3$ 的分解电压的测定和计算结果［Pt(O_2)］

研究试验者	温　度（℃）	Al_2O_3 含量（%）	$E_{T实}$（V）	$E_{T计}^{\ominus}$（V）
W. 特莱德威尔等（1933）	980	饱和	2.169	2.208
P. 德罗斯巴赫（1934）	1060	10	2.06	2.161
Ю. 巴伊马科夫等（1937）	1000	饱和	2.12	2.194
B. П. 马绍维茨等（1957）	1015	饱和	2.12	2.187
M. M 维丘科夫（1965）	1020	10	2.11	2.184
M. 雷伊（1965）	957	饱和	2.2	2.219
A. 斯特顿等（1974）	1000	饱和	2.183	2.194

2. 采用活性阴极时的 Al_2O_3 分解电压　铝电解生产中阳极是采用活性材料——炭素。在阳极上析出的氧气进一步和炭阳极反应，生成 CO_2 和 CO。在此过程中，Al_2O_3 分解电压可以从下列两组反应式分别求得：

$$2Al_{(液)}+1.5CO_{2(气)} = Al_2O_{3(固)}+1.5C_{(固)} \quad (1)$$

$$2Al_{(液)}+3CO_{(气)} = Al_2O_{3(固)}+3C_{(固)} \quad (2)$$

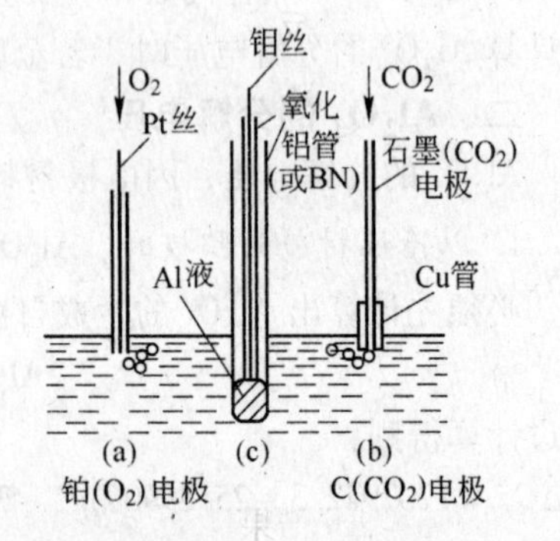

图 10-4　用于研究冰晶石-氧化铝熔体中的电极

通过热力学计算，它们的反应自由能与温度的关系式分别为：

$$(\Delta G_T^{\ominus})_1 = -1120.56+0.46T-0.035T\lg T-3.70\times 10^{-6}T^2+1.8\times 10^3 T^{-1}\,(\text{kJ/mol})$$

$$(\Delta G_T^{\ominus})_2 = -1380.80+0.67T-1.03\times 10^{-2}T\lg T-1.67\times 10^{-4}T^2+2.44\times 10^3 T^{-1}\,(\text{kJ/mol})$$

由以上两式计算的结果列于表 10-6 中。表中的数据清晰地表明，Al_2O_3 的分解电压是随着熔体温度的升高而线性降低的。实际上，阳极气体是 CO_2 和 CO 的混合体。当用 N 表示其中 CO_2 的分数时，可以设 Al_2O_3 是按下式反应而成的：

表 10-6　Al_2O_3 分解电压计算结果（活性阳极）

温度 K	度 ℃	$(\Delta G_T^{\ominus})_1$ J/mol	$(E_T^{\ominus})_1$ V	$(\Delta G_T^{\ominus})_2$ J/mol	$(E_T^{\ominus})_2$ V
1000	727	-766000	1.32	-758560	1.31
1100	827	-732870	1.27	-699560	1.21
1200	927	-700030	1.21	-640530	1.11
1223	950	-692540	1.20	-627060	1.08
1273	1000	-675840	1.17	-597560	1.03
1300	1027	-667060	1.15	-581740	1.00

表 10-7　当 CO_2、CO 的浓度不同时，Al_2O_3 的分解电压（$E_T^{\ominus}$）的计算值

CO_2% N	a	b	c	$-\Delta G_{1200K}^{\ominus}$ (J/mol)	$E_{1200K}^{\ominus}$ (V)	$-\Delta G_{1300K}^{\ominus}$ (J/mol)	$E_{1300K}^{\ominus}$ (V)
0	0	3.0	3.0	639980	1.11	581490	1.01
20	0.5	2.0	2.5	659770	1.14	609860	1.05
40	0.86	1.28	2.14	672440	1.16	631660	1.08
60	1.12	0.750	1.87	686510	1.19	649570	1.12
70	1.34	0.53	1.77	688850	1.19	649980	1.13
80	1.33	0.53	1.86	694460	1.20	663040	1.14
100	1.5	0	1.5	699440	1.21	666890	1.15

$$2Al + aCO_2 + bCO \Longrightarrow Al_2O_3 + cC \tag{3}$$

式中，a 为$\frac{3N}{1+N}$；b 为$\frac{3(1-N)}{1+N}$；c 为$\frac{3}{1+N}$；a、b、c 为化学计量系数。

求得该化学反应的 Al_2O_3 的生成自由能为：

$$(\Delta G_T^{\ominus})_3 = -(1697.70 - 394.13a - 111.71b) - 1.49 \times 10^{-2} T\lg T - (0.38b + 0.84 \times 10^{-3} a + 0.088b) T$$

表 10-7 中的数值为在不同的 CO_2 与 CO 浓度下的 Al_2O_3 分解电压。图 10-5 为 Al_2O_3 分解电压与 CO_2 和 CO 的浓度的关系。它随着 CO_2 浓度的增大而升高，随着温度的升高而降低。

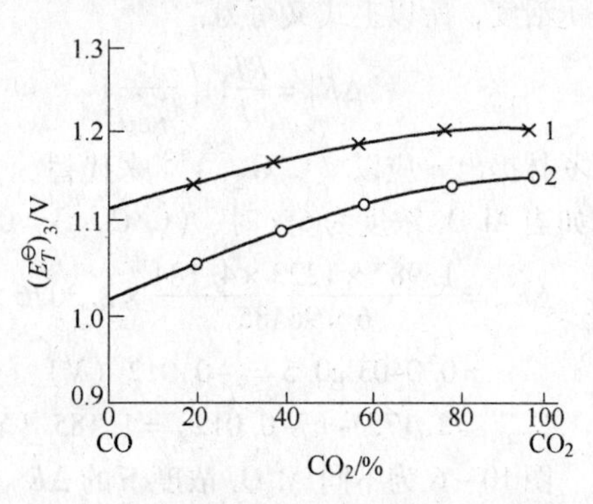

图 10-5　Al_2O_3 分解电压与 CO_2 浓度及温度的关系（活性阳极）
1—927℃；2—1027℃

以上的计算结果说明，电解过程采用活性阳极时，Al_2O_3 的分解电压在 1.13V 左右，这与实验室里采用活性电极（C，CO_2）测得的结果是一致的，表 10-8 列出了一些测定结果。实验所用电极如图 10-4b 所示。

采用活性电极使得 Al_2O_3 分解电压降低的原因，从能量平衡的角度来说，是由于 CO_2

和 CO 的生成释放出能量，从而减少了外加的能量。从电化学的观点来看，CO_2 和 CO 的生成起了一个去极化的作用。然而能量的降低，也带来了阳极的消耗，随之而来是增加了设备、加工费、基建费用。因此，人们仍致力于研究惰性阳极材料，以其代替现用的活性阳极——炭素。

表 10-8　电池 Al | $Na_3AlF_6-Al_2O_3$ | C，$CO_2E_T^{\ominus}$ 的测定和计算值

研究者	温度（℃）	Al_2O_3 含量（%）	$E_{T测}^{\ominus}$（V）	$E_{T计}^{\ominus}$（V）
马绍维茨等（1957）	1000	饱和	1.115	1.169
罗林等（1960）	1000	5	1.15～1.20	1.169
通斯塔特等（1964）	1000	饱和	1.15	1.169
维丘可夫等（1965）	1020～1030	10	1.17	1.152～8
通斯塔特（1970）	1010	饱和	1.16	1.164

3. *Al_2O_3 分解电压与熔体中 Al_2O_3 活度的关系*　在一般计算和讨论中，没有考虑 Al_2O_3 分解电压与它在熔体中活度的关系。但是研究表明，在 $Na_3AlF_6-Al_2O_3$ 熔体中，随着 Al_2O_3 浓度的降低，Al_2O_3 的分解电压会稍稍增大。因此在精确计算中，应考虑冰晶石熔体中 Al_2O_3 活度对分解电压的影响，以便进行修正。它们之间的关系式是：

$$E_T=E_T^{\ominus}-\frac{RT}{nF}\ln a \text{ 或 } \Delta E_T=E_T^{\ominus}-E_T=\frac{RT}{nF}\ln a$$

式中　n——Al 的价数变化总数（6）；

a——Al_2O_3 的活度；

ΔE_T——分解电压修正值；

F——法拉第常数；

R——气体常数。

在 $Na_3AlF_6-Al_2O_3$ 熔体中，当 Al_2O_3 浓度在 0～12% 的范围内，接近于理想溶液，可以用其浓度来表示活度，所以上式又写为：

$$\Delta E_T=\frac{RT}{nF}\ln\left(\frac{C}{C_{饱和}}\right)$$

而罗林提出 a 应以 $(C/C_{饱和})^{2.27}$ 来代替。

例如当 Al_2O_3 浓度为 6% 时，$(C/C_{饱和})=0.5$，

则　$$\Delta E_T=\frac{1.987\times1223\times4.184}{6\times96485}\times2.3026\times\lg0.5$$

$$=0.0403\lg0.5=-0.012\ (V)$$

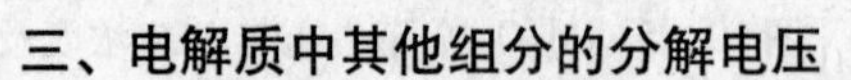

故　$E_{1223K}=1.173-(-0.012)=1.185$ (V)

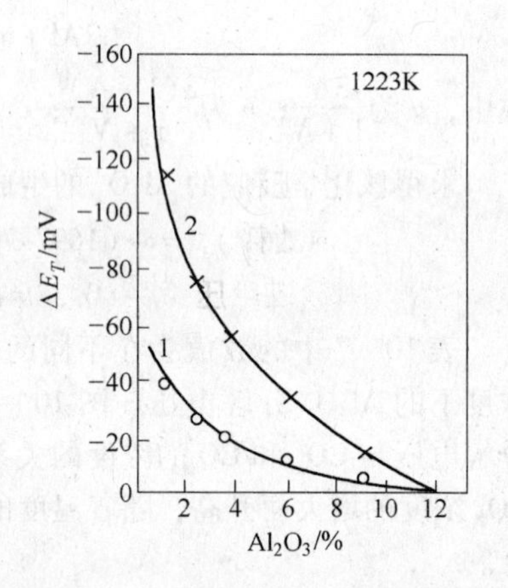

图 10-6　Al_2O_3 分解电压的修正值与 Al_2O_3 浓度的关系（1223K）

$1—\frac{RT}{nF}\ln\left(\frac{C}{C_{饱和}}\right)$；$2—\frac{RT}{nF}\ln\left(\frac{C}{C_{饱和}}\right)^{2.27}$

图 10-6 为不同 Al_2O_3 浓度下的 ΔE_T 值。

三、电解质中其他组分的分解电压

在铝电解质中，由于采用了添加剂，通常含有 NaF、AlF_3、CaF_2、MgF_2、LiF 和 NaCl 等，它们的分解电压的数值列于表 10-9 中。从表中的数值可以看出，Al_2O_3 分解电压值

比这些化合物的分解电压要低得多。因此，在正常情况下，优先放电的是 Al_2O_3，而不是其他化合物。

表 10－9　电解质中其他组分的分解电压（V）

反 应 式	$E^{\ominus}_{1100K}$	$E^{\ominus}_{1200K}$	$E^{\ominus}_{1300K}$
$Al + 1.5F_2 = AlF_3$	4.154 （－120.21）	4.064 （－117.61）	3.976 （－115.02）
$Na + 0.5F_2 = NaF$	4.762 （－45.94）	4.633 （－44.69）	4.451 （－42.93）
$Ca + F_2 = CaF_2$	5.372 （－103.64）	5.287 （－102.01）	5.202 （－100.37）
$Mg + F_2 = MgF_2$	4.831 （－93.22）	4.739 （－91.42）	4.652 （－89.75）
$Li + 0.5F_2 = LiF$	5.252 （－50.67）	5.175 （－49.92）	5.100 （－49.20）
$Na + 0.5Cl_2 = NaCl$	3.226 （－31.13）	3.140 （－30.29）	2.995 （－28.91）
$2Al + 1.5O_2 = Al_2O_3$	2.294 （－132.80）	2.237 （－129.45）	2.178 （－126.02）

注：（　）内数字为相应的生成自由能的数值（kJ/mol）。

第四节　阳极过电压和阳极效应

阳极过电压和阳极效应是铝电解生产中不可忽视的阳极副反应，它们的存在和发生既关系到能量的消耗，又关系到正常生产过程的稳定。

一、阳极过电压

铝电解生产中，阴极过电压（或称超电压）很少，然而阳极过电压却很大。铝电解过程的理论分解电压为 1.2V（960℃）左右，而实际测得的反电势为 1.45～1.65V，甚至更高。两者相差 250～500mV，其原因就是阴、阳极上存在过电压，特别是阳极过电压。产生阳极过电压的原因很多，归纳起来有四个方面。换言之，阳极过电压是由这四个部分构成的。

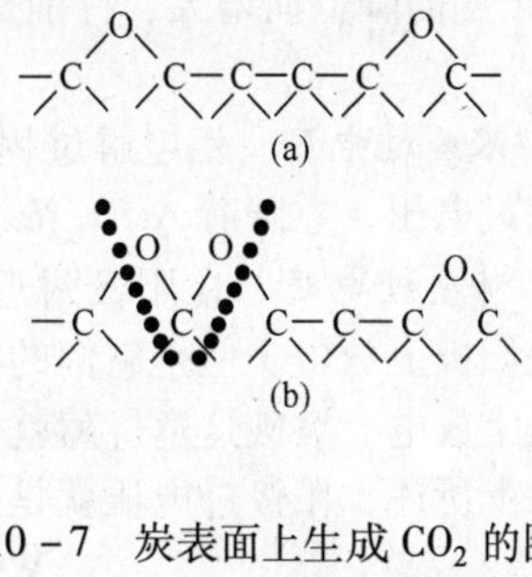

图 10－7　炭表面上生成 CO_2 的图解

1. *阳极反应的反应过电压*　铝电解阳极主反应是铝氧氟离子中的 O^{2-} 放电，并与炭阳极反应生成 CO_2。这一过程是极其复杂的。炭表面上生成 CO_2 的过程如图 10－7 所示。氧首先聚集在阳极底掌上最活泼的地方（或称活化中心），生成化合物 C_xO，这是一稳定的表面化合物（见图 10－8a）。C_xO 再吸附氧，随后又分解（表示于图 10－8b 上用黑点标明），结果生成 CO_2 和新鲜的表面。这些中间化合物的生成以及中间过程的存在，都需要

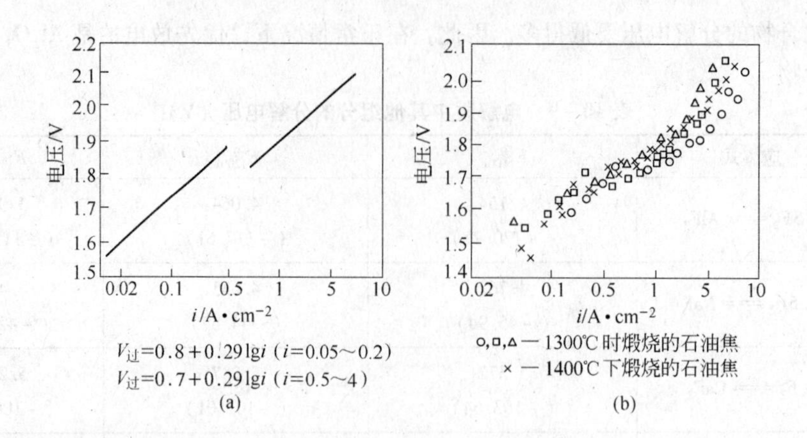

图 10-8　铝电解过程电流密度-电压曲线

（a）ATJ 石墨电极；（b）自焙阳极

额外的能量，即过电压。

上述过程，可用五个步骤来描述。

（1）O^{2-}（配离子中）$+2e \longrightarrow O$（吸附于炭表面）

（2）O（被炭吸附）$+xC \longrightarrow C_xO$

（3）O^{2-}（含于配离子中的）$+C_xO-2e \longrightarrow C_xO\cdot O$（吸附）

（4）$C_xO\cdot O$（吸附）$\longrightarrow CO_2$（吸附）+（$x-1$）C

（5）CO_2（吸附）$\longrightarrow CO_2$（气泡）

在上述过程中，(1)、(3)、(5) 都是迅速完成的。而（2）和（4）即 C_xO 的生成和分解过程迟缓，这是产生过电压的原因。此外，含氧配离子进入炭阳极孔隙，以原子态氧进入碳的晶体，再成为 CO_2 解吸出来，也同样会产生反应过电压。该值约为 0.15 ~ 0.25V。

2. *阳极电阻过电压（气膜电阻）*　阳极上吸附着大小气泡以及气泡的胚芽都起着阻碍电流的作用，而引起过电压，故又称气膜电阻。从电解槽可以观察到槽电压是随着阳极气泡的逸出而波动的。并且波动的次数与气泡逸出的声响的起伏是对应的。这种过电压随 Al_2O_3 浓度的降低而增大，特别是临近阳极效应时猛增。此外，还随阳极表面积的增大而增大。

3. *浓差过电压*　铝电解过程中，阳极近层氧离子浓度减少，氟化铝浓度增大而造成了浓差过电压，它随着 Al_2O_3 浓度的减少而增大。

4. *势垒过电压*　在阳极附近的熔体中，有许多离子，如 AlF_6^{3-}、AlF_4^-、F^- 等，它们都不在阳极上放电。但是它们的存在使阳极附近形成了一个电化学屏障，阻碍含氧配离子在阳极上放电。突破这道屏障就需要能量，于是产生了势垒过电压。

综上所述，阳极过电压就是这四项之和，即：

$$V_{过}=V_{反应}+V_{气膜}+V_{浓差}+V_{势垒}$$

而阴极过电压只有后面的二项，所以它比较小。

阳极过电压与阳极电流密度密切相关，其关系可以用塔菲尔方程来描述：

$$V_{阳过}=a+b\lg i$$

式中　i——阳极电流密度，A/cm²；

a，b——塔菲尔常数。

上式表明，阳极过电压与阳极电流密度的对数保持线性关系。图 10-8 是 E. W. 杜因（Dewing）等人用石墨阳极和自焙槽用炭阳极测得的结果，所用电流密度为 3~0.01A/cm²。对于 ATJ 石墨阳极，测得的塔菲尔曲线是

$$i=0.05\sim0.2\,\mathrm{A/cm^2};\quad V_{过}=0.80+0.29\lg i$$

$$i=0.5\sim4.0\,\mathrm{A/cm^2};\quad V_{过}=0.70+0.29\lg i$$

测定结果表明，自焙阳极的过电压约比预焙阳极低 100mV。

二、阳极效应

1. *阳极效应的发生与临界电流密度*　阳极效应是熔盐电解过程中一种独特的现象，铝电解过程中的阳极效应现象是：阳极周围（指与熔体接触的部位）电弧光耀眼夺目，并伴有噼噼啪啪的声响，阳极周围电解质却不沸腾，没有气泡大量析出。电解质好像被气体排开，电解槽的工作处于停顿状态。此时槽电压由原来的 4V 猛升到 30~50V，甚至更高，与电解槽并联的指示灯发亮，表示该槽发生了阳极效应。

铝电解生产过程中，发生阳极效应的难易程度通常可用“临界电流密度”来判断。临界电流密度是指在一定条件下，电解槽发生阳极效应时的最低阳极电流密度。它与熔盐的性质、温度、阳极性质、添加剂等很多因素有关。但是，对铝电解来说，上述因素基本上是固定的，唯一明显变化的是电解质中氧化铝的浓度。实践证明，阳极效应发生之际，正好是氧化铝缺少之时。

关于氧化铝含量对临界电流密度的影响，已经进行了许多研究。研究结果表明，基本趋势是临界电流密度随着电解质中 Al_2O_3 含量的增加而增大。但是不同的研究，在数值上存在着差别。图 10-9 所示是这方面的研究结果。

工业铝电解槽阳极电流密度一定，当电解质中 Al_2O_3 浓度减少到 0.5%~1.0%，它便超过了临界电流密度，于是发生阳极效应。

2. *阳极效应的机理*　有关阳极效应发生机理的研究甚多，但观点却不尽一致，主要有以下四种。

（1）润湿性变差学说　润湿性变差是指电解质对炭阳极底掌的润湿性变差。这种学说认为，在正常电解时，熔体对阳极底掌的润湿性良好，气泡呈图 10-10a 所示的形状，很快地被电解质从底掌排挤出来。当熔体中 Al_2O_3 浓度降低到一定程度时，润湿性变差，致使阳极气体不能及时排走，气泡逐渐聚集成大面积的气膜，覆盖于阳极底掌上，如图 10-10b 所示。这样，气膜就阻碍着电流的畅通。电流被迫以电弧的形式穿透气膜，放出强烈弧光和振动噪声，这就是阳极效应。故人们又称阳极效应为“阻塞效应”。在生产实践中，只要向电解质中添加一定量的 Al_2O_3，电解质的润湿性便又恢复到正常的水平，在人为的帮助下，如刮底掌、搅动铝液冲刷阳极底掌、下降阳极等方法，排出气泡，阳极效应便告熄灭，恢复正常生产。

（2）氟离子放电学说　这种学说认为，阳极效应是阳极过程改变为氟离子放电的结果。人们在阳极效应临近时发现阳极气体中，除 CO_2 和 CO 外，还有 CF_4，而在阳极效应过程中 CF_4 约占 14%~35%，见图 10-11。持氟离子放电学说的人认为，当 Al_2O_3 浓度降低时，阳极区富集着 F^- 离子，造成了 F^- 放电的机会，F^- 离子放电并与炭反应生成 CF_4

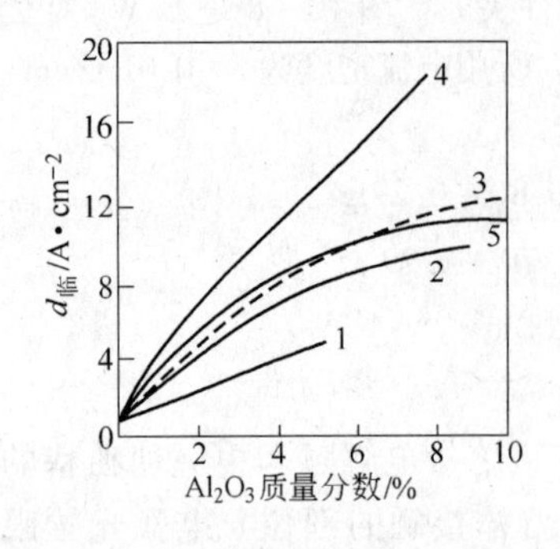

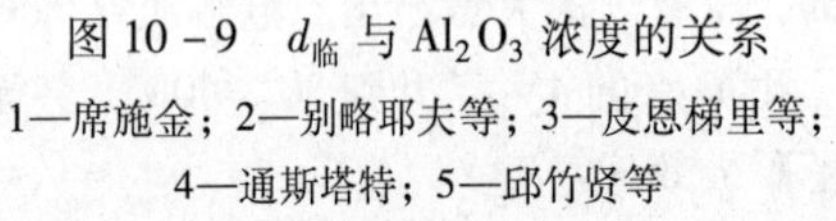

图 10-9　$d_{临}$ 与 Al_2O_3 浓度的关系

1—席施金；2—别略耶夫等；3—皮恩梯里等；4—通斯塔特；5—邱竹贤等

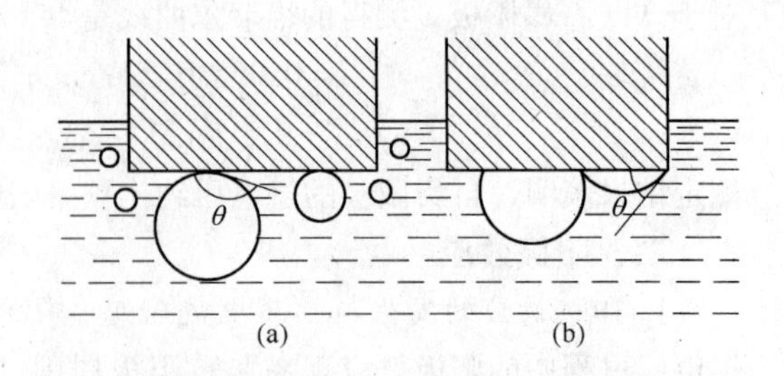

图 10-10　电解质对阳极底掌的润湿性

（a）正常生产；（b）发生效应时

或 COF_2（COF_2 高温不稳定而分解：$2COF_2 = CO_2 + CF_4$），进而生成了中间化合物 C_nF_m。当阳极底掌为此化合物覆盖时，阳极效应就发生了。

根据热力学计算，以碳作阳极电解 AlF_3 时，生成 CF_4 的反应是：

$$4AlF_3 + 3C = 4Al + 3CF_4$$

其分解电压为 2.2V。这和工业铝电解槽上发生阳极效应前反电动势升高为 2.2V 的数值是一致的。因此说明，阳极效应的直接原因是与 CF_4 的生成是有关的。

安齐平曾在电解之前将阳极表面进行氟化处理，再进行铝电解实验。实验表明，采用这种阳极，即使冰晶石熔体中含有 10% 的 Al_2O_3，在极低的电流密度下也会发生阳极效应。而且效应持续的时间与阳极表面氟化处理的时间成正比。这也说明阳极效应的发生与 F 是相关的。

（3）静电引力学说　持有这种观点的人认为，阳极气泡所带电荷性质改变是导致发生效应的原因。瓦尔特伯（Wartenberg）认为在正常情况下，气泡带正电，故被阳极排斥，难以聚集；当熔体中 Al_2O_3 浓度减少时，气泡带负电而被阳极吸引，聚集而形成气膜，由此发生阳极效应。这种学说虽然有不少人认同，但还有待研究结果验证。

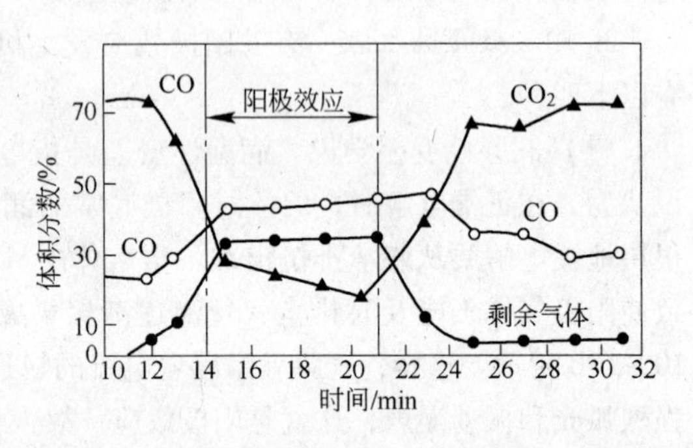

图 10-11　效应发生时，阳极气体组成的变化

（4）桥式离子理论　阳极效应发生的机理显然不能只归于某一方面的原因，因为不能只对阳极效应的某一个现象进行解释。实际上阳极效应发生时是各种现象同时存在着的。故而需要作出一种综合性的说明。我国邱竹贤教授根据其研究提出了一种桥式离子理论。他认为，当冰晶石－氧化铝熔体中 Al_2O_3 浓度很低时，形成了一种桥式铝氧氟配离子：

$$6F^- + 4AlF_6^{3-} + Al_2O_3 = 3Al_2OF_{10}^{6-}$$

桥式离子的结构是：　　　　　　　　$[AlF_5—O—AlF_5]^{6-}$

此时，氟离子能较方便地从配离子中挣脱出来，在炭阳极表面上放电生成碳氟化合物。于是阳极气体中 CF_4 的量由临近效应时的 0.4% ~4% 猛增到 30% ~40%，而且在阳极表面上生成碳氧氟化合物 COF_x。炭阳极表面吸附着这种化合物和气体后，阳极的惰性愈来增大，电解质在更大程度上被阳极排斥，使阳极有效电流密度增大，当阳极底掌覆盖了一大层气泡并达到临界电流密度时，就引起阳极效应。据此，他指出阳极效应发生的根本原因在于阳极反应机理的改变，而润湿性变坏则是起了推波助澜的作用，加强了阳极效应的稳定性。

阳极效应的发生造成电解质的过热和挥发损失增加；导致了系列电流的降低；还增加了额外的电能消耗。故阳极效应发生过多过频，效应持续的时间过长都是不适宜的。但是，阳极效应的发生又意味着电解质中 Al_2O_3 含量已经很低，说明电解槽工作在正常进行。此外，还可以利用阳极效应来清除熔体中的碳渣，烧平阳极底掌，溶解槽底沉淀等。因此，生产中根据生产规模，供电能力，而确定一个可取的效应系数，亦即每昼夜发生阳极效应的次数，一般为 0.5 ~1 次。当然随着自动检测 Al_2O_3 浓度技术的改进、完善以及计算机的使用，完全无效应电解也是可行的。

第十一章　铝电解生产中的电流效率

第一节　电流效率概述

一、铝电解生产中的电流效率

电流效率是铝电解生产过程中的一项非常重要的技术经济指标。它在一定程度上反映着电解生产的技术和管理水平。电流效率的大小是用实际铝产量和理论铝产量之比来表示的，即：

$$\eta = (P_{实}/P_{理}) \times 100\% \tag{11-1}$$

式中　$P_{理} = CI\tau \times 10^{-3}$ （kg）；

C——铝的电化当量，$C = 0.3356\text{g}/(\text{A}\cdot\text{h})$；

I——电解槽系列平均电流，A；

τ——电解时间，h。

在电解生产过程中，一方面金属铝在阴极析出，另一方面又因各种原因损失掉，故电流效率总是不能达到百分之百。目前，我国电解炼铝的电流效率一般在88%～90%；而世界一般都在90%以上，最先进的电流效率指标已达95.8%（见表8－3）。

假设铝损失量为$P_{损}$，则式（11－1）可以改为：

$$\begin{aligned}\eta &= [(P_{理} - P_{损})/P_{理}] \times 100\% \\ &= [1 - (P_{损}/P_{理})] \times 100\%\end{aligned} \tag{11-2}$$

二、铝电解生产电流效率的测定

通常，生产中电解槽的电流效率采用如下办法进行测定。

1. *盘存法*　该法简单易行。其要点是精确求得每次的出铝量m_i、并测得开始前的槽内存铝P_1以及测定结束时槽内剩余铝量P_2，则在该时期内电流效率为：

$$\eta_{平} = \frac{[\sum_{n=1}^{n} m_i + (P_2 - P_1)] \times 10^3}{0.3356 \times I\tau} \tag{11-3}$$

上式中关键是怎样精确地求得P_1、P_2，一般现场采用测量槽膛和铝水平的经验方法。显然准确性较差，因为槽膛是不规则的。

2. *稀释法*　采用稀释法的目的在于精确求得槽内铝量，即P_1和P_2。其原理是往槽内铝液中添加少量示踪元素，待它均匀溶解后，取样分析铝中该元素的含量，然后推算出槽内铝量。

稀释法所采用的示踪元素必须：

（1）它能溶解于铝液，而完全不溶于电解质；

（2）它的蒸气压要很小，即溶解后不致蒸发损失；

（3）纯度要高。

工业中采用的示踪元素有惰性金属（如铜、银）和放射性同位素（如金198，钴60）。现在工厂一般用铜。

设 M_1 为加入铝液中的铜量（kg）；M_2 为槽内铝液中固有的铜量（或称本底铜量）；C_2 为槽内铝液中本底铜含量（%）；C_1 为加铜后槽内铝液（P）中的铜浓度。根据铜量平衡，应有

$$M_1 + M_2 = P \cdot C_1 \tag{11-4}$$

而　$M_2 = (P - M_1)C_2$，代入上式并整理，求得槽内铝量 P 为：

$$P = [M_1(1 - C_2)]/(C_1 - C_2) \tag{11-5}$$

利用式（11-4）可以分别求得本底铝量 P_1 和剩余铝量 P_2，然后代入式（11-2）求得平均电流效率 $\eta_{平}$。

同位素示踪法的原理与加铜稀释法是一样的。但是槽内铝量的计算方法有所不同

即
$$P = \frac{m_A s_A}{s} \tag{11-6}$$

式中　m_A——加入槽内的示踪元素量，g；

s_A——示踪元素的比活度；

s——完全均匀混合后铝液中示踪元素的比活度。

该法所采用的示踪元素一般是 Au-198。它的优点是半衰期（2.7天）较为适当，活化截面积大，纯度高以及能很好地溶解于铝液，且被氧化的可能性小。

稀释法、示踪法较之于盘存法精确、其精确度约为 ±1%。

除此之外，还有一种回归法（或称最小二乘方法），其实质是上述方法的具体运用，测定周期可以更长。该法的要点是根据测定周期内（10~15天）的出铝量的累计数，运用最小二乘方原理，推导出 $y = b + mx$ 线性方程，式中，y 为出铝量；x 为出铝时间（累计时间）；b 和 m 为回归系数，其中 m 为铝电解槽的生产率（kg/h），由 m 算出电流效率。b 和 m 由下式求出：

$$\left.\begin{aligned} m &= \frac{\sum x \sum y - n \sum xy}{(\sum x)^2 - n \sum x^2} \\ b &= \frac{\sum x \cdot \sum xy - \sum y \cdot \sum (x^2)}{(\sum x)^2 - n \sum x^2} \end{aligned}\right\} \tag{11-7}$$

3. 气体分析法　气体分析法是以阳极气体的浓度来求得电解槽电流效率的方法。研究结果表明，阳极气体中 CO_2 的含量与电流效率存在着一定的关系。最早提出这一看法的是皮尔逊和沃丁顿。他们认为电流效率与 CO_2 浓度有如下关系：

$$\eta = \frac{1}{2}(CO_2\%) + 50\% \tag{11-8}$$

式（11-7）为皮尔逊-沃丁顿方程。皮尔逊认为，铝电解的阳极一次气体应为100% CO_2，而二次气体出现 CO 是铝再氧化而生成的，由此而致使电流效率下降。

随后许多人在此公式的基础上进行修正，其理由是影响电流效率的因素很多，如杂质的析出，Al_4C 的生成、不完全放电、Na^+ 的放电等。同时 CO 的生成的原因还可能是 CO_2 和熔体中的碳渣反应（布达反应）所致，然而式（11-7）并没有考虑这些因素。表11-1

中，列举了部分关系式。

表 11-1 阳极气体成分与电流效率的修正式

研究者	关系式
T. R. 贝克（Beck）(1959)	$\eta=g(0.5CO_2\%+50\%)-z$ 式中 g——与布达反应有关的系数； z——与 CO_2 无关的电流效率损失
T. C. 沙凯恩（Саакян）(1963)	$\eta=73\%+0.22CO_2\%$
柯斯丘科夫（Костюков）(1963)	$\eta=(0.5CO_2\%+50\%)(1-x+4a)$ 式中 a——消耗于布达反应的 $CO_2\%$； x——除二次反应外的其他电流效率损失
柯诺波夫（Коробов）(1963)	$\eta=\frac{(2-x)(n+1.5)}{3}$ 式中 x——阳极气体中的 $CO_2\%$； n——布达反应消耗的碳量
沙姆内特（1970）	$\eta=0.45CO_2\%+47.6\%$

邱竹贤教授根据在工业槽上的研究结果，得到如下关系式

$$\eta(\%)=\frac{1}{2}CO_2\%+50\%+K$$

式中，$K=3.5\%$。

通过研究，他认为由于布达反应等所引起的 CO_2 浓度的降低可能达到相当可观的程度，所以在新的关系式（1980 年）考虑了这个因素，即：

$$\eta=\frac{(1+CO_2\%)(1.5+x)}{3}-r' \tag{11-9}$$

式中 x——布达反应而引起的 $CO_2\%$ 减少；

r'——铝的再氧化反应引起的电流效率损失，%。

总之所有研究结果都表明，阳极气体中 CO_2 的浓度与电解槽的电流效率有着密切的关系。这个关系为气体分析法求电流效率奠定了基础。阳极气体分析法，操作简便，在生产中得到广泛采用。

第二节 电流效率降低的原因

一、铝的溶解和再氧化损失

1. 铝的溶解 铝在电解质熔体中的溶解已为众多的研究所证实。当金属铝珠放入清澈透明的冰晶石或冰晶石-氧化铝的熔体中，肉眼就能看到在铝珠的周围升起团团的雾状物质——金属雾，有人认为这是铝以中性原子的形式物理地溶解于熔体之中所产生的。在熔体中，溶解的铝粒子直径约为 10μm，其沉降速度为 2×10^{-4} cm/s，因而可稳定地存在于熔体之中。如果用强光照射金属雾，则可以看到像金属那样的反光粒子。在电泳实验中这些微粒向正极移动，证明它们可能带有负电荷。这种溶解有铝的电解质冷凝后呈灰色，而纯熔体是洁白的。用氢氧化钠或盐酸溶液处理冷凝物，有氢气产生，说明有金属铝存在

(后来成为测定熔体中铝溶解度的方法之一)。对于含金属铝的电解质是真溶液还是胶体溶液的看法还不一致。

上面所述实质上是铝在熔体中的物理溶解。铝在熔体中的另一种溶解是化学溶解，即铝与熔体中的某些成分反应，以离子的形式进入熔体。

生成低价铝离子是化学溶解的主要形式，如：

(1) $2Al + AlF_3 = 3AlF$ 或 $2Al + Al^{3+} = 3Al^+$

(2) $2Al + Na_3AlF_6 = 3AlF + 3NaF$ 或 $2Al + AlF_6^{3-} = 3Al^+ + 6F^-$

其次，铝可能与 NaF 作用置换出金属钠，或生成 Na_2F，其反应是：

(3) $Al + 6NaF \longrightarrow Na_3AlF_6 + 3Na$

(4) $Al + 6NaF \longrightarrow 3Na_2F + AlF_3$

反应（3）已由扬德尔（W. Jander）和赫尔曼（H. Hermann）的实验证实，铝加到熔融的氟化钠里，观测到一种强烈的反应，同时有气态钠放出。许多人还从熔体上面的冷凝物中发现了钠，至于 Na_2F 则尚未证实。

此外，格洛泰姆还提出铝与冰晶石中的水起作用产生氢气的假说，即：

$$2Al + 3H_2O \longrightarrow Al_2O_3 + 3H_2 \uparrow$$

后来，郝平用实验证实了这一点，并和麦格鲁（Mcgrew）观察到这一现象。有人认为金属雾主要是氢气泡，是难以成立的，因为如果金属雾真是氢气泡，那么浑浊的熔体应会逐渐澄清。

2. 铝在熔体中的溶解度　铝在冰晶石熔解度是很小的，一般在 0.05% ~0.10% 之间。图 11-1 是 Na_3AlF_6 - Al 二元系相图，在 0.24% Al 处有一个共晶点（共晶温度为 1050℃）。J. 格拉赫认为在共晶点之前的浓度范围内（0% ~0.24%），形成化学真溶液，而在 0.24% Al 之后，则形成胶体溶液。阿瑟（Arthur）在 1020℃ 下测铝在纯冰晶石熔体的溶解度是 0.085%，并且铝的溶解度随着熔体中 Al_2O_3 浓度的增加而降低，随着熔体温度的升高而增大。

铝的溶解还随着电解质摩尔比的降低而降低。但是有人认为是随着电解质摩尔比的改变，铝的溶解度出现了一个极小值。例如，维丘科夫认为这个最小值在摩尔比 2.5 ~2.7 处，而池田晴彦等则认为在 2.57 处，如图 11-2 所示。持有这种“极小值”观点的人认为，在冰晶石熔体中，当熔体摩尔比高时，铝与 NaF 强烈反应而溶解度增大；而当摩尔

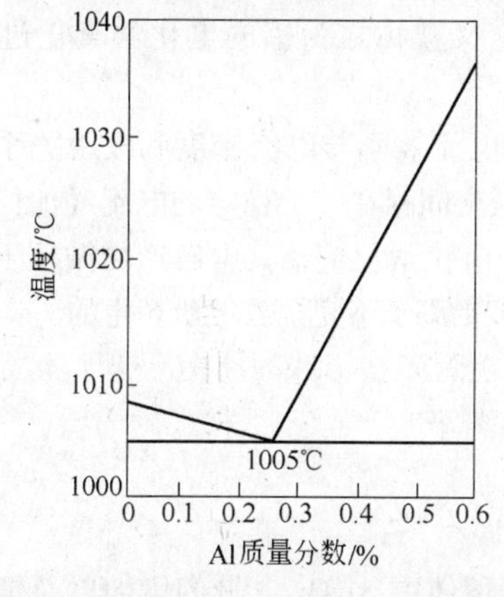

图 11-1　Na_3AlF_6 - Al 二元系相图

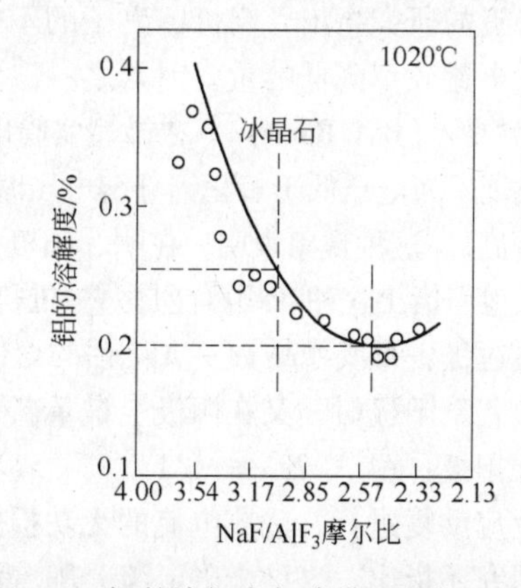

图 11-2　铝的溶解度与冰晶石摩尔比的关系

比降低时，熔体中 NaF 降低，而 AlF_3 与铝的反应也不强烈，但是降低到一定程度，如 MR <2.57 后，铝与 AlF_3 生成低价铝的反应越来越强烈，故铝的溶解度又开始回升。因此它存在一个极小值，这个极小值又与下面的电流效率的变化相对应。

3. *铝的二次反应机理* 如上所述，铝的溶解有物理的、也有化学的，前者达到一定程度会饱和，后者在一定条件下也将达到平衡，而且溶解度也不大。但是电解过程中熔体中存在有 CO_2 和良好的传质条件。溶解的铝会不断地被氧化，使平衡不断地遭受破坏，使铝的损失增大，成为影响电流效率的主要原因。

为了认识二次反应的机理，对工业槽铝液界面与阳极之间的熔体中的铝的浓度分布进行实测，其结果示于图 11-3 中，结果表明，铝液表面 10mm 以内，熔体内铝的含量接近其溶解度（0.08%~0.10%）；在 10~30mm 的区间，铝的含量迅速下降，最低约为 0.02%；在阳极底掌下面 10~12mm 内，铝含量接近于零。对测定结果的解释是，在铝液表面，主要过程是铝的溶解，故其含量基本保持为铝的溶解度不变；在第二个区间（10~30mm）是溶解的铝向电解质内的扩散过程，从浓度分布曲线特征——浓度差很大来看，该过程较为迟缓；在第三区间，铝的浓度接近于零是铝迅速与 CO_2 作用的结果，其再氧化反应是：

$$2Al + 3CO_2 \Longrightarrow Al_2O_3 + 3CO \uparrow$$

$$3AlF + 3CO_2 \Longrightarrow Al_2O_3 + AlF_3 + 3CO \uparrow$$

综上所述，铝损失的机理分为溶解、扩散、氧化三个步骤。根据动力学观点，反应速度最慢过程决定着整个反应的速度。由于铝的损失取决于溶解铝向熔体中的扩散速度，因此要降低铝的二次反应损失应着重控制扩散速度。

然而对此有着不同的看法，例如，列瓦江认为铝的溶解是铝损失的控制步骤；通斯塔则认为铝在阳极区的再氧化是限制步骤。邱竹贤教授等通过在工业电解槽中取样分析（其装置示于图 10-4）熔体中铝的分布，他们认为，由于电解质强烈对流和扰动，金属铝在熔体中的传输进行得很快，不至于成为限制步骤，而限制步骤是铝的溶解，或是金属铝-电解质交界层（1~3mm）的扩散。

尽管看法不尽一致，但在下面的讨论中仍以扩散步骤为限制步骤的观点来说明有关问题。

二、铝的不完全放电

最近的研究指出，高价铝离子的不完全放电（它又被称之为铝的电化学氧化过程），是造成电流效率降低的重要因素之一。

巴拉特（B. J. Barat）等在微型实验电解槽上研究电流效率与电流密度和极距关系的过程中发现，当电压低于氧化铝分解电压时，电解池两极之间存在一个稳定的电流（他们称为极限电流）。这种现象表明，在阴、阳极上发生了一种电化学反应，其电解产物循环于两极之间，他们指出这种产物可能是一种低价铝离子-高价铝离子不完全放电所产生的。

在阴极：$Al^{3+} + 2e \longrightarrow Al^{+}$

当它转移至阳极时，又在阳极上被重新氧化成高价铝离子

在阳极：$Al^{+} - 2e \longrightarrow Al^{3+}$

这些反应反复进行，造成电流的无功损失。

研究还指出，这种极限电流是随着温度的升高、熔体中 Al_2O_3 含量的增加以及搅拌强度的增强而增大的，在低电流密度下，这种电化学过程可能更强烈。

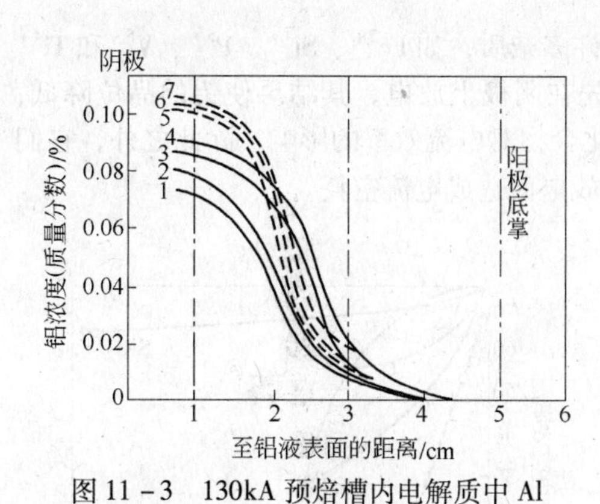

图 11-3 130kA 预焙槽内电解质中 Al 的浓度分布（A. M 阿瑟 1974）

曲线上的数字为电解槽槽号，1~4 号在中心部分测定；5~7 号在边部测定

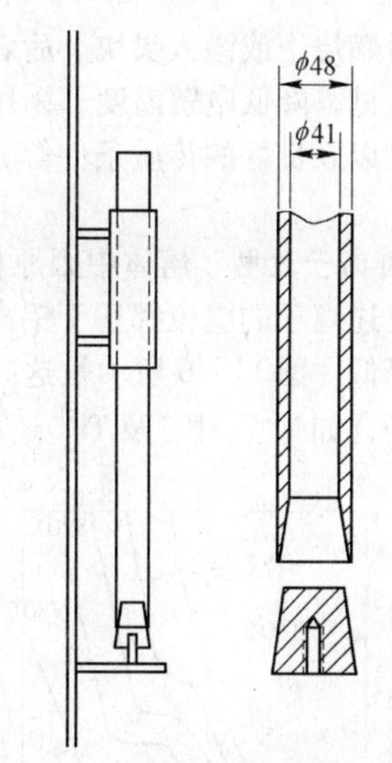

图 11-4 研究工业槽熔体中铝浓度分布的取样装置

三、其他离子放电

在冰晶石-氧化铝熔体同时存在多种离子，各种原料也不可避免地带入各种杂质。因生产条件的变化，使得有些离子优先放电，或与铝离子共同放电，而造成电流效应降低。

1. *钠离子放电* 金属钠除了可能被铝置换外，钠离子本身也可能在阴极上放电。卡捷拉夫斯卡娅和达恩克恩研究指出，工业槽中铝液表层的 Na 浓度便达 0.03%~0.3%。

前面已经指出，在冰晶石熔体中，钠离子的析出电位比铝离子约负 250mV（1000℃）。在正常情况下，它是不可能放电的。然而在技术条件发生变化时，钠离子则有可能和铝离子共同放电。此外，铝在电解质中是以配离子存在的，其活度显著降低；钠析出后进入铝液中造成去极化作用，这些都是有利于钠离子在阴极放电的因素。

图 11-5 所示是罗什金（Рошкин）在实验室电解槽上，于酸性电解质中的测定结果。由图可知，在 975℃下的台阶（即由只有铝离子放电转向铝与钠离子共同放电的电位差）约为 0.3V。这个台阶，在 1150℃时消失，说明此时在任何电流密度下都是铝与钠离子一起放电。从图中还可以看到，随着温度的升高，台阶越来越短，即铝与钠析出电位的差值越来越小，钠离子越容易放电。普罗夫特（Proft）测定工业电解槽上铝与钠的析出电位差约为 0.40V。

研究结果还指出铝与钠的析出电位差还随电解质摩尔比的升高而变小，随着电解质中 Al_2O_3 含量的增大而增大。析出电位差的增大，说明钠离子放电的可能性减小，反之则增大。除此，钠离子放电的可能性还随着阴极电流密度的提高而增大。

在铝电解过程中，钠离子放电分两步进行，即：

（1）$2Na^+ + e = 2Na_2^+$

（2）$Na_2^+ + e = 2Na$

第二步是在更负的电位下才发生。钠在铝中的溶解度小，因其沸点低（880℃）析出后或蒸发逸出后燃烧，或渗入炭块。后者引起炭块早期破损。

由上可见，降低电解温度、采用低摩尔比电解质、保持较高的 Al_2O_3 浓度、适宜的阴极电流密度以及良好的传质条件等，都有利于抑制钠离子和铝离子共同放电，而提高电流效率。

2. 杂质离子放电　熔体中因原料不纯带进许多杂质，如 Fe^{3+}、Si^{4+}、P^{5+}、V^{5+} 和 Ti^{4+} 等离子。上述离子的电位都正于铝离子，而优先在阴极上放电，其结果使铝的品位降低，电流效率降低。图 11－6 所示是这些离子相应化合物对电流效率的影响。除此之外，它们的高价离子，如 V^{5+}、P^{5+} 及 Ti^{4+} 还可能不完全放电而造成电流空耗。

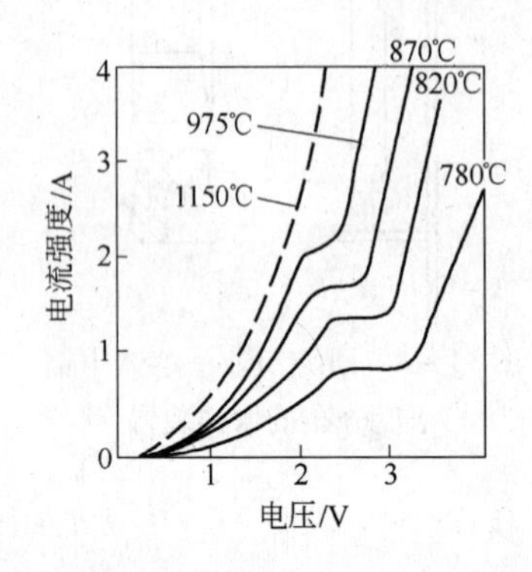

图 11－5　不同温度下的 $I-V$ 曲线

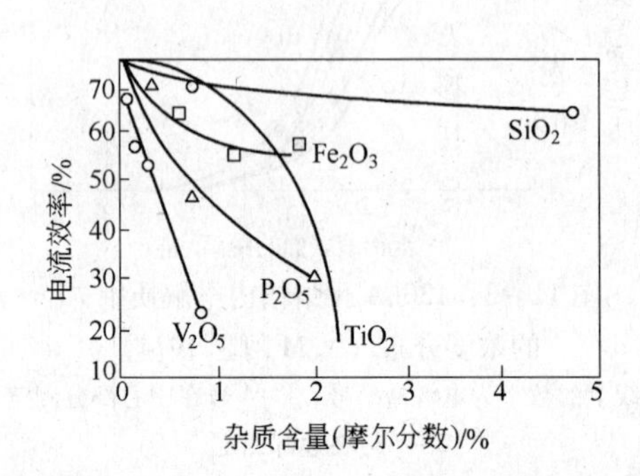

图 11－6　铝电解质中杂质对电流效率的影响

四、其他损失

1. 水的电解　原料进入电解质中不仅带进杂质，还带进水分。邱竹贤等在微型电解槽上得到低于 Al_2O_3 分解电压（1.8V）下，在 0.7～0.9V 处还有一个电化学反应。通过热力学计算，它属于 H_2O 的分解，即：

$$2H_2O_{(气)} \xlongequal{电解} 2H_{2(气)} + O_{2(气)}$$

此外不能排除，高温下水蒸气直接与铝的反应。无论是哪种途径，都会降低电流效率。氢气残留在铝液中，还使铝的机械性能变差。

2. 碳化铝的生成　在铝电解生产中，生成碳化铝似乎是难以避免的。它的生成将降低铝的质量、增大电能消耗、缩短电解槽寿命。同时，也使得电流效率降低，严重时电流效率可能为零。碳化铝的生成可用下式表示：

$$4Al + 3C \xlongequal{} Al_4C_3$$

表 11－2 所示为电解条件下，该反应的生成自由能数据。这些数值都具有很大的负值，说明 Al_4C_3 易于生成。在电解过程中，电解质出现局部过热、压槽和滚铝等异常现象以及电解质中碳粒和碳粉分离不好（生产中称为电解质含碳）时，如不及时处理，便可能引起碳化铝的大量生成，造成严重后果，电流效率显著下降。

抑制碳化铝生成的措施主要是防止电解温度过高（生产上称为热槽），保持电解质干净（不含碳，或尽快分离碳渣），以及生产的稳定。

表 11－2　不同温度下 Al_4C_3 的生成自由能

温度（℃）	659	727	827	927	950	1027
$-\Delta G_T^{\ominus}$（kJ/mol）	176.83	170.29	160.67	151.04	148.82	141.42

3. 熔体中的电子导电　Ю. В. 巴利沙格列依斯基（Борисо Глеъский）等测定了加铝和不加铝的冰晶石熔体的电导率（见图11－7）。结果表明，加铝熔体的电导率明显增大。他们认为在熔体中存在这样的平衡：

$$Al^{+} \rightleftharpoons Al^{0}$$

$$Na^{+} \rightleftharpoons Na^{0}$$

溶解的金属和低价离子中的剩余电子，并不是固定在某一离子的周围，而是自由地在离子，或原子，或离子之间转移，类似于金属中的自由电子，如同第一类导体一样，起着传递电荷的作用，结果造成电流的空耗。

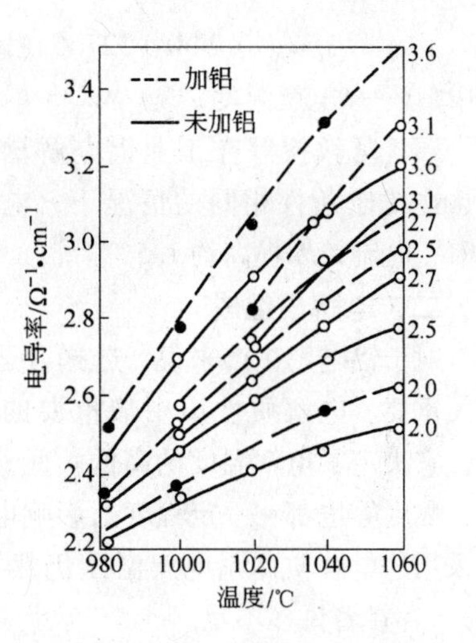

图 11－7　冰晶石熔体的电导率与其中加铝的关系

除此之外，阳、阴极间的短路、漏电以及出铝时的机械损失等也都是电流效率下降的原因。

第三节　电流效率与电解参数的关系

降低电流效率的原因中，除机械损失外，都与铝电解的技术条件有关，其中影响较大的主要是电解温度、电解质组成、极距、电流密度以及铝液的高度等作业参数。

一、电解温度

温度影响铝在电解质中的溶解度特别是溶解铝的扩散速度。因为扩散到阳极氧化区的速度越快，电流效率的损失就越大。根据费克（Fick）第一扩散定律：

$$q = D \cdot \frac{C_0 - C_1}{\delta} \cdot S \tag{11-10}$$

式中　q——单位时间的扩散流量，g/s；

D——扩散系数，cm^2/s；

δ——扩散层厚度，cm；

C_0——铝界面上电解质中铝的浓度，g/cm；

C_1——扩散层外部电解质中铝的浓度，$C_1=0$；

S——扩散面积，cm^2。

从上式可以看出，当电解温度升高时：

（1）铝在熔体中的溶解度增大，亦即 C_0 增大；

（2）熔体的黏度变小，则电解质的循环速度将增大，这意味着扩散层的厚度 δ 变小；

（3）扩散系数 D 也随着温度的升高而增大。

因此，电解温度升高，q 值增大，意味着铝的二次反应加剧，铝的损失增大，电流效率降低。图 11－8 所列为不同研究者在工业电解槽上的测定结果，都反映了这样的总趋势——温度升高，电流效率降低。B. 伯奇（Berge）在 135kA 预焙槽上得出如下回归方程：

$$\eta = -0.244t + 327.6\ (\%) \qquad (11-11)$$

式中 t——电解温度，℃。

邱竹贤教授等在工业铝电解槽的测定结果表明，在其他条件相同的情况下，电解温度每降低10℃，电流效率提高约1.5%。

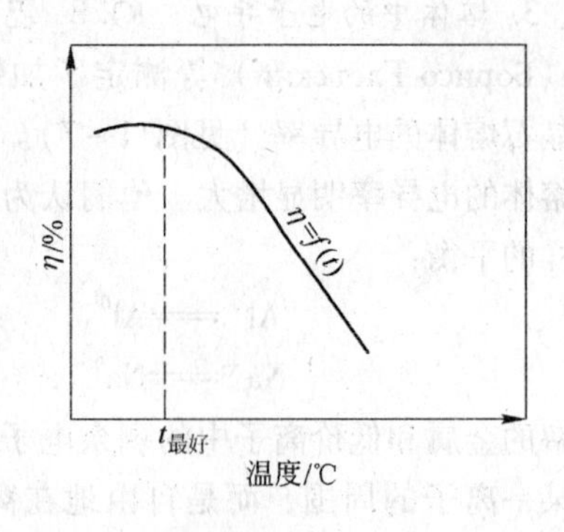

图11-8 电流效率与温度的关系

二、电解质组成

对于铝电解生产来说，选择合适的电解质组成至关重要。电解质性质中最重要的是它的初晶温度，它决定了电解温度的高低。此外，电解质的密度、黏度等也都在一定程度上影响电流效率。目前所采用的电解质体系电解温度仍然太高（960℃左右），存在着许多不足。

电解质组成对电流效率的影响如下：

1. *氧化铝浓度* 在实验室微型电解槽上所进行的研究工作表明，随着熔体中 Al_2O_3 浓度的变化，电流效率存在一个极小值，极值处于中等 Al_2O_3 浓度处（5%～6%）。在工业槽上，也作过相应的研究，H. 施米特（Schmmitt）和G. V 福斯布隆（Forsblom）认为，在两次加工之间，电流效率是随着 Al_2O_3 浓度的增加而增大的，其 Al_2O_3 变化范围为1.3%～6%。应该说明这并不只是 Al_2O_3 浓度改变所带来的影响，因为加工后，电解温度有所降低也使铝损失相应下降，近年来，邱竹贤等应用数理统计方法进行研究也得到类似结果。但高 Al_2O_3 浓度下，电流效率变化平缓。

目前，国外电解槽趋向于在低 Al_2O_3 浓度（1.5%～2%）下进行电解，其主要优点是：Al_2O_3 很快地溶解，熔体中无悬浮的 Al_2O_3 固体颗粒，对熔体的黏度、电导率以及防止在槽底产生氧化铝沉淀都有良好的作用，有利于稳定生产、提高电流效率。

2. *电解质中冰晶石摩尔比的影响* 研究发现，铝在熔体中的损失与冰晶石熔体的摩尔比的关系曲线上也有一个极小值（2.7左右），见图11-9。伯奇在135kA预焙槽上的测定结果表明，当剩余 AlF_3 的含量过多时，电流效率有所降低，见图11-10。

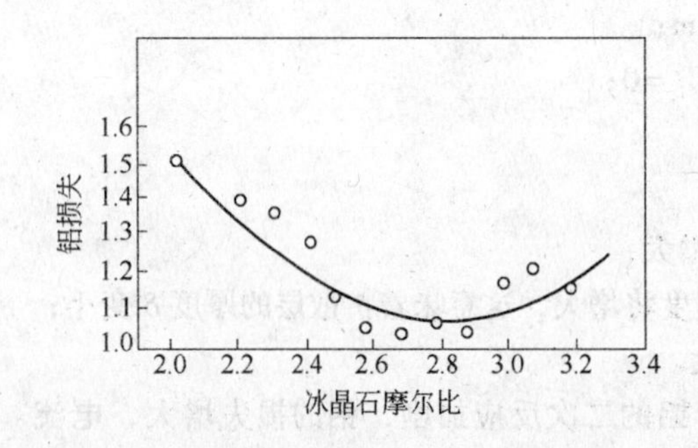

图11-9 铝损失（g/100g熔体）与电解质摩尔比的关系

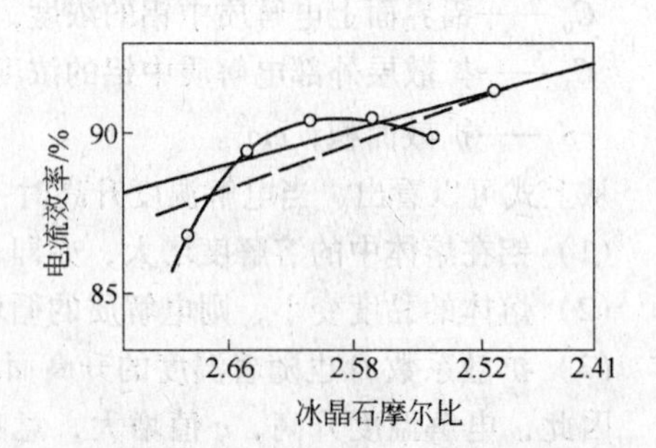

图11-10 电流效率与电解质摩尔比的关系（J. 伯奇）

就电解质的摩尔比而言，随着冰晶石摩尔比的降低，熔体初晶温度下降；铝液－电解质的界面张力增大，镜面收缩，铝的溶解度下降；熔体中Na^+的活度降低，放电的可能性减少；因而电流效率提高。目前，工业铝电解质的摩尔比一般波动于2.5～2.7之间。

3. *添加剂对电流效率的影响*　从第九章可知，铝电解质中的添加剂可使电解质的性质发生较明显的变化。添加剂对电流效率的影响实际上是它们对电解过程的综合影响。一切能降低铝损失量的添加剂，都有利于电流效率的提高。

图11－11所示是邱竹贤教授的研究结果。图中表明，CaF_2和MgF_2在5%～10%的范围内都使得铝损失减少。CaF_2和MgF_2的主要作用在于使初晶温度降低和增大铝液－电解质的界面张力；促进熔体中的炭渣分离。其中又以MgF_2最佳。研究结果表明，在摩尔比为2.6～2.7，Al_2O_3 3%～4%的电解质中添加5% MgF_2，电流效率提高1.5%～2%。增加MgF_2，可以在930～940℃的温度下进行正常电解，电流效率可达90%。

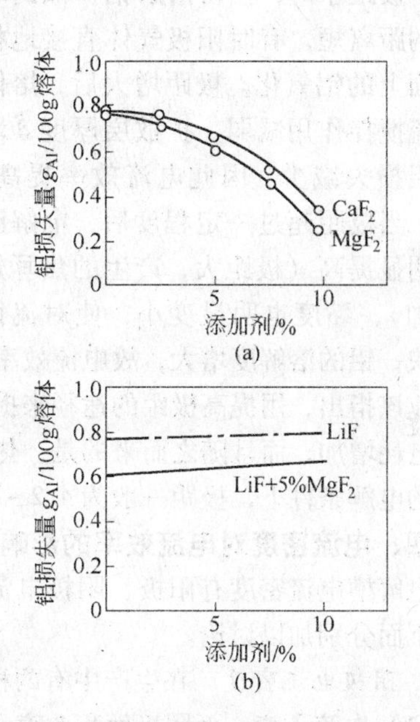

图11－11　添加剂对铝损失的影响（980℃）

由于研究工作是在980℃的温度下进行，因而掩盖了添加LiF可以大幅度降低初晶温度和熔体密度，提高熔体电导率的作用。总的来说，添加LiF是能够提高电流效率的，在理论上和实践上都得到公认。美国凯撒铝业公司在68kA自焙阳极电解槽上添加锂盐。近1年半的生产结果说明电解温度下降16℃，电流效率提高3%。而且使原系列电流增大了5kA（因电导率提高，可以在极距不变的情况下增大电流，强化生产）。因而使每吨铝的电能消耗降低了660kW·h，阳极糊消耗减少5%。近年来，国内在自焙阳极电解槽上添加锂盐的试验研究也表明，电解可以在950℃以下进行，电流效率提高3.2%，每吨铝的电耗下降899kW·h，阳极糊消耗降低7.5kg。但是，锂盐的价格仍然是妨碍它广泛用于铝电解生产的因素。若能生产出含锂的氧化铝，则可以减少锂盐的用量和费用。最近有资料报道，在自焙电解槽上随同阳极糊添加锂盐的技术，已经取得了降低锂盐消耗和改进电解生产技术指标的显著效果。

三、极距对电流效率的影响

极距是铝电解槽中铝液界面至阳极底掌的距离。电流效率与极距的关系，在实验槽和工业槽上的研究结果稍有区别，前者表示为电流效应随极距的增大而呈曲线上升，而后者则出现了极大值。J. 伯奇等人分别对这些数据进行了数学处理，得到有关电流效率与极距的变化率$\frac{\partial \eta}{\partial L}$，并将$\frac{\partial \eta}{\partial L}$和极距的关系归纳成了一个新的函数，所得的两条曲线如图11－12所示。图中的曲线表明了一种趋势，即无论在实验室还是在工业槽，随着极距的增大，电流效率－极距的变化率越来越小。对于工业槽，极距增大7cm左右，电流效率－极距的变化率接近于零，意味着此时进一步提高极距，电流效率不再提高。

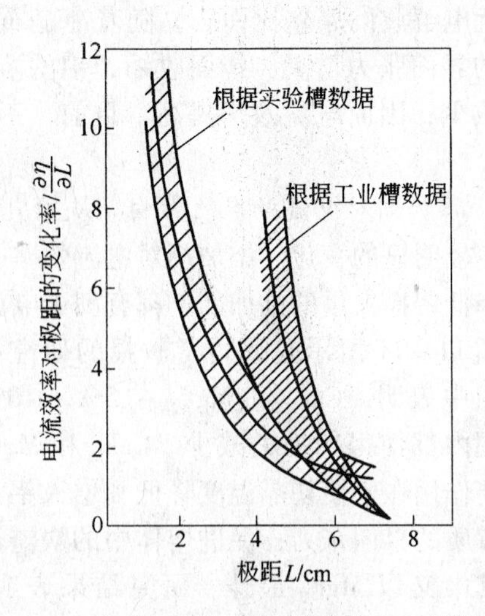

图11－12　电流效率－极距变化率与极距的关系

根据费克第一定律，即式（11－9）得知，极距小时，使得溶解铝扩散到氧化区的距离短，有时阳极气体直接地将铝液面上的铝氧化。极距增大后，熔体的对流搅拌作用减弱，扩散层厚度δ增大，铝损失减少。因此电流效率提高。但是，当极距超过一定程度后，电解温度将明显提高（极距大，产生的焦耳热量增加），黏度也明显变小，使对流循环加快，铝的溶解度增大，故电流效率的提高很慢，其变化率接近于零。

应该指出，用提高极距的途径来提高电流效率不一定经济，因为极距增大，槽电压增高，电耗增加，而且随之而来的是，热量收入增加，槽子转热而出现病槽等不利因素。在目前的电解条件下，极距一般为4.2～4.5cm。

四、电流密度对电流效率的影响

电解槽电流密度有阳极、阴极电流密度之分。它们对电流效率影响的作用机理不相同，下面分别加以讨论。

1. 阴极电流密度　在生产中有两种情况使得阴极电流密度发生变化：

（1）电流不变，而阴极面积改变。例如，槽膛由电解质的凝结或熔化，形状发生改变，而使阴极电流密度增大或降低；

（2）阴极面积不变，电流变化，例如系列电流增大而使阴极电流密度增大。

研究结果表明，总的趋势是电流效率随着阴极电流密度的增大而增大的。这是显而易见的，因为在其他条件不变的条件下，阴极电流密度增大，表示铝液镜面面积的相对缩小，因而使铝的溶解总量减少，电流效率增大。相反当槽子转热，炉帮溶化，则使铝液镜面扩大，扩散面积增大（式（11－10）中的S），总的溶解铝数量增加，从而使得铝的损失增加，电流效率降低。同时，电流密度降低，也增加了铝离子不完全放电的可能性。至于人为的提高系列电流强度（即强化生产采取的措施），虽然铝的损失增加，但槽子的生产能力显著地增加，所以总的结果仍是提高了电流效率。

但是，无限制地增大阴极电流密度是无益的。研究结果表明，当其增大到某一数值后，电流效率不但增长不大，甚至降低。换言之，在不同情况下，存在一个最佳阴极电流密度。图11－13所示是不同极距下，电流效率与阴极电流密度的关系，清晰地表明了上述特征。当阴极电流密度超过某一数值（如极距为6cm时，$\alpha_{阴}=0.3A/cm^2$）后，电流效率不再增加，其原因可能是由于Na^+参与放电所起的副作用。

2. 阳极电流密度　阳极电流密度的改变也存在两种情况：

（1）阳极面积增加，如加宽阳极，而电流不变；

（2）阳极不变，而电流增加，如强化生产时。

对于加宽阳极时，电流密度降低。此时，单位面积上的气体析出量减少，排出速度降低，搅拌作用减弱，氧化区域缩小，扩散厚度 δ 增大。使得铝损失降低，电流效率提高。对于强化生产时的情况，阳极电流密度增大，则有可能使上述因素向不利方面转化，而使电流效率降低。由此可见，阳极电流密度对电流效率的作用规律正好与阴极电流密度相反，即随着阳极电流密度的增大而使电流效率降低。

综上所述，在阳极电流密度一定的情况下，缩小阴极表面（铝液）提高阴极电流密度，可以提高电流效率。众多的铝厂根据长期生产实践证明建立规整的槽膛内形很重要，其技术要点是形成陡峭的伸腿，使铝液收缩在阳极底掌的投影区以内。控制槽底不要过热，而且最好是在电解质与铝液界面上为有一薄层氧化铝沉淀保护膜阻止铝的溶解。国外一些厂家采用冷行程操作法，能使上述条件得到保证，电流效率便保持在90%以上。

五、铝液高度（或称铝水平）

铝是电、热的良导体，它的存在，能将阳极下部多余的热量从电解槽四周疏导出去，使电解质的温度趋于均匀。同时能降低铝液中的水平电流，使铝液趋于平静；而使电流效率提高。

J. 伯奇在135kA预焙阳极槽上得到如下关系式：

$$\eta(\%) = 83.8\sin(3h) + 6.9$$

式中 h——铝液高度；高度值（cm）通过正弦函数说明其影响，例如铝液高度为30cm时，相应的 $\eta = 90.7\%$。

蔡克（Czeke）在70kA上插槽也得到电流效率与铝液高度的关系式：

$$\eta(\%) = -0.2h^2 + 3.6h + 70.0$$

以上两式均以曲线示于图11－14。在图中曲线上都出现一个极大值，即存在有一个最佳铝水平。伯奇认为30cm是所测槽型的最佳铝水平，而蔡克认为在70kA中型槽最佳高度为24～26cm。

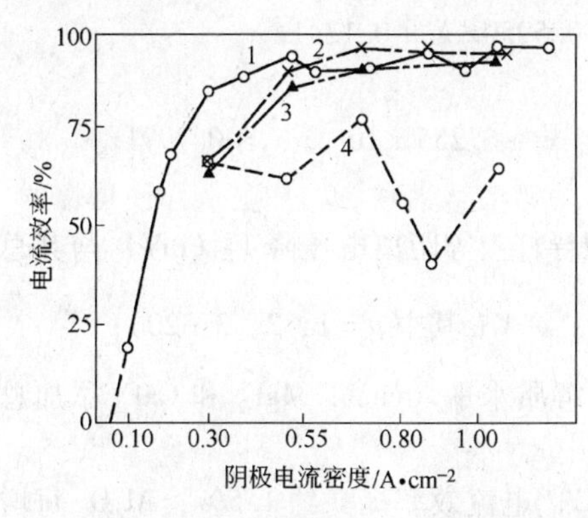

图11－13　不同极距下，阴极电流密度与电流效率的关系

极距：1—6.0cm；2—4.5cm；3—3.0cm；4—2.0cm

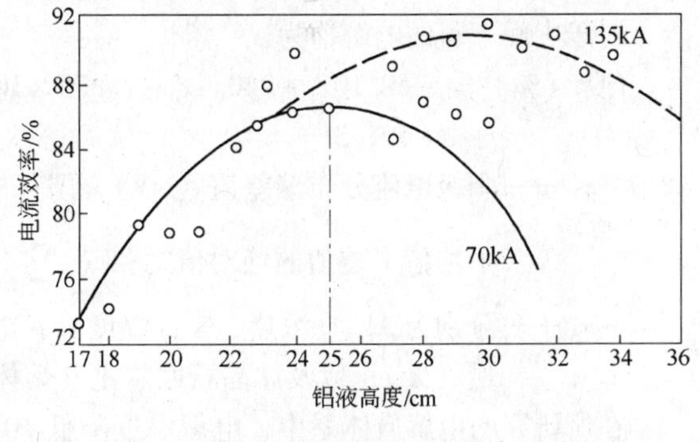

图11－14　铝液高度与电流效率的关系

但是，铝液高度还受到其他因素的影响。对于添加有锂盐的电解槽，铝液高度宜取低

限，因为添加锂盐后，氧化铝的溶解度降低，容易生成槽底沉淀，而不利于稳定生产；另外电解质的初晶温度明显降低，电解温度也随之降低，铝水平也宜于小些，以熔化沉淀，净化槽底。总之，铝水平要随着技术条件的变化，及时调整。

六、各种参数对电流效率的综合影响

铝电解生产同时受到各种参数的复杂作用。上面关于某种参数作用的论述都是在假定其他因素（参数）不变的前提下而言的。这就与实际情况有着明显的差别。随着电子计算机技术的发展，许多过去难以进行的复杂计算有了实现的可能。因此，对生产实践中的各种参数对电流效率的综合影响进行了研究。研究方法要点是，在现场直接测定电解槽的瞬时电流效率，同时测得各种参数的数值，如 Al_2O_3 浓度、冰晶石摩尔比、添加剂含量、极距、铝水平、电解质温度等等。然后根据所得结果，按照数理统计方法，分析各因素之间的相关关系，运用计算机求出多元回归方程，用以指导生产。下面根据这方面的一些研究结果讨论各种参数对电流效率的综合影响。

1. *伯奇－格洛泰姆方程* 1975 年，B. 伯奇和 K. 格洛泰姆，采用同位素示踪法测定了大型预焙槽（135kA）电流效率与若干参数的关系，他们的关系如下：

$$\eta\ (\%) = -0.1388t + 0.59x + 58.9\sin(3h) - 0.032a + 163.7$$

式中 t——电解质温度，℃；

x——过剩（或游离）AlF_3（%量）；

h——铝水平，cm；

a——槽龄，月。

上式表明，电解温度的升高以及槽龄的增大，均使电流效率降低。而电解质摩尔比的降低以及铝水平的升高则使电流效率增大。

2. *邱竹贤－冯乃祥方程* 1981 年，他们应用数理统计方法研究了预焙槽（实验槽）的电流效率与若干参数之间的关系，电流效率用 CO_2% 换算。

对于边部下料的电解槽为：

$$CO_2\ (\%) = 1297.2 - 89.67x_1 - 122.2x_2 - 1.304x_3 - 0.2182x_2^2 - 0.1169x_1x_4 + 0.09552x_1x_3 + 0.2013x_4x_5 - 0.5950x_2x_5 + 0.1341x_2x_3$$

对于中间下料的电解槽为：

$$CO_2\ (\%) = -59.10x_1 + 740.4x_6 + 7.878\times10^{-4}x_3 + 6.255\times10^{-2}x_1x_3 + 0.7991x_6x_3 - 591.3$$

式中 x_1——阳极电流分布偏差值（mV），即每根导杆上等距离电压降 V_i（mV）与其总平均值 $\bar{V}$ 差值的绝对值之和（$\sum_{i=1}^{n}|V_i-\bar{V}|$ 其中 $n=1, 2, 3\cdots20$）；

$x_2 \sim x_6$——分别为 Al_2O_3 浓度，%；温度℃；电解质水平（cm）；MgF_2 和 CaF_2 添加总量（%）；以及冰晶石摩尔比（熔体中）。

在所研究的电解质体系中，电解温度降低 10℃，电流效率提高约 1.5%，Al_2O_3 每增加 1%，电流效率提高 1%；Mg、Ca 总量增加 1%，提高 0.5%，体系中冰晶石摩尔比每减少 0.1，提高 0.5%。至于电流分布，其偏差值增大 1mV，电流效率降低 0.14% 或 0.19%。电解质水平提高，相当于阳极电流密度降低，电流效率增大 0.3%。根据研究结果，他们推荐了该槽槽型获得高电流效率的最佳参数组合，列于表 11－3。

表 11-3　获得高电流效率的参数优化组合

槽型	电流效率高低程度	温　度（℃）	Al_2O_3 浓度（%）	MgF_2+CaF_2（%）	电解质水平（cm）	冰晶石摩尔比	电流分布偏差（mV）	CO_2 浓度（%）	电流效率（%）
边部下料	较低	978	1	5	14	2.7	13	68.8	87.9
	中等	963	3	7	20	2.7	8	75.2	91.1
	较高	943	5	9	20	2.7	3	84.2	95.6
中间下料	较低	955	2.5	7	20	2.7	9.5	70.9	89.0
	中等	940	2.5	7	20	2.5	6.5	74.4	90.7
	较高	920	2.5	7	20	2.2	3.5	81.4	94.2

采用同样的方法，杨济民等对自焙阳极侧插槽进行了研究，在测定期间电解质中添加了锂盐。根据将近一年的测定结果，得到了如下的回归方程：

$$\eta(\%) = 151.9 - 8.224\times10^{-5}x_1 + 0.1876x_3 + 11.78x_4 - 1.367x_4^2 + 1.113x_6 - 44.51x_8 + 26.85x_8^2 - 2.843\times10^{-6}x_9$$

式中　x_1——电解温度；

x_2，x_3——铝水平、电解质水平；

x_4——极距，cm；

x_5，x_6，x_7——Al_2O_3 浓度（%），LiF 浓度（%），冰晶石摩尔比；

x_8，x_9——槽底压降（mV）和槽龄（d）。

在此方程中，没有反映出 Al_2O_3 浓度、铝水平和冰晶石摩尔比等因子的影响，主要原因是它们在此期间比较稳定，难以显示它们的作用。从上式中可以看出，诸因素与电流效率的关系与其他文献反映的变化趋势是一致的，如温度和槽底电压降的升高、均使电流效率降低；电解质水平、LiF 的浓度的增大，均使得电流效率升高。但是由于槽型的差异，测量技术、仪表、分析上的不同，所得结果在数值上存在差别。

由此可见，企图用一个普遍适用的数学模型来描述不同槽型中各种参数与电流效率的关系，是不现实的。因为不同槽型带来的差别毕竟是不可忽视的。

第四节　磁场对电流效率的影响

目前，现代铝电解槽的电流强度以及几何尺寸都日益增大。随着电流强度的增大，电流产生的磁场对生产，特别是对电流效率的影响也越来越显著。因此铝工业日益关注电解槽的磁场问题。

一、铝电解槽的磁场

电流（或电场）和磁场是自然界中的孪生现象。对于铝电解槽来说，导电母线所产生的磁场，可以用毕奥－沙伐尔定律来确定：

$$\mathrm{d}\vec{B} = \frac{\mu_0}{4\pi}\cdot\frac{I\mathrm{d}\vec{l}\times\vec{r}}{r^2}$$

式中　$\vec{B}$——磁感应强度，T（特斯拉），但常用 Gs（高斯）来表示，其换算关系是：

$$1\mathrm{T} = 10^4\mathrm{Gs}$$

μ_0——真空磁导率，$\mu_0 = 4\pi \times 10^{-7}$H/m（亨利/米）；

r——源点（电流元所在位置）至场点 P 的距离，m（见图 11－15）；

$\vec{r}$——源点指向场点 P 的单位矢量。

式中，d $\vec{B}$也是矢量，由右手定则确定。

对于磁场也可用磁场强度 H 来表示其大小，其方向与 B 相同；其量纲为 A/m［或奥斯特（Oe），$1\text{Oe} = \frac{10^3}{4\pi}\text{A/m} = 79.6\text{A/m}$］。$H$ 和 B 之间的关系是：$\mu H = B$，μ 为（相对）磁导率。

在电解槽中，除导电母线产生的磁场外，还有钢铁部件，如槽壳钢棒等也会产生磁场。因此，电解槽的磁场，具体说是铝液中的磁场，应该是由上述两大部分综合构成的。它通常是将各部分在某一平面的条点上的磁场分别求出，然后叠加求出的。

图 11－16 为 140kA 预焙槽在铝液中某一水平面的磁场计算结果，其图（a）为水平分量，实际是 x、y 的合力，图（b）为垂直分量，即 z 方向。电解槽的磁场也可以采用霍耳探针测量求得。

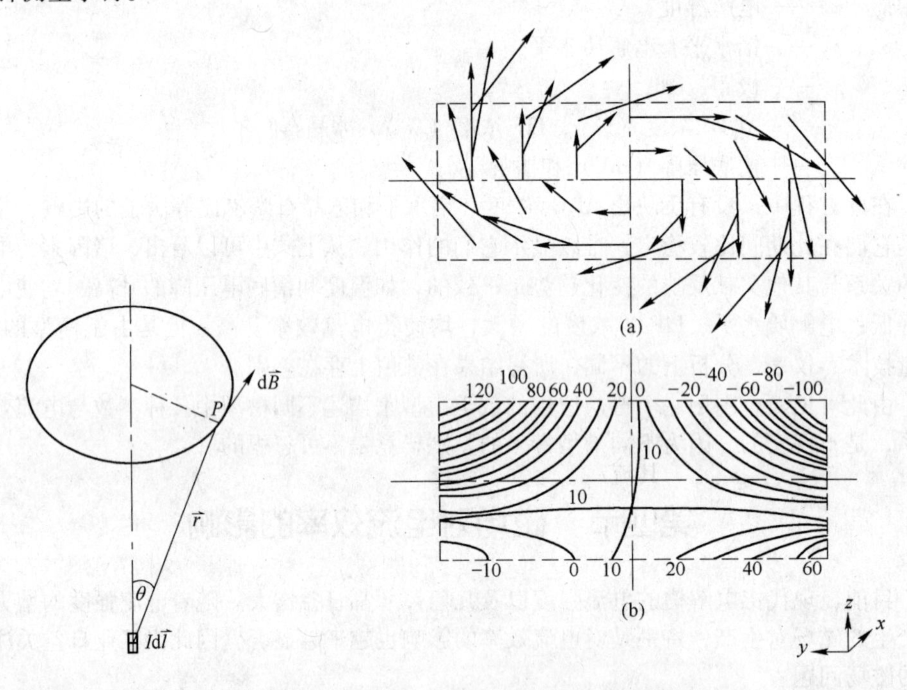

图 11－15 毕奥－沙伐尔定律

图 11－16 140kA 预焙槽磁场分布（计算）
（a）水平磁场分布；（b）垂直磁场分布

二、磁场对电流效率的影响

磁场对电流效率的影响主要是磁场和电场相互作用的结果，或者说是磁电力作用的结果，即：

$$\vec{F} = \vec{B} \times \vec{I}$$

式中 $\vec{F}$——电磁力，矢量，N；

$\vec{B}$——电磁感应强度，矢量，T；

$\vec{I}$——电流强度，矢量，A。

电磁力的方向用左手定则确定，其大小为：$F = B \times I\sin\theta$，式中 θ 为 B 和 I 的夹角。

在电解生产过程中，由于存在电磁力的作用，铝液、电解质会产生循环流动，铝液还凸起，倾斜和涌动。

1. 铝液表面的凸起　在生产中，电流一般是垂直地流入铝液层，由于铝液层中又存在水平磁场（见图 11－16），即 $\vec{B}_x$ 和 $\vec{B}_y$。这两个分量和电流作用，使得铝液的表面凸起呈圆屋顶状。当磁场、电流分布均匀对称，则凸起的最高点在正中央，否则就会产生偏移或倾斜（见图 11－17）。这种凸起对于预焙槽来说是不利的，因为换上新阳极一下难以适应这种状况，而会引起电流的分布不均，使得生产不能稳定进行；对于自焙槽，阳极底掌理论上能适应，但是当外部因素引起电波，和电流分布不均，此时也会出现不适应，或铝液凸起形状发生变化，也会产生同样的结果，同样造成生产的不正常，而电流效率下降。

2. 滚铝　铝电解生产中，有时会看到一团一团的铝液往上翻滚，这种现象在生产中称为“滚铝”，是生产中不希望出现的异常现象，属于病态。这种现象也是电磁力作用下而出现的。

在生产中，当技术条件控制不好，造成槽膛畸形，如槽底结壳，沉淀多，或一端伸腿肥大等，或铝水平太低。此时，铝液中便产生水平电流。水平电流和水平磁场相互作用而产生一个向上的电磁力，并随着水平电流的增大而增大，当它达到某一程度时，就把铝液成团成团地推上，甚至喷射到槽外。这就是“滚铝”或“喷铝”现象。这种现象将造成两极短路，增大铝的溶解和再氧化损失，使电流效率明显下降，有时还会引起不灭效应，使电解生产无法进行。

3. 铝液的循环流动　生产中，铝液处于不停的循环流动状态，其速度平均为 5～10cm/s；个别部位可达 100cm/s，其流动图形多呈斜“8”形，或圆环形。引起铝液流动的力是磁场垂直分量$\vec{B}_z$和水平电流相互作用而产生电磁力。一般地说铝液的流动状态介于层流与湍流之间。铝液的流动对均匀温度是有益的。但是流动过快，则增大铝的溶解和损失。此外，槽底出现的裂缝、洞穴和凹面，也因铝液的不断冲刷而扩大，加速了槽底的破损，使槽底电压降增大，并且使电流效率降低。

4. 铝液的波动　K. 莫里（Mori）等人的研究指出，铝液在电解槽中不仅有循环流动，而且还作上下的振动（或波动）。其波动周期，自焙槽为 40～60s，预焙槽为 30～45s。在国内 60kA 自焙槽上也观察到了这种波动，其波动图形呈正弦波形。产生波动的原因有二：

（1）铝液和电解质的流动，因它们的流速不同产生压强差而引起波动，就像海风吹过海面引起波浪那样；

（2）水平磁场和铝液中的水平电流相互作用产生的电磁力，而水平电流的方向不同，电磁力的方向可能向下，也可能向上，由此而引起波动。

铝液波动使有效极距缩短，容易引起电流分布不均，使铝损失增加。铝液波动太大，会造成生产不稳定，这些都将造成电流效率下降。总之，保持铝液的相对平静，是生产高效、稳定的必需。

如上所述，铝液波动的根源是水平电流和水平磁场，前者是由于槽底沉淀、伸腿以及结壳而引起，后者主要是立柱母线产生的。因此，干净槽底，规整槽膛以及保持合适的铝水平是降低水平电流密度的关键。立柱母线的合理设计，是使磁场对称、均匀分布和降低水平磁场的关键。此外，彻底改变铝电解槽的结构，将是从根本上避免磁场影响的措施，美国铝业公司提出采用惰性阴极电解槽（见图 11－18）的设想，这样可以在阴极上只保留薄薄的一层铝（当然就不会有铝液波动情况）的情况下进行电解。这是需要长期努力才能在工业上实现的目标。

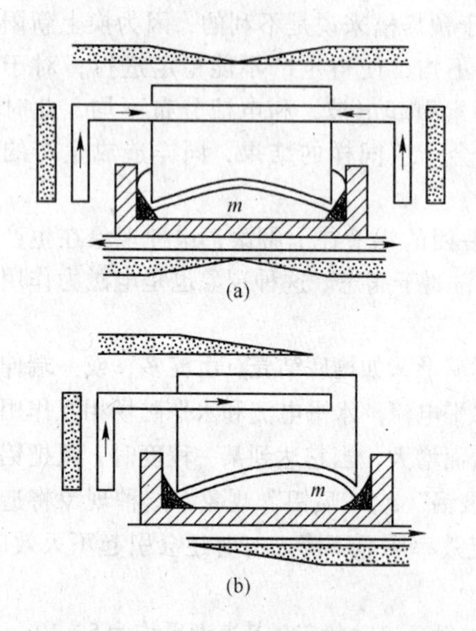

图 11－17　铝电解中铝液的凸起

m—凸起的最高点位置

（a）双端进电电解槽；（b）单端进电电解槽

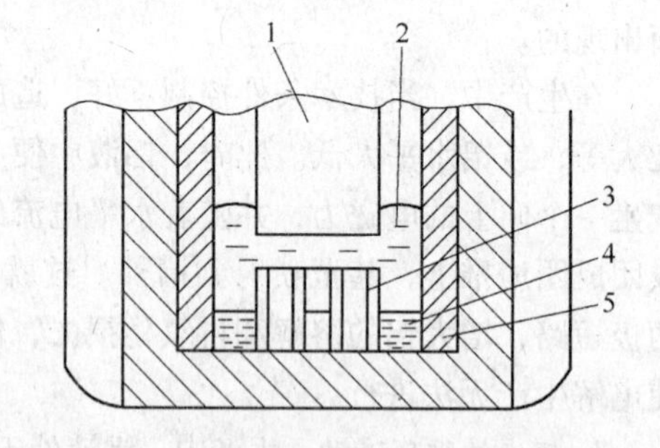

图 11－18　惰性阴极电解槽示意图

1—阳极（或惰性阳极）；2—电解质；

3—钛锆的硼化物惰性阴极；

4—铝液；5—惰性绝缘侧壁

5. 电解质的循环　电解质的循环流动与铝液相似，但因其黏度大，流动速度较铝要小，其流动特征的雷诺数 Re 约为 3.3×10^3，属于层流。显然，它的流动能均匀槽内温度，特别是自焙槽，有利于降低槽中心处电解质的温度。但同时也促进了溶解铝的扩散与传质，使得铝的氧化损失增大。此外，铝液的流动和阳极气体的排出也造成了电解质的波动，这些也都将对电流效率产生不利的影响。

电解质循环和波动同样也是电磁力作用的结果。

第十二章　铝电解生产的电能效率和能量平衡

第一节　电能效率

电解铝生产的电能效率是指生产一定数量的金属铝，理论上应该消耗的能量（$W_{理}$）和实际上所消耗的能量（$W_{实}$）之比，即

$$\eta_E = \frac{W_{理}}{W_{实}} \times 100\% \qquad (12-1)$$

一、铝的理论电耗率

理论电耗率就是单位产铝量理论上所需要的能量。亦即电解过程中，当原料无杂质，电流效率为百分之百、对外无热损失（指电解槽）的理想条件下，单位产物（铝）所必须消耗的最小能量。这个理论电耗率包括两大部分。

1. *补偿电解反应热效应所需能量*　如前所述，采用活性阳极时的电解反应是：

$$Al_2O_{3(固)} + 1.5C_{固} = 2Al_{(液)} + 1.5CO_{2(气)}$$

从热力学第一定律的观点出发，由铝和氧化合生成氧化铝要放出能量；分解氧化铝则要吸收与之相等的能量。换言之，电解氧化铝以制取金属铝，必须由外界提供能量（电能）以补偿电解反应所要吸收的能量，其数值就等于该反应的热焓变化（$\Delta H_T^{\ominus}$）。表12-1中列出了该反应在不同温度下的热焓变化数据和相应化合物的生成热数据。从表中数据得知，在930~970℃下，每生产一千克金属铝所应消耗于补偿电解反应的热焓变化的电能是5.63kW·h。

表12-1　不同温度下，电解反应的热焓变化以及 Al_2O_3、CO_2、CO 的生成热

温度（℃）	生成热（kJ/mol）			$Al_2O_{3(液)} + 1.5C_{(固)} = 2Al_{(液)} + 1.5CO_{2(气)}$	
	$\Delta H^{\ominus}_{Al_2O_3}$	$\Delta H^{\ominus}_{CO_2}$	$\Delta H^{\ominus}_{CO}$	$\Delta H_T^{\ominus}$（kJ/mol）	$\Delta H_T^{\ominus}$ （$kW \cdot h \cdot kgAl^{-1}$）
930	-1686.95	-394.76	-113.26	1094.83	5.634
940	-1686.78	-394.80	-113.34	1094.58	5.633
950	-1686.61	-394.84	-113.43	1094.37	5.632
960	-1686.44	-394.89	-113.51	1094.12	5.631
970	-1686.28	-394.93	-113.60	1093.91	5.630

2. *补偿加热反应物所需的能量*　电解反应所需的反应物有 Al_2O_3 和炭。电解过程中必须将它们从室温（t_1）加热至电解温度（t_3），最终成金属铝液和二氧化碳气体，如果不补偿加热原料所需能量，则原料就将从熔体中吸收热量，使电解质温度不断下降，直至使电解质冷凝下来，电解无法进行，所以这部分能量的补偿是必需的。

据D. 布朗特兰（Bratland）的报道，$\alpha-Al_2O_3$ 由25℃加热到977℃，热焓增加109.75kJ/mol。在相同的温度范围内，炭的加热热焓是17.41kJ/mol。根据电解反应，理论上生成2mol的铝，即54g，需要1molAl_2O_3，1.5mol的炭，其加热热焓为(26.2 + 1.5 ×

4.16)/860kW·h。若生产一千克铝，则加热热焓 $\Delta H_{材}^{t_1-t_3}=\frac{(109.75+1.5\times17.4)\times10^3}{3600\times54}=$ 0.7kW·h/kgAl。

通过上面讨论，可知每生产一千克铝，理论电能消耗是：

$$W_{理}=\Delta H_T^{\ominus}+\Delta H_{材}^{t_1-t_3}$$
$$=5.63+0.7=6.33\text{kW}\cdot\text{h}$$

同理可以求得采用惰性阳极时的理论电能消耗为9.24kW·h/kgAl，较之于采用活性阳极炭时要多消耗2.91kW·h/kgAl。这就是说，电解用电因消耗了炭而有了节约。但增加了所耗炭素的费用。

即使每千克电解铝的电耗以最低值13kW·h计，铝电解的电能效率 η_E 是：

$$\eta_E=\frac{W_{理}}{W_{实}}\times100\%=\frac{6.33}{13.0}=48.7\%$$

由此可见，铝电解的电能利用率是很低的。

二、铝电解的电能效率的表示方法

在铝电解生产中，一般不用定义式（12-1）来表示，而用单位电能的产铝量来表示，记作 G，即

$$G=\frac{Q_{实}}{W_{实}}=\frac{0.3356I\cdot\tau\eta_T\times10^{-3}}{IV_{平}\tau\times10^{-3}}=0.3356\frac{\eta_T}{V_{平}} \quad (12-2)$$

式中 $Q_{实}$——实际产铝量；

$W_{实}$——实际的电能消耗；

η_T——电流效率，%；

$V_{平}$——电解槽的平均电压，V。

显然，G 值越大，电能效率就越大。

为了解铝电解生产的电能消耗量，工厂还用另一个专门的指标来衡量，生产一千克（或一吨）金属铝的实际电能消耗，简称电耗率，记为 w，即

$$w=\frac{W_{实}}{Q_{实}}=\frac{IV_{平}\tau\times10^{-3}}{0.3356I\tau\eta_T\times10^{-3}}=2.98\frac{V_{平}}{\eta_T}\ (\text{kW}\cdot\text{h/kgAl}) \quad (12-3)$$

显然 $w=1/G$。电耗率既反映了能量消耗量，也反映了电能的利用率。

第二节 铝电解槽的电压平衡

如上所述，铝电解生产中电能效率低于50%，故节能潜力很大，节能的途径也很多。从理论上说，电耗率只取决于电流效率和电解槽的平均工作电压，即 $V_{平}$，前者在第11章中详细讨论过，本节着重讨论电解槽的平均工作电压分配，即电压平衡。

铝电解槽的平均电压主要包括三部分，即：

$$V_{平}=\Delta V_{槽}+\Delta V_{母}+\Delta V_{效} \quad (12-4)$$

式中 $\Delta V_{槽}$——电解槽工作电压；

$\Delta V_{母}$——槽外母线电降压；

$\Delta V_{效}$——阳极效应分摊电压降。

1. 电解槽工作电压（$\Delta V_{槽}$）　它又简称槽电压，可以由电解槽上的电压表直接测出。槽电压包括阳极、阴极、电解质电压降和反电动势（或称实际分解电压），如图 12－1 所示。

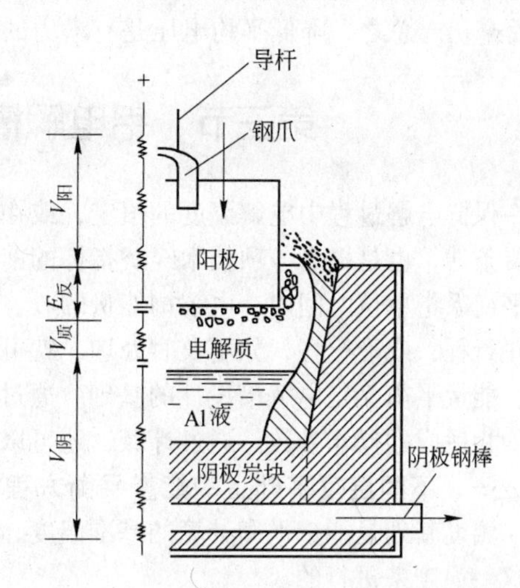

图 12－1　铝电解槽槽电压（$\Delta V_{槽}$）的组成

故 $\Delta V_{槽} = \Delta V_{阳} + \Delta V_{质} + \Delta V_{阴} + E_{反}$

2. 槽外母线电压降（$\Delta V_{母}$）　槽外母线主要有阳极母线（阳极小母线和阳极大母线的总称）、立柱母线、阴极母线（小母线和大母线）以及槽间连接母线等。当电流通过这些母线，将造成电阻电压损失，尽管它们的电阻很小。此外，母线与母线的接触处（焊接或压接）也会产生接触电压降。槽外母线电压降即为上述各项之和。

3. 阳极效应分摊电压降　电解槽生产中产生阳极效应时，槽电压突然升高，也造成电能额外的消耗，将其平均分摊到系列中各台电解槽上，称为阳极效应分摊电压。它可由下式求得：

$$\Delta V_{效应} = \frac{k(V_{效应} - V_{槽})\tau_{效应}}{1440} \tag{12-5}$$

式中　k——效应系数，次/（槽·日）；

$\tau_{效应}$——效应持续的时间，min；

$V_{效应}$——效应电压，V；

$V_{槽}$——槽电压，V；

1440——每天的分钟数（24×60）。

例如，$k=0.5$，$V_{效应}=30\text{V}$，$V_{槽}=4.3\text{V}$，$\tau_{效应}=5\text{min}$，则 $\Delta V_{效应}=0.0445\text{V}$。

表 12－2 中列出国内外几种电解槽的电压平衡实例。

表 12－2　铝电解槽电压平衡实例

电压平衡（mV）	60kA 侧插槽	80kA 上插槽	80kA 预焙槽	160kA 预焙槽（日）	120kA 连续预焙槽（西德）
$E_{反}$	1600	1600	1600	1650	1650
$\Delta V_{质}$	1800	1450	1700	1380	1450
$\Delta V_{阳}$	330	470	200	270	500
$\Delta V_{阴}$	410	400	430	360	330
$\Delta V_{槽}$	4200	3920	3930	3660	3920
$\Delta V_{母线}$	340	250	180	180	190
$\Delta V_{槽间}$	50	50	50		
$\Delta V_{效应}$	12	50	60	100	80
$V_{平}$	4612	4290	4220	3940	4200

由上述实例可知，反电势和电解质电压降分别占到平均电压的 35%～40%，是平均电压中的两个最大项，可望降低的是反电势中的过电压和电解质的电阻（或增大电解质

的电导率）电压降。其次是母线，特别是母线之间的接触压降，小的只几毫伏，而高的达百毫伏。总之，降低平均电压是有潜力的。

第三节　铝电解槽的能量平衡方程式

保持电解过程中电解温度的恒定，或在一个较小的范围内波动，是生产正常、稳定的必要条件，也是提高各项技术经济指标的前提。为此必须保持电解槽的能量平衡。所谓能量平衡系指单位时间内，电解槽能量的收、支相等。这种平衡一旦被破坏，电解槽就会出现热行程，或冷行程，如不及时处理，就可能出现病槽，破坏正常生产。

能量平衡又是电解槽设计的基础。通过能量平衡计算，以确定适宜的保温条件和原材料、相适应的操作参数。通过计算，还可以找出运行槽提高效率、增产、节电的途径。

一、不同温度基础上的能量平衡方程式

温度基础是能量平衡计算的基准温度，或参照温度。在计算中，都是将其他温度换算成这一温度来进行的。

在冶金炉的能量平衡计算中，多以0℃或室温（25℃）为温度基础，而铝电解则一般是以电解温度为基础的。应该指出，无论是以哪个温度为基础，其能量平衡的计算结果不会改变，只是计算项目和能量平衡方程式的表达方式有所不同。

1. *温度基础为0℃时的能量平衡方程式*　铝电解槽的能量平衡计算，若以0℃为计算的温度基础，所涉及的能量收、支情况，如图12－2所示，应包括有：

（1）能量收入

1）电力供给的能量，$A_{电}=I\cdot V_{体系}$；

2）原材料带入的能量，$A_{材}^{t_1-0}$；

3）阳极气体离开计算体系之前放出的能量（包括阳极气体温度降低和燃烧放出的能量），$A_{气}^{t_2-0}$。

（2）能量支出

1）电解反应要吸收（补偿）的能量，$A_{反}^{0}$；

2）铝液所带走的能量，$A_{铝液}^{0-t_3}$；

3）气体所带走的能量，$A_{气}^{0-t_3}$；

4）电解槽计算体系向周围环境通过对流、辐射和传导而损失的能量，$A_{热损}$。

此时的能量平衡方程是：

$$A_{电}+A_{材}^{t_1-0}+A_{气}^{t_2-0}=A_{反}^{0}+A_{铝液}^{0-t_3}+A_{气}^{0-t_3}+A_{热损} \tag{12-6}$$

如果温度改为车间温度 t_1，则式（12－6）收入项中，因原材料是在车间温度下投入反应，温差为零，所以式（12－6）中 $A_{材}$ 项可以消失，而且各项的温度变化范围也相应改变，此时的能量平衡方程为：

$$A_{电}+A_{气}^{t_2-t_1}=A_{反}^{t_1}+A_{铝液}^{t_1-t_3}+A_{气}^{t_1-t_3}+A_{热损} \tag{12-7}$$

2. *电解温度(t_3)下的能量平衡方程式*　如果温度基础为电解温度 t_3，则原材料在车间温度下投入，就必须要将其加热到电解温度，故此项变为能量的支出项，而出现在右边。另外阳极气体、铝液，则因温差为零，其能量支出也为零，故两项均在右边消失。因此，以电解温度为温度基础的能量平衡方程式是：

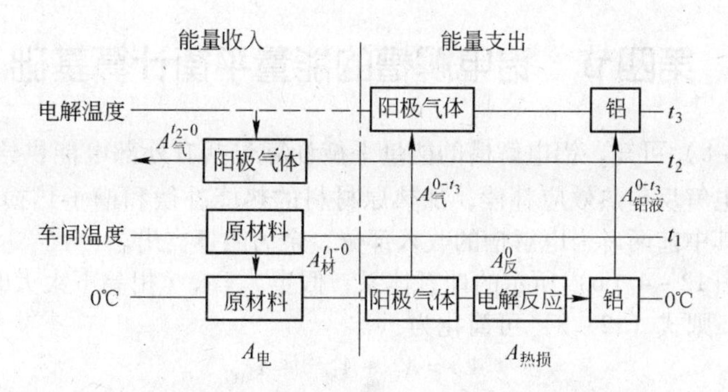

图 12-2　以 0℃ 为计算温度基础的能量平衡示意图

$$A_{电}+A_{气}^{t_3-t_2}=A_{反}^{t_3}+A_{材}^{t_3-t_1}+A_{热损} \tag{12-8}$$

二、电解槽能量平衡的计算体系

在上文中多次提到了计算体系，计算体系就是能量平衡计算时所包括的范围。是可以随意选定的，但选择的基本原则是应包括与电解槽进行能量交换的各个组成部分。计算体系的选择根据槽型的不同稍有区别。

对于侧插槽来说，能量平衡计算体系有两种选择：其一是以槽底－槽壳－槽罩为边界线所围成的区域，见图 12-3（a）；其二是以槽底－槽壳－Al_2O_3 面壳－阳极作边界线的区域，见图 12-3（b）。

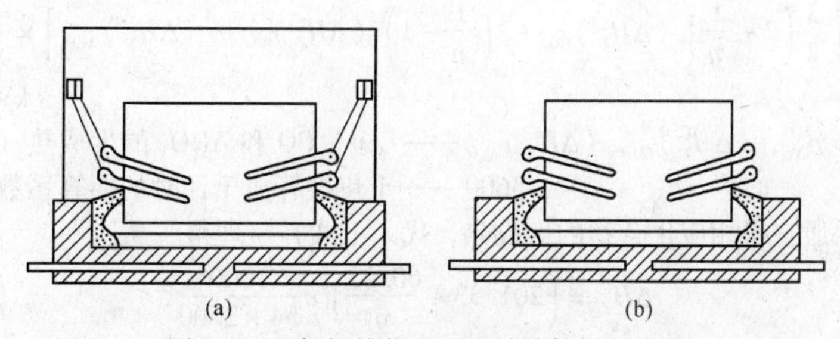

图 12-3　侧插槽能量平衡计算体系示意图

对于预焙槽而言也同样有两个选择，见图 12-4（a）、（b）中黑粗线所围成的区域。其他槽型的能量平衡计算体系可参照上述方法确定。

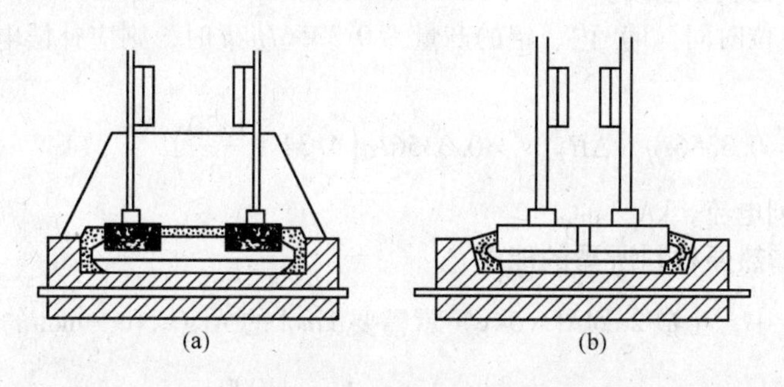

图 12-4　预焙槽能量平衡计算体系示意图

第四节　铝电解槽的能量平衡计算基础

从式（12－8）可知，铝电解槽的能量平衡计算包括有外部电能供给（$A_{电}$）、阳极气体显热 $A_{气}^{t_3-t_2}$、电解反应热效应补偿，加热原材料的热能补偿和槽子热损失（或称散热损失）等五项，其中前两者为电解槽的收入部分，余为能量支出。

如果采用图 12－4（b）所示的计算体系，假定 $t_2=t_3$（相差不太大时），于是阳极气体的显热为零，则式（12－8）可简化为：

$$A_{电}=A_{反}^{t_3}+A_{材}^{t_1-t_3}+A_{热损} \tag{12-9}$$

$A_{电}$ 即为体系的能量收入，就是外部供给电解槽的直流电能，通过电解槽转变为化学能和热能的。它等于计算体系中各部分电压降之和与电流强度之积，即

$$A_{电}=IV_{体系} \tag{12-10}$$

其中 $$V_{体系}=\Delta V_{阳极}+\Delta V_{质}+E_{反}+\Delta V_{阴}+\Delta V_{效应}$$

一、补偿电解反应所需的能量

如前所述，当电解生产的电流效率为 100% 时，其补偿反应热效应的能量是5.63kW·h/kgAl。但是电流效率不可能达到 100%。因此，在考虑到电流效率时的电解反应是：

$$Al_2O_3+\frac{3}{2\eta}C=2Al+\frac{3}{2}\left(2-\frac{1}{\eta}\right)CO_2+3\left(\frac{1}{\eta}-1\right)CO$$

式中　η——电流效率（小数，如 80% 时，$\eta=0.8$）。

根据热力学第一定律，反应效应（$\Delta H_T^{\ominus}$）可用下式算出：

$$\Delta H_T^{\ominus}=\left[\frac{3}{2}\left(2-\frac{1}{\eta}\right)(\Delta H_T^{\ominus})_{CO_2}+3\left(\frac{1}{\eta}-1\right)(\Delta H_T^{\ominus})_{CO}-(\Delta H_T^{\ominus})_{Al_2O_3}\right]\times\frac{1000}{54\times3600}$$

（kW·h/kg(Al)）

式中　$(\Delta H_T^{\ominus})_{CO_2}$，$(\Delta H_T^{\ominus})_{CO}$，$(\Delta H_T^{\ominus})_{Al_2O_3}$——$CO_2$、CO 和 Al_2O_3 的生成热（kJ/mol）；

3600——千焦换算成千瓦时的换算系数。

通过热力学手册查得相应化合物的生成热，代入上式并整理得

$$\Delta H_T^{\ominus}=\left(201.33+\frac{60.22}{\eta}\right)\times\frac{1000}{54\times3600}$$

$$=4.34+\frac{1.30}{\eta}\quad (kW\cdot h/kg(Al)) \tag{12-11}$$

式（12－11）所适应的温度区间是 930～970℃，根据式（12－11）的计算结果，得到 $\Delta H_T^{\ominus}$ 与电流效率的关系曲线。

因此，在单位时间（h）内、铝的产量为 $0.3356I\eta$ kg 时，则应补偿电解反应的热效应的能量 $A_{反}^{t_3}$ 为：

$$A_{反}^{t_3}=0.3356I\eta(\Delta H_T^{\ominus})=0.3356I\eta\left(4.34+\frac{1.30}{\eta}\right)\quad (kW\cdot h/h) \tag{12-12}$$

式中　I——系列电流，kA。

二、补偿加热原材料所需的能量

在电解反应中，生成 2molAl（54g）就需要 1mol 的 Al_2O_3 和 $\frac{3}{2\eta}$ mol 的炭。于是：

$$\Delta H_{材}^{t_1-t_3}=\left[(\Delta H_T^{\ominus})_{Al_2O_3}+\frac{3}{2\eta}(\Delta H_T^{\ominus})_C\right]\times\frac{1000}{54\times3600}\quad (kW\cdot h/kgAl)$$

在 930～970℃ 温度范围内 $(\Delta H_T^{\ominus})_{Al_2O_3} = 109.75\text{kJ/mol}$，$(\Delta H_T^{\ominus})_C = 17.41\text{kJ/mol}$，代入上式，化简得：

$$\Delta H_{材}^{t_1-t_3} = 0.56 + \frac{0.13}{\eta} \quad (\text{kW}\cdot\text{h/kgAl})$$

同理，单位时间（h）内：

$$A_{材}^{t_1-t_3} = 0.3356 I\eta\left(0.56 + \frac{0.13}{\eta}\right) \quad (\text{kW}\cdot\text{h/h}) \qquad (12-13)$$

三、铝电解槽热损失的计算

铝电解槽的热损失计算是相当繁杂的，因为各种散热部件的形状性质，配置以及相邻部件的相互热交换是不同的，此外气体状况也不尽相同。一般说来，需要根据电解槽各散热部件的形状、性质以及热量传递的形式，分步、分项地进行计算。

1. *传导热损失* 槽底以及槽帮等不断地传递槽内热量而造成热损失，可用下式计算

$$Q_{传} = KS(t_1 - t_2) \quad (\text{J/h}) \qquad (12-14)$$

式中 K——导热系数，$\text{J/(m}^2\cdot\text{h}\cdot℃)$；

S——热流通过的截面积，m^2；

t_1，t_2——内表面和外表面的温度，℃。

式（12－14）为单层物体的传递。对于多层壁或侧壁，槽底保温层之间的传导，$K = 1\Big/\sum_{i=1}^{n}(\delta_i/\lambda_i)$。式中，$\lambda_i$ 为各种材料的导热系数，δ 为每层材料厚度，从热工手册便可查得原材料的导热系数 λ_i。对于铝电解中有几种特殊材料的 λ_i 值如下所示：

$$\left.\begin{aligned}\lambda_{壳面} &= 1.3 - 0.054\times10^{-2}t + 0.021\times10^{-4}t^2\\ \lambda_{帮壳} &= 1.86 - 0.314\times10^{-2}t + 0.048\times10^{-4}t^2\\ \lambda_{伸腿} &= 4.28 - 0.748\times10^{-2}t + 0.084\times10^{-4}t^2\end{aligned}\right\} (\text{W/(m}\cdot℃)) \qquad (12-15)$$

2. *对流热损失* 其一般计算式是：

$$Q_{对} = a_{对}(t_1 - t_0)F \quad (\text{kJ/h}) \qquad (12-16)$$

式中 $a_{对}$——对流给热系数，$\text{kJ/(m}^2\cdot\text{h}\cdot℃)$；

t_1，t_0——给热表面温度、介质温度，℃；

F——给热表面积，m^2。

式（12－16）中的 $a_{对}$，它与槽壁及介质的温度、性质、流动状态以及槽壁的配置形状有关，是按照相似原理进行计算的。

电解槽各处槽壁是通过空气对流散热的，空气一般呈湍流状态（即 $Gr\cdot Pr > 2\times10^7$）。对于垂直给热的对流给热系数用下式计算：

$$a_{对} = A_3\Delta t^{1/3} = A_3(t_1 - t_0)^{1/3} \qquad (12-17)$$

式中 Δt——给热壁与介质的温度差，℃；

A_3——常数，它与介质性质及计算温度（$t_{计}$）有关；$t_{计} = 0.5(t_1 - t_0)$；

t_1——垂直给热壁的温度，℃；

t_0——介质温度，℃。

当介质为湍流流动的空气时，A_3 与 $t_{计}$ 的关系是：

$t_{计}$(℃)	0	50	100	200	300	500	1000
A_3	1.45	1.27	1.14	0.97	0.85	0.70	0.48

对于水平壁来说，若给热壁朝上，$a_{朝上}=1.3a_{对}$；

若给热壁朝下，$a_{朝下}=0.7a_{对}$。

3. 辐射热损失　辐射给热可用下式计算：

$$Q_{辐}=\varepsilon C_0 S\left[\left(\frac{T_1}{100}\right)^4-\left(\frac{T_2}{100}\right)^4\right]\varphi \qquad (12-18)$$

式中　ε——辐射物体的黑度（小数）；

C_0——绝对黑体的辐射系数，$C_0=20.76\text{kJ}/(\text{m}^2\cdot\text{h}\cdot\text{K}^4)$；

S——辐射物体的辐射表面积，m^2；

T_1，T_2——辐射体（壁）的温度、介质温度，K；

φ——辐射体（壁）与相邻表面相互辐射的角度系数。

计算时，必须考虑辐射表面与其他表面之间有无热交换及相对位置；是封闭还是开放系统等因素。ε 和 φ 通常是查阅有关热工手册获得的。

对于两个无限大的平行壁面，或两个十分靠近的有限平面一般将它们看成封闭系统，$\varepsilon=\dfrac{1}{(1/\varepsilon_1+1/\varepsilon_2)-1}$。

至于角度系数 φ，当辐射表面向无限大空间进行热辐射时，φ 可以近似取为 1（即 $\varphi=1$，如阳极盖板，槽罩等）。

实际工作中是采用图解法计算散热损失的。图解法的理论依据是，某部分向外通过对流和辐射损失的热量应该等于由内部传导出来给热表面的热量。换句话来说，损失的热量应与内部传导出来的热量保持平衡。即：

$$Q_{传}=Q_{对}+Q_{辐} \qquad (12-19)$$

或　$$KS_T(t_1-t_2)=\left\{a_{对}(t_2-t_1)+C\left[\left(\frac{t_2+273}{100}\right)^4-\left(\frac{t_0+273}{100}\right)^4\right]S_2 \qquad (\text{kJ/h})$$

式中　S_T——传热壁的几何平均面积，$S_T=\sqrt{S_1\cdot S_2}$，m^2；

K——多层壁的总热传导系数，$\text{kJ}/(\text{m}^2\cdot\text{h}\cdot℃)$；

C——灰体的辐射系数；

t_1，t_2，t_0——散热壁的内、外表面温度以及介质温度，℃。

图解法就是利用式（12－19）的关系，先假定几个温度，分别求得 $Q_{传}=f(t)$ 和 $Q_{对+辐}=f(t)$。然后绘出两条曲线如图 12－5 所示的 1、2，两条曲线的交点即为 t_2（横坐标），纵坐标即为单位面积的小时热损失值（$\text{kJ}/(\text{h}\cdot\text{m}^2)$）。

对于散热表面温度 t_2，还可以利用下式求得：

$$KS_T(t_1-t_0)=aS_2(t_2-t_0) \qquad (12-20)$$

式中，a 为总给热系数；其他符号与式（12－19）中的含义相同。

于是　$$t_2=\frac{KS_Tt_1+aS_2t_0}{KS_T+aS_2} \qquad (12-21)$$

式中　a——总给热系数。

总给热系数，通常根据 t_1、t_0 值，查热工手册求得，然后计算出热损失。

表 12-3 为中型（62kA）自焙阳极侧插槽的能量平衡表，并列出了电解槽相应部件的热损失数据。

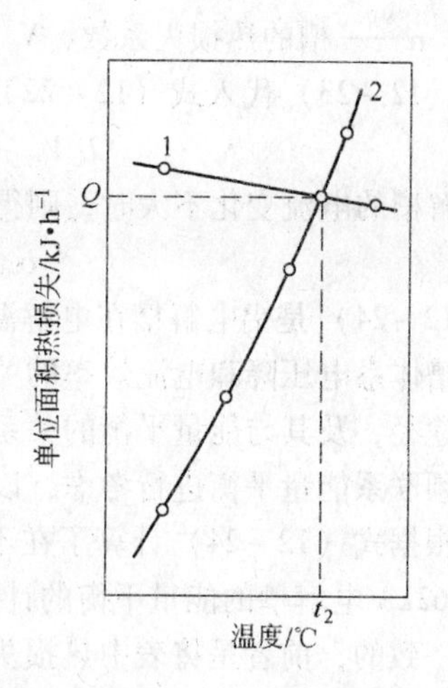

图 12-5　图解法求表面热损失与表面温度
1—$Q_{传}=f(t)$；2—$Q_{对}+Q_{辐}=f'(t)$

四、铝电解槽能量平衡的一般形式

上面的讨论，在考虑了电流效率的条件下，得到有关能量平衡的各项计算公式，现概括如下：

$$A_{电}=IV_{体}$$

$$A_{反}^{t_3}=0.3356I\eta\left(4.33+\frac{1.30}{\eta}\right)$$

$$A_{材}^{t_3-t_2}=0.3356I\eta\left(0.56+\frac{0.13}{\eta}\right)$$

根据式（12-9）得到：

$$IV_{体}=0.3356I\eta\left(4.33+\frac{1.30}{\eta}\right)+0.3356I\eta\left(0.56+\frac{0.13}{\eta}\right)+A_{热损}$$

表 12-3　62kA 侧插槽能量平衡表

能量	收入	能量支出			备注
项目	kW·h/h	项目	kW·h/h	%	
		电解反应热 $A_{反}^{t_3}$	106.44	42.49	
		加热原材料 $A_{材}^{t_1-t_3}$	12.97	4.79	
$A_{电}$	256.16	阳极糊表面	9.15	3.65	$I=62.54$（kA）
		阳极侧面	25.32	10.10	$\eta=0.871$
		阳极棒	16.84	6.72	温度基础：950℃
		氧化铝料面	17.19	6.86	体系见图 12-4（b）
		打开结壳	8.29	3.31	$V_{体}=4.096$V
		槽沿板	13.36	5.33	
		槽　壳	28.9	11.54	
		阴极棒	4.55	1.82	
		槽　底	7.50	2.99	
		小　计	131.10	52.33	
总　计	256.16		250.51	99.61	
平衡差额			5.65	0.39	

或

$$\left.\begin{aligned}IV_{体}&=I\times(0.48+1.64\eta)+A_{热损}\\ I[V_{体}-(0.48+1.64\eta)]-A_{热损}&=0\end{aligned}\right\}\qquad(12-22)$$

式（12-22）即为铝电解槽的能量平衡的一般形式，其中温度基础是电解温度。该式将电解槽的系列电流强度、体系的压降、电流效率以及热损失等因素有机地联系在一起。式中 $A_{热损}$ 也是与电解槽的电流强度相关的量，或者说是电能对槽体散热损失的能量补偿，实际上是电解槽单位时间内损失的热量。它与系列电流存在这样一个关系：

$$A_{热损}=\alpha_{热损}\cdot I\qquad(12-23)$$

式中　α——槽的热损失系数，V。

将式（12－23）代入式（12－22）得到：

$$I[V_{体}-(0.48+1.64\eta)]-\alpha_{热损}I=0$$

当电解槽的电流变化不大时，则得：

$$\alpha_{热损}=V_{体}-(0.48+1.64\eta) \qquad (12-24)$$

式（12－24）是铝电解槽在电解温度基础上，能量平衡的又一表达方程式。它将热损失、电解槽体系电压降和电流效率的关系比较简明的表达出来了。此式对于寻求电解槽节电节能的途径，及其与能量平衡的关系是很有用处的。当电解槽电压或电流效率发生变化时，都必须联系能量平衡进行考虑，以便采取相应措施调整槽子的热损失结构。

根据式（12－24）计算了在不同 $V_{体}$ 和 η 下的 $\alpha_{热损}$ 的值，列于表12－4中。表12－3关于62kA电解槽的能量平衡的计算结果中，热损失系数是2.19V，与表12－4的计算结果是一致的，前者是将表中热损失加上差额数除以系列电流，后者是由式（12－24）计算，或查表12－4所得。说明式（12－24）较好地反映了上述三者之间的依赖关系。

表12－4　不同 $V_{体}$ η 下的热损失系数（$\alpha_{热损}$）

电流效率	不同 $V_{体}$ 下的 $\alpha_{热损}$（V）				
（小数）	3.7V	3.8V	3.9V	4.0V	4.1V
0.84	1.84	1.94	2.04	2.14	2.24
0.86	1.81	1.91	2.01	2.11	2.21
0.83	1.78	1.88	1.98	2.08	2.18
0.90	1.74	1.84	1.94	2.04	2.14
0.92	1.71	1.81	1.91	2.01	2.11

第五节　铝电解槽的节能途径

一、提高电流效率

根据式（12－24）计算，在热损失系数、电流强度不变的情况下，每提高电流效率2%，槽电压约降低32.8mV，对于60kA的电解槽来说相当于每小时节电1968kW·h。是非常可观的。

提高电流效率的途径很多。其中主要的方法是降低电解温度，而降低电解温度的最有效方法是选择合适的添加剂，即找到一个初晶温度低的电解质组成。大量的研究表明，添加锂盐（LiF_2 或 $LiCO_3$）可以显著降低电解质的初晶温度，据报道，日本三菱金属公司的实践表明，合适的电解质组成是含LiF1.5%，或 AlF_3 为6%可使电耗率降至12.6kW·h/kgAl。近年来我国所进行添加锂盐，或锂、镁联合添加剂的工业试验，都获得较好的节电效果。邱竹贤等人也根据试验，提出了低摩尔比－MgF_2 系电解质，其摩尔比降低为2.2，MgF_2 在10%以内，工业试验结果，直流电耗可降至13.4kW·h/kgAl，电流效率达到91.2%，他们认为采用这种电解质，可望实现在800～850℃以下的低温电解。但是在采用低温电解质时，必须维持适当的热损失以保持槽子的能量平衡。

提高电流效率的另一途径是合理配置母线，这对大型槽来说尤为重要，根据瑞士铝业公司的报道，他们认为引起磁力效应的主要因素是，铝液中水平电流（包括横向和纵向）的电度分量和磁场的垂直分量（*Bz*）应该予以消除或减弱。他们按此原则设计的电解槽，其电流效率达到95%。图12－6所示的母线配置方式是B.D.伯努利等通过综合比较所提出的，其特点是四立柱中间两根于四分之三处进电，端部两根垂直放置，电流由槽底导出。根据这种设计，磁场明显减弱，水平电流明显减少，故铝液表面变形小，峰、谷相差仅1.8cm，电流效率为92.2%（计算值）。近年来，大型槽的磁场问题日益得到重视，随着研究工作的深入，电解槽的母线配置日益完善，在一定程度上削弱磁场的影响，但是也带来母线配置复杂，投资增大的问题。

图12-6　能削弱磁场对铝液波动影响的母线配置方案

提高电流效率的更为有效的，但又长远的目标是改革或改变现行电解槽的结构。这方面的构思和设想很多，其中最有吸引力、研究得最多的是惰性阳极、惰性阴极和侧壁型的电解槽，60年代英国曾采用惰性阴极涂层，但并未解决磁场造成的影响。图11-18中所示电解槽为美国铝业公司提出的采用惰性阴、阳极的电解槽，槽底没有或只有少量铝液，可以从根本上消除铝的波动问题，1986年，美国铝业公司N. 加内特提出了一种新型电解槽，如图12-7所示。该槽型是采用了惰性双极性来改造现行槽的。他将阴极和阳极通过一个连接定位架组合成一个整体，构成双极性阴-阳极组合件，悬挂在电解质和熔融铝内(见图12-7)。这样，现行槽体仅仅成了一个容器，金属的波动对其无关紧要，故电流效率可达93%，电能效率提高到70%。但是阳极、阴极表面均为惰性材料，中间夹有双极板。该公司声称在本世纪可能达到工业化程度。

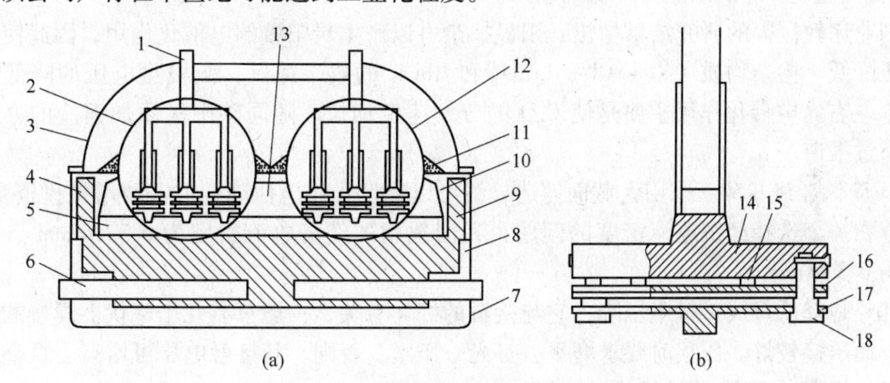

图12-7　新型惰性电解槽结构示意图

(a) 单极、双极电解槽；(b) 双极性阳-阴极组合件

1—阳极导杆；2—阴-阳极组合件；3—可移动槽罩；4—保温砖；5—铝液；6—导电母线；7—钢槽壳；8—炭内衬；9—炭块；10—炉帮；11—氧化铝；12—阳-阴极组合件；13—电解质熔体；14—惰性阳极；15—定位架；16—双极板；17—惰性阴极；18—连接定位架

在目前的条件下，当平均电压不变时，如果电流效率提高5%，约节电0.83kW·h/kgAl。但是，即使将电流效率提高到95%，而保持平均电压为4.0V，电耗率也只能降到12.5kW·h/kgAl。

二、降低平均电压

根据电耗率的计算式（12-3），在电流效率一定时，平均电压的降低与电耗率的变化的关系有：

$$\Delta w_1 = 2.980 \times \frac{\Delta V_{平}}{\eta} \tag{12-25}$$

由式（12-25）可以计算：平均电压降低 0.02V，Δw 为 68kW·h/kg（Al）。从中可以看出降低电解槽的平均电压降的节电效益。

1. 提高电解质的电导率　铝电解质是平均电压中的耗电大项，约占 30%～40%，其原因是现在的电解质体系电导率太小，同时又要保持一定的极距。提高熔体电导率的办法很多，主要有以下几方面：

如前所述，采用合适的添加剂，如 LiF、NaCl 都能显著提高熔体的电导率，至于 MgF_2 和 CaF_2，特别是 MgF_2，虽然对熔体的导电有不良的影响，但因能净化熔体中的炭渣，最近的报道还指出，熔体添加 MgF_2 可使电解的反电势降低。

其次，采用合理的加工制度和精心加工，对于减少悬浮在熔体中 Al_2O_3，减少槽底沉淀是有利的，因为沉淀多，容易造成电流分布不均匀，故使槽底压降升高。我国根据长期的实践，对中型侧插槽提出了"勤加工、少下料、加工快、适压壳"的加工制度。因为，采用这种加工制度，可使槽底干净，电压不波动或波动很小，生产稳定，效率高。

2. 降低阳极过电压　众所周知，阳极过电压是引起理论分解电压升高的主要原因。而且数值也很大，约占反电势 1.65V 的三分之一。

由前所述，阳极过电压可以随着阳极电流密度的降低而降低，同时随着熔体中 Al_2O_3 的增加而降低。在添加 LiF 的电解槽上采用降阳极的方法测得的反电势仍为 1.65V，就是 Al_2O_3 含量随着 LiF 的添加而降低的结果。

刘业翔教授等的研究结果指出，阳极掺杂可以产生炭阳极的电催化作用，因此使阳极过电压降低。掺杂物质中以 $CrCl_3$、$LiCO_3$ 和 $RhCl_3$ 的效果最好，阳极过电压的降低可达 200mV 左右。电催化作用主要是使 C_xO 的分解速度加快。随同碳阳极添加锂盐的办法美国也有过报道。

3. 降低母线压降　采用大截面铸造母线可以降低母线电压降，但需要增加投资费用。所以存在一个选择经济电流密度的问题，我国选用的经济电流密度为 0.37A/mm²，国外一般为 0.3A/mm²。

此外是降低母线接触电压降，它与接触的好坏有关，一般只有几个毫伏。焊接的效果较低，而压接较好。压接时要求磨平、打光、压紧，否则，其接触电压可增高上百毫伏。

三、降低电解槽的热损失

铝电解槽的热损失大的主要原因是电解温度高，与环境空气的温差大。目前采取的主要措施是：

（1）增加壳面的保温料的厚度，因为氧化铝具有良好的保温性能，覆盖于壳面以及预焙槽的阳极炭块和钢爪上，可以减小上部的热损失。

（2）加强槽体保温，也是在槽底增加氧化铝粉保温层的厚度来实现的。

上述做法都是有限的，最佳的途径是降低电解温度。一台 150kA 的大型槽，若把电解温度从 950℃降至 900℃，一天的热损失减少近 150 万 kJ；若降低到 800℃。则每吨铝节电 1250kW·h。

此外，有人提出采用散热型槽体，将散热加以利用，以提高能量利用率。

第十三章　铝电解的正常生产工艺

第一节　铝电解的正常生产及技术条件

一、铝电解槽的正常生产

铝电解槽在焙烧、启动后转入正常生产，即在额定的电流强度下稳定地进行生产。所有各项技术参数也都达到设计要求，并获得良好的技术经济指标——主要包括电流效率、电耗率以及原铝的质量等项。

处于正常生产状态的电解槽的外观特征有：

（1）火焰从火眼强劲有力地喷出，火焰的颜色为淡紫蓝色或稍带黄线；

（2）槽电压稳定，或在一个很窄的范围内波动；

（3）阳极四周边电解质“沸腾”均匀；

（4）炭渣分离良好，电解质清澈透亮；

（5）槽面上有完整的结壳，且疏松好打。

正常生产的电解槽的另一个重要特征是“槽膛内形规整”。电解槽内在其侧部炭块旁边沉积有一圈由电解质熔体凝固的结壳（又称为槽帮和伸腿），它围绕在阳极四周形成一个近似椭圆形的槽膛。这层结壳能够有效地阻止电和热通过侧壁损失，保护侧壁和槽底四周的内衬不受熔体的腐蚀，并且使铝镜面（即阴极表面）收缩以提高电流效率。在电解过程中要努力维护槽膛的规整。正常生产的“槽膛内形”如图13－1所示。此外，在正常生产时，槽底应该是干净的，即无氧化铝沉淀，或只有少量的沉淀。

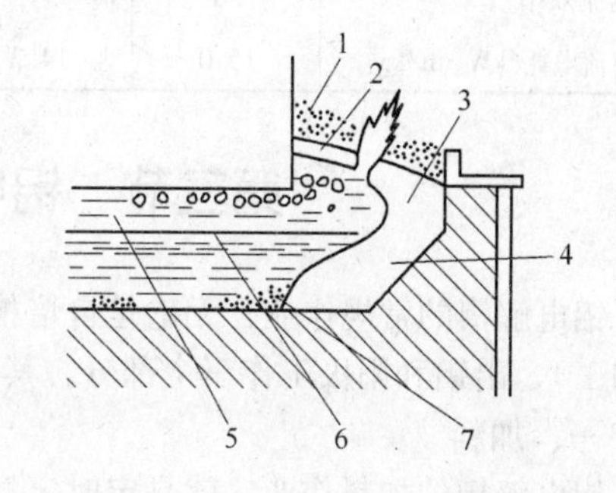

图13－1　铝电解槽正常生产时的槽膛内形
1—面壳上的 Al_2O_3 粉；2—面壳；3—槽帮；4—伸腿；5—电解质；6—铝液；7—槽底沉淀

正常生产是铝电解槽高产、优质、低耗的保证，而维护正常的生产则取决于合理的技术条件和与之相适应的操作制度以及操作的精心程度，否则，生产就不能维持正常，甚至出现“病槽”和事故，使得各项技术经济指标下降。

二、正常生产的技术条件

正常生产的技术条件主要包括有：系列电流强度、槽电压、电解温度、极距、电解质组成、电解质水平（即结壳下熔体层高度）、铝水平（即槽内铝液高度）、槽底压降以及阳极效应系数等。上述条件（或称技术操作参数）都是相互影响、相互关联的，总的说来，在一定时期内应尽可能保持相对稳定，一旦因某种原因需要变动时，就必须相应地调整其余参数与之协调。

正常生产技术操作参数是根据上述各章理论和具体情况而制定的。表13-1中列举了一些电解槽的技术条件。

表13-1　工业铝电解槽技术条件举例

技术条件 \ 单位 \ 槽型	侧插槽	上插槽	预焙槽			连续预焙槽
电流强度（kA）	60	100	80	130	150	110
阳极电流密度(A/cm^2)	0.85~0.90	0.65	0.72	0.75	0.7	0.82~0.85
电解温度（℃）	950	960	950	960	940	960
电解质摩尔比	2.7	2.7	2.6	2.7	2.5	—
CaF_2（%）	3	5~6	6~7	2~3	2~8	—
MgF_2（%）	2	—	—	4~5	—	—
槽电压（V）	4.4	4.0	3.9~4.0	3.9	4.0	—
极　距（cm）	4.0	4.0	4.2~4.5	4.2~4.5	4.0	—
铝水平（cm）	27	21~25	26	23~25	14~26	26
电解质水平（cm）	16	17~19	14~16	14~16	—	22
槽底电压降（mV）	450	—	—	320~360	—	—
效应系数(次数/昼夜)	0.1	1.0	0.9~1.1	0.3	—	—
电流效率（%）	88	90	90.5	88	92	87
直流电耗(kW·h/kg)	15.0	14.3	13.5	13.7	13.5	15.5

第二节　铝电解槽的常规作业

铝电解槽的常规作业，无论是自焙槽还是预焙槽，其主要内容都包括有加料（或称为加工），出铝和阳极工作三个部分，其具体内容依槽型不同而有所不同。

一、加料

铝电解槽的加料作业，就是定时定量地向电解槽中补充氧化铝，新型电解槽采用所谓连续或点式下料，每次下料之间也有规定的时间间隙，连续下料的间隙，则只有20s左右，点式下料是每隔几分钟下一次。

下料的目的在于保持电解质中Al_2O_3浓度稳定。电解质熔体中Al_2O_3含量一般为5%~8%。但近年来，大型槽采用连续下料或点式下料后，Al_2O_3浓度一般只有2%~3%，甚至更低。因为保持低的浓度，电流效率可达94%。同时可以使Al_2O_3迅速溶解，而不致产生沉淀或悬浮在电解质中，这对提高电流效率是有利的。

大型槽的下料大都是借助于电子计算机自动控制，下料部位可在边部，也可在炭块中间，后者更具有优越性，即无需打开槽罩。间断加料作业过程是由天车联合机组或地面龙门式联合机组来完成的。中、小型槽通常采用地爬式打壳机作业。

铝电解的加料作业程序是先扒开在壳面上预热的氧化铝料层，再打开壳面，将氧化铝推入熔体，然后往新凝固的壳面上添加一批新氧化铝。不允许将冷料直接加入电解质中。

我国在生产中总结了“勤加工、少下料”的操作法，对于中型槽实现稳产高产是行之有效的。

加料作业除补充 Al_2O_3 外，通常要伴随着调整电解质组成，如补充添加剂，调整电解质的冰晶石摩尔比等，故加料（主要是每天的第一次加工）前要取样分析电解质成分。待添加的氟化盐要和氧化铝混合好，铺在壳面上预热，其上再以氧化铝覆盖，然后在加工时加入。

二、出铝

电解出的铝定期、定量地从电解槽中取出。每两次出铝之间的时间称之为出铝周期。中型槽一般为 1～2 天，大型槽每天出一次，每次出铝量大体上等于在此周期内的铝产量。

出铝一般用真空抬包来完成。其装置如图 13－2 所示。抽出的铝液运往铸造部门。在铝锭铸造前，铝液要经熔剂净化、质量调配、扒渣澄清等一系列的处理，这些过程一般都在混合炉内按一定顺序依次进行，然后铸造成各种形状的铝坯或商品铝锭。

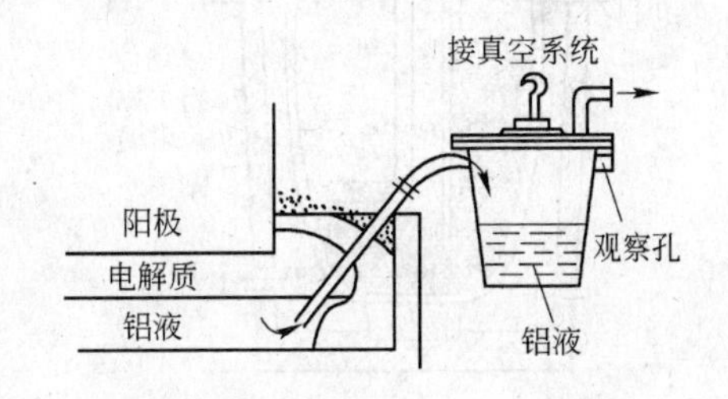

图 13－2　真空抬包出铝装置

工业电解槽取出的铝液，通常含有三类杂质：

（1）铝电解过程中，随同铝一道析出的金属杂质，如 Si，Fe、Na、Ti、V、Zn、Ga 等，总量达千分之一或更多；

（2）非金属固态夹杂物，如 Al_2O_3、炭和碳化物等；

（3）气体夹杂物，如 H_2、CO_2、CO、CH_4 和 N_2，其中最主要的是氢。这些夹杂物必须尽量除去，否则将影响铝的性能和质量。

铝液的净化方法有静置法和连续溶剂净化法。所谓静置法就是在尽可能低的温度下长时间的静止放置。该法可减少铝液中氢的含量，因为随着温度的降低，氢在铝液中的溶解度降低。也可以往铝液中通入气体达到除去氢的目的。如果所通气体为氯气不仅可除去氢，还可以除去部分金属杂质，并吸附固态夹杂物和气态夹杂物使之一并清除。但是氯气及所产生气体氯化物对环境和设备都存在腐蚀问题，现在铝工业中，一般采用 N_2 和 Cl_2 的混合体来进行净化处理，其中 N_2 为 90% 或 50%。这样既保留了纯氯气的优点，又减少了氯气对环境的污染。

铝液净化也可以采用连续净化操作法，其装置如图 13－3 所示。

三、阳极作业

阳极是电解槽的心脏，它的管理工作十分重要。阳极作业视电解槽的槽型以及电流导入方式而不同。

1. 自焙阳极槽的阳极作业　自焙阳极在电解过程中，阳极糊是借助电解高温完成焙烧成阳极——阳极锥体的。它在生产中因参与电化学反应而不断消耗，阳极工作的主要任务是补充阳极糊（习称下糊）和转接阳极小母线（上插槽无此项工作），工作步骤一般是，拔出快要接触电解质熔体的阳极棒，将小母线转接到已经进入锥体的阳极棒上，然后钉棒，即将阳极棒钉入快要焙烧成锥体的阳极糊中去。这样当糊体焙烧成锥体时，钉入的棒便可与之保持最好的接触，保证导电均匀。阳极工作应保持阳极均匀地焙烧，电流均匀地导入阳极，并保持阳极棒、阳极以及各金属导体之间应良好接触以降低电压降。阳极工作完毕后，要保持阳极不倾斜，在电解过程中不氧化、不掉块、无断层和裂缝现象。

2. 预焙阳极作业有三项

（1）定期地按照一定的顺序更换阳极块，以保持新、旧阳极（还没有换的）能均匀地分担电流，保证阳极大梁不倾斜，图 13-4 所示是 80kA 预焙阳极的更换顺序；

（2）阳极更换后必须用氧化铝覆盖好；

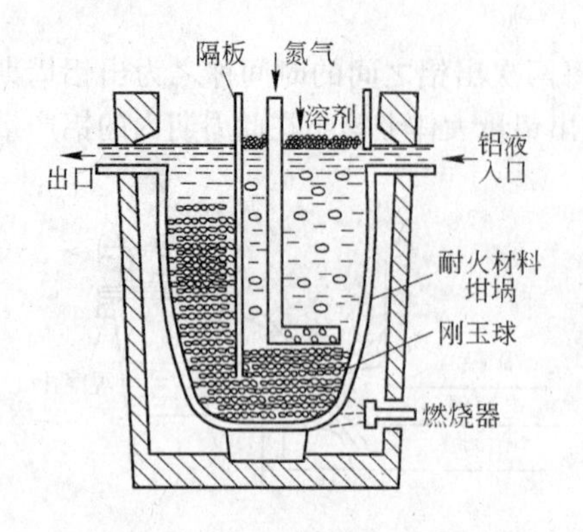

图 13-3 铝液连续净化装置示意图

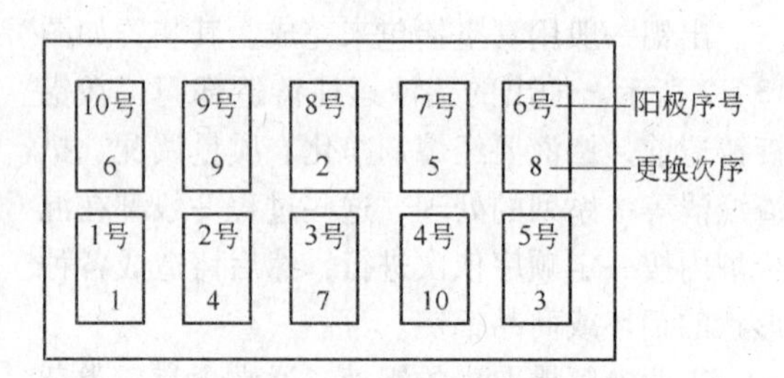

图 13-4 阳极更换顺序

（3）抬起阳极母梁，因为大梁随着阳极块的消耗而位置降低，当达到不能再降的位置时，就必须将它抬高。

以上所述是铝电解槽正常生产的主要操作，操作质量是保证铝电解生产技术条件稳定的先决条件。除此之外，铝电解过程要进行的工作还有熄灭阳极效应和病槽处理等。

第三节 铝电解槽的电子计算机控制

计算机在铝电解生产过程控制中运用，是铝工业发展的一项显著成就。它使电解槽的操作实现了自动化作业，保证生产在最优状况下平稳进行，从而使得生产指标大幅度提高，如电流效率，在 50~60 年代一直保持在 87%~90%之间，70 年代末突破了 90%，近年来提高到 94%~95%。K. 格洛泰姆认为，在各项条件控制达到最佳状况时，电流效率有可能达到 98%。显然，这种最佳状况的实现，有赖于电子计算机的运用。

对于大型电解槽及其系列来说，采用计算机控制生产状况和生产操作是很方便的，因为大型槽的生产比中、小型槽稳定，一般不容易产生异常情况，如病槽等。这就为电子计算机控制提供了良好条件。使高度机械化的作业，如打壳、加料等都能够在计算机的控制下进行。但是，由于电解质温度高，又具有很强的腐蚀性，使得许多状态参数都无法连续测量（如温度、氧化铝浓度等都还没有长期就地测量的探头）而难以直接控制，迄今为止，大多数过程的控制主要是通过控制槽电压来实现的。

一、槽电压的控制原理

槽电压是一种电讯号，采集是很方便的。铝电解槽的槽电压在各种技术条件相对稳定时是恒定的，只要将电子计算机控制系统采集的信号与设定值（即需要控制的槽电压值）

相比较，当出现偏差时，将信号反馈给执行机构，对电解槽进行调整，直到实际值与设定值相等时为止。

我国160kA大型槽对槽电压的控制是通过槽电阻来实现的。因为在电解过程中，槽电阻与槽电压有如下的关系：

$$R_{槽}=(V_{槽}-1.7)/I$$

式中 $R_{槽}$——槽电阻；

$V_{槽}$——槽电压；

I——系列电流；

1.7——反电势。

而 $R_{槽}$ 中唯一可调的是电解槽的极距。因此，根据槽电阻的偏差来调整极距即可以达到控制槽电压的目的。

控制槽电压的关键是其设定值的确定，因为各个电解槽的情况互不相同，如槽龄、铝液的安定性，都将造成差别。这些都需要经过实际测量才能找到合适的设定值。

二、Al_2O_3 浓度的控制

对于 Al_2O_3 浓度，由于无法实现在线控制。在计算机控制系统中，一般是通过加工的时间间隔，即采用定时定量加料的办法来实现熔体中 Al_2O_3 浓度的宏观控制。

三、阳极效应的预报和处理

如前所述，当铝电解质中 Al_2O_3 降到一定程度时，就将发生阳极效应，阳极效应的先兆特征是槽电压突然升高。计算机控制系统在扫描周期内若发现，某一电解槽的槽电压上升趋势大于规定范围时，就发出阳极效应预报。如果连续五次都发现其槽电压超出范围，就判定该槽发生了阳极效应，并报告主机发出指令处理。槽控箱即执行指令，进行打壳、下料、降、升阳极；熄灭阳极效应的工作。处理完毕，槽电压恢复正常值后，主机收回指令。

四、原料的分配

所谓原料的分配是给电解槽槽旁料箱供给 Al_2O_3 和辅助原料（AlF_3、Na_3AlF_6 等）。这是根据料箱料面的高低来控制的。即控制系统定时扫描检查、监测料面，当料面低于下限，则紧急补充料；在料面恢复中间值后，再按正常情况补料。

除上述功能外，电子计算机控制系统的主机还能按预先输入的指令，干预控制或完成一些非定时的控制，如出铝电压调整，更换阳极的电压控制，这些都属于主机的实时控制，也是自动或通过人机对话的方式进行的。另外，电子计算机控制系统可以按照要求打印出各种报表。

计算机储存的信息越多，对作业过程的判断越可靠。但只依靠电压来反映整个电解槽的工作状况显然是有限的，有时不免作出错误的判断。随着人们对电解槽作业认识的深化以及自控技术的发展，计算机控制将继续发展而趋于完善。

第四节 铝厂烟气净化

一、铝厂烟气中的污染物

阳极气体含 H_2F_2、SiF_4、CF_4、CO_2，沥青挥发分以及各种粉尘，使铝厂周围环境中的树木、饲草和牲畜都受到损害。操作人员的健康也受到威胁。因此，铝厂烟气净化日益受到人们的关注。许多国家对铝厂烟气中氟的排放量有限制性的立法。迫使铝厂净化烟气以适应日益严格的环境保护要求。

铝电解过程中放出烟气中的污染物有气态污染物和固态污染物两种。

1. *气态物质中的污染物* 气态物质中包括有阳极过程中产生的 CO_2、CO 气体，阳极效应时产生的 CF_4，自焙阳极在烧结时产生的沥青烟挥发分，氟化铝等氟化盐水解产生的氟化氢气体以及原料中杂质和 SiF_4 等等。污染物主要是 H_2F_2 等含氟气体。

2. *固态物质中污染物* 固态物质主要是原材料挥发和飞扬而产生的，包括有 Al_2O_3、C、Na_3AlF_6、$Na_5Al_3F_{14}$等固体粉尘。其主要污染物是冰晶石和吸附着 HF 的氧化铝粉尘。

气态氟化物和固态氟化物的比率，视槽型不同而异。自焙槽的污染物中气态约占 60% ~90%；预焙槽中气态污染物约为50%左右，表 13－2 中列出了两类槽型的污染物散发量。

一般规定每吨铝的污染物排放量不得超过 1kg。与此同时，净化回收的物质返回利用，又可降低成本。烟气净化有湿法和干法两种。

表 13－2 铝电解槽的污染物散发量（kg/t（Al））

槽 型	气态氟化物	固态氟化物	固、气氟总量	粉尘总量
上插槽	15.45	4.05	19.5	24.0
侧插槽			17.5	49.7
预焙槽	8.33	8.43	16.8	44.1

二、湿法净化

湿法净化是用水或碱溶液作为 H_2F_2 和粉尘的吸收剂，来净化烟气。

通常用5%的碳酸钠溶液来洗涤含氟烟气，即 $2Na_2CO_3 + H_2F_2 \longrightarrow 2NaF + 2NaHCO_3$，溶液中的 NaF 含量达到 25 ~30g/L 后，就可用来合成冰晶石：

$$6NaF + 4NaHCO_3 + NaAlO_2 \longrightarrow Na_3AlF_6 \downarrow + 4Na_2CO_3 + 2H_2O$$

冰晶石经分离、干燥后返回电解槽使用。滤液返回吸收塔吸收含氟气体，整个过程物料可以循环使用。其流程见图 13－5。

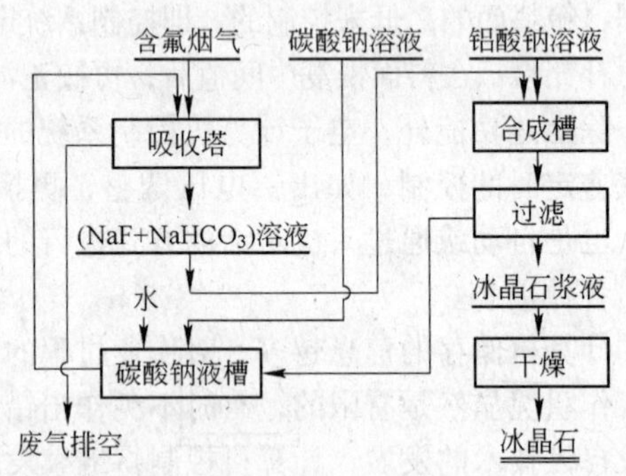

图 13－5 铝电解槽烟气湿法净化工艺流程

对于自焙槽的烟气，因其中含有沥青烟净化倍感困难，K. 格洛泰姆推荐如下湿法收尘系统。该流程采用旋风收尘器或静电收尘器分离粉尘和焦油。除去沥青和粉尘的含氟气体再用新鲜水吸收，吸收是在筛板塔内进行，其吸收效率高于90%，同时得5%的氢氟酸溶液，可用来回收氟化物。吸收塔出来的气体中因还含 SO_2，故必须再经洗涤除去，才能排空。吸收塔中得 HF5%溶液用氢氧化铝中和可制取氟化铝返回电解槽使用。

湿法净化在70年代是净化铝厂烟气的主要方法，但此法虽然净化了烟气，却又产生了废水，还需要处理，而且净化系统庞大，投资及运转费用高，所以逐步地为干法所代替。

三、干法净化

干法净化就是用铝电解槽的原料氧化铝作吸收剂，吸附烟气中的HF，并截留烟气中的粉尘，吸附了HF的氧化铝仍为电解的原料。

据报道，氧化铝对HF气体的吸附主要是化学吸附。在吸附过程中，氧化铝表面上生成单分子层吸附化合物，每摩尔氧化铝吸附2摩尔HF，这种表面化合物在300℃以上转化成AlF_3分子，即：

$$Al_2O_3 + 6HF \xlongequal{} 2AlF_3 + 3H_2O$$

这一过程的进行速度极快，在0.25～1.5s内即可完成，其吸附效率可达98%～99%。铝工业用的氧化铝，因焙烧温度不同而使其比表面积和表面活性有所差别，使它对HF的吸附性能也有所不同。用于干法净化的氧化铝，要求其比表面积大于$35m^2/g$，且$\alpha-Al_2O_3$含量不应超过25%～35%。对砂状氧化铝的比表面积和$\alpha-Al_2O_3$含量的要求就是根据这种需要提出的。干法净化较适应预焙槽的烟气净化。

图13-6是挪威阿尔达里铝厂的干法净化流程。图13-7是该厂电解槽烟气在净化前后的气体组成。从中可以看到，进入净化装置前气态氟化物为$5.7mg/m^3$，固态氟化物也为$5.7mg/m^3$，而经过净化后的烟气中的氟化物分别只有0.114和0.057(mg/m^3)。其净化效率分别是：

$$\eta_{气净} = \frac{5.7-0.114}{5.7} \times 100\% = 98\%$$

$$\eta_{固净} = \frac{5.7-0.057}{5.7} \times 100\% = 98.8\%$$

干法净化具有流程短，设备简单，净化效率高，没有废液（相对湿法净化）需要再处理；而载氟Al_2O_3又可返回电解槽等优点，故为铝厂广泛采用。其主要缺点是烟气粉尘中的杂质，如铁、硅、硫、钒、磷等化合物也被返回电解槽，并且在循环中会不断富集，而对铝的质量和电流效率产生不利的影响。

自焙槽的烟气中因含有焦油，必须预先除去焦油（焚烧）才能采用此法。

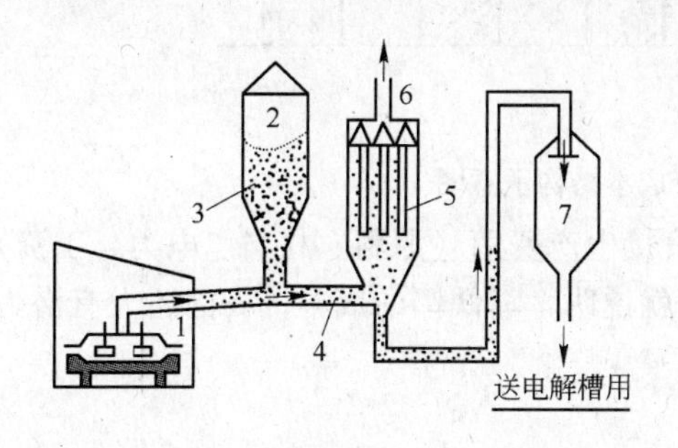

图13-6　阿尔达里铝厂烟气干法净化设备流程图

1—电解槽一次气体；2—Al_2O_3贮槽；3—Al_2O_3；4—载氟Al_2O_3；5—布袋收尘；6—废气出口；7—载氟Al_2O_3贮仓

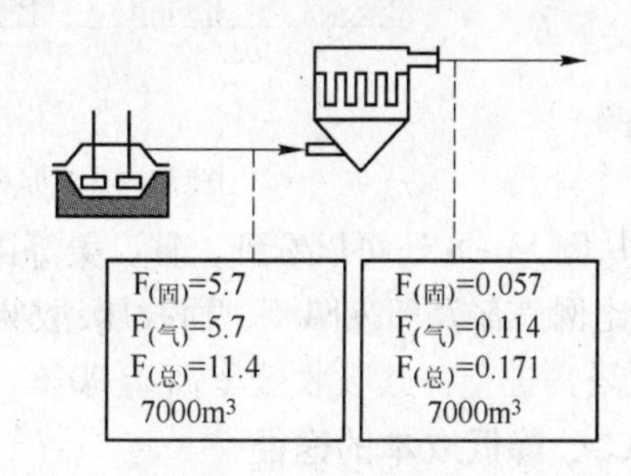

图13-7　阿尔达里铝厂净化前后烟气中的氟含量（mg/m^3）

第五节　原铝生产的经济分析

一、原铝的生产成本分析

铝电解生产的原铝的成本，大致可归纳为三大部分，即原材料费用，电能费以及生产管理费（或称劳务管理费）等。图 13－8 中分别列举了我国、美国和日本的原铝成本结构。

1. 原料、材料费用　电解铝生产所用的原材料主要包括有氧化铝、氟化盐、添加剂和炭素材料等，其费用所占原铝的成本达 50%，仅氧化铝一项就占 40%。

2. 电能消耗费用　铝电解电耗很大，其吨铝电耗率达 13500～14000kW·h。如果将整流电能损失，动力用电以及再熔耗电一并考虑，每吨铝电耗率就更大，据统计，当直流电耗率为 14000kW·h时，加上上述各项用电，总计达 15340kW·h。

据英国铝厂计算表明，生产一吨原铝从铝土矿开采，到铝锭铸造，全部电耗约 22800kW·h。

从图 13－8 中看到，电费在成本结构中，美、日的成本比例相差很大，前者仅占 17%，后者达 30%～40%，这主要取决于各国电费价格的高低。我国电费比例达 37% 强，主要原因是生产能耗高等原因造成的。

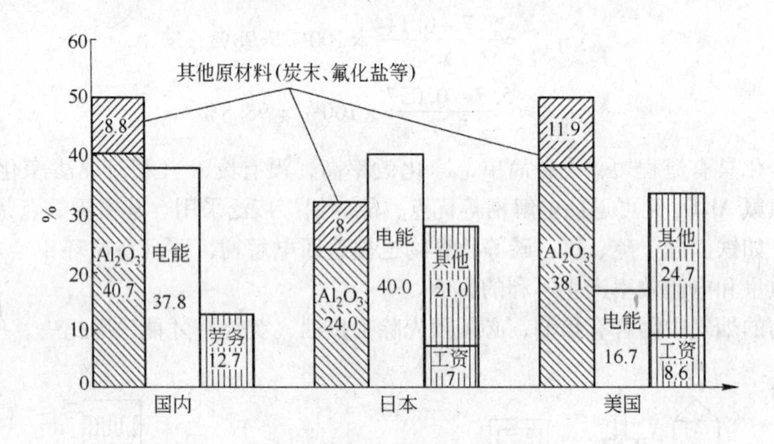

图 13－8　原铝的生产成本结构示意图

从图 13－8 还可以看到，日、美等国家的直接生产费用（原料、材料、电力、工资）所占比例只有 75%～84%，而我国达 90%。这就说明，降低铝的成本，我国还大有潜力可挖。

二、降低成本的途径

1. 降低原材料的损失，提高原材料的质量　现行铝电解厂氧化铝的吨铝消耗量为 1930～1940kg，而理论消耗量约 1910kg。多余的消耗主要是运输损耗、加料过程中的飞扬以及其他机械损失所造成的。随着机械化、自动化技术的发展，槽体密闭程度的提高，氧化铝的损失量是可以降低的。

对于炭素材料来说，理论上吨铝消耗量为 393kg（阳极气体中 CO_2 含量为 70%），实际消耗高达530kg，利用率只有74%，主要原因是纯度不高，质量不好，操作（电解）管理不善造成阳极氧化以及漏糊、槽子早期破损等。国外炭阳极净耗在410kg以下，已经接近理论消耗量。研究结果表明，在现行槽上添加碳酸锂，可以降低阳极糊的消耗量，其原因是由电解温度的降低，减少了阳极的氧化损失。如果采用低温电解，还将进一步降低炭的消耗量。采用惰性阴、阳极电解槽也是降低成本的可能途径之一。

至于氟化盐、冰晶石、理论上它们都是不消耗的。然而在电解高温下氟化物（主要是AlF_3）的挥发，与碱及碱土金属氧化物的相互作用，和水解造成了它们的损失。损失的大部分是被烟气带走。随着烟气净化系统的建立和完善，这部分损失基本可以避免。但是减少其挥发量的主要途径是降低电解温度。

2. *加强生产管理、延长电解槽的有效生产时间*　电解槽因内衬破损而停槽大修，甚至报废，所耗费用高达建立新槽的三分之一。因此，延长槽的有效生产时间，也可以降低成本。其关键是：

（1）加强生产管理，完善各项操作技术条件并且严格执行，保证生产正常进行，不出或少出病槽，是延长电解槽寿命的重要措施；

（2）改进炭素材料的品种，如采用石墨化阴极、半石墨化阴极，槽寿命由2000天可提高到2400天。

3. *按大型、高效、联合的原则建设新厂和改造旧厂*　80年代，铝工业出现了按照大型化、高效率、组成联合式企业的方式，改造老厂、建设新厂的趋势。在工艺上采用低摩尔比（2.2以下）、低浓度（Al_2O_3浓度为1.5%～3%）、低温（940℃以下）；采用数学模型优化设计电解槽（包括磁场、热场和流体力学），采用电子计算机控制生产过程和生产管理，这将大大地提高电流效率、降低生产成本。

通过计算表明，大型槽的投资费用和生产成本是随着铝厂规模的增大而降低的。若以年产10万吨为1，年产量扩大12.5万吨，单位投资降低10%，成本降低5%。建立联合企业，即原铝生产、加工一条龙，比原铝输出的经济效益要大得多，至少可以降低部分运输费和重复的税收。

第十四章　原铝的精炼

第一节　原铝的质量

$Na_3AlF_6 - Al_2O_3$ 熔盐电解所得原铝的质量见表 14－1。从表中看到，原铝中金属杂质主要是 Fe、Si、Cu。它们主要是原材料（氧化铝、氟化盐、阳极）带入的，生产中铁工具和零件的熔化以及内衬的破损、炉帮的熔化等也可成为其来源。因此，提高原铝的质量，首先是要选用高质量的原材料；再是文明生产、精心操作防止杂质进入电解槽。

表 14－1　原铝的质量标准

品　级	代　号	化学成分（%）					
		Al	杂质含量不大于				
		不小于	Fe	Si	Fe＋Si	Cu	杂质总和
特一号铝	A_{00}	99.7	0.16	0.18	0.26	0.010	0.30
特二号铝	A_0	99.6	0.25	0.18	0.36	0.010	0.40
一号铝	A_1	99.5	0.30	0.22	0.45	0.015	0.50
二号铝	A_2	99.0	0.50	0.45	0.90	0.020	1.00
三号铝	A_3	98.0	1.10	1.00	1.80	0.050	2.00

电解原铝的质量基本上能满足国防、运输、建筑、日用品的要求。但是，有些部门对铝的质量标准要求超过上述，如某些无线电器件；制造照明用的反射镜及天文望远镜的反射镜；石油、化工机械及设备（如维尼纶生产用反应器、储装浓硝酸、双氧水的容器等）以及食品包装材料和容器等需要精铝（铝含量大于 99.93%～99.996%），或高纯铝（含铝 99.999% 以上），甚至超高纯铝（6 个 9 以上）。因为精铝比原铝具有更好的导电导热性、可塑性、反光性和耐腐蚀性。

铝是导磁性非常小的物质，在交变磁场中具有良好的电磁性能，纯度愈高，其导磁性越小，低温导电性能也越好。

精铝一般需通过精炼获得。原铝精炼方法很多，主要有三层液精炼法、凝固提纯法、区域熔炼以及有机溶液电解精炼法等。

第二节　三层液电解精炼

三层液电解精炼是原铝精炼的主要方法。该法于 1901 年由胡帕发明，因精炼体系由三层熔体组成而得名。阳极熔体由待精炼的原铝和加重剂（一般是铜）组成，它的密度大（3.2～3.5g/cm³）而居最下层；中间一层为电解质，密度为 2.5～2.7g/cm³；最上一层为精炼所得的精铝，密度为 2.3g/cm³，它与石墨阴极或固体铝阴极相接触，成为实际的阴极（或称阴极熔体）。精炼电解槽如图 14-1 所示。

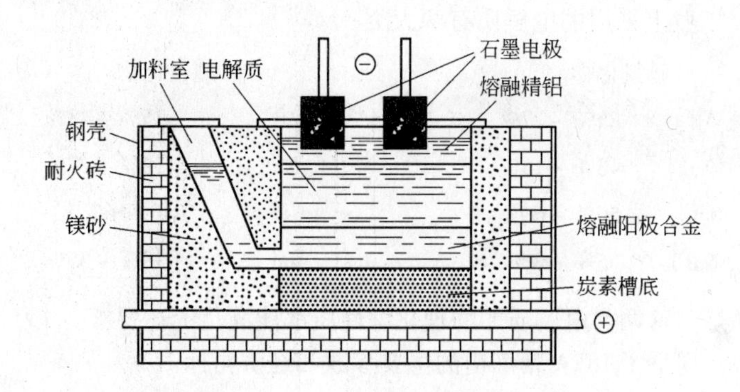

图 14-1　三层液精炼电解槽

一、三层液电解精炼的原理

三层液精炼是应用可溶性阳极熔体的电冶金过程。其原理是，阳极合金中铝失去电子，进行电化学溶解，变成 Al^{3+} 进入电解质，在外加电压的推动下，Al^{3+} 又在阴极上得到电子进行电化学还原，即：

在阳极　　$Al_{(液)} - 3e \longrightarrow Al^{3+}$

在阴极　　$Al^{3+} + 3e \longrightarrow Al_{(液)}$

在上述过程中，原铝中，或者是阳极合金中，比铝更正电性的杂质，如 Fe、Cu、Si 等不发生电化学溶解，而留在阳极合金中；在电解质中比铝更负电性的杂质，如 Na^{+}、Ca^{2+}、Mg^{2+} 等不能在阴极放电析出，而残留于电解质中，从而达到精炼的目的。

精炼过程中，铝在阳极溶解，阴极析出，电化学过程本不致消耗电能。但由于存在明显的浓差极化，其值达到 0.35～0.40V，而且极距较大，有较大的电解质电压降。此外电解中，没有气体析出，也不发生阳极效应。根据精炼的特征对阳极合金和电解质都有一定的要求。

二、阳极合金

三层液精炼用的阳极合金应具有如下的特点：

（1）熔融合金的密度要大于电解质的密度；

（2）合金的熔点要低于电解质；

（3）铝在合金中溶解度要大，合金元素应是比铝更正电性元素。

工业上通常采用铜作合金，当合金中铜含量为 33%～45% 时，其熔点为 550～590℃，密度为 3.2～3.5g/cm³；Cu 的电化学电位比铝要正得多。因此，铜完全满足上述要求。

在精炼过程中，合金中铝的含量降到 35%～40% 时，合金的熔度会急剧上升，当高于料室温度时，其中合金就会凝固。因为料室的温度比槽内温度要低 30～40℃。因此必须定期地向料室补充原铝。

三、电解质

精炼所用的电解质须满足如下的要求：

（1）熔融电解质的密度要介于精铝和阳极合金的密度之间；

（2）电解质中不含有比铝更正电性的元素；

（3）导电性能要好，熔度不宜过分高于铝的熔点，挥发性要小，且不吸水也不易水解。

目前，工业上采用的电解质有两大类：

氟氯化物		纯氟化物	
AlF_3	25% ~27%	AlF_3	35% ~48%
NaF	13% ~15%	NaF	18% ~27%
$BaCl_2$	50% ~60%	CaF_2	16%
NaCl	5% ~8%	BaF_2	18% ~35%

对于原铝精炼，这两类电解质的物理化学性质都能满足上述要求。

表 14 - 2 中，列举了 18kA 精炼槽的主要参数和经济指标。

表 14 - 2　三层液精炼主要技术参数和经济指标举例

技术参数		经济指标	
电流强度（kA）	18000	阴极电流效率（%）	99
槽电压（V）	5.5	直流电耗（kW·h/t Al）	16000
电解温度（℃）	720	物料消耗（kg/t Al）	
电解质组成（%）		石墨	7
冰晶石（MR = 1.5）	40%	纯铜	8
$BaCl_2$	60%	原铝	1030
阴极精铝厚度（cm）	10	电解质	65
电解质厚度（cm）	6 ~ 7		
电解质密度（g/cm^3）	2.72		
阳极合金组成（%）			
Cu	33		

四、三层液精炼的正常操作

精炼电解槽生产的正常操作包括：出铝、补充原铝、添加电解质、清理与更换阴极、捞渣等。

1. *出铝*　其方法视槽的大小而异。对于 17 ~ 40kA 的精炼槽，一般用真空抬包出铝。出铝时，先去掉精铝面上的电解质薄膜，然后将套有石墨套筒的吸管插入精铝层，将精铝吸出。

2. *补充原铝*　精炼电解，电流效率为 99%，阳极所消耗的铝和吸出的精铝量近于相等。因此，出铝后应往料室中补充数量相等的原铝，或注入液态原铝。补充原铝时要搅拌阳极合金熔体，使原铝均匀分布，否则原铝会直接上浮到阴极而污染精铝。

3. *补充电解质*　在精炼的过程中，电解质因挥发和生成槽渣（$AlCl_3$、BaF_2、Al_2O_3）而损失，故需要补充。一般在出铝后，用专门的石墨管往电解质层中补充电解质熔体（由母槽提供），以保持它应有的厚度。

4. *更换或清理阴极*　在精炼中，石墨阴极的底面常沾有精炼中生成的 Al_2O_3 渣或结壳，使电流流过受阻，故须定期（15 天左右）逐个予以清理。清理工作一般不停槽停电，故清理工作越快越好。若采用带铝套的石墨阴极时，因铝套变形，或开裂，则需要更换阴极。

5. *捞渣*　随着精炼时间日久，阳极合金中会逐渐积累 Si、Fe 等杂质，当其达到一定的饱和度时，将以大晶粒形态偏析出来而形成合金渣，所以需要定期清除合金渣，以保持阳极合金的干净。这种合金渣往往富集有金属镓，应该予以回收。此外，氟化铝水解会生成 Al_2O_3 沉淀，它对生产不利，也应捞除。

三层液精炼法具有产量大，产品质量高等优点，得到广泛采用。但是它的电耗量大，设备投资也较高。

第三节　凝固提纯法制取高纯铝

固溶体的相平衡理论指出，完全互溶的固溶体在冷凝（或熔化）时，固相和液相的组成是不相同的，即各种组分在固相和液相中的浓度是不相同的。因此，只要将这种固溶体逐步冷却凝固，便可以将某种组分富集在固相或液相之中，达到分离或提纯的目的。原铝的凝固提纯的原理就在于此，它是原铝精炼的又一方法。根据操作特点，凝固提纯又可分为定向提纯、分步提纯和区域熔炼三种方法。

凝固提纯效果与杂质元素的分配系数有关。所谓分配系数是杂质元素在固相和液相中浓度的比率，记为 K。当 $K<1$ 时，杂质元素在液相中富集；当 $K>1$ 时，杂质元素在固相中富集；至于 $K=1$ 时，说明杂质在液相、固相中浓度相近，对于这种杂质，凝固提纯是无能为力的。表 14－3 所示是铝中杂质元素的分配系数。

表 14－3　原铝中杂质元素的分配系数 K

杂质元素	K	杂质元素	K	杂质元素	K
Ni	0.009	Ge	0.13	Sc	1
Co	0.02	Cu	0.15	Cr	2
Fe	0.03	Ag	0.20	Mo	2
Ca	0.08	Zn	0.40	Zr	2.5
Sb	0.09	Mg	0.5	V	3.7
Si	0.093	Mn	0.9	Ti	8

一、定向提纯法

该法是通过熔融铝液的冷却凝固，除去原铝中分配系数 $K<1$ 的杂质，即在原铝凝固时，上述杂质元素（$K<1$）将大部留在液相之中而被除去，原铝得到提纯。

定向提纯的操作程序是，在凝固过程中，在逐渐凝固的界面上（2～3cm）将铝液进行搅拌，使杂质元素不断地扩散转移到液相，凝固结晶的铝即为高纯铝，然后放出液铝（习称尾部，$K<1$ 的杂质大部分富集于此）。凝固下来铝如果需进一步提纯精炼，可重复上述操作，进一步分离杂质元素。显然重复的次数越多，铝的纯度就越高。定向提纯的装置如图 14－2 所示。

凝固提纯作业可以连续作业，图 14－3 是连续凝固提纯的流程和设备示意图。连续法的产量明显高于间断作业。

二、分步提纯法

由上所述，定向提纯法只能除去原铝中 $K<1$ 的杂质元素，为了进一步除 $K>1$ 的杂质，则可采用分步提纯法。分步法的主要特点是采用化学方法除去 $K>1$ 的杂质。其原理是，使杂质元素和硼形成不溶于铝液的硼化物。其操作过程是，将原铝熔化，在熔融铝液中加入铝硼合金，杂质就立即与硼生成硼化物沉渣。提出铝液后，经澄清，然后进行定向提纯，所得的结晶铝既除去了 $K>1$ 的杂质，又除去 $K<1$ 的杂质，其纯度更高，明显优

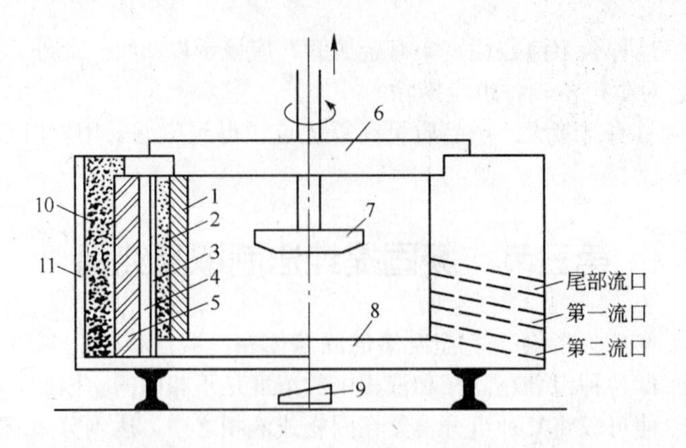

图 14－2　定向提纯装置结构

1—镁砖；2—氧化铝层；3—石棉板；4—铝壳；5—耐火砖；6—炉盖；7—石墨搅拌器；
8—石墨板；9—冷却装置；10—保温填料；11—钢壳

于定向法。

三、区域熔炼

该法实质上是定向提纯法的另一种形式。所不同的是该法只是部分熔化，而且熔化区域是不断地移动。

区域熔炼的操作过程是，加热器（高频感应线圈）沿着被处理的固体长条铝锭缓慢移动。在加热器所在位置造成一个熔融区，金属中 $K<1$ 的杂质大部分将富集在熔融金属液中。随着熔区的移动，杂质也随着移动，当达到端头时，$K<1$ 的杂质就凝固下来，切去端头后所得金属（如铝）就是提纯了的金属铝。当杂质的 $K>1$ 时，情况与上述相反，即杂质集中始端；如果这种杂质都存在则将两端切去，中间部分的金属即为高纯铝。熔炼反复的次数越多，所得金属纯度越高。区域熔炼装置如图 14－4 所示。还应指出，整个操作过程是在有保护性气体的情况进行的。

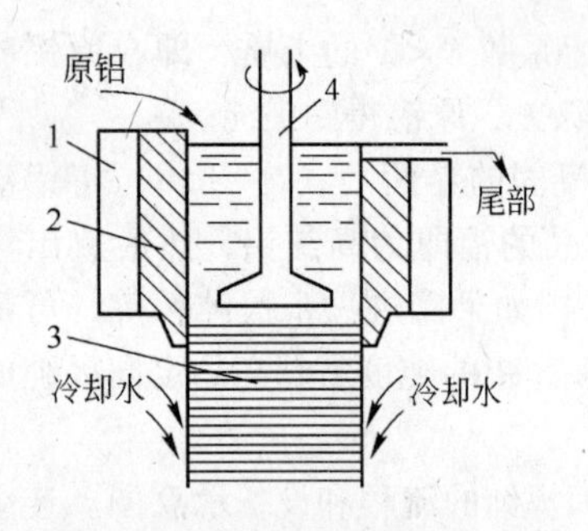

图 14－3　连续凝固提纯流程及设备

1—保温炉；2—石墨模子；3—精铝锭；4—搅拌器

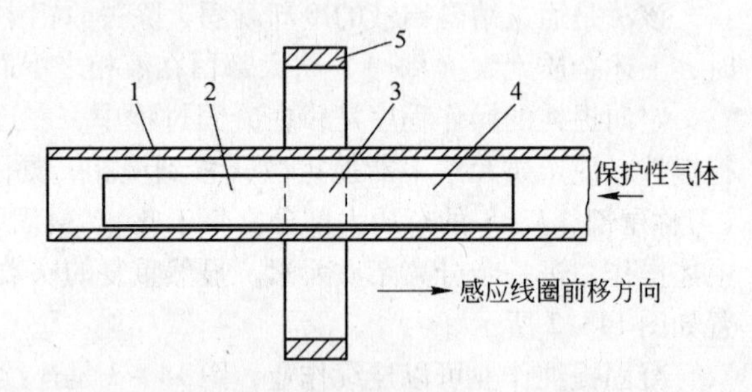

图 14－4　区域熔炼示意图

1—石英管；2—熔炼后凝固的铝；3—熔炼区；
4—尚未熔炼的铝；5—感应线圈（加热器）

第四节　有机溶液电解精炼

齐格勒（Ziegler）等人利用有机溶液电解法制得了高纯铝（99.999%）。他们所用的电解质是氟化钠与三乙基铝的配合物［$NaF \cdot 2Al(C_2H_5)_3$］。

H. 赫尼伯乐（Hannibal）等人研究了三乙基铝的有机溶液提纯原铝的电解法。其实验装置如图14－5所示。实验所用电解质是 $NaF \cdot 2Al(C_2H_5)_3$ 和甲苯。其中 $NaF \cdot 2Al(C_2H_5)_3$ 的含量为50%，其电导率为 $4.2 \times 10^{-2} \Omega^{-1} \cdot cm^{-1}$（100℃）。实验条件是：电解温度100℃，槽电压1～1.5V，电流密度0.3～0.5A·dm^2，极距2～3cm。电解过程中铝从阳极上溶解，而在阴极上析出，从而达到精炼的目的。他们指出，在上述条件下，电流效率接近100%。目前该法已达到半工业性试验阶段，电解槽的容积达数百升，阴极面积为数平方米。电解过程产生的阳极泥，用纸质隔膜承接，电解槽采用油热恒温器间接加热，并采用氮气保护电解质。

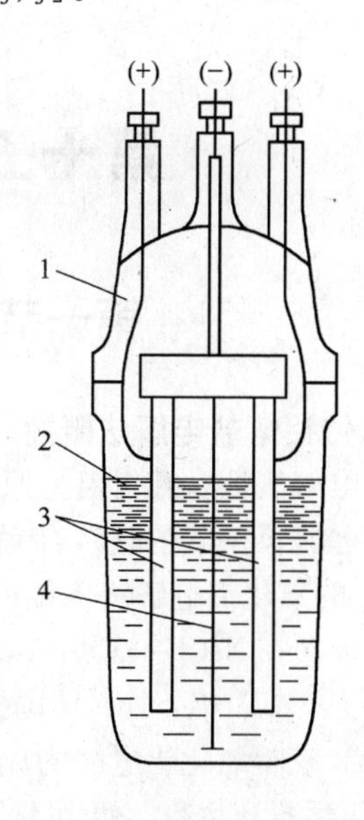

图14－5 原铝的有机溶液电解精炼槽（实验室）

1—玻璃电解槽；2—电解质；3—阳极（原铝）；4—阴极（高纯铝）

由上可见，有机溶液电解精炼法具有电解温度低、电能消耗小等优点，而且能除去凝固提纯法不能分离的杂质（$K \approx 1$）。但该法在工业上实施还有待于进一步研究。

第十五章　新法炼铝

第一节　氯化铝熔盐电解法

一、氯化铝熔盐电解法概述

氯化铝电解法是以氯化铝为原料，以碱金属和碱土金属为电解质进行电解制铝的方法。该法源远流长，早在1854年就开始了研究。1963年H. L. 施拉丁（Slatin）获得了添加10% CaF_2 的氯化铝电解法炼铝的专利。1969年E. L. 辛列顿（Singletton）等人发表了采用石墨阳极，在 $NaCl - KCl - AlCl_3$ 电解质中的融盐电解制铝的报告，他们指出电解可在700℃进行。1973年1月，美国铝业公司（Alcao）宣布，他们经过15年的努力，耗资2500万美元，获得氯化铝电解的成功，并在德克萨斯州建立了一个年产1.5万吨铝的试验工厂。3年后投产运行。然而不久就停止了生产。但是作为一种炼铝新方法，曾经具有极大的魅力。

二、氯化铝电解的原理

1. 氯化铝以及电解质体系

（1）氯化铝　它由铝和氯气反应生成，其晶体为双分子结构，属于六方晶系，见图15－1。$AlCl_3$ 在181℃时就升华，在440℃以下呈双分子结构，440～600℃时部分分解为单分子结构，大于600℃全部分解为单分子。在 $AlCl_3$ 分子中Al—Cl键基本属于分子键，故其熔、沸点都很低；在熔点附近的熔体的电导率仅为 $0.56 \times 10^{-4} \Omega^{-1} \cdot cm^{-1}$，说明在熔体中它基本上是以分子形态存在的。

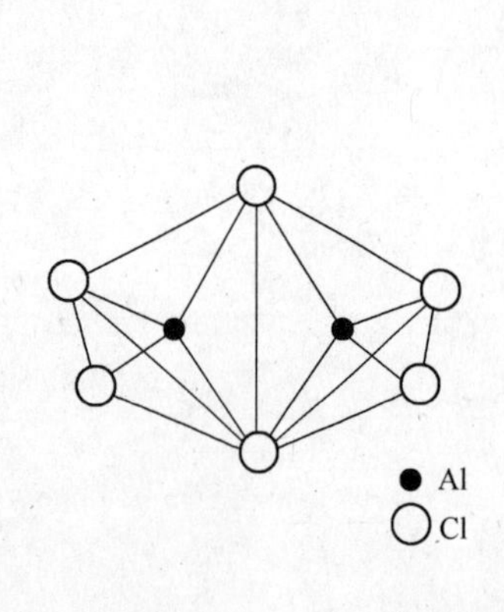

图15－1　氯化铝分子结构示意图

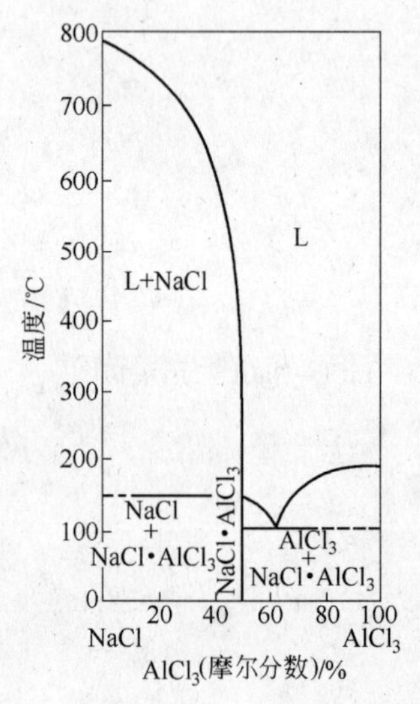

图15－2　$NaCl - AlCl_3$ 二元系相图

$AlCl_3$ 的蒸气压很大，在 180.2℃就达 1.01×10^5Pa（即一个大气压）。

（2）电解质体系　S.C 戴维研究氯化铝电解时所用的电解质是 $NaCl-AlCl_3$ 二元系熔体，如图 15-2 所示。在 $NaCl-AlCl_3$ 二元系中存在着一不稳定化合物 $NaCl\cdot AlCl_3$，温度高于 150℃就分解，其组成点为 NaCl 50%（摩尔分数）处，在 $AlCl_3$60%（摩尔分数）处，出现共晶，共晶温度为 113.4℃。

美国铝业公司所采用的电解质组成为 53% NaCl + 40% LiCl + 5% $AlCl_3$ + 0.5% $MgCl_2$ + 0.5% KCl + 1% $CaCl_2$，基本体系可以用 NaCl - LiCl 二元系来表示（见图 15-3）。在该体系中，存在着两个连续固溶体，并在 66% LiCl + 34% NaCl 处出现最低熔点，其温度为 552℃。实验所用的电解质落在该二元系最低熔点的右侧。

此外，还有氯氟化物体系，如 $CaF_2-CaCl_2-AlCl_3$ 三元系。道屋化学公司所用的电解质组成及主要物理化学性质如下：

电解质组成，CaF18.3%、$CaCl_2$71.4%、$AlCl_3$10.3%；其熔度小于 700℃；熔体电导率（975℃）为 $2.6\Omega^{-1}\cdot cm^{-1}$；熔体 975℃下的蒸气压为 933.24Pa。

2. 氯化铝的理论分解电压　氯化铝的生成反应可用下式表示：

$$Al_{(液)}+1.5Cl_{2(气)}=\!=\!=AlCl_{3(液)}$$

该式的反应自由能 $\Delta G_T^\ominus$ 用下式计算：

$$\Delta G_T^\ominus=-587.43+10.46\times10^{-3}T\lg T+2.95\times10^{-2}T\ (kJ/mol)\qquad(15-1)$$

式（15-1）所适用的温度范围为 660～1000℃，表 15-1 是式（15-1）的计算结果以及相应的理论分解电压值（V）。图 15-4 是根据表 15-1 而作的图，直观地表明了 $\Delta G_T^\ominus$、$E_T^\ominus$

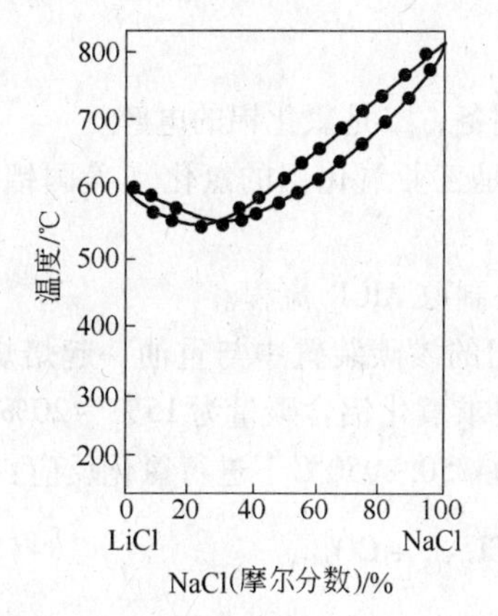

图 15-3　LiCl - NaCl 二元系相图

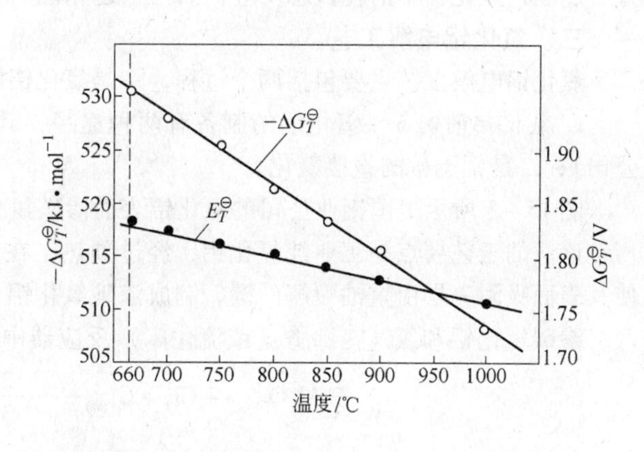

图 15-4　$AlCl_3$（液）的 $\Delta G_T^\ominus$、$E_T^\ominus$ 与温度的关系

表 15-1　氯化铝（液）的 $\Delta G_T^\ominus$ 和 $E_T^\ominus$ 值

温度（℃）	$\Delta G_T^\ominus$（kJ/mol）	$E_T^\ominus$（V）
660	-530.76	1.834
700	-528.32	1.825
750	-525.05	1.814
800	-521.77	1.803
850	-518.48	1.791
900	-515.17	1.780
1000	-508.54	1.757

与温度的关系，它们都是随着温度的升高而降低的。

3. 氯化铝电解的机理　关于氯化铝电解的机理，现在有以下几种认识：

（1）钠置换铝的观点（简称置换理论）置换理论认为，在电解过程中，钠离子首先在阴极上放电，然后金属钠与 $AlCl_3$ 进行反应，将铝置换出来。即

在电解质中：　$3NaCl \longrightarrow 3Na^+ + 3Cl^-$

在阴极　$3Na^+ + 3e \longrightarrow 3Na$

$3Na + AlCl_3 \longrightarrow Al + 3NaCl$

在阳极　$2Cl^- - e \longrightarrow Cl_2\uparrow$

（2）铝离子一次放电理论　如前所述，$AlCl_3$ 中 Al—Cl 键仍有部分为离子键，因而在熔体中存在 Al^{3+} 离子，而 Al^{3+} 将优先于钠在阴极上放电，即

在阴极上　$Al^{3+} + 3e \longrightarrow Al$

在阳极上　$3Cl^- - 3e \longrightarrow 1.5Cl_2\uparrow$

在上述两种机理中，所消耗的都只有 $AlCl_3$，总反应是

$$AlCl_3 \xrightarrow{\text{电解}} Al + 1.5Cl_2\uparrow$$

此外，也有人认为是含 Al 的配离子放电。

关于氟氯化物体系，则认为其电解机理可能是：

$$3MeF_x + xAlCl_3 \longrightarrow xAlF_3 + 3MeCl_x$$

$$xAlF_3 + 3MeCl_x \longrightarrow xAl + 1.5xCl_2\uparrow + 3MeF_x$$

整个过程，氟化物不消耗，总反应仍然与上述相同。

三、氯化铝电解工艺

氯化铝电解工艺主要包括两个过程，一是氯化铝的制备；二是氯化铝的电解。

1. 氯化铝的制备　氯化铝的制备有两种途径，其一是工业氧化铝的氯化（美国铝业公司）；二是铝土矿的直接氯化。

图 15-5 所示美国铝业公司的氧化铝表面渗碳氯化法制取 $AlCl_3$ 流程。

该法的工艺要点是工业纯氧化铝，经过预热，在专门的渗碳装置中与重油一起焙烧，使其表面吸附一层由重油裂解的碳，制成渗碳氧化铝，要求氧化铝含碳量为 15%～20%。

渗碳氧化铝和氯气在沸腾（或流化床）反应器中，在 750～950℃下进行氯化反应：

$$\frac{1}{3}Al_2O_{3(\text{固})} + Cl_2 + C_{(\text{固})} \longrightarrow \frac{2}{3}AlCl_{3(\text{气})} + CO_{(\text{气})} \quad (1)$$

$$Al_2O_{3(\text{固})} + \frac{3}{2}C_{(\text{固})} + 3Cl_2 \longrightarrow 2AlCl_{3(\text{气})} + \frac{3}{2}CO_{2(\text{气})} \quad (2)$$

据计算，$\Delta H^{\ominus}_{1000K(1)} = 137.130kJ/mol_{(Al_2O_3)}$，故反应（1）是吸热反应。对于反应（2），$\Delta H^{\ominus}_{1000K(2)} = -133.11kJ/mol_{(Al_2O_3)}$，是放热反应。因此在氯化过程需鼓入一定的干燥空气，促使 CO_2 的生成，以补充氯化所需的热量。

从氯化反应器产生的气态 $AlCl_3$ 是不纯的，必须净化。然后冷却，分离。最后在冷凝器凝固为固态氯化铝，并送往料仓供电解槽使用。

关于铝土矿的直接氯化制备氯化铝的方法，日本早有文献介绍，但有关工业生产的报道却至今未见发表。

2. 氯化铝的熔盐电解　电解槽是氯化铝电解的核心设备。氯化铝电解槽的显著特点是阳极不消耗，可采用由若干个双极性电极组成的多层电解槽，其结构如图 15－6 所示。

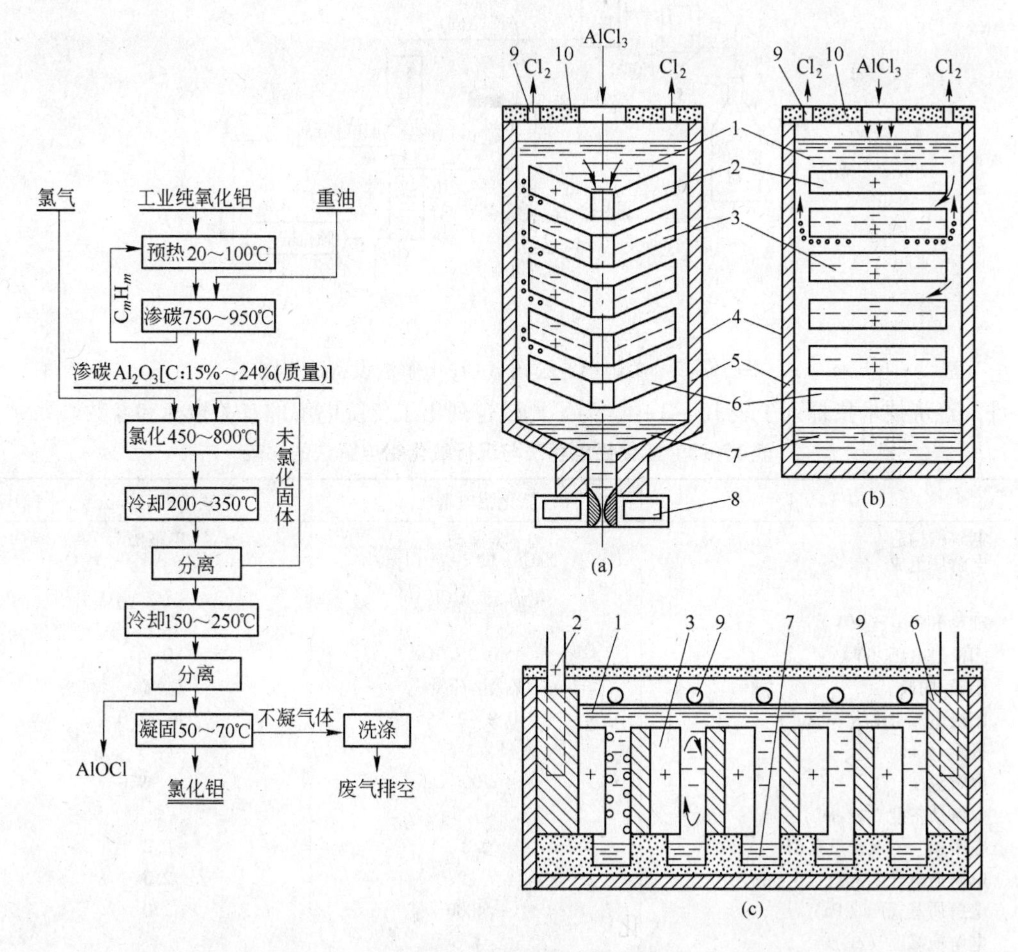

图 15－5　工业氧化铝的表面渗碳制取氯化铝的工艺流程（Alcoa 法）

图 15－6　氯化铝电解槽的结构示意图

（a）倾斜式（漏斗式）电极；（b）水平式电极；（c）立式电极
1—电解质；2—阳极；3—双极性电极；4—槽壳；5—保温层（炉衬）；6—阴极；7—铝液；8—温度调节器；9—Cl_2 排出孔；10—槽密封盖

电解槽的外壳为钢槽壳，内衬是电绝缘性能好、耐氯化物腐蚀的耐火材料，如氮化物（氮化硅、氮化硼）等一类材料。槽内设有专门的汇集铝液的石墨容器。槽上有密封盖，盖上设有氯气排出孔和加料孔。金属导电棒直接与槽内电极相连，所有接触缝需用石墨函密封，以防漏气和熔体漏出。整个电解过程是处于密封状态下进行的。

在电解过程中，阳极产生氯气，经排气口抽走：铝在阴极表面析出，流入汇集容器（槽内）。由于气体的排出，促使电解质进行循环流动。气体、铝液滴、电解质的流动，视电极的形状各不相同（参见图 15－6）。美国铝业公司氯化铝电解法的设备流程见图 15－7。

氯化铝电解较之于霍耳－埃鲁特法有许多的优点，据文献的介绍将有关特性、技术条

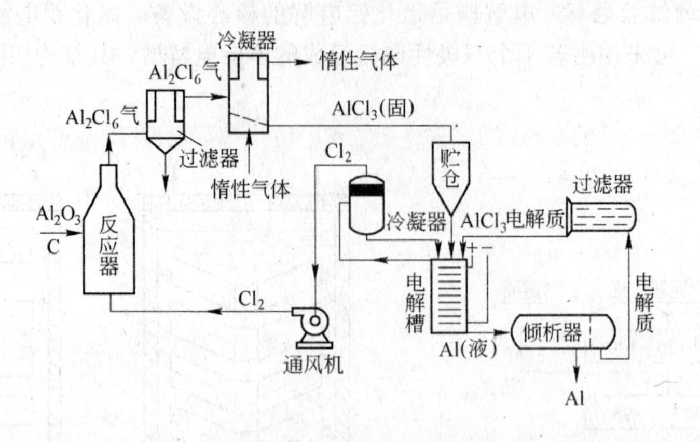

图 15-7　美国铝业公司 $AlCl_3$ 电解法设备流程图

件、经济技术指标列于表 15-2 中，为了比较也列出了传统电解的有关指标和参数。

表 15-2　氯化铝电解法与现行氧化铝电解法的比较

项　目	氯化铝电解法	氧化铝电解法
电解槽构造	多室槽	单室槽
电解质组成	$NaCl-LiCl-AlCl_3$（约 5% $AlCl_3$）	$Na_3AlF_6-AlF_3-Al_2O_3$（2%～7% Al_2O_3）
理论分解电压（V）	1.8	1.2
阳极过电压（V）	0.35	0.5
阳极/阴极	石墨/石墨	碳/碳
阳极电流密度（A/cm^2）	0.8～2.3	0.6～1.0
极距（cm）	1～2.5	4～5
电解温度（℃）	700	950～970
电解质密度（g/cm^3）	～1.5	～2.1
电解质-铝液密度差值	0.8	0.2
电解质电导率（$\Omega^{-1}\cdot cm^{-1}$）	1.7～2.0	2.3
电解质蒸气压（Pa）	<4000	270
电解质黏度（cP）	<1.5	4
铝液黏度（cP）	3	0.6
阳极消耗速度（cm/24h）	0	2
单槽电压（V）	3	4
电流效率（%）	0.85	0.89
生产能力［t/(槽·日)］	>13	1.0～1.8
电解的电能消耗率（kW·h/kg Al）	9～10（直流）	13～15（直流）

由表 15-2 数据可见，氯化铝电解（单指电解部分）和传统法相对，具有电解温度低；阳极不消耗；电能消耗率低（因为过电压低，极距小）；磁场影响可以避免，电解槽结构简单；采用双极性电极，单槽产量高，单位铝量占地面积减少等优点。但是，氯化铝需用工业氧化铝制取而且每生产一吨铝需 5 吨氯化铝。就整体而言，能耗不会低于传统法。氯化物对设备的腐蚀又是它的另一个显著的缺点；此外，氯化铝的水解容易在电解槽中产生沉淀，既降低电流效率，又因必须捞渣而对正常生产有所影响，这些都是 $AlCl_3$ 电解法所存在的严重问题。

第二节　电热法熔炼铝硅合金

电热法炼铝是一种非电解炼铝方法。它和传统电解法相比，有流程简单，设备投资少；产能大，能量利用率高，不用整流设备；对原料要求不高（高岭土、黏土即可为原料），不需要氟化盐等优点。但是该法只能得到铝硅合金。

一、电热法熔炼铝硅合金的原理

电热法熔炼铝硅合金的原理，实际上就是用碳还原熔炼。

根据图 15－8 可以判断各种金属对氧的亲和力的大小。在图中 CO 生成反应自由能随着温度的升高而降低，稳定性增大，或者说对氧的亲和力增强，而各种金属氧化物则与此相反，即随着温度的升高稳定性降低，或者说对氧的亲和力变小，因此当这些金属氧化物和碳在一起共热时，碳将夺取其中的氧生成稳定性更大的 CO。由于各种金属对氧的亲和力不同，故碳夺取其中氧的温度也不同。图中金属氧化物自由能的温度曲线和二氧化碳的自由能温度曲线的交点，交点所在的温度就是该金属氧化物被碳还原的温度。对氧化铝来说，碳必须在 2000℃以上才能夺取其中的氧，还原出金属铝。相比之下 SiO_2 在 1700℃左右就可以被碳还原。

1. 氧化铝和碳的反应　实际上氧化铝和碳的反应更为复杂。G. 基特勒逊（Gitleson）

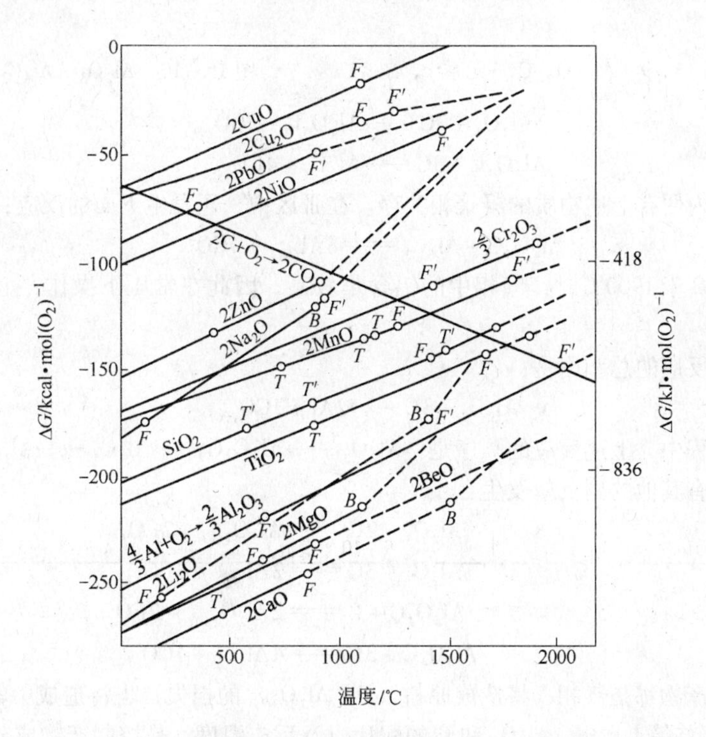

图 15－8　各种氧化物生成自由能（$\Delta G_T^\ominus$）与温度的关系

图中符号：熔点 F（元素）F'（化合物）

沸点 B（元素）B'（化合物）

相变 T（元素）T'（化合物）

等人研究了 Al—O—C 三元体系（见图 15-9），发现在该三元系中的Ⅰ区内的固相是 Al_2O_3、Al_4O_4C 和 C；Ⅱ区内是 Al_4O_4C、C 和 Al_4C_3；在Ⅲ区内为 Al_4O_4C、Al_4C_3 两个固相和一个液相 L_1（主要是金属铝），在Ⅳ区内的固相是 Al_2O_3、Al_4O_4C，而液相也是 L_1（主要是铝）。由此指出，当氧化铝与碳进行反应时，首先发生的反应是：

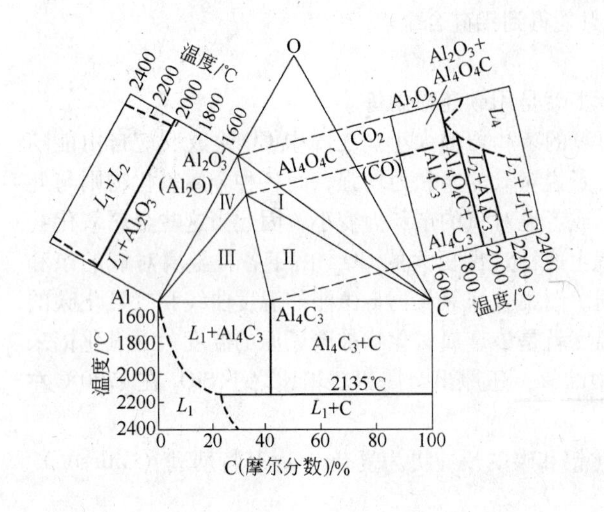

图 15-9　Al-O-C 三元系

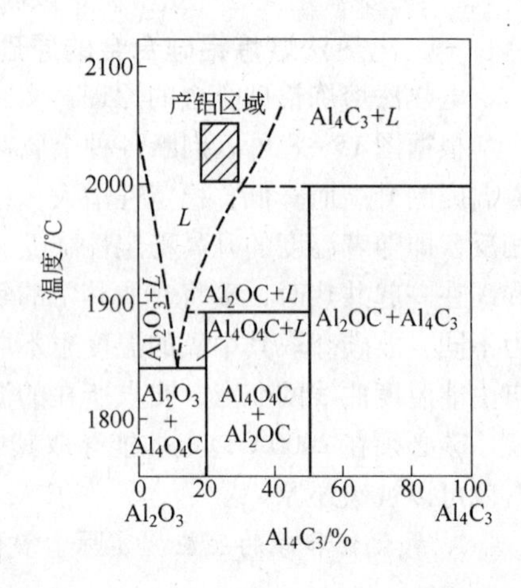

图 15-10　$Al_2O_3-Al_4C_3$ 二元系相图

$$2Al_2O_3+3C \longrightarrow Al_4O_4C+2CO_{(气)}$$

$$Al_4O_4C+3C \longrightarrow Al_4C_3+4CO_{(气)}$$

故在Ⅰ、Ⅱ区内便有上述物质的凝聚相共存。在Ⅲ区中，还发生下面的反应：

$$Al_4O_4C+Al_4C_3 = 8Al_{(液)}+4CO_{(气)}$$

但是，当温度高于1900℃时，气相中的铝含量较高，因此在常压下操作，上面反应难以进行。

上面三个反应的总和则是：

$$Al_2O_3+3C \longrightarrow 2Al+3CO_{(气)}$$

在整个还原过程中，上述反应的顺序是：$Al_2O_3 \longrightarrow Al_4O_4C \longrightarrow Al_4C_3 \longrightarrow Al_{(液)}$。

此外，还有其他的副反应发生：

$$Al_2O_3+2C = Al_2O_{(气)}+2CO_{(气)}$$

$$Al_2O_3+3C = 2Al_{(气)}+3CO_{(气)}$$

$$Al_4O_4C+C = 2Al_2O_{(气)}+2CO_{(气)}$$

$$Al_4O_4C+3C = 4Al_{(气)}+4CO_{(气)}$$

这些副反应的产物都是气相，将造成原料（C，Al_2O_3）的损失，也将造成铝的损失。

L. M. 弗斯特等人指出，Al_2O_3 和 C 的配比以及反应温度，是控制产物成分和数量的决定因素。按理论计算，炉料的组成（即 Al_2O_3∶3C）应等于74∶26。但是，这样配比的炉料，熔化不完全，黏度大，蒸发损失大，而且产量微乎其微。只有按图 15-10 中斜线所示的区域配料，即将 Al_2O_3 与 C 的比例保持为85∶15 以上时，才可能在2000～2050℃的温度下，产生含 Al 约80%、Al_4C_3 约20%的熔体，它与 $Al_2O_3 - Al_4C_3$ 熔体不相混，浮于其上。

2. SiO_2 *和碳的反应* 二氧化硅被碳还原的主要反应是：

$$SiO_2 + 3C = SiC_{(固)} + 2CO_{(气)} \qquad \Delta G_T^{\ominus} = 143.059 - 0.0799T$$

$$SiO_2 + 2C = Si_{(液)} + 2CO_{(气)} \qquad \Delta G_T^{\ominus} = 162.783 - 0.0839T$$

$$2SiC_{(固)} + SiO_2 = 3Si_{(液)} + 2CO_{(气)} \qquad \Delta G_T^{\ominus} = 196.036 - 0.0861T$$

上面三个反应的起始温度分别是1517℃、1667℃和2004℃。从上面反应式中可以看出，第二个反应可以认为是反应1和3的总和。由此可知，SiO_2 被C还原时，其理论配料比（C/SiO_2）应为2（mol）。如果碳量不足，则将生成低价氧化硅：

$$SiO_{2(液)} + Si_{(液)} = 2SiO_{(气)}$$

反应的起始温度为1842℃。这是造成物料损失的主要原因。此外，低价氧化硅也可以按下式生成：

$$SiO_{2(气)} + C_{(固)} = SiO_{(气)} + CO_{(气)}$$

此时同样造成原料的损失。生产多晶硅和碳化硅已有成熟的技术，实践指出，在1700～1800℃以上时，炉料中 Si 的提取率可达80%～84%。

3. *氧化铝和二氧化硅共同被碳还原* 近来美国科奇兰等人研究指出，Al_2O_3 和 SiO_2 共同被碳还原的反应分为三步进行：

第一步 $3SiO_2 + 9C \xrightarrow{1500\sim1600℃} 3SiC + 6CO$

第二步 $2Al_2O_3 + 3C \xrightarrow{1600\sim1900℃} Al_4O_4C + 2CO$

第三步 $Al_4O_4C + 3SiC \xrightarrow{1950\sim2200℃} 4Al + 3Si + 4CO$

根据化学反应平衡理论，只要使反应中产生的CO尽快排除，就有利于生产的进行。

二、电热法制取铝硅合金的工艺

电热法制取铝硅合金的原则工艺流程如图15－11所示。

据报道，电热法所得的产品，铝的最高含量通常是70%～72%，否则合金中将出现 Al_4C_3，因为进一步提高炉料 Al_2O_3 中的含量，会导致下述反应，即：

$$2Al_2O_3 + 9C = Al_4C_3 + 6CO$$

但柏林工业大学研究认为，含铝量可达70%～80%，且不生成 Al_4C_3。其关键是电炉的控制，如温度保持在2050～2200℃，保持较高能量密度并及时地取出产品等等。

1. *原料* 电热法的原料一般是铝土矿、高岭石和硅线石等，主要控制指标是原料中的铝硅比，即原料中 Al_2O_3 和 SiO_2 的质量百分比（m）：

$$m = Al_2O_3(百分含量)/SiO_2(百分含量)$$

显然，Al－Si 合金产品中铝、硅含量（a 及 b）与原料铝硅的关系是：

$$a = [0.529A/(0.529A + 0.467S)] \times 100\% = [0.529m/(0.529m + 0.467)] \times 100\%$$

$$b = \left[\frac{0.467S}{0.529A + 0.467S}\right] \times 100\% = [0.467/(0.529m + 0.467)] \times 100\%$$

式中 A，S——原料中 Al_2O_3、SiO_2 的质量百分含量，%；

0.529，0.467——分别为 Al_2O_3 中的 Al 含量及 SiO_2 中的 Si 含量。

计算表明，若制取含铝70%以上的合金，其原料铝硅比的合适范围为2.0～3.0。如果达不到这个要求，就需配 Al_2O_3 或 SiO_2 进行调整。

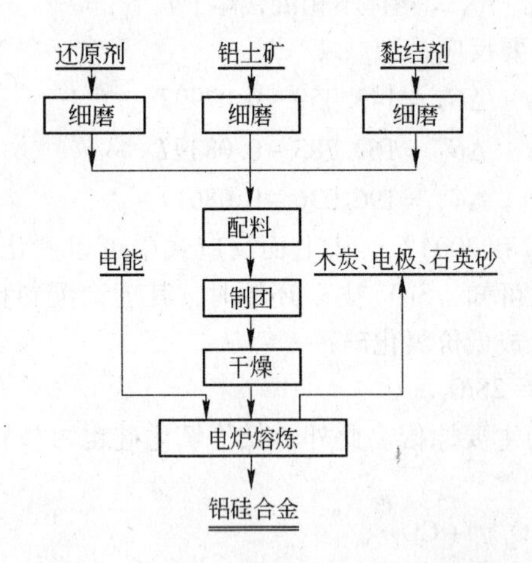

图 15-11　电热法制取铝硅合金的原则流程

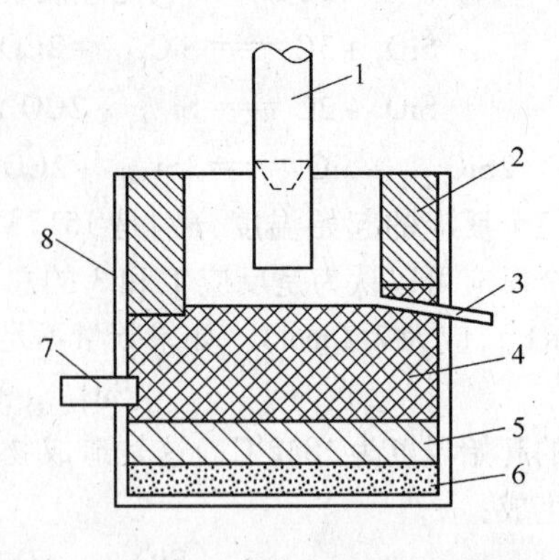

图 15-12　单相电弧炉结构简图

1—电极；2—耐火砖；3—放料口；4—炭块炉底；5—耐火砖；6—石英砂；7—导电炭块；8—炉壳

原料中的各种杂质，如 TiO_2、FeO_3、CaO、MgO 等对熔炼、产品的质量及后续处理有影响。从图 15-8 得知，还原熔炼时，所有金属氧化物杂质均被碳还原成金属，除 Mg 全部挥发外，其余金属均进入合金中。铁能与铝、硅结合为金属化合物，如 Al_5FeSi_2；钛与铝生成 $TiAl_3$，并增大合金的黏度，为合金的进一步处理带来困难。故原料中 Fe_2O_3 和 TiO_2 的含量不宜太高。当产品用作炼钢脱氧剂时则例外。原料中的氧化钙，少量形成硅化物进入合金，大部分参与造渣反应。

碱金属氧化物（Na_2O，K_2O）是有害杂质，主要是它们使炉料的熔点降低，容易结块；高温下，还原出来的钾、钠蒸气，发生离子化作用，形成长电弧，使电炉操作困难。故对其含量也应限制。

熔炼中所用还原剂通常是褐煤、泥煤焦等。熔炼要求还原剂的还原能力强、电阻率高、灰分和有害杂质少，制团性能好，并且价廉易得。

2. *原料（炉料）的制团*　制团所用黏结剂是黏土和纸浆废液，借助于黏结剂将原料、还原剂黏结在一起制成球团炉料。在制团前，必须进行准确配料，关键是还原剂的数量。若过量，则易生成碳化物，炉料电阻降低，造成炉底长高的现象，反之，渣量会增大，造成原料损失和产品的机械损失。熔炼对团块的要求是：

（1）有较高的还原能力和速度，它取决于物料的粒度和混合，有足够的孔隙度；

（2）团块的电阻率大，强度较大，这取决于物料的导电能力，混合均匀程度、烧结程度以及孔隙度；

（3）团块炉料的熔点要高于还原温度；

（4）团块的含水应在 1% 以下，否则会影响团块的机械强度，增加电能消耗，故团块必须在 150℃下进行干燥，因为温度大于 150℃时，会导致团块氧化也不利于熔炼。

3. *炉料的熔炼*　熔炼过程是在电炉中进行的。常用的电炉有单相单极式，单相双极式，三相三极式几种。其中单相单极式具有热量集中、加热迅速操作简便、产品挥发损失低等优点而得到广泛应用。

图 15－12 所示是单相电弧炉的结构简图。电弧炉炉壁和炉底分别用耐火砖和碳块砌筑而成。由于炉温高，还有合金侵蚀，故要求内衬材料不导电、耐高温、抗腐蚀、耐冲刷。通常用低铁铝土矿熔铸成莫来石耐火砖。它的耐火度达 1866℃，耐压为 100MPa；在 900℃下能抵抗铝液的侵蚀，是砌筑炉衬的好材料。炉底炭块耐高温，导电性良好，炭块下面铺设有耐火保温层。

在熔炼作业正常的情况下，炉膛内可划分为炉料预热带、凝固带（习称炉帮），反应带、电弧带和铝硅合金汇集带，各部分的大致如图 15－13 所示。

（1）炉料预热带：它是堆积在炉面上的炉料团块层，炉气由此逸出，炉气中的低价氧化物在这里凝集。正常作业时，它的温度为 1200～1500℃，火苗呈黄色。若温度过高时，生料会结块，不易下落。此时需要将料层捣松。

凝固带：它紧贴在内衬表面上，起着保护内衬的作用；炉帮的化学成分与其位置相关，其上部主要是未反应的生料，其下部则由生料、半熔渣、合金凝固体组成。此外，炉帮还有减少散热损失的作用。

反应带：炉帮至电极之间的区间为反应带，还原反应及各种副反应在此进行。它又可划分为高温反应带和低温反应带。

电弧带：位于电极掌底与熔融铝硅合金之间。

合金汇集带：反应生成的硅和铝在这里汇集、达到一定高度后定期放出。

维持电炉的正常生产是获得好的技术经济指标的保证。电炉正常生产的外观特征是：电极的位置低，而且稳定；炉料分布均匀，平稳下落；气体排出均匀畅通。

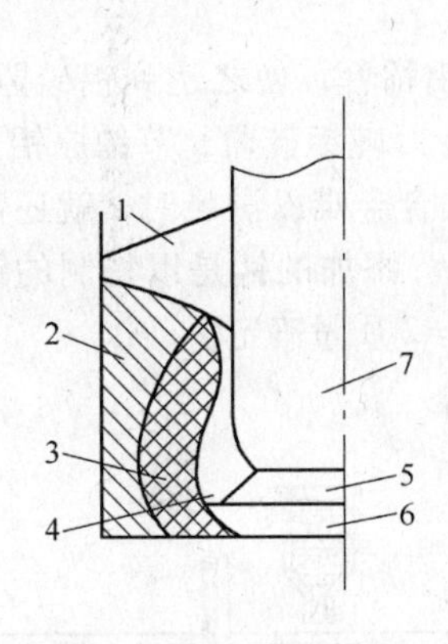

图 15－13　电炉炉膛内各带分布

1—炉料预热带；2—凝固带（炉帮）；3—低温反应带；4—高温反应带；5—电弧熔炼带；6—铝硅合金汇集带；7—电极

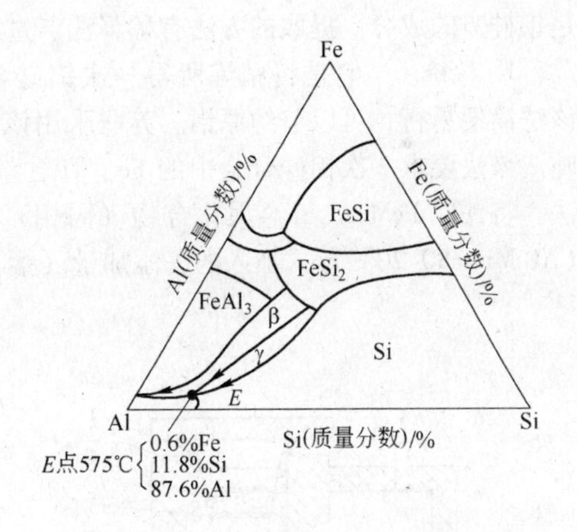

图 15－14　Al—Si—Fe 三元系相图

熔炼中发生最严重的故障是合金排放不畅，甚至排不出来。其主要原因是在炉底有莫来石、炭化铝等化合物生成，造成了炉底上长的现象。此时应适当减少下料，提高电极，使凝体（炉底）迅速熔化。如果仍不能熔化，应该添加少量石灰或石英砂，使之与炉底凝体反应生成低熔点化合物排出，但添加量要适当，过量则有可能熔化炉帮，进而侵蚀耐火砖，故不宜经常采用。

目前，电热法熔炼铝硅合金的发展趋势是电炉容量日益增大，如单相电炉功率达16000kW，三相则达到25000～30000kW。一般说来，电弧炉的电耗率是随着功率的增大而降低的，但炉子的工作电压略有增加，见表15－3。

表15－3　单相电弧炉功率、工作电压、电耗率的关系

电弧炉功率（kW）	50～100	250	600～800	1000～1500	8000	10000
工作电压（V）	30～40	40～45	40～50	50～60	55～70	—
电耗率（kW·h/kg）	26～30	18～22	15～18	13～15	—	10

三、Al－Si粗合金的精炼

电热法所得的Al－Si合金，实际上是Al－Si粗合金，因为其中还会有许多杂质，如Fe、Ti、Ca等金属杂质以及硅化物、碳化物、氧化物、氮化物等非金属杂质等。如果要配制一定组成的合金材料，或者铝硅共晶（又称铝硅盟），粗合金还必须加以精炼，以除去上述杂质，特别是非金属杂质。

精炼采用熔剂熔炼法在电炉中进行。熔剂的组成为44% Na_3AlF_6、47% NaCl和9% KCl。精炼温度是1100～1200℃，精炼所得合金称为一次铝硅合金，可以作为制铝硅盟的原料。

四、铝硅盟的制取

铝硅盟的制取原理，可以用图15－14所示的Al－Si－Fe三元系来说明。在该三元系中有一个三元共晶点E，其组成为Al87.6%，Si11.8%，Fe0.6%，共晶温度576℃，这就是铝硅盟的成分。提取的方法有稀释法、过滤法等。

1. 稀释法　它是将精炼所得一次铝硅合金用工业铝稀释，使之达到铝硅盟的成分。该法简便易行，可以节约原铝。苏联采用该法每生产16万吨铝硅盟，节约原铝达3.5万吨。该法要求一次铝硅合金中的Fe、Ti含量低。若一次合金难以满足时，就还需用混锰法，将铁以$FeMnAl_4Si$金属化合物（固相）的形式除去。添加的锰是以特制的铝锰合金（Al: Mn＝80: 20）形式加入的，添加量（锰）按Mn/Fe＝2质量确定。

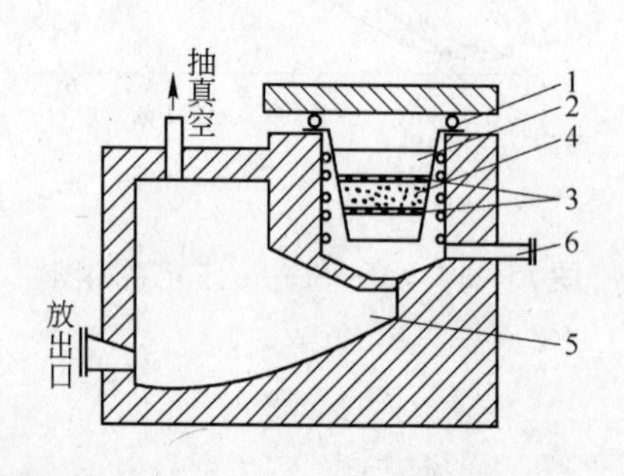

图15－15　铝硅盟过滤装置

1—过滤器；2—一次合金熔体；3—过滤板；4—过滤介质（石英砂）；5—接受器；6—冷风进口

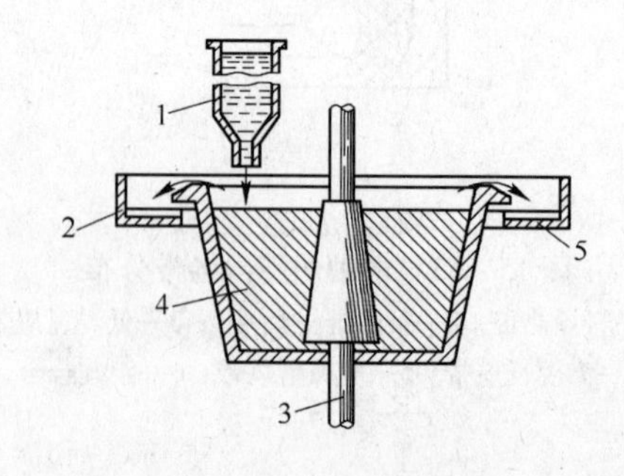

图15－16　离心分离器

1—待分离熔体；2—熔体接受盘；3—离心机轴；4—过滤介质；5—铝硅盟熔体

2. 过滤法　过滤法是将一次铝硅合金冷却至共晶温度（575℃），然后过滤，滤液即为铝硅盟。这是因为一次合金中过量的硅在冷却时，除以 Al_5FeSi（β 体）和 Al_4FeSi_2（γ 体）析出外，还以元素状态的硅（熔点为 1440℃）析出，析出的残渣用过滤法（见图 15-15），或离心分离法除去（见图 15-16）。

电热法熔炼铝硅合金可以广泛利用像黏土、煤矸石、煤灰等低品位含铝原料，故具有原料价格低廉，生产流程简短，设备产能大，可以得到 CO 气体燃料为副产品等优点。其产品在钢铁、建筑、加工、铸造等部门得到广泛应用。

第三节　铝硅合金提取纯铝

从铝硅合金提取纯铝的方法很多，常见的有电解法和低价氯化物歧解法。

一、电解法

铝硅合金的电解法提取纯铝的原理与原铝的三层液电解精炼相同，但是阳极合金保持为固态。在电解过程，阳极铝硅合金中铝溶解进入电解质，然后在阴极上析出。

И. З. 斯鲁斯基对电解法进行了研究，他所用作阳极铝硅合金的组成是 Al46% ~ 56%，Si36% ~ 38%，Fe6% ~ 8%，Ti0.8% ~ 3.5%；电解质为 KCl - NaCl - AlF_3（或 Na_3AlF_6），其中 NaCl: KCl = 1∶1，AlF_3 为 10%；阳极电流密度为 0.06 ~ 0.08A/cm²，阴极电流密度0.4A/cm²；平均电压对钨阴极为 1.7 ± 1V，石墨阴极为 2.0 ± 1V。电解在 750℃ 下进行，电流效率为 95% ~97%，阴极铝含量为 99.7%。根据研究，他推导了电解操作对产品质量影响的关系式：

$$y = -0.36 + 6.25x_1 + 0.29x_2 + 0.06x_3 + 0.04x_4 \quad (\text{相关系数 } r = 0.89)$$

式中　y——阴极产品的纯度；

x_1——阳极电流密度，A/cm^2；

x_2——阴极电流密度，A/cm^2；

x_3——阴极合金粒度，mm；

x_4——合金中铝的回收率，%（质量）。

由上式可以看出，在诸因素中，阳极电流密度对产品纯度影响最大，而其他因素的影响很小。他还对不同材质的阴极上的电流效率和电能消耗进行研究。结果表明采用钨阴极时，电耗低，电流效率高；而采用石墨阴极的效果差。其主要原因是铝液对石墨阴极润湿性差，铝珠汇集不好，而造成电流效率的降低。

由上可见，就单纯铝硅合金电解提铝而言，电能消耗率只有 5800kW · h/t(Al)，电流效率也较高。但是若将熔炼铝硅合金所消耗的电能一并计算，就不会比传统方法节能。但此法的优点是设备简单，投资较少，见效快。

二、低价氯化铝歧解法

歧解法的原理是，由于铝较容易和卤素生成低价卤化物，而低价卤化铝只在高温下稳定，在低温下便分解。据此可在高温下使铝硅合金中的铝转化为 $AlCl_{(气)}$，然后在低温下歧解为铝和三氯化铝，以达到从铝硅合金中提取纯铝的目的。

低价氯化铝歧解反应是

$$2Al_{(液)}+AlCl_{3,(气)}\underset{低温}{\overset{高温}{\rightleftharpoons}}3AlCl_{(气)}$$

$$\Delta G^{\ominus}_{TAlCl}=101610+15.2T\lg T-114.90T$$

$$K_P=p_1^3/(p_2\cdot a^2)$$

式中　K_P——平衡常数；

p_1，p_2——AlCl、$AlCl_3$ 的分压；

a——合金中 Al 的活度。

若考虑氯化铝的分解率（α），未分解的 $AlCl_3$ 为（$1-\alpha$），于是 $P_1/P_2=3\alpha/(1-\alpha)$，$P_1=\frac{3\alpha}{1-\alpha}P_2$ 则 K_P 有如下形式：

$$K_P=\frac{27\alpha^3p^2}{(1-\alpha)(1+2\alpha)^2a^2}$$

式中　p 为 p_1+p_2。

P. 维丝（Weiss）在管状炉内测定了 $AlCl_3$ 的反应率，求得平衡常数，进而推算了不同温度、压力下的分解率，如图 15-17 所示。

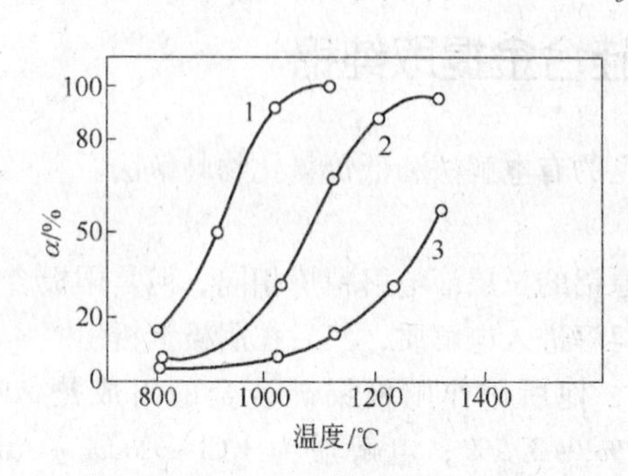

图 15-17　氯化铝歧解反应的分解率与温度的关系

气体压力：1—1kPa；2—10kPa；3—100kPa

在歧解过程中，铝硅合金中的 Si、Fe 等杂质很少参加反应。但是 Mg、Zn 也随之进入铝液。

加拿大铝业公司对于歧解法，进行过长时间较大规模（6000～8000t/y）的研究，所采用的方法包括五个环节：

（1）电热法制取粗合金；

（2）铝硅合金和 $AlCl_3$ 气体在反应炉内发生反应，温度为 1300℃；

（3）卤化物同低价卤化物在分馏室内蒸发分离；

（4）$AlCl_3$ 的补充是用氯气和高铝合金（液态）反应而得；

（5）在冷凝器内，AlCl 歧解得纯铝和 $AlCl_3$ 气体，后者返回使用。

综上所述，低价氯化铝歧解法是工业上从铝硅合金中提取纯铝的一种有效的方法。据有关研究指出，该法以采用真空为好，因为常压下 AlCl 的分解率很低，而在相同的温度下，提高真空度，分解率接近 100%，见图 15-17。

低价氯化铝歧解法，还可以在熔盐中进行，这时是将铝硅合金同 $AlCl_3$ 在其与 KCl 组成的熔盐中反应，由于 AlCl 可溶解于高温熔体中而不挥发，当熔体冷却时 AlCl 就分解出铝。此法使得设备的容积大为减小。

应用熔融 MgF_2 与铝硅合金在 1500～1650℃下反应也可以制取纯铝：

$$MgF_2+2Al_{(合金)}\underset{低温}{\overset{高温}{\rightleftharpoons}}Mg_{(气)}+2AlF_{(气)}$$

将反应产物 $Mg_{(气)}$ 和 $AlF_{(气)}$ 收集于冷凝器中降温冷却，就可以得纯铝和 MgF_2 两层熔体，其中纯铝在 MgF_2 之下。MgF_2 可以取出循环使用，整个反应过程必须在隔绝空气的条件下进行，以防止镁蒸气的氧化。

第十六章　再生铝的生产

第一节　概　述

由含铝矿物通过电解或其他方法制得的金属铝称为原铝，又称一次铝。再生铝又称二次铝，它是由含金属铝的废旧材料熔炼回收所得的金属铝或铝合金。国外将废铝的收集、处理、熔炼和再生铝加工等部门统称为二次铝工业。

第一次世界大战以前是再生铝工业的初期。在此期间，废铝的收集是零星的，其回收处理设备十分简陋，产量也低。第一次世界大战以后，再生铝的生产有了发展。但再生铝工业的形成是在第二次世界大战之后。这是由于铝的消费量不断增加，废铝量也随之增加。废铝既需要回收而产品又大有市场所造成的必然结果。

发展再生铝工业的意义主要在于：

1. *大幅度地降低电能消耗*　传统的冰晶石－氧化铝熔盐电解法的缺点之一就是电能消耗大，而再生铝生产的显著特点就是电能消耗低。据日本在70年代的统计，生产1吨再生铝的能耗只有一次铝的4.2%，节能率达到95.8%。美国方面的资料认为再生铝的节能率为95%，我国估计约为95.5%左右。因此，发展再生铝生产是节能的，可以缓解能源危机对铝工业的冲击。

2. *大幅度地节约基建费用*　一次铝生产的基建费用高，因为从矿石到铝锭的生产流程长，辅助性生产多，电解槽的结构越来越复杂。但是再生铝生产流程简单，设备也单一，还无须其他的辅助生产线建设，故基建费用低。据报道，美国在1960~1979年间，因发展再生铝生产，比原铝基建费用节约约35%。我国再生铝的基建费用约为原铝费用的60%~50%。因此，在铝价相同的情况下，再生铝的经济效益较之原铝更为显著。

3. *大大地减少环境污染，降低了环保费用*　原铝生产流程中要排出大量的废渣（如赤泥）、废水（如含碱的废水）和废气（含氟气体）等，这些都是有损生态环境的。再生铝则因原料单纯，工艺简单，环保的问题易于解决。

4. *再生铝的原料丰富、成分单纯、且回收率高*　随着铝的消费量的增加，由此而产生的废铝也多，而且熔炼废铝，铝的回收率高达90%~98%。从长远来说能补充矿山资源的不足，对于铝矿资源贫乏的国家尤其如此。如美国1982年回收铝制饮料罐约50万吨，按每吨铝需矿石4吨多计，相当于增建了一座年产200万吨的矿山。

因此，工业发展国家十分重视发展再生铝工业，再生铝生产在整个铝工业中的地位也日趋重要，有些国家的再生铝产量甚至超过了原铝的产量。

我国人口众多，铝的消费量也在增加。据调查，仅牙膏生产年耗铝就达8000t左右；食品、饮料等包装用铝也达1万吨多。此外工业废铝也日渐增加。然而我国再生铝的生产却还处于较低的水平。无论是生产规模还是熔炼工艺都有待发展。

近年来，我国再生铝开始有了起色。天津有色冶金厂研究出牙膏皮处理新工艺，其金属回收率大于90%，而且再生铝锭质量达到特一级标准（GB1196—83）。

第二节　再生铝生产工艺

再生铝生产工艺流程较为简单，如图16－1所示。一般包括：废铝的分类、预处理、熔炼、净化和铸造等过程。

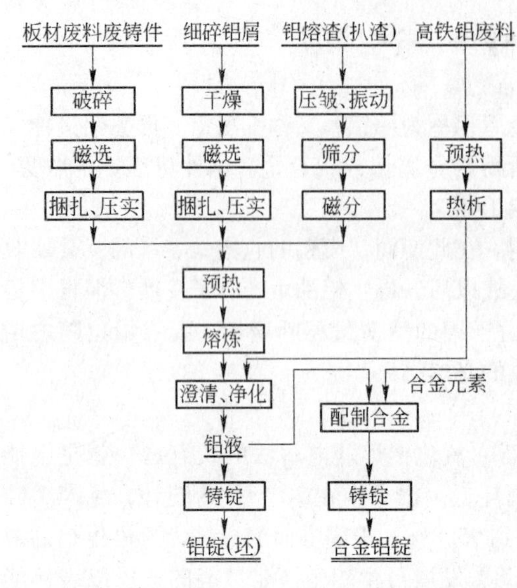

图16－1　处理各种废铝的原则工艺流程图

一、废铝的分类

废铝一般可分为加工废料和消费废料（或称市场废料）。加工废铝料一般是机械制造厂加工铝制品所产生的铝屑。消费铝废料可以是报废、过时的铝铸件，零、部件以及社会消费者废弃的铝制品，大的如旧飞机、旧汽车；小的如饮料罐、牙膏皮、炊具、器皿和包装等等。它们主要成分是铝及其合金，但往往受到不同程度的污染，或表面涂有油漆，或被油脂浸泡，或混有铁制零件、灰尘和附着水等。在熔炼前，这些废铝应按生产要求进行分类。如用于合金生产，就须按所需合金成分将各种废铝进行合理搭配。这些是按废铝的成分分类的，也可以根据工艺处理特点，如按污染类型分类，或按废铝的块度分类等等。

二、铝废料的处理

为了提高金属回收率和生产效益。废铝材料在熔炼前必须进行预处理。废铝的预处理主要包括：废铝材料的解体、捆扎（或打包）压实、去污（如油脂、油漆和灰尘等）和除铁等项工作。

1. 解体　解体的目的是分拣出废铝中的有害材料，如铁制零件、非金属材料、石块等。在此同时也可以回收有用的珍贵仪器和设备。然后将废铝用颚式、锤式或反击式破碎机破碎成一定大小的废块。

2. 除铁　铁是废铝中含量最多的杂质，可以用手选、磁选或热析法加以清除。

对于铁含量高，含铁部件的几何尺寸又比较大，并且与铝连接在一起的废铝材，靠电磁铁是无法清除其中的铁的。这时可采用热析法除铁。热析过程一般是在专门的热析炉或反射炉中进行。由于铝的熔点比铁低得多，当加热到高于铝的熔点以上约100℃时，铝便熔化流出铁仍然保持固态，而使两者分离。但是，这样的铝液铁含量较高，还必须通过精炼进一步除铁。

3. 捆扎、压实（或压团）　对于细碎、粉末铝屑和经破碎的散状铝废料，一般都要进行捆扎、压实，使之具有一定形状、密度和容积。这样既可以提高运输效率、减少机械损失，还便于熔炼时装料和减少熔炼时的氧化损失。饮料罐一类的废铝更要如此处理。如现代大型熔炼反射炉，通常将上述废铝压制成密度为1400～2400kg/m^3的铝包，或捆扎铝包。其操作一般都用专门的捆扎机、打包机或液压机进行。

4. *废铝的预热* 废铝的预热是熔炼前的一项重要工作。对熔炼来说，装料一般是分批进行的，有些则是直接加在已经熔化的铝液中，如果废铝带有水分，则应预热除去，并除去所附着的油污。预热一般是利用熔炼炉的余热进行。预热还可以缩短熔炼时间，提高熔炼炉的产能和效率。

5. *铝熔渣的预处理* 熔渣包括有铝及其合金熔炼、静置和净化等工艺过程中所产生的扒渣、氧化皮和沉渣。其中除含有20%～30%的铝外，还含有各种用作熔剂的盐类以及在这些过程产生的氧化物。熔渣中的铝必须和熔剂都应加以回收。预处理的目的也在于此。处理熔渣的方法有干法和湿法，干法是采用机械将铝渣反复碾压，并通过振动使杂质与铝脱离。筛分时，金属铝常在筛上，可直接返回熔炼回收；筛下部分可送去回收熔剂。湿法则是用水冲洗铝渣，使可溶性盐类，如 KCl 和 NaCl 等溶解除去，卸出的残渣经干燥、筛分、磁选后熔炼回收铝。

三、再生铝生产工艺实例

1. *从废弃的牙膏皮回收金属铝* 我国年产牙膏达十亿支，消耗原铝达八千吨左右，全部回收，按90%的回收率计算，就可回收纯铝7200t。近年来，我国研究了一种无污染处理牙膏皮新工艺，其主干流程如图16－2所示。

根据牙膏皮一类原料的特点，其预处理有原料的破碎，表面油脂涂层的浸泡脱除、洗涤和干燥与筛分等。其熔炼是采用三元熔剂熔炼，在感应电炉中进行的。该工艺的另一个特点是考虑了熔剂和其他药剂的回收，做到无污排放。整个工艺过程铝的回收率大于90%，铝的纯度为99.7%。该工艺也适应其他包装废铝的回收，如饮料罐等。

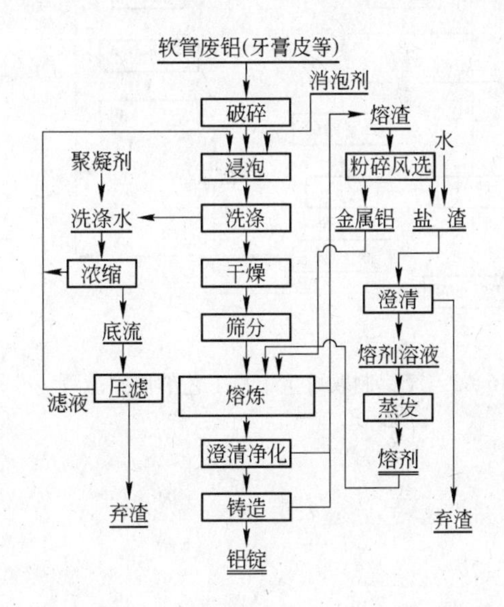

图16－2 铝软管（牙膏皮等）回收工艺主干流程

2. *利用废铝生产再生铝粉的工艺* 铝粉广泛用于钢铁工业，脱氧剂和发热剂是铁合金生产的重要原料（铝热法），也是高级合金钢的重要原料。以往都是采用原铝来生产。显然，若用废铝生产再生铝粉对降低钢铁生产成本的前景是十分美好的。

我国某厂采用废铝生产再生铝粉的工艺流程，主要包括熔炼和制粉两个主要工序。

废铝的熔炼是在竖式炉中进行的，熔炼温度为720℃左右，熔炼时间约4h。熔炼后的铝液温度保持720℃，即可喷雾制取铝粉。喷雾制粉工艺是将铝液直接流入漏斗，经漏斗底部$\phi 4$～6mm小孔进入雾化器。雾化所用压缩空气的压力为6～6.5MPa，铝液由压缩空气吹雾后进入雾化筒，形成铝粉。在筒中铝粉借助于冷却水套迅速冷却，铝粉从筒底直接落入振动筛进行筛分，筛下即为产品，筛上物料返回熔炼炉。利用废铝生产铝粉的工艺流程如图16－3所示。

该厂采用竖式炉生产铝粉，其金属回收率为96.5%，雾化成品率为96.7%，铝的总回收率为93.27%，煤耗260～300kg/t$Al_{粉}$。

据苏联报道，为了保持竖式炉的热效率，炉气进入竖炉的温度要求是1050～1100℃。此时连续出炉的铝液温度为720～780℃，单位产能为1000kg/(m^2·h)。图16－4所示为苏式竖式炉结构。

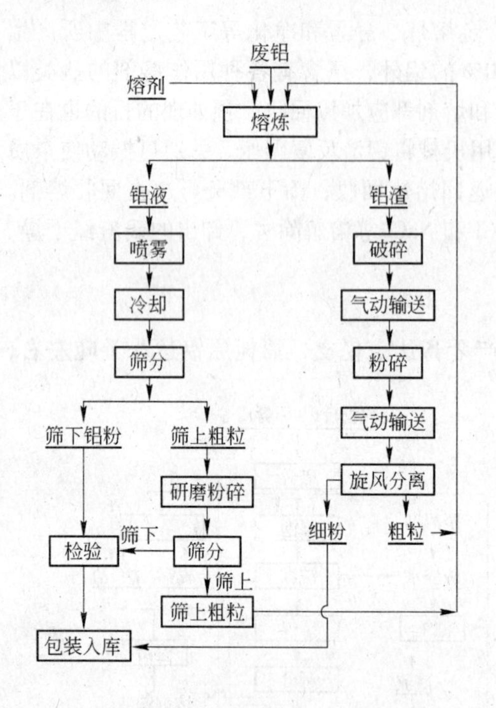

图16－3　废铝制取再生铝粉工艺的原则流程

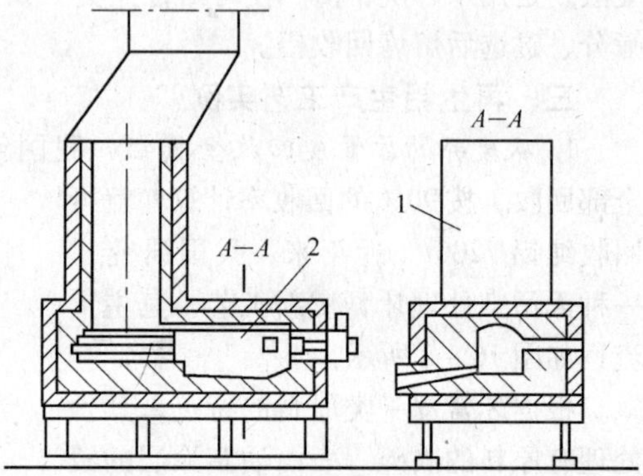

图16－4　竖式炉结构示意图
1—竖式炉身；2—过热熔池

第三篇 镁冶金

第十七章 概 论

第一节 镁的性质和用途

一、镁的性质

镁是银白色轻金属。在20℃时的相对密度为1.74，为铁的2/9，铝的2/3，是最轻的金属结构材料。镁属密集的六方晶格，在元素周期表中为第Ⅱ主族元素，原子序数12，原子量为24.305，化合价为2，其电子层的结构为$1s^22s^22p^63s^2$。镁的一些物理化学常数如下：

摩尔体积（cm^3）	13.99
相对密度	1.74(20℃)，1.55(700℃)
原子半径（nm）	0.162
离子半径（nm）	0.074
熔点（℃）	650
沸点（℃）	1107
25℃时的熵 $S^{\ominus}$(J/(mol·K))	32.66±0.08
熔化潜热（kJ/mol）	8.792
升华热（kJ/mol）	142.0(650℃)
热容 C_p(J/(mol·K))	147.0(25℃)
$Mg_{(固)}$	$22.3+10.23\times10^{-3}T-0.43\times10^{5}T^{-3}$
$Mg_{(液)}$	32.6
电阻率 ρ(Ω·cm)	4.47×10^{-6}
热导率 λ(W/(cm·K))	1.57
标准电位（V）	-2.38
电化当量（g/(A·h)）	0.453
电离能（eV）	7.65，15.34

镁的化学性质极为活泼。常温下镁在干燥空气中稳定，在潮湿空气中或温度高于350℃时，其抗氧化能力下降。镁粉、镁箔及熔融的镁在空气中易燃烧，燃烧时放出大量的热，并发出耀眼的火焰。镁从300℃开始与氮反应生成氮化镁（Mg_3N_2）。镁在氯气、溴气、碘气和硫蒸气中加热会剧烈反应，生成相应的化合物。

镁在蒸馏水中室温下不发生作用，但在沸水中反应相当剧烈。盐酸、硫酸、硝酸能与镁作用，多种有机酸能破坏镁，而氢氟酸和铬酸同镁不发生作用。镁在苛性碱、碳酸钠溶液中，以及在干燥的碳氢化合物、有机卤素衍生物、无水酒精和矿物油中是稳定的。

各种氯盐，特别是 $CaCl_2$ 及 $MgCl_2$ 对镁的腐蚀性很强，因为它们在空气中会潮解生成盐酸而使镁腐蚀。

镁能还原多种金属化合物而制得相应的金属。

镁无毒性，无磁性，导热性好，可进行阳极氧化并着上美丽的颜色。镁是柔软的金属，有良好的疲劳强度和消震能力。铸造镁的抗拉强度约为 8.5 ~ 13kg/mm^2，锻镁为 25kg/mm^2。它们的伸长率分别为3% ~6% 和 8% ~10%，布氏硬度分别为 25 ~ 30kg/mm^2。

镁能与铝、锰、锌、锆、锂等多种金属构成合金，这些合金元素能提高镁的机械强度和抗腐蚀能力。铁、铜、钾、钠及铍等金属不溶解于镁中，不能与镁构成合金，并且会降低镁的抗腐蚀能力。

二、镁的用途

镁是铝合金的一个重要组分，它提高铝的机械强度，改善其机械加工性能及耐碱腐蚀的能力。当今世界上约有 50% 的镁用于制造铝合金。

镁合金按加工方式分为铸造镁合金及变形镁合金两大类，按性能则可分为高强度合金、耐热合金及耐腐蚀合金三种。合金的性能主要由其组分及其含量决定。镁合金的优点是单位质量的机械强度大，消震性能好，易切削加工等。在汽车、航空、航天等工业部门，用镁合金代替部分钢材或铝材，可大幅度减轻机体自重，节约能耗和增加速度。近期镁合金在汽车工业上的用量增长甚快，主要用它铸造汽车的发动机及传动装置的零部件。用镁合金代替铝合金制作手提工具，操作轻便，且造价可以降低。在电机工业中，也广泛用镁合金制造电动机。在纺织工业中，用镁合金制造纺织机的传动零部件，能够减轻振动和降低噪声，并节约电能。

在冶金工业上，由于镁对卤素及氧的亲和力强，镁是生产钛、铍、锆、铪、铀、钚等金属的还原剂，又是生产球墨铸铁的球化剂。近年来钢铁工业用镁粒代替碳化钙脱除钢水中的硫，以制得优质钢，镁在此领域中的用量也增长相当快。

在化学工业上，应用镁的格里纳德（Grignard）反应，通过合成可以制得多种复杂的有机化合物。在电位序中，镁的电极电位比铁和铝更负，镁广泛被用来制作化工容器、地下管道，以及船体的防腐蚀部件。镁的燃烧特性，则使之用于爆破装置、照明弹、燃烧弹及焰火等等的生产。

此外，核动力装置的燃料电池，近代电子计算机技术及无线电技术领域，也使用镁及镁合金。其数量虽然不多，但它促进了高纯镁及新型镁合金的生产。

镁的用途在本世纪 60 年代前后发生了根本性的变化。以前世界上 80% ~90% 的镁用于军事工业，60 年代后，镁的使用扩大到民用工业部门。1987 年世界镁的消费量为 23.6 万吨，其分配情况如表 17 -1 所示。

表 17 -1　1987 年世界镁的用量及分配情况

用　途	铝合金	镁合金	化学及还原剂	炼钢脱硫	球墨铸铁	其　他	总　量
万吨	12.6	4.5	2.6	2.2	1.1	0.6	23.6
%	53.4	19.1	11.0	9.3	4.7	2.5	100

第二节 炼镁原料

镁是地壳中分布较广的元素，占地壳量的1.9%，仅次于氧、硅、铝、铁、钙和钾、居第八位。在结构金属中则次于铝和铁而居第三位。在已知的1500种矿物中，含镁矿物即占200种左右，在地球上几乎到处都可找到镁的矿物。镁的化学性质活泼，在自然界仅以化合物的形式存在。镁矿物大致可分为硅酸盐、碳酸盐、氯化物及硫酸盐四大类，多属地壳造岩矿物。少部分的氯化镁及硫酸镁，以溶解状态存在海水、盐湖水及地下盐卤中。海水所含的镁占地壳总镁量的3.7%。主要镁矿物列于表17-2中。

表17-2 镁矿物及其分布

矿 物	分子式	含镁量（%）	主要分布国家
硅酸盐：			
蛇纹石	$3MgO \cdot 2SiO_2 \cdot 2H_2O$	26.3	苏联、加拿大
橄榄石	$(Mg、Fe)_2SiO_4$	34.6	意大利、挪威
滑 石	$3MgO \cdot 4SiO_2 \cdot H_2O$	19.2	美国、西班牙
碳酸盐：			
菱镁矿	$MgCO_3$	28.8	中国、印度、美国、奥地利、巴西
白云石	$MgCO_3 \cdot CaCO_3$	13.2	中国、苏联、美国、日本
氯化镁：			
水氯镁石	$MgCl_2 \cdot 6H_2O$	12.0	中国、苏联、美国、西班牙
光卤石	$MgCl_2 \cdot KCl \cdot 6H_2O$	8.8	
硫酸镁：			
硫酸镁石	$MgSO_4 \cdot H_2O$	17.6	
钾镁矾石	$MgSO_4 \cdot KCl \cdot 3H_2O$	9.8	苏联、中国、美国
杂卤石	$MgSO_4 \cdot K_2SO_4 \cdot 2CaSO_4 \cdot 2H_2O$	4.0	德国
无水钾镁矾	$2MgSO_4 \cdot K_2SO_4$	11.7	
白钠镁矿	$MgSO_4 \cdot Na_2SO_4 \cdot 4H_2O$	7.0	中国

镁矿物的种类虽多，但目前生产金属镁的主要原料却只是海水、盐湖水、地下盐卤、光卤石和菱镁矿、白云石等天然资源。钾碱工业的废液（卤水），含$MgCl_2$达30%，也是炼镁的良好原料。硫酸盐及硅酸盐目前尚未用于炼镁。表17-3为世界主要镁厂所使用的原料及其产能，由此可以了解各种原料在镁生产中的地位。

一、菱镁矿

菱镁矿属于碳酸盐矿物，分子式为$MgCO_3$，理论上含MgO 47.82%。绝大部分是结晶形菱镁矿矿床，矿体大，矿石有玻璃光泽，多呈白色或淡黄色、浅灰色。硬度为3.5～4.5，密度为2.8～3.1g/cm^3。除结晶形外，还有少量的无定形菱镁矿矿床，无定形菱镁矿无光泽，断口呈棱角状，SiO_2含量比结晶形的高。

我国辽宁省拥有世界上最大的菱镁矿矿床，矿石的质量高，MgO含量在45%～46%以上，有害杂质SiO_2低于1%，$Fe_2O_3+Al_2O_3$也低于1%。我国山东省和河北省也有菱镁矿矿床，可以作为炼镁的原料，其化学组成如下（%）：

矿区	MgO	CaO	SiO_2	Fe_2O_3	Al_2O_3	MnO_2
辽宁	46	0.46	0.9	0.27	0.11	0.02
河北	45	0.78～1.30	1.07～1.5	1.7	0.5	0.06

表 17-3　国外主要镁厂使用的原料、生产方法及产能

国家	镁厂名称	使用原料	含量	生产方法	产能（万吨/年）
美国	道屋公司自由港镁厂（Free Port, Dow Chemical CO）	海水	$Mg=1.3kg/m^3$	低水料电解	12.25
	铅公司罗莱镁厂（RowLey, National Lead CO）	大盐湖湖水	$Mg=7kg/m^3$	无水氯化镁电解	4.5
	镁公司斯尼特镁厂（Snyder, America Mg CO）	地下盐卤	$MgCl_2=11\%$	无水氯化镁电解	1.0
	西北铝合金公司阿迪镁厂（Addy）	白云石	$MgO=20\%$	半连续硅热法	2.4
苏联	各家镁厂	光卤石	$MgCl_2=25\%$	无水光卤石电解	8.0
挪威	诺斯克·希德罗公司所属镁厂（Norsk-Hydro CO）	卤水海水+白云石		HCl保护脱水-电解法氯化-电解法	5.0
法国	通用镁公司马利格纳克镁厂（Marignac）	白云石		半连续硅热法	1.4
意大利	镁公司博尔赞镁厂（Bolzane）	白云石		内部电热硅热法	1.2
加拿大	多米尼昂镁公司哈雷镁厂（Haley. Dominion Mg CO）	白云石		横罐硅热法及半连续硅热法	3.2
日本	古河镁厂	白云石		横罐硅热法	0.66
	宇部兴产镁厂	海水氧化镁		横罐硅热法	0.55

苏联、朝鲜、印度、奥地利和捷克也拥有大型菱镁矿矿床。

目前只有我国利用菱镁矿以电解法生产镁。50年代前苏联的一些镁厂也曾用菱镁矿作原料，但50年代后期起全部改用光卤石了。

全世界开采的菱镁矿，大约90%用于生产耐火材料，还有少部分用作建筑材料。

二、白云石

白云石是碳酸镁和碳酸钙的复盐，分子式为$MgCO_3 \cdot CaCO_3$，理论上含MgO21.8%；CaO30.4%；$CO_2$48.8%。白云石也有结晶形和非晶形两种。白云石的硬度为3.5~4.0，密度为$2.86g/cm^3$，因所含杂质不同而具有不同颜色。白云石的分布极广，几乎各国都有。我国白云石资源丰富，质量优良，产地几乎遍及各省。白云石是硅热还原法炼镁的原料。而用作电解法炼镁的原料时，则是先与海水（或含$MgCl_2$的卤水）作用制成MgO，而后氯化为$MgCl_2$进行电解制得镁的。用于硅热法炼镁的白云石，要求有害杂质$SiO_2+R_2O_3$的含量不大于2.5%，碱金属氧化物小于0.3%。我国大部分矿区的白云石均合乎炼镁要求。

三、光卤石

光卤石是$MgCl_2$和KCl的含水复盐，分子式为$KCl \cdot MgCl_2 \cdot 6H_2O$。理论上含$MgCl_2$34.5%。苏联和德国有光卤石的矿床，我国西北盐湖也含有光卤石。纯光卤石为白色晶体，有苦味，易潮解，硬度1~2，密度$1.62g/cm^3$。光卤石由于含杂质而被染成粉红色、黄色、灰色、褐色等。苏联的镁厂都以光卤石为原料。

天然光卤石含有氯化钠和杂质（见表17－4），因此必须经过预处理，提高 $MgCl_2$ 及KCl的含量，除去有害杂质之后才可以炼镁。在苏联是采用再结晶的方法除掉NaCl的。这样富集后的光卤石称人造光卤石，其中的 $MgCl_2$ 含量平均为32%。

表17－4　天然光卤石的组成

矿　床	含　量（%）						
	$MgCl_2$	KCl	NaCl	$CaCl_2$	$MgSO_4$	H_2O	不溶物
我国西北盐湖	30.75	24.98	9.77	—		34.55	
苏联索利卡姆矿区	26.10	19.70	23.90			28.50	1.8
东德斯塔斯富尔矿区	21.30	15.70	21.60	0.3	13.0	26.10	2.0

四、海水

在 $1m^3$ 海水中大约含有1kg镁。在大洋的海水中及一些海湾的海水中，镁盐的浓度可达0.25%～0.55%。海水中总的镁量约为 2.3×10^{15} t，如果每年用海水生产100万吨镁，可以生产23万年，可见海水是制取金属镁和氧化镁（作耐火材料工业的原料）的取之不尽用之不竭的原料。当前世界上每年以海水为原料生产的镁占镁的总产量的50%以上。世界上有七个国家用海水生产氧化镁，在1980年世界氧化镁的总产量为650万吨，产自海水的氧化镁占220万吨。有两个工厂利用所生产的一部分海水氧化镁进一步生产金属镁，消耗的海水氧化镁约为35万吨。

当利用海水生产氧化镁或金属镁时，是用石灰或煅烧白云石与之作用以沉淀出 $Mg(OH)_2$，其反应为：

$$Ca(OH)_2 + MgCl_2 = Mg(OH)_2 + CaCl_2$$

$$Ca(OH)_2 + Mg(OH)_2 + MgCl_2 = 2Mg(OH)_2 + CaCl_2$$

煅烧氢氧化镁即得氧化镁，再将氧化镁氯化成氯化镁进行电解制得金属镁。电解产出的氯气返回氯化氧化镁。挪威诺斯克·希德罗公司（Norsk－Hydro）镁厂采用此法制镁。而美国道屋化学公司（Dow Chemical CO）自由港镁厂则将 $Mg(OH)_2$ 与盐酸作用制得15% $MgCl_2$ 的溶液，然后经过净化、浓缩、结晶、干燥等工序的处理，得到组成为 $MgCl_2\cdot1.5H_2O$ 的低水氯化镁，加入电解槽进一步脱水后电解制得金属镁。电解产出的氯气返回生产盐酸。

五、盐湖水、地下盐卤及化学工业副产的卤水

盐湖水及地下盐卤的镁盐浓度比海水高若干倍。除镁盐外，尚含有钠盐、钾盐及其他盐类，利用盐湖水及地下盐卤炼镁时，必须综合处理加以回收利用。如美国大盐湖湖水的组成为（%）：Mg 0.77，K 0.43，Na 8.24，Cl 14.11，SO_4 1.70，经处理提取得到食盐、氯化钾、硫酸钾等化工产品，并得出含 $MgCl_2$ 35%的溶液供炼镁用。

钾盐肥料的生产规模是很大的，处理各种钾－镁矿以生产氯化钾或硫酸钾时，以及用天然盐水生产食盐、硫酸钠及其他化工产品时，都副产出大量的氯化镁溶液（卤水），所含的 $MgCl_2$ 在25%左右，同时还有少量的KCl和NaCl，有时含有LiCl，它们均是炼镁电解质的基本组分。卤水中还有3.0%左右的 $MgSO_4$，卤水经过脱除硫酸根后是很好的炼镁原料。我国沿海盐场及青海钾盐基地每年都产出大量的卤水。

第三节　镁的生产方法

金属镁的生产方法分为氯化镁熔盐电解法和热还原法两大类。根据1986年的统计，在世界镁的生产中，用电解法生产的约占80%，其余为硅热还原法生产。而在硅热还原法中，半连续法和横罐还原法各占一半。

一、熔盐电解法

此法是采用$MgCl_2$与NaCl、KCl、$CaCl_2$等的混合熔盐进行电解而制得金属镁的一种方法。其中只有$MgCl_2$在电解过程中不断消耗，而NaCl、KCl、$CaCl_2$等则是为了改善电解质的物理化学性质而加入的。根据原料的不同，制取无水氯化镁的方法有多种。

（一）菱镁矿或氧化镁氯化生产无水氯化镁

此法是将菱镁矿或氧化镁，以石油焦或其他碳质作还原剂，于氯化炉内在800~1000℃的温度下，通入氯气而制得熔融氯化镁的，其组成为（%）：$MgCl_2$95~98，$CaCl_2$0.5~2.0；（NaCl+KCl）0.2~2.0，MgO 0.02~0.1，水不溶物0.05~0.3，酸不溶物0.01~0.2。

（二）从氯化镁溶液制取低水氯化镁水合物和无水氯化镁

在上一节已说明，供炼镁用的氯化镁溶液的来源及组成各不相同，同时各镁厂的外部条件也不相同，它们都根据本身的特点组织镁的生产，因而有多种多样的工艺流程，但就其生产过程而言，从氯化镁溶液至制得无水氯化镁，大致包括以下几个过程：

1. *溶液的净化*　其目的在于除去溶液中的有害杂质，这些杂质是铁及重金属、硼、硫酸根等。有的镁厂还回收溴（Br）；

2. *溶液的浓缩*；

3. *浓溶液在热空气流中干燥脱水制取低水氯化镁水合物（$MgCl_2 \cdot 1.5H_2O$）*　美国道屋化学公司的镁厂直接将这种料加入称之为“道屋”电解槽中进行电解制得金属镁；而在其他镁厂则进一步加工成无水氯化镁；

4. *低水氯化镁水合物彻底脱水制取无水氯化镁*　从$MgCl_2 \cdot 6H_2O$脱去最后两个结晶水时，会发生水解并生成碱式氯化镁（MgOHCl），它是电解过程极有害的杂质，因此低水氯化镁水合物的彻底脱水需在保护气氛下进行。可以采用两种办法，一种是在HCl气氛保护下彻底脱水制得颗粒状的无水氯化镁，其中含$MgCl_2$大于94%，MgO 0.18%~0.29%，H_2O 0.2%~0.4%。另一种是在800℃的温度下，边通入氯气边加热熔化脱水料得到熔融氯化镁供电解。

（三）光卤石脱水制取无水光卤石供电解

炼镁的光卤石由两种途径得到：一是从矿床采出的天然光卤石，分离除去大部分NaCl后得到的人造光卤石；二是由氯化镁溶液与从电解槽排出的废电解质（含KCl80%~90%，$MgCl_2$4%~7%）合成得到的合成光卤石。光卤石含有六个分子的结晶水（$KCl \cdot MgCl_2 \cdot 6H_2O$）及少量附着水，除去这些水分之后才能加入电解槽内进行电解。光卤石的脱水分两步进行，先在回转窑或在沸腾炉中于120~140℃下脱去全部附着水及大部分结晶水，得到相当于$KCl \cdot MgCl_2 \cdot 2H_2O$的产物，而后再在电热熔化炉或在氯化器中于750~820℃脱除最后的结晶水，得到熔融的无水光卤石送去电解。这样制得的光卤石熔体，其组成为（%）：$MgCl_2$50~51，（KCl+NaCl）47~49，MgO 0.8~1.0，H_2O 0.05~

0.1，C 0.3 ~ 0.5。所含的大量的 KCl 和 NaCl 在电解过程是不消耗的，它们在电解槽内很快的累积起来，需定期从电解槽内排出废电解质。生产一吨金属镁消耗 8 ~ 10t 光卤石熔体，排出 4 ~ 5t 废电解质和 0.15 ~ 0.2t 槽渣。

（四）以氯化镁溶液（或光卤石）和菱镁矿（或氧化镁）为原料生产金属镁的联合流程

它包括两个系统，氯化镁溶液（或光卤石）系统所产出的氯气，供给菱镁矿（或氧化镁）系统的氯化之用，这样，镁厂的氯气在工厂内部得到合理的利用，自给自足。组织生产时，氯化镁溶液（或光卤石）系统的产能便是根据菱镁矿（或氧化镁）系统所需补充的氯气量来确定。如果镁厂附近上述两种原料都有，用此法组织镁的生产是合理的。

（五）镁钛联合流程

目前世界上大部分金属钛是用镁热还原法生产的，主要反应为：

$$TiO_2 + 2Cl_2 + C = TiCl_4 + CO_2$$

$$TiO_2 + 2Cl_2 + 2C = TiCl_4 + 2CO$$

$$TiCl_4 + 2Mg = Ti + 2MgCl_2$$

在镁钛联合流程中，还原 $TiCl_4$ 所需的镁，以及氯化 TiO_2 炉料所需的氯气，都由电解氯化镁或光卤石提供，还原 $TiCl_4$ 产出的 $MgCl_2$，则返回电解槽再电解。根据不同的具体情况，可以采用不同的方案组织联合生产。如果工厂同时生产镁和钛两种产品，这时镁系统的产能，除保证完成镁锭的生产任务外，还需满足补充钛生产中所损失的镁量；如果工厂只生产商品钛，则镁系统的产能仅仅按钛生产所需补充的镁和氯量确定。在一些钛冶炼厂中，除了把还原过程产出的氯化镁进行电解，回收镁和氯之外，生产过程损失的镁和氯，或两者都从厂外购入，或只购入镁，而氯气则自己通过电解食盐制取。

二、热还原法炼镁

热还原法炼镁是以硅，铝、碳及碳化钙等作还原剂，从氧化镁中还原出金属镁的一种方法。在热还原法炼镁中，硅热还原法占有重要的地位，它是以煅烧白云石为原料，以硅铁作还原剂，在高温和真空条件下进行还原制得金属镁的。该法有两种工艺流程：

（一）横罐硅热还原法

它是加拿大皮江教授（L. M. Pidgeon）于 1941 年研究成功的，又称皮江法。将煅烧白云石和硅铁磨成细粉，按一定配比混合压成团块，装入用耐热合金钢制成的还原罐内，在 1150 ~ 1200℃及 10 ~ 20Pa 的压强下进行还原得出镁蒸气，冷凝后成为结晶镁，再熔化铸成镁锭。该法的优点是投资省，建厂快，产品质量好；缺点是周期性操作，设备产能低，劳动生产率低，成本比电解法高。

（二）半连续法

还原设备是一个在钢外壳内砌有保温材料及炭素内衬的密封还原炉。炉料中除煅烧白云石和硅铁外，还有煅烧铝土矿。加入铝土矿的目的是为了降低熔渣的熔点。利用电流通过熔渣产生的热量来加热炉料并保持 1450 ~ 1500℃的还原温度。炉内的压强为 30 ~ 50Pa。连续加料，间断排渣和出镁，故称半连续法。该法是硅热法炼镁的一大改进，设备的产能大，劳动生产率高，成本低，是法国镁通用公司在本世纪 50 ~ 60 年代试验成功的，此法又称玛格尼瑟姆（Magnetherm）法。

上述炼镁方法各有特点，建设镁厂时究竟采用何种方法及如何确定其工艺流程，取决于当时当地的具体条件。

第四节　镁冶金的发展概况

镁冶金是较迟兴起的工业部门。在19世纪前半期，金属镁还只是一些科学家在实验室用化学法或电解法制得的珍品，19世纪后半期，对氯化镁熔盐电解法进行了大量研究，在改善电解质的性质和电解槽的结构方面取得了重大进展，电解法炼镁到19世纪末达到了工业规模，镁也就进入了工业金属的行列。此后电解法一直是生产镁的主要方法。

从本世纪30年代开始，人们对热还原法炼镁进行了研究。第二次世界大战期间，为了满足战争对镁的急需，除电解法外，新建了大批硅热还原法镁厂和碳热还原法镁厂。现在，硅热法仍是重要的炼镁方法。

镁的工业生产至今有了近90年的历史。在60年代前，世界上80%～90%的镁用于军事工业，镁的生产受战争形势的影响而大起大落，如第二次世界大战前的1939年世界镁产量只有3.2万吨，战争期间的1943～1944年猛增至24.85万吨，战争结束后的1946年跌至1万吨以下。50年代初美国发动侵略朝鲜战争，镁产量又增到11万吨，此后又下降。60年代后，镁的应用扩大到民用工业部门，镁的产量开始稳步上升。镁的增长率在50年代为13%，60年代为12%，70年代为10%。1985年世界原镁产量为32万吨。

近20年在炼镁技术上取得了很大成就。突破了由氯化镁溶液通过脱水制取无水氯化镁的技术关键，如挪威的诺斯克－希德罗公司的普斯格龙（Pursgrun）镁厂，美国铝公司的罗莱（Rowley）镁厂及镁公司的斯尼特（Snyder）镁厂，就是以钾肥生产中的废液或盐湖水为原料生产金属镁的，除镁外，氯也作为商品出售。在此期间，苏联的光卤石脱水技术有了很大改进，一次脱水设备已由过去的回转窑改为三室连续生产的沸腾炉，日产能达200～250吨；利用氯化器进行光卤石的最终脱水，日产能为150吨。沸腾炉及氯化器都实现了自动控制，整个脱水过程的能耗显著降低。

镁电解槽在结构和容量方面有了很大发展，60年代以来，试验成功了两种类型的无隔板镁电解槽，这种新型槽的优点是结构紧凑，能全面改善电解过程的指标。与此同时，电解槽的容量不断增大。80年代开始，苏联的镁厂全面推广了无隔板电解槽，电流强度增大为15～18万安培。挪威普斯格龙镁厂的无隔板电解槽，电流强度为25～30万安培。大型无隔板槽每吨镁的直流电耗可降低2000～4000kW·h。电解过程的自动化程度也有了很大提高，苏联和美国的一些镁厂，已实现了电解槽的自动控制和流水作业生产。流水作业线由一台电解质调整槽，若干台电解槽及一台电解质－镁分离槽，串联成一组进行生产，设备都是密闭的，实现了电解槽的集中照管、加料、出镁和排渣。据报道，近几年日本又试验成功了多室双极性镁电解槽，它更利于大型化和更有效地降低电耗。

在硅热还原法炼镁方面，半连续作业的真空还原炉更加大型化，采用了电子计算机控制，日产镁达7～7.5t，是当前产能最高的炼镁设备。

由于炼镁工艺的不断更新，能耗不断降低，成本下降，据分析，如果世界的镁铝价格比能从当前的1.8降低到1.4左右，那么在结构金属中镁就可以代替铝，镁的生产亦将迅速发展。

我国镁工业是在新中国成立后的1957年建立起来的，采用菱镁厂为原料用电解法生产金属镁，后来又在西北建立了镁的生产基地。

第十八章　氧化镁生产及其氯化过程

第一节　氧化镁生产

氧化镁既用于制取电解炼镁所需的无水氯化镁，又用于热还原法直接生产金属镁。炼镁用的氧化镁要求具有较高的纯度及良好的化学活性，用于热还原的氧化镁还要求充分排除所含的 H_2O 和 CO_2。生产氧化镁的主要方法是菱镁矿煅烧法和氢氧化镁法。

一、煅烧菱镁矿生产氧化镁

天然菱镁矿作电解法炼镁的原料时，要求矿石中的 MgO 大于45%。SiO_2 小于1.2%，CaO 小于1.5%，这种高品位的矿石才可以由煅烧得出合乎质量要求的氧化镁。菱镁矿煅烧的实质是碳酸盐的加热分解：

$$MgCO_3 \xlongequal{} MgO + CO_2$$

碳酸镁分解反应的自由能及分解压与温度的关系为：

$$\Delta G^{\ominus} = 110.85 - 0.1202T \qquad (\mathrm{kJ})$$

$$\log p_{CO_2} = -\frac{5785}{T} + 14.16 \qquad (p_{CO_2}\text{的单位为 Pa})$$

图18－1为菱镁矿分解的热谱图，由曲线2看出，菱镁矿的 $MgCO_3$ 在640～660℃分解，$CaCO_3$ 在910～930℃分解。

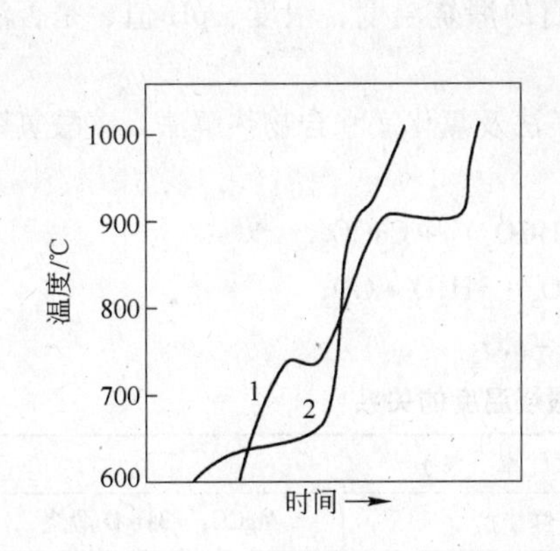

图18－1　菱镁矿及白云石分解热谱图
1—白云石；2—菱镁矿

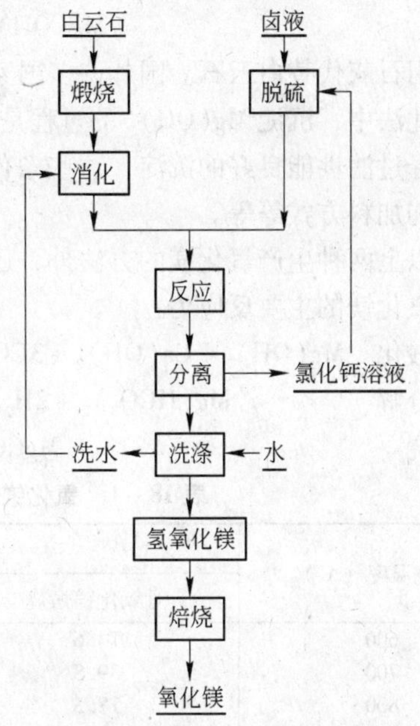

图18－2　以海水与白云石为原料生产氧化镁的流程

根据氧化镁用途的不同；菱镁矿的煅烧温度也不同，用于生产氯化镁的煅烧温度一般低于800℃，这时得出的氧化镁化学活性较好，有利于氯化反应。虽然有部分碳酸盐来不及分解，但可在氯化炉内继续分解并氯化，对生产并无妨碍。提高煅烧温度则氧化镁的活性降低，在800℃左右煅烧得到的氧化镁通常称轻烧菱镁矿或苛性菱镁矿。使用的煅烧设备为竖窑、回转窑及沸腾炉。当用竖式电炉生产无水氯化镁时，菱镁矿的煅烧及氯化可在炉内连续进行。

菱镁矿用于硅热法炼镁时，其煅烧温度较高，控制在1200℃左右，以充分排除CO_2，否则对还原过程十分不利。

白云石是硅热法炼镁的原料，也是从氯化镁溶液中沉淀出氢氧化镁的原料。白云石煅烧的工艺及设备与菱镁矿的相同。硅热法炼镁使用的白云石在1200℃下煅烧，其分解反应为：

$$MgCO_3 \cdot CaCO_3 = MgO \cdot CaO + 2CO_2$$

热还原法炼镁用的氧化镁及煅烧白云石，其灼减量应低于0.5%。

二、用氯化镁溶液（或海水）生产氧化镁

以氯化镁溶液和白云石为原料生产氧化镁的工艺流程如图18－2所示。煅烧后的白云石进行消化，与脱除硫酸根后的氯化镁溶液作用沉淀出氢氧化镁。析出的固体物料与液相分离、经洗涤后即为纯净的氢氧化镁。它在回转窑中于480～650℃下煅烧便成为氧化镁。生产过程的主要反应为：

$$MgSO_4 + CaCl_2 = CaSO_4 + MgCl_2$$

$$MgO \cdot CaO + 2H_2O = Mg(OH)_2 + Ca(OH)_2$$

$$MgCl_2 + Mg(OH)_2 + Ca(OH)_2 = 2Mg(OH)_2 \downarrow + CaCl_2$$

$$Mg(OH)_2 = MgO + H_2O$$

可用石灰代替白云石。国外许多国家用此法从海水中生产镁砂。

在此法中，沉淀$Mg(OH)_2$的过程是该流程的关键，合理地控制好各项技术条件才能获得沉降过滤性能良好的沉淀，这些条件包括白云石的煅烧温度、浓度、pH值、是否添加晶种和加料方式等等。

除以上两种生产氧化镁的方法外，还有碳酸氢镁法及氯化镁水合物热解法。碳酸氢镁法生产氧化镁的主要反应为：

碳酸化 $Mg(OH)_2 + Ca(OH)_2 + 3CO_2 = Mg(HCO_3)_2 + CaCO_3$

热分解 $Mg(HCO_3)_2 + 2H_2O = MgCO_3 \cdot 3H_2O + CO_2$

煅烧 $MgCO_3 = MgO + CO_2$

表18－1　氧化镁的水化率与煅烧温度的关系

煅烧温度（℃）	水化率（%）		
	氢氧化镁煅烧	菱镁矿煅烧	$MgCO_3 \cdot 3H_2O$煅烧
600	74.6	3.77	96.2
700	39.8	9.25	88.7
800	18.5	4.90	
900	2.4	3.30	73.6
1000	0.6	3.40	45.7
1100	0.2	1.60	46.5

氯化镁水合物热解法生产氧化镁的反应为：

$$MgCl_2 \cdot 6H_2O \xlongequal{} MgO + 2HCl + 5H_2O$$

氧化镁的水化速度与活性有关，因而在一定时间内它与水作用转变为氢氧化镁的水化率，可用来衡量其活性。不同方法制得的氧化镁其水化率示于表 18－1。

第二节　氧化镁氯化的基本原理

由氧化镁或菱镁矿用电解法炼镁包括两大过程，首先是氧化镁氯化制得氯化镁，而后电解得出金属镁，其工艺流程如图 18－3 所示。

一、不加碳质还原剂的氧化镁氯化过程

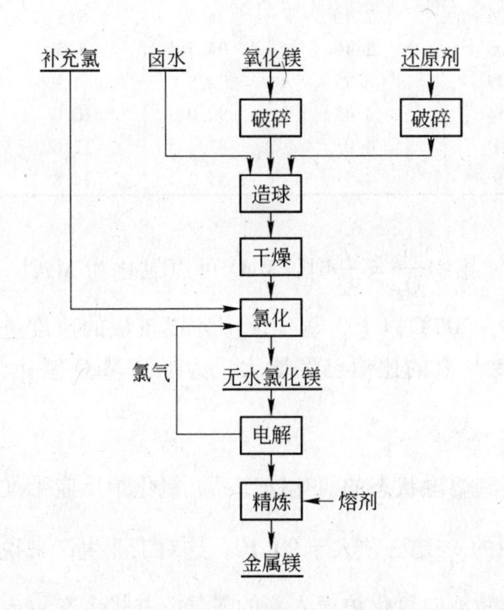

图 18－3　氧化镁氯化生产金属镁的工艺流程

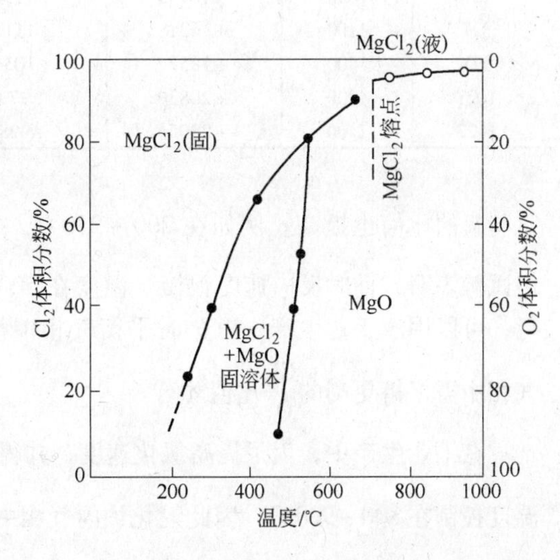

图 18－4　$MgO + Cl_2 \rightleftharpoons MgCl_2 + \frac{1}{2}O_2$ 反应的平衡状态图

●—B. A. 索霍兹基的数据；○—И. Л. 列兹尼可夫的数据

氧化镁和菱镁矿的氯化，都是以下面的反应为基础的，因为菱镁矿在氯化炉内，是先分解为氧化镁再氯化的：

$$MgO + Cl_2 \xlongequal{} MgCl_2 + \frac{1}{2}O_2 \tag{18-1}$$

此反应是可逆反应。反应的平衡条件已在相当宽的温度范围内被研究过，其结果如表 18－2 及图 18－4 所示。反应的平衡状态图分三个区，左边区为 $MgCl_2$ 的稳定区，在此区所处的温度及气相组成下，MgO 将氯化为 $MgCl_2$；右边区为 MgO 的稳定区，在此区的温度及气相组成下，MgO 不能氯化；中间区域为 MgO 与 $MgCl_2$ 固溶体的稳定区。为了使氧化镁氯化，就必须保持气相中氯与氧的比值，大于相应温度下表 18－2 及图 18－4 所确定的气相平衡组成。由图 18－4 看出，为了使 $MgCl_2$ 稳定存在，随着温度的升高，要求气相中

表 18-2 反应（18-1）的热焓、自由能及氯和氧的平衡浓度

温度		$\Delta H_T^{\ominus}$	$\Delta G_T^{\ominus}$	$K=p_{O_2}^{\frac{1}{2}}/p_{Cl_2}$	平衡气相组成(体积分数,%)	
℃	K	(J/mol)	(J/mol)		Cl_2	O_2
25	298	−39246	−21840	6.71×10^3	0.0	100
127	400	−37865	−16108	1.27×10^2	0.8	99.2
227	500	−36485	−10837	1.36×10	6.9	93.1
327	600	−35104	−5857	3.24	26.5	73.5
427	700	−33681	−1088	1.21	55.2	44.8
451	724	−33340	0	1	61.8	38.2
527	800	−32259	+3473	5.92	78.5	21.5
627	900	−30711	+7824	3.52	90.0	10.0
714（固）	987	−29414	+11506	2.46	94.5	5.5
714（液）	987	+13682	+11506	2.46	94.5	5.5
727	1000	+13975	+11506	2.46	94.5	5.5
827	1100	+16318	+11129	2.95	92.5	7.5
927	1200	+18577	+10544	3.47	90.0	10.0
1027	1300	+20836	+9791	4.05	87.4	12.6
1127	1400	+23054	+9289	4.51	85.2	14.8

氯与氧的比值也提高。例如在 200～230℃，气相中$\frac{Cl_2}{O_2}=\frac{7}{93}$时，MgO 可以氯化为 $MgCl_2$。但试验表明，此时反应速度很慢，温度在 500～700℃以上，氯化反应才以较快的速度进行，可以用于工业生产，而这时平衡气相中氯与氧的比值已经增大，为了使 MgO 氯化，气相中需保持更高的$\frac{Cl_2}{O_2}$比值才行。

在工业生产中，为了提高氯化速度，并得到熔融状态的氯化镁产品，氯化炉反应带的温度控制在800～900℃，因此氯化炉内气相中的$\frac{Cl_2}{O_2}$比必须大于90∶10，这对工业生产来说是有困难的，因为要保证这一条件，就需要不断地向氯化炉通入新的氯气，并排走在组成上已接近于上述比值的废气，这在经济上是不合理的。另外，电解过程产生的阳极氯气，其组成为（体积分数）：$Cl_2$75%～95%，空气 5%～25%，此时也无法返回氯化使用。因此，工业生产上为了利用阳极氯气，提高氯的利用率，氧化镁的氯化过程是在加有碳质还原剂的情况下进行的。

二、有碳质还原剂存在时氧化镁的氯化

碳质还原剂的作用，在于与氧化镁氯化反应产生的氧和随阳极氯气带入的氧相结合，降低气相中氧的分压，保证氯化反应进行到底。有碳存在时，氧化镁的氯化按如下放热反应进行：

$$MgO + C + Cl_2 = MgCl_2 + CO + 142.3kJ \qquad (18-2)$$

$$2MgO + C + 2Cl_2 = 2MgCl_2 + CO_2 + 437.7kJ \qquad (18-3)$$

$$MgO + CO + Cl_2 = MgCl_2 + CO_2 + 295.4kJ \qquad (18-4)$$

表 18-3 及表 18-4 为反应（18-2）及反应（18-4）的热力学数据。反应（18-3）可由反应（18-2）、（18-4）相加而得，故反应（18-3）的热力学数据也可由

表18-3及表18-4求得。表中数据表明，在工业生产的氯化温度下，上述三个反应都为放热反应，而且放出相当高的热量，因而在工业氯化炉中，氧化镁氯化需要外加的热量是不大的。反应的平衡常数很大，表明有碳参加的氧化镁氯化反应可以进行得十分彻底。

由于这三个反应在氯化炉内同时发生，故平衡气相的组成由三个反应共同决定。在总压强为100kPa时，平衡气相的组成可由下面的联立方程组求得：

$$K_{18-2}=p_{CO}/p_{Cl_2} \tag{18-5}$$

$$K_{18-4}=p_{CO_2}/(p_{CO}\times p_{Cl_2}) \tag{18-6}$$

$$p_{CO}+p_{CO_2}+p_{Cl_2}=1 \tag{18-7}$$

式中，p_{CO}、p_{CO_2}、p_{Cl_2}分别为CO、CO_2、Cl_2的平衡分压（单位为100kPa）。将表18-3和表18-4的平衡常数值分别代入式（18-5）及式（18-6）即可求出不同温度下的平衡气相组成，其计算结果列于表18-5。从中可以看出，平衡气相中氯的含量接近于零，气相基本上由CO和CO_2组成，说明氯几乎全部参加了反应，氯的利用率大为提高。平衡气相中CO与CO_2的比例是随着温度的升高而增大的，氯化温度愈高，配入的碳应该更多。

表18-3　反应 $MgO+C+Cl_2=MgCl_2+CO$ 的热力学数据

温度（K）	$\Delta H_T^\ominus$（J/mol）	$\Delta G_T^\ominus$（J/mol）	$\log K$	$K=p_{CO}/p_{Cl_2}$
987	-98282	-187485	9.924	8.40×10^9
1000	-98073	-188657	9.856	7.18×10^9
1100	-96316	-197820	9.395	2.48×10^9
1200	-94684	-207108	9.016	1.04×10^9
1300	-93094	-216522	8.701	5.02×10^8

表18-4　反应 $MgO+CO+Cl_2=MgCl_2+CO_2$ 的热力学数据

温度（K）	$\Delta H_T^\ominus$（J/mol）	$\Delta G_T^\ominus$（J/mol）	$\log K$	$K=p_{CO_2}/(p_{Cl_2}\times p_{CO})$
987	-268738	-185184	9.802	6.34×10^9
1000	-268362	-184096	9.617	4.14×10^9
1100	-265684	-175770	8.349	2.23×10^8
1200	-262964	-167737	7.302	2.00×10^7
1300	-260287	-159913	6.426	2.67×10^6

表18-5　有碳存在下MgO氯化反应的平衡气相组成（体积分数，%）

温度（K）	Cl_2	CO	CO_2
987	7.92×10^{-9}	66.6	33.4
1000	9.88×10^{-9}	71.0	29.0
1100	3.72×10^{-8}	92.3	7.7
1200	9.44×10^{-8}	98.2	1.8
1300	1.98×10^{-7}	99.5	0.5

三、碳量系数的计算

氯化炉炉料中固定碳与氧化镁的质量比称为碳量系数，即$M=\dfrac{C}{MgO}$。如果气相仅由CO和CO_2组成，CO_2的浓度为n，则MgO氯化所需的C可根据下式确定：

$$(1+n)MgO + C + (1+n)Cl_2 = (1+n)MgCl_2 + (1-n)CO + nCO_2 \qquad (18-8)$$

送入氯化炉的氯气中，总含有一定数量的氧，这部分氧所消耗的C按下式计算：

$$C + \frac{1}{2}(1+n)O_2 = (1-n)CO + nCO_2 \qquad (18-9)$$

由反应（18-8）知，氯化（1+n）mol的MgO需要1mol的C及1+nmol的Cl_2，设氯气的浓度为x，则氯化（1+n）mol MgO时，由氯气带入的氧量为：

$$\frac{0.2(1+n)(1-x)}{x} \ \text{mol}$$

式中，0.2为空气中氧的体积浓度。

根据反应（18-9）知，为了与这部分氧结合需要的C为：

$$\frac{0.2(1+n)(1-x)}{\frac{1}{2}(1+n)x} = \frac{0.4(1-x)}{x} \ \text{mol}$$

氯化（1+n）mol MgO总共需要C：

$$1 + \frac{0.4(1-x)}{x} \ \text{mol}$$

由此得出理论碳量系数：

$$M_{理} = \frac{\left[1 + \frac{0.4(1-x)}{x}\right] \times 12.011}{(1+n) \times 40.305} = 0.298\left[\frac{0.4+0.6x}{(1+n)x}\right] \qquad (18-10)$$

式中，12.011，40.305分别为C的原子量及MgO的分子量。

如果还原剂中活性碳的含量为α，氧化镁的氯化率为β，氯气的利用率为γ，则实际碳量系数为：

$$M_{实} = 0.298\left[\frac{0.4+0.6x}{(1+n)x}\right]\frac{\beta}{\alpha\gamma} \qquad (18-11)$$

在工业生产上，氯化炉炉料的碳量系数值在0.22~0.35之间。

第三节　各种因素对于氯化过程的影响

对于氯化过程的基本要求是，炉料应具有高的氯化速度，以保证氯化炉有高的产能，并获得高的氧化镁氯化率及氯气利用率。这就对氯化炉炉料提出了一系列的要求。

一、炉料的化学活性

氯化炉炉料主要由氧化镁或碳酸镁与碳质还原剂配成，炉料的化学活性取决于这些物料的活性。

研究表明，不同方法制得的氧化镁的物理化学性质是不同的，在相同的氯化条件下，其氯化率也不相同。表18-6为在实验室条件下得到的氧化镁氯化率与其性质的关系。表中数据说明，堆装密度愈低，在苯中沉降的比容愈大，吸收甲基红的能力愈强，其水化率和氯化率愈高。由该表还可看出，用碳酸氢镁法制得的氧化镁其氯化率最高。

氧化镁的煅烧温度对其物理化学性质有重大影响。随着煅烧温度的提高，氧化镁的晶粒长大，因之活性降低。X射线分析发现，不同性质的氧化镁在1200℃煅烧之后，其晶粒都有不同程度的增大。由此可知，用于氯化的氧化镁其煅烧温度不应超过700～800℃。含杂质少的菱镁矿，以及在碳酸氢镁法中热分解得到的碱式碳酸镁，直接配料加入氯化炉进行氯化，其活性最好。煅烧温度对氧化镁水化率的影响已示于表18－1中。

将氧化镁磨细，可以提高其活性。

碳质还原剂的活性，对氧化镁的氯化速度影响极大。为了不降低氯化速度，碳与氧的反应速度应大于氧化镁的氯化速度。碳质还原剂的活性与其种类及粒度有关，可以作为氧化镁氯化的还原剂有冶金焦、石灰焦、沥青焦、煤焦、褐煤及木炭等，它们的活性是依此顺序递增的。还原剂的粒度愈细，用它配制的炉料活性愈好，在相同条件下，氯气的利用率愈高：

炉　料	氯气利用率,%
碱式碳酸镁 +0.3mm 褐煤	63
碱式碳酸镁 +0.1mm 褐煤	70
碱式碳酸镁 +0.05mm 褐煤	85

碳质还原剂的挥发分对氯化过程的影响较复杂。在氯化炉内，它们能与氯作用，降低氯的利用率。但它从炉料中挥发之后，可提高炉料的孔隙率和透气性，这对氯化过程又是有利的。

碳质还原剂的灰分含量要求愈低愈好。

表18－6　氧化镁的性质与氯化率的关系

氧化镁生产方法	煅烧温度（℃）	堆装密度（g/cm^3）	苯中沉降比容（cm^3/g）	吸收甲基红能力（g/g）	水化率（%）	氧化镁氯化率（%）
碳酸氢镁法	600	0.28	19.2	0.026	96.2	69.5
用苏打从 $MgCl_2$ 溶液中沉淀	600		4.1	0.019	67.3	59.8
用石灰乳从 $MgCl_2$ 溶液中沉淀	600	0.38	9.9	0.018	74.6	64.0
菱镁矿煅烧	700	0.66	2.2	0.007	9.3	43.2

二、炉料的化学组成

由于所用原料及还原剂的组成不同，炉料中可能含有的杂质为CaO、Fe_2O_3、Al_2O_3、SiO_2、$MgSO_4$、H_2O及碳质还原剂中的挥发分。

氧化钙：炉料中的CaO全部氯化成$CaCl_2$，并随氯化镁熔体进入电解槽中。$CaCl_2$是电解质的基本组成，若炉料中CaO含量不超过2%～2.5%，是保持电解质组成稳定所需要的，若CaO过高，则使电解质中$CaCl_2$积累过快，不利于电解，并且造成氯的无谓消耗。

氧化铁：在氯化带全部氯化成三氯化铁（沸点315℃），并全部升华，而后有一部分在氯化炉的上部冷凝、水解后又以氧化铁形态落在料层上；其余的随废气带往烟道。氧化铁的危害是造成氯损失。

氧化铝：在一定程度上氯化生成挥发性（沸点181℃）的$AlCl_3$，并随废气进入烟道，造成管路堵塞，并增加氯的损失。未能氯化的Al_2O_3则留在炉内变成渣，当渣层积到一定高度时，需停炉清理，因而Al_2O_3也是一种有害杂质。

二氧化硅：它部分氯化为$SiCl_4$（沸点57℃），以气态存在的$SiCl_4$，在废气排走的过程中遇到MgO或H_2O时，又重新生成SiO_2返回氯化带。没有氯化的SiO_2，则与MgO作用生成硅酸盐，硅酸盐中的 MgO 是很难氯化的，最终以渣的形式留在炉内。所以 SiO_2 是最有害的杂质。

硫酸镁：如果炉料中有硫酸镁，它按如下反应进行氯化：

$$MgSO_4 + 2C + Cl_2 = MgCl_2 + SO_2 + 2CO$$

$$MgSO_4 + C + Cl_2 = MgCl_2 + SO_2 + CO_2$$

由这些反应可知，炉料中有 $MgSO_4$，不致引起麻烦。通常，由氯化制得的氯化镁不含硫酸盐。

水分：炉料中的水分有游离水及结合水两种形态，结合水包括氢氧化镁（$Mg(OH)_2$）、氧氯化镁（$xMgO \cdot yMgCl_2 \cdot zH_2O$）及氯化镁水合物（$MgCl_2 \cdot nH_2O$）中所含的水。当采用水泥型炉料时，炉料中往往含有较多的结合水。

游离水及 $Mg(OH)_2$ 中的水，当炉料预热到 100 ~ 190℃，便以水蒸气逸出，其中一部分与废气中的氯反应生成 HCl，其余随废气排走。炉料中这部分水，除气化时消耗热量外，并不额外增加氯的损失，因为废气中的氯已经是损失了的。

结合在氧氯化镁及氯化镁水合物中的水，炉料加热到较高温度时会引起 $MgCl_2$ 水解，造成氯的损失：

$$MgCl_2 \cdot 2H_2O = MgOHCl + H_2O + HCl$$

$$MgOHCl = MgO + HCl$$

当炉料中的水分达 12% ~ 15% 时，氯的利用率将低于 70%。因此，炉料在氯化前必须进行干燥。

随碳质还原剂进入炉料的挥发分，炉料加热时挥发并进入废气，而后在烟道中冷凝成黑色的黏稠物，粘附在烟道壁上，给清理工作带来麻烦。

三、炉料的机械强度和孔隙率

炉料在氯化炉内必须保持为颗粒状或块状，才能使氯化过程正常进行。如果炉料加入炉内后，在炉子上部预热过程中，发生软化熔结现象，或在料柱本身压力作用下，不能保持原来的颗粒状或块状，而变成了黏稠的粉状物，在这种情况下孔隙率显著降低，气体不能均匀地通过料层。在氯气不能通过的地方，炉子局部不工作，产能下降，严重时还导致被迫停炉。为了使氯化炉正常工作，炉料的机械强度在 800 ~ 900℃ 下应不低于 3.9×10^6 ~ 4.9×10^6 Pa（约 40 ~ 50 kg/cm^2），它由炉料的制备工艺来保证。

除上面三个因素外，炉料的发热值、氯化炉内氯化带的温度、氯气浓度及通氯速度，对氯化作业也有很大的影响。

第四节 氧化镁的氯化工艺

炉料质量对保证氯化过程顺利进行并取得良好的技术经济指标关系极大，因此对于炉料的制备应予足够重视。加入氯化炉的炉料，依所用原料及制备工艺不同而分为多种，这里只介绍其中两种。

一、氧化镁 - 卤水球团炉料

又称为水泥炉料或索列尔（Sorel）炉料，它是利用 MgO 与 $MgCl_2$ 溶液反应时能自动固化的性质，将粉状物料固化成球团的。固化产物称为氧氯化镁，是一种不同组成的碱式氯化镁盐，可用通式 $x\mathrm{MgCl_2}\cdot y\mathrm{MgO}\cdot z\mathrm{H_2O}$ 表示（例如为 $\mathrm{MgCl_2\cdot 5MgO\cdot 12H_2O}$）。采用这种炉料炼镁的工艺流程如图 18 - 3 所示。将破碎到全部通过 120μm 筛的氧化镁和全部通过 250μm 筛的碳质还原剂，按要求的含碳系数配料混合均匀，而后连续加入圆盘造球机中，$\mathrm{MgCl_2}$ 溶液以一定的速度喷入，在造球机内，粉料滚成直径为 10～15mm 的小球，由于发生固化反应，球团逐渐硬化并具有很大的强度。造球时适当加热，可加速固化过程，以利于生球的输送和储存。所得生球的组成为（%）：MgO 40～45，$\mathrm{MgCl_2}$11～15，C 12～14，$\mathrm{H_2O}$ 23～27。如果将这种含有大量水分的生球直接入炉氯化，不仅氯气的利用率低，而且含水高的炉料，在氯化炉内会发生熔结现象，失去透气能力，所以生球需在回转窑中于500℃左右进行干燥，排除大部分水后再加入氯化炉进行氯化。

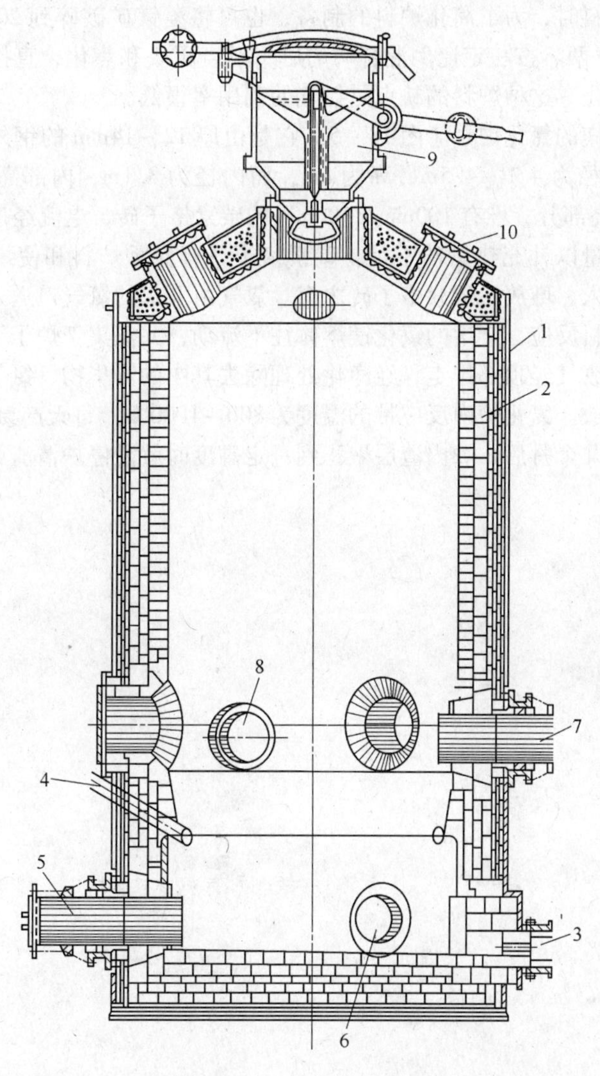

图 18 - 5　氯化炉示意图

1—钢板外壳；2—黏土砖内衬；3—清渣孔；4—氯气管；5—下排电极；6—氯化镁熔体放出口；7—上排电极；8—观察孔；9—加料装置；10—废气排出口

二、天然菱镁矿压团炉料

天然菱镁矿细碎到全部通过74μm标准筛，碳质还原剂破碎到1～3mm，两者按比例配料，并加入7%～9%的煤沥青作黏结剂，加到用水蒸气间接加热的或用电加热的混捏器中混合均匀，然后送至辊环式压团机或蜂窝式压团机上压成团块。制团的压强为2.9×10^7～4.9×10^7Pa（300～500kg/cm^2）。为了使团块具有高的机械强度，在氯化之前，先进行焦化处理，即在隔绝空气的情况下加热到300～500℃，使炉料中的沥青发生焦化作用，提高团块的机械强度及孔隙率。实践证明，氯化预先经过焦化的团块，氯气的利用率达90%，而未经过焦化的团块，氯气的利用率为70%。

配料时，可以配入部分氧化镁代替菱镁矿，以提高炉料的发热值。

以菱镁矿作原料时，为了简化炉料的制备，也可将菱镁矿破碎到20～30mm，石油焦破碎到15～20mm，两者按一定比例混合均匀后，不经压块和焦化，直接入炉氯化，这就是所谓矿石颗粒氯化。这种炉料的缺点是氯气的利用率很低。

用于氯化氧化镁的氯化炉示于图18－5。它是由厚12～14mm的钢外壳，内砌以半酸性耐火砖而成。外径为4.1～4.5m，高为8m，而内径为3.1m，内部高度为7m的圆筒。在炉内下部约2m高部分，堆有100mm×100mm的碳素格子砖，电流经过两组电极导入碳素格子层，产生热量以补充热量的不足。碳素格子还有支承炉料和使氯气均匀分布的作用。炉料由顶部加入，堆放在碳素格子砖之上。氯气由下部的氯气口送入，沿碳素格子层及料层上升而与炉料反应，产生的氯化镁熔体往下流动，并汇集于炉子下部，定期放出送去电解。氯化炉的废气经顶部排走，经净化处理除去其中的升华物、氯气和氯化氢后，由排烟机抽往烟囱排放。氯化炉内反应带的温度为800～1000℃。每天产氯化镁熔体8～20t。

氯化炉每生产几个月后，炉内渣层聚积到一定高度时就需停炉清渣，而后再行启动。

第十九章　从氯化镁溶液制取无水氯化镁

第一节　氯化镁水合物脱水的基本原理

一、$MgCl_2-H_2O$ 系状态图及氯化镁水合物

利用海水、盐湖水及钾盐工业的废液中的 $MgCl_2$ 作原料生产金属镁，其主要技术关键是氯化镁水合物的脱水。直至近二十多年，这一脱水技术才告解决，世界上新建镁厂，多采用氯化镁溶液作原料。

$MgCl_2$ 在水中的溶解度是很大的，且随着温度的升高而增大。溶解时镁离子发生强烈的水化并析出大量热，这是因为 Mg^{2+} 的半径小（0.74Å）且带两个正电荷，在溶液中其周围能形成一个很强的静电场，而水分子为极性分子，因而 Mg^{2+} 的水合能很大（$1966kJ \cdot mol^{-1}$），在 $MgCl_2$ 溶液中 Mg^{2+} 以水合离子存在。当 $MgCl_2$ 从过饱和溶液中结晶析出时，就会连同一些水分子成为氯化镁水合物的形态析出。通过蒸发浓缩结晶的方法不可能得到无水氯化镁。以氯化镁溶液为电解炼镁原料时，是先使氯化镁水合物脱水制成无水氯化镁，而后电解得金属镁。

图 19-1 是 $MgCl_2-H_2O$ 系状态图。由图可以看出，当 $MgCl_2$ 从溶液中结晶析出时，根据溶液浓度和温度的不同，可生成六种含不同结晶水的水合物，即 $MgCl_2 \cdot 12H_2O$、$MgCl_2 \cdot 8H_2O$、$MgCl_2 \cdot 6H_2O$、$MgCl_2 \cdot 4H_2O$、$MgCl_2 \cdot 2H_2O$ 及 $MgCl_2 \cdot H_2O$。温度升高，水合物的结晶水减少，例如 -3.4～116.7℃，结晶析出的为 $MgCl_2 \cdot 6H_2O$；而在 116.7～181.5℃，结晶析出的则为 $MgCl_2 \cdot 4H_2O$。

根据此状态图，当加热这些水合物时，将分解为另一种结晶水含量较低的水合物和饱和溶液。例如将 $MgCl_2 \cdot 6H_2O$ 加热至相当于 I 点的温度（116.7℃）时，发生如下包晶反应：

$$MgCl_2 \cdot 6H_2O \rightleftharpoons MgCl_2 \cdot 4H_2O + \text{饱和溶液}\ (I)$$

$MgCl_2 \cdot 6H_2O$、$MgCl_2 \cdot 4H_2O$ 及 I 点溶液的含 H_2O 量分别为（%）：53.2、43.1 及 53.8，根据杠杆规则可求得 $MgCl_2 \cdot 6H_2O$ 分解后所生成的饱和溶液及 $MgCl_2 \cdot 4H_2O$ 两者在数量上的关系：

$$\frac{I\text{点溶液量}}{MgCl_2 \cdot 4H_2O\text{ 量}} = \frac{53.2-43.1}{53.8-53.2} = \frac{10.1}{0.6} = 16.8$$

生成的溶液量约为 $MgCl_2 \cdot 4H_2O$ 的 17 倍。此时由于大量溶液的生成，使原来呈固体状态的 $MgCl_2 \cdot 6H_2O$ 变成了液体（即所谓溶解在本身结晶水中）。将 $MgCl_2 \cdot 4H_2O$ 加热至 181.5℃，也会发生类似的反应，此时生成的相当于 J 点组成的溶液量为 $MgCl_2 \cdot 2H_2O$ 量的 14.23 倍。由于大量溶液的生成，使整个物料由固体变成了黏稠的糊状物，堵塞了物料之间空隙，妨碍了水蒸气的逸出，给脱水过程造成困难。在实际生产中，为了避免这种现象发生，乃采用逐步将氯化镁水合物升温的办法。对于 $MgCl_2 \cdot 6H_2O$ 的脱水，应在物料

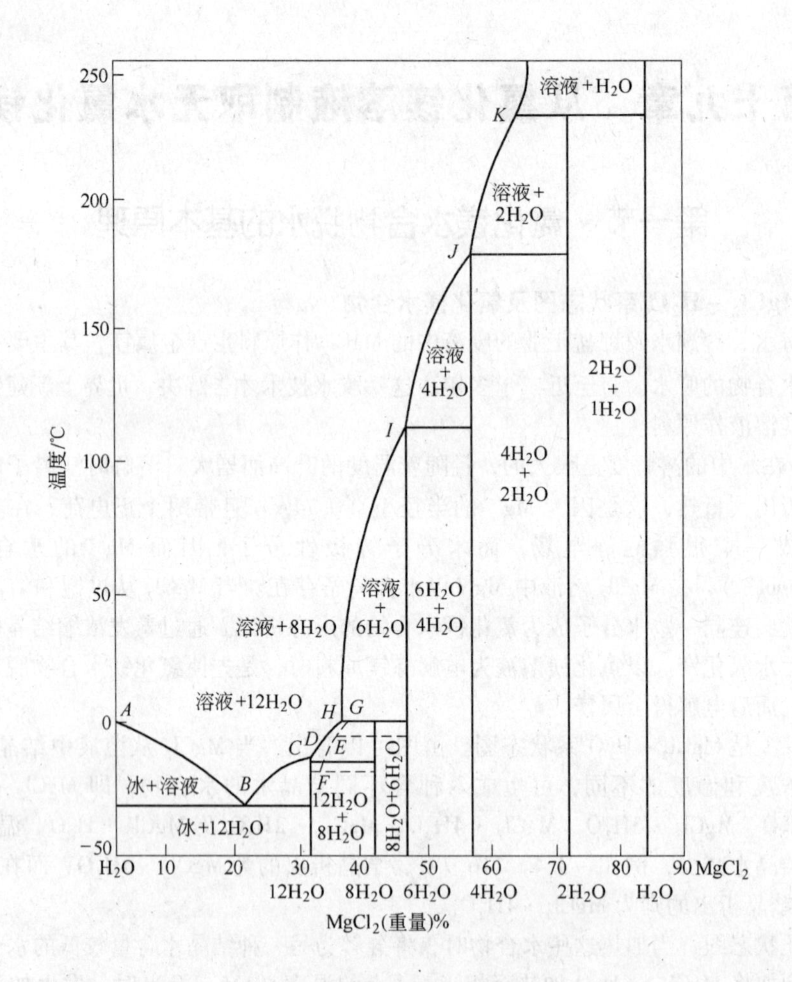

图 19－1　$MgCl_2-H_2O$ 状态图

温度达到 I 点温度（116.7℃）之前，使一部分结晶水以水蒸气的形式脱去，而得以转为 $MgCl_2 \cdot 4H_2O$。同理，对于 $MgCl_2 \cdot 4H_2O$，则应在温度达到 J 点温度（181.5℃）之前脱去一部分水，使之转变为 $MgCl_2 \cdot 2H_2O$。

在各种氯化镁水合物中，室温下能稳定存在的为 $MgCl_2 \cdot 6H_2O$，因之含水较低的氯化镁水合物，将从空气中吸收水分而转变为 $MgCl_2 \cdot 6H_2O$。

无水 $MgCl_2$ 在空气中也会吸收水分转变为 $MgCl_2 \cdot 6H_2O$，并放出大量的热。

二、氯化镁水合物的脱水

六水氯化镁是无色透明的晶体，属六方晶系，其晶格构造如图 19－2 所示。Mg^{2+} 分布在六方格子的 12 个结点及上、下底面的中心上，在它的周围有六个水分子形成八面体，Cl^- 呈六边形分布在晶格内部，每个晶格内含有三个 $MgCl_2 \cdot 6H_2O$。在八面体中的六个水分子，以 Mg^{2+} 为中心两两对称，因此在加热 $MgCl_2 \cdot 6H_2O$ 时，是分段脱去所含的结晶水的，脱水反应为：

$$MgCl_2 \cdot 6H_2O \xlongequal{100\sim115℃} MgCl_2 \cdot 4H_2O + 2H_2O \quad (19-1)$$

$$MgCl_2 \cdot 4H_2O \xlongequal{115\sim170℃} MgCl_2 \cdot 2H_2O + 2H_2O \quad (19-2)$$

$$MgCl_2 \cdot 2H_2O = MgCl_2 \cdot H_2O + H_2O \quad (19-3)$$

$$MgCl_2 \cdot H_2O = MgCl_2 + H_2O \quad (19-4)$$

最后两个结晶水与 Mg^{2+} 的结合力相当强，需在较高温度下才能脱除，这时 Cl^- 更可能成为 HCl 而同时脱除，这就是氯化镁的水解。

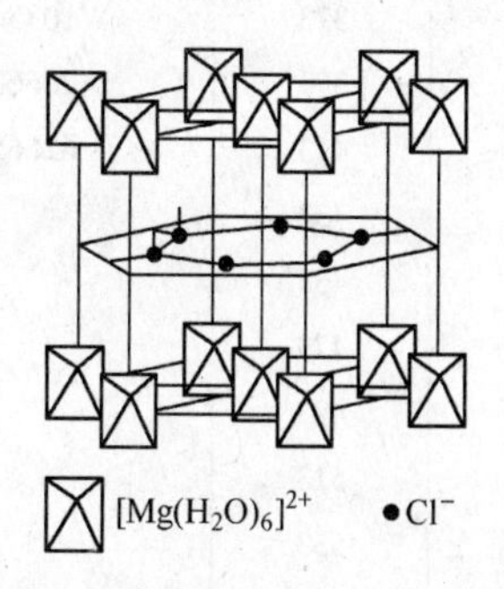

图 19－2　$MgCl_2 \cdot 6H_2O$ 的晶格构造

关于氯化镁水合物的脱水和水解问题进行了大量的研究。对于上述脱水反应来说，各研究者就反应（19－1）、（19－2）得到的平衡分解压与温度的关系相当一致，而对于反应（19－3）和（19－4）的平衡分解压与温度的关系则稍有差别，这是因为 $MgCl_2 \cdot 2H_2O$ 及 $MgCl_2 \cdot H_2O$ 的脱水需在较高温度下进行，这时氯化镁的水解已相当明显，为了防止其水解，通常是在采用 HCl 气氛加以抑制的条件下进行研究的，由于各人控制的具体条件不同，而使所得结果有所差别。根据较新的研究结果，上述四个脱水反应的平衡水蒸气分压与温度的关系分别为：

$$\log p = -\frac{3012}{T} + 12.09 \quad (308\sim388K)$$

$$\log p = -\frac{3430}{T} + 12.39 \quad (363\sim443K)$$

$$\log p = -\frac{3300}{T} + 11.45 \quad (403\sim483K)$$

$$\log p = -\frac{4000}{T} + 11.60 \quad (493\sim573K)$$

上述各式中，p 为平衡水蒸气分压（Pa）。

不同温度下氯化镁水合物脱水反应的平衡水蒸气分压列于表 19－1。为了使水合物脱水，必须使气相中的实际水蒸气分压低于相应温度下的平衡水蒸气分压。表中数据表明，随着温度的提高，氯化镁水合物的平衡水蒸气分压迅速升高，即氯化镁水合物更容易脱水，并得到含水更低的脱水产物。在生产中，六水氯化镁的脱水温度宜控制在 70～100℃，如果温度过高，物料将会产生熔结，使进一步脱水造成困难。而对于四水氯化镁，其适宜的脱水温度为 110～160℃，高于 160℃ 物料也将开始熔结和水解。对于二水和一水氯化镁的脱水，需在高于 140～200℃ 及 200～280℃，并用 HCl 气氛抑制水解反应的条件下进行。

三、氯化镁及其水合物的水解

在氯化镁水合物脱水过程中会发生以下的水解反应，它不仅造成了 $MgCl_2$ 的损失，而且水解产物 MgOHCl 或 MgO 是电解过程极为有害的杂质，所以必须采取措施抑制其生成。气相中实际的 HCl 分压，或 HCl 与 H_2O 的分压比值，大于水解反应平衡时的相应数值，

表 19-1　氯化镁水合物的平衡水蒸气分压

温　度		平衡水蒸气分压（Pa）			
℃	K	$MgCl_2 \cdot 6H_2O$	$MgCl_2 \cdot 4H_2O$	$MgCl_2 \cdot 2H_2O$	$MgCl_2 \cdot H_2O$
40	313	293			
60	333	1109			
80	353	3609	471		
100	373	10350	1564		
120	393	26660	4595		
140	413	62665	12160	2882	
160	433		29412	6741	
180	453		65805	14630	
200	473			29734	
220	493			57054	3065
240	513				6349
260	533				12454
280	553				23266
300	573				41610

即可达到此目的。

$$MgCl_2 \cdot 2H_2O = MgOHCl + HCl + H_2O \qquad (19-5)$$

$$MgCl_2 \cdot H_2O = MgOHCl + HCl \qquad (19-6)$$

已经脱水的无水氯化镁，又可以同气相中的水分作用：

$$MgCl_2 + H_2O = MgOHCl + HCl \qquad (19-7)$$

在更高的温度下，碱式氯化镁进一步分解：

$$MgOHCl = MgO + HCl \qquad (19-8)$$

低水氯化镁和无水氯化镁也可以直接水解为 MgO：

$$MgCl_2 + H_2O = MgO + 2HCl \qquad (19-9)$$

各水解反应的平衡常数与温度的关系可分别用下列各式表示：

$$\log K_{19-5} = -\frac{6820}{T} + 22.36 \qquad (130 \sim 220℃)$$

$$\log K_{19-6} = -\frac{3520}{T} + 10.94 \qquad (230 \sim 300℃)$$

$$\log K_{19-7} = \frac{360}{T} - 0.45 \qquad (300 \sim 500℃)$$

$$\log K_{19-8} = -\frac{5140}{T} + 11.35 \qquad (300 \sim 500℃)$$

$$\log K_{19-9} = -\frac{4780}{T} + 10.9 \qquad (300 \sim 714℃)$$

在以上各计算式中，平衡常数用气体分压表示，压强的单位为 Pa。

关于氯化镁水解的平衡条件，研究所得结果互有差异，有的结果（如反应（19-7））相差甚大。以上所列水解反应的平衡常数与温度的关系式，是在七十年代的研究结果。某些温度下水解反应的平衡常数值列于表 19－2。表 19－3 为 $p_{HCl}+p_{H_2O}=1.013\times10^5$Pa 时反应（19－7）、（19－9）的平衡气相组成。为了防止氯化镁水解，气相中实际的 HCl 与 H_2O 之比必须大于表 19－3 中所列之值。

表 19－2　各水解反应在不同温度下的平衡常数（压强单位，Pa）

温度（℃）	$K_{(19-5)}=p_{HCl}\cdot p_{H_2O}$	$K_{(19-6)}=p_{HCl}$	$K_{(19-7)}=p_{HCl}/p_{H_2O}$	$K_{(19-8)}=p_{HCl}$	$K_{(19-9)}=p^2_{HCl}/p_{H_2O}$
150	1.73×10^4				
200	8.74×10^7	3150			
250	2.09×10^9	16203			
300		62646	1.508×10^6	240	361
350			1.342×10^6	1258	1688
400			1.216×10^6	5159	6273
450			1.117×10^6	17407	19438
500			1.037×10^6	50186	52036
550					123589
600					265845
650					526302
700					971312

表 19－3　反应（19－7）及反应（19－9）的平衡气相组成

温度（℃）	反应（19－7）：$MgCl_2+H_2O=MgOHCl+HCl$			反应（19－9）：$MgCl_2+H_2O=MgO+2HCl$		
	HCl	H_2O	HCl/H_2O	HCl	H_2O	HCl/H_2O
300	0.601	0.399	1.51	0.058	0.942	0.06
350	0.573	0.427	1.34	0.122	0.878	0.14
400	0.549	0.451	1.22	0.221	0.779	0.28
450	0.528	0.472	1.12	0.354	0.646	0.55
500	0.509	0.491	1.04	0.507	0.493	1.03
550				0.654	0.346	1.89
600				0.775	0.225	3.44
650				0.860	0.140	6.14
700				0.914	0.086	10.63

四、氯化镁水合物脱水和水解的相图

图 19－3 为氯化镁水合物脱水及水解相图的几个截面。相图共分为七个区，每个区表示在该区所处的 HCl 和 H_2O 的分压及温度条件下，各化合物的稳定区。相图下部各区为氯化镁水合物的稳定区，自下而上随着温度升高，六水氯化镁逐步脱水，转变为四水、二水及一水氯化镁。相图中部右侧为 $MgCl_2$ 的稳定区，左侧为 MgOHCl 的稳定区。相图的最上部为 MgO 的稳定区。

氯化镁水合物脱水的目的是为了制取无水氯化镁，为此，必须控制脱水条件与 $MgCl_2$ 的稳定区相适应，以减少氯化镁的水解。

1. 脱水温度　由相图知，最终脱水的适宜温度与 $p_{HCl}+p_{H_2O}$ 总压的大小有关，当总压为 1×10^5、0.6×10^5、0.2×10^5Pa 时，最适宜的脱水温度分别为 280～480℃、260～460℃

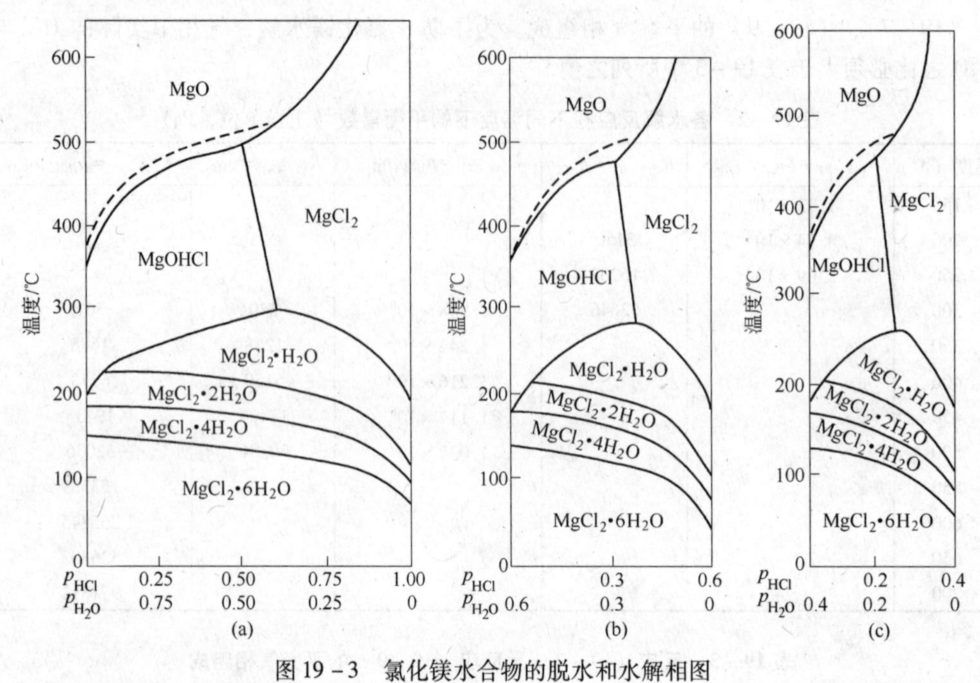

图 19－3　氯化镁水合物的脱水和水解相图

(a) $p_{HCl}+p_{H_2O}=1\times10^5$Pa；(b) $p_{HCl}+p_{H_2O}=0.6\times10^5$Pa；

(c) $p_{HCl}+p_{H_2O}=0.2\times10^5$Pa

及 240～440℃。在此温度范围内，气相中 HCl 与 H_2O 的比值较低时，也可使 $MgCl_2\cdot H_2O$ 脱水得到 $MgCl_2$，而不至于发生明显的水解，高于或低于上述温度范围，则要求气相中的 p_{HCl}/p_{H_2O} 比更高。

2. 气相中的 p_{HCl}/p_{H_2O} 比值　氯化镁水合物的最终脱水，通常是在沸腾炉内以热的氯化氢气体作加热介质进行的，此时氯化氢气体起着加热和保护气氛两重作用。由相图可知，在上述最宜脱水温度下，气相中的 p_{HCl}/p_{H_2O} 应大于 1.0～1.5。在脱水过程中，由于物料所含的水转入气相，故送入沸腾炉的氯化氢气体的 p_{HCl}/p_{H_2O} 需高于上述数值，通常 $p_{HCl}/p_{H_2O}=10\sim20$。

3. 气相中 HCl 及 H_2O 的总压　相图表明，当 $p_{HCl}+p_{H_2O}=1\times10^5$Pa 时，$MgCl_2\cdot H_2O$、MgOHCl 及 $MgCl_2$ 三相交点的温度约为 280℃，而当 $p_{HCl}+p_{H_2O}=0.2\times10^5$Pa 时（其余气体的压强为 0.8×10^5Pa），该点的温度降低到 240℃，这说明 HCl－H_2O 混合气体中掺入其它气体，只要气相中 p_{HCl}/p_{H_2O} 的比值保持不变，可以适当降低一水氯化镁的脱水温度。

第二节　低水氯化镁水合物的制取

低水氯化镁是指只含一个或两个结晶水的氯化镁。

氯化镁溶液又称卤水。对以氯化镁溶液为原料制取无水氯化镁的工艺流程，进行过大量的试验研究工作，提出了各种各样的方案，其共同特点都是分两阶段脱除氯化镁水合物的水。在第一阶段，有的方法是预先制得六水或四水的氯化镁晶体，然后在干燥设备中进行脱水；也有将卤水直接喷入脱水设备内进行脱水制得二水或一水氯化镁的。制取低水氯化镁的过程称为一次脱水。第二阶段再将低水氯化镁在HCl气氛保护下进行彻底脱水制得粒状的无水氯化镁，或将低水氯化镁与KCl、NaCl共熔氯化脱水制得熔体氯化镁。图19－4是具有代表性的卤水炼镁工艺流程。

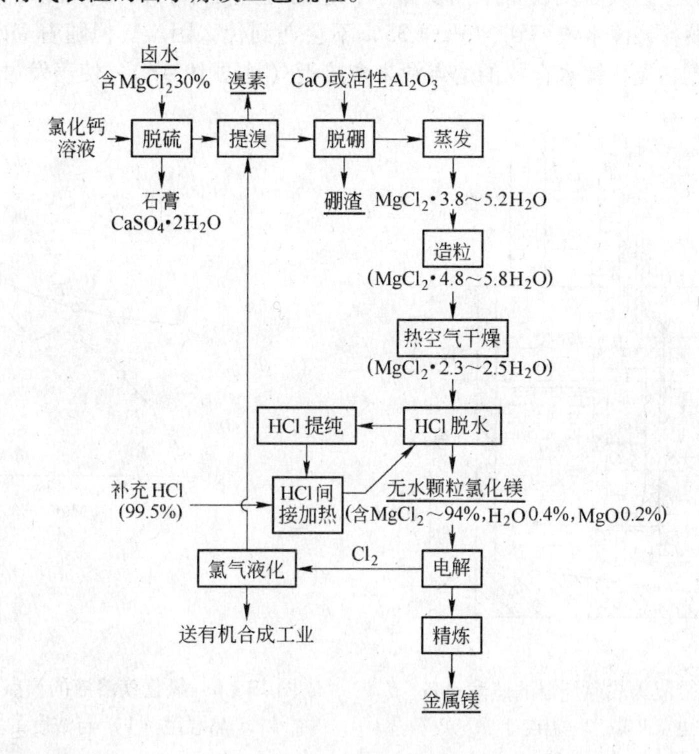

图19－4　卤水炼镁工艺流程

一、卤水的净化

卤水中常含有一些对电解过程有害的杂质，这些杂质不能在脱水过程中排除，需要在其脱水之前进行清除。不同来源的卤水其杂质的种类及含量皆不同，例如挪威普斯格龙镁厂所用卤水的组成为（%）：$MgCl_2$ 33，$MgSO_4$ 1.4，NaCl 0.5，KCl 0.2，MgO 0.01，CaO 0.01，$MgBr_2$ 0.04，Fe 0.0001，B 0.0015，Cu 0.01，以及少量的锰，其余为水。

为了除去卤水中的硫酸根及重金属杂质，在pH＝4～8的条件下，加入$CaCl_2$和Na_2S，使之转化成$CaSO_4$及重金属硫化物沉淀而从卤水中分离。卤水随后送往提溴塔，在塔中往下流动的卤水同上升的氯气接触而释放出溴素：$MgBr_2 + Cl_2 = MgCl_2 + Br_2$。与此同时，卤水中过剩的$Na_2S$被氧化成$Na_2SO_4$，未除净的重金属被氧化成不溶性的$MnO_2$及$Fe(OH)_3$。从提溴塔出来的卤水再加入$BaCl_2$，以进一步除去硫酸盐。过去采用加入活性CaO和活性Al_2O_3将硼盐吸附的除硼方法，近年已改用有机萃取法除硼。经过如此处理后，卤水在下一步蒸发时，便可大大减轻设备的结垢，并有利于电解指标的改善。

二、氯化镁溶液的蒸发和氯化镁水合物的脱水

从卤水制取无水氯化镁需蒸发大量的水和消耗大量的热，所以需要采用高热效率的蒸发设备。对于 $MgCl_2$ 浓度低于35%的卤水，过去曾采用过化工上通用的蒸气加热的列管式多效蒸发器进行蒸发，但遇到了很大困难，主要是极易形成 $CaSO_4$ 和 NaCl 的结垢，热卤水对钢制设备腐蚀严重，维修费用大，热效率低。近期多采用如图19－5示出的称为带浸入式燃烧器的接触式蒸发设备来蒸发卤水，它的优点是结构简单，热效率高达85%～90%。用这种设备将卤水浓缩到含 $MgCl_2$35%不会遇到什么困难。但随着 $MgCl_2$ 浓度的提高，溶液的沸点和氯化镁水合物的熔点愈来愈接近（见图19－6），使蒸发过程变得困难。

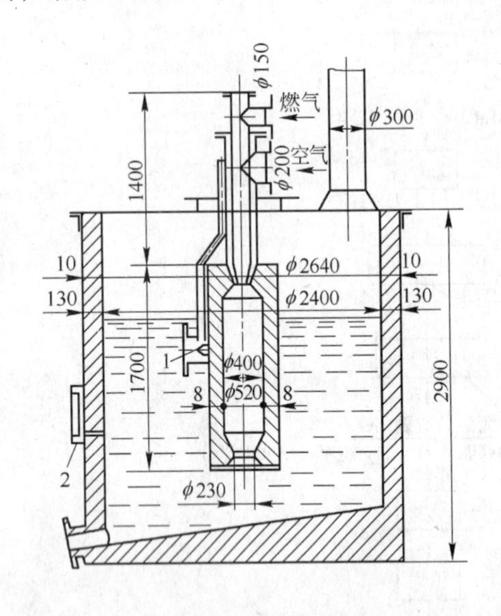

图19－5　带浸入式燃烧器的蒸发设备

1—电点火嘴；2—温度计

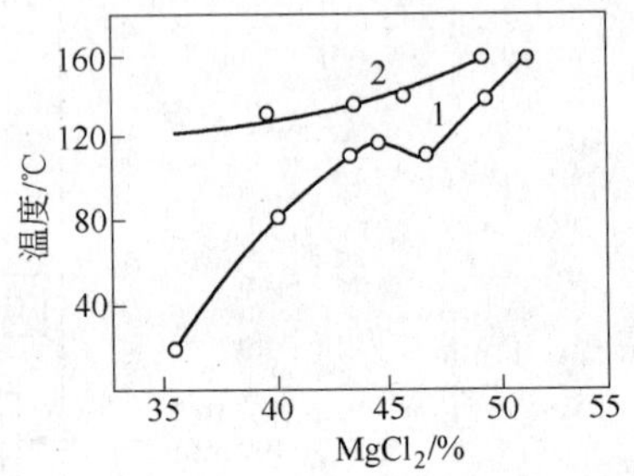

图19－6　氯化镁溶液的沸点（2）及结晶温度（1）与浓度的关系

蒸发高浓度卤水的设备，可采用蛇形管蒸气间接加热的敞开蒸发槽或内部装有陶瓷填料环的以燃烧气体直接加热的喷洒塔，可将 $MgCl_2$ 浓度提高到40%～50%。所得的高浓度卤水送往造粒塔制粒。造粒塔为一圆柱形空塔，卤水自顶部喷下，与从塔底鼓入的冷风接触而被冷凝成粒度为0.5～2mm的六水或四水氯化镁水合物晶体。而后在沸腾炉（或多膛炉）内，利用热空气进行干燥脱水而得到含一至两个结晶水的低水氯化镁。一级沸腾炉内料层的温度为90～95℃，二级沸腾炉内料层的温度为110～160℃。

三、由卤水直接制取低水氯化镁

目前工业上多采用喷雾脱水或喷雾沸腾造粒脱水的方法，由 $MgCl_2$ 浓度为35%左右的或40%～50%的卤水直接制取低水氯化镁。

喷雾脱水的主体设备脱水塔，是由不锈钢板焊成的圆筒。热卤水经高压喷枪雾化成液滴，由鼓入的热风加热，迅速蒸发脱水变成粉状的低水氯化镁，并随同废气进入旋风分离器，而与废气分离并收集。塔内温度愈高，脱水产物含水愈低，但氯化镁的水解率愈高。当热风入口处温度控制在450～550℃，脱水塔内反应带的气体温度在250～300℃，所得脱水产物含 $MgCl_2$ 70%～85%，H_2O 5%～20%，MgO 3%～5%。这种脱水方法的缺点是，

它所得到的产物堆装密度小，而且是细小的粉料，吸湿性很强，易飞扬损失，需要再加压成块，而后又破碎成粒才能进行最终脱水。据报道，在卤水中加入氢氧化镁凝胶，或加入少量的某些有机试剂（如聚乙二醇－脂肪酸混合液），可使脱水产物的堆装密度由80g/L提高到300～350g/L。喷雾脱水的优点是脱水速度快，设备的产能高，产品含水低。

喷雾沸腾造粒脱水的工艺流程如图19－7。脱水的主体设备实际上是由喷雾干燥塔（上部）和沸腾干燥炉（下部）组合成的一个整体装置，自上而下分三个区：悬浮状态干燥区、造粒区和沸腾层干燥区。用泵2将卤水从贮槽1经高位槽3送至雾化器4，在此被从燃烧室8来的900℃的燃气所雾化，并在悬浮干燥区逐步干燥成含5～5.5个结晶水的氯化镁微粒，其表面有一定黏性，当降落至沸腾层的上部时，黏结在别的小颗粒上，使颗粒得以长大，这一过程称造粒过程。粗颗粒的质量大而处于沸腾层的下部，当干燥达到要求后，经排料管5排出。排料口的高度与沸腾炉的筛板相同。尾气经排气管和旋风分离器6由排风机7排走，旋风分离器回收的粉尘用压缩空气吹回沸腾层的上部，形成一层“尘幕”，“尘幕”中的粉尘即是造粒的核心。整个干燥设备有两个正压操作的燃烧室，上部燃烧室8所产生的燃气量应保证喷雾器能正常工作，下部燃烧室9的燃气送往沸腾炉筛板下，供给沸腾炉干燥物料所需的热。鼓风机10供给调节沸腾层温度所需的空气。当沸腾层的温度控制在135～140℃，得到的脱水产物为$MgCl_2 \cdot 2H_2O$，氯化镁水解率为4%～5%。如果要得到$MgCl_2 \cdot (1.2 \sim 1.3) H_2O$的脱水产物，沸腾层的温度应为150～160℃，氯化镁的水解率则增至15%～20%。脱水产物的粒度为1～3mm，此种粒度的产物对于下一步彻底脱水是有利的。

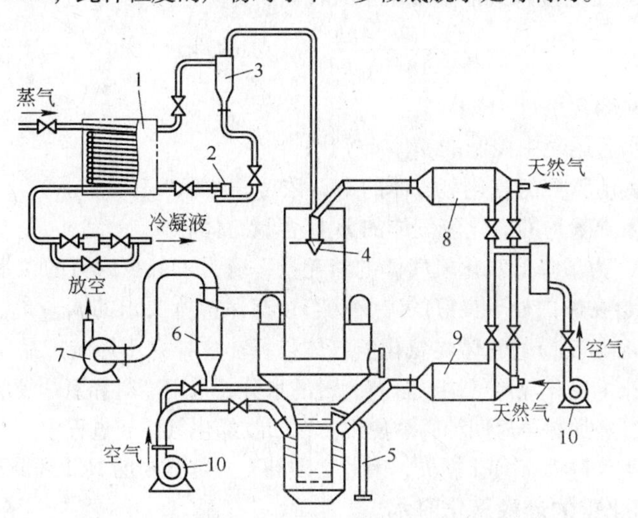

图19－7　喷雾干燥塔和沸腾干燥炉组合的工艺流程

1—贮槽；2—泵；3—高位槽；4—雾化器；5—排料管；6—旋风分离机；7—排风机；8—上部燃烧室；9—下部燃烧室；10—鼓风机

第三节　低水氯化镁的彻底脱水

上节说明，由卤水制取低水氯化镁的脱水工艺过程是比较简单和易于实现的。然而低水氯化镁的彻底脱水则比较困难，工艺复杂。美国道屋化学公司的镁厂，直接采用这种含有部分结晶水的氯化镁作为电解槽原料，使之在电解槽内的氯化氢气氛下实现最终脱水并电解。这种工艺的直流电能消耗量大，只适用于道屋公司的镁厂。因为其厂区附近有廉价的天然气，可用来从电解槽外部加热而不需额外增加电能消耗。其它镁厂则不一定都有此条件。

由低水氯化镁制取无水氯化镁的方法有两大类，即在氯化氢气氛保护下彻底脱水的方法和熔融氯化法。经过彻底脱水制得的无水氯化镁再加入电解槽进行电解。

一、氯化氢气氛下低水氯化镁的彻底脱水

此方法使用的脱水设备为连续作业的沸腾炉。低水氯化镁连续加到沸腾炉的筛板上部，产品连续地从排料管排出，排料管出口在筛板中央，伸出筛板上方的高度与沸腾层的高度相同，以保证从排料管排出的都是干燥好了的产品。干燥的氯化氢气体用耐腐蚀鼓风机送到热交换器，加热至所要求的温度后进入沸腾炉内。热的氯化氢气体向上流动通过筛板，使颗粒物料呈沸腾状态。通过气量的调节来控制沸腾层的高度，沸腾层的温度为260～350℃。所得产品的组成为：$MgCl_2$ 94%，H_2O 0.4%，MgO 0.2%，其余为碱金属氯化物。这种颗粒状无水氯化镁送往电解槽的料斗，连续地加入电解槽进行电解。

为了减少氯化镁在脱水过程的水解，最重要的是控制好脱水温度、氯化氢气体流量及炉内气相的HCl与H_2O的分压比。原料带入的全部水分，脱水后都进入气相中，因而气相中的p_{HCl}/p_{H_2O}随之降低，其降低的限度，应不低于脱水温度下$MgCl_2$水解反应的平衡分压比。为此，必须根据沸腾炉的加料量，以及进入的氯化氢气体的浓度控制好通气量。一公斤原料所需的氯化氢混合气体量可用下式计算：

$$V=\frac{22.4ab}{18(c-bd)} \quad (\mathrm{Hm^3/kg})$$

式中 a——原料的含水量，%；

b——脱水后尾气中控制的p_{HCl}/p_{H_2O}比；

c——进入沸腾炉的氯化氢气体的HCl浓度，体积%；

d——进入沸腾炉的氯化氢气体的H_2O含量，体积%。

由上式可知，为了降低氯化氢气体的消耗量，应力求减少原料的含水量。

为了保证物料在炉内处于良好的沸腾状态，在保持所要求的p_{HCl}/p_{H_2O}前提下，可以掺入一定数量的不参与反应的气体将氯化氢气体稀释。这样并不影响产品质量。

从沸腾炉出来的氯化氢尾气中，含有大量的水分，采用冷凝和氯盐解吸的方法，除掉其中绝大部分水后，经加热再返回沸腾炉使用。在回收氯化氢尾气过程中，有一部分HCl冷凝成稀盐酸，同时生产过程有HCl损失，因此必须补充一部分新的HCl到循环使用的气体中。

二、低水氯化镁的熔融氯化脱水

低水氯化镁熔融氯化彻底脱水的工艺流程如图19-8所示。低水氯化镁经星形阀1加入熔融槽2中进行熔融脱水。熔融槽是一个有耐火材料内衬的钢制槽，槽内有两根导入交流电的电极3，电流通过熔融氯化物产生的热量以保持所需的温度，槽内温度为750～800℃，原料带入的结晶水，一部分以水蒸气蒸发掉，还有少部分同$MgCl_2$反应生成HCl和MgO，所以熔体中含有较高的MgO，必须将其氯化成$MgCl_2$。为此，用熔体泵4将熔融槽内的熔体送入氯化炉5，氯化炉有耐火材料内衬，并且填有碳素格子，氯化炉设有一组交流电极6和氯气管7。来自熔融槽的氯化镁熔体，从顶部加入，当往下流经炭素格子填料层时与向上流的氯气相遇，熔体中的MgO即被氯化为$MgCl_2$。为了利于MgO的氯化，

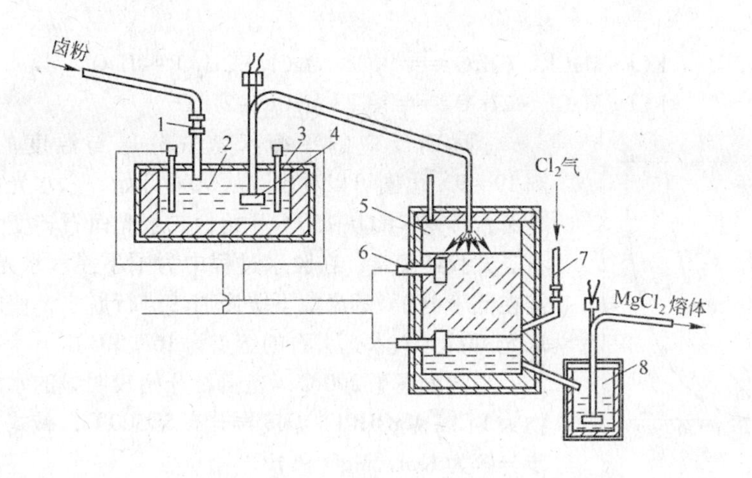

图 19-8　熔融氯化脱水工艺流程图

1—星形闸；2—熔化槽；3—交流电极；4—熔体泵；5—氯化炉；6—交流电极；7—氯气管；8—熔体泵

在低水氯化镁中应配入一定数量的碳质还原剂，如石油焦粉等。氯化器的温度也保持为750～800℃。氯化后熔体中的MgO含量降低到规范要求的范围后，从排料管流入保温澄清槽8中，少量来不及氯化的MgO和炭粒等杂质沉降于槽底，澄清的熔体则根据电解过程的需要，用熔体泵或抬包送往电解槽。熔体的组成为：$MgCl_2$ 92%～95%，MgO 0.2%～0.4%，其余为碱金属和碱土金属的氯化物。

研究表明，在熔融氯化过程中加入少量铁屑作催化剂，可以提高MgOHCl和MgO的氯化速度，从而增大设备的产能。其缺点是，所加入的铁最终以$FeCl_3$的形态挥发进入尾气，增加了尾气净化装置的负担，并且得到的氯化镁熔体含有铁离子，需经过预电解除铁后才能加入电解槽。

第四节　光卤石脱水

光卤石脱水是苏联的技术。苏联有丰富的光卤石资源，主要是利用光卤石来生产金属镁的。我国青海省蕴藏着大量的光卤石资源。除天然产出的光卤石外，在处理钾镁盐矿或用海水、盐湖水生产氯化钾时，光卤石也是中间产品。此外，还可用氯化镁溶液与KCl含量高的废电解质由人工合成制得光卤石。

光卤石含有六个结晶水，像氯化镁水合物一样，需脱水制成无水光卤石后，才能作为电解原料。此时只有$MgCl_2$进行电解，KCl则不电解并积累在电解质中需定期排走。排出的电解质称废电解质。

在光卤石的晶格中，氯离子与金属离子之间的结合力比在$MgCl_2 \cdot 6H_2O$晶格中强，而镁离子与H_2O分子的结合力则比在$MgCl_2 \cdot 6H_2O$晶格中弱。因而光卤石脱水比六水氯化镁容易，脱水过程中$MgCl_2$的水解也没有那么严重。正是由于这个缘故，在某些情况下，特意将氯化镁溶液同氯化钾合成为光卤石后再进行脱水。

研究表明，光卤石不存在四水和一水形态的水合物。光卤石的六个结晶水是分两步脱除的：

$$KCl \cdot MgCl_2 \cdot 6H_2O = KCl \cdot MgCl_2 \cdot 2H_2O + 4H_2O$$

$$KCl \cdot MgCl_2 \cdot 2H_2O = KCl \cdot MgCl_2 + 2H_2O$$

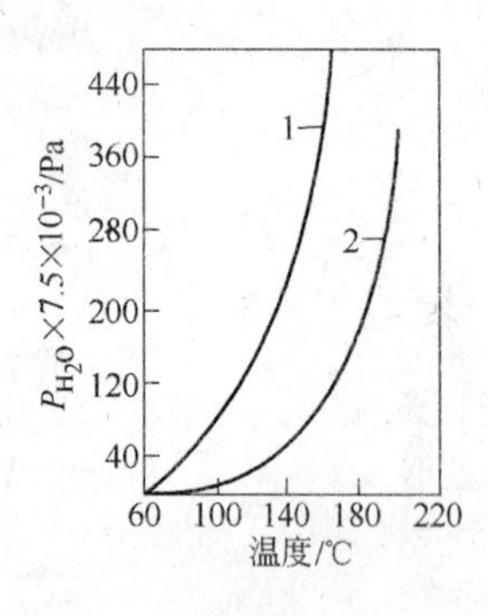

图 19－9　光卤石脱水的水蒸气压强与温度的关系
1—$KCl \cdot MgCl_2 \cdot 6H_2O$；
2—$KCl \cdot MgCl_2 \cdot 2H_2O$

上述两反应的平衡水蒸气分压与温度的关系示于图 19－9。由图可以看出，从 90℃开始，六水光卤石向二水光卤石转变，而从 150℃开始，二水光卤石转变为无水光卤石。试验还确定，在脱水过程中为了不使六水光卤石熔解，需在低于 160℃的温度下缓慢加热进行脱水，使之转变为二水光卤石（六水光卤石的熔点为 167.5℃）。

当温度高于 200℃，光卤石开始较明显的水解，水解产物为 $KCl \cdot MgOHCl$，温度再升高至 500℃，碱式光卤石进一步分解为 KCl，MgO 和 HCl。

因此，工业生产中光卤石的脱水，也是分两个阶段进行的。

光卤石的第一阶段脱水在回转窑或三室沸腾炉中进行。

工业上用于光卤石一次脱水的回转窑长 25～45m，直径 2.2～2.5m。窑的热端内部衬有耐火砖，冷端内部则衬以耐酸砖，以防含有盐酸的尾气腐蚀。窑的斜率为 2°～3°，转速为 0.8～1.2r/min。燃料为煤气或重油，火室的温度在 1200℃以上，用冷空气调至500～600℃后再进入窑内。从窑尾出来的废气温度为 115～120℃。气流通过窑内的速度为2.5～3.8m/s。六水光卤石从窑尾加入，与燃气逆向运动逐渐向前移动时而被加热脱水。从窑头出来的一次脱水光卤石的温度为 200～250℃，其大致组成如表 19－4 所示。光卤石在回转窑中脱水的水解率为10%～12%。

表 19－4　光卤石在回转窑中脱水的物料组成（%）

物料名称	$MgCl_2$	KCl	NaCl	H_2O	MgO
人造光卤石	32.5	24.0	4.5	39.2	
一次脱水光卤石	47.0	37.0	6.4	7.0	2.2
尾气回收粉尘	37.0	29.5	4.0	29.0	0.5

60 年代起，已用沸腾炉代替回转窑进行光卤石的一次脱水。光卤石一次脱水用的三室沸腾炉示于图 19－10。整个沸腾炉用垂直隔墙 2 分成三个室，第二室及第三室又用隔板 4 分为若干个小室。隔墙 2 及隔板 4 上开有溢料孔，处于流态化的物料经过溢流孔从一个室流向下一室。第一室有加料口，第三室有排料管 5。六水光卤石经加料器进入第一室，该室的筛板上设有一个拨料器，以防光卤石结块并使光卤石能均匀地分布在筛板上。光卤石依次通过各室被逐步加热进行干燥。脱水达到要求的光卤石从第三室排出，送去熔融彻底脱水。

在沸腾炉内的第一室到最后一室各处物料的脱水程度不同，其密度等性质也不同，为了保持物料处于良好的沸腾状态，各室所要求的气流速度是不同的，并且各室所控制的温度也不相同，因而三个沸腾室各有自己的燃烧室及配气室，分别向三个室供给燃烧气体。

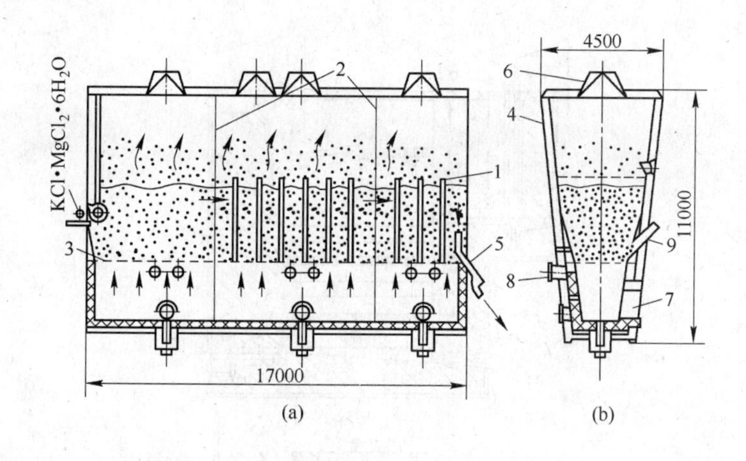

图 19－10　沸腾炉

（a）纵向；（b）横向

1—钢外壳；2—垂直隔墙；3—沸腾炉的筛板；4—室内隔板；5—出料装置；
6—排气管；7—燃气入口；8—防爆阀；9—加料口

燃烧气体送入沸腾炉下部，向上经过气体分配板 3 使物料处于沸腾状态。为了减少尾气中的粉尘量，沸腾炉空间自筛板起是向上逐步扩大的（见图 19－10（a））。三个沸腾室的尾气分别从顶部排出并送到多管旋风分离器内以回收粉尘。从第一室尾气回收之粉尘送到第二室，第二室回收的粉尘送到第三室，第三室的回收粉尘则汇合到脱水产物中去。气体入炉压强为 $1.0\times10^4\sim1.5\times10^4$Pa，沸腾层的压头损失为 $0.7\times10^4\sim1.0\times10^4$Pa。

沸腾炉的一、二、三室内物料的温度分别为 120～130℃、180℃及 200℃，供给各室气体的温度分别为 400℃、410℃及 450℃。脱水后得到的一次脱水光卤石的组成为（%）：$MgCl_2$46.2，KCl 36.8，NaCl 9.5，$CaCl_2$1.7，H_2O 4.1，MgO 1.7。脱水过程总的水解率为 7.5%～8.5%，总脱水率为 94%～95%。筛板面积为 35m^2 的工业沸腾炉，每天可以生产 200～250t 的一次脱水光卤石。

一次脱水后的光卤石，含有一定数量的水和氧化镁，它不宜直接加入电解槽进行电解，而需加热到 750～850℃，彻底脱除全部水分并除掉其中的 MgO 后，才能作为电解槽的加料。这个过程称为光卤石的二次脱水，所使用的设备为氯化器，其结构如图 19－11 所示。氯化器有一个熔化室 *A*，两个氯化室 *B* 和一个澄清室 *C*，都配置在一个总的钢壳内，内衬用耐火砖和异型耐火制品砌筑。熔化室有两根钢制的交流电极 3，为了使熔化室的壁及底不受急冷急热的影响，在其表面镶有石墨板。一次脱水光卤石与焦炭粉之比等于 100∶1 的混合料经螺旋输送器加入熔化室，在这里被加热熔化和脱水，而后经溢流堰板 14 进入第一氯化室。氯化室水平地配有三层耐火材料制成的孔板 9，以使氯气能均匀分布。由于下层和中层孔板下部气体的压强较高，熔体从孔板上的孔眼流下较难，因此孔板边部开有流口，上层熔体经过此流口流入下层。两个氯化室之间有垂直沟道 10 相通，第二氯化室与澄清室也有垂直通道 15 相通。光卤石熔体依次在第一、二氯化室氯化之后进入澄清室，熔体中来不及氯化的 MgO 微粒及炭粉在这里进行沉降分离。无水光卤石熔体由流口 7 放出送去电解。

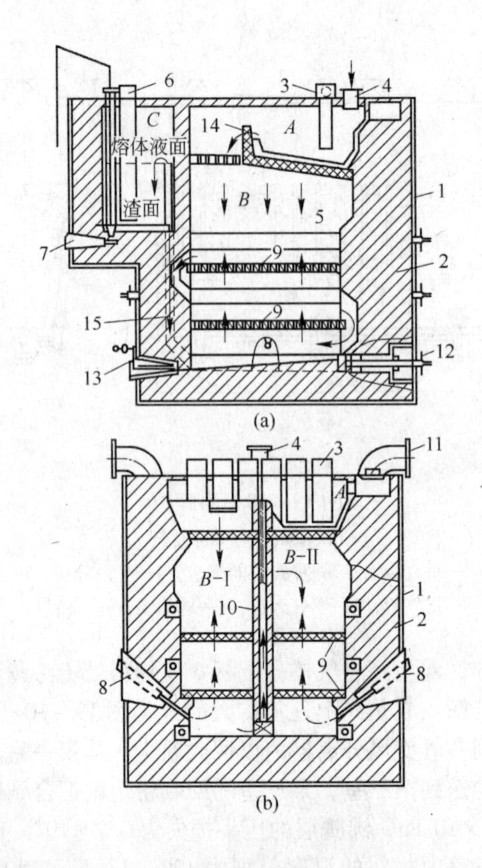

图 19-11　熔化光卤石用氯化器

（a）纵剖面；（b）横剖面

1—外壳；2—内衬；3，5，6—电极；4—加料机；7，13—流口；8—氯气口；9—孔板；10—垂直沟道；11—排气管；12—冷却装置；14—堰板；15—垂直管道

A—熔化室；*B*-Ⅰ，*B*-Ⅱ—氯化室；*C*—澄清室

氯化室借水平插入的炭素电极通电加热，澄清室则用垂直插入的钢棒通电加热。

氯化室下部设有氯气入口，氯气进入氯化室后在上升的过程中将熔体中的 MgO 氯化，氯气在入口处的压强为 $5.5\times10^3\sim5.9\times10^3$ Pa。

熔化室、氯化室和澄清室内熔体的温度分别为 480 ~ 520℃、750 ~ 820℃和 750℃。澄清后的无水光卤石组成为（%）：$MgCl_2$ 50 ~ 51.5，MgO 0.5 ~ 0.8，H_2O 0.05，C 0.02 ~ 0.07，KCl + NaCl 47 ~ 48.5。

第二十章　氯化镁电解

第一节　镁电解质的物理化学性质

镁电解与铝电解一样，为了使电解过程能正常进行并获得良好的技术经济指标，对电解质的熔度、密度、电导率、黏度、界面张力、蒸气压、水解性能和氧化性能等物理化学性质都提出了一定的要求。

由于 $MgCl_2$ 的熔点高，导电性差，黏度大，易挥发和易水解等缺点，所以不单独用氯化镁作电解质，而是使用多组分的氯化物体系作电解质。目前镁电解生产采用的电解质主要有三种体系：$MgCl_2-NaCl-KCl$（电解光卤石时），$MgCl_2-NaCl-CaCl_2$ 系和 $MgCl_2-NaCl-CaCl_2-KCl$ 系（后两个系电解氯化镁时用）。有时也用 $BaCl_2$ 代替 $CaCl_2$，以提高电解质的密度。为了使阴极上析出的镁能很好的汇集，电解质中常加入2%～5%的 CaF_2 或 MgF_2。除了这些基本成分外，电解质中还含有少量的有害杂质。

近年已研究出一种新的以氯化锂为主要组分的轻电解质及相应的新型电解槽，这种电解质的特点是它的密度比镁小，电解时镁沉在槽底，电解质层在上部，能有效地防止镁和氯的再反应。此外这种电解质还具有电导率高，初晶温度低等许多优点，是镁电解工艺的一个重要发展方向。但对原料的质量要求十分严格，要求 $KCl+NaCl+CaCl_2$ 的总含量不超过0.2%，否则它们在电解质中积累太快而使电解质的密度增大，造成镁的上浮。为了防止镁上浮，就必须更换电解质和补充 LiCl，而 LiCl 的价格很贵，故采用锂电解质时，对氯化镁的纯度提出了很高的要求。

目前镁电解采用的电解质，其密度都比镁大，镁是漂浮在电解质表面上的。

一、镁电解质的熔度和离子形态

镁的熔点为650℃，电解过程要求在稍高于镁的熔点即680～720℃下进行最为有利。电解温度过低，镁可能以海绵状态在阴极上析出，造成阴阳极之间短路，电解温度过高，则电流效率低。实践证明，为了使电解槽正常工作，电解质的初晶温度应低于电解温度50～100℃。电解质的初晶温度与其组成有关。电解质各基本成分的熔点（℃）为：$MgCl_2$714，NaCl801，$CaCl_2$782，KCl770。这四种能构成六个二元系，其中 $NaCl-KCl$，$NaCl-CaCl_2$ 和 $MgCl_2-CaCl_2$ 不形成化合物，在这三个系中，混合盐的熔度是随另一组分的增加而降低的。而在 $NaCl-MgCl_2$，$KCl-MgCl_2$ 和 $KCl-CaCl_2$ 中有化合物生成，其熔度的变化较为复杂，如图20－1、图20－2所示。在 $KCl-MgCl_2$ 系中生成一个稳定化合物 $KCl\cdot MgCl_2$（熔点490℃）和一个不稳定化合物 $2KCl\cdot MgCl_2$（熔点437℃）。在 $KCl-CaCl_2$ 系中有一个稳定化合物 $KCl\cdot CaCl_2$（熔点750℃）。$MgCl_2-NaCl-KCl$ 系，$MgCl_2-NaCl-CaCl_2$ 系和 $MgCl_2-NaCl-CaCl_2-KCl$ 系的熔度图示于图20－3，图20－4和图20－5。从这些熔度图可以看出，这些体系有一系列状态点，其初晶温度远低于氯化镁的熔点，这就使得电解可以在高出镁熔点不多的温度下进行，既可保证熔体有足够的流动性，镁

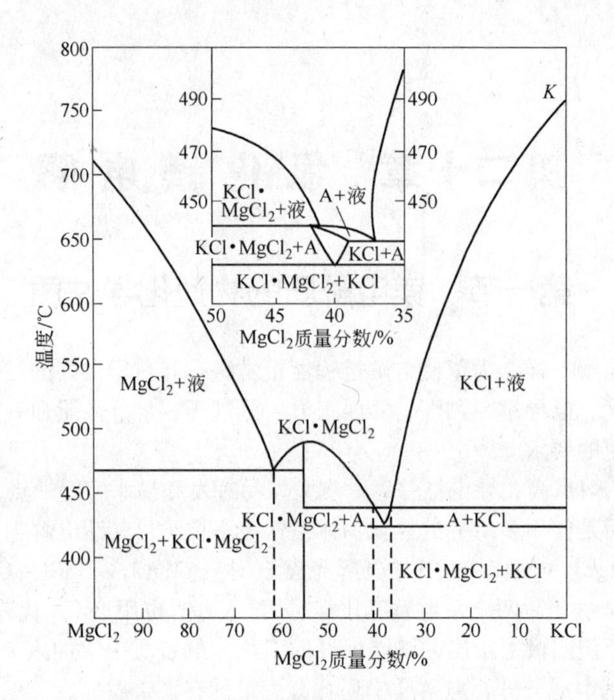

图 20 - 1 $MgCl_2$ - KCl 系熔度图

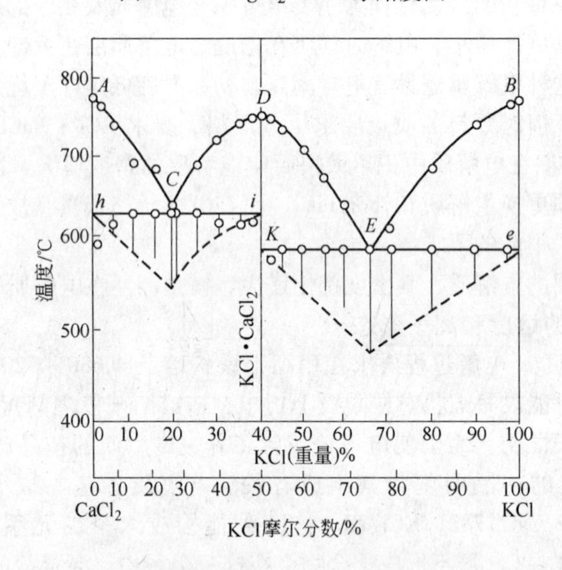

图 20 - 2 $CaCl_2$ - KCl 系熔度图

和氯气能很好上浮，又不会引起镁的过多化学损失。镁电解质的组成是根据所用原料选择的，电解光卤石时采用 $MgCl_2$ - NaCl - KCl 系，电解质成分处于图 20 - 3 中状态点 *X* 和 *Y* 附近，其熔度约为 580 ~ 600℃。电解氯化镁时，则采用另两个系，此时电解质的组成大致是（%）：$MgCl_2$10，$CaCl_2$30 ~ 45，NaCl 40 ~ 60，KCl 0 ~ 10。此组成的熔体在图 20 - 4 中靠左腰中部附近，在图 20 - 5 中靠右腰中部处的点，从图看出，熔体的熔度分别为 520 ~ 680℃及 500 ~ 600℃。

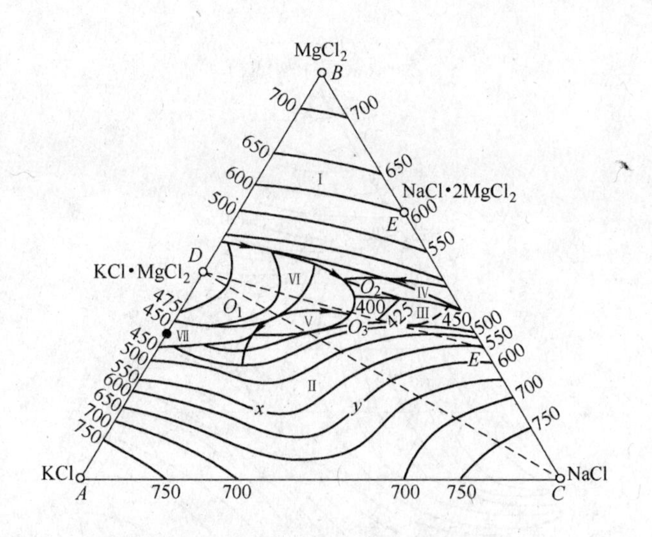

图 20 - 3　$MgCl_2$ - KCl - NaCl 系熔度图[117]

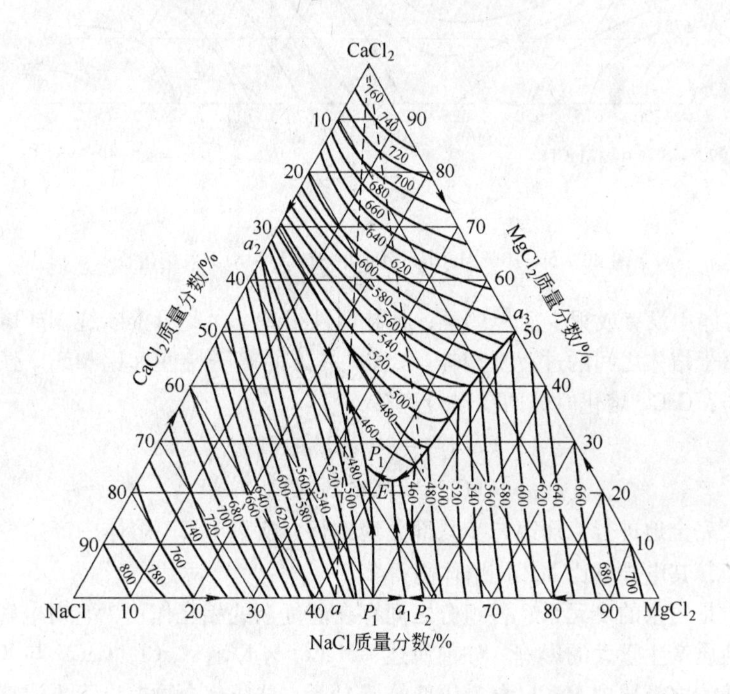

图 20 - 4　$MgCl_2$ - NaCl - $CaCl_2$ 系熔度图

NaCl 和 KCl 是典型的离子化合物，熔化时即离解为简单的 Na^+、K^+ 和 Cl^- 离子。$MgCl_2$ 晶体具有配离子的层状结构，为离子晶体和分子晶体间的过渡型晶体，熔化时层间弱的分子键力破坏，层内牢固的离子键力仍保存着，所以 $MgCl_2$ 熔化时部分地按下式离解：

$$2MgCl_2 \rightleftharpoons MgCl^+ + MgCl_3^-$$

或

$$MgCl_2 \rightleftharpoons MgCl^+ + Cl^-$$

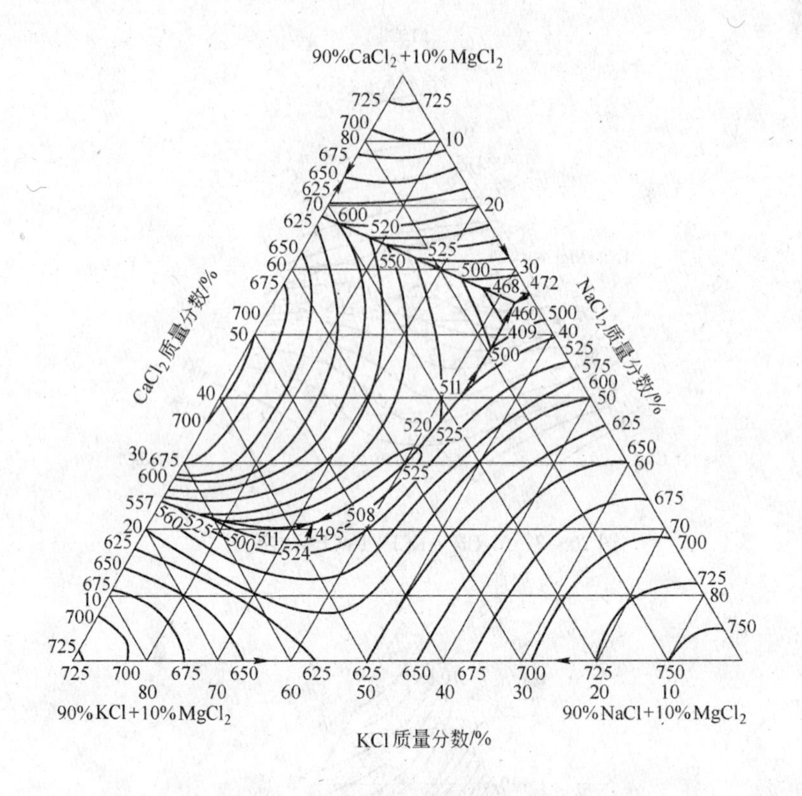

图 20－5　10% $MgCl_2$－NaCl－$CaCl_2$－KCl 系熔度图

故纯 $MgCl_2$ 熔体中没有或很少简单离子，其导电性很差。由此可推断纯 $MgCl_2$ 熔体是介于分子熔体和离子熔体之间的过渡型熔体。$CaCl_2$ 晶体的离子特性远比 $MgCl_2$ 强，因而分子晶体特性变弱，$CaCl_2$ 熔化时分两步进行离解：

$$CaCl_2 = CaCl^+ + Cl^-$$

$$CaCl^+ \rightleftharpoons Ca^{2+} + Cl^-$$

第一步离解较完全地进行，而第二步只部分地进行，所以 $CaCl_2$ 熔体中产生少量的简单离子 Ca^{2+} 和 Cl^-，其电导率比 $MgCl_2$ 熔体高得多。

镁电解质是复杂的多元系，各组分之间存在着复杂的相互作用，它对电解质熔体的结构及一系列性质产生重大的影响。如前所述，$MgCl_2$ 与 KCl、CaCl，$CaCl_2$ 与 KCl 能生成化合物，在实际的电解质中 $MgCl_2$ 含量较低的情况下，这些化合物按以下方式离解：

$$KCl \cdot MgCl_2 = K^+ + MgCl_3^-$$

$$2KCl \cdot MgCl_2 = 2K^+ + MgCl_4^{2-}$$

$$NaCl \cdot MgCl_2 = Na^+ + MgCl_3^-$$

$$KCl \cdot CaCl_2 = K^+ + CaCl_3^-$$

根据以上分析，镁电解质中可能存在的离子有：

阳离子：Na^+，K^+，(Li^+)；

阴离子：Cl^-，$MgCl_3^-$，$MgCl_4^{2-}$，$CaCl_3^-$。

电解质中主要靠 Na^+ 和 K^+ 传输电流。镁和钙离子主要是以配离子存在，其体积比简单离子大，活动能力差，基本上不参与传送电流。

二、镁电解质的密度

目前镁电解生产中，电解出来的镁是漂浮在电解质表面上的，这就要求电解质与镁之间有一定的密度差，实践证明，电解质的密度应比镁的密度大 80～120kg/m³ 为宜。此时镁能很好上浮，与电解质分离良好，同时镁在电解质表面上呈近似的球状存在，露在电解质表面者不多。若密度差过大，镁层露出电解质面过多，镁容易燃烧而造成损失。

镁珠在电解质中的上升速度 u 和露出在电解质表面的那部分体积 V' 与总体积 V 之比可由以下两式确定：

$$u = \sqrt{\frac{4d(\rho - \rho_0)g}{3\rho f}} \quad (\text{m/s})$$

$$\frac{V'}{V} = \frac{\rho - \rho_0}{\rho}$$

式中 d——镁珠的直径，m；

$\rho - \rho_0$——电解质与镁的密度差，kg/m³；

g——重力加速度，m/s²；

f——与电解质黏度有关的系数。

电解质的密度与电解质组成有关，且随温度升高而减小，镁和电解质基本组分的密度见表 20－1。

表 20－1　镁和电解质基本组分的密度

组　分	温度（℃）	密度（kg/m³）
Mg	651	1650
	700	1540
	750	1470
$MgCl_2$	722	1686
	742	1668
KCl	750	1539
	772	1515
NaCl	800	1547
	814	1541
$CaCl_2$	800	2050
	850	2030
$BaCl_2$	1000	3120
LiCl	700	1454
	750	1434
	800	1414

一般来说，二元和多元混合熔体的密度是随密度大的那个组分含量的增加而增大的。由表 20－1 的数据可以看出，$CaCl_2$ 和 $BaCl_2$ 在镁电解质中起加重剂的作用，而 KCl，特别是 LiCl 则使电解质的密度降低。

若混合熔体内各组分之间有化合物生成，在熔体内存在着配离子时，密度与组成含量的关系就变得复杂起来，如图 20-6 的 $MgCl_2$-KCl 系密度曲线，在 50%(mol)KCl 处出现突变，就是在该处生成稳定化合物 KCl·$MgCl_2$，熔体中出现大量的 $MgCl_4^{2-}$ 及 $MgCl_3^-$ 配离子之故。在配离子内，各质点的排列比简单离子紧密，所以在生成化合物处熔体的摩尔体积最小，而密度急剧增大。

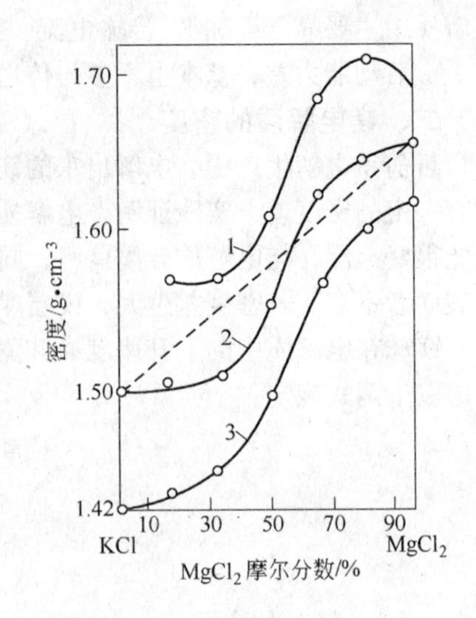

图 20-6　$MgCl_2$-KCl 系的密度

1—700℃；2—825℃；3—950℃

目前工业生产上电解氯化镁和光卤石所采用的电解质组成，在 700℃ 的电解温度下，它们的密度分别为 1700 ~ 1800kg/m³ 和 1550 ~ 1580kg/m³。700℃ 时镁的密度为 1540kg/m³，前者对于镁的分离较为有利。

三、镁电解质的黏度

为了使镁和槽渣能很好地与电解质分离，电解质的黏度应该适当地小些。电解质的黏度与其组成及温度有关。温度升高，黏度降低。各组分的黏度（其单位为 Pa·s，1Pa·s = 10P = 10^3cP）如下：

化合物	NaCl	KCl	$MgCl_2$	$CaCl_2$	LiCl
温度（℃）	821	810	751	800	617
黏度（Pa·s）	1.44×10^{-3}	1.30×10^{-3}	4.96×10^{-3}	4.92×10^{-3}	1.81×10^{-3}

由此可见，电解质的基本组分中 $MgCl_2$ 及 $CaCl_2$ 的黏度最大，为了使电解质具有较好的流动性，$MgCl_2$ 和 $CaCl_2$ 的含量不宜太高。若混合熔体内存在着运动能力差的配离子，则熔体的黏度显著增大。

电解氯化镁时所用的工业电解质组成，在 750℃ 时的黏度为 1.6 ~ 1.8cP，电解光卤石时所用电解质的黏度在 700℃ 为 1.6 ~ 1.8cP。

四、镁电解质的表面性质

电解炼镁过程中，电解质与气相（氯气、空气）、固相（阴极、阳极、槽衬、槽渣）和熔镁之间的界面张力具有重要意义。如果镁能很好地在阴极上汇集长大，氯气能在阳极上附集，以及镁在电解质表面汇集并为电解质膜覆盖着，则能获得高的电流效率。因此，电解质与阴极、阳极、气体之间的界面性质对电解过程的影响尤其重要。熔体与空气界面上的张力又称表面张力。

在电解质表面，镁、电解质、空气三相共存的情况可用图 20-7（a）表示。平衡时三相间的界面张力有以下关系：

$$\sigma_{\text{气-镁}} = \sigma_{\text{气-电解质}} + \sigma_{\text{镁-电解质}}\cos\theta$$

式中，$\sigma_{\text{气-镁}}$、$\sigma_{\text{气-电解质}}$、$\sigma_{\text{镁-电解质}}$ 分别为空气-熔镁、空气-电解质、熔镁-电解质之间的界面张力；θ 为 $\sigma_{\text{气-电解质}}$ 与 $\sigma_{\text{镁-电解质}}$ 的夹角。

当 $\sigma_{\text{气-镁}}$ 大于 $\sigma_{\text{气-电解质}}$ 时，θ 小于 90°，镁能被电解质很好地覆盖，将空气隔开，防止了镁的燃烧（见图 20-7（b））。又由于镁能很好地被电解质湿润，镁滴表面总有一层电解质膜包裹着，这就减弱了电解质内氯气与镁滴之间的二次反应。

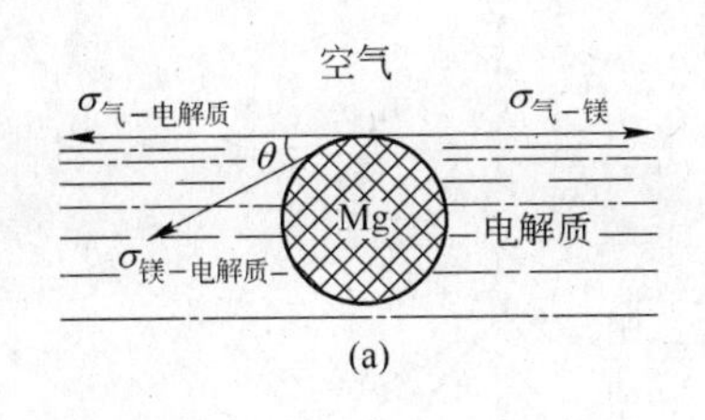

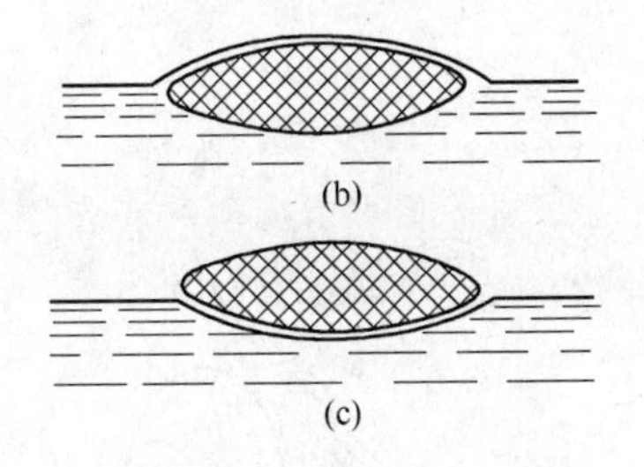

图 20－7　镁在电解质表面的状态

当$\sigma_{气-镁}$小于$\sigma_{气-电解质}$时，θ大于90°，金属会暴露于空气中（图20－7（c））。镁电解过程多属于（b）的情况，因为$\sigma_{气-镁}$比$\sigma_{气-电解质}$大得多（见表20－2）。只要电解质的密度不过分地大于镁的密度，镁层凸出电解质表面不多，在镁层的上面就能保持着一层电解质膜，保护镁不被氧化。

表 20－2　某些熔体的表面张力$\sigma_{气-熔体}$（mJ/m²）

熔　体	LiCl	NaCl	KCl	$MgCl_2$	$CaCl_2$	$BaCl_2$	Mg
温度（℃）	606	801	770	718	772	958	681
熔体－气体之间的表面张力	140	116	97	139	148	681	563

工业生产上，电解氯化镁和电解光卤石时所使用的电解质其表面张力分别为112～120mJ/m²（750℃）和100mJ/m²（800℃）。

电解质对钢阴极和石墨阳极的润湿性，对镁在阴极上和氯气在阳极上的析出状况有很大影响。图20－8表示电解质－镁－阴极同时存在时的情况。平衡时相间张力符合以下关系：

$$\sigma_{阴-Mg} = \sigma_{电-阴} + \sigma_{电-Mg}\cos\theta$$

$$\cos\theta = \frac{\sigma_{阴-Mg} - \sigma_{电-阴}}{\sigma_{电-Mg}}$$

当$\sigma_{阴-Mg}$大于$\sigma_{电-阴}$时，θ小于90°，电解质能很好润湿阴极，而镁不能很好附着在阴极上，如图20－8（a）所示。这时镁以细小的镁滴析出，脱离阴极后随电解质在槽内不断循环，增强了镁与氯之间的二次反应，镁损失量增多。相反，当$\sigma_{阴-Mg}$小于$\sigma_{电-阴}$时，则θ大于90°，镁能很好地湿润阴极，如图20－8（b）。生产实践表明，镁能良好地附着在阴极上并形成镜面，是获得高电流效率的前提。对于氯在阳极上析出也有类似情况。

镁电解质各组分的有关界面性质列于表20－3。表中$\sigma_{熔-镁}$为熔体与熔镁之间的界面张力（mJ/m²）。θ_1和θ_2分别为熔体－固体－气相和熔体－固相－熔镁同时存在时熔体与固相间的湿润角。θ_3为熔镁－固相－气相共同存在时镁与固相间的湿润角。

一些研究表明，$MgCl_2$及NaCl对电解质与阴极的润湿性影响较大，从而影响镁对阴极的润湿状况。

五、镁电解质的蒸气压

电解质蒸气压的大小决定着电解质的挥发损失。镁电解质纯组分的蒸气压（Pa）为：$MgCl_2$253（750℃），KCl 46（750℃），NaCl 48（755℃）。氯化镁的蒸气压比氯化钾和氯

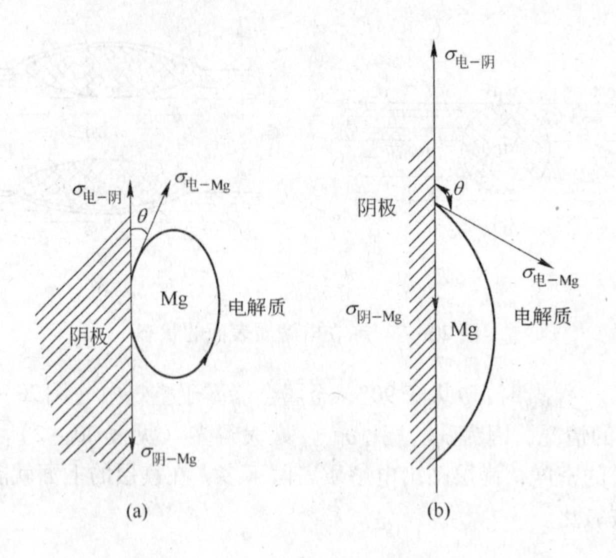

图 20－8　镁－阴极－电解质同时存在时镁在阴极上的汇集状态

表 20－3　800℃时某些熔体的表面性质

熔　体	$\sigma_{熔-镁}$ (mJ/m²)	θ_1 (°)		θ_2 (°)		θ_3 (°)	
		铁板	石墨板	铁板	石墨板	铁板	石墨板
LiCl	358	47	147		33		
NaCl	351	35	180				
KCl		22	31	50	43		
$MgCl_2$	374	33	37	180	47		
$CaCl_2$	374	57	180	52	50		
$BaCl_2$							
Mg						112	115

化钠的高，这是因为氯化镁晶格中存在着一部分分子键，而氯化钾和氯化钠晶体则全部是离子键。氯化钙和氯化钡的蒸气压比氯化镁、氯化钾和氯化钠的都低。电解质添加氯化钙或氯化钡时，可以降低电解质的挥发性。KCl 与 NaCl 能与 $MgCl_2$ 生成化合物，它们在电解质中能降低 $MgCl_2$ 的蒸气压。

工业电解槽排气管道中的升华物，含有 40%～50% 的 $MgCl_2$，正是因为 $MgCl_2$ 的蒸气压最高的结果。

六、镁电解质的电导率

电导率是电解质最重要的物理化学性质之一。电流通过电解的电压降由式：$U = DL/\kappa$ 确定，当电流密度 D 及极距 L 一定时，电解质的电压降则取决于电解质的电导率 κ，因此在维持电解槽热平衡的前提下，提高电解质的电导率，可降低槽电压，因而可降低电能消耗，若保持 U 不变，提高电解质的电导率后，可增大电流强度（即增大 D），使电解槽产能增大，并同时降低电耗。镁电解质基本组分的电导率（$\Omega^{-1}\cdot cm^{-1}$）如下：LiCl 5.86（620℃），NaCl 3.54（805℃），KCl 2.42（800℃），$CaCl_2$ 2.02（800℃），$MgCl_2$ 1.70（800℃）。熔盐的电导率与温度有关，提高温度，电导率升高。上述熔盐中以 LiCl 及 NaCl 的电导率最高，所以工业电解质含有较高的 NaCl。在二元或多元混合熔盐中，其电导率总是随着含电导率高的组分增加而提高的。但若混合熔盐中出现化合物，电导率随成分的变化而变得复杂，如前面讲过的 $MgCl_2-KCl$，$MgCl_2-NaCl$ 及 $CaCl_2-KCl$ 系中，在 50%（mol）KCl 或 NaCl 处生成化合物，此时熔体中有大量的 $MgCl_3^-$ 和 $CaCl_3^-$ 等配离子，而导电能力强的 Na^+、K^+ 和 Cl^- 等简单离子的数量则相对地少，故化合物的生成对混合熔体的电导率产生重大影响。

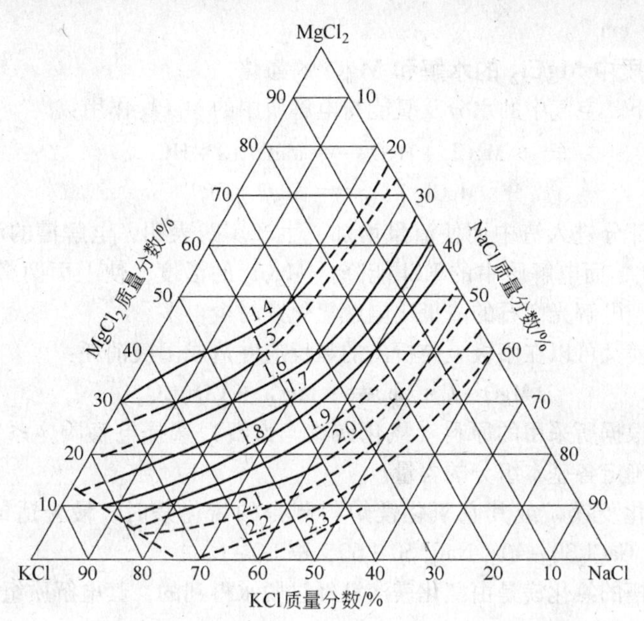

图 20-9 $MgCl_2-NaCl-KCl$ 系熔体 700℃时的电导率

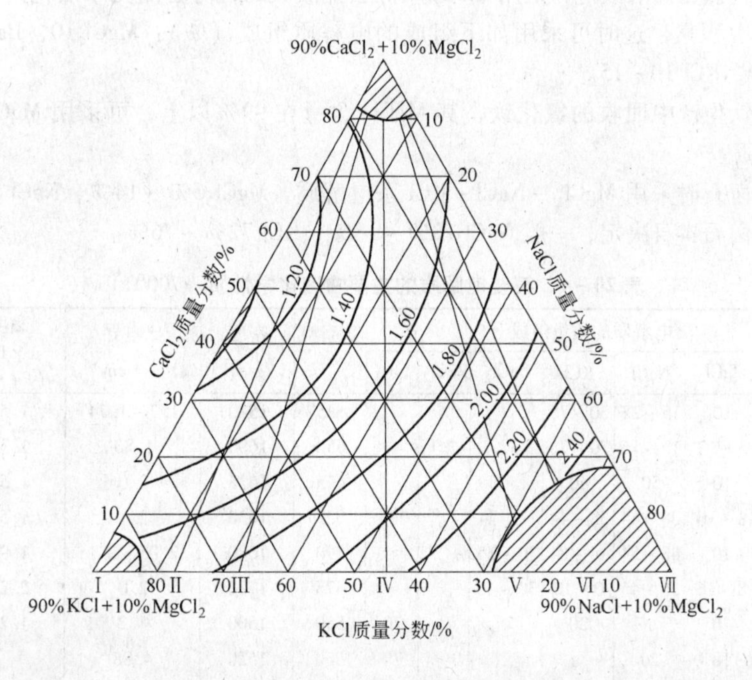

图 20-10 10% $MgCl_2-NaCl-CaCl_2-KCl$ 系熔体在 700℃下的电导率

从图 20－9 及图 20－10 可以看出，随着混合熔盐中 NaCl 含量的增加，其电导率都增大，而 $MgCl_2$ 及 $CaCl_2$ 则相反。电解光卤石时所用的电解质组成为（%）：$MgCl_2$6～14，KCl 72～76，NaCl 13～18，在700℃的电导率为 2.0～2.2$\Omega^{-1}\cdot cm^{-1}$；电解氯化镁时所用电解质的组成为（%）：$MgCl_2$10，$CaCl_2$30～40；KCl 0～6，NaCl 50～60，700℃的电导率为 1.9～2.3$\Omega^{-1}\cdot cm^{-1}$。

七、镁电解质中 $MgCl_2$ 的水解和 MgO 的氯化

在电解温度下，空气中的水分及氧能与电解质中的 $MgCl_2$ 作用：

$$MgCl_2 + H_2O \longrightarrow MgOHCl + HCl$$

$$MgCl_2 + O_2 \longrightarrow MgO + Cl_2$$

生成的氧化镁大部分进入渣中而使渣量增加，生产实践表明，电解槽的渣量与电解质的 $MgCl_2$ 含量成正比，而电解质中的 KCl 能降低 $MgCl_2$ 的活度，使上面两个反应受到抑制，从而减少了渣量、电解光卤石的渣量比电解氯化镁时少得多。

生成的氧化镁又可以在阳极上与析出的氯反应并造成阳极消耗：

$$MgO + C + Cl_2 \longrightarrow MgCl_2 + CO(CO_2)$$

工业生产是根据所采用的原料（氯化镁或光卤石）选择电解质体系后，再根据要求的物理化学性质确定各基本组分的含量。

当原料是氯化菱镁矿或其它氧化镁炉料制得的氯化镁时，最合适的电解质组成为（%）：$MgCl_2$10，$CaCl_2$30～40，NaCl 50～60，KCl 0～6。

若加入电解槽的氯化镁是由氯化镁溶液经过脱水得到的，其电解质组成与上面的大致相同。

如果净化氯化镁溶液时，是用 $BaCl_2$ 来除去硫酸根的，势必随无水氯化镁带入 $BaCl_2$，并在电解质中积累，这时可采用如下组成的电解质组成（%）：$MgCl_2$10，$BaCl_2$10～15，NaCl 50～60，KCl 10～15。

如电解钛生产中回收的氯化镁，其 $MgCl_2$ 含量在99%以上，可采用 $MgCl_2$－NaCl－KCl 系电解质。

电解光卤石时采用 $MgCl_2$－NaCl－KCl 系电解质，$MgCl_2$6%～14%，NaCl 与 KCl 的比值由脱水光卤石本身决定，一般 NaCl 13%～18%，KCl 72%～76%。

表 20－4　某些电解质的主要物理化学性质（700℃）

电解质名称	电解质的质量组成（%）						初晶温度(℃)	密度 (kg/m³)	比电导 ($\Omega^{-1}\cdot cm^{-1}$)	黏度 $\mu\times10^3$ (Pa·s)	表面张力 (mJ/m²)
	$MgCl_2$	NaCl	KCl	$CaCl_2$	$BaCl_2$	LiCl					
钾电解质	10	15～22	60～75				625	1570	1.7～1.74	1.53	104
钾电解质	5～12	12～16	70～78				650	1600	1.83	1.35	104
钠钾电解质	10	50	40				625	1625	2.0	1.58	108
钠钾电解质	8～16	38～44	38～44				625	1630	2.1	1.59	108
钠钙电解质	10	48～54	4～8	30～35			590	1680	2.05～2.1	1.97	110
钠钙电解质	8～16	35～45	0～10	30～40			575	1780	2.0	2.22	110
锂钾电解质	10		20			70	550	1500	4.2	1.20	
锂钠电解质	10	20				70	560	1520	4.88		
钠钡电解质	10	50	20		20		686	2170	2.17	1.7	110

此外，电解质中还添加有少量的 CaF_2 或 MgF_2，以改善镁珠的汇集状况，其加入量为原料量的0.2%～0.5%。

表20－4列出了某些工业电解质的组成及其性质的估计值。

第二节　氯化镁电解的基本原理

一、$MgCl_2$ 电解的理论能耗及 $MgCl_2$ 的分解电压

$MgCl_2$ 的分解反应为吸热反应，为了使反应能连续进行，必须不断从外界向体系供给能量，所供给的能量用于：

（1）氯化镁分解过程自由能变化（$\Delta G_T^{\ominus}$）所消耗的能量；

（2）氯化镁分解过程束缚能变化（$T\Delta S_T^{\ominus}$）所消耗的能量；

（3）加热物料消耗的能量 $\Delta H_{加热}$。当电解槽的加料为熔体氯化镁或熔体光卤石，且温度与电解温度相差不多时，这项可以忽略。

因此制取一公斤镁的理论电耗可表示为：

$$W_{理} = \frac{2.777\times10^{-7}(\Delta G_T^{\ominus} + T\Delta S_T^{\ominus} + \Delta H_{加热})}{24.305\times10^{-3}}$$

$$= 1.1426\times10^{-5}(\Delta G_T^{\ominus} + T\Delta S_T^{\ominus} + \Delta H_{加热}) \quad (kW\cdot h/kg)$$

$$\Delta H_T^{\ominus} = \Delta G_T^{\ominus} + T\Delta S_T^{\ominus} \quad (J/mol)$$

式中　$\Delta G_T^{\ominus}$——电解温度下 $MgCl_2$ 分解反应的自由能变化值，J/mol；

T——电解温度，K；

$T\Delta S_T^{\ominus}$——电解温度下 $MgCl_2$ 分解反应的束缚能，J/mol；

$\Delta H_T^{\ominus}$——电解温度下 $MgCl_2$ 分解过程焓的变化，J/mol；

$\Delta H_{加热}$——将反应物料从初始温度加热到电解温度所需要的热，J/mol；

2.777×10^{-7}——1焦耳换算为千瓦时的系数；

24.305——镁的原子量。

$MgCl_2$ 的分解电压可由下式计算：

$$E_T^{\ominus} = \frac{\Delta G_T^{\ominus}}{nF} \quad (V)$$

式中　n——反应过程电子的转移数，对于 $MgCl_2$ 电解，$n=2$；

F——法拉第常数，$F=96487C$。

根据反应的自由能变化值由上式得到的电压为 $MgCl_2$ 的理论分解电压，它是为了使 $MgCl_2$ 分解需加到两极上的最小电压。

有时候还用到理论电压的概念，它由下式计算：

$$U_{理} = \frac{G_T^{\ominus} + T\Delta S_T^{\ominus} + \Delta H_{加热}}{nF} \quad (V)$$

$\Delta H_T^{\ominus}$、$\Delta G_T^{\ominus}$ 及 $\Delta H_{加热}$ 与温度的关系式可根据有关热力学数据推导出，不同温度区间的表达式如下：

温度低于镁熔点（650℃）时，反应为 $MgCl_{2(固)} = Mg_{(固)} + Cl_{2(气)}$

$\Delta H_T^\ominus = 648223 - 18.9T + 2.256 \times 10^{-3}T^2 - 5.339 \times 10^5 T^{-1}$ (J/mol)　(298 ~ 923K)

$\Delta G_T^\ominus = 648223 - 294.23T + 18.9T\ln T - 2.256 \times 10^{-3}T^2 - 2.67 \times 10^5 T^{-1}$ (J/mol)　(298 ~ 923K)

温度在 650 ~ 714℃，反应为 $MgCl_{2(固)} = Mg_{(液)} + Cl_{2(气)}$

$\Delta H_T^\ominus = 652462 - 9.2T - 2.85 \times 10^{-3}T^2 - 5.77 \times 10^5 T^{-1}$ (J/mol)　(923 ~ 987K)

$\Delta G_T^\ominus = 652462 - 237.27T + 9.2T\ln T + 2.85 \times 10^{-3}T^2 + 2.85 \times 10^5 T^{-1}$ (J/mol)　(923 ~ 987K)

温度在 714 ~ 1107℃，反应为 $MgCl_{2(液)} = Mg_{(液)} + Cl_{2(气)}$

$\Delta H_T^\ominus = 705892 - 22.9T + 0.126 \times 10^{-3}T^2 - 2.84 \times 10^5 T^{-1}$ (J/mol)　(987 ~ 1370K)

$\Delta G_T^\ominus = 705892 - 382.78T + 22.9T\ln T - 0.126 \times 10^{-3}T^2 + 1.42 \times 10^5 T^{-1}$ (J/mol)　(987 ~ 1370K)

将一摩尔 $MgCl_2$ 从 25℃加热到电解温度并熔化消耗的热为：

$\Delta H_{加热} = 16375 + 79.1T + 2.97 \times 10^{-3}T^2 - 8.61 \times 10^5 T^{-1}$ (J)　(298 ~ 987K)

$\Delta H_{加热} = -75219 + 171.9T + 2.97 \times 10^{-3}T^2 - 8.61 \times 10^5 T^{-1}$ (J)　(997 ~ 1500K)

某些温度下的 $\Delta H_T^\ominus$、$\Delta G_T^\ominus$ 及 $E_T^\ominus$ 列于表 20－5 中。

对原电池 Mg｜$MgCl_2$｜Cl_2（C）的电动势进行测定的结果如下：

温度（℃）	718	723	733	751	765
电动势（V）	2.5443	2.5415	2.5358	2.5223	2.5147

在混合熔盐中，$MgCl_2$ 被稀释并同其它组分发生作用，其活度降低，分解电压增大。混合盐中 $MgCl_2$ 的分解电压可由能斯特（Nernst）公式计算得：

$$E_T = E_T^\ominus + \frac{RT}{nF}\ln\frac{1}{a_{MgCl_2}}$$

式中　$E_T^\ominus$——$MgCl_2$ 活度为 1 时的分解电压，V；

R——气体常数，$R = 8.314$J；

a_{MgCl_2}——混合熔盐中 $MgCl_2$ 的活度。

表 20－5　不同温度下 $MgCl_2$ 分解的热力学函数值

温度		$\Delta H_T^\ominus$	$\Delta G_T^\ominus$	$E_T^\ominus$	$\Delta H_{加热}$	每公斤镁的理论电耗 $W_{理}$(kW·h)	
(℃)	(K)	(J/mol)	(J/mol)	(V)	(J/mol)	加固体料	加熔体料
640	913	632260	495050	2.565	90126	8.254	7.224
650	923	640920	494180	2.561	90981	8.363	7.323
660	933	640780	492580	2.553	91837	8.371	7.321
670	943	640640	490980	2.544	92696	8.379	7.320
680	953	640500	499380	2.536	93550	8.387	7.318
690	963	640360	487780	2.528	94408	8.396	7.317
700	973	640220	486180	2.519	95266	8.404	7.315
710	983	640080	484590	2.511	96124	8.412	7.313
714	987	683130	483940	2.508	96467	8.908	7.805
720	993	682990	482730	2.502	97540	8.918	7.804
730	1003	682770	480710	2.491	99327	8.936	7.801
740	1013	682540	478690	2.481	101114	8.954	7.798
750	1023	682320	476670	2.470	102901	8.972	7.796

混合熔盐中 $MgCl_2$ 的分解电压也可通过测定原电池的电动势或用 $I-V$ 法求得。

表 20－6为 $MgCl_2$－NaCl 和 $MgCl_2$－KCl 系的电动势测定结果。表中数据表明，熔体中有 NaCl 和 KCl 存在时，$MgCl_2$ 的分解电压升高，这是由于生成了 $MgCl_3^-$，镁离子的活度降低的缘故。表中数据还表明，KCl 的影响比 NaCl 大，这说明 KCl 与 $MgCl_2$ 生成的化合物更稳定。

表 20－7 为其它混合熔盐中 $MgCl_2$ 的活度和分解电压的测定值。这些熔盐中 $MgCl_2$ 的浓度与工业电解质中 $MgCl_2$ 的浓度相近，可以看出，在电解温度下 $MgCl_2$ 的分解电压为 2.7～2.8V。

表 20－6　在 718℃下 MgCl－NaCl 和 $MgCl_2$－KCl 系的电动势（V）

$MgCl_2$ 的摩尔分数	1.0	0.6	0.5	0.4	0.33	0.3	0.2
$MgCl_2$－NaCl 系	2.544	2.566	2.583	2.614	2.640	2.654	2.710
$MgCl_2$－KCl 系	2.544	2.570	2.612	2.688	2.742	2.766	2.852

表 20－7　750℃温度下混合熔盐中 $MgCl_2$ 的活度及分解电压

熔　体	含量（摩尔分数,%）					a_{MgCl_2}（摩尔分数）	E(V)
	KCl	NaCl	$CaCl_2$	$BaCl_2$	$MgCl_2$		
KCl－$MgCl_2$	87.88				12.12	0.000324	2.840
KCl－NaCl－$MgCl_2$	52.60	36.40			11.00	0.001060	2.788
KCl－NaCl－$MgCl_2$	32.06	53.00	2.66		12.28	0.002383	2.752
NaCl－$BaCl_2$－$MgCl_2$	13.20	63.10		10.91	12.79	0.003122	2.740
NaCl－$CaCl_2$－$MgCl_2$	8.05	63.10	17.95		10.90	0.004318	2.726
NaCl－$MgCl_2$		90.0			10.0	0.003910	2.737

镁电解质中其它组分和杂质的分解电压列于表 20－8 中。因为镁电解质只有 Cl^- 在阳极上放电，若取氯电极作比较电极，并假定其电极电位为零，则氯化物的分解电压就等于相应金属离子在阴极上的析出电位。氯化物的分解电压愈小，相应金属离子的析出电位愈正，愈易在阴极上放电。如果不考虑各组分之间的相互作用，则镁电解质中各金属离子的放电顺序为：Fe^{3+}－$MgOH^+$－Fe^{2+}－Al^{3+}－Ti^{3+}，Ti^{2+}－Mn^{2+}－Mg^{2+}－Ca^{2+}－Na^+－Li^+－K^+－Ba^{2+}。

在镁电解质的基本组分中，Mg^{2+} 的析出电位最正，只要电解质中 $MgCl_2$ 的浓度不过

表 20－8　镁电解质基本组分及杂质的分解电压（700℃）

基　本　组　分		杂　　质	
化　合　物	$E_T^\ominus$（V）	化　合　物	$E_T^\ominus$（V）
$BaCl_2$	3.62	$MnCl_2$	1.85
KCl	3.53	$TiCl_3$，$TiCl_2$	1.82
LiCl	3.41	$AlCl_3$	1.73
NaCl	3.39	$FeCl_2$	1.16
$CaCl_2$	3.38	$MgOHCl_2$	1.50
$MgCl_2$	2.51	$FeCl_3$	0.78

分低，则阴极上只有镁析出。试验表明，当 $MgCl_2$ 浓度降低到 3.5% ~4.0%（mol）时，钠或钾开始与镁共同放电。钙离子以稳定的 $CaCl_3^-$ 存在，其活度降低，不易在阴极上放电。工业电解质的 $MgCl_2$ 浓度一般控制在 6% ~10%（质量）之间。

电解质中存在的某些氯化物杂质，其分解电压比 $MgCl_2$ 的小得多，它们能够在阴极上析出，所以应尽量降低原料中的杂质含量。

二、镁电解过程的副反应

1. 镁和氯的溶解　电解出来的镁又会溶解到电解质中。镁在电解质中的溶解度与温度及组成有关。在纯 $MgCl_2$ 熔体中，当温度从 700℃ 升高到 800℃，镁的溶解度由 0.55% 增至 0.82%（摩尔）。在混合熔体中镁的溶解度也是随温度升高而增大的。镁在纯 $MgCl_2$ 熔体中的溶解度最大，加入不会与溶解的镁起反应的金属氯化物能降低镁的溶解度，原子半径大的碱金属氯化物降低的作用明显（见表 20-9），在 $MgCl_2-KCl$ 系中镁的溶解度最小，这是由于在该系中 $MgCl_2$ 的活度最低的缘故。混合熔盐中 $MgCl_2$ 的浓度对镁的溶解度影响最大。工业电解质的 $MgCl_2$ 浓度不高，所以镁在工业电解质中的溶解度是不大的，在 800℃ 下为 0.004% ~0.014%（质量）。

表 20-9　镁在 50% $MgCl_2$ +50% MeCl（mol）熔体中的溶解度（800℃）

熔　体	KCl	NaCl	$BaCl_2$	LiCl	纯 $MgCl_2$
极化力 $\frac{ne}{r^2}$	0.57	1.04	0.98	1.64	
溶解度（摩尔分数,%）	0.152	0.174	0.342	0.404	0.820

按金属在其本身盐中溶解的现代观点，镁的溶解反应有三种可能方式：

（1）生成原子溶液，溶解的镁以 Mg°存在：

$$Mg + Mg^{2+} \longrightarrow Mg^{\circ} + Mg^{2+} \quad 电极反应为 \ Mg^{\circ} = Mg^{2+} + 2e$$

（2）生成低价化合物 MgCl：

$$Mg + Mg^{2+} \longrightarrow 2Mg^{+} \quad 电极反应为 \ Mg^{+} = Mg^{2+} + e$$

（3）生成缔合低价化合物 Mg_2Cl_2：

$$Mg + Mg^{2+} \longrightarrow Mg_2^{2+} \quad 电极反应为 \ Mg_2^{2+} = 2Mg^{2+} + 2e$$

小林照寿等人测得了下列浓差电池的电动势与镁浓度的关系：

$$C \mid Mg\ (N_0),\ MgCl_2,\ MeCl \parallel MeCl,\ MgCl_2,\ Mg\ (N) \mid C$$

图 20-11 中直线（*b*）上的“△”点为其测定结果，由直线（*b*）的斜率可以确定镁的溶解是按反应（3）进行的。研究的方法是：根据能斯特公式上述镁的浓差电池的电动势为：

$$E = \frac{RT}{nF}\ln\frac{a_0}{a}$$

式中，a_0 及 a 分别为浓差电池左边电极及右边电极溶解镁的活度，因为溶解镁的浓度很低，以镁的浓度 N 代替活度，并保持左边电极的镁浓度 N_0 不变，则电池的电动势为：

$$E = \frac{RT}{nF}\ln\frac{N_0}{N} = \frac{RT}{nF}\ln N_0 - \frac{RT}{nF}\ln N$$

当 $n=1$ 时，根据此式计算得到的 E 与指示电极镁浓度 N 的关系如图中直线 a 表示；当

$n=2$ 时，E 与 N 的关系为直线 b。由于实测值落在直线 b 上，故可确定镁溶解过程有两个电子转移，镁溶解按（1）或（3）进行。但 Mg° 是溶液中的镁原子，反应（1）不能解释镁溶解度随 $MgCl_2$ 浓度降低而减小的现象，因此镁溶解只有按（3）进行。反应（3）的表观平衡常数为 $K=N_{Mg_2^{2+}}/a_{Mg^{2+}}$，则 $N_{Mg_2^{2+}}=Ka_{Mg^{2+}}$，这表明镁的溶解度 $N_{Mg_2^{2+}}$ 与熔体中的 $MgCl_2$ 活度 $a_{Mg^{2+}}$ 成正比。

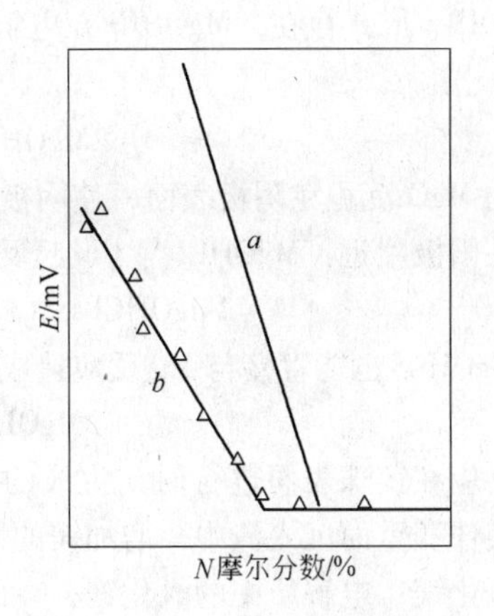

图 20－11　镁浓度与电动势的关系

a—对 Mg^+（计算值）；

b—对 Mg 或 Mg^{2+}（计算值）；

△—实测点（$MgCl_2-KCl$ 系）

研究证实，氯在各种组成的熔体中的溶解度甚小，在电解温度下为 0.1mol/m³。

2. 镁的氯化　电解过程中，已电解出的镁与氯重新化合为 $MgCl_2$ 所造成的镁损失，是工业电解槽电流效率降低的主要原因。与氯作用的镁，不是附着在阴极上或已汇集到集镁室中的镁，而是悬浮于电解质内的大量的细小镁珠。

镁在阴极上析出和长大过程可用图 20－12 说明。整个过程大致可分为五个阶段：(1) 镁离子在阴极上放电并形成小镁珠；(2) 小镁珠长大并汇合成片；(3) 镁层聚合成大镁滴；(4) 大镁滴在浮力作用下沿阴极表面上升；(5) 脱离阴极进入电解质中，随电解质循环流往阴极室或集镁室。当阴极表面发生钝化时，镁对阴极的湿润性恶化，镁珠不能很好地长大而呈"鱼子"（鲕粒）状的镁析出，这种"鱼子"状的镁难与电解质分离，因而随电解质一起循环，与氯气相接触而被氯化。为了减少镁的氯化损失，要求镁和氯在电极上都能很好地汇集，使两者快速地分离。

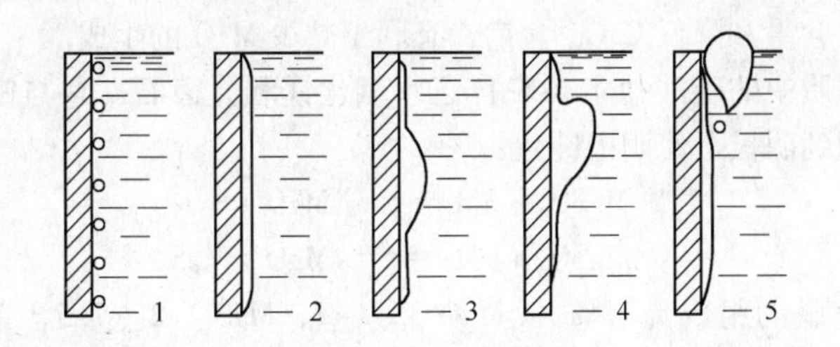

图 20－12　镁在阴极上析出和长大过程的示意图

1—镁滴刚形成；2—镁滴在阴极表面汇集成层；3—镁层聚合为大镁滴；

4—镁滴沿阴极表面上升；5—镁滴脱离阴极

3. 杂质的行为　镁电解质中的杂质有水分、氧化镁、硫酸盐、铁盐、硼化物以及硅、钛、锰等的化合物。这些杂质对电解过程产生不良影响。

水分：电解质中的水分，主要是由脱水不彻底的原料带入的，电解槽密封不好时，也能从空气中吸收水分。在电解温度下，电解质中的水分不可能以 H_2O 的形态存在，而是以 MgOHCl 形式存在。MgOHCl 在电解质内离解为 $MgOH^+$ 和 Cl^-，$MgOH^+$ 在阴极上放电析出 H_2：

$$2MgOH^+ + 2e = 2MgO + H_2$$

生成的 MgO 沉积在阴极表面，使阴极钝化。

在阳极附近，MgOHCl 与 Cl_2 起反应，使得阳极石墨被消耗，阳极氯气被 CO_2 稀释：

$$2MgOHCl + 2Cl_2 + C = 2MgCl_2 + 2HCl + CO_2$$

MgOHCl 也能直接与 Mg 反应造成镁的损失：

$$Mg + 2MgOHCl = 2MgO + MgCl_2 + H_2$$

当此反应在镁珠表面进行时，生成的 MgO 形成一层膜包围着镁珠，妨碍镁珠彼此汇合，又使镁珠变重而沉入渣中，增加镁的额外损失。

氧化镁：电解质中的氧化镁，一部分来自原料，但大部分是在电解过程生成的。当电解槽加料中含有水分，或电解质吸收空气中的水分，$MgCl_2$ 与 H_2O 作用生成 MgO。另外，漂浮在电解质表面上的镁，也会与空气中的 O_2 及 H_2O 作用生成 MgO。

细微的 MgO 粒子能被阴极表面吸附，或本身吸附阳离子带上电荷以后，由于电泳作用沉积在阴极上，使阴极钝化。

电解质中的 MgO 在阳极表面附近能被阳极上析出的氯所氯化，当电解质中含有炭粒时，MgO 的氯化反应也可以在远离阳极的电解质中进行。电解过程中产生的 MgO 有 60% ~70% 被氯气氯化了。

粒度较粗的 MgO 沉入槽底变成了渣。使用四成分电解质时，每吨镁的产渣量为 0.2 吨，渣的成分大致为（%）：$MgCl_2$ 7 ~ 10，$CaCl_2$ 25 ~ 32，NaCl 27 ~ 32，KCl 5，MgO 15 ~ 20，Mg 3，（$Al_2O_3 + Fe_2O_3 + SiO_2$ 等）5 ~ 10。可见氧化镁的生成导致大量的槽渣，造成原料有用成分的大量消耗。当电解质含 30% ~40% $CaCl_2$ 时，从渣中排出的 MgO 比从原料带入的多 1 ~ 1.5 倍，而且还有许多已被氯化掉。

MgO 对电解过程危害极大，能引起阴极钝化，造成镁的损失，加快石墨阳极的消耗，浪费原料，增加出渣的劳动强度等。产生 MgO 的各种途径中，以 $MgCl_2$ 的水解为主。提高电解质中的 KCl 含量和降低 $CaCl_2$ 含量，有利于减少 MgO 的生成。

硫酸盐：电解质中的硫酸盐主要来自卤水氯化镁和光卤石。它与镁作用造成镁的损失，反应产物沉积到阴极上使阴极钝化：

$$MgSO_4 + 3Mg = 4MgO + S$$

$$MgSO_4 + 4Mg = 4MgO + MgS$$

经分析，阴极钝化膜的组成为（%）：MgO 35 ~ 42，MgS 1.2 ~ 1.5，单体硫 0.14，SiO_2 0.2，Fe 0.1 ~ 0.2，C 0.5。

在阳极，$MgSO_4$ 与石墨作用，造成阳极的消耗：

$$MgSO_4 + C = MgO + CO + SO_2$$

当向电解槽加入含有少量硫酸盐的原料时，还会产生长时间的电解质“沸腾”现象，并伴随生成很多泡沫和浮渣，此时电解质的正常循环被破坏，电解槽不能正常工作，电流效率大幅度降低。所以硫酸盐是一种有害杂质，在制备原料时应仔细地加以脱除。为了获得较高的电流效率，电解质中的 SO_4^{2-} 含量不应超过 0.03%。

铁盐：电解质中的铁来源于原料和电解槽的铁部件被腐蚀所致。铁在电解质中是以氯化物存在。研究氯化物熔体中铁离子的平衡过程的结果指出，其平衡常数与熔体的组成、温度及熔体上方的氯气分压有关。当熔体中铁的总量为0.03%（质量）时，在以下三种熔体中的平衡常数为：

$$FeCl_2 + 1/2Cl_2 \xlongequal{} FeCl_3 \quad K = \frac{N_{FeCl_3}}{N_{FeCl_2} \cdot p_{Cl_2}^{1/2}}$$

在700℃及$p_{Cl_2} = 1.013 \times 10^5$Pa（相当于电解槽的阳极室内的情况）时，当电解质组成（%）为：$10MgCl_2 - 45NaCl - 5KCl - 40CaCl_2 \quad K = 1.09$

$$10MgCl_2 - 50NaCl - 40KCl \quad K = 2.05$$

$$15MgCl_2 - 10NaCl - 75KCl \quad K = 3.16$$

即有1/2～3/4的铁以$FeCl_3$存在，1/2～1/4的铁以$FeCl_2$存在。

在同样温度下，但熔体上方氯的分压$p_{Cl_2} = 0$（相当于电解槽的阴极室或集镁室内）时，熔体内的铁全部以$FeCl_2$存在。

在工业电解槽内，电解质处于循环状态之中，可以认为$FeCl_3$及$FeCl_2$都存在，还可生成铁的配离子$FeCl_4^-$及$FeCl_4^{2-}$。

电解质中的铁离子能与镁作用造成镁的损失：

$$FeCl_2 + Mg \xlongequal{} MgCl_2 + Fe$$

$$2FeCl_3 + 3Mg \xlongequal{} 3MgCl_2 + 2Fe$$

生成的海绵铁留在镁珠表面上，妨碍镁珠汇合，又使镁珠加重而落入渣中造成镁的进一步损失。

铁离子可在阴极上放电析出海绵铁，很易吸附MgO而使阴极钝化。

电解质中的铁离子是电解过程很有害的杂质，它能显著地降低电流效率，因此要求电解质中的铁含量小于0.05%。

其它杂质：电解质中还可能存在少量的锰和铬等的氯化物。它们在镁电解过程的行为，与铁的行为大体相似。此外，随脱水氯化镁和光卤石可能带入硼的化合物；由于槽内衬被腐蚀和破损而使电解质含有SiO_2和Al_2O_3；随钛生产返回的氯化镁而带入金属钛的微粒及$TiCl_2$、$TiCl_3$。这些杂质对电解过程都有不良的影响。

第三节　镁电解的电流效率和电能效率

一、电流效率和电解槽产能

镁电解过程的电流效率由下式计算

$$\eta = \frac{M}{0.453It} \times 100\%$$

式中　M——t小时内电解得到的镁量，g；

0.453——镁的电化当量，g/(A·h)；

I——电流强度，A；

t——时间，h。

在t小时内电解槽的产镁量为：

$$M = 0.453 \times 10^{-3} It\eta \quad (kg)$$

由此公式可知，电解槽的产镁量与电流强度及电流效率成正比。电解槽的电流效率及产能是镁电解过程的一项重要指标。

电解槽氯气的产量由下式计算：

$$M' = 1.323 \times 10^{-3} It\eta' \ (\text{kg})$$

生产一公斤镁的氯气产出率为：

$$m = \frac{M'}{M} = \frac{1.323 \times 10^{-3} It\eta'}{0.453 \times 10^{-3} It\eta} = 2.917 \frac{\eta'}{\eta} \ (\text{kg/kg})$$

式中 η'——氯气的电流效率，%；

1.323——氯的电化当量，g/(A·h)；

2.917——镁的理论产氯量，kg/kg。

氯气是氯化镁电解的另一重要产品。氯气产出率也是镁电解过程的一项重要指标。

二、电能消耗率和电能效率

电能消耗率是指生产单位数量的镁时所消耗的电能：

$$W = \frac{IV_{平} t \times 10^{-3}}{0.453 \times 10^{-3} It\eta} = \frac{V_{平}}{0.453\eta} \ (\text{kW·h/kg})$$

上式中的 $U_{平}$ 为电解槽的平均电压：

$$V_{平} = E + \frac{LD}{K} + IR + V_{外} \ (\text{V})$$

式中 E——$MgCl_2$ 的实际分解电压，V；

L——极距，cm；

D——电解质中的电流密度，$D = \sqrt{D_{阳} \cdot D_{阴}}$，$A/cm^2$；

$D_{阳}$，$D_{阴}$——分别为阳极电流密度及阴极电流密度，A/cm^2；

K——电解质的电导率，$\Omega^{-1} \cdot cm^{-1}$；

I——电解槽的电流强度，A；

R——电解槽各导电部件之总电阻，Ω；

$V_{外}$——电解槽以外电路分摊的电压降，V。

由以上两式可以看出，凡能够降低电解槽平均电压及提高电流效率的因素，都能降低电能消耗率。电能消耗率是电解过程的一项非常重要的指标。

电能效率为理论电耗率与实际电耗率的百分比：

$$\eta_{电能} = \frac{W_{理}}{W_{实}} \times 100\% = \frac{0.453\eta W_{理}}{V_{平}} \times 100\%$$

镁电解一般在680～730℃下进行。不同温度下电解制镁的理论电耗率列在表20－5中。如果电解槽的平均电压为6.5V，电流效率为85%，电解温度为700℃，加入电解槽的原料为熔体氯化镁，则电解槽的电能效率为：

$$\eta_{电能} = \frac{0.453 \times 0.85 \times 7.315}{6.5} \times 100\% = 43.33\%$$

由此可见，电解炼镁的电能效率是不高的。目前镁电解的电能效率在40%～65%之间。

三、各种因素对电流效率的影响

由于电流空耗（如漏电、短路、其它离子放电）和镁的损失，电流效率总是低于

100%。在正常条件下，镁的损失是电流效率降低的主要原因，而在损失的镁中有85%～90%是由于镁与氯的逆反应造成的。理论研究和工业实践都表明，镁的分散度对逆反应的影响最大，下面着重从改善镁的汇集状况方面讨论各种因素对电流效率的影响。

1. *电解质成分的影响* 电解质对钢阴极的湿润性、电解质的密度和黏度，对镁在阴极上的析出状况和汇集情况影响最为显著。

在镁电解质的基本组分中，$MgCl_2$ 对钢阴极的湿润角较大，它能增大电解质与钢阴极的润湿角，从而有利于镁在阴极上汇集长大。因此，$MgCl_2$ 浓度增大，可以降低镁的分散度，减少镁的氯化损失，此外，$MgCl_2$ 的表面张力较小，$MgCl_2$ 含量较高的电解质能较好地保护槽内镁层不燃烧。但 $MgCl_2$ 浓度高时，镁在电解质中的溶解度增大，电解质水解严重，导电性变差，黏度增大，挥发性增大，于电解过程不利。而 $MgCl_2$ 浓度过低，碱金属离子放电，也会降低电流效率。根据原料和槽型的不同，目前工业电解质中 $MgCl_2$ 含量波动较大，从加料前的5%～6%（电解光卤石）或7%～8%（电解氯化镁）至加料后的15%～16%或25%。

NaCl 能增大电解质与阴极的湿润角，从而有利于降低镁的分散度和减少镁的损失。NaCl 还能有效地提高电解质的电导率，降低槽电压，故 NaCl 对提高电流效率和降低电能消耗都有好的作用。电解氯化镁时电解质的 NaCl 含量是比较高的，达40%～60%。

$CaCl_2$ 能增大电解质的密度，利于镁的上浮，但 $CaCl_2$ 含量过高时，电解质的黏度增大，导电性降低，故电解质中的 $CaCl_2$ 含量不宜超过30%～35%。当以 $BaCl_2$ 代替 $CaCl_2$ 时，$BaCl_2$ 在电解质中的含量约为15%。

KCl 的表面张力较小，能使电解质很好地润湿镁层表面，保护镁不燃烧。KCl 还能减轻电解质的水解性和降低镁的溶解度，这些对提高电流效率有一定作用。但 KCl 能减小电解质对阴极的湿润角，不利于镁在阴极上汇集长大。它还使电解质的密度减小，从而对镁的上浮不利。所有这些，都会增加镁的损失。因此，当以不含 KCl 的氯化镁作原料时，电解质中可不加入 KCl，或让其含量控制在较低的范围内。

电解质各组分对电流效率的影响甚为复杂，曾在结构与工业有隔板槽相似的实验室电解槽内，研究电解质组成与电流效率的关系，其结果如图20－13所示。由图看出，电流效率是随着 $CaCl_2$ 和 NaCl 含量的增加而提高的。还可看出，在浓度三角形右腰中部附近组成的熔体，其电流效率最高，所以，如果供给电解槽的原料是氯化镁时，所选用的电解质组成大多落在该处。目前国外所用电解质组成列举于表20－10中。

从电解质中杂质的行为可以了解到它们的存在对于电流效率也是有严重影响的，这里就不重复说明了。

2. *电解温度的影响* 为了获得高的电流效率，镁电解质应保持一最适宜的温度。温度过高，镁的分散更加严重，分散的镁粒更细，此时镁的溶解速度加快，镁与氯气接触机会增多。同时温度过高时，镁的溶解度增大，由于黏度变小，扩散速度加快，这都增大了化学反应速度，使镁的损失增加。而温度过低，熔体黏度大，镁、氯气及渣与电解质分离都不好，也使镁的损失增大。因此温度过高或过低都不好。最适宜的电解温度与电解质成分及槽型有关。对于有隔板电解槽，一般为700℃左右。而对于带导镁槽的8万安培阿尔肯（Alcan）型无隔板槽，电解温度保持在660～680℃之间。

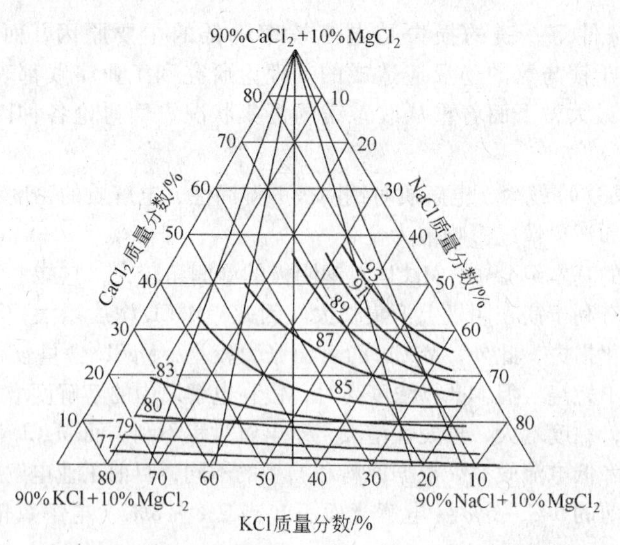

图 20－13　10% $MgCl_2$－NaCl－$CaCl_2$－KCl 系的等电流效率线

（D_a = 0.91A/cm²；h_a（阳极工作高度）=100cm；L = 8cm）

表 20－10　工业电解槽的电解质成分（质量分数,%）

$MgCl_2$	NaCl	$CaCl_2$	KCl	MgF_2	原　料
20	60	20			DOW 公司，海水 $MgCl_2$
15	50	35			东邦镁－钛工艺的 $MgCl_2$
18～23	55～58	20～25		2	大阪镁－钛工艺的 $MgCl_2$（无隔板槽）
4～14	12～20	1～3	68～78		光卤石
10～20	35～55	0～4	35～45		镁钛工艺的 $MgCl_2$
4～14	8～12	2～4	62～74		光卤石与镁－钛工艺的 $MgCl_2$

3. *添加剂的作用*　为了提高电流效率，工业电解槽的电解质中常加入 2%～3% 的 CaF_2、NaF 或 MgF_2。氟化物的作用在于增大电解质与阴极的湿润角，改善镁在阴极的析出条件。同时氟化物还能溶解镁珠表面的 MgO 膜，使镁能很好地汇合。当有硼化合物存在时，将使氟化物的良好作用消失。

4. *电流密度和电解槽结构参数的影响*　在工业电解槽内，镁的损失与镁氯分离的好坏有密切的关系，而镁氯分离的好坏与电解质、镁和氯气的运动特点有关。电解质、镁和氯气的运动特点又受阳极电流密度、极距和阳极工作高度等电解槽参数的共同影响。表 20－11 和表 20－12 是电解氯化镁原料的有隔板电解槽的主要结构参数与电流效率及产能的关系。

表 20－11 中数据表明，在试验所用的槽型及电解质组成下，阳极电流密度为 0.5～0.8A/cm²，阳极工作高度为 80～100cm，极距为 4～8cm 时能获得 91%～93% 的高电流效率。表 20－12 的数据表明，当其它条件相同时，增大电流密度和阳极工作高度能够提高电解槽单位面积的产能。

在电解槽内，阳极析出的氯气往上升到阳极室后排走，氯气上升时带动电解质围绕阴极循环运动（有隔板槽，图 20－14）或围绕着隔墙循环运动（无隔板槽，图 20－15）。依靠电解质的这种有规则的循环运动及其适当的循环速度，把阴极析出的镁带到阴极室或

表 20-11　阳极电流密度、极距和阳极工作高度对电流效率的影响

（电解质：$MgCl_2$ 10%，$CaCl_2$ 30%，NaCl 50%～55%，KCl 5%～7%）

阳极电流密度 (A/cm^2)	阳极工作高度 (cm)	不同极距（cm）下的电流效率（%）			
		2	4	6	8
0.7	80	86.4	91.6	92.0	93.0
0.5	100	86.3	90.8	93.0	92.7
0.6	100	86.3	91.5	92.8	93.3
0.7	100	86.3	91.0	91.1	91.8
0.8	100	86.7	91.8	92.1	
0.3	120	71.4	74.9	80.3	81.5
0.45	120	79.2	79.5	81.5	82.2
0.6	120	80.1	81.0	82.0	83.0
0.7	120	79.6	81.0	82.0	

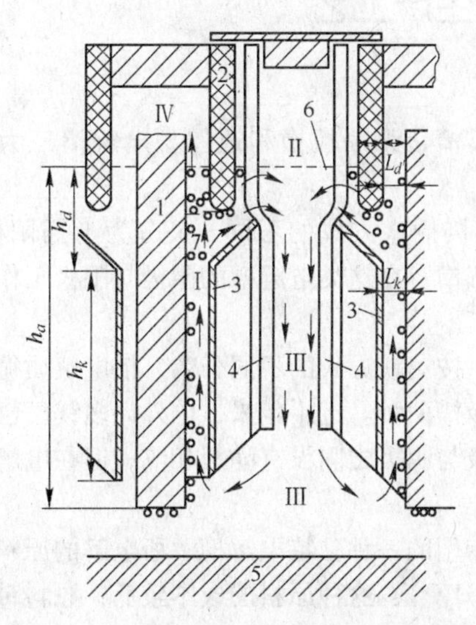

图 20-14　有隔板镁电解槽的电解质循环示意图

Ⅰ—极间空间区；Ⅱ—集镁区；Ⅲ—沉渣区；Ⅳ—集氯区

1—阳极；2—隔板；3—阴极工作面板；4—阴极平衡杆；

5—槽底；6—电解质水平；7—充满氯气泡的熔体下界

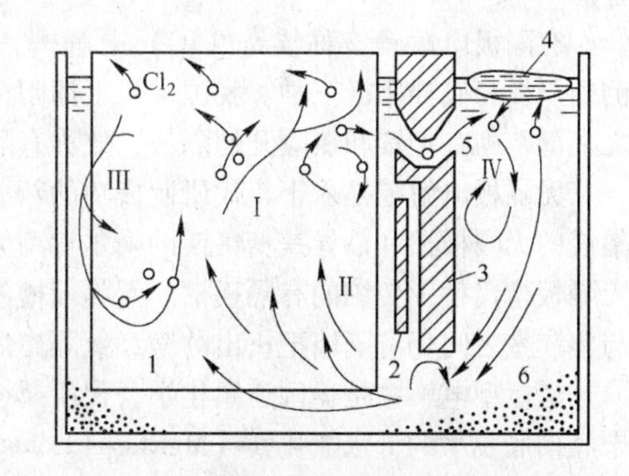

图 20-15　无隔板镁电解槽的电解质循环示意图

1—阴极；2—阳极；3—集镁室隔墙；4—镁液；

5—镁珠；6—沉渣

Ⅰ—含氯电解质向上流；Ⅱ—出集镁室电解质流向；

Ⅲ—含氯电解质向下流；Ⅳ—集镁室电解质循环流动

集镁室，而使镁与氯和电解质得以分离。电解质的这种运动方式对镁氯的分离好坏有决定性意义，在设计电解槽时，必须正确地选择电流密度、阳极工作高度及宽度、极距及其它参数。

5. 阴极材质的影响　阴极钢板材料的成分和结晶组织对镁的析出状况也有较大的影响，对于含碳低的以铁素体组织为主的钢板，镁有较好的覆盖性能。钢板的结晶组织粗大，能改善镁对钢板的润湿。钢阴极在电解过程中会发生脱碳和结晶长大的作用，镁对阴极的润湿愈来愈好，能很好地覆盖在阴极上，其损失减少。工业实践表明，启动电解槽时，使用旧的阴极比新阴极能在较短的时间内达到正常的电流效率。

表 20-12　每平方米槽底产能与电解槽参数的关系

（电解质：$MgCl_2$10%，$CaCl_2$30%，NaCl:KCl=6:1）

阳极工作高度（cm）	产能（$kg/(m^2\cdot h)$）							
	极距（cm）							
	2		4		6		8	
	阳极电流密度（A/cm^2）							
	0.5	0.7	0.5	0.7	0.5	0.7	0.5	0.7
80	4.1	5.5	4.5	5.9	4.5	5.9	4.5	6.0
100	5.2	7.0	5.5	7.4	5.6	7.4	5.6	7.5
120	5.8	7.8	5.9	8.0	6.0	8.0	6.0	8.2

第四节　镁电解生产工艺

一、镁电解槽

目前世界各国采用的镁电解槽可分为有隔板槽、无隔板槽和道屋型电解槽三大类型。

有隔板电解槽又称埃奇（IG）电解槽。按阳极插入方式的不同，又分为上插阳极、侧插阳极和底插阳极三种。我国采用上插阳极电解槽。在这类电解槽的阳极与阳极工作面之上部，砌有把镁和氯隔开的隔板，故称有隔板槽。

无隔板电解槽是六十年代研制成功的新型槽。按集镁方式的不同分为，借电解质循环集镁的无隔板槽和借导镁槽集镁的阿尔肯型无隔板槽两种。近十年来，国外许多镁厂已用无隔板槽代替了传统的有隔板槽。无隔板槽的阳极与阴极之间没有隔板相隔，但在电解室与集镁室之间仍有隔墙把析出的镁和氯隔离的。

道屋型电解槽是美国道屋化学公司所属镁厂专用的一种独特电解槽，所电解的原料是未经彻底脱水的低水氯化镁（$MgCl_2\cdot(1.2\sim2.0)H_2O$），这种原料的成本较低，原料带入的水分是在电解槽内脱除的。道屋电解槽虽然有电流效率较低（75%～80%）等缺点，但它所生产镁的总能耗却是最低的。道屋公司的镁在世界镁市场有强大的竞争能力。

下面介绍上插阳极有隔板槽和借电解质循环集镁的无隔板槽的结构。

1. 上插阳极电解槽　其结构如图 20-16 所示。它包括槽体、阳极和阴极及其导电母线、槽盖等部分。

槽体是一个钢板外壳内部衬以耐火材料围成的长方形槽膛，作为内衬的耐火材料应能在高温下经得起电解质、熔镁和氯气的侵蚀，整个槽体在生产过程中不发生变形和破损，否则电解槽的气密性将遭到破坏，并导致电解质的渗漏。槽体外壳用厚钢板焊成并在其表面再焊上补强钢板和槽沿板，就是为了防止槽体变形的。

镁电解槽的阳极设施由两组隔板和一个阳极构成，隔板嵌入电解槽纵墙内衬上的凹槽中，配置在阳极的两侧，浸入电解质内 15～25cm，它的作用是分开阳极氯气和阴极上析出的镁。两组隔板与其上部的阳极盖构成了阳极室，将氯气收集在这里并排走。阳极从阳极盖顶部插入。每个阳极由若干根石墨条拼成。作为阳极的材料要求其导电性好，不与氯

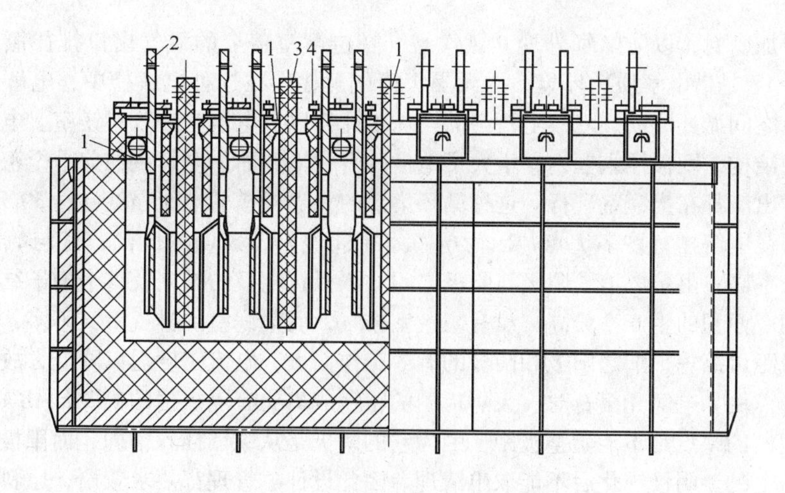

（a）上插阳极电解槽纵剖面图

1—隔板；2—钢阴极；3—石墨阳极；4—阳极母线支承点

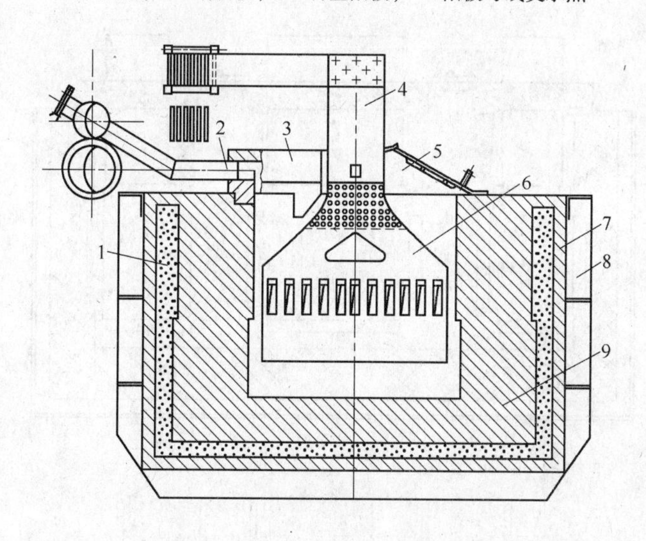

（b）上插阳极电解槽阴极室横剖面图

1—粘土砖；2—阴极室出气口；3—阴极室盖；4—阴极头；5—阴极室前盖板；
6—阴极；7—槽壳；8—补强板；9—绝热层

图 20－16　上插阳极有隔板镁电解槽

气和电解质作用，高温下不易氧化，为此采用石墨作阳极材料。石墨条需先用正磷酸处理，以提高阳极的抗氧化能力。

镁电解槽的阴极由铸钢阴极体和焊在其上的低碳钢板构成，工作板面向阳极方向伸出。阴极悬挂在阴极室中。电解槽的加料，出镁、出渣和排除废电解质等操作，都是在阴极室进行的。

2. *无隔板镁电解槽*　整个槽膛由电解室和集镁室组成。阳极和阴极都在电解室内，集镁室收集由电解室来的镁。电解室与集镁室之间用墙隔开，因而镁和氯得以隔离。电解室盖必须严加密封，以防氯气外逸。氯气经开在电解室盖上的氯气出口排往氯气管道系统。图 20－17 是借电解质循环集镁的无隔板镁电解槽。在这种电解槽中，电解质在电解室和集镁室之间循环流动，阴极上析出的镁珠借此得以从电解室进入集镁室。电解槽的阴极采用框式结构，阳极插入框内，增大了电极的有效工作面。电解室的盖是全密封的。加料、出镁、出渣都在集镁室进行。这种循环集镁的无隔板槽的电流强度已达 30 万安培。

无隔板镁电解槽有许多优点：因为电解室密闭性好，氯气浓度高；镁与氯的分离较好，电流效率高；由于取消了阳极与阴极之间的隔板，电极的排列及整个槽子结构较为紧凑，单位槽底面积的生产率较高；没有阴极室排气，而集镁室的排气量又不多，因此热损失减少，极距可缩短，加之阳极和阴极的有效工作面大，电流密度得以降低，故电能消耗率显著下降。例如电解光卤石时，无隔板槽的粗镁成本比有隔板槽的低 3%～8%。

无隔板槽的缺点是不能调整极距，因为它的阴极是从纵墙插入槽内，而阳极又是固定在电解室盖上的。阴极钝化后不能取出清理。因此设计、管理都要求较严，原料纯度要求高，电解槽的安装检修都较困难。表 20－13 列出了几种槽型的技术经济指标。

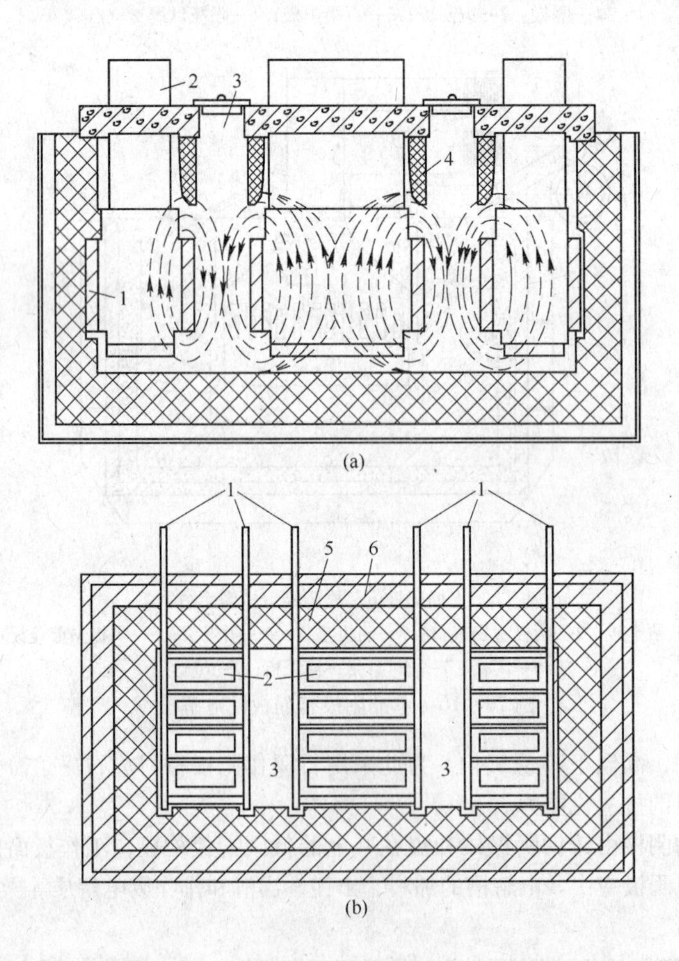

图 20－17　上插阳极框架式阴极无隔板电解槽

1—阴极；2—阳极；3—集镁室；4—槽内衬；5—绝热层；6—槽外壳

二、镁电解的流水作业线

镁电解的正常作业有加料、出镁、出渣、排废电解质等，这些操作是在每台槽上独立进行的，劳动强度大，劳动生产率低。

表 20－13　不同槽型电解槽的技术经济指标

指　标	上插阳极有隔板槽	循环集镁无隔板槽	阿尔肯型无隔板槽	道屋电解槽
电解原料	无水氯化镁	无水氯化镁	钛生产的氯化镁	低水氯化镁
电流强度（kA）	150	300	80	90
槽电压（V）	5.5～7.0		5.7～6.0	6.0
电流效率（%）	80～85	80～93	90～93	80
电能单耗（kW·h/t）	15000～18000	12800～15000	14000	16500
电解温度（℃）	700	720～730	670～680	700～720
石墨单耗（kg/t）	45			100
氯气浓度(体积分数,%)	85～90	90～95	97	
总电耗（kW·h/t）				20900

在美国的罗莱镁厂和苏联的一些镁厂，电解过程采用了流水作业。图 20－18 是罗莱镁厂的镁电解流水作业示意图。流水作业线是将许多台电解槽 4 与一台氯化镁熔体槽 1、一台镁－电解质分离槽 2 及一台电解质调整槽 3 串联起来组成一个作业组，实现电解槽的集中照管和集中加料及出镁。

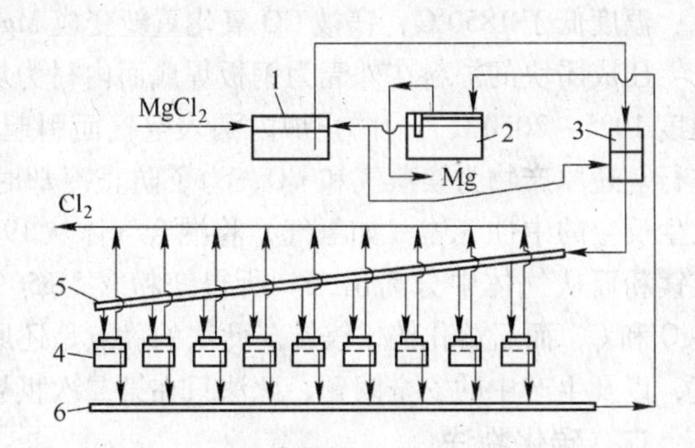

图 20－18　镁电解的流水作业线

1—氯化镁熔化槽；2—镁与电解质分离槽；

3—电解质混合槽；4—电解槽；5—送料总管；

6—镁与电解质输送管

氯化镁在熔体槽中进行熔化并精炼。熔体槽内装有加热用的交流电极。此外还有碳素直流电极，控制较低的电压（约 2V）及电流密度，进行预电解除杂质。在较低的电流密度下，熔体中的氧化铁、水分和其它杂质进行电解，而 $MgCl_2$ 则不进行或很少进行电解，于是氯化镁得到了净化。精炼好了的氯化镁熔体用耐热泵或溢流到调整槽中，与从分离槽来的 $MgCl_2$ 含量少的电解质按一定比例调整到要求的 $MgCl_2$ 浓度，而后用耐热泵经总送料管 5 送到电解车间，再经支管分别流到各电解槽内。向电解槽加料可以是间歇的，也可以是连续的。

电解槽产出的镁浮在阴极室的电解质表面上，镁夹带着部分电解质从电解槽的溢流口流出，经过出料总管 6 送往镁－电解质分离槽进行沉降分离，镁层在上，电解质层在下。镁用泵送去铸造车间，而电解质送到调整槽，配入新的一批氯化镁后再返回电解槽。调整槽内也有交流电加热装置。

所有输送熔体的溜槽，都是由钢外壳内砌耐火砖，外包以玻璃棉保温层，上面盖有保温盖板所组成的。

电解槽产出的氯气，从电解槽的氯气支管出来后经总氯气管送往液氯车间。

苏联采用流水作业的工业试验表明，它可提高劳动生产率 1.5 倍，每吨镁的直流电耗降低到 13500kW·h，交流电耗降到 300～3000kW·h，氯化镁消耗为 4.2t，电流效率为 80%，每吨镁产氯气 2.8t。

第二十一章　热还原法炼镁

第一节　热还原法炼镁概述

热还原法炼镁按还原剂种类不同可分为三种：

一、碳热还原法

它是以木炭、煤、焦炭等碳质材料作还原剂，从氧化镁还原得到金属镁的方法，其反应为：

$$MgO + C \rightleftharpoons Mg + CO$$

此反应是可逆反应。在标准状态时，温度高于1850℃反应向右进行，氧化镁被碳还原；温度低于1850℃，镁被CO氧化重新变成MgO。

压成团块的炉料在外壳为钢板焊成而内衬为炭素材料的三相电弧炉内进行还原，还原温度1095～2050℃，为防止炉内漏入空气而引起镁燃烧和爆炸，还原过程是在氢气氛下进行。还原产物为镁蒸气和CO，为了防止冷却时镁被CO氧化为MgO，需用大量与镁不发生反应的中性气体（如氢气）将混合气体从1900～2000℃急冷至250℃以下，将镁冷凝成镁粉而从气体中分离出来。所得镁粉含Mg50%，MgO30%，C20%，经真空蒸馏除去MgO和C，而后熔化铸成镁锭。此法的优点是还原剂较便宜，但生产过程需使用大量的氢气，以及生产中的安全问题，此法只在第二次世界大战期间使用过，以后就未被采用了。

二、碳化物法

用碳化钙还原氧化镁的反应为：

$$MgO + CaC_2 = Mg + CaO + 2C$$

添加少量萤石（CaF_2）粉能加速反应过程。还原过程在耐热合金钢制的还原罐内于900～1100℃及100Pa的压强下进行。还原出来的镁蒸气经冷凝后得到结晶镁，再熔化铸成镁锭。工业生产时镁的实收率为65%，制取1t镁需3t煅烧菱镁矿，5.4t碳化钙和0.3t萤石。由于CaC_2的活性较低，又易吸湿，物料流量大等原因，故此法在第二次世界大战后也停止使用。

三、金属热还原法

用金属或其合金作还原剂的热还原过程。氧化镁用金属还原的反应通式为：

$$mMgO + nMe = mMg + Me_nO_m$$

根据试验和热力学分析，硅、铝、钙、锰、锂等多种金属在一定条件下都可从氧化镁中还原得到镁，但从经济方面考虑，工业生产主要是用含Si75%的硅铁合金作还原剂，这时硅铁中的硅起还原作用，铁不起作用。在某些场合，也使用铝硅合金作还原剂，这时硅和铝都起还原作用。硅作还原剂时称硅热法，它在热法炼镁中占有重要地位。用铝作还原剂时称铝热法，此法的还原温度比硅热法低些。

硅热法炼镁的原料是白云石。我国有丰富的白云石资源，几乎各省都有优质的白云石矿床，可以因地制宜地用来生产金属镁。

第二节　硅热法炼镁的基本原理

一、氧化镁还原的热力学

氧化镁的金属热还原通式为：

$$MgO + Me = Mg + MeO \tag{21-1}$$

反应（21－1）是下面两式的综合结果：

$$2Me + O_2 = 2MeO \tag{21-2}$$

$$2Mg + O_2 = 2MeO \tag{21-3}$$

设反应（21－1）、（21－2）、（21－3）的标准自由能变化值为 $\Delta G^{\ominus}_{(1)}$、$\Delta G^{\ominus}_{(2)}$、$\Delta G^{\ominus}_{(3)}$，则：

$$\Delta G^{\ominus}_{(1)} = \Delta G^{\ominus}_{(2)} - \Delta G^{\ominus}_{(3)}$$

当 $\Delta G^{\ominus}_{(3)} > \Delta G^{\ominus}_{(2)}$，即 $\Delta G^{\ominus}_{(1)}$ 为负值时，MgO 能被金属还原。由图 21－1 看出，氧化镁的生成自由能的负值甚大，它是十分稳定的化合物。在很高的温度下，才有少数几种金属的氧化物标准生成自由能比镁更小，能够使 MgO 还原，其中包括硅在内。

硅还原 MgO 的基本反应及还原反应的标准自由能为：

$$2MgO + Si = 2Mg + SiO_2 \tag{21-4}$$

$$\Delta G^{\ominus}_{还原} = \Delta G^{\ominus}_{SiO_2} - \Delta G^{\ominus}_{MgO}$$

从图 21－1 知，当温度高于 2375℃时，$\Delta G^{\ominus}_{MgO}$ 大于 $\Delta G^{\ominus}_{SiO_2}$，在标准状态下 MgO 开始能够被硅还原。还原过程需在如此高的温度下进行，对于工业生产是有困难的，因此需要设法降低还原温度。借助于 SiO_2 与碱性氧化物发生造渣反应，或降低气相中镁蒸气的分压可以达到此目的。

事实上，硅还原氧化镁的过程是复杂的过程，反应生成的 SiO_2 能与未反应的 MgO 进一步反应生成镁的硅酸盐，即硅还原 MgO 的反应为：

$$4MgO + Si = 2Mg + 2MgO \cdot SiO_2 \tag{21-5}$$

由图 21－1 看出，当温度高于 2060℃时，MgO 的标准生成自由能将大于 $2MgO \cdot SiO_2$ 的标准生成自由能，说明在标准状态下从 2060℃开始，硅能够还原 MgO。这个温度比不造渣时的还原温度 2375℃降低了 300℃左右，可见造渣反应对降低还原温度有良好的作用。在反应中所生成的硅酸盐愈稳定，其降低还原温度的作用愈大。若炉料中有 CaO 存在，则 SiO_2 优先与 CaO 作用生成原硅酸钙，这时还原反应为：

$$2MgO + 2CaO + Si = 2Mg + 2CaO \cdot SiO_2 \tag{21-6}$$

由图 21－1 看出，在生成 $2CaO \cdot SiO_2$ 的条件下，氧化镁能被硅开始还原的温度为 1750℃。

在工业生产中，以煅烧白云石作硅热法炼镁的原料，不仅提高了镁的提取率，而且还降低了还原过程的温度。

用铝还原 MgO 时，在没有 CaO 和有 CaO 存在时的反应为：

$$3MgO + Al = Al_2O_3 + 3Mg \tag{21-7}$$

$$12CaO + 21MgO + 14Al = 12CaO \cdot 7Al_2O_3 + 21Mg \tag{21-8}$$

在标准状态下，这两个反应能开始向右进行的温度分别为 1510℃和 1340℃，可见铝还原氧化镁或白云石的温度比硅的要低得多。

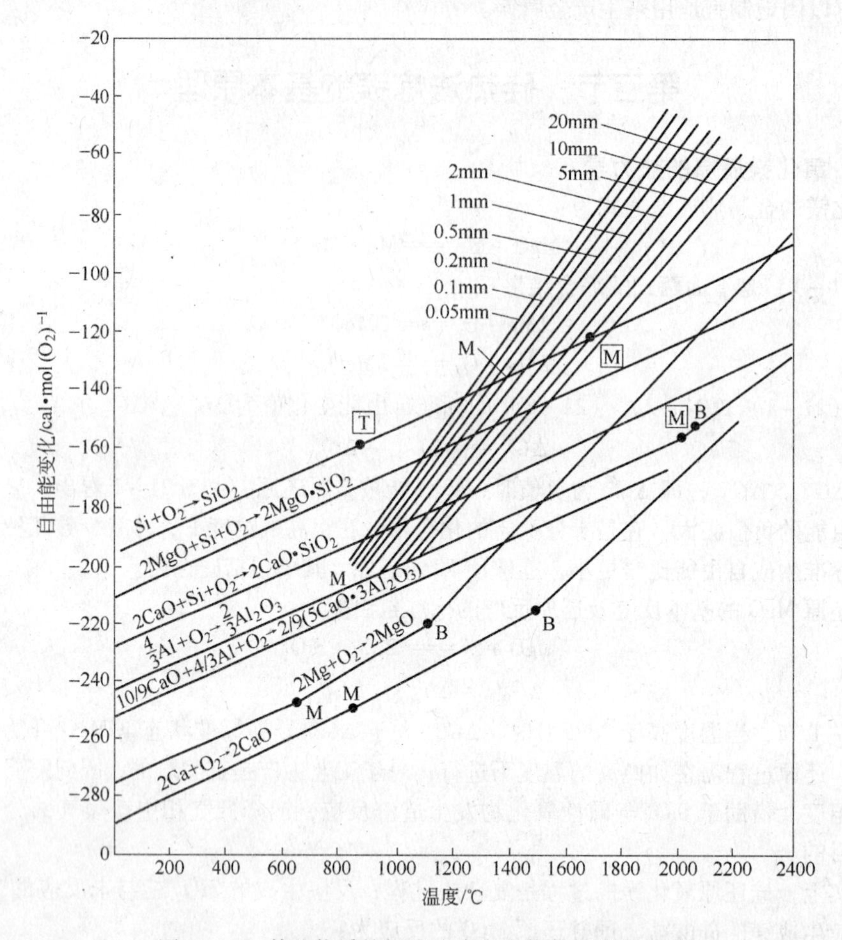

图 21-1　某些物质的标准生成自由能与温度的关系

压强对有气态物质参与的反应影响极大。在氧化镁的还原过程中，镁以蒸气析出，降低反应物上方镁蒸气的分压可以降低还原温度。在非标准状态下，SiO_2 和 MgO 的生成自由能应作如下修正：

$$\Delta G_{SiO_2} = \Delta G^{\ominus}_{SiO_2} - RT\ln p_{O_2}$$

$$\Delta G_{MgO} = \Delta G^{\ominus}_{MgO} - RT\ln p_{O_2} \cdot p^2_{Mg}$$

由此得出在非标准状态下，硅按反应（21-4）还原 MgO 的自由能为：

$$\Delta G_{还原} = \Delta G_{SiO_2} - \Delta G_{MgO} = \Delta G^{\ominus}_{SiO_2} - （\Delta G^{\ominus}_{MgO} - 2RT\ln p_{Mg}） \quad (21-9)$$

式中 p_{O_2} 和 p_{Mg} 的单位为 10^5Pa。由式（21-9）可知，气相中镁的蒸气分压愈小（真空度愈大），$\Delta G_{还原}$ 的值愈小，还原反应愈易进行。这从图 21-1 看得更清楚。随着镁氧化反应的起始分压 p_{Mg} 的降低（真空度增大），MgO 的生成自由能（$\Delta G_{MgO} = \Delta G^{\ominus}_{MgO} - 2RT\ln p_{Mg}$）变大，$\Delta G_{MgO}$ 线上移，MgO 开始被还原的温度愈低，如表 21-1 所示。表中数据充分说明，真空对降低有蒸气析出的还原反应的温度作用极大，这就使一些像氧化镁一样难还原的氧化物，在真空条件下可以在较低的温度下进行还原。

表 21-1　气相中镁的分压对 MgO 还原温度的影响

镁的分压 p_{Mg} (Pa)	不同还原反应的平衡温度（℃）		
	$2MgO + Si = 2Mg + SiO_2$	$4MgO + Si = 2Mg + 2MgO \cdot SiO_2$	$2CaO + 2MgO + Si = 2Mg + 2CaO \cdot SiO_2$
1×10^5	2375	2060	1750
1.33×10^3	1700	1460	1200
1.33×10^2	1430	1275	1030
1.33×10	1235	1150	930

在实践中，可用两种方法来降低反应区的镁蒸气分压，一是抽真空，使炉内压强保持在 10～150Pa 以下，二是通入氢气或其它惰性气体，将镁从反应区带走。采用上述办法除能降低还原温度外，还可防止镁蒸气和还原剂在高温下在大气中被氧化。热还原法炼镁的还原设备必须是密封的。工业生产上，皮江法的还原温度为 1100～1150℃，半连续法为 1400～1500℃。

二、氧化镁还原过程的平衡蒸气压及镁蒸气的冷凝

1. 还原反应的平衡蒸气压　硅还原煅烧白云石（即反应式（21-6））反应的平衡蒸气压与温度的关系可由热力学计算推导出：

$$\log p_{Mg} = 17.19 - \frac{13161}{T} - 1.61\log T \quad (1380 \sim 1700\text{K})$$

式中　p_{Mg}——温度为 T 时镁的平衡蒸气压，Pa。

皮江和小松竜造用氩气流通法分别测得了 2CaO-2MgO-Si 系的平衡蒸气压，其结果为：

皮江　　$$\log p_{Mg} = 8.918 - \frac{10875}{T}$$

小松竜造　　$$\log p_{Mg} = 7.87 - \frac{9230}{T}$$

吴贤熙测得了以下反应的平衡蒸气压：

$$12CaO + 21MgO + 14Al \xlongequal{\quad} 21MgO + 12CaO \cdot 7Al_2O_3$$

$$\log p_{Mg} = 7.982 - \frac{8186}{T} \quad (1173 \sim 1323\text{K})$$

上述三式中，p_{Mg} 的单位为 133.322Pa（mmHg 柱）。

氧化镁还原反应的平衡蒸气压列于表 21-2。表中数据表明，铝的还原能力比硅强。例如有石灰存在下，铝还原氧化镁在 1000℃时镁的平衡蒸气压已达到 35mmHg 柱，而硅作还原剂欲达到同样的镁蒸气压则需 1200℃，即铝的还原温度比硅的低 200℃左右。

为了使还原反应不断进行，必须将析出的镁从反应区排走，使反应界面镁的实际分压低于还原反应的平衡分压。

2. 镁蒸气的冷凝　镁属于蒸气压高的金属，其饱和蒸气压与温度的关系为：

$$\log p = -\frac{7780}{T} - 0.855\log T + 13.53 \quad (298 \sim 924\text{K})$$

$$\log p = -\frac{7550}{T} - 1.41\log T + 14.90 \qquad (924 \sim 1380\text{K})$$

式中　p——镁的饱和蒸气压，Pa。

表 21－2　不同温度下镁的平衡蒸气压（Pa）

还原温度（℃）	$2CaO + 2MgO + Si = 2Mg + 2CaO \cdot SiO_2$			$12CaO + 21MgO + 14Al = 21Mg + 12CaO \cdot 7Al_2O_3$
	理论计算（Pa）	皮江测定（Pa）	小松竜造测定（Pa）	吴贤熙测定（Pa）
900				1347
950				2586
1000				4746
1050				8306
1100	357	1213	2000	
1150	732	2546		
1200	1427	4560	4800	
1250	2657	8106		
1300	4747		14000	
1350	8172			
1400	14645			

某些温度下镁的饱和蒸气压列于表 21－3 中。可以看出，镁在熔化之前的蒸气压是不大的，熔点（651℃）下为 350Pa，温度超过熔点则迅速增大，在 1107℃达到一个 10^5Pa。

表 21－3　镁的饱和蒸气压

温　度	℃	427	527	627	651	727	827	927	1027	1107
	K	700	800	900	924	1000	1100	1200	1300	1380
蒸气压强	Pa	0.9	20	220	350	1161	5305	17982	54306	101300
	mmHg	0.0071	0.148	1.66	2.63	8.71	39.8	134.9	407.4	760

为了使镁蒸气冷凝，必须使气相中镁蒸气的分压过饱和，即应使 $p_{实}$ 大于 $p_{饱}$，降低温度就可以达到此目的。例如在 1150℃下硅还原煅烧白云石时，镁的平衡蒸气压约为 2500Pa，在还原区的高温下远没有饱和，镁蒸气不会冷凝，而当此气体进入冷凝区后，此区的温度一般为 400～450℃（皮江法）或 650～660℃（半连续法），镁蒸气达到过饱和，镁将冷凝下来。

图 21－2 为镁的平衡状态图。镁蒸气冷凝后是呈固态还是液态，与冷凝区的压强有关。当冷凝区镁的分压高于三相点的压强（350Pa）时，镁先冷凝为液态，继续冷却才由液态变为固态。当镁的实际分压低于 350Pa 时，镁蒸气直接冷凝为固态。

在硅热法炼镁中，皮江法是使镁蒸气冷凝成晶体的，而在半连续法中，是使镁蒸气冷凝为液体的。

在皮江法中，希望镁蒸气在结晶器内冷凝成粗大而致密的结晶，因为这种形态的镁结

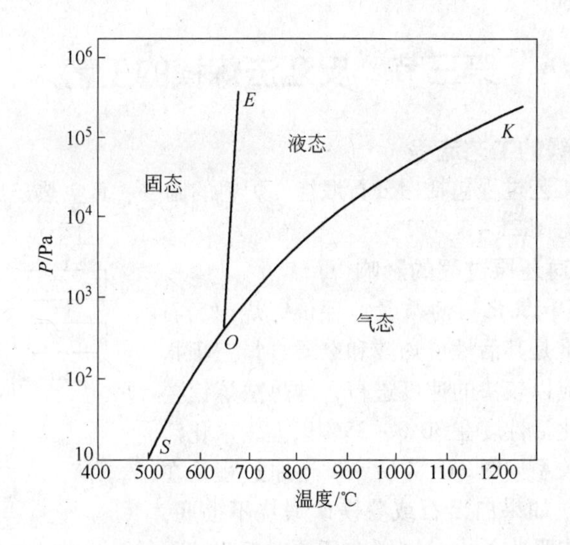

图 21－2　镁的平衡状态图

晶易于从结晶器上剥下，而且精炼时由于燃烧造成的损失少。冷凝温度及压强对镁的结晶形态影响极大，实践证明，控制冷凝区的温度在 400～450℃，压强低于 10～15Pa（即 0.1mmHg），可以得到较理想的镁结晶体。

对于硅热法炼镁，当压强低于 100Pa 后，对降低还原温度的作用已不明显，但为了得到较好的结晶镁，要求还原罐内的压强更低一些。如果压强高于 10～15Pa，说明罐内有较多的剩余气体。它是漏入的空气或物料析出的水分和 CO_2 等，镁蒸气会与它们作用生成氧化镁和氮化镁，并沉积在已冷凝的镁晶体表面，妨碍着镁晶粒长大，在这种条件下，得到的固体镁是分散而疏松的，出炉时容易发生燃烧，且很难从结晶器上剥下，精炼时烧损也大。

在硅热法炼镁中，炉料中的一些金属氧化物杂质，如 ZnO、K_2O、Na_2O 等，也能被硅还原，这些金属的蒸气压很大，在还原条件下是以蒸气状态析出的。硅铁也可能带入一些较易挥发的金属杂质。粗镁中金属杂质的沸点列于表 21－4 中。金属杂质的蒸气在冷凝器中冷凝，沸点高的金属先于镁冷凝，沉积在冷凝器的高温侧，而沸点比镁低的金属则在镁之后冷凝，在冷凝器的低温侧沉积。这些杂质一方面降低镁的质量；另一方面，像钾、钠、钙等，在出炉时遇到空气会燃烧，并引起镁燃烧。正确地控制好冷凝器的温度及其分布，使钾、钠等碱金属与镁分别在不同部位沉积下来，可防止或减弱镁在出炉时的燃烧。

表 21－4　粗镁中金属杂质的沸点

压强（Pa）	沸点（℃）							
	Mg	Fe	Cu	Si	Al	Ca	K	Na
1×10^5	1107	2775	2595	2287	2560	1487	774	892
10	516	1564	1412	1572	1110	688	261	340

第三节　皮江法炼镁的工艺

一、皮江法炼镁的工艺流程

此方法的主要工艺过程包括白云石煅烧、炉料的制备、真空热还原和粗镁精炼等主要工序，其工艺流程见图21－3。

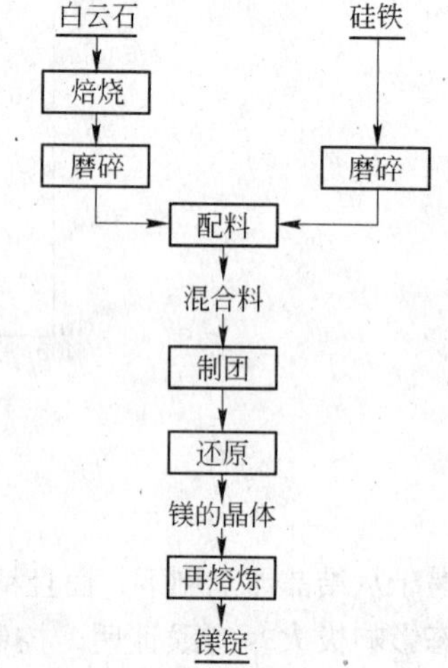

图21－3　硅热法制镁的工艺流程

二、各种因素对还原过程的影响

1. *煅烧白云石和氧化镁的质量*　评价煅烧白云石和氧化镁质量的标准是其活性、灼减和杂质含量三项指标。为了使还原反应以较快的速度进行，硅热法炼镁要求煅烧白云石的水化活性度在30%～35%以上，水化活性度与镁产出率的关系如图21－4所示。还原过程是在真空条件下进行的，如果白云石或菱镁矿煅烧不彻底，或在存放时从空气中吸收了水分，则在还原时析出CO_2和H_2O，这就降低了还原罐内的真空度，并且还会与还原剂和镁蒸气反应。因此要求煅烧白云石和氧化镁中的灼减小于0.5%。煅烧白云石和氧化镁的活性与其煅烧温度和煅烧时间有关，用于皮江法炼镁的白云石煅烧温度一般控制在1000～1250℃，菱镁矿的煅烧温度为1000～1100℃。白云石煅烧温度对镁产出率的影响见图21－5。若矿石中含有SiO_2、Al_2O_3、Fe_2O_3等杂质，在煅烧或还原过程中，它们同CaO或MgO形成炉渣，使MgO的活性降低，同时容易造成炉料熔融结瘤，给操作带来困难。如前所述，如果原料中的Na_2O

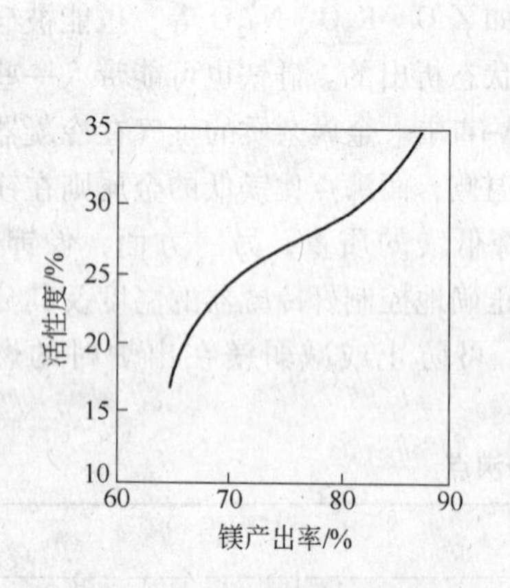

图21－4　镁的产出率与活性度的关系

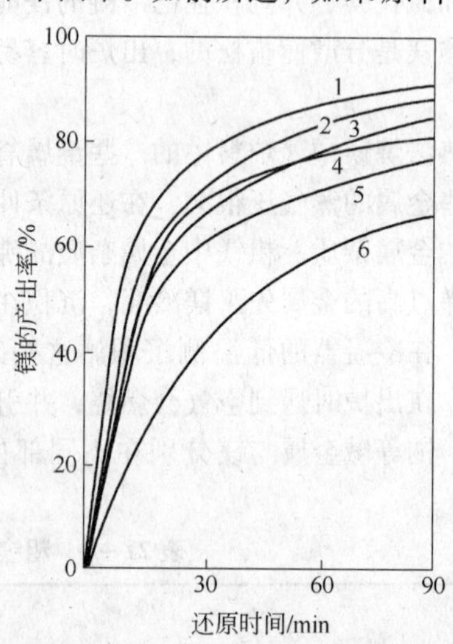

图21－5　白云石的煅烧条件对还原反应的影响

1—1200℃时煅烧30min的白云石；2—1100℃时煅烧40min的白云石；3—1000℃时煅烧90min的白云石；4—1200℃时煅烧150min的白云石；5—1300℃时煅烧90min的白云石；6—1300℃时煅烧140min的白云石

和 K_2O 含量过高，出镁时易引起镁燃烧而造成损失。因此用于皮江法炼镁的白云石矿，要求 MgO 含量大于21%，SiO_2 不超过3%，$K_2O + Na_2O$ 小于0.15%。当矿石的碱金属含量偏高时，适当提高煅烧温度，可使煅烧白云石中的碱金属氧化物含量有所下降。

研究表明，白云石的结晶形态对制团过程有很大影响。粗晶形的白云石比微晶形的易于制团。

2. 还原剂的还原能力　在硅热法炼镁中，从经济上考虑，通常用硅铁和硅铝合金作还原剂。

不同品位硅铁的还原能力是不同的，图21－6是不同品位硅铁对镁产出率的影响。从图上看出，采用含 Si 低于50%的硅铁，镁的产出率很低，含 Si 高于75%的硅铁，镁的产出率显著提高。但 Si 含量进一步提高到85%～95%，镁的产出率提高不多。可是熔炼高品位的硅铁的电能比低品位硅铁高很多，故在实践中多采用75% Si 的硅铁作还原剂。

不同品位硅铁的还原能力不同，是由于硅铁中 Si 存在的形态不同引起的。图21－7是 Si－Fe 系状态图。Si－Fe 能形成 $FeSi_2$、FeSi 和 Fe_3Si_2 三种化合物。不难算出不同品位硅铁中各种形态硅的含量（见表21－5）。游离状态硅的还原能力较强，与铁形成化合物的硅还原能力大为降低。由图21－6看出，含 Si 高于75%的硅铁，在开始还原的30min，镁产出率就达到70%，此时主要是游离状态的 Si 参与反应，其后是化合态的 Si 参与反应，故后期还原速度较慢。品位低于45% Si 的硅铁，没有游离状态的硅，所以在整个还原过程中其还原速度都较慢。

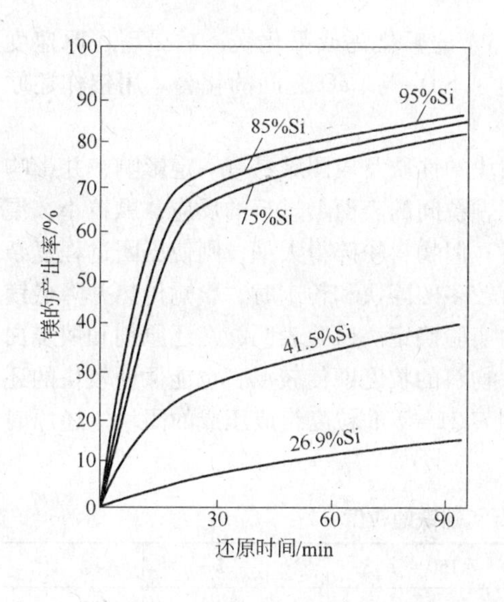

图21－6　不同品位的硅铁对镁产出率的影响

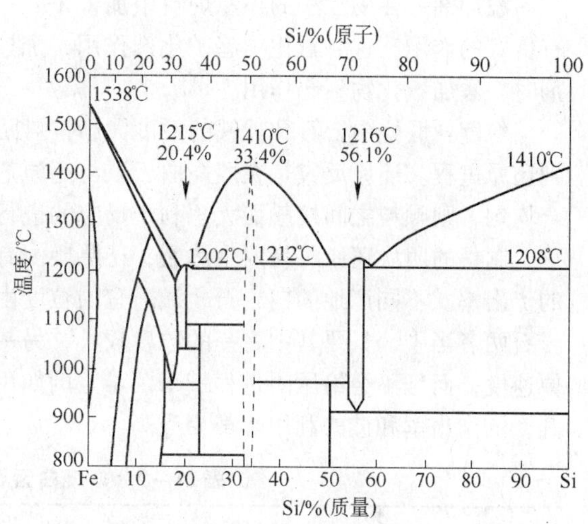

图21－7　Fe－Si 系相图

试验表明，含硅和铝各50%的铝硅合金，其还原能力比75% Si 的硅铁高，组成为40% Si、16% Al、43% Fe 的铝硅铁合金的还原能力则比75% Si 的硅铁低。

由于任何一种还原剂的价格都比矿石的贵得多，因此在选择还原剂时，首先必须考虑熔炼还原剂时的电耗，表21－6为有关数据，从表中数据看出，纯铝作还原剂是不经济的，最合适的是过滤电热铝硅合金得到的含硅的过滤残渣。

表 21-5　不同品位硅铁中硅的存在形态

硅铁品位	硅的形态	游离状态 Si (%)	$FeSi_2$ 中的 Si (%)	FeSi 中的 Si (%)	Fe_3Si_2 中的 Si (%)	总 Fe (%)
85% Si	Si，$FeSi_2$	70	15	0	0	15
75% Si	Si，$FeSi_2$	50	25	0	0	25
45% Si	FeSi，$FeSi_2$	0	22.5	22.5	0	55
26% Si	FeSi，Fe_3Si_2	0	0	3.25	22.75	74

表 21-6　熔炼还原剂的单位电能消耗

还原剂	主要成分含量 (%)	熔炼还原剂的电能消耗（kW·h/t）	一吨镁理论上消耗的还原剂（t）	生产一吨镁需要的还原剂的电耗（kW·h）
硅	97～99	13000	0.59	7670
硅铁	72～78	8400	0.77	6468
铝	98～99	14000	0.75	10500
硅铝	Si＝50～55	10000	0.69	6900
铝硅合金过滤渣	Si＝65～70	10000	0.645	6450

3. 其他条件对还原过程的影响

添加剂：在皮江法的还原炉料中加入1%～3%的氟化钙或氟化镁，对提高还原速度有良好的作用，这时氟化物起矿化剂作用，加速了 SiO_2 与 CaO 之间的化合。用铝作还原剂时，添加氟化物不起作用。

粒度：煅烧白云石和硅铁的粒度大小，对团块的性质及成团难易有一定影响，并影响到还原过程。还原反应是在煅烧白云石与还原剂颗粒间的表面上进行的反应，颗粒小，混合均匀，则颗粒之间接触面大，利于反应的进行；但物料粉碎得太细，则使压团过程复杂化，制得的团块还原时易发生热裂，还原罐内有较多的碎块和粉末时，影响传热并降低镁的产出率。不同产地的白云石，最适宜的粒度由实验确定。试验表明，在还原剂和煅烧白云石两者当中，只要其中之一的粒度较小，另一物料的粒度即使较粗，也能保证较快的还原速度，而且不会给压团过程带来困难。例如用表21-7的粒度组成压成的团块，还原时其镁的产出率和硅的利用率都相当高。

表 21-7　煅烧白云石和硅铁的粒度

粒度（μm）	-1000～+600	-600～+150	-150～+75	-75	共　计
煅烧白云石（%）	21.0	27.0	8.0	44.0	100.0
硅铁（%）	0	10.0	21.0	69.0	100.0

制团压力：制团压力的大小，影响到团块的强度和密度，物料颗粒之间的接触情况，热导率，镁蒸气的扩散等方面，因此它对还原过程影响甚大。当制团压力较大时，压出的团块强度大，装卸时破裂的少；团块的密度大，还原罐的装料量得以提高，从而可增加产量；颗粒之间的接触更紧密，热导率提高，使反应速度加快。所以提高制团压力，对还原

过程是有利的。但当制团压力超过某一限度后，由于团块的孔隙率太小，因而妨碍了镁蒸气的扩散，于还原过程不利。最适宜的制团压力与原料的性质及粉料的粒度有关，一般在 $1\times10^8\sim3\times10^8$ Pa 之间。

团块的外形及大小，也影响到装料量。实践表明，在杏仁形、核桃形和长椭圆形的三种团块中，以核桃形和长椭圆形团块的装料量较大。炉料通常是使用对辊制团机制成团块的。

还原温度和真空度：这两个因素对还原过程的影响已在前面讨论过，皮江法的还原过程，一般是在 10～100Pa 和 1150～1200℃下进行，进一步提高温度虽能加快还原速度，但会缩短还原罐的使用时间。

还原时间：还原时间的长短取决于把炉料加热到还原温度并保证还原反应进行到终了所需的时间。煅烧白云石和硅铁组成的炉料及还原后的炉渣，其导热性能甚差，在外部加热的硅热法炼镁中，反应罐的直径愈大，需要的还原时间愈长，因此反应罐的直径不宜过大。当反应罐的外径为 320mm，壁厚 30mm 时，还原周期一般为 8～10h。

4. 配料比　硅热法和铝热法炼镁基本是按以下反应式来计算配料的：

$$2CaO + 2MgO + Si = 2Mg + 2CaO \cdot SiO_2$$

$$12CaO + 21MgO + 14Al = 21Mg + 12CaO \cdot 7Al_2O_3$$

在实际配料计算中，还应考虑煅烧白云石带入的 SiO_2、Al_2O_3 等杂质以及氧化镁的产出率和还原剂的利用率等因素。

实践证明，镁的产出率随炉料中[Si]/[2MgO]（摩尔比）的增大而提高，而硅的利用率则相反，如图 21－8 所示。因此应根据还原剂及白云石的价格情况，确定一个经济效果最好的配料比。

炉料中的 CaO 含量，应保证结合成 $2CaO \cdot SiO_2$，若 CaO 不足，则有一部分未还原的 MgO 会与 SiO_2 反应生成 $2MgO \cdot SiO_2$，降低了镁的产出率。试验表明，当[MgO]/[Si]＝2 时，[CaO]/[Si]（摩尔比）从 1.6 增至 2.0，镁的产出率稍有提高；进一步从 2.0 提高到

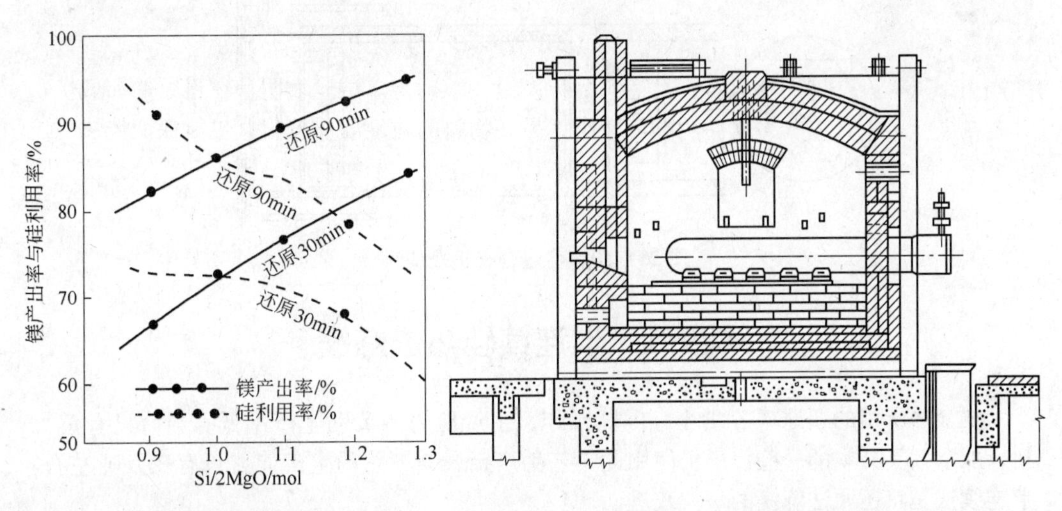

图 21－8　Si/2MgO 配比与镁产出率，硅利用率的关系

图 21－9　横罐真空还原炉

2.4镁的产出率不再提高，所以 CaO 的配入量没有必要超过理论量。我国曾采用的配料比为[MgO]/[Si]=2.05,[CaO]/[SiO_2]=1.8。

三、硅热法炼镁的还原炉

硅（铝）热法炼镁中，采用的真空还原炉分为外部加热的和内部加热的两种类型。图21-9是间断操作的从外部加热的横罐真空还原炉，它是加拿大的皮江首先设计出来的。还原炉用耐火砖砌筑，许多个还原罐排成一列，平放在还原炉内的支座上。还原炉可采用液体燃料或气体燃料加热。

反应罐的结构如图21-10所示。反应罐放置在炉内的高温部分（还原反应区）是用厚的耐热镍铬合金钢管制的，而伸出炉外部分（镁蒸气冷凝区）则用普通钢管制成，这一段的内部装有一个圆筒形的冷凝器，镁蒸气在冷凝器的内壁上结晶析出（见图21-10）。钢管外焊有冷却水套，借冷却水控制冷凝区的温度。在炉料与冷凝器之间放有隔热板，用以阻挡炉料的辐射热射到已冷凝的镁上。在冷凝器的低温侧，装有一个碱金属结晶器，钾和钠等低沸点金属杂质在此冷凝沉积，使它们与镁分离，防止出炉料时由于它们燃烧而引起镁燃烧。在靠近炉盖的罐壁上焊有与真空系统相接的管道接头。

还原炉在一个操作周期内包括装料、还原、出镁和排渣等作业。

内径为260mm，长3.2m的还原罐可装团块100~120kg，产粗镁13~18kg。

这种横罐真空还原炉需使用价格昂贵的镍铬合金钢制作还原罐。实践表明，成分为(%)：Cr28，Ni20及Cr28，Ni15的合金钢具有良好的高温抗氧化性能和强度。还原罐应该采用离心浇铸法制造。

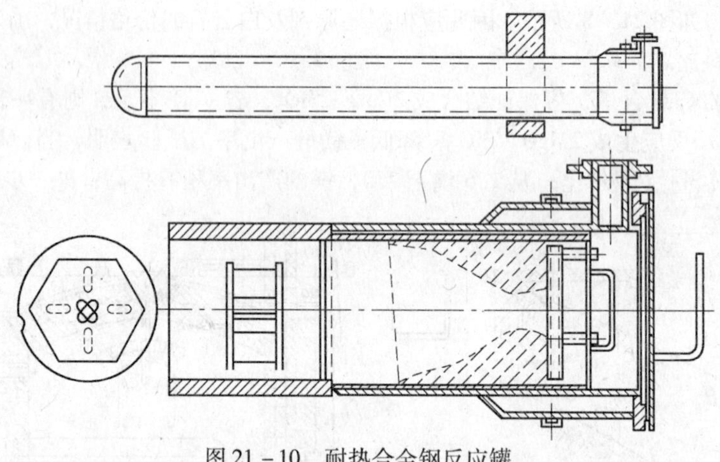

图21-10　耐热合金钢反应罐

第四节　半连续硅热法炼镁

皮江法所用的还原罐容量小，间断操作，生产能力和劳动生产率低。当前只有意大利、加拿大及日本的一些镁厂仍使用此工艺生产金属镁，总的生产能力只有三万吨左右。半连续法是热还原法炼镁的一大改进。

一、半连续法炼镁工艺

半连续法的工艺流程示于图21-11。它与皮江法不同之处是，皮江法还原后的残渣是固态的，而半连续法的炉渣则是呈熔融状态的，并具有一定的导电能力，还原炉借电流通过熔渣产生的热，以提供还原过程所需的能量并维持所要求的还原温度。所以这种炉子又叫熔渣导电还原炉。炉料中配入一定数量的煅烧铝土矿，目的在于降低熔渣的熔点，因而得以降低还原温度。此外，煅烧白云石、铝土矿和硅铁是以颗粒加入炉内的，无需磨成粉料及压成团块，简化了炉料制备过程。

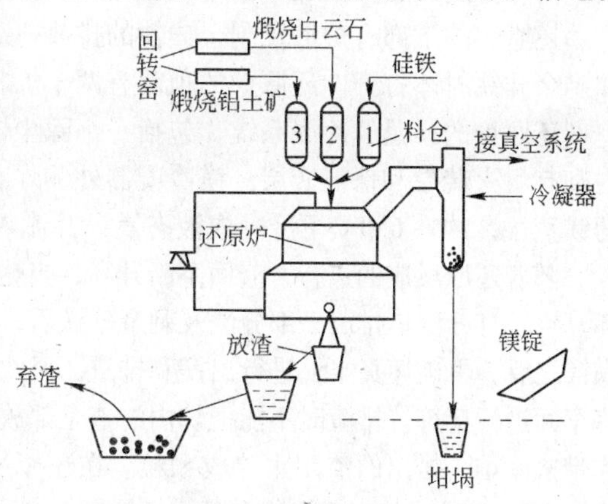

图 21-11　半连续热法炼镁工艺流程

图 21-12 为单相供电的熔渣导电半连续还原炉。还原炉包括炉体及冷凝器两大部分。炉体为圆柱形，外壳用 20mm 的钢板焊成，炉膛底部用炭块砌筑，有两根导电钢棒砌在炭块中间，炉膛周壁内衬用炭素捣固。在内衬与钢外壳之间为黏土砖和保温砖层。炉体的上部有镁蒸气出口与冷凝系统相通。还原炉的上部导电棒由两段接成，上段为带有水冷装置的长铜管，下段为石墨电极，导电棒从炉顶中心插入炉内，电流经过它导

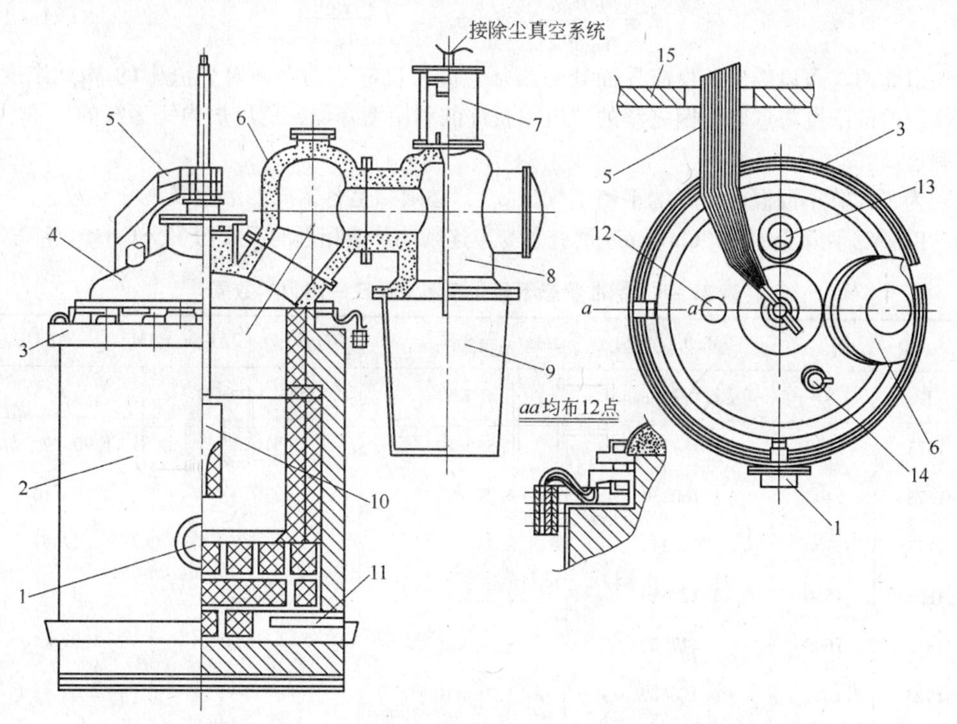

图 21-12　单相供电的熔渣导电半连续真空还原炉

1—渣口；2—炉体；3—炉壳导电母线；4—炉盖；5—顶部电极母线；6—缓冲器；7—过冷器；8—冷凝器；9—液体镁坩埚；10—长铜管水冷石墨电极；11—炉壳内导电钢棒；12—测渣面孔；13—下料管、观察孔；14—观察孔；15—炉外端墙

入炉内，流过渣层再从底部导电钢棒导出。导电母线与电炉变压器的输出端相接。

还原炉的下部有炉渣及剩余硅铁的排放口，在还原过程中，它是封闭的，只在排放渣和剩余硅铁时才打开。还原炉的顶部有两个加料孔和一个观察孔。

还原炉的镁蒸气冷凝系统，包括一个除尘器和一个冷凝器。除尘器需保温，故在钢壳内砌有耐火砖层和保温砖层。镁冷凝器外侧焊有水套，以调节冷凝器的温度。从还原炉来的镁蒸气，约在650℃下冷凝成液态镁，并流入下部的钢坩埚中。

随着还原反应的进行，渣面不断升高，当达到一定高度时，往炉内通入氢气或氩气，破坏真空，打开渣口排出一部分渣及剩余硅铁后，把渣口封闭再继续加料进行还原。坩埚内盛满镁之后，再破坏真空，进行出镁和排渣，至此完成了一个生产周期。镁连同坩埚一起送精炼车间进行精炼。排渣时不能把炉内的渣全部放尽，否则将影响导电而给下一生产周期的操作带来困难。排出的渣用水碎成颗粒。在还原过程中，会产出一定数量的低品位硅铁（含20%～25% Si），其密度比渣大而沉于炉底。它可返回使用或出售供炼钢作脱氧剂用。

二、半连续法还原过程的特点

半连续法的还原反应是在炉渣与硅铁两液相之间进行的反应，其反应及平衡常数为：

$$2MgO_{(渣)} + Si_{(硅铁)} = 2Mg_{(气)} + SiO_{2(渣)} \tag{21-10}$$

$$K = \frac{p_{Mg}^2 a_{SiO_2}}{a_{MgO} a_{Si}} \quad 或 \quad p_{Mg} = \sqrt{\frac{K a_{MgO} a_{Si}}{a_{SiO_2}}} \tag{21-11}$$

由此两式可以看出，反应界面处的压强愈高，反应达到平衡时炉渣中的 MgO 浓度及硅铁中的硅浓度将愈高，因之镁的产出率及硅的利用率降低，所以炉内镁蒸气的分压不宜控制过高。

为了计算不同温度下镁的平衡蒸气压 p_{Mg}，必须知道各物质的活度及平衡常数。

R. A. 克里斯泰尼（Christini）研究了与半连续法炉渣相近的组成为55% CaO，6% MgO，

表 21-8　标准状态下氧化镁还原反应的热力学数据

温度		$2MgO_{(固)} + Si_{(液)} = 2Mg_{(气)} + SiO_{2(固)}$		$3MgO_{(固)} + 2Al_{(液)} = 3Mg_{(气)} + Al_2O_{3(固)}$	
K	℃	$\Delta G^{\ominus}$ (kJ/mol)	K	$\Delta G^{\ominus}$ (kJ/mol)	K
1573	1300	184330	7.55×10^{-7}	51620	1.90×10^{-2}
1673	1400	160230	9.92×10^{-6}	21970	2.10×10^{-1}
1773	1500	138240	8.45×10^{-5}	-7522	1.67
1823	1550	127630	2.20×10^{-4}	-22220	4.33
1873	1600	117020	5.44×10^{-4}	-36900	1.07×10
1923	1650	106480	1.28×10^{-3}	-51540	2.51×10
1973	1700	95930	2.88×10^{-3}	-66140	5.64×10
2073	1800	74960	1.29×10^{-2}	-95260	2.52×10^{2}
2173	1900	54060	5.02×10^{-2}	-124310	9.74×10^{2}
2273	2000	22380	3.06×10^{-1}	-125230	3.32×10^{2}

14% Al_2O_3，25% SiO_2 的炉渣的相平衡，以及还原反应的机理。通过研究确定，上述组成的炉渣，在1800℃时全部呈液相，低于此温度开始结晶析出 $2CaO \cdot SiO_2$。在1550℃下，炉渣由固体的 $2CaO \cdot SiO_2$ 和被 MgO 及 Al_2O_3 饱和着的液相所组成，液相的组成为48.3% CaO，10.0% MgO，23.3% Al_2O_3，18.3% SiO_2。渣中各组分在1550℃的活度为 $a_{MgO}=1$，$a_{CaO}=0.5$，$a_{Al_2O_3}=0.02$，$a_{SiO_2}=0.001$。

不同温度下硅还原氧化镁的平衡常数可由表21－8查得。温度1550℃时的平衡常数 $K=2.2\times10^{-4}$。

将有关数据代入式（21－11），即可得到1550℃时镁的平衡蒸气压与硅铁中硅活度的关系：

$$p_{Mg}=\sqrt{\frac{2.2\times10^{-4}\times1.0a_{Si}}{0.001}}=\sqrt{0.22a_{Si}},\ 1.013\times10^5\text{Pa} \qquad (21-12)$$

硅铁中往往含有百分之几的铝，它与渣中氧化镁的反应为：

$$3MgO_{(渣)}+2Al_{(硅铁)}=\!=\!=3Mg_{(气)}+Al_2O_{3(渣)} \qquad (21-13)$$

$$K=\frac{p_{Mg}^3 a_{Al_2O_3}}{a_{MgO}^3 a_{Al}^2} \qquad (21-14)$$

由表21－8查得在1550℃下铝还原氧化镁的平衡常数 $K=4.33$，而炉渣中 $a_{Al_2O_3}=0.02$，$a_{MgO}=1.0$，代入式（21－14）并整理得

$$p_{Mg}=\sqrt[3]{216.5a_{Al}^2},\ 1.013\times10^5\text{Pa} \qquad (21-15)$$

图21－13示出了在1550℃下硅和铝还原氧化镁的平衡蒸气压与硅铁中硅及铝浓度的关系。

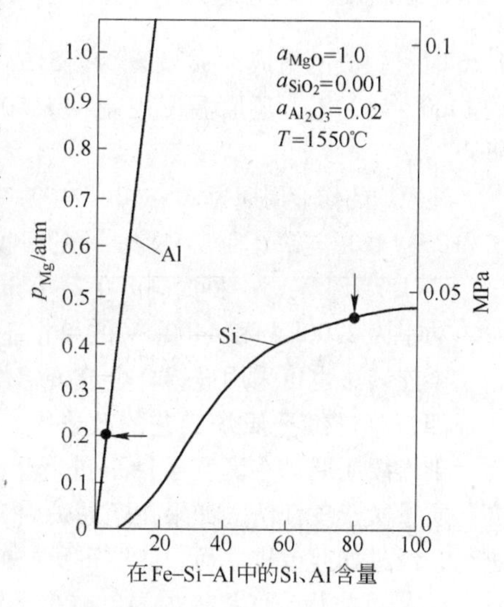

图21－13 半连续法中镁的平衡蒸气压与硅铁中硅及铝浓度的关系

下面讨论在半连续还原炉内还原反应发生的位置问题。渣与硅铁作用产生的镁蒸气呈气泡析出，气泡的压强必须大于其上方的压强时反应才能进行。在1550℃下，炉渣的密度为2700kg/m³，新加入的硅铁熔化后密度为3400kg/m³。若炉内压强 $p_{炉}=5$kPa，设渣层的静压为 $p_{渣}$，则在渣面下 H(m)深处镁气泡的蒸气压应为：

$$p_{Mg}=p_{炉}+p_{渣}=p_{炉}+10\rho gH\ (\text{kPa})$$

我们对在两个位置进行的还原反应进行分析，一个是在渣层顶部，新加入并熔化了的硅铁液滴与刚熔解有大量 MgO 的炉渣之间的反应，另一个是在渣层底部，渣层与剩余硅铁层界面处发生的反应。

在第一种情况下，$p_{Mg}=p_{炉}=5$kPa，

在第二种情况下，取排渣后渣层的厚度 $H=1.5$m，则

$$p_{Mg}=0.05+2700\times9.81\times10^{-5}\times1.5\approx45\text{kPa}$$

将 p_{Mg}之值代入式（21－12）及式（21－15），即可计算出以上两种情况下剩余硅铁

中硅及铝的活度，进而求得其浓度。有关计算结果列于表21－9中。从表中的数据可以看出，当还原反应在渣层顶部进行时，计算得到的剩余硅铁浓度与生产实际测得的浓度基本一致，由此可以判断在半连续生产的还原炉内，还原反应主要是在渣层顶部附近进行的。此处称反应层。

表21－9　剩余硅铁的硅和铝浓度

金　属	计　算　值		实 测 值
	渣层－剩余硅铁界面	渣 层 顶 部	
Si%	86.5	19.5	20
Al%	3.6	0.16	0.26

还原反应在渣层顶部进行，对生产是有利的，因为这时反应表面镁蒸气压 p_{Mg} 最小，由式（21－11）可以看出，平衡时渣中的MgO浓度及剩余硅铁中的硅和铝浓度相应减小，因而提高了镁的回收率和硅、铝的利用率。

氧化镁的还原反应为吸热反应，所需热量来自渣层内部，渣层表面附近的温度梯度很大，渣的对流较强。此外，镁气泡上浮时又能带动渣向上运动，加之炉渣具有一定的黏度，这些因素使煅烧白云石熔解后的MgO及硅铁液滴能在反应层内停留较长的时间，充分进行反应。

三、半连续法炼镁的技术条件和指标

还原温度与炉渣组成有关，当炉料的配比（摩尔比）为 $\frac{[CaO]}{[SiO_2]}=1.8$，$\frac{[Al_2O_3]}{[SiO_2]}=0.26$ 时，炉渣的组成（质量）为：51% CaO，6% MgO，30% SiO_2，13% Al_2O_3，其熔点大约1400～1500℃，还原温度控制在1550～1600℃，炉内压强为4～5kPa，冷凝器温度为650℃。

还原炉的作业周期为20～24h。生产一吨镁消耗6～6.5t煅烧白云石，0.9～1.0t煅烧铝土矿和0.9～1.0t硅铁（Si＝75%）。镁的回收率为85%，粗镁纯度99.6%～99.9%。每吨镁耗电1.0万～1.1万kW·h，同时副产0.2～0.3t低品位硅铁（Si＝20%～25%）和7～7.5t渣。

功率为2200kW和4400kW的单相还原炉，日产镁为3～3.5t和7～7.5t。

半连续法也可采用硅铝合金或废铝作还原剂。

四、半连续还原炉工艺的改进

半连续还原炉在真空条件下进行生产，排渣和出镁需破坏真空，而且产品含尘量较高，质量次于皮江法。如果在还原炉内充入氢气作保护性气体，使还原过程在0.1MPa下进行，经过如此改进之后，能取得更好的效果：

（1）可防止空气渗入炉内，减少了镁蒸气与空气作用而造成的损失；使粗镁中的氧化镁、氮化镁粉尘含量降低；

（2）炉内总压强升高后，反应表面镁的蒸气分压和金属杂质的分压也相应升高，但彼此不成比例，同时，镁在氢中的扩散速度比硅、铜、锰、锌等的扩散速度大，因而能提高镁的质量。

（3）排渣和出镁时不存在破真空的问题，使还原炉能够实现连续化生产。这种新工艺正运用到工业生产中。

第五节　镁的不同生产工艺的比较

目前世界上每年所生产的镁，80%～85%是电解法生产的，15%～20%是硅热还原法生产的。电解法生产过程是连续的，生产成本比皮江法低，故得到广泛应用。但电解法工艺复杂，投资大；生产过程会产生有毒气体——氯气，其废气、废水和废渣处理的任务重，费用大；生产设备和厂房腐蚀严重，其维修费用大等缺点，当生产规模较小时，用电解法生产就不经济了。

热还原法的优点是：可直接利用天然产出的白云石和菱镁矿作原料；不需直流电，且不一定使用电作为热源，可以用燃料代替电；工艺过程比较简单，基建投资少，建厂快；生产过程不产生有毒气体；皮江法的镁纯度高于电解法。除半连续还原炉外，其他热还原法的炉子结构尚不够完善，多数还原炉是间断操作，产能低，机械化程度低；还原剂的价格昂贵，在其熔炼时也需消耗大量电能。这一切导致了热还原法生产的镁其成本比电解法的高。半连续还原炉的产能高，已实现了计算机控制生产，自动化程度高，三废的危害小。

选择镁生产工艺的主要依据是当地的原料资源及供电情况。表21－10列举了三种炼镁方法所需的主体设备台数及电能消耗，表21－11则是不同工艺的能量消耗对比。

表21－10　不同炼镁方法需要的主体设备台数及电能消耗

项　目	电 解 法	半连续法	皮 江 法
主体设备名称	电解槽	还原炉	还原炉
单台设备容量	15万A	4500kW	每台炉10～15个罐
单台设备电功率（kW）	690～900	4500	5400
日产能为10t镁的设备台数	10	1	10
生产一吨镁的电耗（kW·h/t）			
原料制备过程	2500	1700	1700
电解或还原过程	13500～16000	8000	12000
熔炼还原剂	—	5850	6750
粗镁再熔化精炼	520	520	520
合　计	16520～19020	16070	20970

由以上两表可以看出，半连续法单体设备的产能明显大于其他方法的产能，故投资少。电解法的投资大。据报道，半连续法的投资比挪威诺斯克·希德罗公司的氯化镁在HCl气氛下彻底脱水炼镁新工艺的投资低25%，在能耗方面，希德罗公司的这一新工艺比美国道屋公司的低水氯化镁电解工艺可节约能量22%，比半连续法节约18%，可见无水氯化镁电解法和半连续法都具有各自的优点。

表 21-11　不同方法生产镁的能耗对比

生产工艺	总能耗(kW·h/kg)	其中电能消耗(kW·h/kg)	电能占(%)
道屋公司的低水氯化镁电解	26.1	18	50
合成氧化镁卤水球团氯化电解	27.8	12	43
皮江法	34.1	17	50
半连续法	34.1	27	80
碳热法	34.1	18	53

第二十二章 粗镁精炼

第一节 粗镁中的杂质

从电解槽或热还原炉出来的镁称为粗镁。粗镁往往含有某些杂质，依生产方法的不同，粗镁所含杂质的种类也不同。

一、电解法粗镁的杂质

电解槽正常生产时产出的粗镁纯度是比较高的，只需经过澄清分离掉混入的电解质，就可以直接铸成商品镁锭。当电解温度偏高时，粗镁中杂质的含量将增加，必须经过精炼质量才能合乎要求。电解法粗镁的杂质含量大致为（%）：Fe 0.03～0.05，Si 0.002～0.006，Ni 0.001～0.002，Cu 0.0001～0.002，Mn 0.003～0.006，Al 0.001～0.005，Ca 0.0025，Ti 0.005，Cl_2 0.015，N_2 0.002～0.02，O_2 0.02。它们一方面来自原料，另一方面是由于镁与槽内衬、金属构件、空气相互作用的结果。

粗镁中的非金属杂质有氯化物、氧化物、氮化物等。在电解过程中，漂浮在电解质表面的镁液，与空气接触就会生成氧化镁和氮化镁。硅化镁是镁对槽内衬腐蚀而生成的。

在粗镁的金属杂质中，锰、镍、钛、铬和一部分铁、铝，是从原料带入电解质，硅和另一部分铁，铝是由于电解槽的内衬和金属构件被腐蚀而进入电解质内。这些金属杂质的离子，或是被镁置换，或是在阴极上放电转入镁中。

碱金属和碱土金属（钠、钾、钙）杂质是相应的金属离子，在阴极上与镁共同放电而进入镁中。当电解质中 $MgCl_2$ 浓度很低，阴极电流密度大时才会出现这种情况。

二、硅热法粗镁的杂质

该法制得的粗镁不含氯化物，其主要杂质是一些蒸气压较高的金属杂质以及氧化物和氮化物等非金属杂质。金属杂质有硅、铝、锰、锌、铜、钾、钠、钙等，它们是炉料中的相应氧化物，被硅还原成蒸气并同镁蒸气一起在冷凝器中冷凝时进入镁中。CaO、MgO、SiO_2、Al_2O_3、Fe_2O_3 等，是被气流带走的炉料、炉渣在冷凝器内混入镁中的。表 22－1 所示为我国及国外镁锭的质量标准。

镁中的非金属杂质和金属杂质，对镁的性能影响很大。氯化物严重降低镁锭的抗腐蚀性能，使镁不能长期保存。某些金属杂质也会降低镁合金材料构件的抗腐蚀性和机械性能，从而影响到镁在电子工业及其他一些工业部门的应用。

不同的用户对镁中杂质含量有不同的要求。当镁用作制造铝镁合金时，某些杂质的含量可以允许高些，对用于制取球墨铸铁、钢和有色金属脱氧、脱硫剂的镁也是这样。而当镁用作制取钛、锆、铍、铀等金属的还原剂时，要求镁中的铁、氧、碳、铝、锰等杂质的含量更低一些。

为了保证电解法生产的镁全部合格，通常需将若干个电解槽生产的质量不同的镁加以混合，并采用熔剂精炼以降低其中的杂质。硅热法得到的结晶状粗镁，则必须经过再熔化精炼，铸成镁锭出售。

表 22－1　我国及国外镁锭的质量标准（%）

国家或生产厂家	镁不少于	杂质不大于									
		Fe	Si	Cu	Al	Ni	Mn	Cl	Ca	Zn	总量
中国	99.95	0.02	0.01	0.005	0.01		0.015	0.003			0.05
	99.90	0.04	0.01	0.01	0.02	0.001	0.03	0.005			0.10
苏联	99.972	0.005	0.005	0.002	0.006	0.002	0.005	0.003			0.028
	99.879	0.04	0.01	0.005	0.02	0.001	0.04	0.005			0.121
美国道屋化学公司	99.9005	0.030	0.002	0.002	0.005	0.0005	0.060		0.0015	0.003	0.0995
挪威诺斯克·希德罗公司	99.8765	0.035	0.001	0.002	0.015	0.0005	0.020	0.05	0.002	0.001	0.1235
日本大阪钛公司	99.94	0.02～0.03	0.002～0.004	0.001	0.002		0.003	0.02		0.003	0.051～0.063
国际标准	99.728	0.05	0.05	0.02	0.05	0.002	0.1				0.272

对于某些特殊用户，对镁的纯度要求更高，需采用真空蒸馏精炼法或其他方法将镁进一步提纯。

第二节　镁的精炼方法

一、熔剂精炼法

为了降低粗镁中的非金属杂质和某些金属杂质，可采用由碱金属和碱土金属的氯化物、氟化物组成的混合熔剂进行精炼。在精炼过程中，同时使金属的成分均匀。熔剂的组成见表 22－2。熔剂起两个作用，一是除去镁中某些杂质，二是保护熔融镁不与空气接触而防止其燃烧。

表 22－2　精炼镁的熔剂组成（%）

熔剂名称	$MgCl_2$	KCl	NaCl	$CaCl_2$	$BaCl_2$	MgO
覆盖熔剂	38±3	37±3	8±3	8±3	9±3	不大于 2
精炼熔剂	90%～94%覆盖熔剂加 6%～10% CaF_2					
撒粉熔剂	75%～80%覆盖熔剂加 20%～25%硫黄粉					

含在粗镁中的钠和钾与 $MgCl_2$ 发生作用而转变为相应的氯化物进入熔剂相内。粗镁中的氧化镁可以被熔剂润湿和吸附，并与 $MgCl_2$ 作用生成氧氯化镁而沉入熔化炉底部。

为了起到第二个作用，熔剂应能在熔镁表面形成一层保护薄膜，把镁与空气隔绝。

在精炼过程的不同阶段，对熔剂的物理化学性质有不同的要求，因而使用的熔剂其组成也有所不同。在粗镁的熔化阶段使用的覆盖熔剂是起阻隔空气的作用，要求其熔点比镁低，对镁的润湿性好，密度宜小些为好。而对于精炼阶段使用的熔剂，亦要求其熔点低，流动性好，对氧化物、氮化物的润湿性好，密度要比镁大，对镁的润湿性差，以利于杂质的分离。熔剂中的 $MgCl_2$ 和 KCl，能改善熔剂对氧化镁的润湿，CaF_2 则使熔剂和镁的润湿变差。因此，这三种组分在精炼熔剂中的含量较高。在铸锭过程中，有时会发生镁燃烧，撒粉熔剂是作熄灭镁的火焰用的。

熔剂精炼的设备，可分为坩埚炉和连续精炼炉两种。

当镁的熔化和精炼是在电加热或煤气加热的坩埚炉中（图 22－1）进行时，若精炼的是从电解车间来的液体镁，其操作为：将盛有液体镁的坩埚放入炉内，加热到 700～720℃，然后加入精炼熔剂，其加入量为镁量的 1%～2%，将镁和熔剂仔细搅拌 5～10min，使熔剂与杂质充分作用，搅拌精炼结束，继续升温至 750～780℃，使氯化物和氧化物杂质更好地与镁分离，在此温度下静置 10～15min，待杂质沉降分离后降温到 680～700℃进行铸锭。若精炼的是电解出来的镁锭或硅热法生产的结晶镁，则先在坩埚内加入覆盖熔剂，待其熔化后再加入经过预热过的固体镁，根据镁熔化的情况逐步加入；一直加到坩埚的正常容积为止。在此过程中也要不断加入覆盖熔剂，以防止镁燃烧。固体镁全部熔化后，再按上述精炼液体镁的过程进行精炼。

坩埚炉的缺点是产能低，各项消耗指标高，国外近期已改用连续精炼炉进行粗镁的精炼。图 22－2 是连续精炼炉的一种形式。精炼炉分为加镁室和出镁室两部分，两室之间用隔墙隔开，隔墙下部开有溜口，粗镁加入炉内后慢慢流向出镁处，在此过程中，镁中夹杂的氧化物和氯化物杂质就沉降于炉底。净化好的镁用电磁泵送去连续铸造机进行铸锭。连续精炼炉的内衬用黏土质耐火砖砌筑，炉底成 45°坡形使渣流到每室的中央，以便用抓斗取出。为了保证镁不氧化，镁液表面除了加一层覆盖熔剂保护外，还通入氩气进行保护。图 22－2 的连续精炼炉是采用上插式电加热器进行加热的，电极的上部与镁层接触部分需有绝缘套，以防短路。电流通过下部的氯化物熔体层产生热量以维持所需要的温度。除上插式电极外，也可采用固定在每个室的炉壁上的三根电极导入电流加热，这时三根电极与可调压的三相变压器连接，调整变压器的电压便能准确地控制炉温，从而节约电能。直径为 5.5m，高 5.5m 的双室连续精炼炉，日产能可达 100t。表 22－3 为两种精炼炉的技术经济指标。

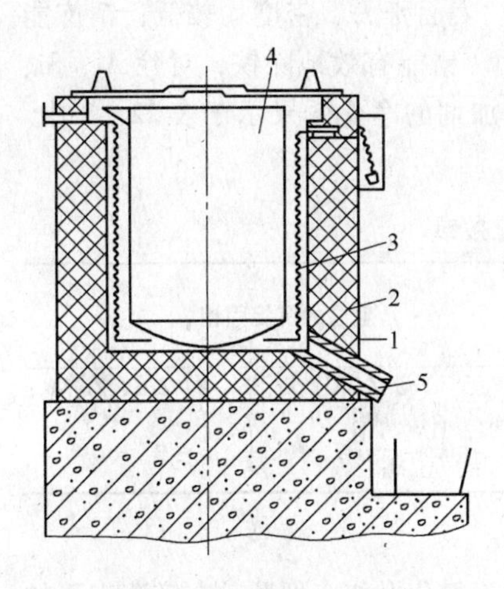

图 22－1　精炼镁用的电炉

1—外壳；2—内衬；3—加热器；4—坩埚；5—事故排出口

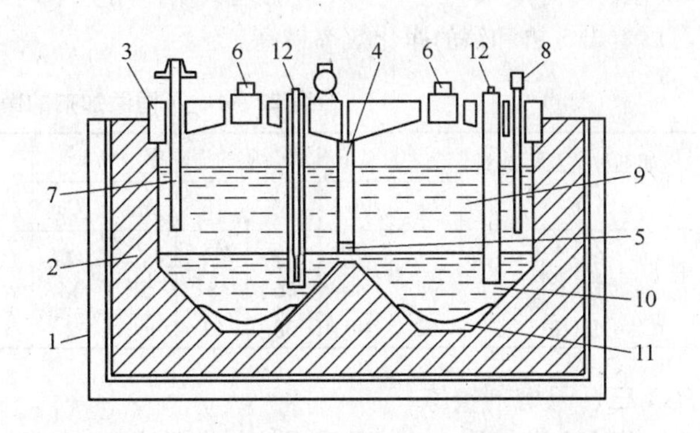

图 22－2　双室连续精炼炉

1—炉壳；2—炉内衬；3—炉顶；4—隔墙；5—溜口；6—出渣孔；7—出镁管；8—加料管；9—镁层；10—电解质层；11—渣；12—浸入式电加热器

表 22－3　坩埚炉和连续精炼炉的指标

指　　标	单　　位	连续精炼炉	坩　埚　炉
炉子产能	t/d	75	10
完成同样产能需炉数	台	1	8
一吨精镁的消耗指标：			
粗　镁	t	1.007	1.016
熔　剂	t	0.005	0.016
耐热钢	t	0.001	0.005
镍铬电阻丝	t	0.0001	0.0035
氩　气	m^3	1.0	
电　能	kW	70	250
劳动定员	人	184	202
劳动生产率	t/(a·人)	163	149

二、加入添加剂的深度精炼

熔剂精炼只能除去镁中的非金属杂质和一部分铁，对于绝大部分金属杂质很难通过熔剂精炼除去。熔剂精炼得到的镁，某些金属杂质的含量为：Fe 0.02%，Si 0.007%，Al 0.011%。为了进一步降低金属杂质的含量以得到更高纯度的镁，可以在熔剂精炼的同时，加入某种添加剂进行深度精炼。深度精炼的原理是在镁中加入某种金属或氯化物，使与金属杂质形成难熔的在镁中溶解度极小的金属间化合物而从镁中分离掉。对于镁的精炼，可以钛、锆、锰作添加剂。通常，锰以 Mg－Mn 合金的形式加入镁中，锆和钛则以它们的氯化物，与碱金属及碱土金属氯化物配成熔剂再加入镁中进行精炼。研究表明，钛对铁的净化效果很好，可使铁含量减至0.003%～0.004%，而镁的含钛量不会超过规定值，含 Ti 为10%～15%的碱金属和碱土金属氯化物熔剂的熔点、表面张力、密度均较低，精炼能力更好。此外，钛除去镁中的 Si 和 Mn 也有很好的作用。锆能有效地除铁，对除 Al、Si、Mn 也有一定效果。镁中加入锰能起除铁作用。不同添加剂的净化效果示于表 22－3 中。可以看出，锆和钛的净化效率最高。

表 22－4　不同添加剂的净化效率

添加剂种类及添加量（%）	700℃下金属杂质的清除率（%）						生成的沉淀固相
	Fe	Si	Al	Ni	Mn	Cu	
Zr0.4	96	87	86	48	7	7	Zr_2Fe，ZrFe，Zr_3Al，Zr_3Si_2，δ－ZrH，Zr_xNi_y
Ti0.6	96	82	76	8	51	14	α－Ti，TiN，TiH
Mn1.2	62	40	38	62		2	β－Mn，Al_8Mn_5

三、无熔剂精炼

以上两种精炼方法都是采用熔剂作保护剂，防止镁不氧化燃烧。但覆盖在镁液表面的熔剂膜，其阻隔空气的作用并不是很理想的，精炼过程因氧化燃烧造成的镁损失较大，所以提出了无熔剂精炼镁的方法。它是利用 SF_6－空气混合气体作保护气体，将空气隔开使镁不被氧化。试验表明，混合气体的 SF_6 浓度为0.02%～0.06%（体积）即可。这种方法与坩埚熔剂精炼相比，镁的燃烧损失可减少一半，钢设备可长时间使用。但当搅拌时镁仍会燃烧，此时 SF_6 - 空气混合气体的保护能力减弱。进一步研究表明，在混合气体中加入 CO_2，能明显改善其保护效果，且精炼的温度在650~815℃的很大范围内其效果都不变。混合气体的最适宜浓度为 $CO_2$30%~70%，$SF_6$0.15%~0.4%（体积分数）。

当温度较高或镁中有熔剂时，CO_2 和 SF_6 会分解产生少量CO和HF，因此工作地区必须有排气设施。

四、蒸馏精炼（升华精炼）

镁的蒸馏精炼是利用镁的蒸气压和杂质的蒸气压不同而达到分离的目的。蒸馏精炼可以获得含Mg量在99.99%以上的镁。由第21章表21-4的数据可以看出，杂质铁、铜、硅、铝等的蒸气压都比镁低，在蒸馏精炼时，镁比上述金属杂质先行气化。当金属杂质能与镁形成化合物时，由于其活度降低而变得更难挥发。镁中的碱金属和碱土金属杂质，以及NaCl、KCl和 $MgCl_2$，它们的蒸气压与镁相近，因此几乎同镁一起挥发，但在冷凝器的不同部位冷凝，因而得以分离。

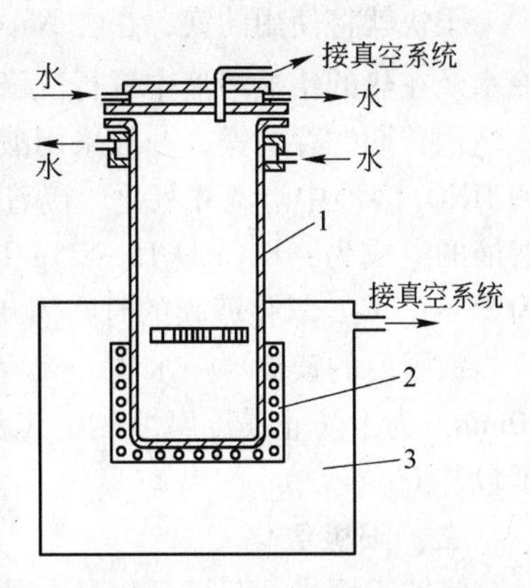

图22-3　升华精炼蒸罐炉

1—蒸罐；2—加热器；3—绝热装置

镁是易挥发的金属，可以在剩余压强为10Pa的真空条件下和接近于镁熔点的温度下进行升华精炼。不同温度下镁的饱和蒸气压已列于表21-3中。

图22-3为真空蒸馏精炼炉示意图。当蒸馏器的剩余压强为10~30Pa，蒸馏区内温度为570~600℃，冷凝区的温度为475~550℃时，精镁的产出率为90%。电解法制得的镁再经真空升华精炼后，其杂质含量降低到：0.005% Cu，0.001% Fe，0.0075% Al，0.0001% Si。镁的蒸馏速率为50~80kg/(m^2·h)。若温度升高到703~753℃和剩余压强降到10Pa以下蒸馏，镁的蒸馏速率可提高到100kg/(m^2·h)以上。升华精炼前后镁中杂质含量见表22-5。

表22-5　升华精炼前后镁中杂质含量对比

杂　质	Fe	Si	Al	Mn	Zn	Cu	Ca
精炼前的含量（%）	0.03	0.03~0.006	0.008~0.003	0.012~0.009	0.07~0.005	0.01~0.002	0.01
精炼后的含量（%）	0.001~0.003	0.001~0.002	0.001~0.002	0.001~0.0015	0.003~0.004	0.0006~0.001	0.008~0.009

升华精炼得到的镁在真空下或在惰性气体中进行再熔化并铸锭。这时不应加熔剂，以免被氯化物玷污。

第三节　镁锭表面的防腐处理

镁锭表面在空气中自然氧化也生成一层氧化膜，但不像铝表面的氧化膜那样致密无孔而能保护金属，镁锭的氧化膜是疏松的，没有保护金属的作用，所以熔剂精炼的镁锭，必须进行表面处理，以防止镁被腐蚀。镁锭表面处理，就是首先用机械方法除去镁锭表面上的熔剂夹杂物，然后使镁锭表面生成具有保护性能的氧化膜。根据镁锭是否需长期保存来确定表面处理的方法。镁锭表面的处理方法可分为酸洗法和阳极氧化法。

一、酸洗法

很快就将使用的镁，在含 Na_2CO_3 为2% ~5% 的热溶液中洗涤除去盐类，再在流动的冷水及在热的铬酸溶液中进行洗涤即可。

供长期贮存的镁，一般采用酸洗镀膜。首先用水洗去表面的氯化物盐类，再在40g/L的 HNO_3 溶液中清洗并氧化，接着再在酸性重铬酸钾溶液中进行氧化镀膜。酸性重铬酸钾溶液的组成为：$K_2Cr_2O_7$15 ~25g/L，$HNO_3$25 ~35g/L，NH_4Cl1.25 ~1.7g/L。溶液的温度为55 ~65℃。氧化镀膜的时间为0.5 ~1min。

镀膜后的镁锭再用水洗，然后用热风吹干并在真空干燥箱中于90 ~110℃下干燥15 ~20min。为了防止镁锭腐蚀，在其表面上再涂上一层熔融石蜡和凡士林混合物，然后用油纸包装。

二、阳极氧化

镁锭表面进行阳极氧化是一种新的工艺，经阳极氧化后的镁锭，其耐酸性腐蚀比用酸洗法镀膜的镁锭高50倍，如果镁锭表面再用环氧酚醛清漆封孔，镁锭不需用油纸包装即可长期保存，阳极氧化方法如下：

第一步是化学清洗。将镁锭浸于冷水两分钟，而后放到含 $CrO_3$60g/L，KF1.2g/L，$Fe(NO_3)_3 \cdot 9H_2O$13g/L的溶液中浸洗三分钟以除掉表面氯盐。

第二步是阳极氧化。经过化学清洗的镁锭用水洗净，而后在组成为：NaOH160g/L，水玻璃18mg/L，酚3 ~5g/L的溶液中，在电压3 ~6V，电流密度为1A/cm^2，溶液温度为70 ~80℃的条件下，阳极氧化20min。在此条件下可获得高机械强度的 MgO 和 $Mg(OH)_2$ 膜。温度高于80℃或电流密度偏离上述数值时，就会形成疏松膜层。

第三步是表面填充。因为所生成的氧化膜，在靠近金属的内层是致密的，而外层则疏松多孔，故需用环氧酚醛清漆封孔，以提高镁锭的抗腐蚀性能。封孔时稍将镁锭加热并除去微孔中的水分。为了促进聚合反应而加速硬化，涂漆后镁锭在150 ~170℃下干燥1 ~2h，或在200℃下干燥20min。环氧酚醛是用80%的604号环氧树脂和20%的酚醛树脂配成的，然后再用已酮配成50%浓度的清漆。使用前还要用组成为70%二甲苯和30%丁醇稀释剂稀释到10%。

第二十三章　镁生产中的安全技术和三废处理

第一节　镁生产中的安全技术

从劳动卫生及安全生产的角度看，镁生产有以下特点：

（1）氯气、氯化氢、二氧化硫和一氧化碳等有毒气体可通过设备的不严密处泄漏，并且还会产生氯化物蒸气及粉尘；

（2）生产过程多属高温作业，许多物料呈熔融状态，热辐射强度大，易发生烫伤烧伤事故；

（3）镁电解车间的电流强度大，系列电压高，易发生触电事故。

为了保护操作人员的健康和安全，一方面需要不断改进生产工艺，提高生产过程的机械化和自动化程度，加强设备的密闭性和电解车间的电绝缘和热绝缘措施，另一方面，需要制定出科学的安全操作规程，并严格执行。

一、防止有毒气体中毒

氯是有强烈刺激性的黄绿色气体，对人体有较强的毒害作用，毒害程度依其在空气中的浓度而异。轻则刺激眼睛及呼吸器官，重则引起喉头肿胀，气管溃疡性炎症，咳嗽不止，直至窒息死亡。氯能与一氧化碳作用生成毒性更大的光气（$COCl_2$）。氯化氢和二氧化硫也是刺激性气体，对人体的危害与氯相似，但毒性弱些。氯、氯化氢、二氧化硫逸散到车间内，还会腐蚀建筑物和设备；进入大气后，当超过一定浓度时，将影响农作物的生长。氯化炉的废气还含有一定浓度的一氧化碳。根据国家规定，车间操作场所的有毒气体浓度，应低于表 23－1 所列数值。为此，必须加强厂房的换气通风，除自然对流通风外，

表 23－1　操作地点有害物质的最高允许浓度

物质名称	Cl_2	HCl	CO	SO_2	$COCl_2$	粉尘	重铬酸盐（以 CrO_3 计）
最高允许浓度（mg/Hm^3）	1	15	30	15	0.5	2～10	0.05

在有毒气体逸出及粉尘产生的地方，还应装设集气罩，把污染气体抽走，经过净化处理后再行排放。镁生产中需要设置这种强制通风的地点有原料破碎及压团设备、氯化炉出料口及出渣孔、精炼炉、连续铸锭机等设备的操作场地。镁电解厂房内，电解槽的数量多，逸出的有害气体量也多，电解槽表面的散热量大，为了降低厂房内空气中有害气体的浓度及温度，除加强自然对流通风外，还需增设强制通风系统，即沿厂房纵向砌筑有专门的地下通风沟，用鼓风机将新鲜空气通过通风沟送到厂房内各个操作面。厂房内被污染了的空气，大部分经天窗排出，其余部分则由电解槽的阴极室或集镁室排气系统抽走。根据实际经验，自然对流和强制通风的小时换气量应为电解厂房体积的 6～9 倍才能满足要求。

二、防止烧伤烫伤

从氯化炉放出的氯化镁熔体温度为750～800℃，镁电解质的温度为680～750℃，粗镁精炼的温度为700～750℃，如果有水分进入这些高温熔体，由于水的激烈汽化而引起爆炸，酿成人身事故。由高温熔体造成的烧伤是难以治愈的。为保证安全，操作时应遵守以下规则：

（1）未经过彻底干燥脱水的氯化镁，或已经吸湿了的氯化镁，不允许加入电解槽中；

（2）调整电解质成分用的氯化钠、氯化钙、氯化钾、氟化物，镁精炼时使用的熔剂，必须进行干燥才能使用；

（3）凡需插入高温熔体或液体镁内进行操作的工具及设备部件，装熔体的抬包及铸造时使用的铸模，都需经过预热，排除表面水分后才使用；

（4）用抬包运送熔体或液体镁时，液面应低于抬包上沿15cm；

（5）不允许在阴极室或集镁室的盖板上站立。

三、防止触电

镁电解的系列电压可高达数百伏。为防止漏电和触电，电解厂房的操作地面应与大地绝缘。厂房内的地面及墙壁的3.5m高以下部分，均应砌一层陶瓷板绝缘层，并保持其清洁和干燥，避免因盐类及酸的腐蚀而降低其绝缘程度。

电解厂房内的天车，它的横梁和行车轨道，都是与大地相接的，具有大地的电位。为避免天车在电解槽上操作时，造成电解槽与大地短路，天车的挂钩与滑轮之间装有绝缘垫圈，使之与天车的其余部分绝缘。

电解厂房内安装有阳极气体管道、阴极气体管道及各种风管，这些金属管路也是与大地相通的，而厂房地面与大地之间往往存在着一定的电位差，故不允许用手或导体接触各种金属管道或其他金属设施。

应防止通过人体或导体，使两列电解槽或两个电解槽，或不同区段的母线造成短路。

除车间地面、墙面和天车挂钩应加以绝缘外，在电解槽上和母线上，还设有多种绝缘措施。这些绝缘措施经常处于氯气气氛及高温下，其绝缘性较易破坏，须经常检查和更新。

在镁生产中，除采取以上措施保证安全生产外，操作人员必须严格遵守安全规则，穿戴完整的劳动保护用品进行操作。电解车间的个人劳动保护用品包括：呢质工作服和工作帽、长筒毡靴、防毒口罩或防毒面具、呢质手套和眼镜等。

第二节　镁生产中的消防技术

镁锭及镁制件是稳定的，不易引起燃烧，而粉粒状及薄带状的镁易于燃烧。镁一旦燃烧就十分猛烈，以致发生爆炸。首先，MgO与Mg的摩尔体积比较小，在镁熔化前，此比值为0.74，镁熔化后的摩尔体积变大，此比值将更小。镁燃烧生成的氧化镁是一层疏松的粉末，不能阻止氧气向金属内部扩散，燃烧界面将以相当快的速度从表面向内部延伸，使燃烧反应继续进行。其次，镁的燃烧反应是强烈的放热反应，燃烧时发出耀眼的火光并析出大量的热；而镁的热容、熔化热和气化热都比较小，镁的熔点及沸点又较低，蒸气压高；加之氧化镁的导热性极差，反应产生的热不能很快地从反应界面排走，使未燃烧的镁迅速熔化并产生相当多的蒸气。镁蒸气的燃烧更加剧烈，温度可高达3000K。

镁开始燃烧的温度与分散度有关，粒度愈小，愈易氧化和燃烧。粒度小于50μm的镁粉，能在空气中形成气溶胶，它具有自燃并引起爆炸的能力。镁粉在空气中发生爆炸的最低浓度为10g/m^3，着火温度为320～400℃。

含镁量高于85%～90%的镁合金，其燃烧性能与纯镁相似。

因此，在镁的生产和存放时，应特别注意防火的问题。

除了空气中的氧外，氯、氮、二氧化碳、一氧化碳及水，在较高温度下也同镁发生反应，同时放出大量热，因此不能采用水、二氧化碳灭火器或其它泡沫灭火器等常规灭火方法来熄灭镁的火焰。镁的灭火是以氯化物配成的混合盐作灭火剂，它撒在燃烧的镁表面后，立即熔化成一层不透气的膜，将镁与氧化性气体隔开而达到灭火的目的。对灭火剂的要求是熔点低，不与镁发生作用，在使用温度下不气化等。表23－2为几种灭火剂的化学组成。

表23－2　镁及镁合金灭火熔剂的组成（%）

编号	$MgCl_2$	KCl	$BaCl_2$	MnF_2	CaF_2	MgF_2	$KCl \cdot MgCl_2$	AlF_3	MgO
1	38～45	32～42	5～8	—	3～10	—	—	—	—
2	33～40	25～36	—	—	15～20	—	—	—	7～10
3	—	—	7	—	—	—	93	—	—
4	25～42	20～36	4～8	1～8	0.5～10	3～14	—	3～14	—
5	28～36	25～35	4～8	—	5～15	—	—	5～15	—
光卤石	40	35～45	—	—	—	—	—	—	—

第三节　镁生产中的三废处理

镁生产过程有相当多的废气、废水及废渣产出，需要经过处理才能排放。

一、废气

镁生产过程产出的废气如表23－3所示。废气中通常都含有氯气和氯化氢。氯气的密度比空气大，排入大气后，会由高处向低处流动，影响附近居民的健康，危害农作物的生长，建筑物也会遭到腐蚀。氯化氢能与空气中的水分生成酸雾，污染周围环境。因此镁生产中的废气不允许直接排入大气。为了保护环境，国家规定了13种有害物质的排放标准。与镁生产有关的列于表23－4中。

表23－3　镁工业废气的来源及组成

废气来源	有害物质浓度						废气量	
	单位	Cl_2	HCl	CO	SO_2	粉尘	单　位	数　量
氯化炉尾气	mg/m^3	6～10	20～50			50～100	m^3/t$MgCl_2$	4000～5000
氯化炉出料口	mg/m^3	20～30	250～300					
氯化炉渣口逸出气体	mg/m^3	5～10	150～250					
光卤石熔融氯化脱水炉	%（体积）	1～7	6～16	0.1～0.5			m^3/t光卤石	700～800
镁电解槽阴极室或集镁室排气	mg/m^3	3～6	0.1～0.2				m^3/tMg	20000～50000
粗镁精炼炉	%（体积）		0.01		0.001			
白云石煅烧窑尾气	g/m^3					5～50		

表 23-4　含有害物质烟气的排放标准（GBJ4—73）

有害物质	排放标准	
	烟囱高度（m）	排放量（kg/h）
氯气	30	5.1
	50	12.0
	80	27.0
	100	41.0
氯化氢	30	2.5
	50	5.9
	80	14.0
	100	20.0
一氧化碳	30	160
	60	620
	100	1700
烟尘		200mg/m³

通常都是使用碱性溶液吸收法净化含氯和氯化氢的气体，但在氯化炉尾气中，因含有大量的 CO_2，直接用石灰乳淋洗，石灰消耗量太大，我国是采用图 23-1 的流程净化氯化炉的尾气的，即以水作吸收剂，得到含盐酸和次氯酸溶液，而后再用石灰石中和。净化后的气体，由排风机经高达 100～120m 的烟囱排入大气。

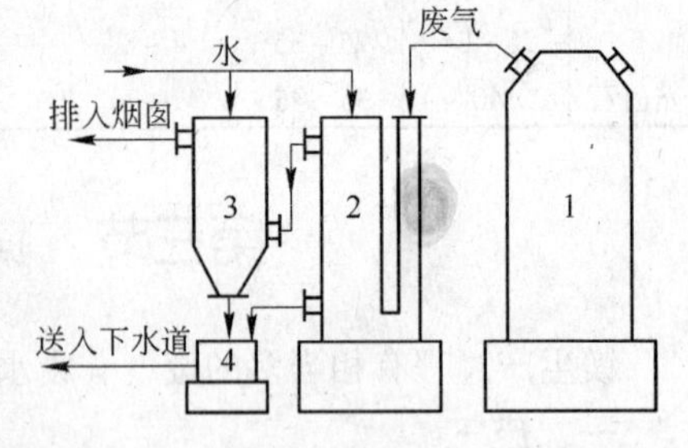

图 23-1　竖式电炉废气净化装置示意图
1—氯化炉；2—一次洗涤塔；
3—二次洗涤塔；4—水封装置

水可以有效地吸收废气中的氯化氢，吸收率达 96%～98%，但吸收氯气的效果较差，往往达不到要求。如果在第二个水洗塔后面增加一台苏打溶液淋洗塔，经过碱液吸收后，废气中氯的浓度可降低到排放标准。此时得到的吸收液含有氯化钠和次氯酸钠，适当处理后可制得次氯酸钠，它是一种有价值的产品。若用铁屑填料塔代替苏打溶液淋洗塔吸收氯气，也能得到满意的结果。此时氯同铁屑反应生成 $FeCl_3$。

从电解槽排出的阴极室或集镁室气体，CO_2 浓度低，则用石灰乳直接吸收。

白云石和菱镁矿煅烧时产生的废气，经过重力收尘、旋风收尘和湿法收尘后排入大气中。

二、废水

电解法炼镁的污水主要是净化各种废气时产出的污水，含有盐酸和次氯酸，呈酸性，且含有一定数量的氯化物和悬浮物，需进行处理达到国家规定的排放标准（见表 23-5）后再排出厂外。

镁厂产出的含有氯化氢和次氯酸的污水用石灰石进行中和，使用的设备为中和槽或流态化塔。

中和槽由砌筑在地面下的若干个水池组成，池内堆放有块状石灰石，污水依次流过这些水池同石灰石作用，经过多次循环当 pH 值升高到规定值后，将其引入澄清池内以除去

表 23-5　废水中某些有害物质的排放标准

物质名称	最高允许排放浓度
工业废水（GBJ4—73）	
pH	6~9
悬浮物	500mg/L
六价铬化合物（以 CrO_3 计）	0.5mg/L
农田灌溉用水水质标准（TJ24—79 试行）	
pH	5.5~8.5
含盐量	非盐碱土农田不超过 1500mg/L
氯化物（按 Cl 计）	非盐碱土农田不超过 300mg/L
六价铬化合物（以 CrO_3 计）	小于 0.1mg/L

悬浮物，上清液或返回作净化气体用，或排出厂外。

流态化塔为一个用钢板焊成的内衬有耐酸橡胶板的筒体，内装颗粒状石灰石。污水自下向上通过石灰石颗粒床层而被中和。由于在流态化塔内的传质过程比中和槽内优越得多，所以中和效果比中和槽好。流态化塔占地面积少。

目前尚未找到一种较为经济的脱除污水中氯盐的方法。

镁锭表面用重铬酸盐镀膜时产出的含铬废液，其中的六价铬离子是毒性较大的物质，需经过处理后才能排放。常用的处理方法有还原沉淀法和树脂交换法。

还原沉淀法是向含铬废液中加入硫酸亚铁等还原剂，将六价铬离子还原成毒性较小的三价铬离子，而后再用石灰乳使生成氢氧化铬沉淀而从废液中除去。反应为：

$$6FeSO_4 + K_2Cr_2O_7 + 7H_2SO_4 = 3Fe_2(SO_4)_3 + Cr_2(SO_4)_3 + K_2SO_4 + 7H_2O$$

$$Cr_2(SO_4)_3 + 3Ca(OH)_2 = 2Cr(OH)_3\downarrow + 3CaSO_4\downarrow$$

净化过程在三个串联的槽内连续进行，含铬废液先进入还原槽，在槽内用硫酸将 pH 值调至 2~3，加入硫酸亚铁进行还原。而后流至中和槽加入石灰乳，控制 pH 在 8.5~9.0 内。最后进入澄清槽进行沉降分离，上清液达到标准后排放。还原法除铬工艺简单，但不彻底，中和时生成的氢氧化铬残渣还可能造成二次污染。

用离子交换树脂净化含铬废水时，废水先经过氢型阳离子交换柱，水中所含的三价铬离子及 K^+、Na^+ 等金属离子，被交换到树脂上。随着交换反应的进行，水的 pH 值降低，当 pH 值降至 2.3~3.0 时，铬全部呈 $Cr_2O_7^{2-}$、$HCrO_4^-$ 及 CrO_4^{2-} 阴离子存在，从阳离子交换柱出来的废水再进入阴离子交换柱时，铬的阴离子便交换到树脂上，于是废水得到了净化。净化含铬废水使用的是 732 强酸型阳离子交换树脂及 710 弱碱型阴离子交换树脂。当交换达到终点后，它们可分别用盐酸和氢氧化钠再生。交换及再生过程的反应为：

阳离子交换柱：$3(R—H) + Cr^{3+} \underset{再生}{\overset{交换}{\rightleftharpoons}} R_3—Cr + 3H^+$

阴离子交换柱：$2(R—OH) + Cr_2O_7^{2-} \underset{再生}{\overset{交换}{\rightleftharpoons}} R_2—Cr_2O_7 + 2OH^-$

阴离子交换柱再生时的流出液为重铬酸钠溶液，可回收利用。

三、废渣

电解法炼镁的各个工序都有或多或少的固体废料产出，依使用的原料及工艺过程的不同，每生产一吨镁所产出的固体废料约为0.5～1.0t，具体情况如表23－6所示。这些废料主要由各种氯化物及氧化镁组成，其中的氯化物，在某些场合可加以回收利用。为此，将其溶解于水而得到浸出液，在以光卤石为原料时，浸出液返回光卤石合成工序；以氯化镁溶液作炼镁原料时，浸出液则返回到干燥脱水工序。

表23－6　电解法炼镁的固体废料

废料来源	每吨镁的产出量（kg）	化学组成（%）							
		$MgCl_2$	NaCl	KCl	$CaCl_2$	$BaCl_2$	MgO	$SiCl_4+FeCl_3$	酸不溶物
氯化炉渣	40～100	12	0.5		0.3		50		37
氯化炉升华物	60～100	48	2		1			50	
光卤石熔化炉渣	200～250	35～45	5～7	30～38			10～30		
电解槽渣	50～150	6～10	30～40	3～5	25～35		10～20		
电解槽升华物	50～100	43～48	28～30	1～2	23～26		4～6		
精炼炉渣	100	15～20	2～6	14～18	2～6	4～6	42～50		
电解光卤石时的废电解质	3900～4000	4～6	8～18	≥72					

以天然光卤石为炼镁原料时，每生产一吨镁约副产4t废电解质，含氯化钾达72%以上。苏联的镁厂将其加工成粒状作为化肥使用。

皮江法炼镁时，每吨镁产出4～6t炉渣，其组成（%）为：$SiO_2$26～28，CaO54～58，MgO3～6，$CaF_2$3～4，此外还有随硅铁带入的Fe 6%～10%。其中的CaO和SiO_2是以$2CaO \cdot SiO_2$存在，炉渣从还原罐出来后冷至675℃时，它由β相转变为γ相，体积膨胀约10%，使炉渣自动粉化，故皮江法炉渣是粉状的，它可作为生产硅酸盐水泥的掺和料和用以改良土壤。

第四篇　稀有轻金属冶炼

第二十四章　铍的冶炼

第一节　铍的性质、化合物和用途

铍是1798年由法国人瓦奎林（L. N. Vauquelin）发现的。四年后德国的韦勒（F. Wöhler）和法国的布西（A. Bussy）各自用钾还原氯化铍的方法制得金属铍。1898年法国的勒彪（P. Lebeau）用碳还原氧化铍制得铍铜合金。

铍在地壳中的含量为6×10^{-6}，是一种银白色的金属，在周期表中为第二族元素，原子序数为4，原子量为9.02，结晶为六方晶系，晶格参数$a_0 = 0.22808$，$c = 0.35779$nm。原子半径及离子半径分别为0.111及0.034nm。铍常常含有弥散存在的BeO及其它杂质，使其性质，特别是机械性质变差。铍的主要物理化学性质如下：

熔　点	1292 ± 8℃	熔化热	12.5kJ/mol	沸点	2240 ± 10℃
汽化热	329 ± 4kJ/mol	热容 c_p	19.17J/(mol·K)	熵 $S_{298}^{\ominus}$	9.5 ± 0.8J/(mol·K)
电阻率 ρ	$3.6 \times 10^{-6}\Omega \cdot$cm	热导率 λ (20℃)	188.6W/(m·K)	密度	1.84 ~ 1.85g/cm^3
中子俘获截面	0.009b（靶恩）				

工业铍为亮灰色，硬度和脆性都很大。但真空下制得的纯度为99.95% ~99.97%的纯铍塑性良好，可以冷轧成片。铍对X射线的可透性为铝的17倍，是制造X光管窗口和放射性检测探头的唯一材料。铍青铜为含Be0.5% ~2.0%的Be－Cu合金，具有良好的导热、导电和机械性能，并且抗腐蚀，耐磨损，有着典型的时效硬化性质，而且在撞击和摩擦时不发生火花，非常适于在防火防爆的情况下应用。铍有70%是用于制造铍铜合金的，铍的中子俘获面很小，而中子散射截面很大，自20世纪40年代中期到60年代初，金属铍主要用于原子能工业制造中子增殖装置。反应堆的反射层、减速剂及核武器部件等。1956年惯性导航系统首次用铍陀螺，开辟了铍的又一重要应用领域。此后航空与航天部门成为铍的主要用户。在资本主义国家中，按BeO计的铍矿石采掘量每年超过9千吨。

致密的金属铍通常是稳定的。它的表面有一层不溶于水的BeO保护层。在铍化合物中，铍的稳定态为Be^{2+}，配位数为4。

$Be \rightleftharpoons Be^{2+} + 2e$ 的放电电位为－1.85V。铍表面上的BeO保护膜在冷的浓硝酸和浓硫酸中也可使铍钝化。铍在空气中在800℃以上的温度下开始氧化。铍的粉末在1200℃燃烧，除BeO外，同时生成Be_3N_2，铍与碳加热反应时生成Be_2C，与卤素元素反应则生成相应的卤素化合物。如：

$$Be_{(晶)} + F_{2(气)} = BeF_{2(晶)},\ \Delta G^{\ominus} = -1016570 - 82.15T\lg T + 342T \pm 21J;$$

$$2Be_{(晶)} + O_{2(气)} = 2BeO_{(晶)},\ \Delta G^{\ominus} = -1199200 - 13.9T\lg T + 234T \pm 42J;$$

$$3Be_{(晶)} + N_{2(气)} \xlongequal{} Be_3N_{2(晶)}, \quad \Delta G^{\ominus} = -563040 + 170T \pm 50J$$

在高温下，铍也生成低价化合物，如：$BeCl_{2(气)} + Be_{(液)} = 2BeCl_{(气)}$，$\Delta G^{\ominus} = 372430 - 163.7T \pm 21J$（1573～1723K）。铍不与氢相互反应。铍的非金属化合物中，以低极性键和共价键为主，而无离子键。在熔融状态下铍能与各种金属混合（外层电子为 s^1 和 s^2 的金属除外），当温度降低时，铍的溶解度急剧降低到0.01%以下。铍与外层电子为 d 电子层的金属（如钛、钽、铌、钼等）生成化学性能稳定的 $MeBe_{12}$ 型难熔金属化合物。

氧化铍是一种难熔的白色结晶物质，密度为2.967g/cm³，熔点2630℃，沸点4120℃，不溶于水，经充分煅烧后也不溶于酸。它具有极好的导热性（1200℃下为 17×10^6W/(cm·K)），在1900℃开始升华。

氢氧化铍 $Be(OH)_2$ 为白色两性物质，但碱性占优势。

BeF_2、$BeCl_2$ 等铍的卤素化合物能很好地溶于水。它们在熔融状态下为电的非导体。BeF_2 的熔点为552℃，沸点为1175℃，它与 NH_4F 及外层电子为 s^1 和 s^2 的金属氟化物生成 $M_2(Ⅰ)BeF_4$、$M_3(Ⅰ)BeF_5$ 及 $M(Ⅱ)BeF_4$ 型铍氟酸盐。它们的熔体能很好地离解导电。BeF_2 在水中的溶解度约1.8mol/L（25℃）$BeCl_2$ 依靠空着的 $2p$ 电子层轨道可以接受电子并且与一些有机物和无机物分子相结合。铍的 $(C_2H_5)_2Be$ 二乙基铍型有机化合物是不稳的，容易挥发并与水和空气相互作用。

第二节　氧化铍的制取

含铍矿物约40种，大部分分散在各种硅酸盐岩石之中（每吨含Be约3.5g）。有工业价值的铍矿物为绿柱石、羟硅铍石和硅铍石（似晶石）。

绿柱石的化学式为 $3BeO \cdot Al_2O_3 \cdot 6SiO_2$。其中BeO的理论含量为14.1%，实际上为9%～13%。在矿石中由于还有其他铝硅酸盐、矿物、石英等共生，故Be含量仅0.04%～2%，需要通过手拣、浮选或重介质选矿以提高到合格品位。绿柱石属六方晶系，复六方双锥晶类。其中硅氧四面体组成六方环状阴离子团 $[Si_6O_{18}]^{12-}$，Al^{3+} 和 Be^{2+} 则位于环与环之间，碱金属离子及水分子可以进入环内。绿柱石常以粗大的六方长柱状晶体产出。产地在我国为新疆、湖南、江西；在国外为巴西、阿根廷、印度、南非等地。祖母绿、水蓝宝石等名贵宝石都是异种的透明绿柱石。

羟硅铍石的化学式为 $Be_4[Si_2O_7](OH)_2$，BeO的理论含量为42%。由于它高度分散于脉石中，所以矿石中BeO含量仅1.7%～2.5%。主要产地在美国。硅铍石的化学式为 $Be_2[SiO_4]$，BeO的理论含量为45.45%。现在还未发现储量较大的矿脉。

处理铍精矿的目的是为了从其中充分地提取出工业氧化铍。通过氧化铍便可制得 BeF_2 和 $BeCl_2$，进而制取金属铍。氧化铍具有良好的电绝缘和热传导性能，熔点高，抗热冲击性和化学稳定性都很好，是一种很好的陶瓷材料。在电子工业、原子能工业和耐火材料行业中都得到应用。

制取氧化铍主要有两种方法：硫酸法和氟化物法。硫酸法较经济，对环境的危害也较小，因而占有优势。其流程如图24－1所示。

绿柱石非常稳定，但它由所含氧化物生成时的自由能 $\Delta G^{\ominus}$ 并不大，即其中 SiO_2 和 Al_2O_3 相结合的键能小，仍有着向更稳定的状态转变的可能性，在其熔点以上的温度下，

绿柱石中的 SiO_2 和 Al_2O_3 彼此连接薄弱。熔体骤然冷却的产物的化学活性实际上接近于各个单体的氧化物。所以在制取氧化铍时，先将绿柱石在电弧炉中于 1625～1700℃下熔融，然后水淬成含铍玻璃体碎屑。但直接用硫酸处理，其中 BeO 的提取率仅为 50%～60%。为了提高 BeO 的提取率并降低熔融铍精矿的温度，可按反应式 $3BeO \cdot Al_2O_3 \cdot 6SiO_2 + 4CaO \longrightarrow CaO \cdot Al_2O_3 + 3(CaO \cdot 2SiO_2) + 3BeO$，加入理论计量110%的石灰或石灰石与精矿一同磨细混匀，在回转窑内于1400～1500℃熔化，然后水淬成玻璃体。

玻璃体细磨过74μm 筛后，与浓度为93%的硫酸混成料浆注入钢盘在250～300℃下进行硫酸化反应。酸的用量按 Be、Al、Ca 全部转化为硫酸盐的理论量添加。酸化速度很快，BeO 的提取率可达90%～95%。酸化产生的气体应经旋风器收尘，并经淋洗塔清洗氧化硫后才可排放。

硫酸化过程也可用稀硫酸在 150～200℃下，在搪有耐酸材料的钢制反应器中进行。

酸化后的块料用水作对流溶出，得到 $BeSO_4$ 和 $Al_2(SO_4)_3$ 溶液和 SiO_2 及 $CaSO_4$ 渣。每升溶液中约含 Be13g、Al15g、Fe2g、Si0.1g 和一定量的游离硫酸。

铍与铝的分离是利用铝能生成明矾的特性进行的，由图 24－2 可见，往溶液中加入 $(NH_4)_2SO_4$ 至 100g/L 以上（但低于 250g/L）的浓度时，可使 $Al_2(SO_4)_3$ 的溶解度降为 5～8g/L，而 $BeSO_4$ 的溶解度仍可保持为 300g/L 左右。铝铵矾的结晶过程是在15～20℃下完成的，然后用离心分离。

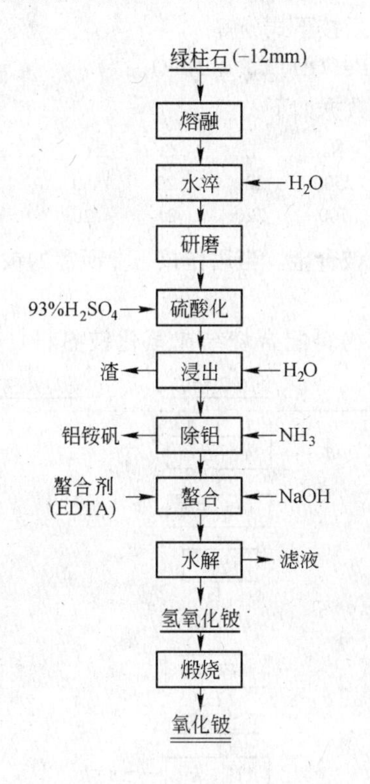

图 24－1　硫酸法制取氧化铍流程图

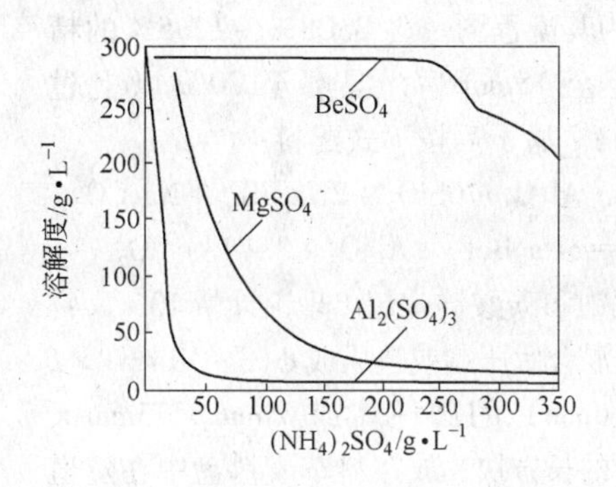

图 24－2　有关硫酸盐在 $(NH_4)_2SO_4$ 溶液中的溶解度

铍盐水解便可使氢氧化铍析出，其反应为 $BeSO_{4(溶液)} + 2H_2O \xlongequal{} Be(OH)_2\downarrow + H_2SO_4$。为了防止溶液中铝、铁、钙、镁等杂质随同水解析出，可往溶液中加入乙二胺四乙酸钠 EDTA 加以抑制。将硫酸铍转化为铍酸钠，使 $Be(OH)_2$ 在碱性溶液中水解析出的效果更好些，这时往硫酸铍溶液中添加苏打即可发生如下反应：$2Na_2CO_3 + BeSO_4 \xlongequal{} Na_2BeO_2 + Na_2SO_4 + 2CO_2\uparrow$。这一反应须保持在低温下进行，以免 $Be(OH)_2$ 在此转化过程中析出。待转化完成，才将铍酸钠溶液送到水解槽。通过煮沸，使氢氧化铍成为大颗粒析出。铍的水解率可达97%，整个生产流程中铍的总回收率约80%。水解后含有 Na_2SO_4 和痕量 $Be(OH)_2$ 的碱溶液。要用明矾处理，使 $Be(OH)_2$ 完全沉淀以免造成污染。在1000℃下煅烧氢氧化铍即得无水氧化铍产品。

羟硅铍石也可用硫酸法生产氧化铍，它的化学活性大于绿柱石，较易于被硫酸分解，含 BeO 约1%的原矿磨至1mm左右即可为硫酸溶出：

$$3BeO \cdot Be(OH)_2 \cdot 2SiO_2 + 4H_2SO_4 \xlongequal{} 4BeSO_{4(溶液)} + 2SiO_{2(晶)} + 5H_2O$$

溶出液澄清后含 Mg0.4～0.7g/L 和 Fe1.5g/L，所含的 Be 可用溶于煤油中的2－乙基己基磷酸（D2EHPA）萃取。全部的镁和大部分的铝都留在溶液中，而铁全部进入萃取剂。然后用 $(NH_4)_2CO_3$ 溶液反萃，即可将铍转化为（$(NH_4)_4Be(CO_3)_3$）进入溶液。反萃溶液加热至70℃，其中铁和铝便以氢氧化物及碱式碳酸盐的形态沉淀出来。过滤后的碳酸铍铵溶液进一步加热便成为碱式碳酸铍 $2BeCO_3 \cdot Be(OH)_2$，并可使 CO_2 及 NH_3 逸出返回利用。反萃后的有机相经硫酸处理后也可再生利用。碱式碳酸铍加热至165℃后按下式分解：

$$2BeCO_3 \cdot Be(OH)_{2(晶)} \xlongequal{} CO_{2(气)} + Be(OH)_{2(晶)} + 2BeO$$

由硫酸法制得的氢氧化铍中杂质含量（ppm）的数据如下：

	Al	Fe	Mg	Si	Ca	Mn	Na	Li	Co	Cr	Ni
绿柱石	2200	400	3000	400	5000	1500	2500	200	20	60	100
羟铍硅石	400	50	50	250	50	10	100	220	21	20	5

这样由绿柱石制得的氧化铍一般用于制取铍铜及其他铍合金。当用作核工业所需的铍材料时还需要再加精制。

氟化法是把绿泥石精矿和氟硅酸钠、碳酸钠等物料配合烧结成氟化铍熟料（烧结块），再从其溶出液中制取氢氧化铍。图24－3为其流程图。含 BeO8%～12.5%的精矿破碎至15mm后，湿磨至70%以上过74μm筛。滤干后按下式配料：

$$3BeO \cdot Al_2O_3 \cdot 6SiO_2 + 2Na_2SiF_6 + Na_2CO_3 \xlongequal{} 3Na_2BeF_4 + Al_2O_3 + 8SiO_2 + CO_2$$

氟硅化钠和碳酸钠应超出理论计量10%。物料充分混合后压制或挤压成 $\phi(8\sim10mm) \times L(20\sim30mm)$ 的圆柱体或65mm×75mm×200mm的长方块，放在料车或料盘中在隧道窑内烧结，料块烧结温度为750℃，保温2～2.5h。但有时也将温度提高为780℃，而时间延长至6h。烧结产物氟铍化钠是一种易溶于水的化合物，而氧化铝和氧化硅则是不溶于水的，熟料溶出便可以得到 Na_2BeF_4 溶液。烧结过程要使上述反应充分完成，保证铍的提取率和 Na_2SiF_6 的利用率，又要防止物料熔化，导致铍的提取率降低。

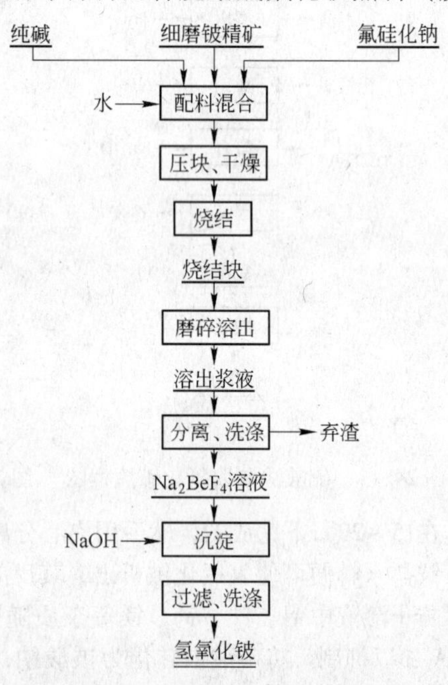

图24－3　氟化法制取氢氧化铍的工艺流程

为了强化氟铍化钠的溶出，先将熟料磨细过74μm筛，然后定量地加入溶出槽作小批多次溶出或连续对流溶出。在前一情况下，多次溶出后的混合液中含 BeO 约 4 ~ 5g/L。在后一情况下，BeO 的浓度可提高 1.5 倍，利用 NaOH 使 Na_2BeF_4 溶液中的铍成 $Be(OH)_2$ 沉淀。这时先将全部 NaOH 加入到 20% 的溶液中，搅拌并且加热到 90℃ 后，再将其余 80% 的溶液逐步加入。调节 pH 值为 12，不断地搅拌和加热直到 $Be(OH)_2$ 析出。这样得到的氢氧化铍结晶才便于过滤分离和洗涤。氟化法得到的氧化铍约含 $Fe_2O_3$1%、$Al_2O_3$0.2%、$SiO_2$1.5%。

$Be(OH)_2$ 滤出后的溶液中含有相当数量的 NaF，可往其中加入硫酸铁使之成氟铁化钠析出返回烧结配料。这时先用硫酸调节溶液的 pH 为 4，然后边搅拌边加入浓度为 30% 的 $Fe_2(SO_4)_3$ 溶液，即可得到 Na_3FeF_6 沉淀。它可以替代配料所需的 60% 左右的氟硅化钠。

第三节　金属铍的制取

铍的熔点高，在高温下化学活性大，使金属铍的生产过程别具特色。制取金属铍也有两种方法；通过 BeF_2 进行金属热还原或通过 $BeCl_2$ 进行熔盐电解均可。采用钙或碳直接还原 BeO 制取金属铍的方法未能实现是因为所得的铍总是被 $CaBe_{13}$ 或 Be_2C 所污损的缘故。

图 24－4 为用镁热还原法从氟化铍制取金属铍的工艺流程。氟铍化铵在水溶液中具有较高的稳定性，有利于提纯。提纯后的氟铍化铵加热分解即可得到纯的无水氟化铍。镁热还原过程是一个强烈的放热反应：$BeF_2 + Mg \longrightarrow Be + MgF_2$，$\Delta G^{\ominus}_{298} = -118kJ/mol$，$\Delta H^{\ominus}_{298} = -150kJ/mol$。反应可以在广阔的温度范围内自动进行。$BeF_2$ 和 MgF_2 的熔点分别为 807℃ 和 1396℃，沸点分别为 1327℃ 和 2332℃。镁不同于碱土金属，不与铍生成金属化合物，故而被选作还原剂。

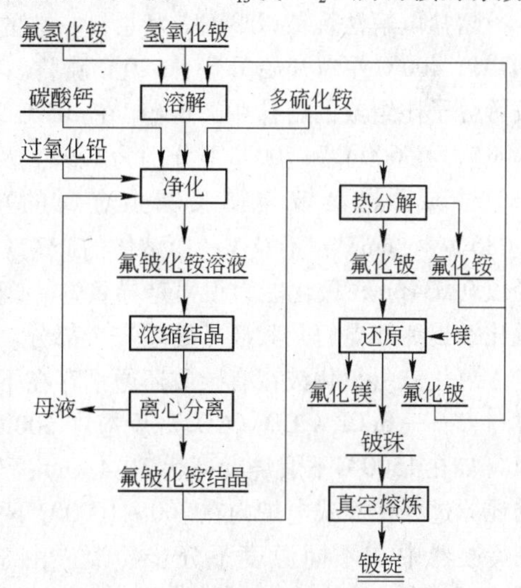

图 24－4　镁热还原法炼铍工艺流程图

氧化铍或氢氧化铍按下式溶于 NH_4HF_2 溶液：$Be(OH)_2 + 2NH_4HF_2 \longrightarrow (NH_4)_2BeF_{4(溶液)} + 2H_2O$。生产过程中的含铍废料也返回溶出液处理。溶出时调节溶液的 pH 值为 5.5。然后加 $CaCO_3$ 并将溶液加热至 80℃，使铝、铁成羟基碳酸盐析出。部分 $(NH_4)_2BeF_4$ 也将被分解生成 CaF_2 沉淀。添加过氧化铅 PbO_2 的目的是使溶液中的 Mn^{2+}、CrO_2^- 离子氧化成 MnO_2 和 $PbCrO_4$ 便于析出。其反应为：$2NH_4CrO_2 + 3PbO_{2(晶)} + H_2O \longrightarrow 2PbCrO_{4(晶)} + Pb(OH)_{2(晶)} + NH_4OH$。最后加入的多硫化铵 $(NH_4)_2S_n$ 是要清除溶液中的重金属杂质。净化过程结束以后，蒸发溶液将其中铍的含量由 20g/L 提高为 400g/L，并且调节溶液的组成使之与结晶出 $(NH_4)_2BeF_4$ 的计量相符合。蒸发结晶过程是在真空条件下完成的。所得结晶由离心机分离并略加洗涤。母液和洗液返回蒸发。$(NH_4)_2BeF_4$ 结晶在以石墨砖为内衬的感应电炉内于 900 ~ 1100℃ 下热分解。分解出的 NH_4F 在冷凝系统内收集，添加 H_2F_2 转化成 NH_4HF_2 后返回 $Be(OH)_2$ 溶解工序。感应炉中的 BeF_2 熔体流入水冷铸模，凝结成玻璃体。

氟化铍的镁热还原过程在900~1000℃，物料保持为固态的条件下进行。不然反应过于激烈将引起镁的燃烧，甚至爆炸，炉料也将严重损失。为此在炉料中只配入理论量70%~75%的镁，即保持过量25%~30%的BeF_2。在还原反应结束后才将炉料加热到1300℃左右，将铍和MgF_2及BeF_2熔化。这时比重小的铍上浮并汇聚成为较大的铍珠。小心地将熔体注入石墨模，凝固并冷至室温后碎成小块。放入磨机中研磨、浸洗，使铍珠得到充分清洗。MgF_2是不溶性的，磨研和洗净后送往堆场。BeF_2溶液则返回利用。所得铍珠含Be96%~97%，Mg1.5%，$F_2$2%，BeO0.1%。此外还含有微量的碳和其它金属杂质。

还原工序的高频炉的功率可达100kW。坩埚直径达610mm，一次可装氟化铍118kg，镁44kg，作业周期为3.5h左右。金属铍产量约14kg。铍的总回收率为96%~97%，BeF_2的还原率为62%。

铍珠还要在真空炉内再加以熔炼。洗净干燥后的铍珠置于氧化铍坩埚内。真空炉内的残余压力为13.3~66.5Pa（0.1~0.5乇），温度升高后，炉内压力可升为200Pa左右。为了减少铍的挥发损失，可往炉内充入氩气或氦气。较大的真空炉功率为100kW，电压400V，频率3000Hz，可得ϕ230mm×L460mm的铍锭，质量约32~34kg。氧化铍坩埚可使用100~140次。Be的总回收率为95%。熔炼产出率为90%。铍锭的Be含量为99.5%。

熔盐电解法炼铍以$BeCl_2$为原料。铍的电化当量为0.168g/(A·h)。$BeCl_2$的熔点为405℃，400℃左右开始升华，520℃沸腾。电解过程因而在低温下进行。$BeCl_2$与Na_2Cl_2按等分子比组成的熔体中，$BeCl_2$在405℃下按：$BeCl_{2(液)} = Be_{(晶)} + Cl_{2(气)}$的分解电压为2.08V。在600℃和700℃下分别为1.99V及1.93V。在$BeCl_2$熔体中基本上没有氯化亚铍BeCl生成。这是铍与镁及碱土金属的重要差别。$BeCl_2$熔体的电导率极低，仅为$0.086\Omega^{-1}\cdot cm^{-1}$，不及$MgCl_2$熔体的1/30。而$MgCl_2$熔体已经是电导率很差的了。$Be^{2+}$半径仅0.034nm，极化能力很强是导致这一现象的原因。熔盐电解法炼铍包括制取氯化铍、氯化铍提纯和电解及其产品处理三个部分。

氯化铍由氧化铍在有碳质还原剂存在下氯化而成，与氧化镁的氯化作业相同。$BeO + Cl_2 + C \longrightarrow BeCl_2 + CO\ (CO_2)$反应在600℃开始发生。氧化铍的煅烧温度越高、晶粒越粗（如在1500℃下煅烧者可达2~4μm），与氯的反应能力越差。氧化铍与还原剂的团块的还原过程在竖式电炉内在700~1000℃下完成。为了分离杂质，氯化的气体产物进入镍制冷凝器中在不同温度下分步冷凝。由于$FeCl_3$、$AlCl_3$和$SiCl_4$的沸点分别为319℃、181℃和58℃，更好地清除$FeCl_3$须将氯化铍在铁制隔焰炉中在500~550℃下通入氢气蒸馏24h。$FeCl_3$由H_2还原为$FeCl_2$，后者的沸点为1012℃，大部分的铁便以$FeCl_2$的形态残留在隔焰炉中。适当地提高$BeCl_2$的冷凝温度，既有利于清除杂质，还可使晶体增大，显著降低其吸湿能力。

采用CCl_4作为氯化剂可以将氯化温度降低至650~700℃，氯化率为92%~94%，并且不需要制团。这时反应为$2BeO + CCl_4 = 2BeCl_2 + CO_2$。据报道，每制取1kg氯化铍消耗$CCl_4$1.6kg。$CCl_4$的利用率约60%。$BeCl_2$的产出率为85%~86%。铍的总回收率约96%。氯化铍产品中含Be 11.2%~11.7%，杂质含量均以10^{-4}计。

$BeCl_2$的电解只能在它与NaCl和KCl一类离子导体组成的熔体中进行。在$BeCl_2$-NaCl系（图24-5）中有一个熔化时分解的化合物2NaCl·$BeCl_2$。分子比为1:1的共晶点，熔点为215℃。该系的熔体中含有Na^+、Cl^-、Be^{2+}和$BeCl_4^{2-}$离子以及未离解的

Na_2BeCl_4 分子。电流主要是由 Na^+ 和 Cl^- 传输的。Be^{2+} 和 Cl^- 分别在阴极和阳极放电。碱金属离子的放电电压比 Be^{2+} 大得多，$NaCl_{(液)}$ 的分解电压为 3.38V，$KCl_{(液)}$ 为 3.53V，而 $BeCl_{2(液)}$ 仅 2.196V。因而只在熔体中铍含量极低时才有钠和钾析出。

$BeCl_2$ - NaCl（KCl）系熔点很低，如在铍的熔点（1290℃）以上的温度下，电解必然招致电解质严重的挥发损失（NaCl 和 $BeCl_2$ 的沸点分别为 1413℃ 和 520℃）。所得金属铍也将被空气迅速氧化为 BeO 及 Be_2N_3。因此电解温度通常保持为 350～360℃。电解质为 BeCl + (NaCl + KCl) 熔体，其 NaCl 与 KCl 的摩尔比为 1:1，$BeCl_2$ 含量保持为 5%～7%。

电解槽以石墨为阳极，以对铍最稳定的镍为阴极。图 26－6 所示电解槽由镍做成坩埚形状，外部用电加热。槽的直径约 240mm，深约 430mm。顶部用镍盖密封。镍盖中央插入一根直径约 50mm 的石墨阳极，浸入熔盐的深度约 250mm。镍坩埚内部放置一个直径略小的镍制圆筒形阴极，底部开有许多小孔。电解槽的电流强度为 500A。开始时阳极电流密度 $D_K^{\ominus}$ 为 $0.77A/mm^2$，阴极 $D_A^{\ominus} = 0.062A/mm^2$。槽电压随着电解的进行由 9V 降至 5V。这是由于铍的析出使原来表面光滑的镍阴极变得凸凹不平所致。电流效率为 60%～65%，但有可能提高为 70%～80%。每公斤铍的电耗为 30～50kW·h。电流效率低的原因，一是每加入一批 $BeCl_2$ 到电解质之后，都要在电压低于 1.5V 的条件下进行所谓“净化”电解。使比 Be 更正电性的金属杂质（Cu、Ni、Fe）和 $BeCl_2$ 的水解产物放电析出。再是当铍析出成疏松的沉积物而使电流密度降低时，铍可能生成低价离子（$Be + Be^{2+} = 2Be^+$）溶解于电解质，循环到阳极被 Cl_2 氧化成 $BeCl_2$ 或被空气氧化成 BeO 和 Be_3N_2。电解结束后应适当提高熔电温度，降低其黏度，以减少将阴极铍取出时所黏附带出的熔盐。铍是以小鳞片状沉积在阴极筒壁的。用刀刮下后，先用冷水冲洗除去所黏附的熔盐，再分别用稀 NaOH 和 HNO_3 溶液洗涤，以得出表面呈金属光泽的金属。洗液中的铍可使之成 $Be(OH)_2$ 沉淀回收。金属铍也需通过真空熔铸成锭后方为成品。

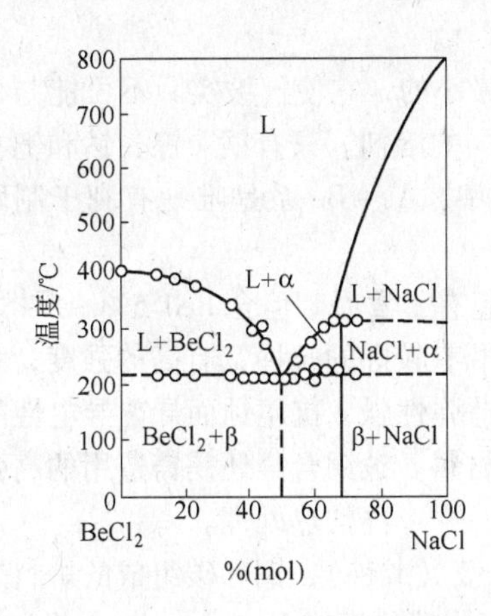

图 24－5　$BeCl_2$－NaCl 系熔度图

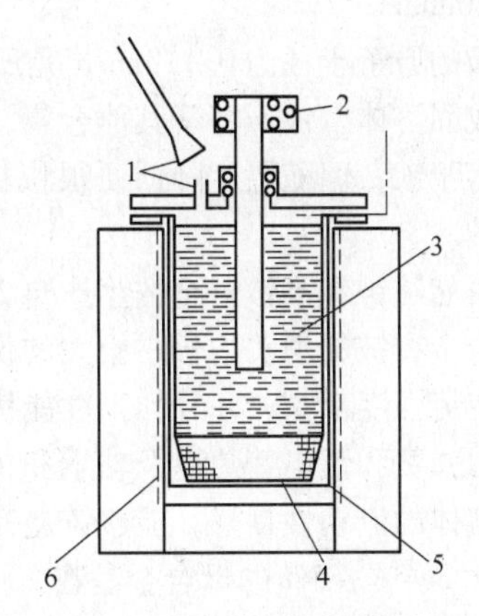

图 24－6　制铍电解槽

1—排气装置；2—阳极；3—电解质注入管（图上未绘出）；4—阴极；5—镍制电解槽；6—电阻加热线圈

$BeCl_2$ 电解法还可以应用于铍的电解精炼。铍在机械加工时所产生的废屑，压制成垫圈状后，用碳棒穿成一串作为阳极，仍以镍筒作阴极，在等摩尔比的 NaCl + $BeCl_2$ 熔体中电解。阳极中的铍便逐渐溶解而在阴极析出。比 Be 更负电性的 Ca、Mg、Ba 等元素溶解后保留在电解质中，而比 Be 更正电性的 Fe、Al、Mn、Si 等元素、一些金属化合物以及氧化铍则不能溶解，而以细分散状态沉淀为泥渣，电解开始时阴极电流密度 $D_K^{\ominus}=0.08A/cm^2$，槽电压为 5～5.5V，电流效率约 80%。

电解法与镁热还原法比较，所得金属铍的纯度较高，但单台设备的产能不及热还原法。就目前技术水平而言，生产同样数量的产品，电解法所需的设备台数和占地面积都较多。所以，当需要量少而纯度要求高时宜于采用电解法；而在需要量大而纯度要求不高时，则可采用镁热还原法。

第四节　铍合金材料的生产

铍及其合金可在 500～600℃下浇铸、热压、挤压、锻造、轧制和拉丝，并且可在 1000℃以上的温度下加热成型为薄的壳体，但因为铍的塑性差，脆性大，成材率很低。

五十年代起出现了铍的粉末冶金技术。铍粉主要是由铍加工时的碎屑或冶炼时所得的铍珠（鳞片）机械研磨制得。将液态铍在惰性气体中喷雾或蒸发冷凝也可制得铍粉。铍的高度磨损能力，使铍粉不仅被 BeO，而且还被磨机和研磨介质材料所玷污。

应用振捣热压法和热等静压法可制得含 Be 达 99% 的致密制件。大部分铍制件是在 1000～1200℃下在真空石墨压模中，以 50～700MPa 的压力热压而成的。压制时间取决于制件尺寸，为 1～20h。压成的坯料长度可达 2.5m，质量达 4t。

在充氩或氦的压力容器内实现的等静压气体压制法是制取致密铍部件的现代化方法。气体的工作压力为 70～100（最高达 580）MPa，温度为 700～950℃，可以制得无须再作机加工的形状复杂的制件，包括管材、板材和各种精细部件。高可达 1000mm，断面尺寸可达 400mm。

铍的原子半径为 0.113nm，是所有金属元素中最小的，它使得铍实际不可能与任何金属形成固溶体。铍不容于其他金属，也不是其他金属的溶剂。只有铜、镍、钴和钯在高温下略溶于铍，但随温度降低便很快析出。在二元系中，Al－Be 系是唯一有利于制取高铍合金的。

虽然纯铍和高铍合金的生产自 20 世纪 50 年代起有了发展。但含 Be0.5%～5% 左右的铍铜合金在铍的消费中仍占极大的份额，这种合金既有较好的塑性又有高的强度，弹性极限和疲劳强度都高，并且加工性能优良，是用于制造弹性强，抗腐蚀而导热导电性能优良的应力弹簧和馈电簧片以及轴承和传动齿轮的重要材料。铍铜合金还是铸造用的高强度合金，熔体的流动性良好，能够铸造高精度复杂铸件，并可再预热处理。

含 Be4%～5% 的母合金是在 2000℃下，由氧化铍（或铍）、铜和碳组成的炉料熔炼而成的。由于铍的活度降低，可以避免 Be_2C 的生成而使碳热反应 $BeO_{(晶)}+C_{(晶)}═Be_{(液)}+CO_{(气)}$，$K_P=p_{CO}/a_{Be}$顺利完成。如果合金中 Be 的含量过高，生成碳化铍后便不能按 $Be_2C_{(晶)}+BeO_{(晶)}═2Be_{(液)}+CO_{(气)}$完全分解。熔炼在电弧炉内间断进行。熔炼结束后，合金通过衬有氧化铍的流口流入石墨衬里的抬包，然后流入铸模。一个熔炼周期为 12h，合金产量约 2.5t，其中含 Be4%～5%，Fe0.1%，Si＜0.08%，Al＜0.06%。每吨合金耗电约 2750kW·h。

Be－Al 系有一个含 Be2.5%、熔点为 645℃的共晶点，Be 与 Al 彼此互不溶解。

Be－Al合金的比弹性模量达220～250GPa，为所有结构材料之冠。具有工业应用前景的铍铝合金含Be62%，强度极限σ_B385MPa，屈服应力$\sigma_{0.2}$300MPa，延伸率7%，弹性模量189GPa。它把铍特有的高刚度低比重和铝的塑性结合在一起，并且耐高温。这种有前途的航空航天材料是用粉末冶金方法制取的。

铍是唯一能够使高强度和高刚度复合材料强化的组分，并且可以改善它们的塑性。由铍丝加强后的材料，其塑性比用硼丝强化者高出一个数量级。含铍复合材料具有抗冲击、抗磨损和不变形的特性，韧性好并有持久强度，用作航空发动机透平叶片的材料。目前对于Be－Ti及Be－Al基复合材料极为重视。Be－Ti复合材料以钛为基体而以铍为强化组分，它有铝的塑性和钢的刚度。这些复合材料是同时挤压由铍管或细棒插入钛块的制件中做成的。

第五节　铍的毒性和劳动防护

20世纪40年代初期开始逐渐认识到铍及其化合物对人体的毒害。铍及其化合物的粉尘、烟雾都能引起人体许多器官的急性中毒或慢性中毒。急性中毒是短时间内大量接触或吸入这些物质引起的。症状包括接触性皮炎、皮肤溃疡、结膜炎、鼻黏膜炎、咽喉炎、支气管炎、化学性肺炎等。慢性中毒是迟发性的，发病时间可以是在接触毒物的20年以后，主要表现为肺部的长期延续性病变。

铍的毒害主要由于粉尘和烟雾的吸入和接触所酿成。各国已制定出防范性的卫生标准。1949年美国确定的空气中允许的含铍浓度标准如下：

（1）车间工作时间内空气中含铍浓度平均不得超过2μg/m³；

（2）任何时间内一次检测车间空气中含铍浓度不得超过25μg/m³；

（3）铍厂邻近地区空气中铍的月平均浓度不得超过0.01μg/m³。

第二十五章 锂的冶炼

第一节 锂的性质、化合物和用途

锂是自然界最轻的金属，原子序数为3，原子量6.94，比重0.534。在元素周期表中，它居IA族碱金属元素的首位，晶体为体心立方晶格。化合价通常为+1价，化学性质活泼。锂本来是银白色，在空气作用下变为暗灰色，质地很软，可以用刀切割。锂是1817年由瑞典人阿尔维德松在研究透锂长石时最先发现的。次年英国人戴维电解碳酸锂制得金属锂，但较大量的金属锂是在1855年由德国人本生和英国人马迪生电解LiCl熔体制得的。锂的一些重要物理性质列举于表25-1，为了对照，同时列出了其他碱金属元素的有关性质。

表25-1 碱金属元素性质的比较

性质 \ 元素	锂	钠	钾	铷	铯
原子序数	3	11	19	37	55
原子量	6.94	22.9	39.1	85.47	132.9
原子中的电子排列	$[He]2s^1$	$[Ne]3s^1$	$[Ar]4s^1$	$[Kr]5s^1$	$[Xe]6s^1$
原子半径（nm）	0.155	0.189	0.236	0.248	0.268
离子半径（nm）	0.068	0.098	0.133	0.149	0.165
电离能（eV）	5.39	5.14	4.34	4.18	3.89
标准电极电位（V）$Me^+ + e = Me$	-3.05	-2.74	-2.92	-2.93	-2.92
熔点（℃）	180	98	63.4	38.8	28.7
沸点（℃）	1337	889	757	679	690
电阻率（μΩ·cm）	9.4	4.7	6.8	13	19.3

锂的性质与其他碱金属迥异。如熔点、沸点、硬度均为最高，与水蒸气和空气的反应能力最低。一些典型的化合物如LiOH和Li_2CO_3的溶解度也是同类化合物中最低的。这些特点都是由于其原子及离子半径最小造成的。Li^+的水化能，生成配离子的倾向，化合物的晶格能和生成热也因而最大。

天然锂由Li_3^6（7.4%~7.52%）和Li_3^7（92.48%~92.60%）两种无放射性的同位素组成。Li_3^5、Li_3^8及Li_3^9是人工放射性同位素，它们的半衰期都非常短。

锂在水溶液中相对于氢电极而言的标准电极电位为-3.05V，在氯化物熔体中相对于钠电极而言的电极电位为-0.28V，都是所有金属中最负的。

锂在干燥的氧气中氧化成Li_2O的反应在200℃下才发生，在300℃才反应生成Li_3N。锂在空气中在640℃才燃烧出火焰，并且不生成过氧化物。锂与水反应生成LiOH和H_2，虽然放热，但不会强烈燃烧。锂与卤族元素在常温下即可相互作用。锂与硫、碳和氢生成Li_2S、Li_2C_2和LiH的反应在加热时才发生。如LiH在高于600℃的温度下才生成。LiH粉末在空气中猛烈燃烧，与水作用则析出氢，是氢的来源。锂可以与苯、胺等许多有机物反应生成锂的有机化合物，它们在有机合成上常被利用。

除铁外，锂几乎可以与所有金属生成金属间化合物或固溶体。锂的金属间化合物都是坚硬的，熔点比锂高，而化学活性较低。但锂对结构材料比钾和钠更有腐蚀作用，尤其易与 SiO_2 和硅酸盐相互作用。

锂有 Li_2O 和 Li_2O_2 两种氧化物。Li_2O_2 不如其他碱金属过氧化物稳定，在195℃便分解为 Li_2O 和 O_2，Li_2O 的熔点为1570℃，沸点为2600℃，但在1000℃以上开始升华。Li_2O 在真空中在1000℃的蒸气压仍然很低，水蒸气的存在使其挥发性显著增加。Li_2O 强烈地吸收空气中的 CO_2 生成 Li_2CO_3。Li_2O 有强烈的腐蚀作用，温度高于1000℃时尤其显著，甚至对纯铂也能腐蚀。

氢氧化锂是用途广泛的最重要的锂化合物，用它可制得其他锂盐。锂或 Li_2O 溶于水便生成 LiOH。它的溶解度和碱性不如其他碱金属。以15℃下的溶解度（mol/L）而言，LiOH 为5.3；NaOH26.4；KOH19.1；RbOH17.9；CsOH25.8。LiOH 的溶解度与温度的关系表示于图25－1。Li_2CO_3 和纯碱一样，也可以被 $Ca(OH)_2$ 苛化：

$$Li_2CO_3 + Ca(OH)_2 + aq = 2LiOH + CaCO_3 + aq$$

氢氧化锂的熔点为450℃，当加热至1000℃时则完全分解为 Li_2O 及水：$2LiOH_{(晶)} = Li_2O_{(晶)} + H_2O_{(气)}$，$\Delta G^{\ominus} = 146000 - 108.6T \pm 12$，J（648～795K）。这也是锂不同于其他碱金属的特点。

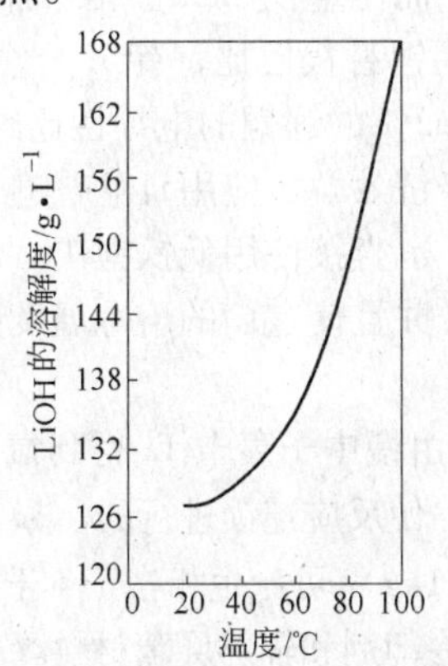

图25－1　氢氧化锂的溶解度与温度的关系

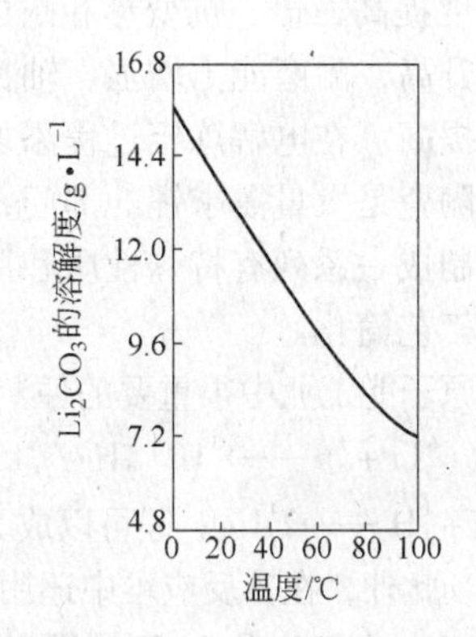

图25－2　碳酸锂的溶解度与温度的关系

碳酸锂是另一种重要的锂盐产品。它用途广泛，也是制取其他锂盐的原料。它的溶解度小于其他碱金属碳酸盐，并且是随温度升高而降低的（见图25－2）。它也不与 Na_2CO_3 和 K_2CO_3 生成复盐。因此易于与其他盐类分离，成为较纯的形态析出。碳酸锂是白色粉末，不潮解，熔点为720℃，继续加热则分解：$Li_2CO_{3(晶)} = Li_2O_{(晶)} + CO_{2(气)}$，$\Delta G^{\ominus} = 325000 - 288T$J。往悬浮着 Li_2CO_3 的溶液中通入 CO_2，可以生成溶解度稍高的 $LiHCO_3$。但它的热稳定性差，加热时便又分解为碳酸盐。这一性质也应用于碳酸锂的提纯过程。

在加热时，镁和铝与 Li_2CO_3 强烈反应，将锂还原成金属。

硫酸锂是白色结晶，易溶于水，25℃下的溶解度为25.7%，吸湿性很强，但所含水分可在100℃脱除。在表25－2中列举了一些锂盐的热力学性质。

表 25-2　若干锂化合物的热力学性质

化合物名称	$\Delta H_{298}^{\ominus}$（kJ/mol）	$S_{298}^{\ominus}$（J/mol）	熔点（℃）	沸点（℃）
LiH	-89.9±0.8	20.1±0.4	688	—
LiF	-616.3±6	35.5±0.2	848	1681
LiCl	-401±8	59.2±0.4	610	1382
LiBr	-349±8	71.1±8	550	1310
Li_2O	-596.1±4	37.8±0.2	1570	2600

第二次世界大战以后，特别是60年代以来，锂的应用领域迅速扩大，其中很多属于尖端技术。据统计美国各行业中2000年对锂及锂盐的需求量折成锂计约1万吨，用量最多者为润滑脂，次为焊接剂，再次为冶金及陶瓷业，三者占总需求量的85%以上。

以硬脂酸锂为主要组分的润滑剂可以在广阔的温度范围内保持良好的润滑能力，并有很好的耐水性。LiCl与LiF能与许多氧化物生成易熔性熔渣，用来作成的焊接剂在焊接时能使焊件表面去污净化，同时使熔融金属的表面张力降低，润湿性改善，尤其适用于轻金属的焊接。

在冶金工业中，锂一方面广泛应用于各种有色金属及其合金的脱氧、脱氢、脱硫和脱氮；另一方面又能与轻金属和重金属制成种种合金。1%～2%的Li使合金的硬度和极限强度明显提高，而比重降低。含Li4.5%～5.5%的铝锂合金已应用于航空及航天飞行器，不仅轻而强度高，同时耐热性能好，适用的温度范围扩大。含Li1%～5%的镁合金，使镁由六方晶格转变为正方面心结构，塑性提高，便于加工，而比重仅1.35。铅中加入0.2%的Li，硬度提高三倍，抗变形和耐蚀能力也随之加强。用锂替代巴比（铅）合金中的锡，合金熔点升高，耐磨能力增强，轴瓦不致发生裂纹。含Li2%的锂铜的电导性比纯铜还好，强度也有提高。在电解炼铝过程添加锂盐，有明显技术经济效益，应用日益普遍。

玻璃陶瓷是大量需求锂的部门，不仅使用锂化合物，也直接使用低铁锂矿。添加锂化合物可以制成一系列有特殊性质和用途的玻璃陶瓷制品，并且使它们的熔炼温度降低、时间缩短、工艺简化。

锂是原子能工业中很重要的原料。受控热核反应便是由慢中子轰击$^{6}_{3}Li$得到氚，再由氚产生中子（$^{6}_{3}Li+^{1}_{0}n \longrightarrow ^{3}_{1}H+^{4}_{2}He$；$^{6}_{3}Li+^{3}_{1}H \longrightarrow 2^{4}_{2}He+^{1}_{0}n$），使反应连锁进行的。$^{7}_{3}Li$也参与热核反应$^{7}_{3}Li+^{1}_{1}H \longrightarrow 2^{4}_{2}He$。锂可以成为巨型核电站的原料，1kg将可产生相当于4千吨煤所提供的能量。此外，在核反应堆中还用锂作慢中子减速剂、冷却剂和辐射屏蔽材料。

Li、LiH、$LiBH_4$及Li_3N是用于飞机、火箭及潜艇的高能燃料，具有燃烧温度高、火焰宽，单位重量发热量大的优点。它们还可用作高能化学电池，锂的重量只有同体积铅的1/30，但发出的电量却为后者的8倍。

在有机合成技术中也广泛应用到锂化合物，例如丁基锂LiC_4H_9在合成橡胶时用作立体定向催化剂，在合成芳香族化合物时也用锂作催化剂。锂化合物在合成维生素A和狂郁型精神病治剂时也得到应用。

锂的溴化物和氯化物具有强的吸湿性，在空气调节和工业干燥系统中得到广泛应用。

第二节　锂盐的制取

锂在自然界分布很广，很多岩石、土壤、盐卤、海水都有锂存在。地壳中锂的含量约

5×10^{-5}，折成 Li_2O 约 1×10^{-4}。西方国家勘探出的锂矿储量以 Li 计为 241.4 万吨。其中智利占 129 万吨，扎伊尔和美国各占 54 万吨及 41.7 万吨。我国炼锂资源丰富，主要产地在新疆、江西、四川、青海等省。

含锂矿物约有 145 种。具有工业价值为锂辉石、锂云母、透锂云母、铁锂云母和磷铝石五种。但盐湖卤水是重要的炼锂资源。

锂辉石的分子式为 $Li_2O\cdot Al_2O_3\cdot 4SiO_2$，其中 Li_2O 的理论含量为 8.1%，由于有脉石共生，特别是 Li 被 Mg、Fe、Mn 及 Na 所替代，Li_2O 的实际含量为 2.9% ~7.6%。锂辉石呈灰白色，带有淡黄色或淡绿色，硬度为 6.5 ~ 7，比重为 3.10 ~ 3.20，熔点为 1380℃，共生矿物为石英、长石、云母和伟晶花岗岩的其他组成矿物，锂辉石借热裂作用、重力选矿和浮选得出精矿。所谓热裂作用是指锂辉石加热至 950 ~ 1100℃后冷却时所发生的晶粒粉化现象。它是由于单斜晶系的 α - 锂辉石急骤转变为四方晶系的 β - 锂辉石，比重由 3.20 减为 2.44 所导致的。将热裂后矿石进行筛分或空气分选便可得精矿。这是获得锂辉石精矿的主要方法。重选是利用 α - 锂辉石（3.2）、云母及石英（2.65）和长石（2.6 ~ 2.8）的比重差，以细磨的磁铁矿、方铅矿或硅铁等物料作成重介质进行的。浮选时，脉石借助于阴离子捕集剂浮出，精矿则富集于尾砂中。

锂云母是仅次于锂辉石的重要锂矿，分子式通常写成 $KLi_{1.5}Al_{1.5}[AlSi_3O_{10}](OH、F)_2$。但其成分很不稳定，一般含 Li_2O1.2% ~ 5.9%，K_2O4.8% ~ 13.8%，$Al_2O_3$11.3% ~ 28.8%，$SiO_2$46.9% ~60%，F1.36% ~ 8.71%，H_2O0.65% ~3.15%。此外还含有 Na_2O、MgO、CaO、FeO、MnO 以及高达 3% 的 Rb_2O 和 1.5% 的 Cs_2O。因而处理锂云母同时可以得到铷和铯的化合物作为副产品。锂云母硬度为 2.5 ~4，比重为 2.8 ~3.0。晶体呈细鳞片状或板状，质韧，为玫瑰红、淡紫、灰色或白色。在浮选钽铌精矿时，共生的锂云母富集在尾砂中成为副产品。

铁锂云母分子式以 $K(Li、Fe^{2+}、Al)[AlSi_3O_{10}](F、OH)_2$ 表示，含 Li_2O3% ~3.6%。透锂长石的分子式为 Li_2O、$Al_2O_3\cdot 8SiO_2$，Li_2O 的理论含量为 4.9%，实际上仅 1.0% ~4.4%。磷铝石又名锂磷铝石 LiAl［PO_4］（F、OH），Li_2O 的理论含量为 10.2%。实际为 8% ~9%。

盐湖卤水也是重要的炼锂资源。从中还可以同时回收硼、钾、溴和氯化钡等产品。美国富特矿产公司用以生产锂盐的银峰卤水中锂含量为 0.04% ~0.5%（质量）。

目前一百多种的含锂产品都是从含锂资源制得碳酸锂和一水氢氧化锂 $LiOH\cdot H_2O$ 后，再从而制得包括金属锂及其合金在内的其他产品的。

由锂矿石生产锂盐的方法主要有硫酸盐、硫酸法、石灰烧结法和氯化焙烧法。

一、硫酸法

这一方法的原理在于硫酸与 β - 锂辉石在 250 ~300℃下发生置换反应，生成硫酸锂：

$$\beta-Li_2O\cdot Al_2O_3\cdot 4SiO_2+H_2SO_4\longrightarrow Li_2SO_4+H_2O\cdot Al_2O_3\cdot 4SiO_2$$

这一反应只能发生于结构较疏松的 β - 锂辉石，为此结合热裂选矿，先将锂辉石在 950 ~ 1100℃焙烧，使之由 α - 型转为 β - 型，硫酸法的工艺流程图示于图 25 - 3，粉碎至 74μm 以下的精矿配以理论量 140% 的浓度为 93% ~98% 的硫酸，混合后在煤气加热的回转窑内于 250 ~300℃下进行硫酸化焙烧。反应经 10min 即可完成。焙烧产物在搅拌槽溶出后，用石灰石粉中和过量的硫酸。溶出料浆的 pH 值提高为 6.0 ~6.5，使大部分铁、铝杂质析出。滤除泥渣后，滤液中 Li_2SO_4 浓度约 100g/L。先用石灰乳将滤液的 pH 值调整为 12 ~ 14，进一步除去镁、铁、铝杂质。然后再用纯碱清除 $Ca(OH)_2$。滤除析出的这些泥渣后，蒸发溶液使 Li_2SO_4 浓度提高为 200g/L，为了使溶液脱色，往其中加入少量炭黑吸附剂。同时加入少量硫酸，将溶液的 pH 值调整为 7。溶液中的铁、铝杂质成为氢氧化物更彻底地析出。析出的固体经过压滤完全除去后，用饱和 Na_2CO_3 溶液使溶液中的 Li_2SO_4 转变为 Li_2CO_3，成为细小的但易于沉降和过滤的白色晶体沉淀出来。沉淀经过反复洗涤后，Li_2CO_3 含量达 96% ~97%，再经真空干燥即为成品。其中杂质含量为：SO_4^{2-} 0.35%，$(Na、K)_2O$ 0.18%，Fe_2O_3 0.003%，CaO 0.04%，$Cl^- <$ 0.005%，重金属 <0.001%，水分 0.01%，矿石中 Li_2O 的回收率为85%。

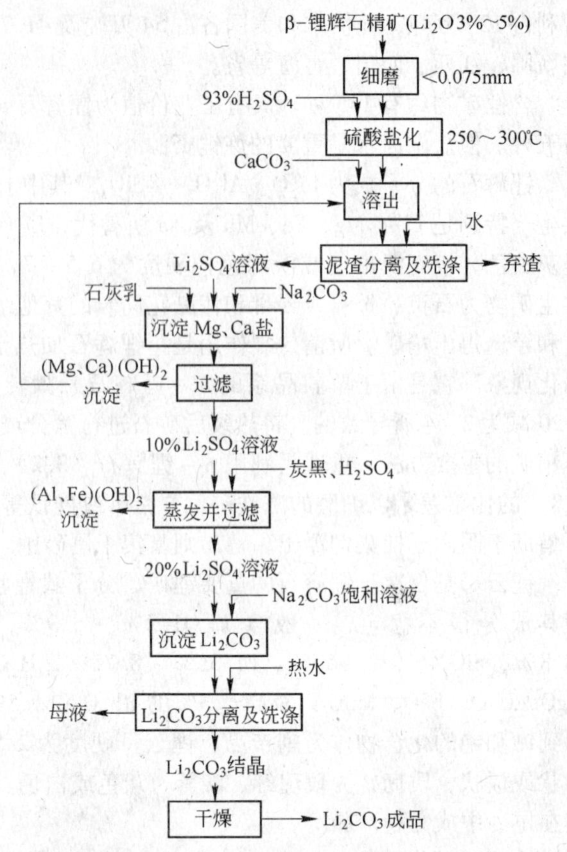

图 25－3　硫酸法生产碳酸锂的工艺流程

硫酸法作业简单而实收率较高，并可处理 Li_2O 含量仅 1.0% ~ 1.5% 的矿石，但相当数量的硫酸和纯碱变成了价值较低的 Na_2SO_4。应该尽可能地降低硫酸配量。硫酸法也可用来处理锂云母和磷铝石。处理锂云母时，应将其细磨到 90μm 以下，再与质量为其 110% 的浓硫酸在钢制反应器中混合 30min 后逐渐加热，经 8h 至 340℃，保温 15min 得到硫酸化焙烧料，其后的作业与处理锂辉石基本上相同。锂云母中的铷、铯和钾和焙烧时生成的硫酸铝和硫酸铁成为明矾析出，然后回收为副产品。

二、硫酸盐法

硫酸盐法是用硫酸钾与锂矿石烧结，使其中的锂转变为硫酸锂进入溶液。它不仅用以处理铝硅酸盐矿，而且也处理磷酸盐矿。在处理锂辉石时，也是先使 α－型转变成结构较疏松、易于和 K_2SO_4 反应的 β－型。这种相变实际上是结合在烧结过程中一并进行的。在加热过程中，总的反应是：

$$\underset{\alpha-\text{锂辉石}}{(Li、Na)Al[Si_2O_6]} \longrightarrow \underset{\beta-\text{锂辉石}}{(Li、Na)Al[Si_2O_6]} \xrightarrow{+K_2SO_4} \underset{\alpha-\text{白榴石}}{(K、Na)Al[Si_2O_6]}$$

$$\xrightarrow{+Li_2SO_4} \underset{\beta-\text{白榴石}}{(K、Na)Al[Si_2O_6]}$$

这一反应式中考虑了锂辉石常常含有钠的特点。这个反应是可逆的。为了使反应更充分地向右方进行，需要加入过量很多的昂贵的硫酸钾。研究用较便宜的硫酸钠替代硫酸钾的结果表明，钠置换β-锂辉石中锂的反应在700℃左右开始，在900℃之前基本上是在固态下进行的。温度高于900℃时炉料熔化（Na_2SO_4 的熔点为885℃），反应速度骤然降低，接着趋于停止。X射线衍射分析表明，这种熔体是"锂辉石玻璃"，其中的锂是不可能溶出的。所以不能完全用硫酸钠来分解锂辉石，而只能以 Na_2SO_4 部分地代替 K_2SO_4。当然在前一种情况下，熔体冷却速度的影响也还有待研究，硫酸钾烧结法处理锂辉石的工艺流程列于图25-4。

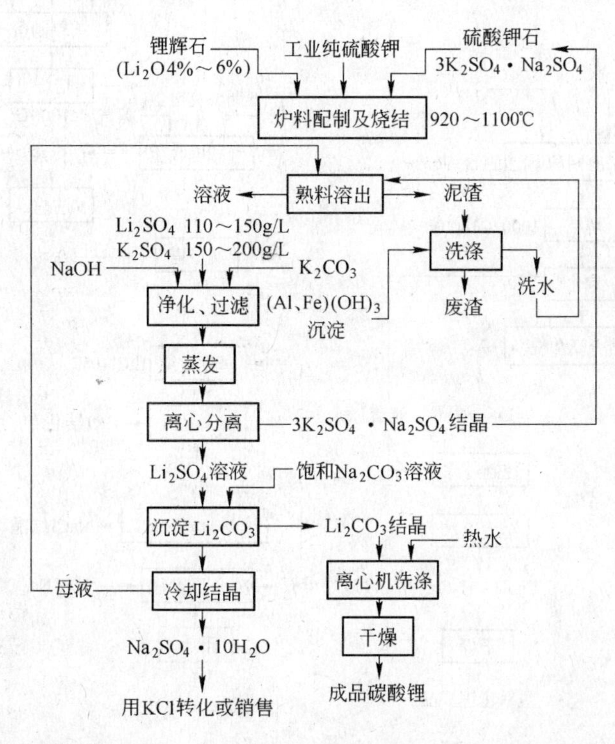

图25-4　硫酸钾烧结法处理锂辉石的工艺流程

三、石灰法

石灰法是用石灰或石灰石与锂矿石烧结，再溶出烧结块制取氢氧化锂，其工艺流程列于图25-5。炉料烧结是这一方法的关键作业。目前对烧结过程中的物理化学反应还缺乏足够的认识。从反应式

$$Li_2O \cdot Al_2O_3 \cdot 4SiO_2 + 8CaO = Li_2O \cdot Al_2O_3 + 4[2CaO \cdot SiO_2]$$

可以看出，分解1mol锂辉石需要8molCaO。但实验结果表明：CaO的配量越多，烧结块中锂的溶出越高。由于 $Li_2O \cdot Al_2O_3 \cdot nH_2O$ 和 $Li_2O \cdot 2Al_2O_3 \cdot nH_2O$ 的溶解度很小，也许需要有足够数量的CaO使铝转化成 $3CaO \cdot Al_2O_3 \cdot 6H_2O$ 进入固相，才能保证烧结块中 Li_2O 的充分溶出。溶出后的泥渣是生产水泥的良好原料。因为锂辉石中碱金属在烧结时转变为相应的铝酸盐。溶出时铝酸盐转变为水合铝酸钙和原硅酸钙进入沉淀。碱金属则以氢氧化物进入溶液。溶出液中 Li_2O 浓度约10g/L，与泥渣分离后蒸浓至 Li_2O 为80~100g/L。通过压滤清除固体悬浮物，再进一步蒸发至比重为1.17~1.20。然后冷却至40~50℃，使大

部分锂以 $LiOH \cdot H_2O$ 结晶析出。由离心机分离出来并洗去附液，干燥后即为成品。如果需要纯度更高的产品，可将粗结晶溶解于去离子水中，加热成 LiOH 含量为 160g/L 的溶液，彻底滤除悬浮物后，冷却到40℃使 $LiOH \cdot H_2O$ 结晶。含 LiOH 约 120g/L 的母液再用于溶解下一批粗结晶。美国桑布莱特锂厂用 $\phi 3.5m \times 120m$ 回转窑以石灰烧结法生产，年产氢氧化锂约 8 千吨。石灰烧结法也可以用来处理锂云母。

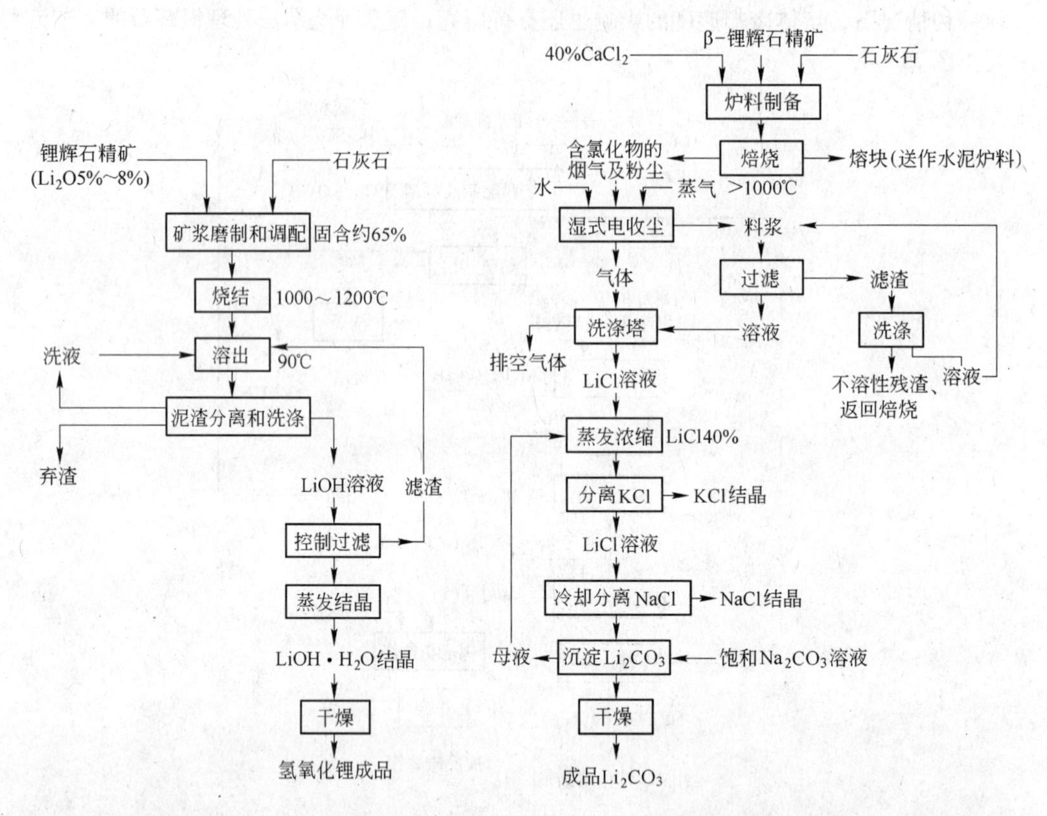

图 25－5　石灰烧结法生产氢氧化锂的工艺流程图　图 25－6　氯化挥发焙烧法生产锂盐的工艺流程图

四、氯化焙烧法

氯化焙烧法是利用氯化剂使矿石中的锂及其他有价金属转化为氯化物进行提取的。氯化焙烧法有两种：一种是在低于碱金属氯化物沸点的温度下制得含这些氯化物的烧结块，经过溶出使之与杂质分离，称之为中温氯化法。另一种是高于其沸点的温度下进行焙烧，使氯化物成为气态挥发出来与杂质分离，称为高温氯化或氯化挥发焙烧。这两种方法都可用来处理各种含锂矿石。氯化剂为钾、钠、铵和钙的氯化物。图 25－6 是处理锂辉石的高温氯化法工艺流程。第二次世界大战期间，美国为了应付对于锂的迫切需要，便曾应用这种方法以水泥厂的装备进行过锂盐生产，氯化焙烧的反应为：

$$Li_2O \cdot Al_2O_3 \cdot 4SiO_2 + 14CaCO_3 + CaCl_2 = 2LiCl\uparrow + 14CO_2\uparrow + 4(3CaO \cdot SiO_2) + 3CaO \cdot Al_2O_3$$

炉料中锂辉石与石灰石和氯化钙的质量比为 1∶3∶1。当其在 1000℃下焙烧时，生成的 LiCl 升华，与灰尘一同进入窑气。在收尘器和洗涤塔中收集为 LiCl 溶液。蒸发浓缩后便可直接结晶出较纯的 LiCl 产品。这一方法的优点是流程简单，不消耗贵重试剂，而锂的回收率可达90%或更高。缺点则是LiCl的收集较难，炉气腐蚀性强，试剂用量大。

我国成功地研究出了处理锂云母的中温氯化焙烧法，石灰石和氯化钙的用量有了大幅度的降低。

除上述方法外，近年来还提出了水热法生产锂盐，得到了不同程度的成功。例如用过量的Na_2CO_3溶液在190～235℃处理β－锂辉石，将锂置换为Li_2CO_3结晶。置换率可达95%左右。其反应式为：

$$Li_2O \cdot Al_2O_3 \cdot 4SiO_2 + Na_2CO_3 + aq \xlongequal{} Na_2O \cdot Al_2O_3 \cdot 4SiO_2 \cdot nH_2O + Li_2CO_{3(固)} + aq$$

压煮后的料浆可用两种方法使其中Li_2CO_3转入液相而与残渣分离，一是往料浆中通入CO_2，将锂转变为可溶性$LiHCO_3$，分离残渣后加热溶液，使之再成Li_2CO_3结晶析出。再是往料浆中加入石灰乳，使锂苛化成LiOH进入溶液，分离残渣后，蒸发浓缩$LiOH \cdot H_2O$产品。

用石灰乳在190～210℃处理β－锂辉石使锂转变成LiOH溶液是另一种水热法，其反应为：

$$Li_2O \cdot Al_2O_3 \cdot 4SiO_2 + 11CaO + aq \xlongequal{} 2LiOH + 3CaO \cdot Al_2O_3 \cdot 6H_2O + 4(2CaO \cdot SiO_2) + aq$$

压煮料浆冷却后，便不难从分离残渣后的溶液中制得锂盐产品。

第三节　金属锂的制取

金属锂可以由熔盐电解法和金属热还原法制得。前者是制取工业纯金属锂的最经济的方法。所用电解质为LiCl＋KCl熔体，这是目前所能找到的最好成分。曾经考虑过应用LiOH＋LiBr熔体作电解质，由于锂在其中易于溶解，严重的副反应使电流效率降低，而不宜采用。采用LiCl熔体为电解质，必须先制取无水氯化锂熔体。LiCl的熔点为610℃，熔融LiCl在617℃下的比重为1.47，黏度为1.81×10^{-3}Pa·s。LiCl熔体的挥发性不强。在783℃的蒸气压力为100Pa，880℃为200Pa。LiCl具有强烈的吸湿性，在其水合物中，以$LiC \cdot H_2O$最稳定，它高于97.1℃便分解为水蒸气及LiCl结晶，因此LiCl不会发生水解。

图25－7是制取金属锂的设备流程，LiCl由碳酸锂或氢氧化锂与盐酸合成。为了提高锂盐的纯度，在合成之前将它们转化为可溶性的$LiHCO_3$，滤去不溶性杂质后，再加热溶液使碳酸锂结晶析出。碳酸锂滤饼与浓度为30%左右的盐酸直接在衬有橡皮的搅拌槽内合成为浓度约360g/L的LiCl溶液。此时加入少量$BaCl_2$以沉淀其中的SO_4^{2-}，然后加入适量Li_2CO_3使多余的Ba^{2+}成为$BaCO_3$沉淀。这时$CaCO_3$、$MgCO_3$和$Fe(OH)CO_3$也随同析出。压滤清除这些杂质后，含LiCl约40%的溶液用回转窑废气加热在填料蒸发器中蒸发浓缩。所得浓溶液饲入回转窑干燥脱水成固体LiCl，经锤式破碎机碎成细块后加入电解槽。回转窑以煤气为燃料，废气用于蒸发溶液，成品氯化锂的杂质含量应低于（%）：H_2O1.0；$Li_2CO_3$0.1，SO_4^{2-}0.01；$CaCO_3$0.15；(Na,K)Cl0.5；$Fe_2O_3$0.006；其他不溶性杂质0.025。

在KCl－LiCl系中摩尔比为1∶1处有一个熔点为352℃的共晶点。当电解质的LiCl含量为45%时，电解可在420～430℃的温度范围内进行。熔体温度和LiCl含量的降低，使金属锂溶入电解质中的量显著减少，从而减轻锂的再氯化，提高电流效率。在熔融状态下，钾是唯一比锂更负电性的金属，在450℃下，$K^+ + e = K$的电极电位为－3.81V，而

Li^+为$-3.68V$，Na^+为$-3.57V$，因此原料中Na的含量应低于1%。

锂电解槽也有有隔板槽和无隔板槽之分，其示意图示于图25-8中。在有隔板的电解槽中，钢阴极从槽底中心引入，两根石墨阳极通过侧部槽衬导入。阴极和阳极表面由钢制网状隔板隔开。电解出的锂浮在阴极上方并汇集于铸铁制成的集锂槽内。氯气则由槽盖上的短管从阳极空间导出。LiCl熔体由槽盖上的小孔注入两极之间。由陶瓷（滑石、绿泥石）做成的槽衬使用期不长，是锂电解槽的缺点。每昼夜产锂100~200kg的电解槽寿命仅为半年。

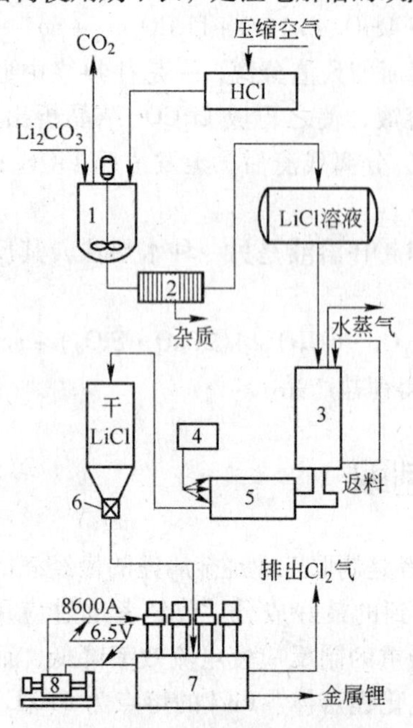

图25-7 制取金属锂的设备流程

1—反应槽；2—压滤机；3—填料蒸发器；4—煤气燃烧炉；5—回转窑；6—破碎机；7—电解槽；8—直流发电机

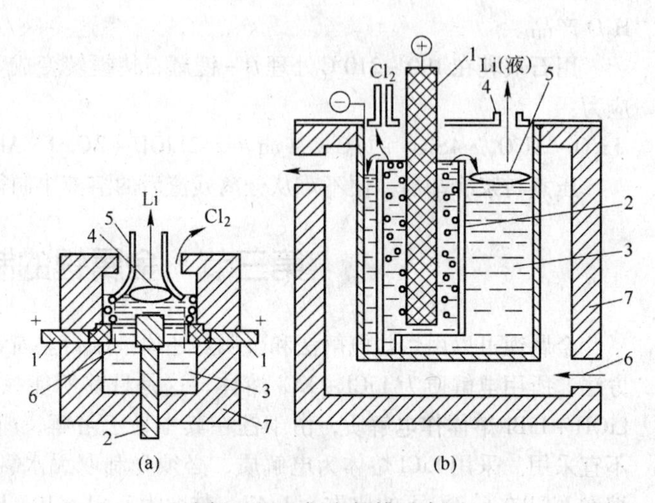

图25-8 锂电解槽示意图

（a）法国有隔板电解槽：1—环形石墨阳极；2—钢阴极；3—LiCl + KCl熔体；4—液体锂；5—铸铁集锂室；6—钢制网状隔板；7—热绝缘

（b）美国无隔板电解槽：1—石墨阳极；2—钢筒阴极；3—LiCl + KCl熔体；4—金属锂取出口；5—金属锂；6—燃烧气体；7—热绝缘

无隔板槽结构比较简单。阴极是一个钢质坩埚，其中电解质由外部热源（燃烧煤气）加热，坩埚内壁没有衬里。石墨阳极从上部导入。阴极内壁没有衬里，石墨阳极从坩埚上部导入。阴极和阳极间的间距为3~4cm。为了防止锂和氯气在电解质顶部反应，可鼓入空气将Cl_2浓度稀释为2%以降低氯化速度。金属锂用筛状漏勺从集锂室掏出。因为锂的表面张力大，对筛网的湿润性差，不会漏出。电解质则与之相反，会通过网孔全部流回槽内。无隔板槽的优点是使用期长达15~20年，但其他指标不如有隔板电解槽，具体数值对比如下：

	有隔板电解槽（法国）	无隔板电解槽（美国）
产能（kgLi/day）	100~200	30~60
电流强度(最大值)(kA)	40	12
槽电压（V）	6.1	6.1
电能消耗（kW·h/kg）	28	32
电流效率（%）	85	74
电热绕组能耗（kW·h/kg）	—	5~10

以上数据说明：两种电解槽的电耗率都比理论数值（14.2kW·h/kg（Li））高出很多。这对于小型电解槽来说是必然的。工业锂的纯度为97%～98%，主要杂质为K0.2%～0.3%，Na0.8%～1.0%，Mg0.3%～0.5%。对于原子能工业来说，锂中的Li_3N和Li_2O加速液体锂对钛构件的腐蚀作用，应该清除，利用金属陶瓷过滤器或铁丝布和钛丝布在250℃下过滤，可将液体锂中的Li_2O减少为原来的1/7，而Li_3N为1/30。用海绵钛处理液体锂也可将Li_2O和Li_3N置换除去$Ti_{(晶)}+Li_3N_{(液)}$（或$2Li_2O_{(晶)}$）$=\!=\!=$$TiN_{(晶)}$（$TiO_{2(晶)}$）+ 3(4)$Li_{(液)}$。锂中的碱金属杂质则可通过分步真空蒸馏清除。由此可以将锂中的杂质含量降到10^{-3}%以下。

用LiCl + KCl为电解质，液体金属为阴极还可由电解法制取一系列含锂合金。

熔盐电解法制取金属锂的主要缺点是锂不可避免地被钠和钾所污损，而且阳极析出的氯气也需处理和利用。真空热还原法则可避免这些缺点。它可以从Li_2O、$Li_2O\cdot Al_2O_3$甚至直接从锂辉石得到金属锂。从而省却了制取对设备有腐蚀作用的无水氯化锂的过程。

当以Li_2O为原料时，Li_2O是由Li_2CO_3热分解而得到的。Li_2CO_3上CO_2的平衡压力在810℃、890℃和1270℃下分别为2kPa、4.3kPa及101kPa。为了使熔点为735℃的Li_2CO_3在热分解时不致熔化而使CO_2难于排出，是将Li_2CO_3和CaO按质量比为1∶1.5制团，再将团块在真空下热分解的。产物则是Li_2O和CaO的混合物。它对于下一步的真空热还原过程也是有利的。

还原剂用硅粉，$2Li_2O + Si =\!=\!= 4Li + SiO_2$在标准条件下的吉布斯自由能变化为正值，并且是吸热反应；$\Delta G^{\ominus}_{298} = +298kJ$，$\Delta H^{\ominus}_{298} = +320kJ$。因而这一反应只能在高温、真空下进行，而将析出的锂蒸气不断抽出。但此时有一部分Li_2O会与SiO_2生成原硅酸锂$2Li_2O\cdot SiO_2$，降低锂的回收率。原料中含有CaO则生成原硅酸钙，而不致生成原硅酸锂。反应式$4CaO + 2Li_2O\cdot SiO_2 + Si =\!=\!= 4Li_{(气)} + 2(2CaO\cdot SiO_2)$的$\Delta G^{\ominus}_{1000K} = -351kJ$。将细磨后的$Li_2O$、CaO和理论量110%的硅粉压团，然后在真空炉内于1000～1300℃及0.133Pa压力下还原。析出的锂收集于冷凝器内。在1000℃下锂的回收率为75%，而在1300℃为93%。在所得锂中的主要杂质为Ca0.04%、Si0.01%。

以铝粉为还原剂时可以用$Li_2O\cdot Al_2O_3$为原料。烧结由Li_2CO_3和Al_2O_3组成的炉料便可得到铝酸锂。还原反应$3(Li_2O\cdot Al_2O_3) + 2Al =\!=\!= 6Li_{(气)} + 4Al_2O_3$在1100℃下，锂的平衡蒸气压力为33.3Pa。在1150～1200℃和13.3Pa的剩余压力下进行真空热还原可以得到纯度很高的锂。锂的回收率可达95%～98%。为此要配入过量的铝粉。采用这一方法无须往炉料中加入CaO。这样也保证了产品锂的纯度。还原过程得到的氧化铝渣又可用以制备下一批铝酸锂。

第二十六章　碱土金属的冶炼

第一节　碱土金属的性质和用途

碱土金属为周期表中ⅡA族元素钙、锶、钡，由于它们的氧化物使水呈碱性而得名。它们原子最外的亚层上都排满了两个电子，比碱金属难熔而挥发性较小，但与湿空气和其他试剂的反应都很强烈。表26－1对比地列出了碱土金属的一些重要性质。

表26－1　碱土金属一些重要性质的比较

性　质	钙	锶	钡
原子序数	20	38	56
原子量	40.08	87.62	137.34
原子半径（nm）	0.197	0.214	0.217
离子半径（nm）	0.104	0.127	0.143
标准电极电位（V）	−2.87	−2.89	−2.90
熔点（℃）	850	770	727
沸点（℃）	1480	1380	1640
电阻率（$10^{-6}\Omega\cdot cm$）	4.6	22.8	60
熵 $S_{298}^{\ominus}$（J/(mol·K)）	41.6±0.4	55.76	62.37±0.8

碱土金属都是由铝热还原法制取的，只有钙可以由 $CaCl_2$ 熔体电解法生产。因为锶和钡的化合物熔体都易于生成 Sr^+ 或 Ba^+，而它们的放电电位又与钾、钠相近甚至更高，并且难以得到低熔点的电解质。

这三种金属都是戴维在1809年从以汞为阴极电解所得的汞齐中最早获得的。钙和锶为银白色，钡为银灰色。都需要保存于严密封存的煤油中或多层充有氩气的容器中。

钙、锶、钡在地壳中的含量分别为 3.6×10^{-2}、4×10^{-4} 和 4.7×10^{-4}。

钙加热至360～500℃与氧、氮、氢、氯、硫、碳、磷等元素生成相应的化合物，并且能把几乎所有的金属从它们的氧化物、硫化物和卤素化合物中置换出来。钙与许多金属（主要是具有 s^2、$p^{1\sim4}$ 和 d^{10} 亚层的金属）生成牢固的金属化合物。钡和锶的化学活性比钙更强，它们能溶解于许多金属，在许多情况下并生成金属间化合物。已经知道的有锶与铝、镁、锡、铅、锌的化合物和钡与铅、锡的化合物，这两种元素的电子层结构相似，能生成连续的固溶体。

金属钙主要用作制取铀、钍、锆及稀土金属的还原剂。对于核工业的发展有着特殊的意义。钙还原这些金属的氯化剂的温度约为1100℃，还原氟化物的温度为1400～1500℃。氟化物的吸湿性小，应用较广泛，此时得到的熔融金属，熔炼结束后得到的锭块须由机械方法或溶剂清除所挟带的熔盐渣。钙也用做铜、镍、铬镍合金和青铜的脱氧剂、除气剂和脱硫剂。在炼铅的除铋过程中，钙由于能生成不溶于铅的熔点高的金属化合物 Ca_3Bi_2 而被利用。铅合金中如耐磨轴承合金 Pb－Ca－Na 巴比合金、电缆合金、蓄电池合金都普遍地用到钙。因为金属化合物 $CaPb_3$ 能使合金硬度提高。往铝合金和镁合金中添加 0.1%～0.2% 的钙可以改善它们的导电性能和加工性能。在钢的脱氧和脱硫过程中也应用 Ca－Si 和 Ca－Mn－Si 合金。每吨钢的合金钙消耗量为 0.9～3.6kg。

金属锶和钡及其合金在电真空管和电视机、蓄电池阳极和原电池中用作脱气剂。在 Mg－Sr 自燃合金和光电管内的合金中都含有锶。在原子能电池中，^{90}Sr 是 β 射线的来源，这种电池的寿命长达 50 年。锶在合金中起到增大强度和抗腐蚀的作用。金属钡用作球化剂和脱气合金以制造球墨铸铁和精炼金属。但是金属钡的用量很少。锶和钡的化合物有较广泛的用途。氢氧化锶用于精制甜菜糖，硝酸锶和碳酸锶用于制造红色焰火和信号弹，铬酸锶 $SrCrO_4$ 用作飞机表面的橘红色油漆。在制造电视机显像管和光导纤维用玻璃方面锶也得到应用。当 SrO 含量达到 11% 时，玻璃的强度、弹性和其它许多性质得到明显改进。锌钡白俗称立德粉是 $BaSO_4$ 和 ZnS 的等分子混合物，是一种常见白色涂料，重晶石 $BaSO_4$ 在钻探工程中用做压井泥浆，在 X 光诊断时用于“钡餐造影”，这都是取其致密比重大的特点，钛酸钡 $BaTiO_3$ 压电陶瓷在仪器中广泛用为换能器，硝酸钡则用于制造绿黄色焰火和信号弹。

第二节　钙及其合金的制取

金属钙主要是用熔盐电解法由 $CaCl_2$ 制取的。先需要制得高纯度的无水 $CaCl_2$ 作为电解质的组分。其中比钙更正电性的杂质元素的含量应该低于（%）：Fe0.004，碱金属及镁 0.15，SO_4^{2-}0.15。

生产氯化钙以 $CaCO_3$ 含量高于 95.5% 的优质石灰石为原料，其工艺流程如图 26－1 所示。用浓度为 14% 的盐酸溶解石灰石得到 $CaCl_2$450～500g/L 的溶液。溶出过程是在衬有辉绿岩的渗滤槽内进行。$CaCl_2$ 溶液从石灰石块料层中渗出，然后按每 $10m^3$ 溶液加入 15kg$BaCl_2$，使 SO_4^{2-} 成为 $BaSO_4$ 析出。随后再加入消石灰调整溶液的 pH 为 7～8，并按每吨 $CaCl_2$ 加入 6kg 漂白粉 $Ca(OCl)_2$ 使 Fe^{2+} 和 Mn^{2+} 氧化，随同 $Al(OH)_3$、$Mg(OH)_2$ 成为 $Fe(OH)_3$ 和 MnO_2 沉淀析出，此时发生的反应为：$Mn^{2+} + Ca(OCl)_2 = MnO_2 + CaCl_2$；$2Fe^{2+} + OCl^- + 2H^+ = 2Fe^{3+} + Cl^- + H_2O$。溶液过滤后在鼓泡塔中蒸发至 $CaCl_2$ 浓度为 700g/L。再在喷雾干燥塔中用 0.3～0.5MPa 的压缩空气喷入对流而来的 290～320℃ 的热气流中雾化干燥脱水。干燥后的氯化钙落在塔的锥底部分，其中仍含有 5% 的 H_2O，干燥塔排出的 150～165℃ 的气体中挟带着一部分 $CaCl_2$ 灰尘送到鼓泡塔用作蒸发过程的热源，每制取 1t 纯度为 95% 的氯化钙大约消耗石灰石 0.93t，浓度为 31% 的盐酸 2.27t，$BaCl_2$3.7kg，漂白粉 6kg，蒸汽 0.5t，水 25t，电 650kW·h。

为了避免在电解槽内生成 CaO 沉淀，电解质中 CaO 含量不得超过 0.25%。所以干燥后的氯化钙还要进一步脱水。为此先往纯度为 95% 的氯化钙中混入 5%～10% 的 NH_4Cl，再将混合物加热到 850～900℃，并保温 1h。NH_4Cl 加热到 350～400℃ 后分解为 HCl 和 NH_3，HCl 可将氯化钙水解出的 CaO 氯化为 $CaCl_2$：

$$2HCl_{(气)} + CaO = CaCl_2 + H_2O_{(气)} \uparrow$$

$CaCl_2$ 熔体中钙的溶解度高达13%使其电解过程别具特点，钙以 Ca^+ 的形态进入电解质：$Ca + CaCl_2 \equiv 2CaCl$，不仅严重降低电解过程的电流效率，而且使电解质与空气中水分强烈反应生成 CaO：$CaCl_{(液)} + H_2O_{(气)} \equiv CaO_{(晶)} + HCl_{(气)} + \frac{1}{2}H_{2(气)}$。

钙电解时的反电动势为2.8～3.2V，相当于原电池 $Ca_{(液)} | CaCl_{2(液)} \| CaCl_{2(液)} | Cl_{2(气)}$ 的电动势。纯的无水氯化钙的熔点为774℃，在800℃的密度为2.048g/cm³。金属钙的熔点为850℃，它在空气中在此温度下很易着火燃烧。它的密度小，在20℃下为1.54g/cm³，这些都增加了电解过程的困难。

钙在电解质中的溶解度随温度升高而增大。因而电解过程在其熔点以下的温度进行。得到的钙为树枝状晶簇。它在清除电解质时极易氧化。

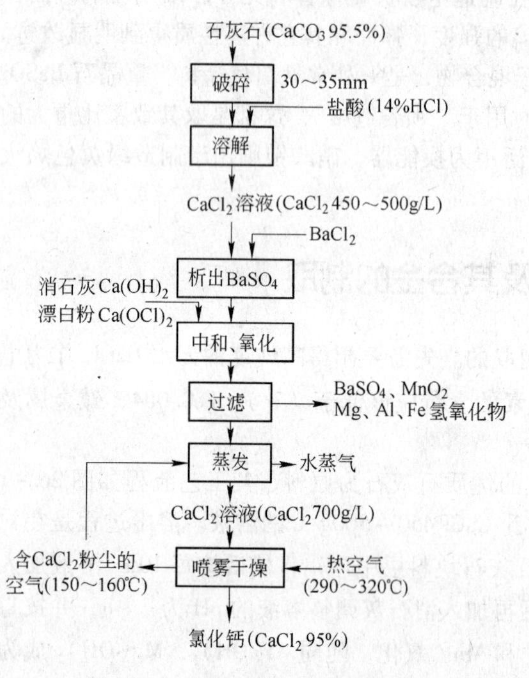

图26-1　制取氯化钙的工艺流程

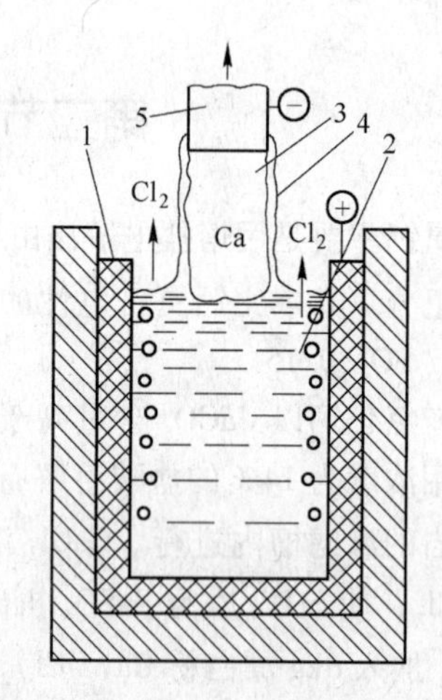

图26-2　采用接触阴极的钙电解槽

1—石墨阳极坩埚；2—$CaCl_2$ + KCl 熔体；3—金属钙棒；4—电解质保护层；5—阴极铁棒

目前制取钙有两种熔盐电解方法，都是以极力降低钙在电解质中的溶解度为目的。一种是所谓"接触阴极"法。阴极用铁制成，用水冷却。电解开始时阴极刚好与电解质表面接触，钙在其底部电积析出。随着电解的进行，不断提升阳极，使钙总是在贴近电解质表面的阴极底部析出成为一支金属棒。电解质为添加有1%～2% KCl 和 CaF_2 的 $CaCl_2$ 熔体，熔点为768℃。$CaCl_2$ - KCl 系有一个同成分化合物 $KCaCl_3$（熔点为754℃），它与 KCl 分别生成熔点为640℃和595℃两个共晶点。$CaCl_2$ - CaF_2 系有一个异成分化合物 $CaCl_2 \cdot CaF_2$ 和熔点为644℃的共晶点。$CaCl_2$ 熔体中加入 KCl 和 CaF_2 后，熔点和黏度大大降低。如黏度在800℃下可降为4.92mpl（毫泊稷叶），表面张力为147.6MH/m（兆牛/米），电导率为2.02s/m（西门子/米），而比重为2.049。

从接触阴极电解过程的要求来说，电解质应具有大于钙的比重，并且能够很好地湿润金属钙，屏障它不致被空气氧化。而且初晶温度应低于金属钙，不含水分、硅及其他比钙更正电性的杂质。图 26－2 为接触阴极钙电解槽的示意图。槽子的电流强度可达 2 万安。槽电压为 25V，电解质电压降约为 22V，阴极电流密度 $D_K = 50 \sim 100A/cm^2$，阳极电流密度 $D_a = 1 \sim 1.5A/cm^2$。正常电解温度为 780～810℃。由于阴极电流密度很高，在阴极周围局部过热，故使钙以液态析出。随着阴极提升，钙露出熔体便告凝结，新的一层钙又在它的下面继续析出。为此应该保持钙在阴极下的析出速度与阴极的提升速度同步。既不会因为阴极脱离熔体，发生电弧使钙棒熔化，也不会因阴极提升太慢，而使钙摊散在熔体表面。这两种结果都将严重地降低电流效率。所得钙棒的直径为 175～350mm，长达 600mm。钙棒黏附和夹杂的电解质达 20%，先在密闭容器中熔化后，钙再浇铸成锭。钙锭含 Ca 约 98.4%～98.6%。为了制取纯钙，钙锭须在真空中在 800℃下像精炼镁那样进行升华精炼。由此得到纯度为 99.5% 的金属钙具有良好的抗腐能力和可塑性。

阴极的提升速度是自动控制的。在石墨坩埚壁上析出的 Cl_2，抽出来用石灰乳中和。每生产 1 吨钙的 $CaCl_2$ 消耗为 4.5～7.2t。电能消耗因工艺过程完善程度的不同而为 3～9.7 万 kW·h。电流效率不超过 40%～50%。$CaCl_2$ 消耗量高于 2.76t 的理论值是因为电解质要经常更换，不可避免地被空气分解的结果。接触阴极法由于阴极尺寸受到限制，钙棒黏附和夹杂大量氯化物以及劳动生产率很低，利润小，不可能作规模较大的工业生产。

较为经济有效的熔盐电解炼钙的方法是采用液体阴极。这时电解析出的钙进入阴极液体成为合金，与 $CaCl_2$ 相互作用的活性大为降低，从而不再以 $CaCl_2$ 的形态进入电解质。液体阴极金属便是按此要求选择的。此外它还须满足下列要求：

（1）与钙生成的合金熔点低于 700℃；

（2）能够增大所得钙合金的比重，以便与电解质很好地分离；

（3）在电解温度下蒸气压力很低，可以保证所得合金在真空蒸馏（800～900℃）制造纯钙的过程顺利进行。

铜可以较好地适应这些要求，从 Ca－Cu 系状态图（见图 26－3）可以看出，铜与钙生成稳定而又能很好地溶于液相金属中的金属间化合物 $CaCu_4$。它的熔点为 935℃，但它能与钙生成熔点为 560℃的共晶混合物（含 Cu62%），当合金中 Ca 含量小于 65% 时，初晶温度低于 700℃。含 Ca60% 的合金的比重为 4.0，远大于电解质的比重（2.1～2.2）。铜的沸点 2600℃也远高于钙（1490℃）。

铅也可以用作液体阴极来生产低钙合金。钙在阴极合金中的含量要低于 2% 才能保证其流动性。所得的 Pb－Ca 合金可直接用作轴承合金。

图 26－4 所示为自动调整温度的以铜钙合金为阴极的电解槽。它是由生铁铸成的方形槽。电流强度为 2 万安，每边长度为 1.3～3.0m。电流通过槽壳导致阴极合金。阳极为石墨块，可以垂直移动以调节极距和作业温度。电解质熔体经料仓添加。当槽内合金水平增为 14～20cm 时，由真空抬包抽出。但槽内仍保留约 10cm 的金属水平。阳极 Cl_2 抽出用石灰乳中和后再制取 $CaCl_2$ 返回利用。采用 Cu－Ca 合金液体阴极的电解过程的作业条件为：电解质温度 650～715℃，电解质水平 19～24cm，合金水平 15±5cm，极间距离 1～4cm，槽电压 7～10V，阳极电流密度 $1.5 \sim 4.5A/cm^2$，阴极电流密度 $0.7 \sim 0.4A/cm^2$；电解质中含 $CaCl_2$80%～85%，KCl15%～20%。合金中钙含量最高为 65%，最低为 62%。

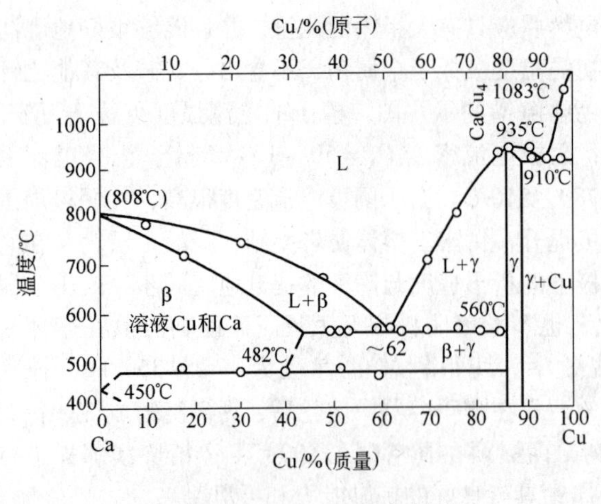

图 26-3 Ca-Cu 系状态图

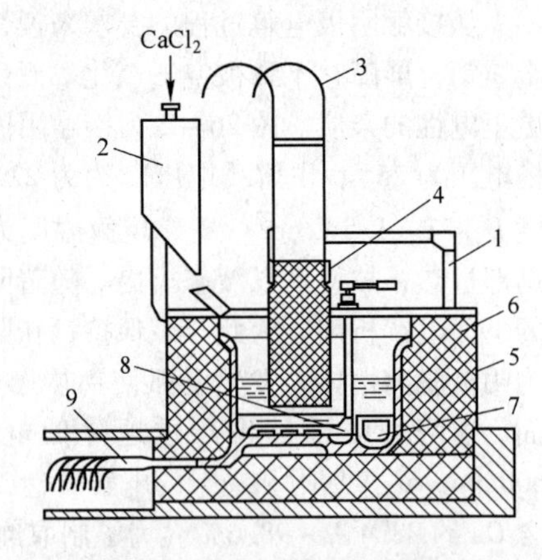

图 26-4 液体阴极钙电解槽

1—提升机构；2—电解质仓；3—软母线；4—阳极；5—槽壳；6—热绝缘层；7—槽体；8—清扫器；9—母线沟

电解得到的铜钙合金通过真空蒸馏制取纯钙。蒸馏过程在1180℃和5Pa真空下进行。每吨钙的电耗为21000kW·h，其中用于真空蒸馏工序的电耗为5100kW·h。电解过程钙的回收率为96%~97.5%，真空蒸馏过程钙的提取率为79%。

真空蒸馏出的钙在940~1080℃和(2.6~3.6)×10^3Pa的氩气中作真空预熔并铸锭。这样可以避免钙的升华。工业钙的杂质以ppm计，Li为1，Mg和Al各10~100，Ti、Mn和Si各10，$N_2$60~90，B0.13，S3，Be、Na、V、Cr、Fe、Co、Ni均低于0.1；而Cl_2可达1.15%。钙用作核原料的还原剂时应有更高的纯度，如Be、Si、Mg、Al应低于3ppm，Li低于0.06ppm，B低于0.005ppm，Cd低于0.001ppm。为此应采用分步冷凝的蒸馏方法来分离重金属，而易挥发的金属（Li、Na、K、Sr、Ba）也可降到允许水平。在820~830℃下，压力不高于5×10^3Pa蒸馏金属，当冷凝器温度保持为550~680℃时，钙在这一过程的产出率约为60%。

第三节　金属锶和钡的制取

分布较广的锶矿物是天青石$SrSO_4$，其次是碳酸锶矿（有时也称为天青石）$SrCO_3$。通过重力选矿和浮选可以得到$SrSO_4$或$SrCO_3$含量为91%~98%的锶精矿。

钡的主要矿物也是它的硫酸盐和碳酸盐——重晶石$BaSO_4$和毒重石$BaCO_3$。重晶石几乎完全不溶于水并且比重很大（4.5），在重选或浮选并补充以磁选后，可以得到含$BaSO_4$80%~93%的精矿。

我国钡和锶的资源都非常丰富。

锶和钡的碳酸盐在1100℃以上便可分解为氧化物和CO_2。SrO和BaO都是难熔的白色物质，熔点分别为2430℃及1920℃，与水作用生成氢氧化物并放出大量的热，它们的氢氧化物呈现比$Ca(OH)_2$更强的碱性。金属锶和钡主要是用铝热法由其氧化物制取的。表26-2列出了一些碱土金属化合物的溶解度数据。

$Ba(OH)_2$ 在水中的溶解度是随温度升高而增大的，在25℃下每1000g水中的饱和量

表26-2　一些碱土金属化合物在25℃下的溶解度（mol/1000gH_2O）

化合物	Ca	Sr	Ba
$Me(OH)_2$	0.021	0.082	0.27
$MeCl_2$	7.4	3.5	1.8
MeF_2	2.2×10^{-4}	7×10^{-4}	8.3×10^{-4}
$MeSO_4$	0.015	7.4×10^{-4}	1.1×10^{-5}
$MeCO_3$	1.2×10^{-4}	6.8×10^{-5}	1.1×10^{-4}

为46.3g。在80℃增为101.5g。$Ca(OH)_2$ 的溶解度随温度升高而降低。氢氧化锶的水合物 $Sr(OH)_2\cdot8H_2O$ 在100℃完全脱水。在400℃以上的温度下分解为SrO和H_2O。八水氢氧化钡在加热时溶于本身的结晶水中，在700℃以上才完全脱水，780℃才开始分解生成BaO。

$SrCO_3$ 和 $BaCO_3$ 的熔点分别为1497℃和1740℃，相应的 CO_2 平衡压力为6.0MPa及9.0MPa。两者在1100℃以上分解为氧化物和 CO_2。两种碳酸盐在盐酸及硝酸内均可成为氯化物及硝酸盐溶解。

$SrSO_4$ 在1580℃分解，$BaSO_4$ 则在此温度下熔化。它们都是非常稳定的化合物。在制取金属之前，须先使之转化为纯的氧化物。

在处理天青石精矿时，是将它与焦炭按2:1（质量）的比例混合，在900～950℃温度下的还原性气氛中，在回转窑内发生如下反应：

$$SrSO_{4(固)}+4C_{(固)}=SrS_{(固)}+4CO_{(气)}$$

所得含SrS的烧结块在80℃溶出即发生

$$2SrS_{(固)}+2H_2O_{(液)}=Sr(HS)_{2(溶液)}+Sr(OH)_{2(溶液)}$$

SrS溶解并水解进入溶液。滤净固体残渣后，往溶液中加入硝酸，HS^-氧化成不溶性的元素硫析入固相除去，其反应为：

$$3Sr(HS)_2+10HNO_3=6S_{(固)}\downarrow+4NO\uparrow+3Sr(NO_3)_{2(溶液)}+8H_2O$$

$$Sr(OH)_2+2HNO_3=Sr(NO_3)_{2(溶液)}+2H_2O$$

从纯净的 $Sr(NO_3)_2$ 溶液制取SrO有两种方式，一种是蒸发浓缩溶液得到硝酸锶结晶，后者在700℃下煅烧即可得出活性氧化锶。

$$2Sr(NO_3)_{2(固)}=2SrO_{(固)}+4NO_{2(气)}+O_{2(气)}$$

另一种方式是往溶液中加入纯碱，使硝酸锶转变为 $SrCO_3$ 析出。再在1100℃以上的温度下煅烧成氧化锶。

处理天青石精矿也可以用苏打烧结法，即按 $SrSO_4:Na_2CO_3=1:1$（mol）配入苏打与精矿混合成炉料，在回转窑内烧结。此时发生：

$$SrSO_4+Na_2CO_3=SrCO_3+Na_2SO_4$$

将烧结块中 Na_2SO_4 溶出，往洗净的渣中加入硝酸，即可得出 $Sr(NO_3)_2$ 溶液。往溶液中通入 NH_3，清除铝和铁等杂质后，再按上述方法从净化后的硝酸锶溶液制取氧化锶。

从重晶石（$BaSO_4$）精矿制取氧化钡的方法与以上所述相同。但还原过程要求更高的温度（1100～1200℃）。烧结块在80～90℃溶出，便可得到 $Ba(HS)_2+Ba(OH)_2$ 的溶液。

在500～600℃直到800～850℃的温度下在干燥的氧气中可将BaO氧化成过氧化钡，$2BaO+O_2=2BaO_2$。温度高于850℃时，可从 BaO_2 分解得到活性氧化钡。

铝热法制取金属锶的反应为：

$$4SrO_{(固)} + 2Al_{(液)} = 3Sr_{(气)} + Sr(AlO_2)_{2(固)}$$

真空还原过程在 850 ~ 900℃便已进行，但锶的蒸馏过程是在 1100 ~ 1150℃和压力小于 100Pa 的真空下进行的。氧化锶与铝粉按 2:1（mol）的比例混合、压团并在真空电炉的蒸馏罐中还原，锶蒸气在蒸馏罐下部（或上部）的水冷凝结器中凝结成液体，流入其下的铸模中进一步冷却凝结成锭。铸锭的锶含量为 99.0%，每一作业周期在 10h 以上。

钡除了由铝热还原法从 BaO 制得外，也可以由熔盐电解方法制成与 Pb、Sn 或其他金属的合金。

铝热法制取钡的过程与锶相同。还原反应 $4BaO_{(固)} + 2Al_{(液)} = 3Ba_{(固)} + Ba(AlO_2)_{2(固)}$ 在 700 ~ 800℃便可进行。但在温度提高至 1100 ~ 1200℃以后才能实现钡的蒸馏。钡在 1200℃下的蒸气压力为 65Pa。图 26 - 5 所示为制取金属钡的真空炉。装在料筐中的由 BaO 和铝粉压成的团块在还原时，钡蒸气在上部的凝结器——熔化器的表壁凝结。还原反应结束后，再将凝结的钡加热熔化，流到其下的铸模中冷凝成锭。有时也可以将钡蒸气直接冷凝成为液体钡。这是因为钡的挥发性比镁和钙弱。在三相点上，钡的蒸气压力为 10Pa，而镁和钙分别为 330Pa 及 240Pa。所以钡蒸气直接冷凝为液态时，不致造成挥发损失。

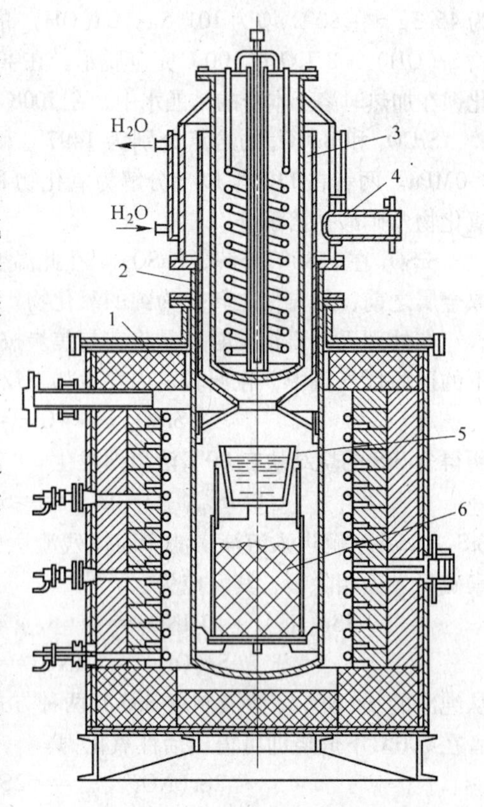

图 26 - 5 制取金属钡的真空炉

1—真空电炉；2—反应器；3—冷凝—熔化器；4—真空连接管；5—铸模；6—料筐

采用液态铅作为阴极，以 20% ~ 70% $BaCl_2$ 与 80% ~ 30% KCl 组成的熔化温度为 700 ~ 800℃的熔体为电解质，在 760℃下可电解制得含 Ba25% ~30% 的 Ba - Pb 合金。阴极电流密度为 0.2 ~ 0.5A/cm^2，极距为 5 ~ 6cm，电流效率为 90%。电解质也可以由 $BaCl_2$ 与 $CaCl_2$ 组成，制取 Ba 和 Ca 含量为 2%，其余为 Pb 的合金。

低品位的重晶石矿，含 $BaSO_4$30% ~ 50%，其余为石英、石灰石、萤石、氧化铁等脉石及天青石。它可以在电炉中直接用碳还原为含二硅化钡 $BaSi_2$ 的硅钡合金。在此高温还原过程中发生如下一系列反应：

$$BaSO_4 + SiO_2 + C = BaSiO_3 + SO_{2(气)} + CO_{(气)} \quad （在 1500℃左右完成）$$

$$2BaSiO_{3(液)} + 3C = 2BaO \cdot SiO_{2(液)} + SiC_{(固)} + 2CO_{(气)} \quad （在 1500 \sim 1700℃进行）$$

$$2BaO \cdot SiO_{2(液)} + 3SiC_{(固)} + C_{(固)} = 2BaSi_{2(液)} + 4CO_{(气)}$$

反应在 1800℃以上的温度下完成，电热法熔炼硅钡合金的电耗很大，每吨为1.2 万 ~1.6 万 kW·h，其中 40% 消耗在生成 SiC 和 $2BaO \cdot SiO_2$ 的阶段。用 SiC 或含 SiC 达 60% 的电极石墨化时的废料（其余成分为 SiO_2 和碳）来代替碳和石英可以使电耗降低，熔炼所用电炉与生产硅铁的三相电弧炉类似，功率为1200kW。入炉重晶石和石英的块度为-40+20mm。碎焦炭和石墨化电极废料的块度在5mm以下。这种电热方法也可以用来生产硅钙合金及硅钙钡合金（Ba+Ca=20%）。电热过程中钡的回收率为76%~91%，钙为29%~30%，硅为46%~50%。

碱土金属是极易与水和水蒸气发生强烈放热反应的活性金属。它们的粉尘和细粉，特别是在有碱金属存在时极易自燃和爆炸。这是由于在有限的空间内生成氧和氢的混合物的结果。从安全技术要求来说，只允许将质量在1kg以上的铸锭或金属块作不长于10天的储存。钙应包装于严密焊接的铁桶中，总仓库的储存量不得超过150t。分仓库则应少于50t。着火的金属只能用干砂和石棉毡扑灭，而绝对不准用水和任何有机灭火剂。还应该记住碱土金属所生成的氧化物和氢氧化物是会强烈损伤皮肤和眼睛的，必须穿戴好防护用品。

参考文献

[1] 杨重愚．氧化铝生产工艺学．北京：冶金工业出版社，1982.
[2] H. U. 叶列明等．氧化铝生产过程及设备（中译本）．北京：冶金工业出版社，1987.
[3] B. Я. 阿布拉莫夫等．碱法综合处理含铝原料的物理化学原理（中译本）．长沙：中南工业大学出版社，1988.
[4] 邱竹贤．铝电解．北京：冶金工业出版社，1982.
[5] 邱竹贤．预焙槽炼铝．北京：冶金工业出版社，1983.
[6] 邱竹贤．铝冶金物理化学．上海：上海科学技术出版社，1985.
[7] K. 格洛泰姆．铝电解原理（中译本）．北京：冶金工业出版社，1982.
[8] K. 格洛泰姆．铝电解技术（中译本）．北京：冶金工业出版社，1985.
[9] 姚鸿博等．铝电解生产实践．北京：冶金工业出版社，1984.
[10] 谢有赞等．炭石墨材料工艺．长沙：湖南大学出版社，1988.
[11] 徐日瑶．镁冶金学．北京：冶金工业出版社，1981.
[12] 徐日瑶．硅热法炼镁的理论和实践．长沙：中南工业大学，1978.
[13] X. Л. 斯特雷列茨．电解法制镁（中译本）．北京：冶金工业出版社，1972.
[14] C. Л. 斯捷方纽克．Металлургия магния и Других легких Металлоь. Металлургиздам，1985.
[15] 稀有金属知识编写组．铍．北京：冶金工业出版社，1975.
[16] 冶金部稀有金属科技情报网．国外锂铷铯．1980.